Kurt Schwabe

Elektrochemie

Physikalische Chemie

Band 1: Physikalische Chemie

Band 2: Elektrochemie

Physikalische Chemie

Elektrochemie

(Band 2)

von

Prof. Dr.-Ing. habil. Dr. rer. nat. h. c. mult. Kurt Schwabe †
Meinsberg

unter Mitarbeit

von

Dr. sc. nat. Horst Kelm
Dresden

3., bearbeitete und erweiterte Auflage

Mit 104 Abbildungen und 53 Tabellen

Akademie-Verlag Berlin 1986

Schwabe: Physikalische Chemie (2 Bände)
ISBN 3-05-500131-1
Bd. 2 ISBN 3-05-500134-6

Erschienen im Akademie-Verlag Berlin, DDR-1086 Berlin, Leipziger Straße 3–4

Lizenznummer: 202 · 100/546/86
Printed in the German Democratic Republic
Gesamtherstellung: VEB Druckhaus „Maxim Gorki", 7400 Altenburg
Lektor: Fritz Schulz
LSV 1214
Bestellnummer: 763 428 9 (5656/2)

06800

Inhalt

	Einleitung	9
	Symbolverzeichnis	12
1.	**Grundbegriffe: Größen und Gesetze der Elektrizitätslehre**	17
1.1.	Elektrische Größen und Einheiten	17
1.2.	Elektrochemische Grundbegriffe	19
1.2.1.	Elektrolyte und Dissoziation	19
1.2.2.	Elektrochemische Vorgänge an den Elektroden — Elektrodenprozesse	21
1.3.	Grundgesetze	25
1.3.1.	COULOMBsches Gesetz	25
1.3.2.	OHMsches Gesetz	25
1.3.3.	KIRCHHOFFsche Sätze	26
1.3.4.	Wechselstromgesetze	27
1.3.5.	FARADAYsche Gesetze	28
2.	**Elektrolytische Leitfähigkeit in Lösungen**	31
2.1.	Natur und Wanderungsgeschwindigkeit der Ladungsträger	31
2.2.	Zusammenhang zwischen Wanderungsgeschwindigkeit und Leitfähigkeit	32
2.3.	Leitfähigkeitsmessungen	35
2.3.1.	Methoden zur Messung der elektrolytischen Leitfähigkeit	35
2.3.2.	Ergebnisse der Leitfähigkeitsmessungen	40
2.4.	Überführungszahlen und Ionenbeweglichkeiten	47
2.4.1.	Methoden zur Bestimmung der Überführungszahlen	47
2.4.2.	HITTORFsche und wahre Überführungszahlen	55
2.4.3.	Ionenbeweglichkeit, Temperaturabhängigkeit der Beweglichkeit	58
2.4.4.	Beweglichkeit und Ionenradius	59
2.4.5.	Diffusionsgeschwindigkeit von gelösten Elektrolyten	64
2.5.	Theorie der elektrolytischen Dissoziation von S. ARRHENIUS	67
2.6.	Wechselwirkung Ion—Ion	76
2.6.1.	Theorie der interionischen Wechselwirkung von P. DEBYE und W. HÜCKEL	79
2.6.2.	Berechnung des Aktivitätskoeffizienten aus der Theorie der interionischen Wechselwirkung	85
2.6.3.	Berechnung von osmotischen und Leitfähigkeitskoeffizienten	90
2.6.4.	Hochspannungseffekte und Hochfrequenzeffekte bezüglich der Leitfähigkeit	94
2.6.5.	Theorie der Ionenpaarbildung von BJERRUM	96
2.7.	Wechselwirkung Ion—Molekül	99
2.7.1.	Bestimmung des Dipolmoments und der Polarisierbarkeit von Molekülen und ihre Wechselwirkung mit Ionen	104
2.7.2.	Ionensolvatation und Struktur von Elektrolytlösungen	116

2.8. Anwendung der Leitfähigkeitsmessung in Lösungen (Konduktometrie) 126
2.8.1. Direkte Konzentrationsbestimmung aus der spezifischen Leitfähigkeit 126
2.8.2. Leitfähigkeitstitrationen 131

3. Elektrische Leitfähigkeit flüssiger und fester chemischer Verbindungen 134

3.1. Leitfähigkeit von Elektrolytschmelzen 135
3.2. Leitfähigkeit von festen Elektrolyten 138
3.3. Elektronische Halbleiter 140

4. Elektrochemische Thermodynamik 147

4.1. Freie Reaktionsenthalpie und elektromotorische Kraft (EMK), Kettenspannung 147
4.2. Galvanische Elemente 149
4.3. Messung von Zellspannungen 153
4.4. Bestimmung der freien Reaktionsenthalpie aus Zellspannungen, NERNSTsche Gleichung 155
4.5. Bestimmung von Gleichgewichtskonstanten, Reaktionsentropien und -enthalpien aus Zellspannungen 160
4.6. Halbelemente, Galvanispannung, Spannungsreihe, elektrochemisches Potential . . 167
4.6.1. Einzelelektrodenprozesse zwischen gelösten Stoffen 174
4.6.2. Elektrodenreaktion unter Beteiligung von Gasen 176
4.6.3. Einzelelektrodenprozesse zwischen Metall (Elektrodenmaterial) und Elektrolyt (Elektroden 1. Art) 180
4.6.4. Elektroden zweiter Art 184
4.6.5. Mehrfache Elektroden, Konzentrationsketten 189
4.6.6. Ketten mit Überführung, Diffusionsgalvanispannung 191
4.7. Anwendung von Kettenspannungsmessungen (Potentiometrie) 200
4.7.1. Bestimmung der mittleren Aktivität von Elektrolyten 201
4.7.2. pH-Messungen, Redoxgleichgewichte, Ionenaustauschgleichgewichte 203
4.7.3. Potentiometrische Bestimmung von Löslichkeiten, Dissoziations- und Komplexgleichgewichten 217
4.7.4. Die potentiometrische Titration 230
4.7.5. Bestimmung von Überführungszahlen aus Kettenspannungen 243
4.8. Galvanische Elemente für die Elektroenergiegewinnung 245
4.8.1. Primärbatterien 246
4.8.2. Sekundärelemente = Akkumulatoren 250
4.8.3. Brennstoffelemente 255

5. Elektrochemische Kinetik 261

5.1. Homogene Kinetik 262
5.1.1. Langsam verlaufende Ionenreaktionen 265
5.1.2. Schnell verlaufende Ionenreaktionen 270
5.1.3. Reaktionen zwischen Ionen und Molekülen 276
5.1.4. Salzeffekte bei homogenen Ionenreaktionen und Säure-Basenkatalyse 277
5.2. Kinetik der Elektrodenreaktionen (heterogene Kinetik) 286
5.2.1. Grundbegriffe 287
5.2.2. Überspannungsarten 292
5.2.2.1. Diffusionsüberspannung 292
5.2.2.2. Reaktionsüberspannung 295
5.2.2.3. Durchtrittsüberspannung 298
5.2.2.4. Kristallisationsüberspannung 304
5.2.2.5. Gesamtüberspannung 305

5.2.3. Praktisch wichtige Überspannungseffekte 306
5.2.3.1. Katodische Prozesse 306
5.2.3.2. Anodische Prozesse 315
5.2.3.3. Kinetik der Korrosionsprozesse, Passivität der Metalle, Schmelzflußelektrolyse . 318
5.2.4. Analytische Anwendungen der Elektrodenkinetik 330
5.2.4.1. Polarographie 332
5.2.4.2. Amperometrie 339

6. **Elektrokinetik** 341

6.1. Elektroosmose 344
6.2. Elektrophorese 346
6.3. DONNAN-Potentiale 348

7. **Anhang** 352

7.1. Tabellen 352
7.2. Aufgaben 356
7.3. Lösungen 388

8. **Literatur** 420

9. **Namen- und Sachregister** 427

Einleitung

Die zufällige Beobachtung L. Galvanis (1737—1798), daß ein zwischen zwei leitend verbundenen Metalldrähten aufgespannter Froschschenkel in heftige Zuckungen gerät (1791), gab den Anstoß zur Entdeckung der elektrochemischen Stromquellen. A. Volta (1745—1827) stellte fest, daß für das Gelingen des Experiments die Verwendung zweier verschiedener Metalle notwendig ist. Er konnte nachweisen, daß in einer Anordnung, die aus zwei verschiedenen in eine Elektrolytlösung tauchenden Metallen besteht (= galvanisches Element), stets ein elektrischer Strom fließt, wenn man die beiden Metalle im „äußeren Stromkreis“ leitend verbindet. Zur Elektrisiermaschine trat damit eine neue Quelle für elektrische Energie.

Nachdem man erkannt hatte, daß sich durch Hintereinanderschalten mehrerer galvanischer Elemente hohe Spannungen erzielen ließen (Voltasche Säule), konnten durch Anlegen dieser Spannungen an Elektrolytlösungen chemische Umsetzungen erzwungen werden. Eine solche „Elektrolyse“ war die Zersetzung des Wassers in Wasserstoff und Sauerstoff (1800) durch W. Nicholson (1753—1815) und A. Carlisle (1768 bis 1840).

Während noch Volta die sich an der Berührungsstelle der beiden Metalle eines galvanischen Elementes ausbildende Kontaktspannung als Ursache für den Stromfluß ansah, konnte H. Davy (1778—1829) zeigen, daß der elektrische Strom auf die im galvanischen Element ablaufende chemische Reaktion zurückzuführen ist.

Die ersten quantitativen Untersuchungen zur Elektrolyse unternahm M. Faraday (1791—1867). Seine Arbeiten über den Zusammenhang zwischen der an der Elektrode umgesetzten Stoffmenge und der transportierten elektrischen Ladung führten zum Gesetz der „elektrochemischen Äquivalente“ (1834). Faraday prägte auch die noch heute in der Elektrochemie üblichen Bezeichnungen wie Elektrolyse, Elektrode, Anode, Katode usw. Die Entwicklung der quantitativen Untersuchung elektrochemischer Probleme wurde durch die Poggendorffsche Kompensationsmethode für Spannungsmessungen und die Wheatstonesche Brückenmethode für Widerstandsmessungen in apparativer Hinsicht und von der theoretischen Seite z. B. durch die Bestimmung des elektrischen Wärmeäquivalents durch J. Joule (1818—1889) stark gefördert.

Lange Zeit glaubte man, daß die in der Flüssigkeit gelösten chemischen Verbindungen als Moleküle vorliegen, die erst im elektrischen Feld in elektrisch geladene Teilchen aufgespalten werden. Dazu stand jedoch im Widerspruch, daß viele elektrolytische Zersetzungen schon beim Anlegen geringster Spannungen an die Elektroden ablaufen. Untersuchungen von R. Clausius (1822—1888) sowie die Ergebnisse anderer Forscher führten schließlich S. Arrhenius (1859—1927) dazu, seine Theorie der elektrolytischen Dissoziation aufzustellen (1884), für die er später den Nobelpreis erhielt. Durch diese Dissoziationstheorie der Elektrolyte wurde die weitere Entwicklung der Elektrochemie sehr befruchtet. Sie erlaubte nicht nur eine Deutung der Elektrolyse und des Elektrizitätstransportes in Leitern 2. Klasse, sondern sie ermöglichte auch die Anwendung des Massenwirkungsgesetzes auf Elektrolytlösungen und eine Erklärung der galvanischen Stromerzeugung.

Die Anwendung der ARRHENIUSschen Dissoziationstheorie führte jedoch in vielen Fällen zu widersprüchlichen Schlüssen. Erst als die Wirkung der gegenseitigen elektrostatischen Beeinflussung der Ionen auf das Verhalten von Elektrolytlösungen erkannt und von P. DEBYE (1884–1966) und E. HÜCKEL quantitativ erfaßt werden konnte (1923), war es möglich, die Eigenschaften von Lösungen sog. starker Elektrolyte zu deuten und zu berechnen. Es zeigte sich jedoch sehr bald, daß diese Theorie auf Elektrolytlösungen solcher Konzentrationen, wie sie in der Praxis vorliegen, nicht anwendbar war.

Als Wegbereiter der Elektrochemie in Deutschland kann F. FOERSTER (1866–1931) angesehen werden, der sie als erster als selbständiges Lehrgebiet behandelte. Sein wissenschaftliches Werk auf dem Gebiet der Elektrochemie erstreckt sich von der elektrochemischen Thermodynamik bis zu den verschiedensten Zweigen der elektrochemischen Kinetik. Die größte Leistung für die gesamte Elektrochemie und ihre wissenschaftlich-technische Entwicklung stellt jedoch sein umfassendes Lehrbuch „Elektrochemie wäßriger Lösungen" dar. Sein Werk wurde von seinem Nachfolger E. MÜLLER (1870–1947) fortgesetzt, der sich auch auf den verschiedensten Gebieten der Elektrochemie erfolgreich betätigte. Die Verdienste E. MÜLLERS liegen insbesondere auf dem Gebiet der Lehre: Die von ihm ausgearbeiteten elektrochemischen Grundversuche und ihre Zusammenstellung in seinem „Elektrochemischen Praktikum" bildeten über Jahrzehnte den Leitfaden für die praktische Ausbildung von Elektrochemikern.

Maßgeblich wurde die Elektrochemie durch die Arbeiten W. NERNSTS (1864–1941) gefördert, der auf allen elektrochemischen Gebieten theoretische, experimentelle und methodische Beiträge lieferte. Die größte Bedeutung jedoch haben seine Arbeiten über die elektromotorischen Kräfte und die Theorie der Potentialbildung an Metallelektroden. Seine theoretischen Vorstellungen führten ihn (1889) zu der nach ihm benannten Gleichung für das Elektrodenpotential, die für die gesamte Elektrochemie von grundlegender Bedeutung ist. Auf ihn geht auch der Vorschlag zurück, das Potential der Standard-Wasserstoffelektrode als Bezugspunkt zu wählen und Null zu setzen, so daß damit auch die elektrochemische Spannungsreihe der Metalle in der heute vorliegenden Form ihm zu verdanken ist.

Nachdem die Elektrochemie von der thermodynamischen Seite her zu einem gewissen Abschluß gelangt war, wirkte das Eindringen reaktionskinetischer Überlegungen sehr befruchtend auf ihre Entwicklung. Schon Anfang der 30er Jahre führten M. VOLMER (1885–1965) Kristallwachstumsfragen zu den Vorgängen an Elektroden. Dabei entstanden Arbeiten, die der Elektrodenkinetik wichtige Impulse gaben. Als besonders anregend hat sich dabei seine Deutung der Wasserstoffüberspannung erwiesen. In entscheidendem Maße wurde die Bearbeitung des Gebietes der Elektrodenkinetik von K. F. BONHOEFFER (1899–1957) beeinflußt. Nahezu die gesamte moderne Schule der Elektrodenkinetik wird von seinen Schülern getragen. Die mit der Entwicklung der elektronischen Meßtechnik verbesserten Untersuchungsmethoden ermöglichten dabei ein immer tieferes Eindringen in die Kinetik der Reaktionen an Elektrodenoberflächen. Dieses Gebiet ist in den letzten Jahren durch A. N. FRUMKIN in der UdSSR, durch J. O'M. BOCKRIS, P. DELAHAY in den USA, durch K. J. VETTER in der BRD und andere bedeutende Forscher intensiv gefördert worden. Dabei sind hinsichtlich der Elektrodenprozesse, an denen das Elektrodenmaterial nicht unmittelbar teilnimmt, wichtige und gesicherte Erkenntnisse erzielt worden. Hingegen ist die Aussagekraft in bezug auf Vorgänge, bei denen die Elektrodenoberfläche selbst in nicht kontrollierbarer Weise verändert wird, stark eingeschränkt, so daß sich viele Schlußfolgerungen und theoretische Betrachtungen nicht als tragfähig erwiesen haben. Immerhin zeugt die fast unübersehbare Fülle wissenschaftlicher Arbeiten auf diesem Gebiet von dem steigenden Interesse an der Bearbeitung elektrochemischer Probleme, da von deren Klärung die Lösung wichtiger Fragen, wie der Korrosion, der Energiespeicherung und -gewinnung, der automatisierten Analysenmeßtechnik, der Wasseraufbereitung u. a. m. abhängt.

Symbolverzeichnis

a	Aktivität
$a_{\pm}$	mittlere Aktivität eines Elektrolyten
a	Minimalabstand zweier Ionen
A	Arbeit
A_C	Stromausbeute
A_E	Energieausbeute
c	Litermolarität
c_0	Konzentration an der Oberfläche
C	Kapazität
C_d	differentielle Doppelschichtkapazität
C_i	integrale Doppelschichtkapazität
C_{starr}	Kapazität der starren Doppelschicht
C_{diff}	Kapazität der diffusen Doppelschicht
C_F	FARADAY-Kapazität
C_p, C_v	Molwärme
$\mathfrak{C}$	Widerstandskapazität
d	Radius des Stoßkomplexes
D	Diffusionskoeffizient
D	Dissoziationsenergie
e	elektrische Ladung
e_0	Elementarladung
E_A	Aktivierungsenergie
E	Elektronenaffinität
E	Energie
E	Elektromotorische Kraft
E^0	Standard-EMK
E	Extinktion
ϵ	elektrische Feldstärke
f	Fläche
f_0	osmotischer Koeffizient
f_λ	Leitfähigkeitskoeffizient
f	Aktivitätskoeffizient
$f_{\pm}$	mittlerer Aktivitätskoeffizient
$f_{(x)}$	rationeller Aktivitätskoeffizient
$f_{(m)}$, $f_{(c)}$	praktische Aktivitätskoeffizienten
F	FARADAYsche Konstante
F_N	NERNST-Faktor
F	freie molare Energie
G	freie molare Enthalpie
$\overline{G}$	partielle molare freie Enthalpie

G^E	freie Überschußenthalpie
G^s	freie molare Solvatationsenthalpie
$G_{\ddagger}$ [1]	freie molare Aktivierungsenthalpie
h	Hydrolysengrad
H	molare Enthalpie
$\overline{H}$	partielle molare Enthalpie
H_i	Hydratationszahl
H^s	molare Solvatationsenthalpie
$H_{\ddagger}$ [1]	molare Aktivierungsenthalpie
i	VAN'T HOFFscher Faktor
i	Stromdichte
i_0	Austauschstromdichte
I	Stromstärke
J	Ionisationsenergie
$J_{(c)}, J_{(m)}$	Ionenstärke
J_i	Teilchenstrom
k	BOLTZMANN-Konstante
k	Geschwindigkeitskonstante
k_r	Geschwindigkeitskonstante einer katalysierten Reaktion
K	Gleichgewichtskonstante
K_L	Löslichkeitskonstante
K_A	Aziditätskonstante
K_B	Basizitätskonstante
K_a	thermodynamische Dissoziationskonstante
K_D	klassische Dissoziationskonstante
K_H	Hydrolysenkonstante
K_K	Stabilitätskonstante von Komplexen
K_W	Ionenprodukt des Wassers
$\mathfrak{K}$	Kraft
l	Länge
l_i	Ionenbeweglichkeit
$l_{i\infty}$	Ionenbeweglichkeit bei unendlicher Verdünnung
L	Induktivität
L	Löslichkeitsprodukt
L_{ij}	phänomenologischer Koeffizient
m	Masse
m	Kilogrammolarität (Molalität)
M	Molmasse
n_i	Molzahl
n_e	elektrochemische Wertigkeit
N_i	Anzahl der Teilchen i pro cm^3
N_0	AVOGADROsche Zahl
p	Druck
p	Polarisationsspannung
p	Pufferindex
p_W	Pufferwert
pH	konventioneller pH-Wert

[1] Im Symbolverzeichnis vom Band 1 sind die thermodynamischen Aktivierungsgrößen mit G*, H*, S* bezeichnet worden; im Text wurden aber die hier angegebenen Symbole $G_{\ddagger}$, $H_{\ddagger}$, $S_{\ddagger}$ verwendet.

paH	$\equiv -\lg a_H$: negativer dekadischer Logarithmus der Wasserstoffionenaktivität
pK_a	$\equiv -\lg K_a$: negativer dekadischer Logarithmus der thermodynamischen Dissoziationskonstanten
pK_w	$\equiv -\lg K_w$: negativer dekadischer Logarithmus des Ionenproduktes des Wassers
p_K	Kapillardruck
P	Molpolarisation
q	Querschnitt
Q	Ladungsmenge
Q	molare Wärmemenge
Q_{sg}	Sublimationswärme
$\bar{Q}^0$	erste Lösungswärme
Q^t	Überführungswärme
r	Abstand
R	Widerstand
R_W	Reaktionswiderstand
R_W	Radius einer Ionenwolke
R	Gaskonstante
R_D	Durchtrittswiderstand
s	Frequenzfaktor
s_k	Sedimentationskonstante
S	molare Entropie
$\bar{S}$	partielle molare Entropie
S^s	molare Solvatationsentropie
$S_{\neq}$ [1]	molare Aktivierungsentropie
t	Zeit
t_i	Überführungszahl des Ions i
T	absolute Temperatur
u_i	Wanderungsgeschwindigkeit des Ions i
U	Spannung, Zellspannung
U^0	Standard-Zellspannung
U_{Kl}	Klemmenspannung
U	molare innere Energie
U_G	Gitterenergie
v, V	Volumen
v	Geschwindigkeit
w	Reibungswiderstand
w	Wasserüberführung
W	Wahrscheinlichkeit
W_p	$\equiv -\mathcal{W}_p$ Reaktionsenthalpie, Wärmetönung
x_i	Molenbruch
X_i	verallgemeinerte Kraft
Y	Leitwert
Z	Impedanz
z_i	Ladungszahl des Ions i ($z_i > 0$ für Kationen, $z_i < 0$ für Anionen)
α	Durchtrittsfaktor
α	Dissoziationsgrad
α	Polarisierbarkeit
α	reales Potential
δ_P	Dicke der PRANDTLschen Strömungsschicht

[1]) s. Fußnote S. 13

δ_N	Dicke der NERNSTschen Diffusionsschicht
ϑ	Celsiustemperatur
ε	Dielektrizitätskonstante
ε_0	Influenzkonstante
ε_A	molarer Extinktionskoeffizient
ε	Elektrodenpotential, Galvanispannung
ε^0	Standardpotential
ε_{Gl}	Gleichgewichts-Elektrodenpotential
ε_d	Diffusionspotential
ζ	elektrokinetisches Potential
η	Viskosität
η	Wirkungsgrad
η	Überspannung
η_d	Diffusionsüberspannung
η_D	Durchtrittsüberspannung
η_K	Kristallisationsüberspannung
η_r	Reaktionsüberspannung
$\varkappa$	spezifische Leitfähigkeit
λ	Äquivalentleitfähigkeit
λ_∞	Äquivalentleitfähigkeit bei unendlicher Verdünnung
λ_m	molare Leitfähigkeit
μ	Dipolmoment
μ	chemisches Potential
$\tilde{\mu}$	elektrochemisches Potential
μ^0	chemisches Standardpotential
ν	Frequenz
ν_i	stöchiometrische Äquivalenzzahl
π	osmotischer Druck
ϱ	Dichte
ϱ	Raumladungsdichte
σ	spezifischer Widerstand
σ	Grenzflächenspannung
τ	Relaxationszeit
τ	Verweilzeit
φ	Phasenwinkel
φ	Verdünnung
φ	inneres elektrisches Potential einer Phase (Galvanipotential)
$\Delta\varphi$	Galvanispannung
χ	elektrisches Oberflächenpotential einer Phase
ψ	äußeres elektrisches Potential einer Phase (VOLTA-Potential)
ω	Kreisfrequenz

1. Grundbegriffe: Größen und Gesetze der Elektrizitätslehre

1.1. *Elektrische Größen und Einheiten*

Beim Rechnen auf dem Gebiet der Elektrizitätslehre kann man mit den drei in der Mechanik definierten Grundgrößen — Masse, Länge und Zeit — nicht auskommen, sondern muß noch eine vierte Grundgröße einführen. Das ist der Ausdruck dafür, daß sich die elektrischen Erscheinungen nicht auf mechanische zurückführen lassen. Als vierte Grundgröße dient die elektrische Stromstärke. Die *Einheit der elektrischen Stromstärke* wird nach dem heute gültigen Internationalen Einheitensystem (SI) [1.1] mit Hilfe der Kraftwirkung definiert, die zwei stromdurchflossene Leiter aufeinander ausüben:

Ein Ampere (A) ist die Stärke eines zeitlich unveränderlichen elektrischen Stromes durch zwei geradlinige, parallele, unendlich lange Leiter der relativen Permeabilität 1 und von vernachlässigbarem Querschnitt, die einen Abstand von 1 Meter haben und zwischen denen die durch den Strom elektrodynamisch hervorgerufene Kraft im leeren Raum je 1 Meter Länge der Doppelleitung $2 \cdot 10^{-7}$ N beträgt.

Durch diese Definition wird das „internationale Ampere“ abgelöst, das auf der elektrolytischen Abscheidung einer Silbermenge von 0,001118 g pro Sekunde beruhte.

Die übrigen in der Elektrizitätslehre gebräuchlichen Größen ergeben sich nun als abgeleitete Größen; ihre Einheiten lassen sich auf die drei mechanischen Grundeinheiten (kg, m, s) und auf die Stromstärkeeinheit (A) zurückführen. So gilt beispielsweise für 1 Volt als *Einheit der elektrischen Spannung*:

Das Volt ist die elektrische Spannung zwischen zwei Punkten eines homogenen und gleichmäßig temperierten metallischen Leiters, in dem bei einem zeitlich unveränderlichen Strom der Stärke 1 Ampere zwischen den beiden Punkten eine Leistung von 1 Watt umgesetzt wird.

Es gilt also die Beziehung

$$1\,\mathrm{V} = 1\,\frac{\mathrm{W}}{\mathrm{A}} = 1\,\frac{\mathrm{kg}\cdot\mathrm{m}^2}{\mathrm{A}\cdot\mathrm{s}^3}, \tag{1.1}$$

durch die das Volt auf die vier Grundeinheiten zurückgeführt wird[1]). *Tabelle 1.1* gibt eine Zusammenstellung der wichtigsten elektrischen Größen, ihrer Symbole und Einheiten sowie die Zurückführung der Einheiten auf die Grundeinheiten. Auf die physikalische Bedeutung der einzelnen Größen wird bei der Besprechung der Gesetzmäßigkeiten eingegangen, in denen sie eine Rolle spielen.

---

[1]) Im „System Internationaler Einheiten“ ist die EMK eines WESTON-Normalelementes auf 1,0183 „internationale Volt“ = 1,086 V bei 20°C festgelegt (s. S. 155 u. Anhang, Tab. 1).

Tabelle 1.1
Zusammenstellung der wichtigsten elektrischen Größen und ihrer Einheiten

Größe	Symbol	Einheit	Definition der Einheit
Stromstärke	I	A (Ampere)	siehe Text
Spannung	U	V (Volt)	$1\ \mathrm{V} = 1\,\frac{\mathrm{W}}{\mathrm{A}} = 1\,\frac{\mathrm{kg}\cdot\mathrm{m}^2}{\mathrm{A}\cdot\mathrm{s}^3}$
Widerstand	R	Ω (Ohm)	$1\,\Omega = 1\,\frac{\mathrm{V}}{\mathrm{A}} = 1\,\frac{\mathrm{kg}\cdot\mathrm{m}^2}{\mathrm{A}^2\cdot\mathrm{s}^3}$
Leitwert	Y	S (Siemens)	$1\ \mathrm{S} = 1\,\frac{\mathrm{A}}{\mathrm{V}} = 1\,\frac{\mathrm{A}^2\cdot\mathrm{s}^3}{\mathrm{kg}\cdot\mathrm{m}^2}$
spezif. Widerstand	σ	Ωm*)	$1\,\Omega\mathrm{m} = 1\,\frac{\mathrm{V}\cdot\mathrm{m}}{\mathrm{A}} = 1\,\frac{\mathrm{kg}\cdot\mathrm{m}^3}{\mathrm{A}^2\cdot\mathrm{s}^3}$
spezif. Leitfähigkeit	$\varkappa$	S/m*)	$1\,\frac{\mathrm{S}}{\mathrm{m}} = 1\,\frac{\mathrm{A}}{\mathrm{V}\cdot\mathrm{m}} = 1\,\frac{\mathrm{A}^2\cdot\mathrm{s}^3}{\mathrm{kg}\cdot\mathrm{m}^3}$
Ladung	Q	C (Coulomb)	$1\ \mathrm{C} = 1\ \mathrm{A}\cdot\mathrm{s}$
elektrische Feldstärke	ϵ	V/m	$1\,\frac{\mathrm{V}}{\mathrm{m}} = 1\,\frac{\mathrm{kg}\cdot\mathrm{m}}{\mathrm{A}\cdot\mathrm{s}^3}$
Kapazität	C	F (Farad)	$1\ \mathrm{F} = 1\,\frac{\mathrm{A}\cdot\mathrm{s}}{\mathrm{V}} = 1\,\frac{\mathrm{A}^2\cdot\mathrm{s}^4}{\mathrm{kg}\cdot\mathrm{m}^2}$
Induktivität	L	H (Henry)	$1\ \mathrm{H} = 1\,\frac{\mathrm{Vs}}{\mathrm{A}} = 1\,\frac{\mathrm{kg}\cdot\mathrm{m}^2}{\mathrm{A}^2\cdot\mathrm{s}^2}$

*) In der Elektrochemie wird im allgemeinen die hundertmal kleinere Einheit $\Omega\cdot\mathrm{cm}$ bzw. die hundertmal größere $\mathrm{S}\cdot\mathrm{cm}^{-1}$ verwendet.

Da bei elektrochemischen Messungen oft mit sinusförmigem Wechselstrom gearbeitet wird, sollen noch einige in der Wechselstromtechnik gebräuchliche Begriffe erläutert werden [1.2], [1.3]. Als zweckmäßig zur mathematischen Behandlung von Wechselstromkreisen hat sich die Einführung der komplexen Rechnung erwiesen. Werden Stromstärke und Spannung als komplexe Größen $\mathfrak{J}$ und $\mathfrak{U}$ aufgefaßt, dann sind sie durch je zwei Zahlen charakterisiert (Betrag und Phase oder Realteil und Imaginärteil).

Mit Hilfe der so definierten Größen lassen sich nun ebenfalls komplexe Werte des Widerstandes $\mathfrak{R}$, des Leitwertes $\mathfrak{Y}$ und der Leistung $\mathfrak{P}$ einführen, wie das in *Tab. 1.2* (obere Zeile) dargestellt ist. Durch Benutzung der komplexen Rechnung lassen sich diese Gesetze, die zunächst nur für OHMsche Widerstände gelten, auf beliebig komplizierte Netzwerke erweitern, die aus Widerständen, Induktivitäten und Kapazitäten bestehen [1.2]. Dabei ist jedoch zu beachten, daß zwischen den OHMschen Widerständen R einerseits und den Kapazitäten C und Induktivitäten L andererseits ein prinzipieller Unterschied besteht. Bei einem OHMschen Widerstand sind Wechselstrom und Wechselspannung stets „in Phase" (Phasenverschiebung Null). Das führt dazu, daß der OHMsche Widerstand der Spannungsquelle ständig Energie entzieht und diese irreversibel in Wärme umwandelt. Man spricht deshalb von einem *Wirkelement* (*Wirkwiderstand*, *Wirkleitwert*) und nennt die in der Zeiteinheit umgesetzte Energiemenge

Wirkleistung. Bei Kapazitäten und Induktivitäten dagegen besteht zwischen Strom und Spannung eine Phasenverschiebung von $\pi/2$. In der einen Halbperiode des Wechselstroms entziehen diese Schaltelemente der Spannungsquelle Energie und speichern sie in Form von elektrischer bzw. magnetischer Feldenergie. In der anderen Halbperiode wird die Feldenergie wieder abgebaut und der Spannungsquelle vollständig zurückgegeben. Im zeitlichen Mittel über eine Periode verbrauchen diese Schaltelemente also keine Energie, weshalb man von *Blindelementen* (*Blindwiderstand*, *Blindleitwert*) und von *Blindleistung* spricht. In der komplexen Schreibweise entspricht dem Blindanteil der Imaginärteil der komplexen Zahlen und dem Wirkanteil der Realteil. Der Betrag der komplexen Zahl wird als *Scheingröße* bezeichnet (*Scheinwiderstand*, *Scheinleitwert*, *Scheinleistung*). *Tabelle 1.2* gibt einen Überblick über diese Bezeichnungsweise.

Tabelle 1.2.
Übersicht zur Bestimmung der komplexen Werte von Widerstand, Leitwert und Leistung in einem Wechselstromkreis

	$\mathfrak{R} = \frac{\mathfrak{U}}{\mathfrak{J}}$	$\mathfrak{Y} = \frac{\mathfrak{J}}{\mathfrak{U}}$	$\mathfrak{P} = \mathfrak{U} \cdot \mathfrak{J}^*$
komplexe Größe	komplexer Widerstand (Impedanz)	komplexer Leitwert (Admittanz)	komplexe Leistung
Betrag	Scheinwiderstand	Scheinleitwert	Scheinleistung
Realteil	Wirkwiderstand (Resistanz)	Wirkleitwert (Konduktanz)	Wirkleistung
Imaginärteil	Blindwiderstand (Reaktanz)	Blindleitwert (Suszeptanz)	Blindleistung

$\mathfrak{J}^*$ = konjugiert komplexe Größe zu $\mathfrak{J}$

1.2. *Elektrochemische Grundbegriffe*

1.2.1. *Elektrolyte und Dissoziation*

Der Transport des elektrischen Stromes kann einmal mittels Elektronen und zum anderen mittels elektrisch geladener Materieteilchen, sogenannter *Ionen*, erfolgen. Im ersten Falle sprechen wir von Leitern 1. Klasse oder metallischen Leitern, weil die wichtigsten Vertreter dieser Art von Stromleitung die Metalle, die intermetallischen Verbindungen und die Legierungen sind; im zweiten Falle von Leitern 2. Klasse oder Ionenleitern. Stoffe, in denen der Stromtransport durch Ionen erfolgt, werden als *Elektrolyte* bezeichnet. Sie können sich dabei im festen, geschmolzenen oder gelösten Zustand befinden. Nach ihrem Bindungszustand in der reinen Phase werden die Elektrolyte in *echte Elektrolyte* und *potentielle Elektrolyte* unterteilt.

Echte Elektrolyte liegen bereits in reinem Zustand in Form von Ionen vor und bilden als feste Körper Ionengitter. Hierzu gehören praktisch alle Salze, wenn man von einigen Ausnahmen wie $HgCl_2$, $Hg(CN)_2$, FeF_3 oder $Fe(SCN)_3$ absieht, bei denen der kovalente Bindungsanteil sehr groß ist.

Potentielle Elektrolyte liegen als reine Phase nicht ionogen vor und leiten den elektrischen Strom nur im gelösten Zustand, da die Bildung der Ionen erst durch Reaktion mit dem Lösungsmittel erfolgt. Ihr Bindungszustand erstreckt sich in reiner Phase von der semipolaren bis zur homöopolaren Bindung mit hohem Dipolmoment. Zu ihnen gehören fast alle sogenannten schwachen Elektrolyte und viele starke Säuren.

In einem polaren Lösungsmittel gelöst, liegt der Elektrolyt teilweise oder vollständig in Form voneinander getrennter Ionen mit positiver und negativer Ladung vor. Die Bildung frei beweglicher Ionen unter dem Einfluß eines Lösungsmittels bezeichnet man als *elektrolytische Dissoziation.* Nach ihrem Dissoziationsverhalten unterscheidet man *starke* und *schwache Elektrolyte.*

Starke Elektrolyte sind in Lösung praktisch vollständig dissoziiert. Zu ihnen gehören alle echten Elektrolyte und viele potentielle Elektrolyte, die, wie z. B. HCl, in wäßriger Lösung nahezu vollständig dissoziieren (alle starken Säuren und Basen). Wie später noch gezeigt werden wird, ist in sehr konzentrierten Lösungen auch die Dissoziation der starken Elektrolyte unvollständig.

Schwache Elektrolyte sind in Lösung nur wenig dissoziiert. So liegt das Dissoziationsgleichgewicht z. B. der Essigsäure weitgehend auf der Seite der undissoziierten Moleküle H*Az*:

$$\mathrm{H}Az + x\mathrm{H_2O} \rightleftharpoons \mathrm{H}^{\cdot} + Az'.$$

Schwache Elektrolyte sind vor allem die schwachen — vorwiegend organischen — Säuren und Basen sowie einige wenige Salze (*s. o.*).

Das Dissoziationsverhalten eines Elektrolyten hängt außer von ihm selbst auch vom Lösungsmittel ab. So dissoziiert z. B. $N(CH_3)_4Cl$ — ein echter Elektrolyt — in wäßriger Lösung nahezu vollständig und stellt hier einen starken Elektrolyten dar. In Benzen gelöst, bildet dieses Salz jedoch sog. *Ionenpaare* und zerfällt praktisch nicht in selbständige Ionen. Wie noch gezeigt werden wird, erfolgt auch in konzentrierten wäßrigen Lösungen echter Elektrolyte auf Grund interionischer Wechselwirkung Ionenpaarbildung.

Diese Ionenpaare können ungeladen (Elektrolytmolekül dissoziiert nicht und wird als Ganzes solvatisiert bzw. hydratisiert) oder geladen sein (Molekül eines ternären oder quartären Elektrolyten dissoziiert unvollständig, z. B. $AlCl_2^{\cdot}$ oder $AlCl^{\cdot\cdot}$). Da potentielle Elektrolyte nur im dissoziierten Zustand ionogen vorliegen, bezeichnet man deren undissoziierte Moleküle nicht als Ionenpaare, sondern spricht von unvollständiger Dissoziation. Allgemein kann man sagen, daß der *Dissoziationsgrad* α, der zum Ausdruck bringt, welcher Bruchteil der ursprünglichen Moleküle in Ionen zerfallen ist, mit abnehmendem polaren Charakter des Lösungsmittels und zunehmender Elektrolytkonzentration geringer wird.

Wie schon angedeutet wurde, sind die Ionen in Lösung mehr oder weniger stark solvatisiert. Unter *Solvatation* versteht man die Anlagerung von Lösungsmittelmolekülen an gelöste Stoffe (Ionen, Ionenpaare, Moleküle, Kolloide). Die entstandenen Produkte heißen *Solvate.* Von *Hydratation* bzw. *Hydraten* spricht man, wenn als Lösungsmittel Wasser fungiert. Wesentlich für die Solvatationsfähigkeit eines Lösungsmittels ist das Dipolmoment seiner Moleküle, weil die Solvatation meistens eine Folge von Ion-Dipolwechselwirkungen (bei Ionen) bzw. Dipol-Dipol-Wechselwirkungen (bei Molekülen und Kolloiden) ist. Dabei können durch das starke elektrische Feld des Ions in den Lösungsmittelmolekülen Dipolmomente induziert werden und kovalente Bindungsanteile zwischen Lösungsmittelmolekül und Ion eine Rolle spielen.

Da der Hydratationsvorgang meist mit einer beträchtlichen Abnahme der Enthalpie bzw. freien Enthalpie verbunden ist, z. B.:

$$K^+ + 1\,H_2O \rightarrow K^{\cdot} \qquad \Delta H \approx -146{,}5\,\text{kJ}$$

$$H^+ + 4\,H_2O \rightarrow H^{\cdot}\,{}^{1)} \qquad \Delta G \approx -1110\,\text{kJ}$$

unterscheidet sich der Zustand des hydratisierten Ions stark von dem der „nackten" Ionen. Zur Unterscheidung gibt man bei unhydratisierten Ionen die Anzahl der abgegebenen bzw. aufgenommenen Elektronen und damit den positiven bzw. negativen Ladungsüberschuß durch die entsprechende Zahl und ein + bzw. − Zeichen, bei hydratisierten Ionen durch die entsprechende Zahl und einen Punkt bzw. ein Komma rechts oberhalb des Symbols an.

Wenn ein Elektrolyt der allgemeinen Zusammensetzung $Ka_{\nu_+}^{z_+ +}A_{\nu_-}^{z_- -}$ in wäßriger Lösung in seine Ionen zerfällt[2]):

$$Ka_{\nu_+}^{z_+ +}A_{\nu_-}^{z_- -} + xH_2O \rightarrow \nu_+Ka^{z_+ \cdot} + \nu_-A^{z_- \prime},$$

so gilt wegen der Elektroneutralitätsbeziehung

$$\nu_+ \cdot z_+ = \nu_- \cdot |z_-| = n_e$$

n_e ist die *elektrochemische Wertigkeit*[3]).

In diesem Zusammenhang soll an einigen Beispielen noch auf die Benennung der Elektrolyte nach Zahl und Ladung der Ionen hingewiesen werden:

Beispiel:

NaCl	binär	1 — 1wertig	uni — univalent
$BaCl_2$	ternär	2 — 1wertig	bi — univalent
$AlCl_3$	quartär	3 — 1wertig	tri — univalent
$CuSO_4$	binär	2 — 2wertig	bi — bivalent
K_2SO_4	ternär	1 — 2wertig	uni — bivalent

usw.

1.2.2. *Elektrochemische Vorgänge an den Elektroden — Elektrodenprozesse*

Wird ein Elektrolyt, der sich im gelösten oder geschmolzenen Zustand befindet, vom elektrischen Strom durchflossen, so findet eine Zersetzung des Elektrolyten statt. Dieser Prozeß wird als *Elektrolyse* bezeichnet. Es handelt sich dabei um Reduktions-Oxydations-Vorgänge, die sich an den *Elektroden*, die mit einer Gleichspannungsquelle

---

1) Beim Beschuß von Wasserdampf mit Protonen entstehen $H_9O_4^+$-Ionen, wie massenspektrometrisch nachgewiesen werden konnte.

2) *Ka* sei ein beliebiges Kation; die Ladungszahl wird im allgemeinen durch die Zahl der + oder − bzw. $^{\cdot}$ oder $'$ bezeichnet: Al^{+++} bzw. $Al^{\cdot\cdot\cdot}$ oder SO_4^{--} bzw. SO_4''.

3) n_e hat die Dimension Val · mol^{-1} (s. S. 33), wenn die Zahl der umgesetzten Äquivalente betrachtet wird. Ein Äquivalent entspricht einem Mol positiver oder negativer Elementarladungen.

verbunden sind und in die Lösung bzw. Schmelze eintauchen, abspielen. Allgemein bezeichnet man den Teil eines metallischen Leiters, der der Zuführung des elektrischen Stromes in eine Flüssigkeit, ein Gas, ein Vakuum oder auf einen Festkörper dient, als Elektrode. Im elektrochemischen Sinn versteht man unter einer Elektrode ein System, das aus mehreren hintereinander geschalteten leitenden Phasen besteht, wobei die eine Endphase ein Elektronenleiter, die andere ein Elektrolyt ist. Beim Elektrolyseprozeß ist die negative Elektrode die *Katode* und die positive Elektrode die *Anode*. Unter dem Einfluß des zwischen Anode und Katode herrschenden Potentialgefälles wandern die positiv geladenen *Kationen* zur Katode und werden dort teilweise oder vollständig entladen, d. h. an der Katode findet der Reduktionsvorgang statt. Durch katodische Reduktion können auch neutrale Moleküle, die durch Diffusion an die Katode gelangen, negativ aufgeladen werden.

Beispiele für katodische Prozesse

$Ag^{\cdot} + e^- \rightarrow Ag + x\,H_2O$ vollständige Entladung eines Kations

$Cr^{\cdot\cdot\cdot} + e^- \rightarrow Cr^{\cdot\cdot}$ unvollständige Entladung eines Kations

$ClO_3' + 6\,H^{\cdot} + 6e^- \rightarrow Cl' + 3\,H_2O$ Reduktion eines Anions

$Cl_2 + 2e^- \rightarrow 2\,Cl'$

$H_2O + e^- \rightarrow OH' + \frac{1}{2}\,H_2$ [1]

(beide:) Reduktion eines Moleküls

An der Anode finden unter Elektronenabgabe des Elektrolyten die Oxydationsvorgänge statt. Dabei kann sich die Anode entweder direkt am Oxydationsprozeß beteiligen, indem ihre Metallatome zu Kationen oxydiert werden (in diesem Fall sprechen wir von einer *löslichen Elektrode*), oder sie fungiert lediglich als Elektronenacceptor, indem an ihr die zugewanderten *Anionen* (negativ geladene Ionen), neutrale Moleküle oder positive Ionen niederer Oxydationszahl oxydiert werden (sog. *unangreifbare Elektrode*).

Beispiele für Anodenprozesse

a) $Ag \rightarrow Ag^{\cdot} + e^-$ Die Elektrode nimmt am Prozeß teil

b) $SO_4'' + H_2O \rightarrow H_2SO_4 + \frac{1}{2}\,O_2 + 2e^-$ [2]

$H_2O \rightarrow 2\,H^{\cdot} + \frac{1}{2}\,O_2 + 2e^-$

$Cr^{\cdot\cdot} \rightarrow Cr^{\cdot\cdot\cdot} + e^-$

Typische unangreifbare Elektroden sind z. B. Graphit und Platin.

Bei den meisten Elektrolyseverfahren werden Anoden- und Katodenraum durch ein *Diaphragma* getrennt. Das Diaphragma ist eine poröse Membran aus möglichst unangreifbarem Material (z. B. Ton, Polyethen), das die Vermischung von Anolyt und Katolyt verhindern soll. Neuerdings werden dafür auch Ionenaustauschermembranen

[1]) Eine katodische Reduktion des Wassers erfolgt z. B. bei der Elektrolyse von reinem Wasser. In diesem Fall werden keine $H^{\cdot}$ entladen, sondern H_2O wird reduziert, da die Eigendissoziation des Wassers nach $H_2O \rightarrow H^{\cdot} + OH'$ zu langsam verläuft.

[2]) Diese Reaktion entspricht nicht dem Mechanismus, mit dem der Elektrodenprozeß abläuft, sondern stellt die Bruttoreaktion dar.

verwendet, die den Durchgang (Permeation) von Kationen oder Anionen spezifisch verhindern. Die Elektrolytlösung im Bereich der Katode bezeichnet man als *Katolyt* (Abkürzung für katodischer Elektrolyt), die im Bereich der Anode als *Anolyt* (Abkürzung für anodischer Elektrolyt).

Damit die Elektrolyse ablaufen kann, ist eine Mindestspannung, *die Zersetzungsspannung*, erforderlich. Als Maß für den Verlauf von Elektrolysen ist die *Stromdichte* $i = I/F$ (F = Anoden- bzw. Katodenfläche) in A/cm^2 besser geeignet als die Gesamtstromstärke I, da sie einen direkten Vergleich zwischen Elektrolysen mit verschieden großen Elektroden ermöglicht. Sie bestimmt im wesentlichen die Abscheideform und evtl. auch die Zusammensetzung der Elektrolyseprodukte. Für den Elektrolyten interessiert die *Stromkonzentration*, das ist die Stromstärke je Volumeneinheit des Elektrolyten I/v in A/cm^3. Mit ihrer Hilfe kann man z. B. die zeitliche Änderung der Zusammensetzung der Elektrolytlösung berechnen. Die Abweichungen der wirklich umgesetzten Menge (m) von der theoretisch nach dem FARADAYschen Gesetz (*vgl. Kap. 1.3.5.*) geforderten Menge ($m_{\text{theor.}}$) bei einem bestimmten Elektrodenvorgang werden durch die *Stromausbeute* beschrieben.

$$\frac{m}{m_{\text{theor.}}} \cdot 100\% = \text{prozentuale Stromausbeute}.$$

Die Stromausbeute von Elektrodenprozessen läßt sich mit Hilfe eines Coulometers bestimmen. Wird in einem Coulometer die Masse m_{coul} eines Stoffes mit der Äquivalentmasse $\ddot{A}_{\text{coul}}$ abgeschieden, während m_x Gramm eines Stoffes mit der Äquivalentmasse $\ddot{A}_x$ durch den interessierenden Elektrodenprozeß umgesetzt wurden, so ergibt sich die (auf Coulomb bezogene) Stromausbeute an diesem Stoff zu:

$$A_c = \frac{m_x \cdot \ddot{A}_{\text{coul}}}{\ddot{A}_x \cdot m_{\text{coul}}} \cdot 100\%.$$

Unter der *Energieausbeute* A_E versteht man das Verhältnis von theoretisch erforderlicher Spannung ($U_{\text{theor.}}$) multipliziert mit der nach dem FARADAYschen Gesetz (*vgl. Kap. 1.3.5.*) zur Umsetzung einer bestimmten Masse des Stoffes benötigten Ladungsmenge ($Q_{\text{theor.}}$), dividiert durch das Produkt aus tatsächlich angewandter Spannung U und Ladungsmenge Q

$$\frac{Q_{\text{theor.}} \cdot U_{\text{theor.}}}{U \cdot Q} \cdot 100\% = \frac{U_{\text{theor.}} \cdot m}{U \cdot m_{\text{theor.}}} \cdot 100\% = A_E.$$

Die theoretisch notwendige Spannung ist die im reversiblen Gleichgewicht gemessene bzw. aus der thermodynamischen Beziehung $U = -\Delta G/zF$ berechnete Zellspannung. Meist wird jedoch — nicht ganz korrekt — die Zersetzungsspannung des Elektrolyten als $U_{\text{theor.}}$ verwendet (s. S. 148).

Die bei der Elektrolyse durch den elektrischen Strom erzwungenen chemischen Reaktionen können in umgekehrter Richtung freiwillig unter Stromabgabe ablaufen. Man bezeichnet Anordnungen, die die Energie spontan ablaufender chemischer Prozesse zur Stromlieferung ausnutzen, als *galvanische Elemente, galvanische Zellen* oder *galvanische Ketten.*

Während bei der Elektrolyse der katodische Prozeß an der negativen Elektrode und der anodische Prozeß an der positiven Elektrode ablaufen, ist im galvanischen Element die Elektrode, an der die katodische Reaktion abläuft, positiv und die, an der die anodische Reaktion abläuft, negativ (*Abb. 1.1*).

Wichtigste Kenngröße eines galvanischen Elements ist die *elektromotorische Kraft* oder EMK.

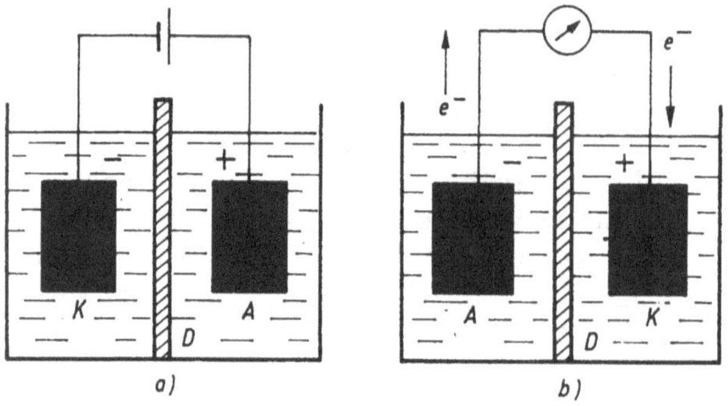

Abb. 1.1: a) Elektrolysezelle b) Galvanische Zelle

K = Katode = negative Elektrode
A = Anode = positive Elektrode
D = Diaphragma

K = Katode = positive Elektrode z. B. Cu in $CuSO_4$
A = Anode = negative Elektrode, z. B. Zn in $ZnSO_4$
D = Diaphragma

Die EMK ist definiert als Quotient aus der Änderung der freien Enthalpie ΔG für die betreffende Reaktion und dem Produkt aus FARADAY-Konstante F und Zahl der ausgetauschten Elektronen z

$$E = \frac{\Delta G}{z \cdot F}. \tag{1.2}$$

Je nachdem, ob eine Reaktion freiwillig ($\Delta G < 0$) oder unfreiwillig ($\Delta G > 0$) verläuft, ist die EMK negativ oder positiv. Es handelt sich bei der EMK nicht um eine Kraft im herkömmlichen Sinne, sondern um eine Spannung. Eine Spannung kann man jedoch nur für einen freiwillig verlaufenden Prozeß messen. Dieser Tatsache wird durch die Einführung der Begriffe *Ketten- oder Zellspannung U* Rechnung getragen. Zwischen EMK und Kettenspannung besteht die Beziehung

$$U = -E \tag{1.3}$$

weshalb die Kettenspannung für eine freiwillig verlaufende Reaktion immer positiv ist.

Die EMK bzw. Zellspannung ist gleich der Differenz der *Elektrodenpotentiale*:

$$E = \varepsilon_A - \varepsilon_K, \tag{1.4}$$

wobei ε_A das Elektrodenpotential der Anode, z. B. $Zn/ZnSO_4$, und ε_K das Elektrodenpotential der Katode, z. B. $Cu/CuSO_4$, bedeuten.

Das Elektrodenpotential, das mit der Bezeichnung *Galvanispannung* identisch ist, ist die Potentialdifferenz zwischen den Endphasen einer Elektrode (Metall/Elektrolyt). Elektrodenpotentiale sind einzeln nicht meßbar, so daß alle Zahlenwerte die EMK zwischen dem betreffenden Elektrodenpotential und einem Bezugspotential (z. B. Standardwasserstoffelektrode, *vgl. Kap. 4.*) darstellen.

1.3. *Grundgesetze*

Die Gesamtheit der elektromagnetischen Erscheinungen wird durch das *Maxwellsche Gleichungssystem* [1.4] vollständig beschrieben. Vielfach liegen so spezielle Verhältnisse vor (Beschränkung auf punktförmige Ladungen und stromdurchflossene Leiter), daß die sehr allgemeinen MAXWELLschen Gleichungen durch speziellere Beziehungen ersetzt werden können. Die wichtigsten von ihnen sollen hier besprochen werden.

1.3.1. *Coulombsches Gesetz*

Besitzen zwei punktförmige Ladungen Q_1 und Q_2 im Vakuum den Abstand r voneinander, so beeinflussen sie sich gegenseitig mit einer Kraft $\mathfrak{K}$, die sich aus der Beziehung

$$\mathfrak{K} = \frac{1}{4\pi\varepsilon_0} \frac{Q_1 \cdot Q_2}{r^2} \tag{1.5}$$

ergibt. Gleichung (1.5) wird als *Coulombsches Gesetz* bezeichnet. Die Kraft ist anziehend, wenn die beiden Ladungen verschiedenes Vorzeichen haben; sie ist abstoßend, wenn die beiden Ladungen gleiches Vorzeichen haben. ε_0 hat den Zahlenwert $8{,}8542 \cdot 10^{-12} \frac{\mathrm{As}}{\mathrm{V \cdot m}}$ und wird als *Influenzkonstante* bezeichnet.

Setzt man den Proportionalitätsfaktor $4\pi\varepsilon_0$ gleich 1, läßt sich die Ladung als abgeleitete Größe auf eine Kraft und eine Länge zurückführen. Die Ladungseinheit Q' im elektrostatischen *CGS*-System ist die Ladung, die auf eine gleichgroße zweite Ladung die Kraft von 1 dyn ausübt (1 dyn = 10^{-5} N), wenn sich beide Ladungen im Abstand von 1 cm im Vakuum gegenüberstehen:

$$1(Q') = 1\sqrt{\mathrm{dyn} \cdot \mathrm{cm}^2} = 1\ \mathrm{cm}^{3/2} \cdot \mathrm{g}^{1/2} \cdot \mathrm{s}^{-1}.$$

Die Umrechnungsfaktoren zwischen den elektrostatischen und gesetzlichen SI-Einheiten sind im Anhang (*Tab. 6*) angeführt. Man kann die in diesem Buch vorkommenden Gleichungen in die vor allen Dingen in der älteren Literatur übliche Form für elektrostatische Größen und Einheiten überführen, indem ε_0 durch $1/4\,\Pi$ ersetzt wird.

1.3.2. *Ohmsches Gesetz*

Für viele elektrische Leiter sind Stromstärke I und angelegte Spannung U einander proportional. Der Proportionalitätsfaktor R wird als *Ohmscher Widerstand* bezeichnet. Die Beziehung

$$U = R \cdot I \tag{1.6}$$

heißt *Ohmsches Gesetz.*

Der OHMsche Widerstand eines Leiters ist proportional zur Länge l und umgekehrt proportional zum Querschnitt q dieses Leiters. Weiterhin hängt er von der Art des Materials ab, aus dem der Widerstand besteht. In der Gleichung

$$R = \sigma \frac{l}{q} \tag{1.7}$$

ist der *spezifische Widerstand* σ eine Materialkonstante. Die Verbindung zur *Leitfähigkeit* (auch Leitwert) Y und zur *spezifischen Leitfähigkeit* $\varkappa$ wird durch die Beziehungen

$$Y = \frac{1}{R} \qquad \varkappa = \frac{1}{\sigma} \tag{1.8}$$

hergestellt.

1.3.3. *Kirchhoffsche Sätze*

1. Kirchhoffscher Satz (Knotenpunktsatz):

Die Summe der Zweigströme, die in einem Knotenpunkt (Stromverzweigungspunkt) zusammentreffen, ist gleich Null.

2. Kirchhoffscher Satz (Maschensatz):

Die Summe aller Spannungen in einer geschlossenen Masche (geschlossener Stromkreis) ist gleich Null.

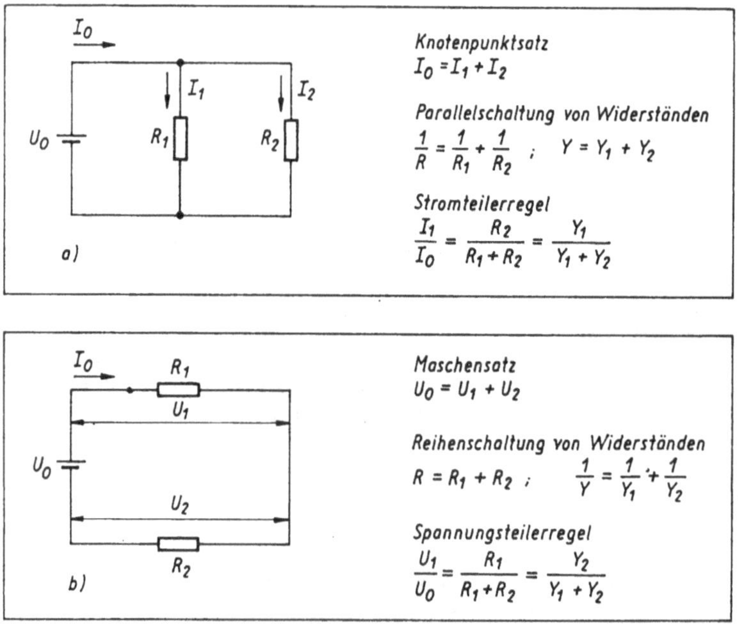

Abb. 1.2: Zur Erläuterung der KIRCHHOFFschen Sätze und ihrer Anwendungen

Zur Erläuterung der beiden Sätze dient die *Abb. 1.2.* Der Knotenpunktsatz ist die Kontinuitätsgleichung des elektrischen Stromes. Er kann auch folgendermaßen formuliert werden: Die Summe der zufließenden Ströme ist gleich der Summe der abfließenden Ströme eines Knotenpunktes. Der Maschensatz ist ein Spezialfall der aus den MAXWELLschen Gleichungen resultierenden Aussage, daß das elektrische Feld wirbelfrei ist. Seine äquivalente Formulierung lautet: In einer geschlossenen Masche ist die Summe der Urspannungen gleich der Summe der Spannungsabfälle.

Aus den KIRCHHOFFschen Sätzen und dem OHMschen Gesetz lassen sich eine Reihe weiterer wichtiger Beziehungen der Elektrotechnik ableiten. Durch einfache Rechnung findet man z. B. Beziehungen, nach denen sich der Gesamtwiderstand einer Schaltung berechnen läßt, die aus der Parallelschaltung mehrerer Widerstände bzw. aus der Reihenschaltung mehrerer Widerstände besteht (vgl. *Abb. 1.2*). Im Falle der Reihenschaltung addieren sich die Einzelwiderstände zum Gesamtwiderstand, während sich im Falle der Parallelschaltung die Einzelleitwerte zum Gesamtleitwert addieren. Weiterhin lassen sich Beziehungen ableiten, aus denen der Spannungsabfall über dem Teilwiderstand einer Reihenschaltung (*Spannungsteilerregel*) sowie der Teilstrom einer Parallelschaltung (*Stromteilerregel*) errechnet werden kann. Bei der Reihenschaltung ist das Verhältnis des Spannungsabfalls U_1 zur Gesamtspannung U_0 gleich dem Verhältnis des entsprechenden Widerstandes R_1 zum Gesamtwiderstand R. Bei der Parallelschaltung ist das Verhältnis von Teilstrom I_1 zum Gesamtstrom I_0 gleich dem Verhältnis von Teilleitwert Y_1 zu Gesamtleitwert Y. Die angegebenen Beziehungen lassen sich ohne Schwierigkeiten auf die Reihenschaltung bzw. Parallelschaltung von mehr als zwei Widerständen erweitern [1.5].

1.3.4. Wechselstromgesetze

Bei der Berechnung von Wechselstromkreisen muß berücksichtigt werden, daß sich im Kreise außer *Ohmschen Widerständen* R auch *Induktivitäten* L und *Kapazitäten* C befinden. Die genannten Schaltelemente genügen folgenden Grundgleichungen:

$$U = R \cdot I \tag{1.9a}$$

$$I = C \cdot \frac{dU}{dt} \tag{1.9b}$$

$$U = L \cdot \frac{dI}{dt} \tag{1.9c}$$

Wie im *Kap. 1.1.* bereits erwähnt, erfolgt die mathematische Erfassung von L und C im Wechselstromkreis mit Hilfe der komplexen Rechnung. Zu diesem Zwecke fassen wir die Stromstärke und die Spannung in den Formeln (1.9) als komplexe Größen auf:

$$U \to \mathfrak{U} = U_m e^{j(\omega t + \varphi_u)}; \quad I \to \mathfrak{J}_m = I_m e^{j(\omega t + \varphi_i)}. \tag{1.10}$$

Stromstärke und Spannung sind durch ihre *Maximalwerte* (I_m bzw. U_m), ihre *Phase* (φ_i bzw. φ_u) und ihre *Frequenz* ω vollständig charakterisiert. Setzen wir die Beziehungen (1.10) in die Gleichungen (1.9) ein und führen die Differentiationen aus, dann ist es für alle drei Fälle möglich, den Quotienten $\mathfrak{U}/\mathfrak{J}$ zu bilden. Wir definieren

$$\mathfrak{R} = \frac{\mathfrak{U}}{\mathfrak{J}} \tag{1.11}$$

und nennen $\mathfrak{R}$ den *komplexen Widerstand* (*Impedanz*) des Schaltelementes. Es ergeben sich die drei Beziehungen

$$\mathfrak{R} = R, \qquad R = \text{Wirkwiderstand} \tag{1.12a}$$

$$\mathfrak{R} = \frac{1}{j\omega C}, \quad \frac{1}{\omega C} = \text{kapazitiver Blindwiderstand} \tag{1.12b}$$

$$\mathfrak{R} = j\omega L, \quad \omega L = \text{induktiver Blindwiderstand} \tag{1.12c}$$

Die Einführung des komplexen Widerstandes $\mathfrak{R}$ erweist sich als sehr vorteilhaft, da mit seiner Hilfe die Gesetzmäßigkeiten der *Abb. 1.2* sowie das OHMsche Gesetz auf wechselstrombelastete Induktivitäten und Kapazitäten erweitert werden können. Dadurch ist es möglich, Wechselstromkreise mit algebraischen Gleichungen anstelle der Differentialgleichungen (1.9) zu beschreiben. Es sind lediglich in den bisher abgeleiteten Beziehungen alle Ströme, Spannungen und Widerstände durch die entsprechenden komplexen Größen zu ersetzen.

Wir wollen das an einem Beispiel näher erläutern. Eine harmonische Wechselspannung von der Form

$$U_{(t)} = U_m \cos \omega t \tag{1.13}$$

wird an die Reihenschaltung eines OHMschen Widerstandes und einer Induktivität angelegt. Gesucht ist die Größe des Wechselstromes $I_{(t)}$, der durch die beiden Schaltelemente fließt. Wir transformieren zunächst die Spannung ins Komplexe, indem wir zum Realteil noch einen Imaginärteil hinzufügen:

$$\mathfrak{U}_{(t)} = U_m \cos \omega t + jU_m \sin \omega t = U_m e^{j\omega t}. \tag{1.14}$$

Danach berechnen wir den komplexen Widerstand der Reihenschaltung. Dieser ergibt sich auf Grund der Beziehungen $\mathfrak{R} = \mathfrak{R}_1 + \mathfrak{R}_2$ (*Abb. 1.2*), $\mathfrak{R}_1 = R$ (Gl. 1.12a) und $\mathfrak{R}_2 = j\omega L$ (Gl. 1.12c) zu

$$\mathfrak{R} = R + j\omega L. \tag{1.15}$$

Für die weitere Rechnung ist es günstig, $\mathfrak{R}$ in der Form $\mathfrak{R} = |\mathfrak{R}|\, e^{j\varphi}$ zu schreiben, wobei sich $|\mathfrak{R}|$ und φ nach den Rechenregeln für komplexe Zahlen zu

$$|\mathfrak{R}| = \sqrt{R^2 + (\omega L)^2} \quad \text{und} \quad \operatorname{tg} \varphi = \frac{\omega L}{R} \tag{1.16}$$

ergeben. Zur Ermittlung des komplexen Stromes $\mathfrak{J}_{(t)}$ verwenden wir das OHMsche Gesetz in der komplexen Form (1.11):

$$\mathfrak{J}_{(t)} = \frac{\mathfrak{U}_{(t)}}{\mathfrak{R}} = \frac{U_m e^{j\omega t}}{|\mathfrak{R}|\, e^{j\varphi}} = \frac{U_m}{|\mathfrak{R}|}\, e^{j(\omega t - \varphi)}. \tag{1.17}$$

Das endgültige Ergebnis erhält man nach Rücktransformation in den reellen Bereich:

$$I_{(t)} = \frac{U_m}{|\mathfrak{R}|} \cos(\omega t - \varphi) \tag{1.18}$$

mit $|\mathfrak{R}|$ und φ nach Gleichung (1.16).

1.3.5. Faradaysche Gesetze

In den Jahren 1833 und 1834 entdeckte Michael FARADAY zwei wichtige Beziehungen zwischen der bei einer Elektrolyse geflossenen Ladungsmenge Q und der Masse m des dabei abgeschiedenen Stoffes. Nach dem *ersten Faradayschen Gesetz* sind geflossene Ladungsmenge und abgeschiedene Masse einander proportional, während sich nach dem *zweiten Faradayschen Gesetz* die Massen zweier von der gleichen Ladungsmenge abgeschiedener Stoffe wie deren Äquivalentmassen verhalten. Man kann beide Gesetze in der Gleichung

$$Q = F \cdot a \tag{1.19}$$

zusammenfassen. Hierin bedeutet a die Zahl der Äquivalente, das heißt die Masse des abgeschiedenen Stoffes, geteilt durch die Äquivalentmasse. Für alle Stoffe ist die geflossene Ladungsmenge der Zahl der abgeschiedenen Äquivalente proportional. Proportionalitätsfaktor ist die Größe F, die als *Faradaysche Konstante* bezeichnet wird. Wird gerade ein Äquivalent abgeschieden ($a = 1$), dann wird hierzu die Ladungsmenge $Q = F$ benötigt. Genaue Messungen haben den Wert

$$F = 96484{,}56 \text{ C/Val}$$[1]

ergeben. Die FARADAYsche Konstante ist eine der grundlegendsten Konstanten in der Elektrochemie.

Die Anzahl der Teilchen, die sich in einem Äquivalent eines Stoffes befinden, ist aus anderen Messungen bekannt (AVOGADROsche Zahl N_0, *s. Band 1*, S. 28). Aus ihr läßt sich die Ladung berechnen, die ein einzelnes Ion trägt. Beim Vorliegen einwertiger Ionen wird hierzu die FARADAYsche Konstante durch die AVOGADROsche Zahl geteilt. Es ergibt sich ein Wert von $1{,}602 \cdot 10^{-19}$ C. Dieser Zahlenwert ist gut bekannt als der Wert e_0 der *elektrischen Elementarladung*, wie er z. B. aus der Kraftwirkung eines elektrischen Feldes auf elektrisch geladene Öltröpfchen (MILLIKAN-Versuch [1.5]) ermittelt werden kann. Die elektrische Elementarladung ist die kleinste mögliche elektrische Ladung. Das Elektron ist Träger dieser negativen elektrischen Elementarladung. Zwischen FARADAYscher Konstante, AVOGADROscher Zahl und Elementarladung besteht also die wichtige Beziehung

$$F = e_0 \cdot N_0 . \tag{1.20}$$

Diese Gleichung vermittelt uns grundlegende Kenntnisse über den Aufbau der Ionen als Träger der elektrischen Stromleitung im Elektrolyten. Wenn der Quotient aus der zur Abscheidung eines Äquivalents benötigten Ladungsmenge F und der in diesem Äquivalent vorhandenen Teilchenzahl N_0 für ein einwertiges Ion gleich der elektrischen Elementarladung ist, dann liegt es nahe, jedem Ion eine Elementarladung zuzuordnen. Wird mit der gleichen Elektrizitätsmenge nur ein halbes Mol, d. h. $N_0/2$ Teilchen eines Stoffes abgeschieden, so besitzen diese Ionen zwei Elementarladungen (zweiwertige Ionen). Diese Erkenntnis stimmt mit unseren Vorstellungen von der Entstehung der Ionen aus neutralen Molekülen überein. Bei der Aufspaltung (Dissoziation) der Moleküle erhalten die entstehenden Ionen entweder einen Elektronenüberschuß (negative Ionen) oder einen Elektronenunterschuß (positive Ionen). Dabei kann es sich nur um ganze Vielfache der Elementarladung handeln.

Die Gültigkeit der FARADAYschen Gesetze ist unabhängig von Druck, Temperatur, Konzentration und der sonstigen Beschaffenheit der Elektrolytlösung. Die Gesetze gelten nicht nur für den Fall eines von außen erzwungenen Stromflusses durch die elektrolytische Zelle, sondern auch für freiwillig in galvanischen Elementen unter Stromlieferung ablaufende Umsetzungen.

Abschließend wollen wir einige Anwendungen besprechen. Auf der Grundlage des ersten FARADAYschen Gesetzes ist es möglich, Ladungsmengen zu bestimmen, indem

---

[1]) Diese Ladungsmenge wird auch als 1 Faraday bezeichnet.

die Masse eines durch diese Ladungsmenge elektrolytisch abgeschiedenen Stoffes ermittelt wird. Geräte dieser Art heißen *Coulometer*. Es gibt verschiedene Ausführungen. Bei den Gewichtscoulometern (Silbercoulometer, Kupfercoulometer) wird die abgeschiedene Stoffmenge gewogen, während bei den Volumencoulometern (Knallgascoulometer, Stiazähler) das Volumen einer abgeschiedenen Gasmenge bzw. Quecksilbermenge in einem kalibrierten Rohr gemessen wird. Bei den Titrationscoulometern wird die umgesetzte Stoffmenge mit einem geeigneten Mittel titriert und die Ladungsmenge aus der zugegebenen Menge des Titrationsmittels bestimmt.

Es soll hier kurz das Titrationscoulometer von LINGANE und SMALL besprochen werden. In einem lichtdicht abgeschlossenen und mit CO_2-freier Luft gespülten Elektrolysegefäß befinden sich eine Silberanode, eine Platinkatode und als Elektrolyt eine wäßrige Lösung, die 0,03 molar an KBr und 0,1 molar an K_2SO_4 ist. Bei Stromfluß läuft der Bruttovorgang

$$2\,Ag + 2\,Br' + 2\,H_2O \rightleftharpoons 2\,AgBr + H_2 + 2\,OH'$$

ab. Die an der Katode entstehenden Hydroxylionen werden mit HCl titriert. Ist die HCl-Lösung gerade 0,01035 molar, dann entspricht einem Kubikzentimeter des Titrationsmittels eine Ladungsmenge von einem Coulomb. Der Endpunkt der Titration (Äquivalenzpunkt der Neutralisationsreaktion) kann mit einer Glaselektrode (*s. Kap. 4.7.2.*) empfindlich angezeigt werden.

Ebenfalls auf dem 1. FARADAYschen Gesetz beruht eine coulometrische Analysenmethode (*Coulometrie*) [1.6], [1.7], bei der die Masse eines unbekannten Stoffes aus der geflossenen Ladungsmenge bestimmt wird. Der zu bestimmende Stoff wird entweder direkt an einer Elektrode abgeschieden, oder es wird elektrolytisch eine Substanz erzeugt, die sich stöchiometrisch mit dem in unbekannter Menge vorhandenen Stoff umsetzt. Dann spricht man von coulometrischer Titration. Die Ermittlung des Endpunktes kann visuell, konduktometrisch (*s. Kap. 2.8.*) oder potentiometrisch (*s. Kap. 4.7.5.*) erfolgen. Diese Methode gestattet es, außerordentlich kleine Stoffmengen mit relativ großer Genauigkeit zu bestimmen, weil nach dem FARADAYschen Gesetz einem Coulomb rund 10^{-5} Val (1/96500 Val) entsprechen und sich Elektrizitätsmengen von 10^{-6} Coulomb noch genau messen lassen. Allerdings ist dafür Voraussetzung, daß die geflossene Elektrizitätsmenge nur die eine gewünschte Stoffumwandlung, z. B. die Bildung von OH', durchführt (s. S. 330). Mit Hilfe solcher Coulometer läßt sich die Stromausbeute (s. S. 23) bestimmen, sie liefern m_{Coul}.

2. Elektrolytische Leitfähigkeit in Lösungen

Elektrolytische Leitfähigkeit, d. h. Elektrizitätstransport durch Ionen, kann sowohl in reinen festen Elektrolyten als auch in Schmelzen und in Lösungen auftreten. Wäßrige Elektrolytlösungen sind wegen ihrer großen praktischen Bedeutung am eingehendsten untersucht worden. Über das Leitvermögen solcher Lösungen liegt ein riesiges experimentelles Material vor [2.5, 2.21, 2.22]. Die theoretische Deutung wäßriger Elektrolytlösungen stößt allerdings wegen der besonderen Eigenschaften des Wassers auf besondere Schwierigkeiten (s. S. 123). Generell liegen in Mischphasen aus einem Lösungsmittel und einem Elektrolyten die Ionen des Elektrolyten als Assoziate (*Solvate*) mit einem oder mehreren Lösungsmittelmolekülen vor (s. S. 116 f). Wir werden uns zunächst mit solchen Elektrolytlösungen befassen.

2.1. *Natur und Wanderungsgeschwindigkeit der Ladungsträger*

Reine Flüssigkeiten haben, sofern sie nicht selbst Ionen bilden wie das Wasser, eine außerordentlich geringe elektrische Leitfähigkeit. Wenn sie feste Elektrolyte zu lösen vermögen, steigt die Leitfähigkeit mit deren Konzentration stark an. Der Elektrizitätstransport wird dann offenbar von den Ionen des Elektrolyten übernommen. Da diese entgegengesetzt geladen sind, werden sie unter dem Einfluß einer Gleichspannung im Gegensatz zu den Elektronen des Metalls in verschiedener Richtung wandern; sowohl das Kation als auch das Anion wird zum Stromtransport beitragen. Die Geschwindigkeit, mit der sie im elektrischen Feld wandern, wird daher die Stromstärke bestimmen. Letztere läßt sich aber nicht aus dem Ionenradius berechnen, den man etwa aus den röntgenoptischen Daten des Kristalls entnimmt („GOLDSCHMIDTscher Ionenradius") (*s. Tabellenanhang*), denn durch die Bildung von Solvaten wird das Volumen der Ionen vergrößert. Die solvatisierten (bei Bindung von Wassermolekülen hydratisierten) Ionen unterscheiden sich daher in der Wanderungsgeschwindigkeit, in thermodynamischen und anderen Eigenschaften ganz wesentlich von den Ionen in der Gasphase oder im Kristall. Man kann die Wanderungsgeschwindigkeit aber aus der Stromstärke und der Spannung berechnen; dabei erhält man zunächst die Summe der Geschwindigkeiten von Kation und Anion. Aus den Überführungszahlen ergeben sich dann die Einzelgeschwindigkeiten (s. S. 34). Damit ist die elektrische Leitfähigkeit zwar eine kinetische Größe, denn sie wird ja von der Geschwindigkeit der Ionen bestimmt, sie ist aber selbst zeitinvariant.

2.2. *Zusammenhang zwischen Wanderungsgeschwindigkeit und Leitfähigkeit*

Um den Zusammenhang zwischen Leitvermögen einer Elektrolytlösung und Geschwindigkeit der Ionen zu finden, betrachten wir ein Gefäß, z. B. ein Glasrohr der Länge l_0, das vollständig mit einem Elektrolyten gefüllt ist und an den Enden von zwei parallelen Elektroden des Querschnitts q abgeschlossen wird. Zwischen diesen Elektroden soll die Spannung U_0 liegen (*Abb. 2.1*). Das elektrische Feld zwischen den Platten sei homogen, die elektrische Feldstärke ϵ für jeden Querschnitt des Rohres ergibt sich dann zu $\epsilon = U/l$. Um die Kraft zu erhalten, mit der ein Ion von der entgegengesetzt geladenen Elektrode angezogen wird, hat man die Feldstärke mit der Ladung Q des Ions zu multiplizieren. Wenn es sich um ein Kation mit der Ladungszahl z_+ handelt, so ist $Q = z_+ \cdot e_0$, mithin

$$\mathfrak{K} = Q \cdot \frac{U}{l} = Q \cdot \epsilon = e_0 \cdot z_+ \cdot \epsilon . \tag{2.1}$$

Da das Ion von annähernd gleich großen Flüssigkeitsmolekülen umgeben ist, wird es sich unter dem Einfluß dieser Kraft auch nur mit großer Reibung bewegen können. Seine Geschwindigkeit wird sich also als Quotient aus Kraft und Reibungswiderstand R_W darstellen lassen:

$$v_+ = \frac{\mathfrak{K}}{R_W} = \frac{z_+ \cdot e_0 \cdot \epsilon \cdot 10^7}{R_W} \text{ (cm s}^{-1}\text{)}. \tag{2.2}$$

Dabei ist e_0 die Elementarladung in Coulomb (1,6021892 C) und ϵ die Feldstärke in Volt/cm; der Faktor 10^7 ergibt sich aus den Einheiten, wenn man die Geschwindigkeit in cm s^{-1} ausdrückt.

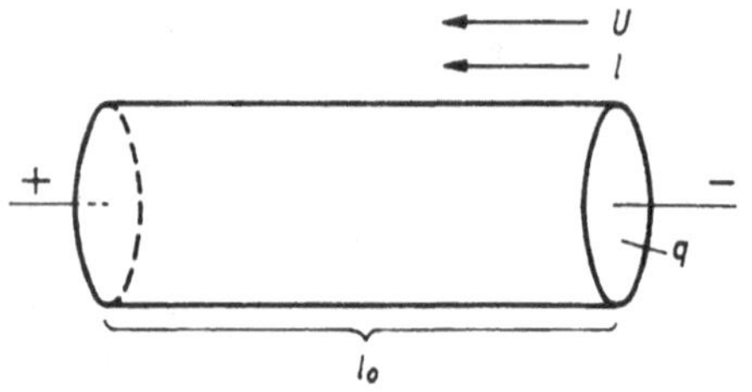

Abb. 2.1: Skizze zur Ableitung des Zusammenhangs zwischen Wanderungsgeschwindigkeit und Leitfähigkeit

Um eine Größe für die Geschwindigkeit der Ionen zu besitzen, die unabhängig von der Feldstärke ist, dividiert man v_+ durch ϵ und erhält die auf die Feldstärke 1 V cm^{-1} normierte Geschwindigkeit, die als Wanderungsgeschwindigkeit u_+ des betreffenden Ions bezeichnet wird:

$$u_+ = \frac{v_+}{\epsilon} = \frac{z_+ \cdot e_0 \cdot 10^7}{R_W} \text{ (cm}^2\text{ V}^{-1}\text{ s}^{-1}\text{)}. \tag{2.3}$$

Die Wanderungsgeschwindigkeit ist für festgelegte Bedingungen eine für das Ion charakteristische Größe.

Verwenden wir nun einen beliebigen Elektrolyten mit der elektrochemischen Wertigkeit $n_e = \nu_+ \cdot z_+ = \nu_- \cdot |z_-|$ und bezeichnen die Zahl der Kationen bzw. Anionen in cm^3 mit N_+ bzw. N_-, so ergibt sich die Stromstärke als die Summe der je Zeiteinheit durch den Querschnitt q wandernden Elementarladungen

$$I = q(z_+ e_0 N_+ v_+ + |z_-| \, e_0 N_- v_-). \tag{2.4}$$

Führen wir die oben definierte Wanderungsgeschwindigkeit ein, so erhalten wir

$$I = q \cdot e_0 \cdot \mathfrak{E}(z_+ N_+ u_+ + |z_-| \, N_- u_-). \tag{2.5}$$

Mit

$$R = \frac{U}{I} = \frac{\mathfrak{E} \cdot l}{I} = \frac{\sigma \cdot l}{q} \tag{2.6}$$

wird

$$\sigma = \frac{1}{e_0(z_+ N_+ u_+ + |z_-| \, N_- u_-)}. \tag{2.7}$$

Wenn wir die *spez. Leitfähigkeit* $\varkappa$ als reziproken Wert des spez. Widerstandes σ einführen, erhalten wir für $\varkappa$

$$\frac{1}{\sigma} = \varkappa = e_0(z_+ N_+ u_+ + |z_-| \, N_- u_-). \tag{2.8}$$

Die Leitfähigkeit eines cm^3-Würfels des Elektrolyten ist also um so größer, je mehr Teilchen der betreffenden Ionenart in der Lösung vorhanden sind und je größer ihre Wanderungsgeschwindigkeit und Ladungszahl sind. Sie ist jedoch unabhängig von der Feldstärke; sonst wäre es auch nicht möglich gewesen, das Ohmsche Gesetz auf Leitungsvorgänge im Elektrolyten anzuwenden.

Zur Berechnung der spezifischen Leitfähigkeit ist die Kenntnis der Teilchenzahl (N_+, N_-) in einem cm^3-Würfel erforderlich. Sie kann aus der bekannten Konzentration nach

$$N_+ = \frac{\nu_+ \cdot c \cdot N_0}{1000} \qquad N_- = \frac{\nu_- \cdot c \cdot N_0}{1000} \tag{2.9}$$

berechnet werden.

Damit wird

$$\varkappa = \frac{e_0 N_0 \cdot c}{1000} (\nu_+ z_+ u_+ + \nu_- \, |z_-| \, u_-). \tag{2.10}$$

Berücksichtigt man, daß $\nu_+ \cdot z_+ = \nu_- \cdot |z_-| = n_e$, so erhält man für die spezifische Leitfähigkeit

$$\varkappa = \frac{e_0 \cdot N_0 \cdot n_e \cdot c}{1000} (u_+ + u_-). \tag{2.11}$$

Nach (2.9) ist dabei vorausgesetzt, daß der Elektrolyt völlig in seine Ionen zerfallen ist. Bei unvollständiger Dissoziation (s. S. 66) gilt somit die Beziehung (2.11) nicht.

Mit $e_0 \cdot N_0 = F$ (vgl. 1.20) und nach Einführung der *Ionenbeweglichkeiten*[1]) (nach Kohlrausch) l_+ und l_- durch die Beziehungen

$$l_+ = u_+ \cdot F; \qquad l_- = u_- \cdot F \tag{2.12}$$

---

[1]) Die Ionenbeweglichkeiten haben, wie man leicht aus einer Dimensionsbetrachtung sieht, die Dimension ($cm^2 \cdot \Omega^{-1}$ Val^{-1}), beziehen sich also stets auf ein *Äquivalent* Ionen, d. h. auf die Anzahl von Ionen, die $6{,}203 \cdot 10^{23}$ Ladungen tragen.
$l_{Ca^{\cdot\cdot}} = 50$ cm^2 Ω^{-1} Val^{-1} stellt somit die Beweglichkeit von $\frac{1}{2}$ Mol $Ca^{\cdot\cdot}$-Ionen dar.

kann man auch schreiben:

$$\varkappa = \frac{n_e \cdot c}{1000} (l_+ + l_-) \quad (\Omega^{-1}\,\mathrm{cm}^{-1}). \tag{2.13}$$

$n_e \cdot c$ ist die Äquivalentkonzentration, die Zahl der Äquivalente einer Verbindung pro Liter. Die Summe der Ionenbeweglichkeiten nennen wir *Äquivalentleitfähigkeit* λ.

$$\lambda = l_+ + l_- = \frac{1000}{n_e \cdot c} \cdot \varkappa = \varphi \cdot \varkappa \quad (\mathrm{cm}^2\,\Omega^{-1}\,\mathrm{Val}^{-1}). \tag{2.14}$$

Die Äquivalentleitfähigkeit ist also der Quotient aus der spez. Leitfähigkeit und der Zahl der Äquivalente in einem cm³ oder das Produkt von spez. Leitfähigkeit und der Verdünnung φ, d. i. die Zahl der cm³, in der ein Äquivalent gelöst ist. Zur anschaulichen Vorstellung kann man sagen, daß die Äquivalentleitfähigkeit gemessen wird, wenn man $1000/n_e \cdot c$ cm³-Würfel des Leiters nebeneinander zwischen zwei Elektrodenplatten (die also den Abstand 1 cm haben) anordnet.

Aus Leitfähigkeitsmessungen ist nur die Summe der Ionenbeweglichkeiten zugänglich. Die Ermittlung der einzelnen Wanderungsgeschwindigkeiten, die der Bestimmung des Beitrags der Kationen und Anionen zum Stromtransport entspricht, wird in dem Kapitel „Überführungszahlen" behandelt. Die *Überführungszahlen* t_+ und t_- eines binären Elektrolyten geben das Verhältnis des durch die positiven bzw. negativen Ionen transportierten Stromes zur insgesamt geflossenen Strommenge an. Es muß gelten:

$$t_+ + t_- = 1, \tag{2.15}$$

$$t_+ = \frac{u_+}{u_+ + u_-} = \frac{l_+}{l_+ + l_-} = 1 - t_-. \tag{2.16}$$

Für einen beliebigen Elektrolyten $Ka_{\nu_+}^{z_+'}A_{\nu_-}^{z_-'}$ oder in einem Gemisch mehrerer Elektrolyte ist der Anteil des Ions i am Stromtransport:

$$t_i = \frac{|z_i|\, c_i l_i}{\sum\limits_a^j |z_j|\, c_j l_j}, \tag{2.17}$$

wenn als c_i die Konzentration des betreffenden Ions eingesetzt wird. Führt man die Konzentration des jeweiligen Elektrolyten c_E ein, gilt:

$$t_i = \frac{\nu_i\, |z_i|\, c_E l_i}{\sum\limits_a^j \nu_j\, |z_j|\, c_E l_j}. \tag{2.18}$$

Die experimentelle Bestimmung von Überführungszahlen in gemischten Elektrolyten ist praktisch kaum möglich, wir beschränken uns daher im wesentlichen auf das Verhalten von Lösungen eines binären Elektrolyten.

Die molare Leitfähigkeit λ' ist ganz analog der Äquivalentleitfähigkeit definiert und errechnet sich zu:

$$\lambda' = \lambda \cdot n_e = \frac{1000}{c} \varkappa \quad (\mathrm{cm}^2\,\Omega^{-1}\,\mathrm{mol}^{-1}). \tag{2.19}$$

Wenn die Beweglichkeiten der Ionen unabhängig von der Konzentration wären und der Elektrolyt bei jeder Konzentration vollständig in Ionen zerfallen wäre, müßten die Äquivalentleitfähigkeit und die molare Leitfähigkeit von der Konzentration unabhängig sein (s. aber S. 40).

2.3. *Leitfähigkeitsmessungen*

Die Leitfähigkeit von Elektrolytlösungen in Wasser ist für die Technik von großer Bedeutung, weil solche Lösungen bei der Herstellung von Chlor, Natronlauge, anorganischen und organischen Salzen, in der Galvanotechnik, bei der elektrolytischen Raffination von Metallen usw. in großem Umfang eingesetzt werden und der Energieaufwand für die betreffenden elektrochemischen Prozesse wesentlich von ihrer Leitfähigkeit abhängt. Die Meßmethoden sind von denen zur Bestimmung des Widerstandes von Leitern 1. Art verschieden. Wir gehen deshalb etwas näher darauf ein.

2.3.1. *Methoden zur Messung der elektrolytischen Leitfähigkeit*

Wenn man den Widerstand des Elektrolyten in *Abb. 2.1* mißt, kann man seine spez. Leitfähigkeit aus dem Abstand der Elektroden l und ihrem Querschnitt q und bei Kenntnis der Äquivalentkonzentration auch seine Äquivalentleitfähigkeit berechnen.

$$\varkappa = \frac{l}{q \cdot R}. \qquad (2.20)$$

Widerstandskapazität

Nun ist aber die Genauigkeit der Messung von l und q nicht sehr groß, und man kann im allgemeinen keine geometrisch so einfache Leitfähigkeitszelle verwenden, wie sie in *Abb. 2.1* gezeigt wird, sondern muß die Gefäße dem jeweiligen Zweck entsprechend konstruieren (s. S. 39). Dann kann man nicht mehr einfach l und q ausmessen und greift zu der Bestimmung des Verhältnisses $l/q = \mathfrak{C}$, der sogenannten *Widerstandskapazität*, mit Hilfe der Widerstandsmessung eines Elektrolyten bekannter spezifischer Leitfähigkeit. Dabei können z. B. die Werte der spezifischen Leitfähigkeit für wäßrige KCl-Lösungen verwendet werden, die KOHLRAUSCH bei verschiedenen Konzentrationen und Temperaturen sehr genau gemessen hat (s. Tab. 7.1.2). Nach dieser Eichung darf natürlich an der Leitfähigkeitszelle (z. B. Stellung und Größe der Elektroden) nichts mehr geändert werden, weil sich sonst auch die Widerstandskapazität ändert. Bei bekannter Widerstandskapazität kann man durch Widerstandsmessung die unbekannte Leitfähigkeit von Elektrolyten messen:

$$\varkappa = \frac{\mathfrak{C}}{R}. \qquad (2.21)$$

Widerstandsmessung

Aus Stromstärke-Spannungsmessungen nach $R = U/I$ läßt sich der elektrische Widerstand nur in besonderen Fällen (Widerstände $> 10^4\,\Omega$ und Spezialschaltung) präziser bestimmen als mit der im allgemeinen viel genaueren *Wheatstoneschen Brückenmethode. Abb. 2.2* zeigt eine Schaltskizze, die für Messungen der Leitfähigkeit von Elektrolyten brauchbar ist. Die Berechnung des unbekannten Widerstandes R_x beruht auf einer Anwendung des OHMschen Gesetzes und der

KIRCHHOFFschen Sätze; wenn der Schleifkontakt K so steht, daß durch das Nullinstrument N kein Strom fließt, so gilt:

$$\frac{R_x I_x}{R_v I_v} = \frac{R_1 I_1}{R_2 I_2}$$

$$R_x = R_v \frac{R_1}{R_2} \tag{2.22}$$

R_v = Vergleichswiderstand.

Die Widerstände R_1 und R_2 sind Teile eines Gefällsdrahtes, der Querschnitt q und der spezifische Widerstand σ sind über den ganzen Draht hin konstant, so daß wir bei 100 cm Drahtlänge schreiben können:

$$R_x = R_v \frac{l_1}{100 - l_1}. \tag{2.23}$$

Die Messungen müssen mit Wechselstrom nicht zu kleiner Frequenz durchgeführt werden, damit keine Veränderungen im Elektrolyten und an den Elektroden (Abscheidungsvorgänge, Polarisation) auftreten. Der Elektronenübergang zwischen Lösung und Elektrode erfordert eine zusätzliche Spannung, die Polarisationsspannung p (s. *Kap. 6.*), die nicht für den Transport der

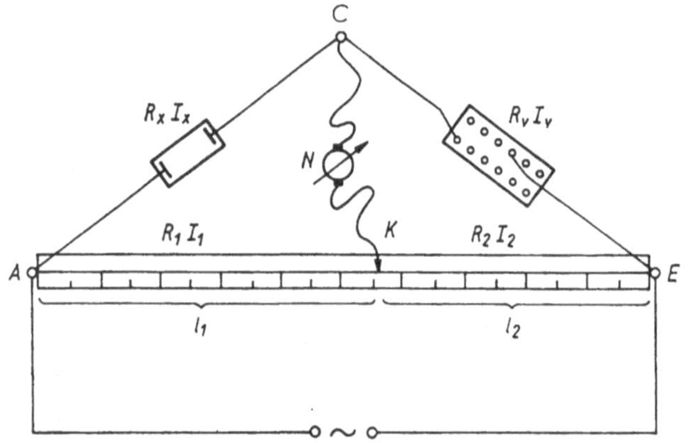

Abb. 2.2: WHEATSTONEsche Brücke zur Messung der elektrolytischen Leitfähigkeit

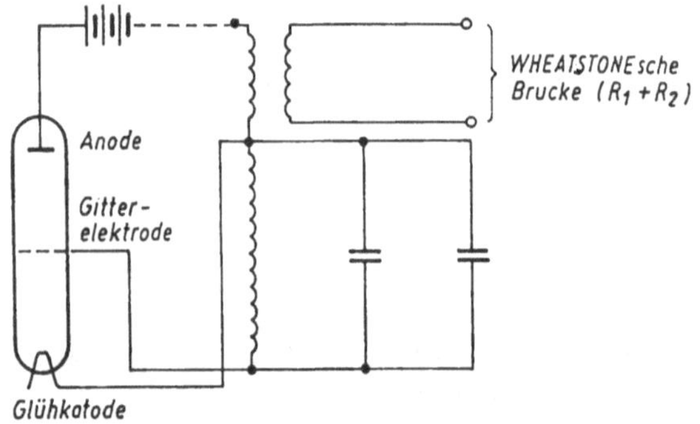

Abb. 2.3: Prinzipschaltskizze zur Bestimmung der elektrolytischen Leitfähigkeit mit sinusförmigem Wechselstrom

Ionen durch die Lösung zur Verfügung steht. Wird p bei der Berechnung des Widerstandes nicht durch

$$R = \frac{U - p}{I}$$

berücksichtigt bzw. durch Verwendung von Wechselstrom eliminiert, erhält man einen fehlerhaften Wert für R. Hochfrequenter Wechselstrom läßt die geladenen Teilchen – ihre Wärmebewegung soll außer Betracht bleiben, weil sie regellos und deshalb ohne Einfluß ist – dicht um die Ausgangslage schwingen, während langzeitige Stromstöße die Ionen über größere Strecken in einer Richtung bewegen. Netzwechselstrom ist nur für grobe Messungen verwendbar (50 Hz). Dagegen ist der Strom eines *Funkeninduktors* (mehrere 1000 Hz) brauchbar. Am günstigsten ist ein *Röhrengenerator* (Prinzipschaltskizze 2.3), der die Erzeugung sinusförmigen Wechselstromes (im Gegensatz zum Funkeninduktor) von in weitem Bereich veränderlicher Frequenz gestattet.

Zur Anzeige der Stromlosigkeit in der Brücke sind Wechselstrominstrumente im allgemeinen nicht geeignet. Wenn man im Bereich der Hörfrequenz (2000···3000 Hz) arbeitet, kann man als Nullinstrument ein Telefon mit geringem Eigenwiderstand verwenden. Selbst sehr kleine Stromstärken (bis 10^{-9} A) verursachen noch ein hörbares Summen, so daß man den Brückenabgleich sehr genau durch das Tonminimum feststellen kann. Der Verlauf der Intensität I des Tones mit der Stellung l_1 des Schleifkontaktes in *Abb. 2.2* geht aus der Kurve A (*Abb. 2.4*) hervor. Die Stromempfindlichkeit eines leistungsfähigen Telefons kann nur von einem Wechselstromverstärker erreicht werden, der jedoch oft Rückkopplungseffekte auf das gesamte System ausübt. Legt man in den Brückenzweig CK (*Abb. 2.2*) einen Röhrenverstärker oder Transistorverstärker, so kann man einen Lautsprecher benutzen und bekommt dann ein sehr scharfes Minimum, das sich allerdings u. U. nicht leicht finden läßt (*Abb. 2.4*, Kurve B).

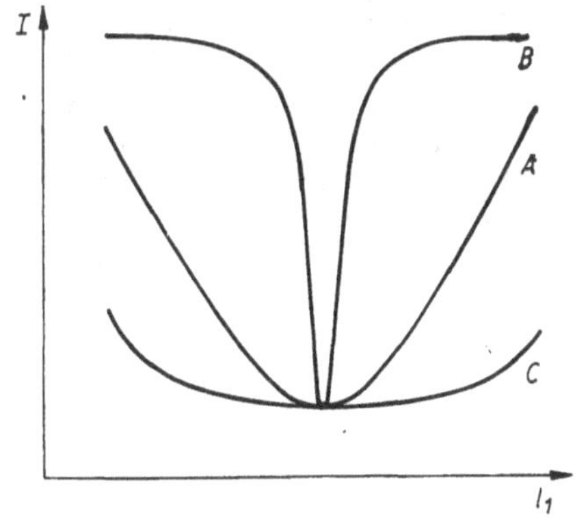

Abb. 2.4: Verlauf der Intensität I des Tones in Abhängigkeit von der Stellung l_1 des Schleifkontaktes

Man kann auch den Wechselstrom in CK gleichrichten und dann ein Drehspulgalvanometer als Nullinstrument verwenden. Bei jeder Art der Gleichrichtung geht Energie verloren, die Empfindlichkeit des Gleichstrominstrumentes muß daher sehr groß sein, und außerdem erhält man ein flaches Minimum (*Abb. 2.4*, Kurve C), das eine genaue Messung erschwert.

Mit Hilfe der Braunschen Röhre eines *Katodenstrahloszillographen* kann man das Minimum der Amplitude des Wechselstromes bei Brückenabgleich direkt sichtbar machen, beim *magischen Auge* sind die dunklen Zonen bei Stromlosigkeit besonders groß.

Bei Verwendung von Wechselstrom treten zu dem Ohmschen Widerstand (Wirkwiderstand, Realwiderstand) als Blindwiderstand (Reaktanz) noch der induktive (Induktanz) und kapazitive Widerstand (Kapazitanz).

Für den Wechselstromwiderstand, die Impedanz Z, ergibt sich:

$$Z = \sqrt{R^2 + \left(2\pi\nu L - \frac{1}{2\pi\nu C}\right)^2}. \tag{2.24}$$

R ist der OHMsche Widerstand, ν die Frequenz des Wechselstromes, L der Selbstinduktionskoeffizient und C die Kapazität für den betrachteten Stromkreis. Da nur der Wirkwiderstand des Elektrolyten interessiert, müssen die anderen Glieder (der Blindwiderstand) eliminiert werden.

Beim Abgleich der WHEATSTONEschen Brücke ist nur gesichert, daß

$$\frac{Z_1}{Z_2} = \frac{Z_x}{Z_v}$$

ist. Damit muß aber nicht die Gl. (2.22)

$$\frac{R_1}{R_2} = \frac{R_x}{R_v}$$

erfüllt sein.

Die Selbstinduktion spielt bei Elektrolyten keine Rolle. Die Kapazität muß aber vor allem bei schlechten Leitern berücksichtigt werden. Man kann diesen Fehler experimentell ausgleichen, indem man einen veränderlichen Kondensator dem Vergleichswiderstand R_v parallel schaltet und die beiden Kapazitäten gegeneinander abgleicht; außerdem erdet man verschiedene Teile des Leitersystems (JONES- und JOSEPHS-Schaltung, *Abb. 2.5*). Die Bestimmung des Wirkwiderstandes gelingt am besten, wenn man den Wechselstromwiderstand bei verschiedenen Frequenzen mißt und ihn in einem (Frequenz-) Bereich bestimmt, wo er frequenzunabhängig ist. In diesem Fall kann der Blindwiderstand keine große Rolle spielen.

Als Vergleichswiderstand kann man z. B. einen Stöpsel-, einen Kurbelrheostaten oder einen Dekadenwiderstand verwenden, der in weiten Grenzen (meßbar) variabel ist, damit der Schleifkontakt etwa auf der Mitte des Gefällsdrahtes steht, wenn Stromlosigkeit erreicht wird. (Statt eines Gefällsdrahtes werden heute bei Präzisionsmessungen Kurbelwiderstände verwendet, oder der Brückenzweig wird fest auf die Mitte eingestellt.)

In diesem Fall tritt bei der Berechnung von R_x (Gl. (2.22)) der geringste Fehler auf. Die Widerstandsdrähte von R_v sind bifilar gewickelt, damit die Selbstinduktion unterdrückt wird; der kapazitive Widerstand der metallischen Leiter kann durch Verwendung von isolierten Bändern (Isolator z. B. Glimmer) an Stelle der Drähte weitgehend ausgeschaltet werden. Bis zu Frequenzen von 3000 Hz und Widerständen von 1000 Ω sind die Abweichungen des gemessenen Wertes von R_x

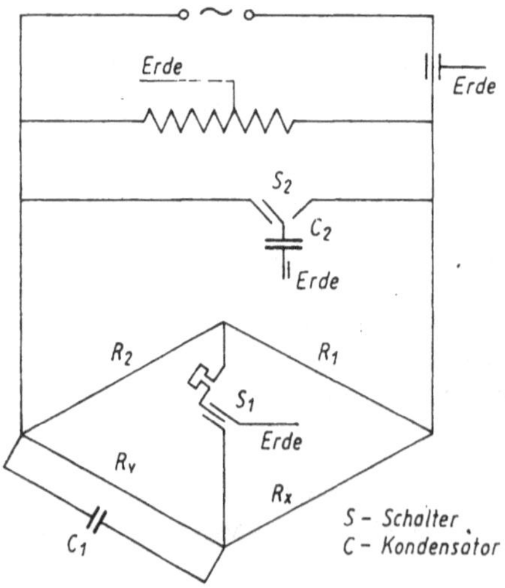

Abb. 2.5: JONES- und JOSEPHS-Schaltung

gegenüber dem wirklichen Wert nur gering. Handelt es sich um die ***Messung sehr hoher Widerstände*** (z. B. bei der Leitfähigkeitsmessung unpolarer organischer Flüssigkeiten wie Benzen oder Tetrachlorkohlenstoff), muß wegen des hohen Wirkwiderstandes[1]) der Elektrodenabstand möglichst klein gehalten werden. So aber erhält man eine zu große Kapazität und damit einen zu hohen Blindwiderstand. Man verwendet daher in solchen Fällen Gleichstrom und ermittelt die Stromstärke bei verschiedenen Spannungen. Der spezifische Widerstand wird durch Extrapolation auf die Spannung Null ermittelt. In bestimmten Fällen bringt die Messung der ***Hochfrequenzleitfähigkeit*** (Wechselstrom im MHz-Bereich) Vorteile. Sie stellt eine „elektrodenlose" Leitfähigkeitsmessung dar[2]) und ist besonders geeignet für Systeme, in denen das Elektrodenmaterial Störungen verursachen würde, so z. B. in aggressiven Medien oder in speziellen Anordnungen, in denen die Anbringung von Elektroden zu Schwierigkeiten führt, z. B. bei der Säulenchromatographie. Diese Methode ist zur Charakterisierung des betreffenden Stoffes, nicht aber zur Messung des Wirkwiderstandes geeignet.

Leitfähigkeitszellen

Die Form der Gefäße ist den speziellen Anforderungen bezüglich der Größenordnung der Leitfähigkeit, der Fernhaltung von Luft usw. angepaßt (*Abb. 2.6* bis *2.8*). Als Elektrodenmaterial wird meist Platin oder auch Silber verwendet. Je größer die Stromdichte ist, desto stärker tritt Polarisation ein; deshalb wählt man die Oberfläche möglichst groß.

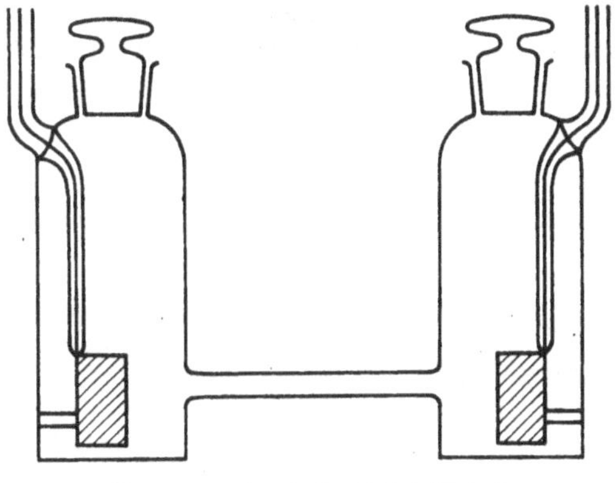

Abb. 2.6: Meßzelle für hohe Leitfähigkeit

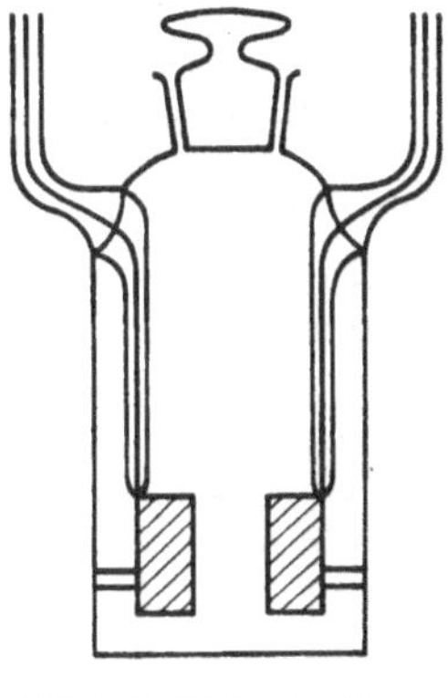

Abb. 2.7: Meßzelle für geringe Leitfähigkeit

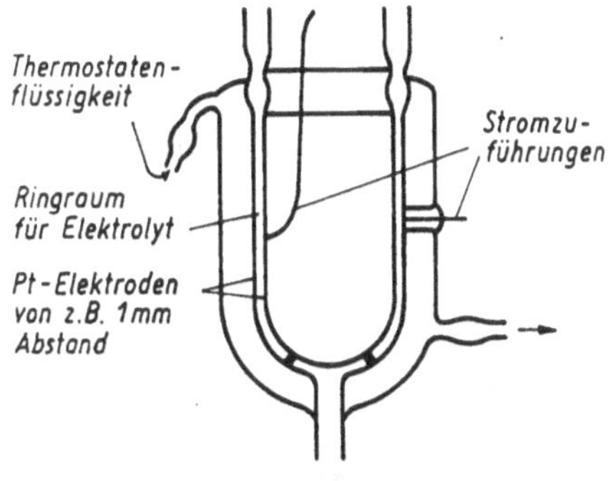

Abb. 2.8: Meßzelle für sehr kleine Leitfähigkeit mit Thermostatenmantel

---

[1]) Reinst-Benzen besitzt bei Zimmertemperatur einen spezifischen Widerstand von $10^{18}\,\Omega \cdot \mathrm{cm}$.

[2]) Die Elektroden werden außerhalb der Meßflüssigkeit, z. B. auf der äußeren Gefäßwand, angeordnet.

Pt-Elektroden erhalten durch einen Überzug von Pt-Schwarz eine große Oberfläche. Diese oberflächenreiche Schicht nimmt jedoch leicht Verunreinigungen auf, die in der Meßlösung wieder abgegeben werden können. Bei kleinen Elektrolytwiderständen fällt ein Fehler durch Polarisation natürlich besonders ins Gewicht. Zahlenmäßig kann man etwa festlegen, daß bei einer Elektrodenoberfläche von n cm² Widerstände genau meßbar sind, die mindestens einen Wert von $\frac{75}{n}\,\Omega$ besitzen.

Der Widerstand von Elektrolyten nimmt mit der Temperatur stark ab (ungefähr 2% je °C). Die Temperatur der Leitfähigkeitszelle muß aus diesem Grund mit einer Genauigkeit von mindestens ±0,05 °C konstant gehalten werden. Die Leitfähigkeitsmeßzelle muß daher in einen Thermostaten mit entsprechender Temperaturkonstanz eingehängt werden.

Leitfähigkeit des Lösungsmittels

Meist werden wäßrige Elektrolytlösungen untersucht. Besonders bei sehr verdünnten Lösungen muß neben der Leitfähigkeit des untersuchten Stoffes ein Anteil des Lösungsmittels berücksichtigt werden. Wirklich reines Wasser besitzt eine sehr geringe spezifische Leitfähigkeit $\varkappa_W$. Für gewöhnliches aqua destillata liegt sie aber schon etwa 3 Zehnerpotenzen höher, weil CO_2 aus der Luft, Alkaliionen aus dem Vorratsglas und Spuren von anderen Elektrolyten darin enthalten sind. Für Leitfähigkeitsmessungen muß man bei einigen Anforderungen an die Genauigkeit zumindest doppelt destilliertes Wasser verwenden. Die erste Destillation erfolgt über Kaliumpermanganat und Schwefelsäure zur Entfernung organischer Verunreinigungen, die zweite über Bariumoxid, um das gelöste Kohlendioxid zu entfernen. Zur Aufbewahrung von *Leitfähigkeitswasser* sind Silber- und Zinngefäße geeignet.

Spezifische Leitfähigkeit bei 20 °C

reinstes Wasser	$\varkappa_W \approx 4 \cdot 10^{-8}\,\Omega^{-1} \cdot \mathrm{cm}^{-1}$
für Leitfähigkeitsmessungen geeignet	$\varkappa_W < 1 \cdot 10^{-6}\,\Omega^{-1} \cdot \mathrm{cm}^{-1}$
aqua destillata	$\varkappa_W \approx 4 \cdots 5 \cdot 10^{-5}\,\Omega^{-1} \cdot \mathrm{cm}^{-1}$
über Mischbettaustauscher gereinigtes Wasser	$\varkappa_W \approx 10^{-7}\,\Omega^{-1}\,\mathrm{cm}^{-1}$

Um die Leitfähigkeit des Wassers zu berücksichtigen, muß man von der Äquivalentleitfähigkeit λ der gelösten Verbindung, von der ein Äquivalent in φ cm³ enthalten ist, den Wert $\varphi \cdot \varkappa_W$ abziehen.

$$(\varphi\varkappa)_{\mathrm{wahr}} = \lambda_{\mathrm{korr}} = \lambda - \varphi \cdot \varkappa_W . \tag{2.25}$$

Vor allem wegen der Verunreinigungen des Lösungsmittels gelingt es nur sehr schwer, den Meßfehler für die Leitfähigkeit unter 0,1% herabzusetzen. Bei weniger sorgfältiger Vorbereitung der Zelle und des Elektrolyten muß man sich mit einer Genauigkeit von 0,1 bis 0,3% begnügen (Näheres s. *Kap. 8.*, LA [11], und LB [3], [4] und [5]).

2.3.2. Ergebnisse der Leitfähigkeitsmessungen

Die Konzentrationsabhängigkeit der Leitfähigkeit

Nach den Gleichungen (2.13) bzw. (2.14) erhält man beim Auftragen der spezifischen bzw. der Äquivalentleitfähigkeit eines Stoffes über der Konzentration die Kurvenbilder *A* in *Abb. 2.9* und *2.10.* Die experimentelle Nachprüfung zeigt jedoch ein anderes Ergebnis; man findet eine Abhänigkeit der Leitfähigkeit von der Konzentration, die von Elektrolyt zu Elektrolyt verschieden ist, meist aber ungefähr den Kurvenbildern *B* entspricht. Die spezifische Leitfähigkeit nimmt mit steigender Konzentration langsamer zu als der Linearität entspricht, die Äquivalentleitfähigkeit wird durch Konzentrationssteigerung herabgesetzt. Die Abweichungen von den erwarteten Ergebnissen können durch eine Abnahme der Zahl oder der Wanderungsgeschwindigkeit der Ionen erklärt werden (P. Walden). Wir werden später untersuchen, wie sich die beiden Einflüsse auswirken. Dabei wird sich zeigen, daß bei schwachen Elektrolyten in erster Linie die Abnahme der Zahl der Ionen, bei starken Elektrolyten dagegen die Abnahme ihrer Beweglichkeit mit der Konzentration für den experimentellen Verlauf von $\varkappa$ bzw. λ als Funktion von c verantwortlich ist. Erst bei hohen Konzentrationen spielt bei starken Elektrolyten (insbesondere mit mehrfach geladenen Ionen, z. B. $MgSO_4$) auch die Bildung elektrisch neutraler Teilchen eine Rolle (s. S. 97).

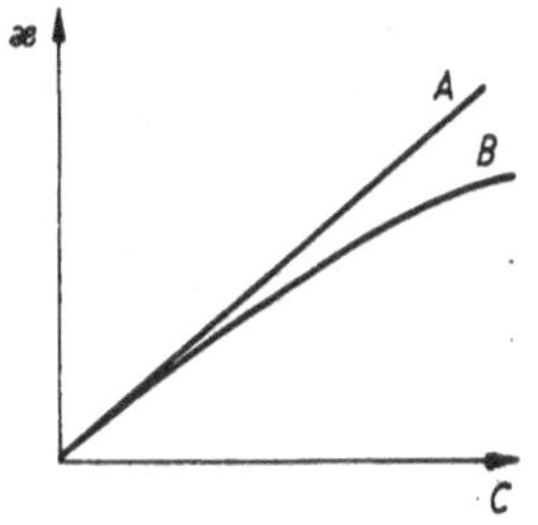

Abb. 2.9: Spezifische Leitfähigkeit $\varkappa$ in Abhängigkeit von der Konzentration c

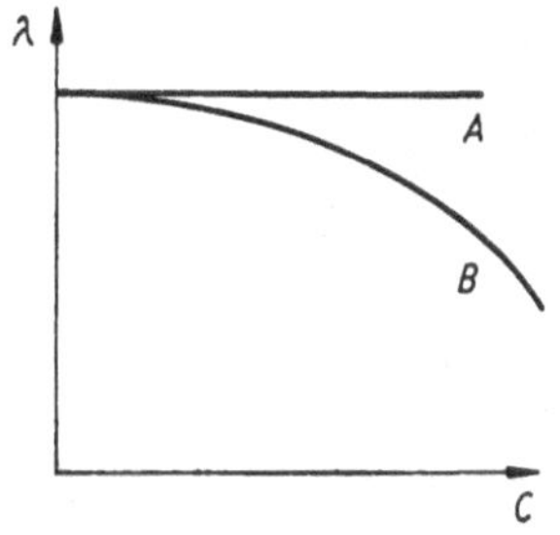

Abb. 2.10: Äquivalentleitfähigkeit λ in Abhängigkeit von der Konzentration c

Allgemeine Gesetzmäßigkeiten, die für alle Elektrolyte in einem großen Konzentrationsbereich Gültigkeit haben, sind nicht bekannt. In wäßrigen Lösungen nimmt λ mit sinkender Konzentration sowohl starker als auch schwacher Elektrolyte monoton, aber in verschiedener Weise zu. In nichtwäßrigen Lösungen werden manchmal Extremwerte von λ gefunden, die auf Komplexbildung zurückzuführen sind. Für starke Elektrolyte in sehr verdünnten Lösungen fand Kohlrausch eine lineare Abnahme der Äquivalentleitfähigkeit mit der Wurzel aus der Konzentration. Dieses nach ihm benannte Quadratwurzelgesetz:

$$\lambda = \lambda_\infty - A' \sqrt{c}, \tag{2.26}$$

wo λ_∞ den Grenzwert von λ bei unendlicher Verdünnung ($c \to 0$) darstellt, ist in *Abb. 2.11* für verschiedene starke Elektrolyte gezeigt; λ_∞ erhält man durch Extrapolation auf $\sqrt{c} \to 0$ als Ordinatenabschnitt. Man sieht aus der Steigung der Geraden, daß die Konstante A' mit wachsendem Produkt der Ladungszahlen von Anionen und Kationen stark zunimmt, während sie bei gleichem $z_+ \cdot z_-$ von der Art des Elektrolyten nur wenig abhängt. Diesen Einfluß der Ladungszahl der Ionen kann man als einen Beweis für das Bestehen einer elektrostatischen Wechselwirkung ansehen.

Das Kohlrauschsche Gesetz wird nur von Lösungen starker Elektrolyte bis etwa $c = 10^{-2}$ mol l^{-1} befolgt. Seine Bedeutung liegt vor allem darin, daß es die Möglichkeit eröffnet, durch lineare Extrapolation λ_∞ zu bestimmen. Bis zu etwas höheren Konzentrationen ($c = 0{,}1$ mol l^{-1}) wird die Konzentrationsabhängigkeit der Äquivalentleitfähigkeit durch die empirische Beziehung

$$\lambda = \lambda_\infty - B\sqrt[3]{c}$$

wiedergegeben, die Konstante B ist dabei vom Elektrolyten abhängig.

Starke Elektrolyte genügender Löslichkeit zeigen ein Maximum der spezifischen Leitfähigkeit mit steigender Konzentration, wie *Abb. 2.12* zeigt. Offenbar muß die mit der Konzentration wachsende Zahl der Ladungsträger durch einen anderen Effekt überkompensiert werden.

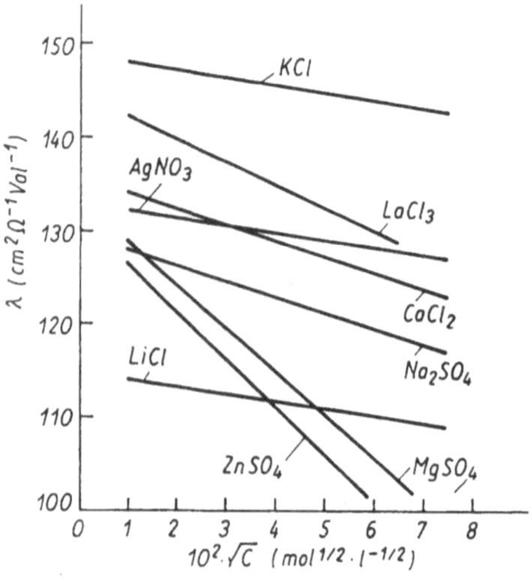

Abb. 2.11: Zum Quadratwurzelgesetz von KOHLRAUSCH

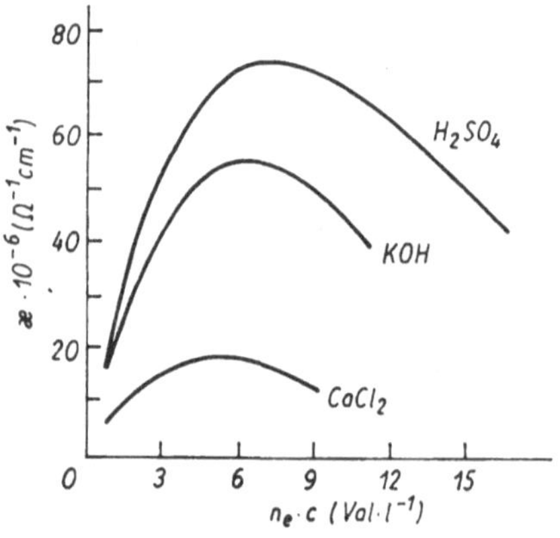

Abb. 2.12: Abhängigkeit der spezifischen Leitfähigkeit starker Elektrolyte von der Konzentration

Wenn man davon ausgeht, daß sich das Dissoziationsgleichgewicht des Elektrolyten mit dem Kation $Ka^{z+\cdot}$ und dem Anion $A^{z-\prime}$:

$$\nu_+ Ka^{z+\cdot} + \nu_- A^{z-\prime} \leftrightharpoons Ka_{\nu_+}A_{\nu_-}$$

bei wachsender Konzentration nach rechts verschiebt (vgl. Band 1, S. 371), wobei offen bleibt, ob das Teilchen $Ka_{\nu_+}A_{\nu_-}$ ein Molekül oder ein nach außen elektroneutrales „Ionenpaar" darstellt, so kann man den Dissoziationsgrad α durch das Verhältnis der Äquivalentleitfähigkeit bei der betreffenden Konzentration λ_c zu λ_∞ ausdrücken:

$$\alpha = \frac{\lambda_c}{\lambda_\infty}. \tag{2.27}$$

Es wäre im Prinzip denkbar, daß die wachsende Konzentration an Elektrolyt beim Maximum von $\varkappa$ durch den Rückgang von α überkompensiert wird, denn dann wäre ja in (2.13) $l_+ + l_- = \lambda_\infty$ zu ersetzen durch $\alpha \cdot \lambda_\infty$, weil bei der Ableitung von (2.13) vollständige Dissoziation vorausgesetzt war. In Wirklichkeit muß man aber neben der Abnahme der Ladungsträger bei wachsender Konzentration auch eine Abnahme der Beweglichkeiten durch Zunahme der gegenseitigen Behinderung bzw. Beeinflussung und der Viskosität der Lösung annehmen (s. S. 62). In jedem Fall ist aber die Kenntnis des Grenzwertes λ_∞, bei dem sowohl vollständige Dissoziation als auch vollständige Unabhängigkeit der Ionen voneinander vorausgesetzt sind (ideales Verhalten einer unendlich verdünnten Lösung, s. *Band 1*, S. 241) sehr wichtig. Unter den eben genannten Voraussetzungen, die zuerst KOHLRAUSCH formuliert hat, ist in diesem Grenzfall $l_{Ka^\cdot}$ für alle Verbindungen mit dem Kation $Ka^\cdot$ und $l_{A'}$ für alle Verbindungen mit dem Anion A' gleich. Das ist das *Gesetz der unabhängigen Ionenwanderung* von KOHLRAUSCH. Mit seiner Hilfe kann man

a) Differenzen von Beweglichkeiten gleichsinnig geladener Ionen,

b) die Leitfähigkeit bei unendlicher Verdünnung für schwache Elektrolyte errechnen, die keine experimentelle Bestimmung erlauben[1]), z. B. (die Werte von λ_∞ gelten für 25 °C):

aa)

$$\begin{aligned}
\lambda_{KBr\infty} &= l_{K^\cdot\infty} + l_{Br'\infty} = 151{,}92 \text{ cm}^2\,\Omega^{-1}\,\text{Val}^{-1}\\
\lambda_{KCl\infty} &= l_{K^\cdot\infty} + l_{Cl'\infty} = 149{,}86 \text{ cm}^2\,\Omega^{-1}\,\text{Val}^{-1}\\
\hline
l_{Br'\infty} &- l_{Cl'\infty} = \underline{\underline{2{,}06}} \text{ cm}^2\,\Omega^{-1}\,\text{Val}^{-1}
\end{aligned}$$

bb) Bekannt sind die Werte von λ_∞ für Salzsäure, Kaliumchlorid und Kalziumazetat, gesucht wird λ_∞ für Essigsäure:

$$\begin{aligned}
\lambda_{HCl\infty} &= l_{H^\cdot\infty} + l_{Cl'\infty} = 426{,}16 \text{ cm}^2\,\Omega^{-1}\,\text{Val}^{-1}\\
+\lambda_{KAz\infty} &= l_{K^\cdot\infty} + l_{Az'\infty} = 114{,}42 \text{ cm}^2\,\Omega^{-1}\,\text{Val}^{-1}\\
-\lambda_{KCl\infty} &= l_{K^\cdot\infty} + l_{Cl'\infty} = 149{,}86 \text{ cm}^2\,\Omega^{-1}\,\text{Val}^{-1}\\
\hline
\lambda_{HAz\infty} &= l_{H^\cdot\infty} + l_{Az'\infty} = \underline{\underline{390{,}72}} \text{ cm}^2\,\Omega^{-1}\,\text{Val}^{-1}
\end{aligned}$$

Daß das Gesetz der unabhängigen Ionenwanderung gut erfüllt ist, zeigt *Tab. 2.1*, wo λ_∞ für verschiedene Kalium- und Natriumsalze sowie (in Klammern) die Differenzen von λ_∞ zwischen Salzen mit gleichem Kation und (in der 4. Spalte) die Differenzen zwischen Salzen mit gleichem Anion eingetragen sind.

Tabelle 2.1

Gesetz der unabhängigen Ionenwanderung von KOHLRAUSCH
λ_∞ (cm² Ω^{-1} Val^{-1}) bei 18 °C

Anion X'	Kaliumsalz $\lambda_\infty = l_{K^\cdot\infty} + l_{X'\infty}$	Natriumsalz $\lambda_\infty = l_{Na^\cdot\infty} + l_{X'\infty}$	$l_{K^\cdot\infty} - l_{Na^\cdot\infty}$
F′	111,2	90,1	21,1
	(18,8)	(18,8)	
Cl′	130,0	108,9	21,1
	(31,5)	(31,5)	
IO_3'	98,5	77,4	21,1
	(27,8)	(27,8)	
NO_3'	126,3	105,2	21,1

[1]) Für schwache Elektrolyte wird α erst bei sehr hohen Verdünnungen, bei denen keine genauen Messungen mehr möglich sind, annähernd gleich 1.

Tabelle 2.2

Elektrolyt	λ_∞ (25 °C) ($cm^2\,\Omega^{-1}\,Val^{-1}$)	$\frac{\lambda_c}{\lambda_\infty}$ für $c = 0{,}005\ mol \cdot l^{-1}$	$\frac{\lambda_c}{\lambda_\infty}$ für $c = 0{,}01\ mol \cdot l^{-1}$	$\frac{\lambda_c}{\lambda_\infty}$ für $c = 0{,}1\ mol \cdot l^{-1}$
HCl	426,16	0,981	0,972	0,92
HNO_3	421,24	0,980	0,969	0,92
CH_3COOH	390,72	0,057	0,041	0,0134
NaOH	247,7	0,948	0,933	0,905
NH_4OH	271,0	0,055	0,041	0,0131
KCl	149,86	0,956	0,940	0,859
NaCl	126,45	0,953	0,936	0,852
LiCl	115,03	0,951	0,933	0,848
$MgSO_4$	133,06	0,740	0,669	0,449
$K_4Fe(CN)_6$	184,5	0,889	0,853	0,530

Mit Hilfe des Gesetzes der unabhängigen Ionenwanderung war es möglich, die λ_∞-Werte für starke und schwache Elektrolyte bei verschiedenen Temperaturen und auch für verschiedene Lösungsmittel zu gewinnen. In *Tab. 2.2* sind einige Werte und daraus für endliche Konzentrationen errechnete Größen von $\frac{\lambda_c}{\lambda_\infty}$ zusammengestellt. Es fällt auf, daß λ_∞ für Säuren und Basen erheblich größer als λ_∞ für Salze ist (s. S. 58).

Viskosität und Leitfähigkeit

Untersuchungen an Lösungen großer Ionen, z. B. Tetraalkylammonium- und Pikrationen, in verschiedenen Lösungsmitteln deckten einen sehr einfachen Zusammenhang zwischen der Leitfähigkeit und der Viskositätskonstante des Lösungsmittels auf. Nach ihrem Entdecker wird diese Beziehung die *Waldensche Regel* genannt:

$$\frac{\lambda_{\infty 1}}{\lambda_{\infty 2}} = \frac{\eta_2}{\eta_1} \quad \text{(für einen bestimmten Elektrolyten)} \tag{2.28}$$

$$\lambda_{\infty 1} \cdot \eta_1 = \lambda_{\infty 2} \cdot \eta_2$$

$\lambda_{\infty 1}, \lambda_{\infty 2}$ – Leitfähigkeit in zwei Lösungsmitteln

η_1, η_2 – Viskositätskonstante der beiden Lösungen

In *Tab. 2.3* kann man die Genauigkeit verfolgen, mit der die Waldensche Regel für Tetraethylammoniumiodidlösungen bei 25 °C und 0 °C befolgt wird.

Gleichung 2.28 ergibt sich auch aus dem Stokesschen Gesetz für die Reibungskraft $\mathfrak{K}$ eines kugelförmigen Teilchens mit dem Radius r und der Geschwindigkeit v; $\mathfrak{K} = 6\pi\eta \cdot r \cdot v$. Nach Gleichung (2.2) und (2.14) ist die Äquivalentleitfähigkeit bei konstanter Ladung ein Maß für v, muß also (für r = konstant) der Viskosität umgekehrt proportional sein. An sich ist allerdings für die Anwendung des Gesetzes von Stokes Voraussetzung, daß der Radius der Teilchen groß im Verhältnis zu dem der Teilchen des umgebenden Mediums ist. Das trifft auf die Ionen nicht ohne weiteres zu. Viele Ionen befolgen daher die WALDENsche Regel nicht; außerdem können Wechselwirkungen zwischen Ionen und Lösungsmittelmolekülen diese Abweichungen hervorrufen (s. S. 99).

Auch die Änderung der Leitfähigkeit mit dem Druck kann zum Teil auf eine Viskositätsänderung des Lösungsmittels zurückgeführt werden; dazu kommt aber noch die Abhängigkeit von c, α und f_λ (s. S. 72) vom Druck.

Tabelle 2.3

Ionisierungsmittel	bei 25 °C			bei 0 °C		
	η_∞ (Pa · s)	λ_∞ ($cm^2\,\Omega^{-1}\,Val^{-1}$)	$\eta_\infty \cdot \lambda_\infty$	η_∞ (Pa · s)	λ_∞ ($cm^2\,\Omega^{-1}\,Val^{-1}$)	$\eta_\infty \cdot \lambda_\infty$
Aceton	0,000316	225	0,711	0,000397	177	0,707
Acetonitril	0,000346	200	0,692	0,000442	158	0,698
Methylalkohol	0,000580	124	0,719	0,000846	88	0,742
Nitromethan	0,000619	120	0,743	0,000829	90	0,745
Ethylalkohol	0,00108	60	0,648	0,00179	37	0,662
Benzonitril	0,00125	56,5	0,706	0,00194	35,5	0,689
Furfurol	0,00149	50	0,745	0,00248	30	0,743
Nitrobenzen	0,00182	40	0,728	0,00307	25	0,768
Benzylcyanid	0,00193	36	0,695	0,00338	19	0,642
		Mittel ≈ 0,7			Mittel ≈ 0,7	

Die Temperaturabhängigkeit der Leitfähigkeit

Die mit steigender Temperatur stets zu beobachtende Leitfähigkeitszunahme kann nicht auf eine erhöhte thermische Bewegung der Teilchen zurückgeführt werden, da diese regellos erfolgt und einer gerichteten Bewegung sogar entgegenwirkt. Eine wesentliche Ursache für die Leitfähigkeitserhöhung ist jedoch die mit der Temperatur exponentiell erfolgende Abnahme der Viskosität:

$$\eta = \eta_0 \cdot e^{\frac{Q}{RT}}\,[1]\,.$$

In wäßriger Lösung gilt annähernd eine lineare Beziehung zwischen der Äquivalentleitfähigkeit starker Elektrolyte und der Temperatur:

$$\lambda_\vartheta = \lambda_{18}[1 + \Delta(\vartheta - 18)]. \tag{2.29}$$

λ_ϑ bzw. λ_{18} ist die Äquivalentleitfähigkeit bei der Temperatur ϑ bzw. 18 °C. Δ ist eine Konstante, die innerhalb bestimmter Gruppen von Elektrolyten etwa den gleichen Wert besitzt:

für starke Säuren	$\Delta \approx 0{,}0164$
für starke Basen	$\Delta \approx 0{,}0190$
für Salze	$\Delta \approx 0{,}0220$

[1]) *Vgl. Band 1,* S. 432.

Abweichungen von der Linearität gemäß Gl. (2.29) treten um so weniger auf, je näher ϑ an 18 °C liegt. Unterhalb 0 °C sinkt die Leitfähigkeit gewöhnlich langsamer, als der Gl. (2.29) entspricht. Etwa von 90 °C an, für 0,5%ige Kupfersulfatlösung z. B. bei 95 °C, nimmt die Leitfähigkeit wäßriger Lösungen bei Temperatursteigerung wieder ab. Das Auftreten eines Extremwertes (*Abb. 2.13*) deutet darauf hin, daß außer der Viskosität mindestens noch ein anderer Faktor mit entgegengesetzter Wirkung eine Änderung von λ mit der Temperatur verursacht. Diese Leitfähigkeitsabnahme bei höheren Temperaturen ist vor allem darauf zurückzuführen, daß die Dielektrizitätskonstante im allgemeinen stark mit der Temperatur abnimmt[1]). So sinkt z. B. die Dielektrizitätskonstante beim Erwärmen des Wassers von 25 °C auf 100 °C von $\varepsilon_{25^\circ} \approx 78$ auf $\varepsilon_{100^\circ} \approx 55$. Dies bewirkt eine Erhöhung der elektrostatischen Wechselwirkung zwischen den gelösten Teilchen und damit eine Abnahme der Äquivalentleitfähigkeit. In nichtwäßrigen Lösungen können ähnliche, zum Teil noch stärkere Effekte beobachtet werden.

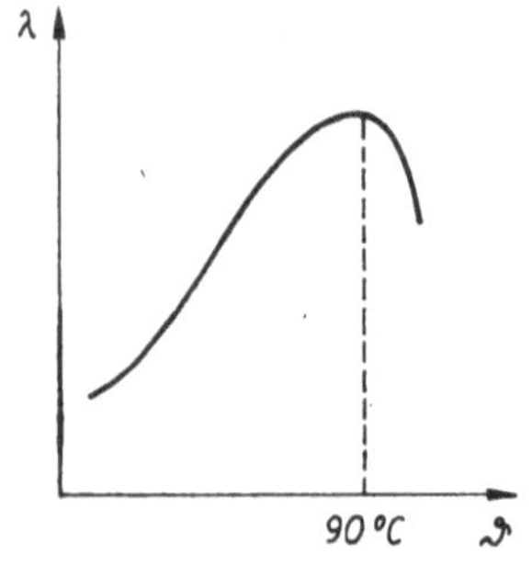

Abb. 2.13: Temperaturabhängigkeit der Äquivalentleitfähigkeit von 1 M $CuSO_4$-Lösung

Die Temperaturabhängigkeit von λ/λ_∞ ist gering, weil Gl. (2.29) sowohl für endliche Konzentrationen als auch für unendliche Verdünnung gilt. Der Quotient wird mit steigender Temperatur kleiner, denn der Einfluß der Viskosität ist zwar für λ_∞ etwa der gleiche wie für λ, bei endlichen Konzentrationen erhöht sich aber mit wachsender Temperatur die elektrostatische Wechselwirkung, während bei unendlicher Verdünnung die elektrostatischen Anziehungskräfte zwischen den Ionen bei *allen* Temperaturen gleich Null sind.

Die Messung der elektrischen Leitfähigkeit gibt somit wertvolle Aufschlüsse über die in den Elektrolytlösungen herrschenden Verhältnisse. Sie wird daher zur Aufklärung der Struktur wäßriger Elektrolytlösungen eingesetzt (Fuoss, Ismailov [2.1], [2.17]).

Bisher sind Methoden zur Bestimmung der Leitfähigkeit von Elektrolyten, vor allem in wäßriger Lösung, besprochen worden. Nach Gl. (2.14) setzt sich die Äquivalentleitfähigkeit λ aus den Beweglichkeiten einzelner Ionen zusammen. Für das Verständnis des Leitvermögens von Elektrolytlösungen ist die Kenntnis der Wanderungsgeschwindigkeit der einzelnen Ionen wichtig, weil daraus Zusammenhänge mit ihren individuellen Eigenschaften abgeleitet werden können. Die Bestimmung wird aus der Messung der

---

[1]) Vgl. S. 103.

Überführungszahlen (s. S. 34) möglich, weil damit eine zweite Gleichung zur Verfügung steht, die l_+ und l_- enthält. Wir behandeln daher jetzt die Methoden zur Bestimmung von t_+ bzw. t_- und die daraus ermittelten Werte von u_+ und u_- bzw. l_+ und l_-.

2.4. *Überführungszahlen und Ionenbeweglichkeiten*

Aus der Tatsache, daß beim Durchgang von Gleichstrom an den Elektroden äquivalente Mengen der beiden Ionen abgeschieden werden (z. B. aus einer Chlorwasserstofflösung gleichzeitig 1 Mol elementares Chlor an der Anode und ein Mol elementarer Wasserstoff an der Katode), schloß man anfangs, daß auch die Wanderungsgeschwindigkeiten der beiden Partner, die den Elektrolyten bilden, immer gleich sein müßten. Diesen Trugschluß kann man leicht widerlegen, wenn man die Äquivalentleitfähigkeiten bei unendlicher Verdünnung zweier Elektrolyte mit einem gemeinsamen Ion vergleicht, z. B. $\lambda_{\infty NaCl}$ und $\lambda_{\infty HCl}$ (bei 25 °C):

$$\lambda_{\infty NaCl} = 126 = l_{Na^{\cdot}\infty} + l_{Cl'\infty},$$

$$\lambda_{\infty HCl} = 426 = l_{H^{\cdot}\infty} + l_{Cl'\infty}.$$

Aus experimentellen Messungen wurde das KOHLRAUSCHsche Gesetz von der Unabhängigkeit der Ionenwanderung (bei unendlicher Verdünnung) abgeleitet. $l_{Cl'}$ ist also für Salzsäure genauso groß wie für Kochsalz. Nimmt man willkürlich an, daß beim NaCl die Wanderungsgeschwindigkeiten von Anion und Kation gleich sind, so muß $l_{H^{\cdot}} \neq l_{Cl'}$ sein, weil ja $\lambda_{NaCl} \neq \lambda_{HCl}$ ist. Die positiven und die negativen Ionen einer Elektrolytlösung wandern also im elektrischen Feld mit verschiedener Geschwindigkeit. Obwohl die unterschiedlichen Äquivalentleitfähigkeiten von Elektrolyten mit gleichem Anion oder Kation nur durch verschiedene Beweglichkeiten der Ionen des gleichen Elektrolyten erklärt werden können, hatte J. W. HITTORF, der dies zuerst erkannt (1853) und daraus das Auftreten von Konzentrationsunterschieden in den Elektrodenräumen abgeleitet hat, große Schwierigkeiten zu überwinden, bis diese Feststellung allgemein anerkannt wurde.

Auch in bezug auf andere, insbesondere thermodynamische Eigenschaften unterscheiden sich die Ionen eines Elektrolyten beträchtlich (s. S. 217). Oft ist es allerdings schwierig, diese Eigenschaften der Ionen getrennt zu ermitteln. Die Ionenbeweglichkeiten lassen sich dagegen mit Hilfe der Bestimmung der Überführungszahlen, die nach verschiedenen Methoden erfolgen kann, berechnen.

2.4.1. *Methoden zur Bestimmung der Überführungszahlen*

Die Hittorfsche Methode

Wenn sich l_+ und l_- voneinander unterscheiden, so müssen sich während einer Elektrolyse die Konzentrationen in der Umgebung der Anode und der Katode verschieden stark ändern, obwohl an beiden Elektroden die gleiche Anzahl von Äquivalenten abgeschieden wird und der Elektrolyt somit insgesamt elektrisch neutral bleibt. So geht z. B. aus den Werten von $\lambda_{\infty NaCl}$ und $\lambda_{\infty HCl}$ hervor, daß die $H^{\cdot}$-Ionen eine viel größere

Beweglichkeit besitzen als die Na˙- und die Cl′-Ionen. Bei einer Elektrolyse von Salzsäure werden deshalb die Wasserstoffionen an der Anode viel rascher auswandern als die Chloridionen an der Katode.

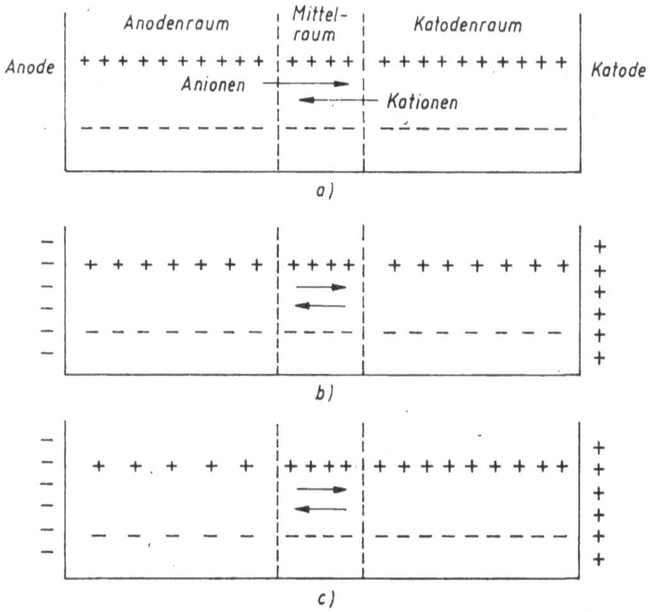

Abb. 2.14: HITTORFsche Methode zur Bestimmung der Überführungszahlen

a) Schema der Zelle zu Versuchsbeginn
b) Bilanz nach dem Stromfluß bei $l_+ = l_-$
c) Bilanz nach dem Stromfluß bei $l_+ = 5l_-$

Zur quantitativen Untersuchung der Folgen dieser verschiedenen Wanderungsgeschwindigkeit von Kation und Anion soll ein einfaches Modell verwendet werden.

Wir betrachten eine Lösung, die insgesamt 24 Äquivalente (Val) des Elektrolyten enthält und denken uns die Versuchszelle in drei Räume getrennt. Bei Versuchsbeginn soll der Mittelraum 4 Val, Anoden- und Katodenraum sollen je 10 Val enthalten. Die linke Gefäßwand dient gleichzeitig als Anode, die rechte als Katode (*Abb. 2.14a*).

Jetzt soll ein Strom fließen, der eine Ladung von 6 Faraday transportiert. Dann werden 6 Äquivalente Anionen abgeschieden, an der Katode ebensoviele Kationen. Diese Mengen verschwinden demnach aus dem Anoden- bzw. Katodenraum.

Durch jeden Querschnitt des Elektrolyten muß natürlich in der gleichen Zeit dieselbe Ladung transportiert werden.

Wenn die Wanderungsgeschwindigkeit der beiden Ionen gleich ist, so bedient sich der Strom der Anionen und der Kationen in gleichem Maße; durch jeden Querschnitt bewegen sich 3 Val Kationen und in entgegengesetzter Richtung 3 Val Anionen. In unserem Schema bedeutet das für den Mittelraum keine Konzentrationsänderung; aus dem Anodenraum wandern 3 Val Kationen und aus dem Katodenraum 3 Val Anionen ab. Wenn wir also für die verschiedenen Räume die Bilanz aufstellen, so ergibt sich (*Abb. 2.14b*):

Die Konzentrationsabnahme im Anoden- und im Katodenraum ist gleich, in jedem der beiden Räume fehlt die Hälfte der abgeschiedenen Menge des Elektrolyten.

Nehmen wir aber z. B. an, daß die Beweglichkeit des Kations 5mal so groß ist wie die des Anions ($l_+ = 5l_-$), dann transportieren die Kationen $\frac{5}{6}$ des Stromes, die Anionen nur $\frac{1}{6}$, bei der Abscheidung von 6 Val also 5 bzw. 1 F. Die Bilanz lautet dann (*Abb. 2.14c*):

Vor der Elektrolyse	Anodenraum $10KaA$	Mittelraum $4KaA$	Katodenraum $10KaA$
Abgeschieden	$-6A$	—	$-6Ka$
Zugewandert	$+1A$	$+1A$ $+5Ka$	$+5Ka$
Abgewandert	$-5Ka$	$-1A$ $-5Ka$	$-1A$
Nach der Elektrolyse	$5KaA$	$4KaA$	$9KaA$
Konzentrationsabnahme	$-5KaA$	0	$-1KaA$

Man sieht also: Die Konzentrationsabnahme an der Katode (Δc_K) verhält sich zur Konzentrationsabnahme an der Anode (Δc_A) wie die Beweglichkeit des Anions zu der des Kations

$$\frac{l_-}{l_+} = \frac{\Delta c_K}{\Delta c_A}. \tag{2.30}$$

Aus dem Zusammenhang zwischen Beweglichkeit und Überführungszahl t

$$t_+ = \frac{l_+}{l_+ + l_-}; \qquad t_- = \frac{l_-}{l_+ + l_-}$$

folgt daher mit (2.30)

$$\frac{\Delta c_A}{\Delta c_K} = \frac{t_+}{t_-} = \frac{t_+}{1 - t_+}. \tag{2.31}$$

Man kann demnach die einzelnen Überführungszahlen sehr einfach aus Konzentrationsänderungen bei Elektrolysen geeigneter Anordnung gewinnen. Wenn die Konzentrationsänderung in Val angegeben wird, so gilt:

$$t_+ = \frac{\Delta c_A}{\Delta c_A + \Delta c_K}; \qquad t_- = \frac{\Delta c_K}{\Delta c_A + \Delta c_K}. \tag{2.32}$$

Wird durch den Strom eine Ladung von genau 1 Faraday transportiert, so gibt der Verlust an der Anode (Katode) unmittelbar die Überführungszahl des Kations (Anions) an

$$\Delta c_A = t_+; \qquad \Delta c_K = t_-. \tag{2.33}$$

Um die Ionenbeweglichkeiten zu erhalten, muß man die eben beschriebenen Konzentrationsmessungen, die die Überführungszahlen bzw. das Verhältnis l_+/l_- liefern, mit Leitfähigkeitsmessungen kombinieren, aus denen man die Summe $l_+ + l_-$ erhält. Für sehr hohe Verdünnung gilt

$$t_{+\infty} = \frac{l_{+\infty}}{l_{+\infty} + l_{-\infty}} = \frac{l_{+\infty}}{\lambda_\infty} \tag{2.34}$$

$$l_{+\infty} = t_{+\infty} \cdot \lambda_\infty; \qquad l_{-\infty} = t_{-\infty} \cdot \lambda_\infty .$$

Nun kann man aber die Messungen nicht bei beliebig hohen Verdünnungen durchführen, weil dann die Konzentrationsänderungen zu klein sind und weil der Widerstand des Elektrolyten nicht zu hoch sein darf. Man erhält deshalb Überführungszahlen bei der jeweiligen Konzentration und schreibt für die Ionenbeweglichkeiten bei Berücksichtigung des Dissoziationsgrades für schwache Elektrolyte

$$l_+ = t_+ \cdot \lambda; \qquad l_- = t_- \cdot \lambda \qquad \text{starke Elektrolyte,} \tag{2.35}$$

$$l_+ = t_+ \cdot \frac{\lambda}{\alpha}; \qquad l_- = t_- \cdot \frac{\lambda}{\alpha} \qquad \text{schwache Elektrolyte.} \tag{2.36}$$

Versuchsanordnung

Aus unserem Modellversuch geht schon hervor, daß man bei der praktischen Durchführung von Bestimmungen der Überführungszahlen aus Konzentrationsänderungen Katodenraum, Mittelraum und Anodenraum trennen muß. Dabei kann man aber keine Diaphragmen verwenden, weil sie die Ionenwanderung stören würden. Man muß nach Beendigung der Elektrolyse die Konzentration in allen drei Räumen prüfen. Im Mittelraum ist die Bestimmung nötig, weil die Diffusion versucht, das Konzentrationsgefälle auszugleichen. Der Versuch darf nur so lange fortgesetzt werden, wie sich dies noch nicht merklich auswirkt, d. h., die Konzentration im Mittelraum muß während des Versuches konstant bleiben. Für die Konzentrationsmessungen ist es notwendig, daß man die drei Räume nach dem Versuch sauber voneinander trennen kann. Dazu sind eine ganze Reihe von Apparaten entwickelt worden.

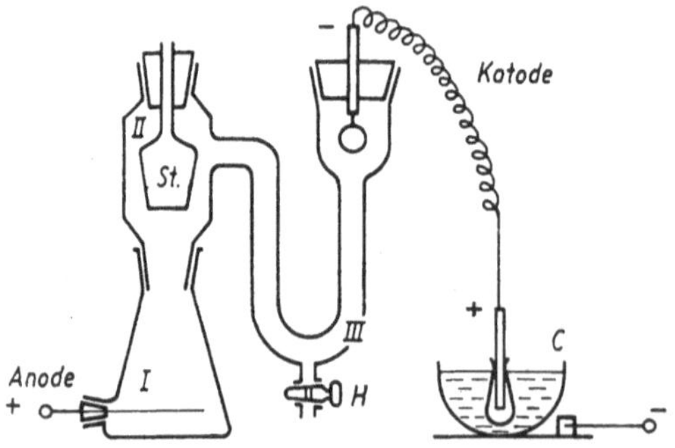

Abb. 2.15: Versuchsanordnung von HOPFGARTNER zur Bestimmung von Überführungszahlen

Abb. 2.15 zeigt die Versuchsanordnung von HOPFGARTNER. Nach dem Versuch wird der Stopfen St vorsichtig zwischen Anodenraum I und Mittelraum II gesetzt, der Katodenraum III kann durch den Hahn H entleert werden, und man kann so den Inhalt der 3 Räume bequem trennen. Zur Bestimmung der geflossenen Strommenge dient das Silbercoulometer C.

Eine andere einfache Apparatur stammt von WILHELM OSTWALD (*Abb. 2.16*).

4 U-Rohre sind durch drei Brücken verbunden, die ganze Kette ist mit dem zu untersuchenden Elektrolyten gefüllt, an ihren Enden befinden sich die Elektroden. Nach dem Stromdurchgang wird der Hahn H_{II} der mittleren Brücke gelockert, und ihr Inhalt fließt in den Mittelraum, die U-Rohre II_a und II_b. Dann werden die beiden anderen Hähne gelockert, die Brücken abgenommen, und die Konzentrationsänderungen im Anodenraum (I), Katodenraum (III) und Mittelraum können nun bestimmt werden.

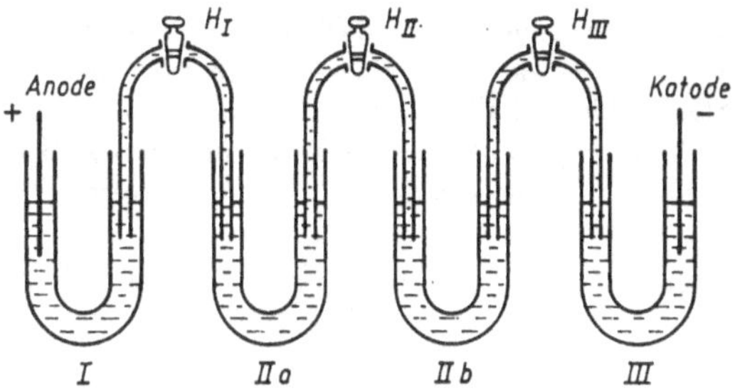

Abb. 2.16: Versuchsanordnung von W. Ostwald zur Bestimmung von Überführungszahlen

Beispiel zur Berechnung der Hittorfschen Überführungszahl

Zur Bestimmung der Überführungszahl des $Ag^{\cdot}$-Ions wurde eine ca. 1%ige $AgNO_3$-Lösung zwischen 2 Ag-Elektroden 2 Stunden bei 10 mA elektrolysiert.

Will man $t_{Ag^{\cdot}}$ nach (2.32) aus dem Elektrolytverlust im Anodenraum berechnen, so muß das Verhältnis von Elektrolyt zu Lösungsmittelmenge vor und nach der Elektrolyse im Anodenraum untersucht werden (es muß also die Kilomolarität als Konzentrationsmaß benutzt werden). Das Analysenergebnis ist aus der folgenden Übersicht zu ersehen.

Vor der Elektrolyse	−	25,00 g H_2O 0,1848 g $AgNO_3$	25,00 g H_2O 0,1848 g $AgNO_3$	23,14 g H_2O 0,1710 g $AgNO_3$	+
Nach der Elektrolyse	−	25,00 g H_2O 0,1271 g $AgNO_3$	25,00 g H_2O 0,1848 g $AgNO_3$	23,14 g H_2O 0,2361 g $AgNO_3$	+

Die Zunahme an $AgNO_3$ im Anodenraum betrug

$$0{,}2361 - 0{,}1710 = 0{,}0651 \text{ g } AgNO_3 = 0{,}000383 \text{ Val Ag}.$$

Im Silbercoulometer wurden während des Versuchs 0,000723 Äquivalente Silber abgeschieden, das entspricht einer durch den Strom transportierten Ladung von 0,000723 Faraday. Ebensoviel Silber muß anodisch in Lösung gegangen sein, so daß man den durch Auswanderung aus dem Anodenraum hervorgerufenen Verlust errechnet zu:

$$\Delta c_A = 0{,}000723 - 0{,}000383 = 0{,}000340 \text{ Val Ag}.$$

Wird Δc_A in den Elektrolytverlust pro Faraday umgerechnet, so erhält man nach (2.33) unmittelbar die Überführungszahl des $Ag^{\cdot}$ (t_+):

$$t_+ = \frac{\Delta c_A}{\Delta c_A + \Delta c_K} = \frac{0{,}000340}{0{,}000723} = 0{,}47.$$

Die Überführungszahl des Silberions einer etwa 1%igen $AgNO_3$-Lösung beträgt 0,47, die des NO_3'-Ions also 0,53.

Der Fehler bei dieser HITTORFschen Methode wird in der Hauptsache durch die Genauigkeit der Analysenmethode bestimmt. In unserem Beispiel war der Titrationsfehler 0,05 cm³, das bedeutet für die Überführungszahlen einen Fehler von rund 0,5%.

Das Beispiel zeigt, daß man bei der Berechnung der Überführungszahlen die entsprechenden Elektrodenprozesse genau kennen und berücksichtigen muß.

Das Verfahren der wandernden Grenzfläche von Mac Innes und Smith

Bei dieser Methode wird die Wanderungsgeschwindigkeit direkt mit Hilfe von Weg- und Zeitmessungen bestimmt. Die Überwindung der Schwierigkeiten bei der Versuchsanordnung lohnt sich, weil man sehr genaue Werte der Überführungszahlen erhalten kann. *Abb. 2.17* zeigt schematisch, wie der Versuch durchgeführt wird. Zwei Elektrolyte mit einem gemeinsamen Ion sind in einem senkrechten Rohr übereinander angeordnet, wobei eine scharfe Grenzfläche existieren soll.

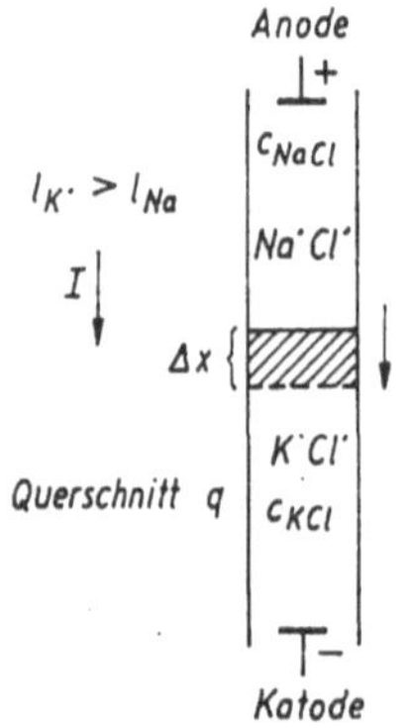

Abb. 2.17: Zum Verfahren der wandernden Grenzflächen von MAC INNES und SMITH

Für die Verfolgung der Wanderung der Grenzfläche ist es günstig, wenn eines der beiden verschiedenen Ionen gleichen Ladungssinnes farbig ist; aber auch bei farblosen Ionen kann man mit Hilfe des Unterschiedes der Brechungsindizes die Grenze bequem beobachten. In unserem Schema befindet sich oben eine NaCl-Lösung, unten eine KCl-Lösung. Die Katode ist unten. Die angelegte Spannung wird so groß gewählt, daß die Diffusion gegenüber der Ionenwanderung vernachlässigt werden kann. Folgende Bedingungen müssen erfüllt sein:

1. Es handelt sich um starke Elektrolyte, Dissoziationsgrad $\alpha = 1$.

2. Das Ion, dessen Überführungszahl bestimmt werden soll ($K^\cdot$), und das „Indikatorion" ($Na^\cdot$) sind mit dem gleichen „Gegenion" verbunden, deshalb verwenden wir von beiden Alkalimetallen die Chloride.

3. Bei verschiedenen Kationen (Anionen) muß die Beweglichkeit des der Katode (Anode) benachbarten Kations (Anions) größer sein als die des anderen (in *Abb. 2.17*) $l_{K^\cdot} > l_{Na^\cdot}$.

4. Die Konzentrationen der beiden verschiedenen Ionen gleichen Ladungssinnes in Äquivalenten je Liter Lösung müssen sich zueinander ungefähr so verhalten wie ihre Überführungszahlen. Das bedeutet in unserem Fall $c_{KCl}/c_{NaCl} \approx t_{K^\cdot}/t_{Na^\cdot}$; Konzentrationsabweichungen bis zu 5% sind gestattet, weil während des Versuchs eine automatische Angleichung an das richtige Konzentrationsverhältnis stattfindet.

Aus den Bedingungen 3 und 4 geht hervor, daß die Beweglichkeiten und Überführungszahlen schon vor dem Versuch ungefähr bekannt sein müssen. Es ist daher unmöglich, nach der Methode von MAC INNES eine völlig unbekannte Überführungszahl mit einer Messung genau zu bestimmen.

5. Damit eine Vermischung der Lösungen unter dem Einfluß der Gravitation erschwert wird, muß sich die dichtere Lösung unten befinden.

Wenn diese Bedingungen eingehalten werden, bleibt die Grenzschicht zwischen den beiden Lösungen scharf. Die Beweglichkeiten $l_{Na^\cdot}$ und $l_{K^\cdot}$ sind zwar verschieden, trotzdem wird die Bedingung $v_{K^\cdot} = v_{Na^\cdot}$ erfüllt, weil nach (2.3) und (2.12) gilt:

$$\frac{l_{K^\cdot}}{l_{Na^\cdot}} = \frac{\epsilon_{NaCl}}{\epsilon_{KCl}} \quad \text{für} \quad v_{K^\cdot} = v_{Na^\cdot}. \tag{2.37}$$

Die Feldstärke muß im Gebiet des Ions mit der kleineren Beweglichkeit größer sein als in der Zone des Ions mit der größeren Beweglichkeit. Bei gleichem Leiterquerschnitt ist die Feldstärke der spezifischen Leitfähigkeit umgekehrt proportional. Man kann daher für ein-einwertige Elektrolyte schreiben:

$$\frac{l_{K^\cdot}}{l_{Na^\cdot}} = \frac{\epsilon_{NaCl}}{\epsilon_{KCl}} = \frac{\varkappa_{KCl}}{\varkappa_{NaCl}} = \frac{c_{KCl} \cdot 10^{-3}(l_{K^\cdot} + l_{Cl'})}{c_{NaCl} \cdot 10^{-3}(l_{Na^\cdot} + l_{Cl'})} \tag{2.38}$$

oder

$$\frac{l_{K^\cdot}(l_{Na^\cdot} + l_{Cl'})}{l_{Na^\cdot}(l_{K^\cdot} + l_{Cl'})} = \frac{t_{K^\cdot}}{t_{Na^\cdot}} = \frac{c_{KCl}}{c_{NaCl}}.$$

Das ist die oben angegebene 4. Bedingung.

Würde nun ein $K^\cdot$-Ion zurückbleiben, so käme es in den Bereich des höheren Spannungsgefälles und würde dadurch beschleunigt und wieder zur Grenzfläche befördert. Wollte andererseits ein $Na^\cdot$-Ion vorauseilen, so müßte es sich im Gebiet der kleineren Feldstärke verlangsamen und an die Grenzfläche zurückfallen. Bei unserer Versuchsanordnung wird deshalb die Trennung der beiden Elektrolyte während des Stromflusses nicht nur erhalten, sondern sogar verbessert.

Je Faraday müssen t_+ Val Kationen den Querschnitt des Rohres durchlaufen; wenn φ cm³ 1 Äquivalent des betreffenden Elektrolyten (KCl) enthalten, dann bewegt sich also die Grenzschicht um das Volumen $\varphi \cdot t_{K^\cdot}$. Bei der Ladungsmenge $Q = I \cdot \Delta t$ ergibt sich für das Volumen ein Wert von $\varphi \cdot t_{K^\cdot} \cdot \frac{Q}{F}$. Wenn Δx die Verschiebung der Grenzschicht und q der Querschnitt des Leiters ist, so muß gelten:

$$\Delta x \cdot q = \frac{\varphi \cdot t_{K^\cdot} \cdot Q}{F},$$

$$t_{K^\cdot} = \frac{q \cdot \Delta x \cdot F}{\varphi \cdot I \Delta t}, \tag{2.39}$$

und mit $\varphi = \frac{1}{c_{KCl}}$ (c_{KCl} in mol/cm³)

$$t_{K^\cdot} = \frac{q \cdot c_{KCl} \cdot \Delta x \cdot F}{I \cdot \Delta t}. \tag{2.40}$$

Für die Beweglichkeit des Kaliumions ergibt sich dann mit

$$c_{KCl} \cdot (l_{K^\cdot} + l_{Cl'}) = \varkappa_{KCl} \qquad (c_{KCl} \text{ in mol/cm}^3)$$

$$l_{K^\cdot} = \frac{\varkappa_{KCl} \cdot q \cdot F \cdot \Delta x}{I \cdot \Delta t}. \tag{2.41}$$

Man kann (2.41) auch aus der zeitlichen Verschiebung der Grenzschicht, die gleich der Geschwindigkeit des betreffenden Ions ist: $v_+ = \Delta x / \Delta t$, wie folgt herleiten. Für die Wanderungsgeschwindigkeit u_+ gilt dann

$$u_+ = \frac{l_+}{F} = \frac{v_+}{\epsilon},$$

und mit der Feldstärke

$$\epsilon = \frac{U}{l} = \frac{I \cdot R}{l} = \frac{I \cdot l}{l \cdot \varkappa \cdot q}$$

erhält man

$$l_+ = \frac{\Delta x}{\Delta t} F \frac{\varkappa \cdot q}{I}.$$

Mit $\varkappa = \dfrac{n_e \cdot c \cdot \lambda}{1000}$; $\lambda = l_+ + l_-$

folgt:

$$\frac{l_+}{l_+ + l_-} = t_+ = \frac{n_e \cdot c \cdot F \cdot q \cdot \Delta x}{1000 \cdot I \cdot \Delta t}. \tag{2.41 a}$$

Hier ist c die Konzentration des zu untersuchenden Elektrolyten (in mol l^{-1}); n_e seine elektrochemische Wertigkeit.

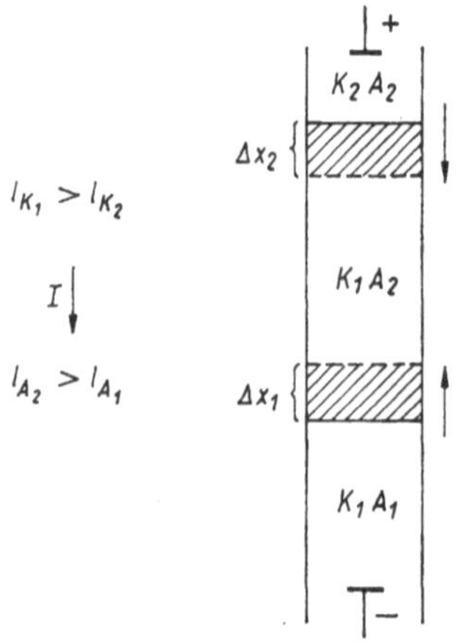

Abb. 2.18: Schema des Versuchs mit zwei wandernden Grenzflächen

Abb. 2.18 zeigt einen Versuch mit *zwei* wandernden Grenzflächen, die obere wandert um das Stück Δx_2 und die untere gleichzeitig um Δx_1. Dann kann man die Überführungszahlen der beiden Ionen für den mittleren Elektrolyten sehr einfach berechnen nach

$$\frac{\Delta x_1}{\Delta x_2} = \frac{t_{A2} \text{ (in } K_1A_2)}{t_{K1} \text{ (in } K_1A_2)} = \frac{t_{A2} \text{ (in } K_1A_2)}{1 - t_{A2} \text{ (in } K_1A_2)}.$$

Allerdings ist es sehr schwer, eine geeignete Versuchsanordnung zu finden, denn die Bedingungen 1 bis 5 (s. S. 52) müssen auch hier erfüllt sein.

K_1 und K_2 sind zwei geeignete Kationen, A_1 und A_2 sind zwei geeignete Anionen.

Die Methode von Mac Innes hat gegenüber der Hittorfschen Methode den Vorteil geringen Materialverbrauchs. Sie ist nur für kleine Konzentrationen geeignet. Die nach den beiden Methoden gemessenen Werte stimmen bis zur 3. oder 4. Dezimale überein. Die meisten Überführungszahlen liegen zwischen 0,4 und 0,6. In *Tab. 2.4* sind nach den beiden Methoden erhaltene Werte einander gegenübergestellt. Soweit nach beiden Methoden gemessen wurde, stimmen die Werte zumindest bis auf die zweite Stelle überein.

Die Bestimmung von Überführungszahlen aus Messungen der elektromotorischen Kraft (EMK) von Konzentrationsketten mit und ohne Überführung wird später behandelt. Neuerdings werden auch Überführungszahlen durch radioaktive Markierung der wandernden Ionen bestimmt; auf diese Weise lassen sich die Überführungszahlen bei hohen Konzentrationen messen (s. S. 243).

Tabelle 2.4

Vergleich von Überführungszahlen t_+, die in wäßriger Lösung bei 25 °C einmal nach der Methode von Hittorf (Hif.), das andere Mal nach der Methode der wandernden Grenzschicht (W. G.) bestimmt wurden

Substanz	Methode	Konzentration in Val · l^{-1}						
		0,01	0,02	0,05	0,10	0,20	0,50	1,0
KCl	Hif.	—	$0{,}489_3$	$0{,}489_4$	$0{,}489_8$	—	$0{,}489_6$	$0{,}487_5$
	W. G.	0,4902	0,4901	0,4899	0,4898	0,4894	0,4888	0,4882
LiCl	Hif.	0,3289	$0{,}326_9$	$0{,}323_6$	$0{,}318_7$	0,3125	$0{,}300_6$	$0{,}287_3$
	W. G.	0,3289	0,3261	0,3211	0,3168	0,3112	—	—
$BaCl_2$	Hif.	$0{,}440_5$	$0{,}437_5$	$0{,}431_7$	$0{,}425_3$	$0{,}416_2$	$0{,}398_6$	$0{,}379_2$

2.4.2. *Hittorfsche und wahre Überführungszahlen*

Bei der Bestimmung der Überführungszahlen nach Hittorf im Bereich höherer Konzentrationen muß man berücksichtigen, daß die Ionen eine Hydrathülle (allgemein Solvathülle) mitführen, was sich auf die Konzentrationsänderung im Anodenraum bzw. Katodenraum auswirkt. Deshalb muß man an den Hittorfschen *Überführungszahlen*, die von jetzt an t^H_+ bzw. t^H_- geschrieben werden sollen, Korrekturen anbringen, um zu den wahren Überführungszahlen (t_+, t_-) zu kommen. Wenn 1 F durch die Apparatur transportiert wird, sollen w_+ Mole Wasser mit dem Kation zur Katode und w_- Mole mit dem Anion zur Anode überführt werden. $w = w_+ - w_-$ ist dann die Abnahme der Wassermenge im Anodenraum. In der ursprünglichen Lösung sollen auf 1 Mol Wasser x Äquivalente des Elektrolyten oder $\frac{1}{x}$ Mole Wasser auf 1 Äquivalent des Elektrolyten kommen. Dann ist $w \cdot x$ der Bruchteil der Wassermenge, der je Äquivalent des Elektrolyten der Ausgangslösung aus dem Anodenraum abwandert bzw. im Katodenraum hinzukommt. Das Konzentrationsmaß ist dasselbe wie in (2.33), so daß man die dort berechneten Hittorfschen Überführungszahlen korrigieren kann:

$$t_+ = t^H_+ + w \cdot x; \qquad t_- = t^H_- - w \cdot x. \tag{2.42}$$

Für $w > 0$ wird experimentell im Anodenraum eine zu geringe Konzentrationsabnahme gefunden, $w \cdot x$ muß deshalb zu t^H_+ addiert werden. Im Katodenraum wird eine zu große Konzentrationsabnahme gefunden, t_- ist dann kleiner als t^H_-. Die Summe der wahren Überführungszahlen muß ebenso wie die der Hittorfschen 1 sein.

Noch ist die Frage nach dem Zahlenwert von $w \cdot x$ nicht beantwortet, weil die „Wasserüberführung“ w nicht genau bekannt ist. Man kann aber annehmen, daß w nicht größer als 10 ist (Größenordnung der Hydratationszahlen), so daß für $x = 0{,}001$ die Korrektur höchstens 1% beträgt. Bei großer Verdünnung wird die HITTORFsche gleich der wahren Überführungszahl.

Bezeichnet N_E die Mole Elektrolyt, die auf N_{H_2O} Mole Wasser in der Lösung vorhanden sind, also $x = \frac{N_E}{N_{H_2O}}$, und nimmt man an, daß 1 Äquivalent Kationen H_+ Wassermoleküle mitführt, 1 Äquivalent Anionen H_- (H_+, H_-: Hydratationszahlen), so muß sich die Wasserüberführung zu

$$w = t_+ H_+ - t_- H_- \tag{2.43}$$

ergeben[1]).

Für die Hydratationszahlen kann man daraus keine Absolutwerte errechnen, wohl aber Relativwerte, etwa bezogen auf $H_- = 1$:

$$H_+ = \frac{w}{t_+} + \frac{t_-}{t_+} H_- . \tag{2.44}$$

Dabei ist die Kenntnis der Wasserüberführung w und der wahren Überführungszahlen, die man mit w aus (2.42) bzw. $t_+ = t^H_+ + w \frac{N_E}{N_{H_2O}}$ erhält, erforderlich. Zur Bestimmung von w bzw. t_+ sollen zwei Methoden genannt werden.

a) Nach NERNST setzt man Nichtelektrolyte zu, die weder an der Wanderung noch an einer Reaktion beteiligt sind (z. B. Rohrzucker), bestimmt die Konzentrationsänderungen des Elektrolyten nicht im Verhältnis zum Wasser, sondern zum Nichtelektrolyten im Katoden- bzw. Anodenraum einer HITTORFschen Zelle und kann dann aus $\frac{N_E}{N_N}$ vor und nach der Elektrolyse (N_N = Molzahl des Nichtelektrolyten) entsprechend der HITTORFschen Methode t_+ bzw. t_- direkt berechnen. Die Wasserüberführung w erhält man dann bei Kenntnis von t^H_+ aus (2.42) oder direkt aus der Änderung des Verhältnisses $\frac{N_{H_2O}}{N_N}$ durch die Elektrolyse in einem der Elektrodenräume. Es hat sich allerdings gezeigt, daß es schwierig ist, Stoffe zu finden, die im elektrischen Feld stationär bleiben, d. h. nicht mit den Ionen wandern.

b) Nach REMY bringt man in die Mitte der Zelle eine Pergamentmembran und kann dann sowohl die Überführung des Elektrolyten als auch die Wasserüberführung bestimmen. Letztere wird aus der Volumenänderung im Katoden- oder Anodenraum ermittelt. Die Methode läßt sich aber nur bei höheren Konzentrationen anwenden, weil in sehr verdünnten Lösungen (< 0,1 molar) die Wasserüberführung durch Elektroosmose (s. S. 344) die gleiche Größenordnung erreicht, wie die durch den Transport mit den Ionen.

Tabelle 2.5 zeigt die Unterschiede zwischen der wahren Überführungszahl t_+ und der HITTORFschen Überführungszahl t^H_+ für einige einfache Elektrolyte in 1,3-normaler Lösung; die letzte Spalte enthält die Werte w der Wasserüberführung pro Faraday.

---

[1]) Man sieht daraus, daß $w \gtrless 0$ sein kann, auch wenn $t_+ = t_-$, sofern die Hydratationszahlen nicht gleich sind. Umgekehrt kann bei gleichen Hydratationszahlen w ebenfalls von Null verschieden sein, wenn die Überführungszahlen nicht gleich sind.

Die angegebenen Werte von w sind durchweg positiv, das bedeutet, die Kationen sind bei diesen Beispielen stärker hydratisiert als die Anionen. Das trifft für die meisten anorganischen Ionen zu.

Tabelle 2.5

Verbindung	Normalität	t_+	t^H_+	w
HCl	1,3	0,844	0,820	+0,24
CsCl	1,3	0,491	0,485	+0,33
KCl	1,3	0,495	0,482	+0,60
NaCl	1,3	0,383	0,278	+0,76
LiCl	1,3	0,304	0,278	+1,50

Wie aus (2.43) und (2.44) hervorgeht, kann man aus der Wasserüberführung bzw. den wahren Überführungszahlen nicht die Hydratationszahlen der einzelnen Ionen (H_+ und H_-) bestimmen, sondern nur ihre Differenz. Aus den Werten von w ergab sich, daß die Kationen offenbar mehr Wassermoleküle mitführen als die Anionen. Aus den Ionenbeweglichkeiten und nach einer Reihe anderer Verfahren (s. S. 62) kann man auch die Hydratationszahlen der einzelnen Ionen bestimmen. Man erhält aber nach verschiedenen Methoden unterschiedliche Werte; z. B. werden für das Proton Werte von 1 bis 13 gefunden. Wir können zunächst daraus schließen, daß die Wassermoleküle verschieden fest gebunden sind und je nach der Beanspruchung durch die angewendete Methode am Ion gebunden bleiben oder nicht. Man unterscheidet daher zwischen einer primären, sehr festen Hydrathülle und einer sekundären, lockeren Hydratation, ohne daß sich diese beiden Zustände exakt bestimmen lassen (J. O'M. Bockris). Wenn man thermodynamische Rechnungen durchführt, muß man natürlich die Zustände zugrunde legen, die tatsächlich vorliegen; demnach muß man in solchen Fällen, in denen die Überführungszahl (als Konzentrationsverhältnis) in die Rechnungen eingeht (s. S. 243), die Hittorfsche Überführungszahl einsetzen und erhält sie umgekehrt auch aus diesen Rechnungen.

Wie aus *Tab. 2.4* ersichtlich, sind die Überführungszahlen in geringem Maße konzentrationsabhängig. Wenn keine Komplexbildung auftritt, sinken die Überführungszahlen $t < 0,5$ mit wachsender Konzentration weiter ab; solche, die größer sind als 0,5, steigen infolgedessen an. Überführungszahlen, die stark von 0,5 verschieden sind, von denen der Ionen des Wassers abgesehen, deuten auf eine Komplexbildung zwischen Anion und Kation hin. So findet man in CdI_2-Lösungen eine sehr kleine Überführungszahl des $Cd^{\cdot\cdot}$, weil es in erster Linie als CdI_4'' vorliegt und daher zur Anode wandert. Überführungsmessungen können allgemein zur Orientierung über Komplexbildung dienen, denn auch, wenn sich der Ladungssinn dabei nicht ändert, werden im betreffenden Elektrodenraum die Ligandenmoleküle angereichert.

Bei hohen Konzentrationen ist der Ladungsträger nicht mehr ein einfaches Ion, sondern durch Assoziation und Ionenpaarbildung besteht er aus komplizierteren geladenen Teilchenarten. Nur ihre Überführungszahl, die sogenannte *Bruttoüberführungszahl*, kann bestimmt werden. Man unterscheidet dann nach Mac Innes zwischen Ionen und *Ionenbestandteilen* (ion constituent); darunter wird die Teilchenart verstanden, die Ionen zu bilden vermag, gleichgültig, ob sie gebildet sind oder nicht. Die Beweglichkeit eines Ionenbestandteils, der nicht vollständig dissoziiert ist (Dissoziationsgrad α), beträgt dann $\alpha l_+ = l_+'$, wenn l_+ die Beweglichkeit des betreffenden aus dem Ionenbestandteil entstehenden Ions ist. Die Bruttoüberführungszahl t_+', die aus der Konzentrationsänderung des Ionenbestandteils erhalten wird, gibt keine Auskunft über den Anteil eines Ions am Stromtransport und damit über seine Beweglichkeit; t_+' kann z. B. bei starker Komplexbildung auch negativ werden. Es ist daher in konzentrierten Lösungen, bei denen natürlich auch der Anteil der Lösungsmittelmoleküle an der Stromwanderung sehr groß ist, unmöglich, zuverlässige Aussagen über die Wanderungsgeschwindigkeit bestimmter Ionen zu machen.

2.4.3. *Ionenbeweglichkeit, Temperaturabhängigkeit der Beweglichkeit*

Bei einfachen binären Elektrolyten erhält man durch Extrapolation auf unendliche Verdünnung, bei der in jedem Fall $t' = t$ wird, aus (2.34) die Beweglichkeit des Kations bzw. Anions bei unendlicher Verdünnung:

$$l_{+\infty} = t_{+\infty} \cdot \lambda_\infty \quad \text{und} \quad l_{-\infty} = t_{-\infty} \cdot \lambda_\infty .$$

Andererseits kann man natürlich aus bekannten Beweglichkeiten $\lambda_\infty = l_{+\infty} + l_{-\infty}$ berechnen. In *Tab. 2.6* ist die Ionenbeweglichkeit einiger Kationen und Anionen für unendliche Verdünnung und verschiedene Temperaturen angegeben.

Die Beweglichkeiten aller Ionen bei unendlicher Verdünnung nehmen mit der Temperatur sehr stark zu; das ist auf die exponentielle Abnahme der Viskosität des Wassers, die in der letzten Reihe angegeben ist, zurückzuführen. Da auch λ_∞ mit der Temperatur sehr erheblich zunimmt, ist der Temperaturkoeffizient der Überführungszahlen t_∞ klein, die Werte von Anionen und Kationen nähern sich einander aber an und streben mit wachsender Temperatur dem Wert 0,5 zu. Aus den Beweglichkeiten ragen die der Ionen des Wassers beträchtlich heraus; sie sind fast eine Größenordnung höher als die anderer Ionen. Dieser große Unterschied ist aber nur auf Wasser als Lösungsmittel beschränkt, weil hier ein besonderer Transportmechanismus vorliegt (s. S. 62). In organischen Lösungsmitteln ist der Unterschied viel kleiner. In wäßriger Salzsäure ist z. B. das Verhältnis der Überführungszahlen $\left(\frac{t_{H^\cdot}}{t_{Cl'}}\right)_\infty \approx 5$, in organischen Lösungsmitteln dagegen etwa 2,2.

Überführungszahlen können, wie schon bemerkt, benutzt werden, um zumindest qualitativ die Tendenz des betreffenden Elektrolyten zur Komplexbildung zwischen Kation und Anion zu beurteilen; bei zunehmender Bildung eines anionischen Komplexes wird die Überführungszahl des Kations mit wachsender Konzentration stark abnehmen. So kann man z. B. aus der Konzentrationsabhängigkeit der Überführungszahl der Zinkhalogenide entnehmen, daß die Komplexkonstante in der Reihenfolge $ZnCl_2$, $ZnBr_2$, ZnI_2 abnimmt, während die Komplexbildungstendenz bei den Halogeniden des Aluminiums in dieser Reihenfolge zunimmt. Die quantitative Bestimmung von Komplexkonstanten läßt sich mit anderen elektrochemischen Methoden, z. B. potentiometrisch (s. S. 217) oder polarographisch (s. S. 332), durchführen.

Bei technischen Elektrolysen kann die Überführungszahl die Stromausbeute stark beeinflussen, wie am Beispiel der Chloralkalielektrolyse mit Diaphragma gezeigt werden soll. Dieses elektrochemische Verfahren hat zur Gewinnung von Chlor (vor allem für die Herstellung von Polyvinylchlorid) und der Alkalihydroxide größte Bedeutung. Deshalb soll das Anodenprodukt nach

$$2\,Cl' \rightarrow Cl_2 + 2e^-$$

und das Katodenprodukt nach

$$2\,H_2O + 2e^- \rightarrow 2\,OH' + H_2$$

(in dem Fall vor allem das Alkalihydroxid) möglichst quantitativ gewonnen werden. Eine Vermischung von Katolyt und Anolyt würde zu Verlusten führen, weil die Reaktion

$$OH' + Cl_2 \rightarrow Cl' + HClO$$

stattfindet. Das Diaphragma kann nur eine Vermischung durch Konvektion, Rühren oder Erschütterungen verhindern. Mit wachsender Konzentration an Alkalihydroxid beteiligen sich aber in zunehmendem Maße die OH'-Ionen am Stromtransport, gelangen in den Anodenraum und setzen sich dort mit Cl_2 um. Der Anteil des Stromes, den die OH'-Ionen transportieren, hängt von der Konzentration und Überführungszahl ab. Sei x der Anteil des Alkalihydroxids, $1 - x$ der des Chlorids, λ_A bzw. λ_C die entsprechenden Äquivalentleitfähigkeiten und c_A bzw. c_C die entsprechenden Konzentrationen, dann gilt für die Stromanteile:

$$\frac{\lambda_A \cdot c_A}{\lambda_C \cdot c_C} = \frac{1 - x}{x}$$

oder für x

$$x = \left(1 + \frac{\lambda_A \cdot c_A}{\lambda_C \cdot c_C}\right)^{-1}.$$

Da c_A mit der Zeit wächst und $\lambda_A > \lambda_C$ ist, wächst der Stromanteil der OH'-Ionen ständig an. Würde der Strom nur von den OH'-Ionen zur Anode transportiert, dann wäre die Stromausbeute, bezogen auf die des Alkalihydroxids, pro Faraday: $A = 100(1 - t_{OH'})\,\%$; $t_{OH'}$ = Überführungszahl des Hydroxylions; da sein Anteil x beträgt, ergibt sich die Stromausbeute zu:

$$A = 100\left[1 - t_{OH'}\left(1 + \frac{\lambda_A \cdot c_A}{\lambda_C \cdot c_C}\right)^{-1}\right]\%.$$

Bei Zimmertemperatur ist nun $t_{OH'}$ in KOH 0,74, in NaOH aber 0,82; das Verhältnis λ_C/λ_A ist für die Kaliumsalze 0,545, für die Natriumsalze 0,501. Daraus ergibt sich bei gleichem Konzentrationsverhältnis $\frac{c_C}{c_A}$ für die Elektrolyse von KCl eine etwa 10% höhere Stromausbeute als für die Elektrolyse von NaCl, wie sich leicht errechnen läßt. Außerdem kann man mit der oben abgeleiteten Gleichung die Stromausbeute berechnen, die man bei einem bestimmten Umsatz des Chlorids erwarten kann. Wenn z. B. das Verhältnis $\frac{c_C}{c_A}$ bei NaCl auf 1,55 angewachsen ist, beträgt die Stromausbeute an NaOH nur noch maximal 54%. Durch die Anwendung ionenselektiver Membranen ließe sich auch nach längerer Elektrolysedauer eine höhere Stromausbeute erreichen ([LC 1], [LC 5]).

2.4.4. *Beweglichkeit und Ionenradius*

Wie aus *Tab. 2.6* zu ersehen ist, nimmt die Beweglichkeit der quartären Ammoniumionen mit der Länge des Alkylrestes beträchtlich ab, wie man nach dem STOKESschen Gesetz für den Reibungswiderstand (s. S. 62) erwarten sollte, da ja der Radius der Ionen entsprechend zunimmt. Bei den Alkaliionen nimmt dagegen $l_{+\infty}$ mit wachsendem

Tabelle 2.6

l_∞ für wäßrige Lösungen von Kationen und Anionen bei verschiedenen Temperaturen in cm² Ω⁻¹ Val⁻¹

Ion	0 °C	5 °C	15 °C	18 °C	25 °C	35 °C	45 °C	55 °C	100 °C
$H^{\cdot}$	225	250,1	300,6	315	349,8	397,0	441,4	483,1	630
OH'	105	—	—	171	198,3	—	—	—	450
$Li^{\cdot}$	19,4	22,7	30,2	32,8	38,6	48,0	58,0	68,7	115
$Na^{\cdot}$	26,5	30,3	39,7	42,8	50,10	61,5	73,7	86,8	145
$K^{\cdot}$	40,7	46,7	59,6	63,9	73,50	88,2	103,4	119,2	195
$Rb^{\cdot}$	43,9	50,1	63,4	66,5	77,8	92,9	108,5	124,2	—
$Cs^{\cdot}$	44	50,0	63,1	67	77,2	92,1	107,5	123,6	—
$Ag^{\cdot}$	33,1	—	—	53,5	61,9	—	—	—	175
$NH_4^{\cdot}$	40,2	—	—	63,9	73,5	88,7	—	—	180
$N(CH_3)_4^{\cdot}$	24,1	—	—	40,0	44,9	—	—	—	—
$N(C_2H_5)_4^{\cdot}$	16,4	—	—	28,2	32,6	—	—	—	—
$N(C_3H_7)_4^{\cdot}$	11,5	—	—	20,9	23,4	—	—	—	—
$N(C_4H_9)_4^{\cdot}$	9,6	—	—	—	19,4	—	—	—	—
$N(C_5H_{11})_4^{\cdot}$	8,8	—	—	—	17,4	—	—	—	—
F'	—	—	—	47,3	55,4	—	—	—	—
Cl'	41,0	47,5	61,4	66,0	76,35	92,2	108,9	126,4	212
Br'	42,6	49,2	63,1	68,0	78,1	94,0	110,6	127,8	—
I'	41,4	48,5	62,1	66,5	76,8	92,3	108,6	125,4	—
NO_3'	40,0	—	—	62,3	71,46	85,4	—	—	195
ClO_4'	36,9	—	—	58,8	67,3	—	—	—	185
Acetate	20,1	—	—	35	40,9	—	—	—	—
$Mg^{\cdot\cdot}$	28,9	—	—	44,9	53,0	—	—	—	165
$Ca^{\cdot\cdot}$	31,2	—	46,9	50,7	59,50	73,2	88,2	—	180
$Sr^{\cdot\cdot}$	31	—	—	50,9	59,4	—	—	—	—
$Ba^{\cdot\cdot}$	34,0	—	—	54,6	63,6	—	—	—	195
$Cd^{\cdot\cdot}$	—	—	—	44,8	—	—	—	—	—
$La^{\cdot\cdot\cdot}$	34	—	—	59,5	69,7	—	—	—	215
SO_4''	41	—	—	68,4	80,0	—	—	—	260
Viskosität des Wassers in mPa · s	1,787	1,516	1,138	1,053	0,8903	0,7194	0,5963	0,5044	0,2829

Ionenradius zu. Dies ist darauf zurückzuführen, daß die Hydratation mit wachsendem Ionenradius abnimmt und damit auch der effektive Radius des hydratisierten Ions, wie aus *Tab. 2.7* zu ersehen ist. Sie enthält für die Alkaliionen neben der Beweglichkeit den kristallographischen Ionenradius und die aus der wahren Überführungszahl errechnete relative Hydratationszahl. Aus der Ionenbeweglichkeit kann man natürlich durch Division mit der FARADAY-Konstanten auch die Geschwindigkeit der Ionen ($cm^2\,s^{-1}\,V^{-1}$) bei der Feldstärke 1 berechnen. Einige Werte für diese anschauliche Größe sind in *Tab. 2.8* zusammengestellt. Neben der relativ geringen Geschwindigkeit der kleinen Alkaliionen fällt hier wieder die extrem hohe Geschwindigkeit der H˙ und OH′ auf.

Tabelle 2.7

Kation	l_+ ($cm^2 \cdot \Omega^{-1}\,Val^{-1}$)	r_K (nm)	rel. H.[1])
Li˙	33,1	0,08	14
Na˙	43,3	0,10	8,4
K˙	64,5	0,13	5,4
Rb˙	66,0	0,15	
Cs˙	67,4	0,16	4,7

[1]) relative Hydratationszahl

Tabelle 2.8

Kation	Ionenmasse	$u_+ \cdot 10^3$ ($cm^2 \cdot s^{-1} \cdot V^{-1}$)	Anion	Ionenmasse	$u_- \cdot 10^3$ ($cm^2 \cdot s^{-1} \cdot V^{-1}$)
H˙	1,0	3,242	OH′	17,0	1,802
Cs˙	132,9	0,698	Br′	79,9	0,697
Rb˙	85,5	0,684	I′	126,9	0,685
Tl˙	204,4	0,678	Cl′	35,5	0,676
NH_4˙	18,0	0,668	ClO_4′	99,6	0,670
K˙	39,1	0,665	NO_3′	62,0	0,638
Ag˙	107,9	0,559	SCN′	58,0	0,586
Na˙	23,0	0,456	ClO_3′	83,5	0,569
Li˙	6,9	0,344	MnO_4′	119,0	0,553
$\frac{1}{2}$ Ba˙˙	$\frac{1}{2} \cdot 137,4$	0,569	IO_4′	190,9	0,494
$\frac{1}{2}$ Sr˙˙	$\frac{1}{2} \cdot 87,6$	0,559	BrO_3′	127,9	0,494
$\frac{1}{2}$ Ca˙˙	$\frac{1}{2} \cdot 40,0$	0,534	F′	19,0	0,483
$\frac{1}{2}$ Zn˙˙	$\frac{1}{2} \cdot 65,4$	0,484	IO_3′	174,9	0,351
$\frac{1}{3}$ La˙˙˙	$\frac{1}{3} \cdot 138,9$	0,613	$\frac{1}{2}$ SO_4″	$\frac{1}{2}$ 96	0,704

Wenn man die Gültigkeit des STOKESschen Gesetzes annimmt, kann die Hydratationszahl des Ions auf folgende Weise abgeschätzt werden: Der Reibungswiderstand eines Ions x ist

$$R_x = 6\pi\eta r_x, \tag{2.45}$$

mit η, der Viskosität des Wassers, und r_x, dem Radius des hydratisierten Ions. Für $l_{x\infty}$ folgt

$$l_{x\infty} = \frac{10^7 \cdot |z_x| \cdot e_0 \cdot F}{6\pi\eta r_x \cdot 10^3}\,^{1)}. \tag{2.46}$$

Aus (2.46) erhält man also den Radius des hydratisierten Ions und kann daraus das Volumen des kugelförmigen Ions (V_h) berechnen. Das Volumen des nicht hydratisierten Ions V_K ergibt sich aus dem kristallographischen Ionenradius r_K, die Differenz ist demnach

$$\Delta V = V_h - V_K = \frac{4\pi}{3}(r_x^3 - r_K^3)\,N_0 \tag{2.47}$$

und gestattet, bei Annahme einer bestimmten Packungsdichte (z. B. dichteste Kugelpackung) die Anzahl der H_2O-Moleküle zu berechnen, die in ΔV unterzubringen sind, d. h. die Hydratationszahl. Diese Berechnungsmethode ist nicht nur unsicher, weil die Packungsdichte nicht bekannt ist, sondern auch, weil die Anwendung des STOKESschen Gesetzes nur zulässig ist, wenn die Radien der sich bewegenden Teilchen wesentlich größer sind als die des umgebenden Mediums. Das trifft wohl bei den großen organischen Ionen, keinesfalls aber für das H^+ und kaum für die Alkaliionen zu. Aber auch die zahlreichen anderen Methoden zur Berechnung von Hydratationszahlen, z. B. aus makroskopischen Volumeneffekten, aus Aktivitätskoeffizienten, aus der Hydratationsentropie oder aus Diffusionsmessungen, enthalten viele Unsicherheitsfaktoren, so daß die Hydratationszahlen nicht genau bekannt sind. *Tab. 2.9* enthält einige Hydratationszahlen, die nach verschiedenen Methoden bestimmt wurden; man sieht zwar, daß für verschiedene Ionen die Tendenz übereinstimmt, die Absolutwerte von Methode zu Methode aber doch recht verschieden sind [2.17]. Im übrigen muß man auch mit einer Konzentrationsabhängigkeit dieser Zahlen rechnen. In keinem Fall kann man aus den für die Ionen des Wassers ermittelten Hydratationszahlen die sehr hohen Wanderungsgeschwindigkeiten von $H^{\cdot}$ und OH' in Wasser erklären, zumal die in *Tab. 2.9* für das Proton angegebenen Hydratationszahlen sicher Minimalwerte sind. Man hat damit zu rechnen, daß die Radien der hydratisierten Wasserstoff- und Hydroxylionen von mindestens der gleichen Größe sind wie die der anderen anorganischen Ionen. Im übrigen ist der kristallographische Ionenradius des OH^- bereits etwa so groß wie der des F^-. Da die Wanderungsgeschwindigkeit der Ionen des Wassers die der anderen Ionen nur im Wasser so stark übertrifft, wie wir vorhin aus dem Verhältnis $\left(\frac{t_{H^{\cdot}}}{t_{Cl'}}\right)_\infty$ in Wasser und organischen Lösungsmitteln entnehmen konnten, liegt es nahe, einen besonderen Wanderungsmechanismus der $H^{\cdot}$ und OH' in wäßriger Lösung anzunehmen. Man kann die anormale Beweglichkeit der $H^{\cdot}$ in Wasser auch nicht etwa auf die Viskosität zurück-

1) Der Faktor 10^{-3} rührt daher, daß wir auf cm^3 beziehen, l aber für 1 Val pro Liter gilt.

Tabelle 2.9

Nach verschiedenen Methoden bestimmte Hydratationszahlen einiger Ionen

Ion	Methode							
	Beweglichkeit	Scheinbares Molvolumen	Kompressibilität	Aktivitätskoeffizient	Diffusion	Hydratationsentropie	Dielektrizitätskonstante	Massenspektrometer
	ULICH u. a.	BERNAL u. a.	PASSYNSKI	GLUECKAUF u. a.	GUGGENHEIM u. a.	ULICH u. a.	HASTED	BECKEY
$H^·$	4···7	—	2	4···9	—	5	10	4
$Li^·$	3,5···7	2,5	5	6	5	5	5	—
$Na^·$	2···4	4,8	6···7	4	3	4	5	—
$K^·$	2	1	6···7	2	1,0	3	4	—
Cl'	0,9	0	0···1	0···1	0,0	3	1	—
F'	—	4,3	2	—	—	5	—	—

führen, denn das WALDEN-Produkt ($l_\infty \cdot \eta$) nimmt für die Wasserstoffionen beim Übergang zu organischen Lösungsmitteln sehr stark ab, während $l_\infty \cdot \eta$ für das Lithiumion sich nur wenig ändert, wie *Tab. 2.10* zeigt.

Eine völlige Konstanz von $l \cdot \eta$ kann man, unabhängig vom Lösungsmittel, in keinem Fall erwarten, da sich mit dem Lösungsmittel die Solvatationszahl und damit der Radius des solvatisierten Ions sowie seine Beweglichkeit ändern können. Eine veränderte Teilchenzahl infolge unvollständiger Dissoziation kann keine Rolle spielen, da die Werte der *Tab. 2.10* auf eine unendliche Verdünnung extrapoliert sind.

Tabelle 2.10

Lösungsmittel	$l_\infty \cdot \eta$ $Li^·$	$l_\infty \cdot \eta$ $H^·$
H_2O	0,30	3,14
C_2H_5OH	0,16	0,64
CH_3COCH_3	0,22	0,28

Aus der Struktur des Wassers (s. S. 122) und der extrem hohen Geschwindigkeit, mit der H-Atome im Wasser nach

$$H_2O + \overset{o}{H}{}^+ \rightleftharpoons HO\overset{o}{H} + H^+$$

ausgetauscht werden (mit Hilfe von Kernresonanzmessungen (s. S. 125) hat man eine Frequenz $\approx 10^{13}\ s^{-1}$ für diesen Vorgang festgestellt) kann man schließen, daß die Ionen des Wassers nicht zwischen den Wassermolekülen hindurchwandern müssen, um zur Katode bzw. Anode zu gelangen, sondern daß sich die Ladung durch Austausch von einem Wassermolekül zum nächsten bewegt, wie dies in *Abb. 2.19* angedeutet ist. Ein ähnlicher Mechanismus wurde ursprünglich von GROTTHUS generell für den Ladungs-

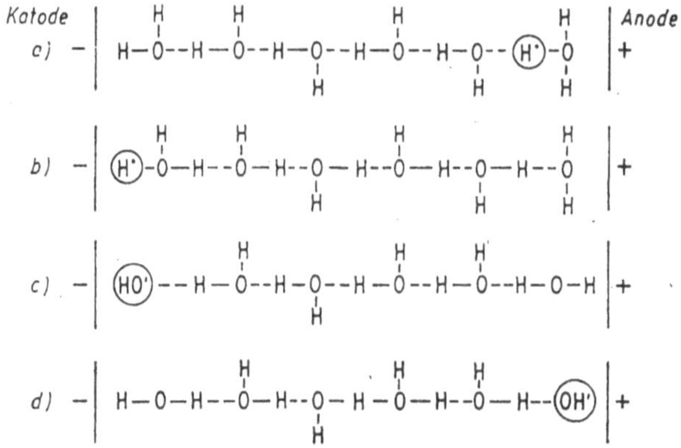

Abb. 2.19: Schema des Wanderungsmechanismus von Protonen und Hydroxylionen

transport durch Elektrolytlösungen angenommen. Man bezeichnet deshalb einen solchen Leitungsmechanismus als GROTTHUS-Mechanismus. Die hohe Geschwindigkeit erklärt sich also daraus, daß keine Hydrathülle mit der Ladung des Protons transportiert werden muß. Wenn allerdings der oben formulierte Austausch geschwindigkeitsbestimmend für den Ladungstransport wäre, sollte man eine noch höhere Wanderungsgeschwindigkeit der Wasserstoffionen erwarten. Nach CONWAY und BOCKRIS hängt aber der Übergang eines Protons von einem Wassermolekül zum anderen von deren Orientierung ab. Nur wenn die Wassermoleküle während ihrer Rotation eine für den Austausch günstige Lage zueinander erreicht haben, findet der Ladungsübergang statt [2.6]:

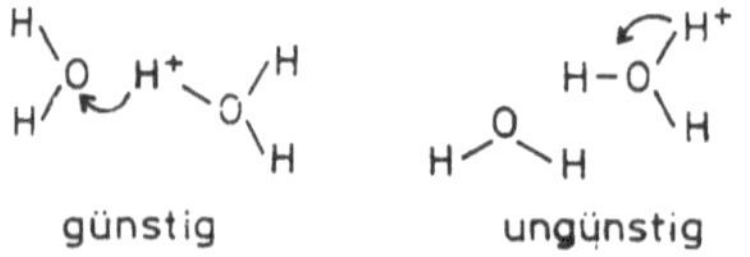

Der eigentliche Protonenübergang bedarf keiner Aktivierungsenergie, weil er als quantenmechanischer Tunnelungsvorgang erfolgen kann (s. *Band 1,* S. 530). Er geht daher so rasch vor sich, daß für den Ladungsübergang die Rotation der Wassermoleküle zum geschwindigkeitsbestimmenden Schritt wird. Wenn nun die Struktur des Wassers zerstört wird und die Wassermoleküle durch Bindung an andere Ionen, z. B. $Li^{\cdot}$, in ihrer Rotation stark behindert werden, so wird der Ladungsübergang der Protonen immer schwieriger. Daher wird der Leitfähigkeitsanteil der $H^{\cdot}$ bei hohen Salzzusätzen zu wäßrigen Lösungen starker Säuren stark herabgesetzt; der GROTTHUS-Mechanismus kann nicht mehr stattfinden.

2.4.5. *Diffusionsgeschwindigkeit von gelösten Elektrolyten*

Gelöste Elektrolyte diffundieren auf Grund der Wärmebewegung genau wie andere gelöste Stoffe (*vgl. Band 1,* S. 443). Obwohl sie aus zwei oder mehr selbständigen, geladenen Teilchen bestehen (vollständige Dissoziation vorausgesetzt), können diese nicht völlig unabhängig voneinander diffundieren; denn wenn etwa die Kationen unter dem Einfluß eines Konzentrationsgefälles, aber ohne äußeres elektrisches Feld, viel schneller diffundieren würden als die Anionen, würde die dadurch entstehende elektrische Potentialdifferenz für eine Bremsung der schnellen Ionen sorgen und unter Aufrechterhaltung der makroskopischen Elektroneutralität zu einer gemeinsamen Diffusion des gesamten Elektrolyten führen. Immerhin führt die unterschiedliche Diffusionsgeschwindigkeit von Kation und Anion an der Grenze zwischen zwei Lösungen verschiedener Konzentration zur Ausbildung einer Potentialdifferenz, häufig als *Diffusionspotential* bezeichnet, die meßtechnisch von beträchtlicher Bedeutung ist (s. S. 191).

Wie wir gesehen haben (*s. Band 1*, S. 449), ergibt sich die auf das Konzentrationsgefälle 1 und den Querschnitt 1 normierte Diffusionsgeschwindigkeit, d. h. der Diffusionskoeffizient, aus der kinetischen Energie der Teilchen und dem Reibungswiderstand w nach

$$D = \frac{kT}{w} \quad (k - \text{Boltzmann-Konstante}).$$

Den Reibungswiderstand w hatten wir damals mit Hilfe des Gesetzes von Stokes errechnet. W. Nernst hat für Elektrolyte den Zusammenhang zwischen Ionenbeweglichkeit und Reibungswiderstand (s. S. 62) benutzt, um den Diffusionskoeffizienten von gelösten Elektrolyten zu ermitteln. Für einen ein-einwertigen Elektrolyten ($z_+ = |z_-| = 1$) erhält man den Reibungswiderstand von Kation w_+ und Anion w_- aus (2.3)

$$w_+ = \frac{1{,}546 \cdot 10^{-7}}{l_+}; \quad w_- = \frac{1{,}546 \cdot 10^{-7}}{l_-}.$$

Für einen vollständig dissoziierten binären Elektrolyten muß natürlich die doppelte kinetische Energie eingesetzt werden ($2kT$), und wenn wir $l_{+\infty}$ und $l_{-\infty}$ verwenden, kann ja auch keine interionische Wechselwirkung stattfinden. Der genannte Reibungswiderstand ergibt sich also als Summe von w_+ und w_-:

$$D = \frac{2kT}{w_+ + w_-}.$$

Wenn wir nun für w_+ und w_- $l_{+\infty}$ und $l_{-\infty}$ einführen, ergibt sich für D die Gleichung von Nernst:

$$D = \frac{2 \cdot 10^7 \cdot kTl_{+\infty} \cdot l_{-\infty}}{1{,}546(l_{+\infty} + l_{-\infty})}. \tag{2.48}$$

Für einen Elektrolyten mit den Wertigkeiten z_+ und z_- ergibt sich analog:

$$D = \frac{10^7 kTl_{+\infty} \cdot l_{-\infty}(z_+ + |z_-|)}{1{,}546(l_{+\infty} + l_{-\infty})\, z_+ \cdot |z_-|}. \tag{2.49}$$

Je nach dem Zeitmaß, das man verwendet, wird als Zahlenfaktor $1{,}76 \cdot 10^{-9}$ (Sekunden) bzw. $1{,}52 \cdot 10^{-4}$ (Tage) erhalten. Wegen der geringen Diffusionsgeschwindigkeit gelöster Stoffe wird ihr Diffusionskoeffizient häufig in $cm^2\,Tag^{-1}$ angegeben, dann wird (2.48) zu

$$D = 1{,}52 \cdot 10^{-4} T \cdot \frac{l_{+\infty} \cdot l_{-\infty}}{l_{+\infty} + l_{-\infty}}. \tag{2.50}$$

Die mit dieser Gleichung aus den Beweglichkeiten errechneten Diffusionskoeffizienten sind mit den in sehr verdünnten Lösungen (0,01 molar) nach bekannten Methoden (*s. Band 1,* S. 452) experimentell bestimmten verglichen worden. Wie *Tab. 2.11* zeigt, ist die Übereinstimmung recht befriedigend, die Temperatur betrug 18 °C. Größere Abweichungen treten bei HCl und KOH auf; hierfür ist wahrscheinlich der besondere Leitungsmechanismus der Ionen des Wassers verantwortlich. Die Diffusionskoeffizienten der Elektrolyte sind wie die von gelösten Neutralmolekülen um 6 bis 8 Größenordnungen kleiner als die von Gasen, weil das Lösungsmittel den Reibungswiderstand außerordentlich vergrößert.

Tabelle 2.11

Elektrolyt	$D_{gem.}$ (cm^2 Tag^{-1})	$D_{ber.}$ (cm^2 Tag^{-1})
HCl	2,32	2,45
KOH	1,90	2,13
NaOH	1,43	1,58
NaCl	1,17	1,19
KCl	1,46	1,46
KI	1,46	1,47
LiI	1,00	0,994

Bisher sind wir immer davon ausgegangen, daß in den Elektrolytlösungen die Ionen als vollkommen selbständige Teilchen vorliegen (Dissoziationsgrad 1) und sich in keiner Weise beeinflussen (keine interionische Wechselwirkung). Die erste Annahme trifft für starke Elektrolyte bei Konzentrationen unter 1 mol · kg^{-1} weitgehend zu. Hinsichtlich der interionischen Wechselwirkung muß man dagegen mit deutlichen Abweichungen vom Verhalten in unendlich verdünnten Lösungen rechnen. Selbst bei Verdünnungen, bei denen die zwischenmolekulare Wechselwirkung noch keine Rolle spielt, findet bereits eine elektrostatische Wechselwirkung mit großer Reichweite statt (Coulomb-Energie $E \sim \frac{1}{r}$; r = Abstand zweier Teilchen). Die interionische Wechselwirkung muß also schon in Konzentrationsbereichen berücksichtigt werden, wo die zwischenmolekulare Wechselwirkung noch keine Rolle spielt. Das gilt natürlich auch für den Diffusionskoeffizienten von gelösten Elektrolyten; er ist viel stärker konzentrationsabhängig als der von gelösten Molekülen. In verdünnten Lösungen kann man der interionischen Wechselwirkung durch ein Korrekturglied in (2.49) Rechnung tragen (s. S. 94), in konzentrierten Lösungen ist das nicht mehr möglich.

Die interionische Wechselwirkung hat nun nicht nur auf Transportvorgänge, wie Leitfähigkeit und Diffusion, sondern auch auf das thermodynamische Verhalten von Elektrolytlösungen einen starken Einfluß. Die dadurch hervorgerufenen Effekte, z. B. Konzentrationsabhängigkeit der Äquivalentleitfähigkeit, wurden zunächst allgemein auf unvollständige Dissoziation, auch bei starken Elektrolyten, zurückgeführt. Die Dissoziationstheorie von Svante Arrhenius mußte aber zumindest für verdünnte Lösungen starker Elektrolyte, für die der Dissoziationsgrad 1 ist, revidiert werden. In konzentrierten Lösungen solcher Elektrolyte findet aber eine Assoziation zu Ionenpaaren statt; man kann wieder von einer unvollständigen Dissoziation sprechen, aber eben nicht von Molekülen, sondern von Ionenpaaren. Wegen ihrer großen Bedeutung für die Entwicklung der Elektrochemie und ihrer unveränderten Gültigkeit für schwache Elektrolyte soll zunächst die Dissoziationstheorie von ARRHENIUS kurz dargestellt werden [2.21].

2.5. *Theorie der elektrolytischen Dissoziation von S. Arrhenius*

Wenn in einer flüssigen Mischphase aus einem relativ schlecht leitenden Lösungsmittel und einer gelösten Substanz Ionen nachgewiesen werden (beispielsweise durch Entladung der Ionen an einer Elektrode), so könnte die Existenz der Ionen folgendermaßen begründet sein:

1. Der gelöste Stoff liegt bereits in Ionenform vor, diese Ionen lösen sich mit oder ohne Bindung von Lösungsmittelmolekülen auf.
2. Der gelöste Stoff reagiert unter Bildung von Ionen mit dem Lösungsmittel, liegt aber in reinem Zustand nicht in Ionenform vor.
3. Der gelöste Stoff liegt nicht in Ionenform vor, bildet auch keine Ionen mit dem Lösungsmittel, sondern wird erst unter dem Einfluß des elektrischen Feldes in solche gespalten.

Ursprünglich war man der Meinung, daß die Ionen erst unter der Wirkung des elektrischen Feldes entstehen. Da aber, wie wir gesehen haben, die Leitfähigkeit normalerweise nicht von der angelegten Spannung abhängig ist,

$$\varkappa = \frac{n_e \cdot c}{1000} \cdot (l_+ + l_-),$$

kann diese Annahme nicht zutreffen. Allerdings hat sich später gezeigt, daß bei schwachen Elektrolyten und sehr hohen Feldstärken die Leitfähigkeit tatsächlich mit der Spannung wächst; dieser „Dissoziationsspannungseffekt" ist auf die zusätzliche Bildung von Ionen aus Molekülen unter dem Einfluß extrem hoher Feldstärken zurückzuführen (s. S. 95), bei den üblichen Methoden zur Leitfähigkeitsmessung spielt er keine Rolle. Da SVANTE ARRHENIUS nicht bekannt war (1883), daß Salze — allgemein „*echte Elektrolyte*" — bereits im reinen Zustand als Ionen vorliegen (Ionenkristalle, s. S. 80), nahm er an, daß generell der zweite Mechanismus für die Zunahme der Leitfähigkeit von Lösungen gültig ist. Die Dissoziation der gelösten Moleküle in Ionen wurde als Gleichgewichtsreaktion betrachtet:

$$\mathrm{Ka}_{\nu_+}\mathrm{A}_{\nu_-} + nSl \rightleftharpoons \nu_+[\mathrm{Ka}^{z_+} \cdot xSl] + \nu_-[\mathrm{A}^{z_-} \cdot ySl]$$

z_+, z_- Ladungszahl des Kations bzw. Anions
Sl Lösungsmittel $n = x + y$,

wobei sich das Gleichgewicht entsprechend dem Massenwirkungsgesetz mit zunehmender Lösungsmittelkonzentration in Richtung der Ionenbildung verschiebt:

$$K = \frac{c_{Ka}^{\nu_+} \cdot c_A^{\nu_-}}{c_{KaA} \cdot c_{Sl}^n},$$

wo c_{Ka} die Konzentration des Kations $Ka^{z_+} \cdot xSl$, c_A die des Anions $A^{z_-} \cdot ySl$ ist. Auf diese Weise konnte er die Zunahme der Äquivalentleitfähigkeit mit wachsender Verdünnung erklären. Bei einer Konzentration c ergab sie sich einfach aus dem Wert für vollständige Dissoziation, d. h. bei unendlicher Verdünnung, λ_∞, durch Multiplikation mit dem Dissoziationsgrad α: $\lambda_c = \alpha \cdot \lambda_\infty$. Für einen einfachen binären Elektrolyten KaA erhält man dann mit

$$c_{Ka} = \alpha \overset{\circ}{c}_{KaA} = c_A \quad \text{und} \quad c_{KaA} = (1 - \alpha)\, \overset{\circ}{c}_{KaA} \tag{2.51}$$

$$K = \frac{\alpha \overset{\circ}{c}_{KaA} \cdot \alpha \overset{\circ}{c}_{KaA}}{(1-\alpha)\, \overset{\circ}{c}_{KaA}} = \frac{\alpha^2}{1-\alpha}\, \overset{\circ}{c}_{KaA},$$

$\overset{\circ}{c}_{KaA}$: eingewogene Konzentration des Elektrolyten in mol · l^{-1},

oder, wenn man $\alpha = \frac{\lambda_c}{\lambda_\infty}$ (2.27) setzt:

$$K = \frac{\overset{\circ}{c}_{KaA} \cdot \lambda_c^2}{\lambda_\infty^2 \left(1 - \frac{\lambda_c}{\lambda_\infty}\right)} = \frac{\lambda_c^2 \cdot \overset{\circ}{c}_{KaA}}{\lambda_\infty (\lambda_\infty - \lambda_c)}. \tag{2.51a}$$

Ostwaldsches Verdünnungsgesetz

Die Prüfung des Ostwaldschen Verdünnungsgesetzes an Salzen ergab nun keineswegs einen konstanten Wert, wenn man in die rechte Seite λ_∞ und λ_c für verschiedene Konzentrationen $\overset{\circ}{c}_{KaA}$ einsetzte. Zum Beispiel findet man bei Kochsalz in sehr verdünnten Lösungen eine Abnahme von $K = 0{,}12$ auf $K = 0{,}012$, wenn man von $2 \cdot 10^{-3}$ molarer auf $3 \cdot 10^{-5}$ molare Lösung verdünnt. In diesem Konzentrationsbereich ist, wie wir gesehen haben, das empirische Kohlrauschsche Quadratwurzelgesetz gültig. Nach dem Ostwaldschen Verdünnungsgesetz sollte aber die Äquivalentleitfähigkeit nicht mit $c^{1/2}$, sondern etwa proportional mit c abnehmen. Wenn man nämlich (2.51) umformt:

$$\lambda_\infty - \lambda_c = \frac{\lambda_c^2 \overset{\circ}{c}_{KaA}}{\lambda_\infty \cdot K}$$

und wegen der großen Verdünnung auf der rechten Seite λ_c näherungsweise gleich λ_∞ setzt, so erhält man

$$\lambda_c \approx \lambda_\infty - \frac{\lambda_\infty}{K} \cdot \overset{\circ}{c}_{KaA}. \tag{2.52}$$

Bei schwachen Elektrolyten, so z. B. Essigsäure, ist das Verdünnungsgesetz etwa erfüllt; in einem Konzentrationsbereich von $5 \cdot 10^{-3}$ bis $2{,}8 \cdot 10^{-5}$ mol l^{-1} Essigsäure ändert sich die Dissoziationskonstante nur von $1{,}81 \cdot 10^{-5}$ auf $1{,}76 \cdot 10^{-5}$. Bei starken Elektrolyten kann die Dissoziation mit sinkender Konzentration offenbar nicht zunehmen. Da die Kristallgitter von Salzen bereits mit Ionen und nicht mit Molekülen besetzt sind, kann man erwarten, daß die Salze auch als Ionen in Lösung gehen, also vollständig dissoziiert sind. Zu dieser Schlußfolgerung gelangten N. Bjerrum und A. Hantzsch (1906) auch durch spektralphotometrische Messungen an Lösungen farbiger Salze (z. B. Chromsalzen). Moleküle sollten sich von den Ionen wegen der verschiedenen Elektronenzustände im molaren Extinktionskoeffizienten eindeutig unterscheiden. Wenn daher mit wachsender Verdünnung die Zahl der Moleküle zugunsten der Zahl der Ionen abnimmt, müßte sich die Extinktion der Moleküle und der Ionen entsprechend ändern. Tatsächlich ist aber die molare Extinktion von Salzen bis zu relativ hohen Konzentrationen völlig konstant, wie auch G. KORTÜM durch sehr genaue Messungen gezeigt hat. Es liegt also unabhängig von der Verdünnung die gleiche Teilchenart, nämlich Ionen, vor. Das gilt auch für die Salze schwacher organischer Säuren, z. B. des 2.4.-Dinitrophenols. Die Lösungen der Säure selbst dagegen zeigen neben dem Absorptionsmaximum der Lösungen ihres Salzes bei etwa 28000 cm^{-1} noch eine starke Absorption bei höheren Wellenzahlen. Die Absorption mit dem Maximum bei 28000 cm^{-1} kann natürlich nur dem Ion zugeschrieben werden, da sie ja, und zwar ausschließlich, in der Lösung des Salzes gemessen wird; mithin ist das zweite Absorptionsmaximum der freien, nicht dissoziierten Säure zuzuschreiben, bei der das Wasserstoffatom noch kovalent an den Sauerstoff der Hydroxylgruppe gebunden ist. Es besteht also ein echtes Dissoziationsgleichgewicht nach:

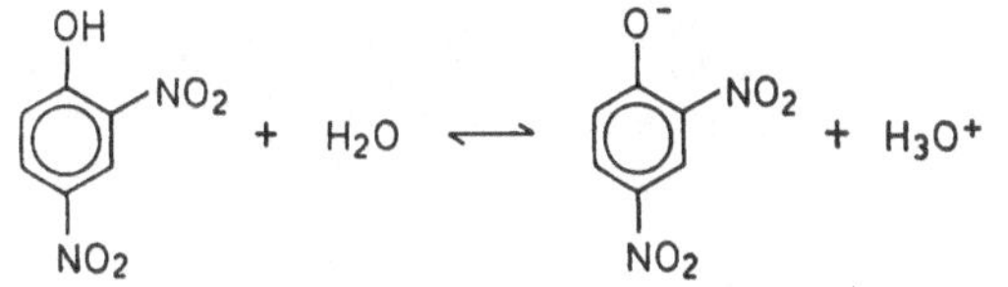

Da nun die undissoziierte Säure bei Wellenzahlen < 25000 cm^{-1} überhaupt nicht absorbiert, kann man die Absorption einer Lösung dem Anion der Säure zuschreiben. Nach dem LAMBERT-BEERschen Gesetz (*Band 1*, S. 557) ist die Extinktion:

$$E = \varepsilon_A \cdot \alpha \cdot \mathring{c}_{KaA} \cdot d.$$

ε_A, der molare Extinktionskoeffizient, ergibt sich aus einer Lösung des Salzes bekannter Konzentration. $\mathring{c}_{KaA}$ ist hier die gewählte Säurekonzentration, d die durchstrahlte Schichtdicke der Lösung. Aus der gemessenen Extinktion kann man mithin den Dissoziationsgrad α für jede Konzentration bestimmen und damit auch die Dissoziationskonstante K berechnen. Tatsächlich ist sie nicht völlig konstant, sondern wird bei Konzentrationen von 10^{-5} bis 10^{-3} mol l^{-1} etwas größer. Durch die Lichtabsorption wird die Zahl der Teilchen, d. h. ihre Konzentration, gemessen; in die thermodynamische Dissoziationskonstante ist aber die Aktivität einzusetzen (*s. Band 1*, S. 372), d. h. für K_a gilt

$$K_a = \frac{\alpha^2 \mathring{c}_{KaA} f_{Ka} \cdot f_A}{(1 - \alpha) f_{KaA}}. \tag{2.53}$$

Da die Aktivitätskoeffizienten selbst Konzentrationsfunktionen sind, weil die zwischenmolekulare bzw. interionische Wechselwirkung mit wachsender Konzentration zunimmt, kann der Ausdruck $\frac{\alpha^2 \mathring{c}_{KaA}}{1 - \alpha}$ nicht konstant sein [2.3].

Bei Gültigkeit der Dissoziationstheorie von ARRHENIUS und des Gesetzes von VAN'T HOFF für den osmotischen Druck (*Band 1*, S. 179) müßte sich der Dissoziationsgrad auch aus dem bei der Konzentration $\mathring{c}_{KaA}$ gemessenen osmotischen Druck π_{gem} nach

$$\pi_{gem} = \pi_{Mol} + \pi_{Ion}$$

aus der Summe der osmotischen Drücke des undissoziierten Moleküls π_{Mol} und der daraus durch Dissoziation gebildeten Ionen (ν) berechnen lassen:

$$\pi_{\mathrm{Mol}} = (1 - \alpha)\, \overset{\circ}{c}_{KaA} RT$$

$$\pi_{\mathrm{Ion}} = \nu\alpha \overset{\circ}{c}_{KaA} RT$$

$$\pi_{\mathrm{gem}} = \overset{\circ}{c}_{KaA} RT(1 - \alpha + \nu\alpha), \tag{2.54}$$

$$\alpha = \frac{1}{\nu - 1}\left[\frac{\pi_{\mathrm{gem}}}{\overset{\circ}{c}_{KaA} RT} - 1\right]. \tag{2.55}$$

Für einen binären Elektrolyten ($\nu = 2$) wird α

$$\alpha = \left[\frac{\pi_{\mathrm{gem}}}{\overset{\circ}{c}_{KaA} RT} - 1\right].$$

Wenn man nach (2.54) den Quotienten $\pi_{\mathrm{gem}}(\overset{\circ}{c}_{KaA} \cdot RT)^{-1}$ berechnet, so muß er für $\alpha = 1$ die Zahl der gebildeten Ionen ν angeben; er wird als VAN'T HOFFscher Faktor bezeichnet:

$$i = \frac{\pi_{\mathrm{gem}}}{\overset{\circ}{c}_{KaA} RT}. \tag{2.56}$$

Daß er immer kleiner als ν gefunden wurde, führte man im Sinne der ARRHENIUS-Theorie auf unvollständige Dissoziation zurück und berechnete nach (2.55) den Dissoziationsgrad. In *Tab. 2.12* sind für einige Elektrolyte verschiedener elektrochemischer Wertigkeit die VAN'T HOFFschen Faktoren angegeben, die für 0,1 bis 0,01 molare Lösungen aus Messungen der Gefrierpunkterniedrigung (wäßriger Lösungen), die ja dem osmotischen Druck proportional ist (*s. Band 1*, S. 341), erhalten wurden. Erwartungsgemäß steigt i mit wachsender Verdünnung an, bleibt aber auch in 0,01 molarer Lösung, vor allem bei mehrwertigen Elektrolyten, beträchtlich kleiner als ν. In *Tab. 2.13* sind die nach (2.55) aus Gefrierpunktmessungen errechneten „Dissoziationsgrade" den aus Leitfähigkeitsmessungen bei gleicher Konzentration und Temperatur erhaltenen gegenübergestellt. Bei niedrigen Konzentrationen und 1-1-wertigen Elektrolyten ist die Übereinstimmung im allgemeinen recht gut, bei höheren Konzentrationen sind die Abweichungen zum Teil erheblich. Da Meßfehler dieser Größe ausgeschlossen werden können, muß angenommen werden, daß mit den beiden Methoden nicht die gleiche Größe, der „Dissoziationsgrad", gemessen wird. Man hat die Abweichung des osmotischen Druckes vom idealen Verhalten formal durch den *osmotischen Koeffizienten* f_0 ausgedrückt (*s. Band 1*, S. 328), der für einen vollständig in Ionen zerfallenen Elektrolyten B nach

$$f_0 = \frac{\pi_{\mathrm{gem}}}{\nu \cdot c_B RT} \tag{2.57}$$

definiert ist und sich auf die Litermolarität bezieht. Wie früher gezeigt wurde, ist π und damit f_0 eine Eigenschaft des Lösungsmittels (*s. Band 1*, S. 180) und mit dem Aktivitätskoeffizienten des Lösungsmittels $f_{(x)A}$ nach

$$f_{0(x)} = 1 + \frac{\ln f_{(x)A}}{\ln x_A}$$

verknüpft, wenn man ihn auch auf den Molenbruch bezieht (rationaler osmotischer Koeffizient).

Tabelle 2.12

VAN'T HOFFscher Faktor i aus Gefrierpunktsmessungen wäßriger Lösungen

Elektrolyt	Konzentration in mol · l^{-1} 0,1	0,05	0,01
$MgSO_4$	1,32	1,42	1,62
KIO_3	1,77	1,83	1,91
KNO_3	1,78	1,84	1,90
$KClO_3$	1,80	1,85	1,91
$KBrO_3$	1,81	1,85	1,92
$NaNO_3$	1,83	1,86	1,90
KCl	1,86	1,89	1,94
NH_4Cl	1,86	1,88	1,93
KOH	1,87	1,93	1,98
NaCl	1,88	1,89	1,94
LiCl	1,90	1,91	1,94
HNO_3	1,90	1,91	1,96
HCl	1,92	1,93	1,98
CdI_2	1,45	1,80	2,19
$CdCl_2$	2,21	2,38	2,58
H_2SO_4	2,22	2,32	2,58
$Pb(NO_3)_2$	2,30	2,45	2,70
$BaCl_2$	2,58	2,64	2,76
$K_3Fe(CN)_6$	—	—	3,60
$K_4Fe(CN)_6$	3,32	3,54	—

Tabelle 2.13

Aus Gefrierpunkts- und Leitfähigkeitsmessungen wäßriger Lösungen berechneter „Dissoziationsgrad"

Konzentration in mol · l^{-1}		0,005	0,05	0,1
Elektrolyt	Methode	Prozentuale Dissoziation		
KCl	Gefrierpunkt	96,3	88,5	86,1
	Leitfähigkeit	95,6	88,9	86,0
NaCl		95,3	89,2	87,5
		95,3	88,2	85,2
LiCl		94,4	91,2	90,1
		94,9	87,8	84,6
KBr		—	88,9	86,3
		95,5	88,8	85,9
$NaIO_3$		93,9	84,2	77,3
		93,9	84,2	80,1
HCl		99,1	93,3	91,7
		98,1	94,4	—
$MgSO_4$		69,4	42,0	32,4
		74,0	50,6	44,9
$Pb(NO_3)_2$		89,0	72,4	64,9
		88,6	70,8	63,5

Aus der Definitionsgleichung für diesen Koeffizienten:

$$f_{0(x)} = \frac{\ln a_{(x)A}}{\ln x_A} \qquad (Band\ 1,\ 17.34)$$

folgt für den osmotischen Koeffizienten des Elektrolyten B, bezogen auf die Kilomolarität:

$$f_{0(m)} = -\frac{1000}{\nu m_B \cdot M_A} \ln a_{(x)A}. \tag{2.58}$$

Diese Gleichung gilt nur für verdünnte Lösungen, weil bei der Umrechnung von $f_{0(x)}$ auf $f_{0(m)}$ eine Reihenentwicklung nötig ist, die, um zu (2.58) zu gelangen, nach dem 2. Glied abgebrochen werden muß (*s. Band 1*, S. 174).

Ganz analog zu dem osmotischen Koeffizienten wurde nun für die Abweichung der Äquivalentleitfähigkeit vom Verhalten bei unendlicher Verdünnung formal der Leitfähigkeitskoeffizient f_λ eingeführt:

$$f_\lambda = \frac{\lambda_c}{\lambda_\infty}. \tag{2.59}$$

Diese beiden Koeffizienten f_0 und f_λ entsprechen im Prinzip dem früher definierten Aktivitätskoeffizienten

$$f_{(x)} = \frac{a_{(x)}}{x} \quad \text{bzw.} \quad f_{(m)} = \frac{a_{(m)}}{m} \quad \text{oder} \quad f_{(c)} = \frac{a_{(c)}}{c} \qquad (Band\ 1,\ \text{S. } 299).$$

Mit diesen Gleichungen ist natürlich keine Aussage über die Ursachen für das abweichende Verhalten gegenüber dem in unendlicher Verdünnung gemacht. Bei Elektrolytlösungen kann es sowohl auf einer unvollständigen Dissoziation als auch auf der interionischen Wechselwirkung beruhen. Es ist daher nur möglich, diese Koeffizienten auf einen der beiden Effekte zu beziehen, wenn der andere vernachlässigt werden kann. Wenn angenommen werden kann, daß vollständige Dissoziation vorliegt, dann stellen f_λ, f_0 und $f_{(m)}$ (bzw. $f_{(x)}$, $f_{(c)}$) ein Maß für die interionische Wechselwirkung dar. Wenn die Konzentration der Ionen bei endlicher Elektrolytkonzentration sehr klein ist ($\alpha \ll 1$), dann kann man f_λ und f_0 tatsächlich dem Dissoziationsgrad gleichsetzen. Allgemein gilt aber, wenn man die Koeffizienten als Maß für die Wechselwirkung betrachtet,

$$\begin{aligned} \alpha f_0 &= \frac{\pi_{\text{gem}}}{\nu \cdot c_B R T}\,^{1)}, \\ \alpha f_\lambda &= \frac{\lambda_c}{\lambda_\infty}. \end{aligned} \tag{2.60}$$

[1]) Bei dieser Gleichung wird der Anteil des nichtdissoziierten Elektrolyten vernachlässigt, d. h., α liegt nahe bei 1. Für die Leitfähigkeit ist das sicher in jedem Fall berechtigt, da dieser Anteil keinen Leitfähigkeitsbeitrag leistet. Beim osmotischen Koeffizienten muß die Gleichung streng lauten

$$f_0 = \frac{\pi_{\text{gem}}}{(1 - \alpha + \nu\alpha)\, c_B R T},$$

s. auch die Definition des Aktivitätskoeffizienten.

Auf die besonderen Verhältnisse bei den Aktivitätskoeffizienten von Elektrolytlösungen wird im Folgenden eingegangen.

Wenn man den Aktivitätskoeffizienten z. B. bezogen auf die Kilomolarität für einen vollständig dissoziierten Elektrolyten berechnen will, so gilt natürlich auch:

$$f_{(m)B} = \frac{a_{(m)B}}{\nu m_B}, \tag{2.61a}$$

wenn wir vollständige Dissoziation voraussetzen. Man kann den Aktivitätskoeffizienten auch durch $f_{(m)B} = \frac{a_{(m)B}}{m_B}$ ohne Rücksicht auf eine Dissoziation definieren; wenn man eine unvollständige Dissoziation berücksichtigen will, ergibt sich aber

$$f_{(m)B} = \frac{a_{(m)B}}{(\nu\alpha + 1 - \alpha)\, m_B}. \tag{2.61}$$

Diese Gleichung geht nur für $\alpha \rightarrow 1$ in (2.61a) über. Aus (2.61) läßt sich der Aktivitätskoeffizient nur berechnen, wenn α bekannt ist und umgekehrt. Aus diesem Grunde wird allgemein der Aktivitätskoeffizient und damit die Aktivität auf den vollständig dissoziierten Elektrolyten bezogen. Entsprechend der Definition der Aktivität mit Hilfe des chemischen Potentials (*s. Band 1*, S. 300) gilt

$$d\mu_B = RT\, d \ln a_B,$$

und man erhält durch Integration je nach dem verwendeten Konzentrationsmaß verschiedene als chemische Standardpotentiale bezeichnete Integrationskonstanten und Aktivitätskoeffizienten, während natürlich das chemische Potential selbst unabhängig vom Konzentrationsmaß sein muß.

$$\begin{aligned}\mu_B &= \overset{\circ}{\mu}_{(x)B} + RT \ln x_B + RT \ln f_{(x)B}\\ &= \overset{\circ}{\mu}_{(m)B} + RT \ln m_B + RT \ln f_{(m)B}\\ &= \overset{\circ}{\mu}_{(c)B} + RT \ln c_B + RT \ln f_{(c)B}.\end{aligned} \tag{2.62}$$

Wenn Konzentration *und* Aktivitätskoeffizient den Wert 1 besitzen, wird

$$\begin{aligned}\mu_B &= \overset{\circ}{\mu}_{(x)}\ ; x_B = 1,\ f_{(x)B} = 1,\\ \mu_B' &= \overset{\circ}{\mu}_{(m)B}; m_B = 1,\ f_{(m)B} = 1^{1)},\\ \mu_B'' &= \overset{\circ}{\mu}_{(c)B}\ ; c_B = 1,\ f_{(c)B} = 1.\end{aligned} \tag{2.63}$$

Der Elektrolyt befindet sich in seinem *Standardzustand*, der allerdings experimentell nicht realisierbar ist, weil bei der Konzentration 1 (gleichgültig welches Konzentrationsmaß verwendet wird) der Aktivitätskoeffizient nicht 1 sein wird. Diesen Wert nimmt er nur bei unendlicher Verdünnung an $\left(\lim\limits_{m_B \to 0} f_B = 1\right)$. Die unendlich verdünnte Lösung wird deswegen als ***Bezugszustand*** bezeichnet. Das chemische Potential läßt sich nun, vollständige Dissoziation vorausgesetzt, für einen Elektrolyten $Ka_{\nu_+}^{z_++}A_{\nu_-}^{z_--}$ formal in

---

[1]) Da verschiedene Integrationskonstanten verwendet werden, sind bei dieser Normierung die μ_B nicht identisch.

die chemischen Potentiale seiner Ionen aufteilen:

$$\mu_B = \nu_+\mu_{Ka^{z_+}} + \nu_-\mu_{A^{z_-}} \equiv \nu_+\mu_+ + \nu_-\mu_-$$
$$= \nu_+\mu_+^\circ + \nu_+RT \ln a_+ + \nu_-\mu_-^\circ + \nu_-RT \ln a_- . \tag{2.64}$$

Das chemische Potential eines Ions i, das als

$$\left(\frac{\partial g}{\partial n_i}\right)_{p,T,n_1\cdots n_k} \equiv \mu_i \tag{2.65}$$

definiert ist, kann mit thermodynamischen Methoden nicht exakt bestimmt werden. Voraussetzung für die Messung von μ_i wäre ja, daß der Lösung nur das Ion i (ohne das entsprechende Gegenion) zugesetzt wird. Dadurch würde in der Elektrolytlösung eine außerordentlich hohe Überschußladung entstehen. Für Elektrolyte ist aber Elektroneutralität immer Voraussetzung, sonst müßten starke makroskopische elektrische Felder berücksichtigt werden, die nichts mit den thermodynamischen Eigenschaften des Elektrolyten zu tun haben.

Die chemischen Standardpotentiale der Kationen und Anionen können zum chemischen Standardpotential des Elektrolyten zusammengefaßt werden:

$$\mu_B{}^0 = \nu_+\mu_+{}^0 + \nu_-\mu_-{}^0 . \tag{2.66}$$

Damit erhält man:

$$\mu_B = \mu_B{}^0 + RT \ln a_+^{\nu_+} a_-^{\nu_-} . \tag{2.67}$$

Da die Einzelionenaktivitäten a_+ und a_- aus prinzipiellen Gründen (s. auch S. 199) einer Messung nicht zugänglich sind, faßt man den Ausdruck $a_+^{\nu_+} \cdot a_-^{\nu_-}$ zu der „*mittleren Aktivität*" *des Elektrolyten B* zusammen und definiert:

$$a_+^{\nu_+} a_-^{\nu_-} \equiv a_{\pm B}^{\nu} , \qquad \nu = \nu_+ + \nu_- , \tag{2.68}$$
$$a_{\pm B} = \sqrt[\nu]{a_+^{\nu_+} a_-^{\nu_-}} .$$

Das Produkt $a_+^{\nu_+} \cdot a_-^{\nu_-}$ wird als *Aktivität des Elektrolyten B* definiert, die somit ebenfalls durch die Einzelionenaktivitäten dargestellt wird:

$$a_B \equiv a_+^{\nu_+} \cdot a_-^{\nu_-} = a_{\pm B}^{\nu} . \tag{2.69}$$

Damit wird (2.67) vereinfacht zu:

$$\mu_B = \mu_B{}^0 + \nu RT \ln a_{\pm B} = \mu_B{}^0 + RT \ln a_B . \tag{2.70}$$

Zerlegt man die Aktivität in die Konzentration und den Aktivitätskoeffizienten, so erhält man für die mittlere Aktivität

$$a_{\pm(m)B} = \sqrt[\nu]{m_+^{\nu_+} \cdot m_-^{\nu_-}} \cdot \sqrt[\nu]{f_{+(m)}^{\nu_+} \cdot f_{-(m)}^{\nu_-}} . \tag{2.71}$$

Sinngemäß zu (2.68) werden die mittlere Molarität $m_{\pm B}$ und der mittlere Aktivitätskoeffizient $f_{\pm(m)B}$ des Elektrolyten definiert:

$$m_{\pm B} \equiv \sqrt[\nu]{m_+^{\nu_+} \cdot m_-^{\nu_-}} , \qquad f_{\pm(m)B} \equiv \sqrt[\nu]{f_{+(m)}^{\nu_+} \cdot f_{-(m)}^{\nu_-}}\,[1] .$$

[1]) In der Folge werden verschiedene Indizes, wenn dadurch keine Mißverständnisse auftreten können, weggelassen.

Die mittlere Molarität steht mit der Molarität m_B des Elektrolyten in folgendem Zusammenhang:

$$m_{\pm B} = (m_+^{\nu_+} \cdot m_-^{\nu_-})^{1/\nu} = [(\nu_+ m_B)^{\nu_+} (\nu_- m_B)^{\nu_-}]^{1/\nu}$$
$$= (\nu_+^{\nu_+} \cdot \nu_-^{\nu_-})^{1/\nu} m_B = Q \cdot m_B \qquad (2.72)$$
$$(\nu_+^{\nu_+} \cdot \nu_-^{\nu_-})^{1/\nu} \equiv Q.$$

Q ist damit vom Elektrolyttyp abhängig (vgl. *Tab. 2.14*).

Tabelle 2.14

Aktivitäten, Aktivitätskoeffizienten, mittlere Konzentrationen als Funktion der verschiedenen Elektrolyttypen und ihrer Konzentration m_B

Elektrolyttyp	Beispiel	$f_{\pm(m)}$	Q	$m_\pm = Qm_B$	$a_{(m)B} = (m_\pm \cdot f_{\pm(m)})^\nu$
1–1; 2–2	KCl, $ZnSO_4$	$(f_{+(m)} \cdot f_{-(m)})^{1/2}$	1	m_B	$m_B^2 \cdot f_{\pm}^2{}_{(m)}$
3–3	$LaFe(CN)_6$				
2–1	$CaCl_2$	$(f_{+(m)} \cdot f_-^2{}_{(m)})^{1/3}$	$4^{1/3}$	$4^{1/3}m_B$	$4m_B^3 \cdot f_\pm^3{}_{(m)}$
1–2	Na_2SO_4	$(f_+^2{}_{(m)} \cdot f_{-(m)})^{1/3}$	$4^{1/3}$	$4^{1/3}m_B$	$4m_B^3 \cdot f_\pm^3{}_{(m)}$
3–1	$LaCl_3$	$(f_{+(m)} \cdot f_-^3{}_{(m)})^{1/4}$	$27^{1/4}$	$27^{1/4}m_B$	$27m_B^4 \cdot f_\pm^5{}_{(m)}$
4–1	$Th(NO_3)_4$	$(f_{+(m)} \cdot f_-^4{}_{(m)})^{1/5}$	$256^{1/5}$	$256^{1/5}m_B$	$256m_B^5 \cdot f_\pm^5{}_{(m)}$
3–2	$Al_2(SO_4)_3$	$(f_+^2{}_{(m)} \cdot f_-^3{}_{(m)})^{1/5}$	$108^{1/5}$	$108^{1/5}m_B$	$108m_B^5 \cdot f_\pm^5{}_{(m)}$

Beispiel: Berechnung der mittleren Molarität des $Al_2(SO_4)_3$

$$\nu_+ = 2 \qquad \nu_- = 3$$
$$m_+ = \nu_+ m_B = 2m_B \qquad m_- = \nu_- m_B = 3m_B$$
$$m_\pm = \sqrt[\nu]{m_+^{\nu_+} \cdot m_-^{\nu_-}} = \sqrt[5]{(2m_B)^2 \cdot (3m_B)^3}$$
$$m_\pm = \sqrt[5]{2^2 \cdot 3^3} \cdot m_B = 108^{1/5} m_B.$$

Der Zahlenwert der Aktivitätskoeffizienten ist vom Konzentrationsmaß abhängig.

Aus (2.69) und (2.71) folgt:

$$f_{\pm(m)} = \frac{a_{\pm(m)}}{m_\pm}.$$

Entsprechend gilt:

$$f_{\pm(c)} = \frac{a_{\pm(c)}}{c_\pm}.$$

$$f_{\pm(x)} = \frac{a_{\pm(x)}}{x_\pm}{}^{1)},$$

$f_{\pm(x)}$ wird oft als „rationeller" Aktivitätskoeffizient bezeichnet, während $f_{\pm(m)}$ und $f_{\pm(c)}$ sogenannte „praktische" Aktivitätskoeffizienten darstellen.

[1]) Für ein binäres System gilt: $x_{\pm B} \equiv \frac{m_{\pm B}}{\nu m_B + m_A}$.

Diese Aktivitätskoeffizienten lassen sich ineinander umrechnen. Für eine Lösung von i verschiedenen Elektrolyten gilt:

$$f_{\pm(x)} = f_{\pm(m)} \left(1 + 0{,}001 M_A \sum_1^i \nu_i m_i\right)$$

$$= f_{\pm(c)} \frac{\varrho_L + 0{,}001 \left(M_A \sum_1^i \nu_i c_i - \sum_1^i c_i M_{B_i}\right)}{\varrho_A},$$

$$f_{\pm(m)} = f_{\pm(c)} \frac{\varrho_L - 0{,}001 \sum_1^i c_i M_B}{\varrho_A},$$

$$f_{\pm(c)} = f_{\pm(m)} \left(1 + 0{,}001 \sum_1^i m_i M_{B_i}\right) \frac{\varrho_A}{\varrho_L}.$$

M_A, M_B – Molmasse des Lösungsmittels A bzw. Elektrolyten B
m_B – Kilomolarität des Elektrolyten B
c_B – Litermolarität
ν – Zahl der Ionen, in die der Elektrolyt B zerfallen ist
ϱ_L – Dichte der Lösung
ϱ_A – Dichte des Lösungsmittels

Für ein binäres Gemisch (Lösung nur eines Elektrolyten) vereinfachen sich diese Beziehungen zu:

$$f_{\pm(x)} = f_{\pm(m)}(1 + 0{,}001 M_A \cdot \nu \cdot m_B)$$

$$= f_{\pm(c)} \frac{\varrho_L + 0{,}001 \cdot c_B(\nu M_A - M_B)}{\varrho_A},$$

$$f_{\pm(m)} = f_{\pm(c)} \frac{\varrho_L - 0{,}001 c_B M_B}{\varrho_A} = f_{\pm(c)} \cdot \frac{c_B}{m_B \cdot \varrho_A},$$

$$f_{\pm(c)} = f_{\pm(m)}(1 + 0{,}001 m_B M_B) \frac{\varrho_A}{\varrho_L} = f_{\pm(m)} \cdot \frac{m_B \cdot \varrho_A}{c_B}.$$

Die Methoden zur Bestimmung von Aktivitäten bzw. Aktivitätskoeffizienten der Elektrolyte beruhen grundsätzlich wie die von Nichtelektrolyten (*s. Band 1*, S. 326) auf der Untersuchung von thermodynamischen Gleichgewichten, z. B. Löslichkeits-, Verteilungsgleichgewichten usw. Wir werden diese Verfahren im Kapitel Elektrochemische Thermodynamik behandeln und jetzt zunächst die Eigenschaften, vor allem das Leitvermögen, gelöster Elektrolyte vom Standpunkt der Wechselwirkung zwischen den Ionen und der Ionen mit dem Lösungsmittel betrachten.

2.6. *Wechselwirkung Ion—Ion*

Wie wir gesehen haben, vermag die ARRHENIUSsche Dissoziationstheorie das Leitfähigkeitsverhalten von Salzen, allgemein starker Elektrolyte, in Lösung nicht befriedigend zu erklären. Sie steht außerdem bei diesen Elektrolytlösungen im Widerspruch zu deren spektralphotometrisch nachgewiesener vollständiger Dissoziation, die auch auf Grund der allerdings erst später festgestellten Tatsache zu erwarten ist, daß Salze bereits im festen Zustand als Ionenkristall vorliegen. In diesen Kristallen ist nun die COULOMB-Energie zwischen den entgegengesetzt geladenen Ionen wirksam und die Ursache für sehr hohe Gitterenergien, die notwendig sind, um die Ionen vollständig voneinander zu trennen (*s. Band 1*, S. 146).

Bei der Auflösung fester Elektrolyte wird die COULOMB-Energie entsprechend dem COULOMBschen Gesetz stark herabgesetzt. Das ist einmal darauf zurückzuführen, daß die Lösungsmittelmoleküle zwischen die gegensinnig geladenen Ionen treten und den Abstand zwischen denselben um so mehr vergrößern, je mehr Lösungsmittel angewendet wird, d. h. je größer die Verdünnung ist. Zum anderen hat das Lösungsmittel, insbesondere das Wasser, eine höhere Dielektrizitätskonstante als Luft. Trotzdem muß auch in Elektrolytlösungen mit einer starken interionischen Wechselwirkung gerechnet werden. Nach dem COULOMBschen Gesetz (1.5) ist die Kraft, mit der sich zwei punktförmige Ladungen Q_1 und Q_2 beeinflussen, dem Produkt der Ladungen proportional und dem Quadrat ihres Abstandes r umgekehrt proportional, wenn sich die beiden Ladungen im materiefreien Raum befinden (absolutes Vakuum). Bei gleichem Ladungssinn findet Abstoßung statt, bei entgegengesetztem Ladungssinn wirkt eine anziehende Kraft.

Ist der Raum, in dem sich die Ladungen befinden, mit Materie gefüllt, so findet eine Verminderung der zwischen den beiden Ladungen wirkenden Kraft statt. Der Schwächungsfaktor ist definiert durch

$$\frac{\mathfrak{K}_M}{\mathfrak{K}'} = \frac{1}{\varepsilon}, \tag{2.73}$$

$\mathfrak{K}_M$ — Kraft im materieerfüllten Raum,

oder, wenn man statt der Kraft die Feldstärke $\mathfrak{E}$ verwendet:

$$\mathfrak{E}_{\text{Mat}} = \mathfrak{E}_{\text{Vak}} \cdot \frac{1}{\varepsilon}. \tag{2.74}$$

ε heißt die *Dielektrizitätskonstante* des betreffenden Stoffes und ist immer größer als 1.

Wir können also die Kraft zweier Punktladungen, die sie in einem beliebigen Medium mit der Dielektrizitätskonstante ε aufeinander ausüben, setzen

$$\mathfrak{K}_c = \frac{e_1 e_2}{4\pi \cdot \varepsilon_0 \cdot \varepsilon \cdot r^2}. \tag{2.75}$$

Vom Standpunkt der Dissoziationstheorie konnte man nun annehmen, daß die anziehende Kraft zweier Molekülbestandteile um so mehr geschwächt wird, je größer die Dielektrizitätskonstante (DK) des Lösungsmittels ist, in dem die betreffenden Moleküle gelöst sind. Berechnet man daher aus der Leitfähigkeit den Dissoziationsgrad α nach (2.27) für den gleichen Elektrolyten in Lösungsmitteln verschiedener DK, so sollte er mit wachsender DK zunehmen. Wie man aus *Tab. 2.15* sieht, trifft das für Tetraäthylammoniumjodid in verschiedenen Lösungsmitteln[1]), vor allem bei höherer Konzentration, im allgemeinen qualitativ zu. Wenn nun Salze, wie alle echten Elektrolyte, bereits im festen Kristall als Ionen vorliegen, dann kann zwar die DK nicht den Dissoziationsgrad im Sinne von ARRHENIUS beeinflussen, wohl aber die elektrostatische Anziehung zwischen den Ionen des Elektrolyten. Die Werte für den scheinbaren Dissozia-

---

1) Über die Bestimmung der DK s. S. 104.

Tabelle 2.15

Beziehung zwischen Dielektrizitätskonstante und „dissoziierender Wirkung“ von Lösungsmitteln
Temperatur: 25 °C, Elektrolyt: Tetraethylammoniumiodid, c in mol l^{-1}

Lösungsmittel	ε	Scheinbarer Dissoziationsgrad in Prozent		
		$c = 0{,}01$	$c = 0{,}001$	$c = 0{,}0005$
Wasser	78,54	91	98	99
Formamid	109	93	98	98
Glycolnitril	67,9	93	98	99
Succinnitril	57,3	90	95	96
Zitronensäure	39,5	82	93	94
Nitromethan	38,2···40,4	78	92	93
Furfuraldehyd	36,5···39,4	78	91	93
Lactonitril	37,7	—	89	91
Acetonitril	36,7	74	90	92
Methylthiocyanat	33,3···35,9	77	89	91
Ethylenglycol	34,5	78	89	—
Nitrobenzen	34,82	71	88	90
Methanol	32,63	73	88	90
Methylcyanacetat	28,8	69	84	87
Propionitril	26,7···27,2	65	84	87
Ethylthiocyanat	26,5···31,2	63	83	86
Ethylcyanacetat	26,2···26,7	65	83	87
Benzonitril	26,0	61	80	84
Epichlorhydrin	26,0	60	81	85
Acetylaceton	25,1···26,0	—	83	87
Ethanol	24,3	54	78	82
Aceton	20,7	50	74	80
Ethythiocarbamid	19,4···22,0	—	66	—
Essigsäure	17,9	58	79	84
Benzaldehyd	14,5···16,9	51	73	78
Phenylacetonitril	15,0···16,7	46	74	79
Acetylbromid	16,2	47	73	78
Acetylchlorid	15,5	46	72	79
Salicylaldehyd	13,9	34	55	61
Dimethylformamid	36,7			

tionsgrad in *Tab. 2.15* stellen also ein Maß für die interionische Wechselwirkung in den verschiedenen Lösungsmitteln, d. h. den Leitfähigkeitskoeffizienten f_λ, dar. Allerdings läßt er sich nicht einfach aus dem Coulombschen Gesetz errechnen, da der Abstand der geladenen Teilchen nicht konstant ist wie im Ionenkristall, sondern sich ständig verändert. Außerdem werden sich infolge der Wärmebewegung nicht nur Ionen verschiedener Ladung, sondern auch solche gleicher Ladung einander stark nähern können. Um über die interionische Wechselwirkung quantitative Aussagen machen zu können, war es nötig, die Methoden der Statistik anzuwenden; damit ist es Debye und Hückel gelungen, zumindest für verdünnte Lösungen die Korrekturfaktoren f_λ, f_0 und $f_\pm$ theoretisch zu berechnen.

2.6.1. *Theorie der interionischen Wechselwirkung von P. Debye und W. Hückel*

Aktivitäts-, Leitfähigkeits- und osmotischer Koeffizient haben solange nur die Bedeutung empirischer Korrekturglieder, wie es nicht gelingt, den Zusammenhang zwischen ihren Werten und der Ionenkonzentration theoretisch zu deuten[1]). Dazu muß man eine quantitative Vorstellung von der interionischen Wechselwirkung gewinnen.

Schon frühzeitig hat man die Aufgabe in Angriff genommen, die Wechselwirkung zwischen den Ionen in Lösungen zu berechnen. VAN LAAR unternahm bereits 1894 solche Versuche, später noch einmal MILNER (1912). Die Vorarbeit dieser beiden Forscher hat jedoch nicht zu einer wirklich quantitativen Deutung führen können, da die Verhältnisse zu kompliziert sind. Es ist das Verdienst von DEBYE und HÜCKEL (1923 bis 1925), die Probleme der interionischen Wechselwirkung theoretisch so behandelt zu haben, daß eine Berechnung von Aktivitäts-, Leitfähigkeits- und osmotischen Koeffizienten (zumindest bei geringen Konzentrationen) möglich wurde. Die Theorie von DEBYE und HÜCKEL ist auf folgenden vereinfachenden Voraussetzungen aufgebaut:

1. Es muß vollständige Dissoziation herrschen.
2. Nur die COULOMBschen Kräfte zwischen den Ionen sind für die interionische Wechselwirkung verantwortlich; alle anderen Kräfte können unberücksichtigt bleiben, ebenso die Wechselwirkung zwischen Ionen und Lösungsmittelmolekülen.
3. Die aus den COULOMBschen Kräften resultierende Energie ist dabei klein gegenüber der Wärmeenergie.
4. Die Polarisation der Ionen kann vernachlässigt werden. Man setzt Ionen voraus, die als punktförmige Ladungen mit kugelsymmetrischem Feld angesehen werden können.
5. Die Dielektrizitätskonstante des Lösungsmittels wird durch die gelösten Elektrolyte nicht verändert. Lösungsmittel und Lösung haben die gleiche Dielektrizitätskonstante.

Diese Bedingungen werden mit steigender Konzentration immer schlechter erfüllt:

1. Starke Elektrolyte sind bis zu hohen Konzentrationen vollständig dissoziiert; wenn es sich um echte Elektrolyte handelt, werden aber bei sehr hohen Konzentrationen Ionenpaare gebildet (*s. Abschnitt 2.6.5.*), bei potentiellen Elektrolyten wird die Dissoziation im Bereich hoher Konzentrationen unvollständig.
2. Mit steigender Konzentration gewinnen neben den COULOMBschen auch intermolekulare Kräfte, z. B. zwischen Lösungsmitteln und Ionen, Einfluß auf das Verhalten einer Elektrolytlösung.
3. Bei höheren Konzentrationen wird die interionische Wechselwirkungsenergie mit der Wärmeenergie vergleichbar, dann treten Rückwirkungen auf.
4. Die Ionen sind nicht punktförmig und auch nicht unpolarisierbar. Dies macht sich um so stärker bemerkbar, je höher die Konzentration wird.
5. Wenn die Lösung nicht genügend verdünnt ist, kann man die Abweichung der Dielektrizitätskonstante ε der Lösung von der des reinen Lösungsmittels nicht mehr vernachlässigen.

---

[1]) Neben dem Quadratwurzelgesetz von KOHLRAUSCH, aus dem sich der Leitfähigkeitskoeffizient zu

$$f_\lambda = 1 - \frac{A'}{\lambda_\infty}\sqrt{c}$$

ergibt, war für verdünnte Lösungen binärer Elektrolyte von LEWIS und RANDALL empirisch die Beziehung $\lg f_\pm = -Az_+\,|z_-|\,\sqrt{c}$ gefunden worden (s. S. 86).

Die Theorie von DEBYE und HÜCKEL kann also nur für verdünnte Elektrolytlösungen die wirklichen Verhältnisse beschreiben. Bei hohen Konzentrationen, wenn die Voraussetzungen 1 bis 5 nicht mehr gelten, wird das Verhalten der Elektrolytlösungen so kompliziert, daß man es bis heute noch nicht übersehen kann. Tatsächlich kann man bis zu Konzentrationen von 0,01 mol· l^{-1} (für ein-einwertige Elektrolyte) eine strenge Gültigkeit der DEBYE-HÜCKEL-Theorie erwarten und findet auch nur für diesen Bereich eine gute Übereinstimmung zwischen rechnerisch und experimentell gewonnenen Ergebnissen.

Wenn man von der Betrachtung eines echten Elektrolyten im festen, kristallisierten Zustand ausgeht, so hat man sich vorzustellen, daß sich in den Gitterpunkten abwechselnd negative und positive Ionen befinden. *Abbildung 2.20* zeigt schematisch eine Ebene eines solchen Ionengitters. Jedes Ion ist von einer Anzahl entgegengesetzt geladener Ionen umgeben (Bezirke A).

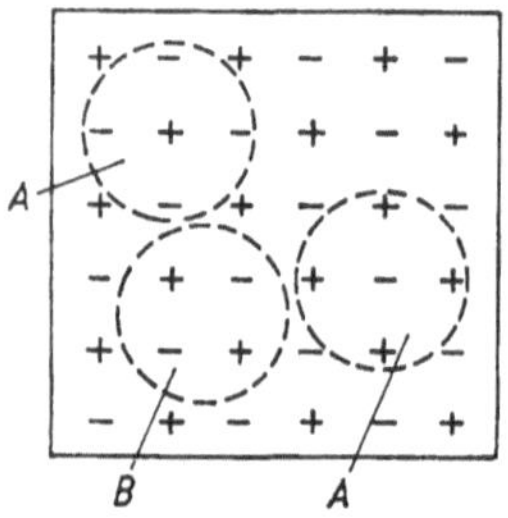

Abb. 2.20: Ebene eines Ionengitters

Betrachtet man jetzt ein einzelnes Ion in einer Elektrolytlösung, so muß man berücksichtigen, daß es sich unter dem Einfluß von Wärmekräften im Raume hin- und herbewegt. Ist das Ion positiv, so wird es bestrebt sein, negative Ionen um sich zu sammeln, weil sich Ionen entgegengesetzter Ladung anziehen, während Ionen gleichen Ladungssinnes einander abstoßen. Jedes Ion umgibt sich also mit entgegengesetzt geladenen Ionen, mit der entgegengesetzt geladenen sogenannten *Ionenwolke.* Von der Vorstellung dieser Ionenwolke geht man bei Berechnungen der DEBYE-HÜCKEL-Theorie aus. Man kann sich von der Verteilung der Ionen in der Lösung ein ähnliches Bild machen, wie es in *Abb. 2.20* für Ionengitter dargestellt wurde, und annehmen, daß im zeitlichen Mittel der Abstand zwischen Ionen verschiedener Ladung kleiner ist als die Entfernung zwischen Ionen gleicher Ladung. Die Solvatation der gelösten Ionen kann außer Betracht gelassen werden, weil sie die Gesamtladung eines Ions nicht ändert. In einem bestimmten kleinen Teilvolumen der Lösung wird natürlich infolge der unregelmäßigen Wärmebewegung zu verschiedenen Zeitpunkten einmal ein positiver und einmal ein negativer Ladungsüberschuß herrschen. Wenn dieses Teilvolumen im Raume festgelegt ist, so ist die nach außen wirkende Ladung jedoch im zeitlichen Mittel gleich Null (vgl. Bezirk B, *Abb. 2.20*). Bewegt sich dieser kleine Raumteil dagegen mit einem positiven (negativen) Zentralion durch die Lösung, so besitzt er im zeitlichen Mittel einen Überschuß negativer (positiver) Ionen, und man spricht dann eben von der Ionenwolke des Zentralions, die einen negativen (positiven) Ladungsüberschuß besitzt.

Für die statistischen Berechnungen der Theorie von DEBYE und HÜCKEL, die zur Ermittlung der Ladungsverteilung um das Zentralion führen sollen, muß man noch folgende Annahmen machen:

a) Die Ionenwolke ist symmetrisch um das Zentralion angeordnet. Dies trifft für ein sehr kleines Teilvolumen in jedem Augenblick gewiß nicht zu, über einen endlichen Zeitabschnitt bzw. für die gesamte Lösung (z. B. 1 cm³ oder 1 l) kann man jedoch mit diesem mittleren Zustand rechnen, genau wie man bei der kinetischen Theorie der idealen Gase mit einem mittleren Geschwindigkeitsquadrat operieren kann, obwohl die Geschwindigkeiten der Gasteilchen ganz verschieden sind.

b) Die Ladungsverteilung in der Umgebung eines Ions wird durch den BOLTZMANNschen Energieverteilungssatz geregelt.

c) Die POISSONsche Differentialgleichung für den Zusammenhang zwischen elektrischem Potential ψ und elektrischer Raumladungsdichte ϱ kann zu den Berechnungen verwendet werden. Die Gleichung besagt, daß die Summe der Änderungen des Potentialgefälles in den drei Raumrichtungen der Raumladungsdichte proportional ist und lautet (im Vakuum):

$$\frac{\partial^2\psi}{\partial x^2} + \frac{\partial^2\psi}{\partial y^2} + \frac{\partial^2\psi}{\partial z^2} = -\frac{\varrho}{\varepsilon_0}, \tag{2.76}$$

x, y, z sind die Koordinaten der drei Raumrichtungen.

$\frac{\partial\psi}{\partial x}$ ist das Potentialgefälle und $\frac{\partial^2\psi}{\partial x^2}$ die Änderung des Potentialgefälles in Richtung der Koordinate x. Der Nullpunkt des Koordinatensystems besitzt die Raumladungsdichte ϱ.

Wenn man die linke Seite der Gleichung (2.76) durch den LAPLACE-Operator $\Delta\psi$ ersetzt, kann man die POISSONsche Gleichung für ein beliebiges Medium mit der DK ε schreiben

$$\Delta\psi = -\frac{\varrho}{\varepsilon_0 \cdot \varepsilon}. \tag{2.77}$$

Da ja eine Verteilung der Ionen um ein Zentralion betrachtet wird, ist es vorteilhaft, statt der kartesischen Koordinaten Polarkoordinaten zu verwenden; dann nimmt die POISSON-Gleichung die Form an:

$$\frac{1}{r}\frac{d^2(r\psi)}{dr^2} = -\frac{\varrho}{\varepsilon_0\varepsilon}, \tag{2.78}$$

wenn man eine kugelsymmetrische Ladungsverteilung voraussetzt.

Der Ladungsüberschuß in der Ionenwolke verursacht ein elektrisches Potential ψ. Um ein Ion der Ladung $z_i \cdot e_0$ vom Potential Null an die Stelle zu bringen, wo dieses Potential ψ herrscht, ist die elektrische Arbeit $z_i \cdot e_0 \cdot \psi$ notwendig. Nach dem BOLTZMANNschen Energieverteilungsgesetz kann man die Anzahl dn_+ einer positiven bzw. dn_- einer negativen Ionensorte in einem differentiellen Volumen dv berechnen zu

$$\begin{aligned} dn_+ &= N_+ \cdot e^{\frac{-z_+ \cdot e_0 \cdot \psi}{kT}} \cdot dv, \\ dn_- &= N_- \cdot e^{\frac{|z_-| \cdot e_0 \cdot \psi}{kT}} \cdot dv. \end{aligned} \tag{2.79}$$

N_+, N_- — Gesamtzahl der positiven bzw. negativen Ionen einer Sorte, dividiert durch das Gesamtvolumen in cm³.

Die Ladungsdichte, die eine Ionensorte hervorruft, erhält man durch Multiplikation ihrer Teilchendichte dn/dv mit der Ladung des betreffenden Ions $z \cdot e_0$. Durch Summieren über alle Ionensorten (I positive, J negative Ionen) gewinnt man die Gesamtraumladungsdichte

$$\varrho = e_0 \cdot \sum_1^I z_{+I} \cdot N_{+I} \cdot e^{\frac{-z_{+I} \cdot e_0 \cdot \psi}{kT}} - e_0 \sum_1^J |z_{-J}| \cdot N_{-J} \cdot e^{\frac{|z_{-J}| \cdot e_0 \cdot \psi}{kT}}. \tag{2.80}$$

Wenn man Gl. (2.80) als eine Differenz zweier unendlicher Reihen entwickelt[1]) und nur die ersten beiden Glieder jeder Reihe berücksichtigt[2]), so ergibt sich

$$\varrho = e_0 \cdot \sum_1^I z_{+I} \cdot N_{+I} \left(1 - \frac{z_{+I} \cdot e_0 \cdot \psi}{kT}\right) - e_0 \sum_1^J |z_{-J}| \cdot N_{-J} \left(1 + \frac{|z_{-J}| \cdot e_0 \cdot \psi}{kT}\right). \tag{2.81}$$

Die Elektroneutralitätsbedingung fordert, daß die positive Ladung von der negativen ausgeglichen wird:

$$e_0 \sum_1^I z_{+I} \cdot N_{+I} = e_0 \sum_1^J |z_{-J}| \cdot N_{-J}.$$

Aus Gl. (2.81) wird damit

$$\varrho = -e_0^2 \sum_1^I N_{+I} \cdot \frac{z_{+I}^2 \cdot \psi}{kT} - e_0^2 \sum_1^J N_{-J} \cdot \frac{z_{-J}^2 \cdot \psi}{kT}. \tag{2.82}$$

Man sieht sofort, daß die Summation jetzt für Kationen und Anionen gemeinsam erfolgen kann ($I + J = i$):

$$\varrho = -e_0^2 \sum_1^i N_i \frac{z_i^2 \cdot \psi}{kT}. \tag{2.83}$$

Durch Einsetzen von (2.83) in (2.78) ergibt sich:

$$\frac{1}{r} \cdot \frac{d^2(r \cdot \psi)}{dr^2} = \frac{e_0^2 \cdot \psi}{\varepsilon_0 \cdot \varepsilon \cdot kT} \sum_1^i N_i \cdot z_i^2 = \varkappa^2 \cdot \psi, \tag{2.84}$$

wobei

$$\varkappa^2 = \frac{e_0^2}{\varepsilon_0 \cdot \varepsilon \cdot kT} \sum_1^i N_i \cdot z_i^2 \, (\mathrm{cm}^{-2})$$

gesetzt ist.

Die Größe $\varkappa$ wird zur Erleichterung des Rechengangs eingeführt. Die Summe der Teilchen, multipliziert mit dem Quadrat ihrer Ladung, ersetzen wir durch ein makroskopisches Konzentrationsmaß, das sich in der elektrochemischen Thermodynamik als sehr günstig erwiesen hat, weil es mit z_i^2 der Coulombschen Wechselwirkung Rechnung trägt: die Ionenstärke J. Sie ist definiert als die halbe Summe der Konzentration aller Ionen (ausgedrückt in mol · l^{-1} oder mol · kg^{-1}), multipliziert mit z_i^2. Wenn wir die Litermolarität (c_i) verwenden, können wir schreiben:

$$J_{(c)} = \frac{1}{2} \sum c_i \cdot z_i^2 = \frac{1}{2} \sum \frac{1000 \cdot N_i}{N_0} \cdot z_i^2. \tag{2.85}$$

---

[1]) $e^{-x} = 1 - x + \frac{x^2}{2!} - \frac{x^3}{3!} + \cdots$, $e^y = 1 + y + \frac{y^2}{2!} + \frac{y^3}{3!} + \cdots$

[2]) Höhere Potenzen von $\frac{z \cdot e_0 \cdot \psi}{kT}$ kann man vernachlässigen, weil ja für die Debye-Hückelsche Theorie gefordert wird $z \cdot e_0 \cdot \psi \ll kT$.

Dann wird

$$\varkappa^2 = \frac{2N_0 \cdot e_0^2}{1000 \cdot \varepsilon_0 \cdot \varepsilon \cdot kT} \cdot J_{(c)}$$

und

$$\frac{1}{\varkappa} = R_W = \sqrt{\frac{1000 \cdot kT \cdot \varepsilon_0 \cdot \varepsilon}{2N_0 \cdot e_0^2 J_{(c)}}} = 1{,}988 \cdot 10^{-10} \sqrt{\frac{\varepsilon \cdot T}{J_{(c)}}} \text{ (cm)}. \qquad (2.86)$$

Der Zahlenfaktor $1{,}988 \cdot 10^{-10}$ ergibt sich durch Zusammenfassung der Konstanten: $\left(\frac{1000 \cdot k \cdot \varepsilon_0}{2N_0 \cdot e_0^2}\right)^{1/2}$.

Der reziproke Wert R_W der in Gl. (2.84) eingeführten Größe $\varkappa$ hat einen für unsere Betrachtungen wichtigen physikalischen Sinn.

R_W gibt den Abstand (in cm) vom Zentralion an, bis zu dem im zeitlichen Mittel ein Überschuß entgegengesetzt geladener Ionen vorhanden ist, wir bezeichnen $R_W = \frac{1}{\varkappa}$ daher als den *Radius der Ionenwolke.* Diese Bedeutung erkennt man aus der nachfolgend skizzierten Lösung der Differentialgleichung (2.84). Wie man sieht, nimmt der Radius der Ionenwolke mit der Wurzel aus der Ionenstärke ab; bei hohen Konzentrationen ist die Zahl der Ionen gleicher und entgegengesetzter Ladung pro Volumeneinheit so groß, daß nur in einem sehr kleinen Abstand von irgendeinem als Zentralion angesehenen Ion eine Überschußladung auftreten kann. In *Tab. 2.16* sind für wäßrige Lösungen bei 25 °C die Radien der Ionenwolke bei verschiedenen Konzentrationen angegeben, die sich aus Gleichung (2.86) errechnen. Man sieht, daß bei hohen Konzentrationen R_W sich der Größe der Ionenradien nähert und damit dieser für die DEBYE-HÜCKEL-Theorie wesentliche Begriff der Ionenwolke seinen Sinn verliert.

Tabelle 2.16

„Radius der Ionenwolke" R_W in Wasser von 25 °C bei verschiedenen Konzentrationen und verschiedenen Salztypen in nm

Salztypus → Konzentration (mol · l⁻¹) ↓	1,1	1,2	2,2	1,3
10^{-4}	30,4	17,6	15,2	12,4
10^{-3}	9,62	5,56	4,81	3,93
10^{-2}	3,04	1,76	1,52	1,24
10^{-1}	0,96	0,56	0,48	0,39

Der Radius der Ionenwolke eines 1-3-Elektrolyten in einer 0,1 molaren Lösung von $3{,}9 \cdot 10^{-8}$ cm zeigt, daß bereits bei dieser Konzentration für einen solchen Elektrolyten die Voraussetzungen der DEBYE-HÜCKEL-Theorie: punktförmige Ionen, d. h. $r_{\text{Ion}} \ll R_W$, nicht mehr erfüllt sind.

Die Differentialgleichung (2.84) hat die allgemeine Lösung

$$\psi = A \frac{e^{-\varkappa r}}{r} + B \frac{e^{+\varkappa r}}{r}$$

mit den willkürlichen Konstanten A und B, wie man sich leicht durch Differenzieren überzeugt. Durch die Wahl physikalisch sinnvoller Randbedingungen lassen sich die willkürlichen Konstanten beseitigen. Im Abstand $r = \infty$ muß das Potential natürlich Null sein und im Abstand $r = 0$ muß es den Wert des Ions haben, also

a) $r = \infty$, $\psi = 0$, dann muß aber B den Wert Null haben.

b) $r \approx 0$, $\psi = \psi_{\text{Ion}} = \dfrac{z_i \cdot e_0}{4\pi \cdot \varepsilon_0 \cdot \varepsilon}$,

damit wird

$$\frac{z_i \cdot e_0}{4\pi \cdot \varepsilon_0 \cdot \varepsilon \cdot r} = \frac{A}{r} e^{-0}; \quad A = \frac{z_i \cdot e_0}{4\pi \cdot \varepsilon_0 \cdot \varepsilon}.$$

Mit diesen Randbedingungen nimmt die allgemeine Lösung von (2.84) die Form an:

$$\psi = \frac{z_i \cdot e_0}{4\pi \cdot \varepsilon_0 \cdot \varepsilon} \cdot \frac{e^{-\varkappa \cdot r}}{r}.$$

Wir können nun das Potential zerlegen in das des Ions und das der Ionenwolke, indem wir die obige Gleichung in der Form schreiben:

$$\psi = \frac{z_i \cdot e_0}{4\pi \cdot \varepsilon_0 \cdot \varepsilon \cdot r} - \frac{z_i \cdot e_0}{4\pi \cdot \varepsilon_0 \cdot \varepsilon} (1 - e^{-\varkappa \cdot r}).$$

Da der erste Term das Potential des Ions ist, stellt der zweite das Potential der Ionenwolke ψ_W dar:

$$\psi_W = \frac{-z_i \cdot e_0}{4\pi \cdot \varepsilon_0 \cdot \varepsilon \cdot r} (1 - e^{-\varkappa \cdot r}),$$

d. h. die Größe, die nach der Debye-Hückel-Theorie für die interionische Wechselwirkung verantwortlich ist. Durch Reihenentwicklung des Exponentialausdrucks und Vernachlässigen der höheren Glieder erhält man:

$$\psi_W = \frac{-z_i \cdot e_0}{4\pi \cdot \varepsilon_0 \cdot \varepsilon \cdot r} (1 - 1 + \varkappa \cdot r) = \frac{-z_i \cdot e_0 \cdot \varkappa}{4\pi \cdot \varepsilon_0 \cdot \varepsilon}$$

oder

$$\psi_W = \frac{-z_i \cdot e_0}{4\pi \cdot \varepsilon_0 \cdot \varepsilon \cdot R_W}.$$

Damit stellt also $R_W = \dfrac{1}{\varkappa}$ die Entfernung vom Zentralion der Sorte i dar, aus der das Potential der Ionenwolke und damit die elektrostatische Überschußenergie resultiert, wenn man nämlich die Einheitsladung aus unendlicher Entfernung in den Abstand R_W vom Zentralion bringt. R_W und damit ψ_W sind aber Konzentrationsfunktionen.

Da außerdem R_W mit ε und T nach (2.86) zunimmt, sinkt, wie natürlich zu erwarten, die interionische Wechselwirkung mit der Dielektrizitätskonstanten und der Temperatur. Man kann auch R_W als die Dicke der Elektrolytschicht ansehen, die die Ladung des Zentralions kompensiert.

Die potentielle Energie, die das betrachtete Ion mithin auf Grund der Ionenwolke besitzt, ist

$$e_p = z_i \cdot e_0 \cdot \psi_W = \frac{-z_i^2 \cdot e_0^2 \cdot \varkappa}{4\pi \cdot \varepsilon_0 \cdot \varepsilon}. \tag{2.87}$$

Mit den oben angegebenen Werten von R_W erhält man für die potentielle Energie eines ein-einwertigen Elektrolyten bei 25°C in 10^{-4} molarer Lösung einen Wert von $1 \cdot 10^{-22}$ J/Ion gegenüber etwa $0{,}4 \cdot 10^{-20}$ J/Ion für die thermische Energie; die COULOMBsche Energie ist also wirklich klein im Verhältnis zur thermischen Energie. Für eine 0,1molare Lösung gilt jedoch auch diese Voraussetzung nicht mehr, denn dort errechnet man bei 25°C für die potentielle Energie $0{,}3 \cdot 10^{-20}$ J/Ion.

Oberflächlich betrachtet, scheint der Unterschied zwischen der Vorstellung, daß die Ionen mit einer Ionenwolke entgegengesetzter Ladung umgeben sind, und der Annahme, daß die Ionen in der Lösung zum Teil paarweise auftreten, gering zu sein. Man könnte meinen, es sei beides ein Ausdruck für unvollständige Dissoziation; nach der DEBYE-HÜCKEL-Theorie verteilen sich die Bindungskräfte eines einwertigen Zentralions eben auf die ganze Ionenwolke und gleichen nicht wie nach ARRHENIUS die Ladung eines bestimmten einwertigen Gegenions aus. Tatsächlich besteht jedoch ein ganz wesentlicher Unterschied. Die ARRHENIUSsche Theorie der unvollständigen Dissoziation behauptet: *Ein Teil* des Elektrolyten ist undissoziiert (Ionenmoleküle); zwischen den Ionen eines Ionenmoleküls besteht noch dieselbe Bindungsenergie wie im Ionenkristall. Der Rest des Elektrolyten ist ionisiert, und die Ionen verhalten sich wie völlig ideale Teilchen; sie üben keinerlei Anziehungskräfte aufeinander aus. Die Theorie von DEBYE und HÜCKEL dagegen besagt: Der Elektrolyt ist zwar vollständig dissoziiert, aber *alle* entgegengesetzt geladenen Ionen üben eine Anziehungskraft aufeinander aus, besitzen also gegenüber idealen Neutralteilchen einen Energieüberschuß, der jedoch wesentlich kleiner ist als die Gitterenergie des Ionenkristalls.

Ein Beispiel: Für eine Elektrolytlösung sei ein Energieüberschuß $W_{\text{pot}} = 0{,}1\, W_{\text{pot Kristall}}$ je Mol Elektrolyt gegenüber dem Energiewert, der bei vollständiger Dissoziation und idealem Verhalten der Ionen zu erwarten wäre, berechnet worden. Nach ARRHENIUS (unvollständige Dissoziation) ist dann der Dissoziationsgrad $\alpha = 0{,}9$, der undissoziierte Anteil von 10% = 0,1 Mol enthält den gesamten Energieüberschuß $W_{\text{pot}} = 0{,}1\, W_{\text{pot Kristall}}$ als Bindungsenergie; für den dissoziierten Anteil von 90% = 0,9 mol ist der Anteil an Energie W_{pot} Null. Nach DEBYE und HÜCKEL (Ionenwolke) verteilt sich die Energie $W_{\text{pot}} = 0{,}1\, W_{\text{pot Kristall}}$ im zeitlichen Mittel gleichmäßig auf alle Ionen; alle entgegengesetzt geladenen Ionen üben eine (gegenüber dem Zustand im Kristall verminderte) Anziehung aufeinander aus.

2.6.2. *Berechnung des Aktivitätskoeffizienten aus der Theorie der interionischen Wechselwirkung*

Die potentielle Energie nach (2.87) ruft die freie Überschußenthalpie G_i^E hervor, die verantwortlich für den von 1 verschiedenen Aktivitätskoeffizienten ist. Wir können G_i^E für ein Mol Ionen erhalten, wenn wir (2.87) mit $\frac{N_0}{2}$ multiplizieren. Der Faktor $\frac{1}{2}$ folgt daraus, daß jedes Ion sowohl als Zentralion, als auch in der Ionenwolke eines entgegengesetzt geladenen Ions wirksam ist:

$$G_i^E = \frac{-N_0}{2} \frac{z_i^2 \cdot e_0^2 \cdot \varkappa}{4\pi \cdot \varepsilon_0 \cdot \varepsilon}. \tag{2.88}$$

Da für die freie Überschußenthalpie gilt: $G^E = RT \ln f$, können wir den Aktivitätskoeffizienten des Ions der Sorte i aus (2.88) berechnen:

$$\ln f_i = \frac{-N_0}{2} \frac{z_i^2 \cdot e_0^2 \cdot \varkappa}{4\pi \cdot \varepsilon_0 \cdot \varepsilon \cdot RT} = -\frac{z_i^2 \cdot e_0^2}{8\pi \cdot \varepsilon_0 \cdot \varepsilon \cdot kT \cdot R_W}. \tag{2.89}$$

Wenn man den dekadischen Logarithmus und für R_W den Wert nach (2.86) einsetzt, erhält man für den individuellen Aktivitätskoeffizienten, bezogen auf die Litermolarität,

$$\lg f_i = -\frac{z_i^2 \cdot e_0^2}{2{,}303 \cdot 8\pi\varepsilon_0 \cdot \varepsilon kT} \left(\frac{2 \cdot N_0 \cdot e_0^2}{1000 \cdot \varepsilon_0 \cdot \varepsilon \cdot kT} J_{(c)}\right)^{1/2}$$

$$= \frac{-1{,}8246 \cdot 10^6}{(\varepsilon T)^{3/2}} z_i^2 \sqrt{J_{(c)}}. \tag{2.90}$$

Für ein bestimmtes Lösungsmittel mit der DK ε und eine gegebene Temperatur wird daraus:

$$\lg f_i = -A' \cdot z_i^2 \sqrt{J_{(c)}}, \tag{2.90a}$$

wo A' eine nur von ε und T abhängige Konstante ist:

$$A' = \frac{1{,}8246 \cdot 10^6}{(\varepsilon T)^{3/2}}.$$

Die Gleichung (2.90) bzw. (2.90a) gilt, wie die Ableitung zeigt, für jedes Ion unabhängig vom Vorzeichen der Ladung; daher müssen auch die individuellen Aktivitätskoeffizienten im Gültigkeitsbereich der DEBYE-HÜCKEL-Theorie bei gegebener Ionenstärke und bei gleicher Ionenladungszahl gleich sein:

$$f_+ = f_-,$$

und wir können für den mittleren Aktivitätskoeffizienten, der allein der Messung zugänglich ist, setzen (vgl. Gl. 2.71):

$$\lg f_\pm = \frac{1}{\nu_+ + \nu_-} (\lg f_+^{\nu_+} + \lg f_-^{\nu_-}) = -\frac{1}{\nu_+ + \nu_-} A' \sqrt{J} (\nu_+ z_+^2 + \nu_- z_-^2)$$

und mit $\nu_+ z_+ = \nu_- |z_-|$

$$\nu_+ \cdot z_+^2 + \nu_- \cdot z_-^2 = \nu_- \cdot |z_-| \cdot z_+ + \nu_+ \cdot z_+ \cdot |z_-| = z_+ \cdot |z_-| (\nu_+ + \nu_-),$$

$$\lg f_\pm = -A' \cdot z_+ \cdot |z_-| \sqrt{J_{(c)}}. \tag{2.91}$$

Für Wasser bei 25 °C ($\varepsilon = 78{,}54$) hat die Konstante A' den Wert 0,5091 $[\mathrm{l\ mol^{-1}}]^{1/2}$. Dabei ist die Konzentration bzw. Ionenstärke in mol $\mathrm{l^{-1}}$ anzugeben. Wenn die Kilomolarität verwendet wird, muß man A' mit der Dichte des Lösungsmittels ϱ multiplizieren: $A = A' \cdot \varrho$,

$$\lg f_\pm = -A' \cdot \varrho \cdot z_+ |z_-| \sqrt{J_{(m)}} = -A z_+ |z_-| \sqrt{J_{(m)}}. \tag{2.91a}$$

Für Wasser bei 25 °C als Lösungsmittel hat A den Wert:

$$A = 0{,}5086\ (\mathrm{kg\ mol^{-1}})^{1/2}.$$

Die DEBYE-HÜCKEL-Theorie liefert also den empirisch schon vorher gefundenen Zusammenhang zwischen $f_\pm$ und der Konzentration (im Falle eines ein-ein-wertigen Elektrolyten ist $J_{(c)} = c$ bzw. $J_{(m)} = m$). In den Gleichungen (2.90) und (2.91) sind außer der Ladungszahl keine individuellen Größen für verschiedene Elektrolyte enthalten, so daß sich für alle Elektrolyte gleicher elektrochemischer Wertigkeit dieselben Werte des Aktivitätskoeffizienten ergeben. Das wird auch durch das Experiment bestätigt, solange die Voraussetzungen, die für die Theorie von DEBYE und HÜCKEL gemacht werden, erfüllt sind, wie *Abb. 2.21* zeigt. Die durch Löslichkeitsmessungen (s. S. 202) bestimmten negativen lg $f_\pm$-Werte von drei Kobaltaminkomplexsalzen sind hier gegen die Wurzel aus der Ionenstärke aufgetragen, die durch Zusatz verschiedener Salze verändert wurde. Da ein Kobaltsalz ein-ein-wertig, das zweite ein-zwei-wertig und das dritte ein-drei-wertig ist, ergeben sich nach der DEBYE-HÜCKEL-Gleichung ($z_+ \cdot |z_-| = 1$: $A = 1 \cdot A'$; $z_+ \cdot |z_-| = 2$: $A = 2A'$; $z_+ \cdot |z_-| = 3$: $A = 3A'$) Geradensteigungen von $\approx$ 0,5, 1,0 und 1,5. Dementsprechend verhalten sich die Steigungen der ausgezogenen theoretischen Geraden wie 1 : 2 : 3. Man sieht, daß die Meßpunkte, die durch Zusatz verschiedener Salze erhalten wurden, gut auf den Geraden für die 3 Salze liegen. Nun sind aber die Voraussetzungen der DEBYE-HÜCKEL-Theorie nur für sehr geringe Konzentrationen erfüllt, wie wir gesehen haben, und zwar für um so niedrigere, je höher die Ladungszahl der Ionen ist (s. S. 77).

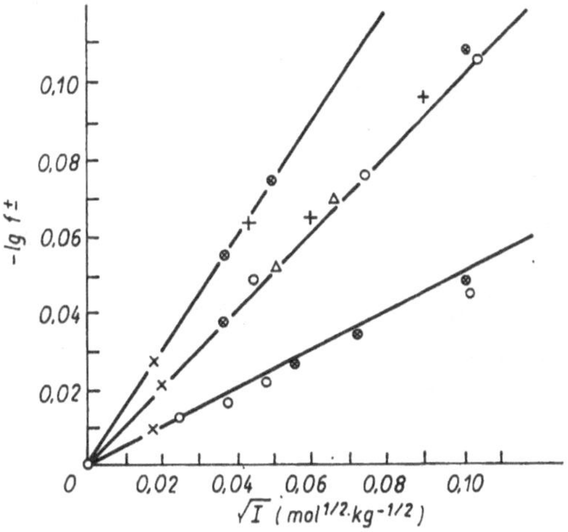

Abb. 2.21: $-\lg f_\pm$ als Funktion von $\sqrt{I}$ für: ○ NaCl, ⊗ KNO_3, + $BaCl_2$, ⊗ K_2SO_4, △ $MgSO_4$

Die DEBYE-HÜCKEL-Gleichung für den mittleren Aktivitätskoeffizienten von gelösten Elektrolyten stellt ein Grenzgesetz für verdünnte Lösungen dar. In Wasser liegt die Gültigkeitsgrenze für ein-ein-wertige Elektrolyte etwa bei 0,05 mol/kg und nimmt mit steigender Wertigkeit stark ab, außerdem nimmt sie mit zunehmender Temperatur und sinkender Dielektrizitätskonstante ab. Die Gleichung ist insofern von großer praktischer Bedeutung, als sie eine lineare Extrapolation auf die Ionenstärke Null und damit die Berechnung von thermodynamischen Standardgrößen der Elektrolyte gestattet (s. S. 159).

Um den Gültigkeitsbereich der DEBYE-HÜCKEL-Theorie für den Aktivitätskoeffizienten zu erweitern, muß man auf einen Teil der früher genannten Voraussetzungen verzichten. In erster Linie ist dabei die Forderung, daß die Ionen punktförmig sein sollen, fallen gelassen worden. Wenn man ihnen, wie das DEBYE und HÜCKEL selbst getan haben, einen endlichen Durchmesser a zubilligt, so können sie sich auch nur bis auf diesen Abstand nähern (s. S. 99). Die freie Überschußenthalpie G_i^E nimmt damit den Wert

$$G_i^E = \frac{-z_i^2 \cdot e_0^2 \cdot N_0}{8\pi \cdot \varepsilon_0 \cdot \varepsilon(R_W + a)} = \frac{-z_i^2 \cdot e_0^2 \cdot N_0 \cdot \varkappa}{8\pi \cdot \varepsilon_0 \cdot \varepsilon(1 + \varkappa a)} \tag{2.92}$$

an. Daraus ergibt sich

$$\lg f_{\pm(C)} = \frac{-A' z_+ \, |z_-| \cdot \sqrt{J_{(c)}}}{1 + Ba\sqrt{J_{(c)}}} \tag{2.93}$$

mit $A' = \frac{1{,}8246 \cdot 10^6}{(\varepsilon T)^{3/2}}$ und $B = \frac{5{,}03}{(\varepsilon T)^{1/2}}$, wenn a in nm angegeben wird.

Diese erweiterte Gleichung ist bis zu Konzentrationen von etwa 0,1 mol kg^{-1} anwendbar. Allerdings muß man den Ionendurchmesser kennen, was im allgemeinen nicht der Fall ist, oder man muß ihn aus Meßwerten empirisch ermitteln. Dabei ergeben sich oft physikalisch sinnlose Werte $a < r_G$ (r_G = kristallographischer Ionenradius), so daß die Bedeutung dieses Korrekturfaktors fraglich ist. Von E. GÜNTELBERG wurde daher die vereinfachte Erweiterung

$$\lg f_{\pm(c)} = \frac{-A' \cdot z_+ \, |z_-| \sqrt{J_{(c)}}}{1 + \sqrt{J_{(c)}}} \tag{2.93a}$$

vorgeschlagen, zumal der Faktor Ba oft nahe eins liegt. Diese Gleichung ist aber auch nur bis zu Konzentrationen von etwa 0,1 M verwendbar. Von E. A. GUGGENHEIM wurde die halbempirische Gleichung:

$$\lg f_{\pm(m)} = \frac{-A \cdot z_+ \, |z_-| \sqrt{J_{(m)}}}{1 + \sqrt{J_{(m)}}} + bJ_{(m)} \tag{2.94}$$

vorgeschlagen, wobei b eine empirisch zu ermittelnde Konstante ist (s. S. 202). Von C. W. DAVIES wurde festgestellt, daß die Konstante b bei 1-1- und 1-2-Elektrolyten den Wert ($Az_+ \, |z_-| \cdot 0{,}2$) hat, so daß man (2.94) auch schreiben kann

$$\lg f_{\pm(m)} = -Az_+ \, |z_-| \left[\frac{\sqrt{J_{(m)}}}{1 + \sqrt{J_{(m)}}} - 0{,}2J_{(m)} \right]. \tag{2.94a}$$

Auch diese Gleichungen kann man nur in einem beschränkten Bereich anwenden; die Aktivitätskoeffizienten durchlaufen in Abhängigkeit von der Konzentration Minima und steigen oft bei hohen Konzentrationen sehr stark auf Werte weit über 1 an. *Abb. 2.22a* zeigt z. B. für eine Reihe von Perchloraten $f_{\pm(m)}$ bis zur Sättigungskonzentration, der mittlere Aktivitätskoeffizient der gesättigten Uranylperchloratlösung (≈ 5,5 mol/kg) beträgt bei 25 °C ≈ 1450 kg mol^{-1} [2.11].

In anderen Fällen sinken die Aktivitätskoeffizienten bis zu sehr kleinen Werten monoton ab, wie dies vor allem bei Sulfaten zweiwertiger Kationen und bei Chloriden beobachtet wird, wo Komplexe vom Typ $[Me\text{Cl}_n]^{(z_+ - n)}$ gebildet werden. In *Abb. 2.22b* sind die mittleren Aktivitätskoeffizienten einiger zweiwertiger Sulfate bis zu hohen Konzentrationen dargestellt, nur bei den höchsten m-Werten steigt $f_{\pm(m)}$ wieder etwas an. Der Aktivitätskoeffizient des $CdCl_2$ fällt wie die der anderen Cadmiumhalogenide monoton bis zur Sättigung ab ($m = 6{,}0\ \text{mol kg}^{-1}$, $f_{\pm} = 0{,}0263\ \text{kg mol}^{-1}$). Es ist daher nicht zu erwarten, daß man durch Berücksichtigung der Raumbeanspruchung der Ionen, wie dies M. EIGEN und E. WICKE durch Einführung einer neuen Verteilungsfunktion getan haben, oder durch Annahme einer Konzentrationszunahme wegen des zur Solvatation verbrauchten Lösungsmittels (R. A. ROBINSON, E. GLÜCKAUF) zu einer allgemein gültigen Formel für den Aktivitätskoeffizienten auf der Grundlage der COULOMBschen Wechselwirkung gelangt.

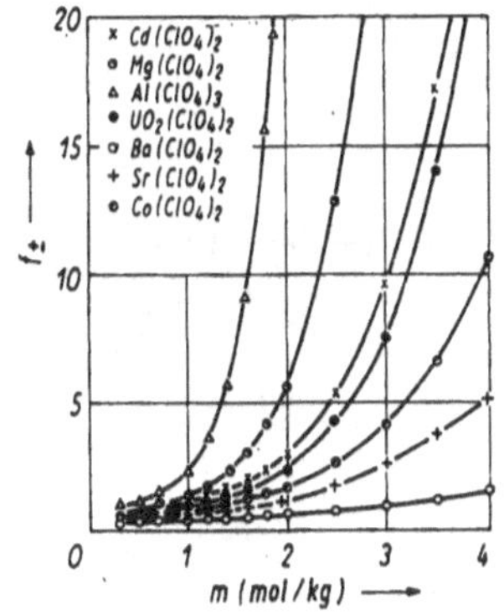

a)

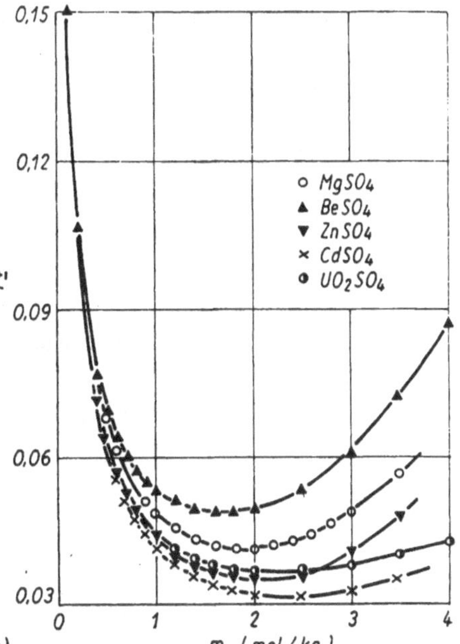

b)

Abb. 2.22: a) Mittlerer Aktivitätskoeffizient einiger Perchlorate in Abhängigkeit von der Konzentration,
b) Mittlerer Aktivitätskoeffizient einiger zweiwertiger Sulfate in Abhängigkeit von der Konzentration

Der Vergleich der theoretisch berechneten Aktivitätskoeffizienten mit dem experimentellen Wert stößt bei hohen Konzentrationen deswegen auf prinzipielle Schwierigkeiten, weil durch das Experiment stets nur die Aktivität bestimmt wird und sich der Aktivitätskoeffizient erst durch Division mit der Konzentration ergibt:

$$f_{\pm} = \frac{a_{\pm}}{m_{\pm}}.$$

Die mittlere Konzentration errechnet man nach

$$m_{\pm} = m_B \cdot Q, \tag{2.72}$$

m_B ist die Anzahl Mole des Elektrolyten, die in 1000 g Lösungsmittel gelöst sind. Wenn aber Komplexbildung oder Ionenpaarbildung stattgefunden hat, ist $m_{\pm}$ unter Umständen sehr viel kleiner als der nach (2.72) errechnete Wert, weil diese Formel davon ausgeht, daß alle Ionen des Elektrolyten als selbständige Teilchen vorliegen; man findet durch Anwendung von (2.72) einen viel zu kleinen Aktivitätskoeffizienten. Andererseits kann auch durch Wechselwirkung mit den Molekülen des Lösungsmittels eine starke Zunahme der freien Überschußenthalpie und damit von $f_{\pm}$ stattfinden (K. SCHWABE). Bevor wir auf solche Effekte eingehen, wollen wir kurz angeben, wie die anderen Koeffizienten zur Berücksichtigung der interionischen Wechselwirkung nach der DEBYE-HÜCKEL-Theorie berechnet werden.

2.6.3. *Berechnung von osmotischen und Leitfähigkeitskoeffizienten*

Osmotischer Koeffizient

Für den rationalen osmotischen Koeffizienten

$$f_{0(x)} = 1 + \frac{\ln f_{(x)A}}{\ln x_A}$$

kann man für sehr kleine Konzentrationen $\left(x_B \ll 1, \ln(1 - x_B) \approx -x_B\right)$ setzen:

$$f_{0(x)} = 1 - \frac{\ln f_{(x)A}}{x_B}.$$

Daraus leitet sich nach der Theorie von DEBYE und HÜCKEL die Beziehung ab:

$$f_{0(x)} = 1 - \frac{\varkappa^3}{24\pi \cdot N_0 \cdot \sum\limits_1 c_i} = 1 - \frac{1}{24\pi \cdot N_0 \cdot R_W{}^3 \cdot \sum\limits_1 c_i}. \tag{2.95}$$

c_i — Konzentration des Ions i

Wenn die Lösung nur einen Elektrolyten enthält, kann man nach Einsetzen des Ausdruckes für R_W schreiben

$$f_{0(x)} = 1 - \frac{1{,}39 \cdot 10^6}{(\varepsilon \cdot T)^{3/2}} \frac{(\sum \nu_i z_i{}^2)^{3/2}}{\sum \nu_i} \sqrt{J_{(c)}}. \tag{2.95a}$$

Wenn das Lösungsmittel Wasser ist, ergibt sich bei 298 K ($\varepsilon = 78{,}54$)

$$f_0 = 1 - 0{,}263 \frac{1}{\sum \nu_i} (\sum \nu_i \cdot z_i{}^2)^{3/2} \sqrt{J_{(c)}}. \tag{2.95b}$$

Wenn es sich um die Lösung eines ein-einwertigen Elektrolyten handelt, kann an Stelle der Ionenstärke die Konzentration c eingeführt werden, und man erhält

$$f_0 = 1 - 0{,}372 \sqrt{c}. \tag{2.95c}$$

Es ergibt sich also wieder eine allerdings lineare Abhängigkeit des osmotischen Koeffizienten von der Wurzel aus der Konzentration. Nach (2.95b) muß die Steigung der c/f_0-Geraden von der Ladungszahl der Ionen abhängen. Durch *Abb. 2.23,* die die osmotischen Koeffizienten von Elektrolyten verschiedener Wertigkeit als Funktion von $\sqrt{c}$ darstellt, wird das bestätigt.

Die Theorie der interionischen Wechselwirkung muß natürlich auch auf nichtwäßrige Lösungen von Elektrolyten anwendbar sein. Bei kleiner Dielektrizitätskonstante wird dann nach (2.95a) der osmotische Koeffizient noch geringer. Das erkennt man aus *Abb. 2.24,* wo der osmotische Koeffizient von LiCl als Funktion von $\sqrt{c}$ einmal in Wasser, zum anderen in Cyclohexanol ($\varepsilon = 15{,}0$) dargestellt ist. Die Gleichungen für den osmotischen Koeffizienten gelten wegen der Voraussetzungen der DEBYE-HÜCKEL-Theorie wieder nur für sehr verdünnte Lösungen und natürlich auch, weil $\ln(1 - x_B) \approx -x_B$ gesetzt wurde. Durch empirische Korrekturen kann man hier wie für die Berechnung der Aktivitätskoeffizienten Beziehungen finden, die auch über das DEBYE-HÜCKEL-Gebiet hinaus gelten.

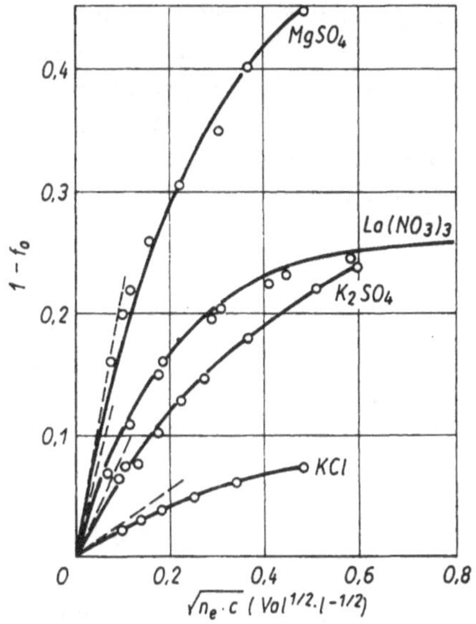

Abb. 2.23: Osmotischer Koeffizient bei Elektrolyten verschiedener Wertigkeit in Wasser

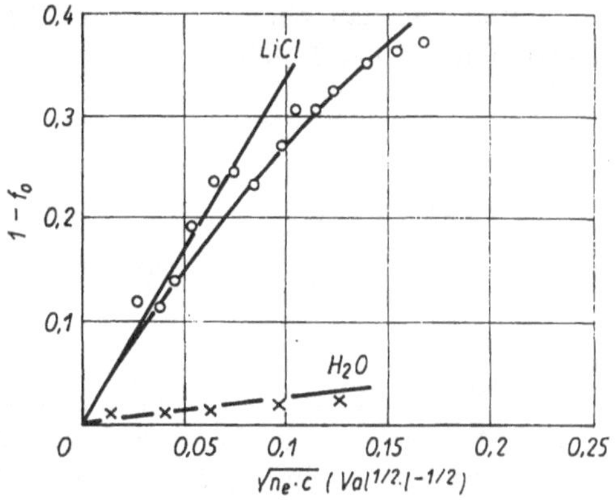

Abb. 2.24: Osmotischer Koeffizient des LiCl in Cyclohexanol (obere Kurve) und in Wasser (untere Kurve)

Leitfähigkeitskoeffizient

Seine Berechnung aus molekular-statistischen Überlegungen bietet wie die anderer kinetischer Größen (*s. Band 1,* S. 43) besondere Schwierigkeiten. Wir beschränken uns hier auf eine qualitative Darstellung der Rechnungen, die zu dem Zusammenhang zwischen Leitfähigkeitskoeffizient und Konzentration des Elektrolyten geführt haben. Wie wird sich die Ionenwolke bzw. die Energie der interionischen Wechselwirkung auf die Geschwindigkeit eines Ions auswirken, das im elektrischen Felde wandert? Das Zentralion wird von der entgegengesetzt geladenen Elektrode angezogen und bewegt sich auf diese zu, versucht also, aus der Ionenwolke herauszukommen, die Ionenwolke abzubauen. Dieser Tendenz wird dadurch entgegengewirkt, daß die Elektrolytlösung an jeder Stelle, an die das Zentralion gelangt, eine neue Ionenwolke aufbaut. Da dies jedoch eine gewisse Zeit erfordert, während der sich das Ion schon weiterbewegt hat, wird die Ionenwolke asymmetrisch um das Zentralion verteilt, sie hängt hinterher. In *Abb. 2.25* ist die wirkliche Verteilung der Ionenwolke (ausgezogener Kreis) und die Verteilung, wenn kein Feld angelegt ist (gestrichelter Kreis), schematisch dargestellt. Da die Ionenwolke entgegengesetzt geladen ist, bremst sie in der asymmetrischen Anordnung das Zentralion. Man spricht deshalb von einem Asymmetrieeffekt oder *Relaxationseffekt* und nennt die Zeit, die zum Aufbau der Ionenwolke nötig ist, *Relaxationszeit.* Sie ist der Konzentration umgekehrt proportional und liegt im Gültigkeitsbereich der Debye-Hückel-Theorie bei 10^{-8} bis 10^{-10} s. Die Relaxationszeit wird um so mehr ins Gewicht fallen und die Verminderung der Geschwindigkeit also um so größer sein, je größer die Geschwindigkeit der Ionen bei gleichen äußeren Bedingungen ist. Deshalb ist das Korrekturglied, das auf Grund des Relaxationseffektes an der Leitfähigkeit bei unendlicher Verdünnung angebracht werden muß, dem Wert von λ_∞ proportional, der ja bei gleichen äußeren Bedingungen ein Maß für die Geschwindigkeit der Ionen des betreffenden Elektrolyten ist. Nun wird die Ionenwolke mit den Solvathüllen ihrer Ionen vom elektrischen Feld in entgegengesetzte Richtung gezogen als das Zentralion. Das Ion wandert also durch ein Medium entgegengesetzter Bewegungsrichtung, wodurch eine weitere Hemmung auftritt, die von der Viskosität des Lösungsmittels abhängt und die man *elektrophoretischen Effekt* nennt (Elektrophorese = Wanderung elektrisch geladener Teilchen im elektrischen Feld).

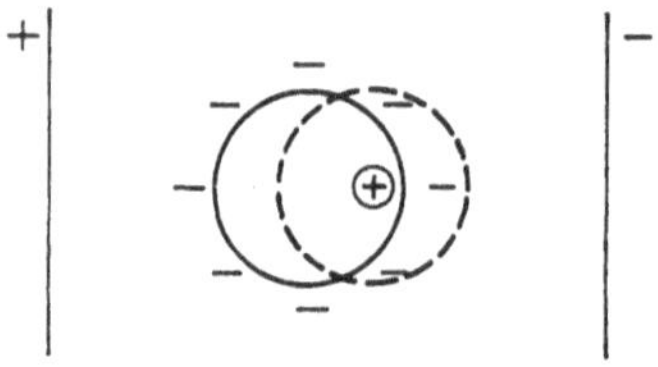

Abb. 2.25: Relaxationseffekt

Beide Effekte müssen mit steigender Konzentration zunehmen, weil sich dabei die Ionenwolke enger um das Zentralion schließt.

Es ist natürlich sehr schwierig, diesen beiden Effekten quantitativ Rechnung zu tragen. DEBYE und HÜCKEL haben sie durch zwei Glieder ausgedrückt, die von λ_∞ abgezogen werden müssen.

L. ONSAGER hat die von ihnen aufgestellte Beziehung ergänzt, indem er die Rückwirkung der Wärmebewegung der Teilchen auf die Effekte berücksichtigte. Für die Äquivalentleitfähigkeit ein-ein-wertiger Elektrolyte erhält man

$$\lambda = \lambda_\infty - \underbrace{\frac{e_0^2}{24\pi \cdot \varepsilon_0 \cdot \varepsilon \cdot kT \cdot R_W}\left(2 - \sqrt{2}\right)\lambda_\infty}_{\text{Relaxationseffekt}} - \underbrace{\frac{e_0 \cdot F}{6\pi \cdot \eta \cdot R_W}}_{\text{elektrophoretischer Effekt}}. \qquad (2.96)$$

Die Beweglichkeit eines Ions eines binären Elektrolyten mit der Ladungszahl z_i ergibt sich, wenn c die molare Konzentration ist, zu

$$l_i = l_{i\infty} - \left[\frac{8{,}205 \cdot 10^5}{(\varepsilon \cdot T)^{3/2}} \cdot z_i \cdot l_{i\infty} + \frac{41{,}24}{\eta \cdot (\varepsilon \cdot T)^{1/2}}\right] z_i^2 \cdot \sqrt{c}. \qquad (2.97)$$

η — Viskosität des Lösungsmittels

Wie man sieht, tritt in Gl. (2.97) die Beweglichkeit des Gegenions nicht auf; bei konstanter Ionenstärke ist die Beweglichkeit eines Ions also unabhängig vom Gegenion (im DEBYE-HÜCKEL-Gebiet). Dieses Ergebnis deckt sich mit dem KOHLRAUSCHschen Gesetz von der unabhängigen Ionenwanderung. Da die Äquivalentleitfähigkeit die Summe der Ionenbeweglichkeiten ist, kann man für einen binären Elektrolyten schreiben

$$\lambda = \lambda_\infty - \left[\frac{8{,}205 \cdot 10^5}{(\varepsilon \cdot T)^{3/2}} \cdot z \cdot \lambda_\infty + \frac{82{,}48}{\eta \cdot (\varepsilon \cdot T)^{1/2}}\right] z^2 \sqrt{c}. \qquad (2.98\,a)$$

Für ein bestimmtes Lösungsmittel (ε = konstant, η = konstant) und bei konstanter Temperatur lautet dann die ONSAGERsche Gleichung für einen ein-einwertigen Elektrolyten

$$\lambda = \lambda_\infty - (A \cdot \lambda_\infty + B)\sqrt{c}. \qquad (2.98\,b)$$

Daraus wird in wäßriger Lösung bei 298 K ($\varepsilon = 78{,}54$, $\eta = 0{,}0008937$ Pa · s)

$$\lambda = \lambda_\infty - (0{,}2290\lambda_\infty + 60{,}32)\sqrt{c}. \tag{2.98c}$$

Für einen binären Elektrolyten mit gleicher Ladungszahl $z = z_+ = |z_-|$ gilt

$$\lambda = \lambda_\infty - (0{,}2290z \cdot \lambda_\infty + 60{,}32)\, z^2 \sqrt{c}. \tag{2.98d}$$

Man sieht, daß bei höherwertigen Ionen die Verminderung der Leitfähigkeit durch die interionische Wechselwirkung stark zunimmt. Die Abweichungen gegenüber (2.98d) sind bei hohen Werten von z schon in sehr niedrigen Konzentrationsbereichen recht

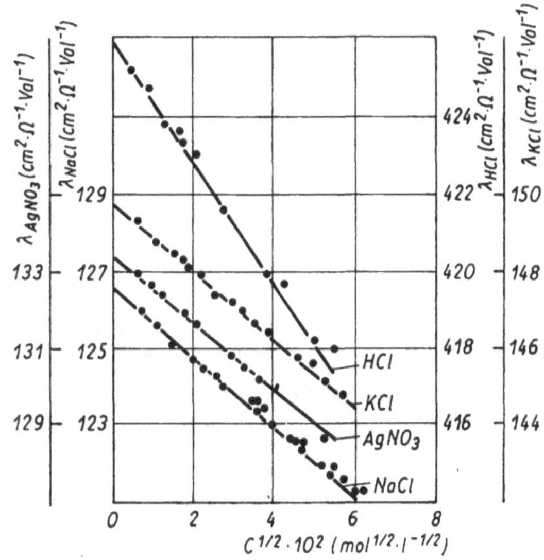

Abb. 2.26: Beispiele zur Gültigkeit der ONSAGERschen Gleichung

groß, weil ein Teil der Ionen durch Paarbildung überhaupt nicht mehr am Stromtransport teilnimmt (*s. Abschn. 2.6.5.*). Das gilt in verstärktem Maße für Lösungen in organischen Lösungsmitteln niederer Dielektrizitätskonstante. Da nach (2.98a) die DK in das Glied für den Relaxationseffekt mit $\varepsilon^{-1/2}$ und in das Glied für den elektrophoretischen Effekt mit $\varepsilon^{-3/2}$ eingeht, werden die Koeffizienten A und B erheblich größer als bei Wasser, wie aus *Tab. 2.17* schon für Methanol und Ethanol bei 25 °C hervorgeht ($\varepsilon = 32{,}6$ bzw. $24{,}3$). In sehr verdünnten wäßrigen Lösungen wird die ONSAGER-Gleichung von ein-ein-wertigen Elektrolyten gut befolgt, wie *Abb. 2.26* zeigt. Die Steigung der Geraden ist nach (2.98c) eine Funktion von λ_∞ und daher von Elektrolyt zu Elektrolyt verschieden, obwohl $z_+ = |z_-| = 1$ ist, während im Falle des Aktivitätskoeffizienten die Steigung $\lg f_\pm/\sqrt{c}$ bei gleicher elektrochemischer Wertigkeit unabhängig von der Art der Ionen ist (s. S. 87). Die ONSAGERsche Gleichung stimmt in ihrem Gültigkeitsbereich nicht nur in der Form, sondern auch bezüglich der Konstanten mit dem KOHLRAUSCHschen empirischen Quadratwurzelgesetz (s. S. 41) überein.

Aus der Gl. (2.98) kann man sehr leicht den Leitfähigkeitskoeffizienten bei einer bestimmten Konzentration des betreffenden Elektrolyten ermitteln:

$$f_\lambda = 1 - \left(A + \frac{B}{\lambda_\infty}\right)\sqrt{c}. \tag{2.98e}$$

Wegen der bekannten Voraussetzungen der DEBYE-HÜCKEL-Theorie, von der aus ONSAGER die Gleichung für λ bzw. f_λ abgeleitet hat, ist sie ein Grenzgesetz; ONSAGER nahm an, daß schon bei λ-Werten, die 10% über λ_∞ liegen, eine Abweichung von 1% zwischen Meßwert und dem aus der Gleichung erhaltenen Wert auftreten kann. Er selbst, R. M. FUOSS, T. SHEDLOVSKY und andere haben durch empirische Glieder oder Erweiterung der Theorie Gleichungen für höhere Konzentrationsbereiche (als etwa 0,01 M) zu gewinnen versucht; wesentlich über Konzentrationen von 0,5 mol kg^{-1} ist man aber nicht hinausgelangt, weil dann Komplexbildung und andere individuelle Einflüsse, wie Veränderung der Viskosität und der Dielektrizitätskonstanten, wirksam werden. Als Grenzgesetz spielt die ONSAGER-Gleichung zur Extrapolation auf λ_∞ und zur Prüfung auf Ionenpaarbildung eine wichtige Rolle.

Tabelle 2.17

Lösungsmittel	A	B
HOH	0,2290	60,32
CH_3OH	0,923	156,1
C_2H_5OH	1,33	89,7

Die elektrostatische Wechselwirkung beeinflußt natürlich nicht nur die Aktivität, das osmotische Verhalten und die Leitfähigkeit der Ionen, sondern noch sehr viele andere Größen, z. B. das Volumen, die Viskosität der Lösung und den Diffusionskoeffizienten D. Für den Diffusionskoeffizienten D im DEBYE-HÜCKEL-Gebiet gilt

$$D = D_0\left(1 - \frac{A}{2}\sqrt{c}\right).$$

Dabei ist D_0 der Diffusionskoeffizient bei unendlicher Verdünnung bzw. in einem Konzentrationsbereich, in dem die interionische Wechselwirkung vernachlässigt werden kann.

2.6.4. *Hochspannungseffekte und Hochfrequenzeffekte bezüglich der Leitfähigkeit*

Aus der Vorstellung des Relaxations- und elektrophoretischen Effektes im Sinne der Theorie der interionischen Wechselwirkung lassen sich auch Schlußfolgerungen über den Einfluß sehr hoher Feldstärken und Frequenzen auf das Leitvermögen ableiten, die hier nur qualitativ dargelegt werden sollen und von P. DEBYE, H. FALKENHAGEN, W. WIEN und anderen vorausgesagt bzw. experimentell festgestellt worden sind.

Feldstärkeeffekt

Wenn die Geschwindigkeit eines Ions im elektrischen Feld immer größer wird, so finden schließlich die entgegengesetzt geladenen Ionen überhaupt keine Zeit mehr, sich zu einer Ionenwolke zu gruppieren. Die Ionengeschwindigkeit hängt maßgeblich von der Feldstärke ab. Bei hohen Feldstärken müßte also zunächst der Relaxationseffekt wegfallen, und bei extrem hohen Feldstärken, wenn es überhaupt nicht mehr zur Ausbildung einer Ionenwolke kommt, muß dann der elektrophoretische Effekt verschwinden, d. h. für starke Elektrolyte müßte die Äquivalentleitfähigkeit in diesem Falle den Wert λ_∞ erreichen. Tatsächlich erreicht λ bei Feldstärken $> 10^5$ V/cm nahezu den Wert von λ_∞, wie *Abb. 2.27* zeigt. Solch hohe Spannungen haben allerdings für die Elektrochemie kaum praktische Bedeutung. Wenn dieser sogenannte ***Feldstärkeeffekt*** der Leitfähigkeit auftritt, gilt auch das OHMsche Gesetz insofern nicht mehr, als der Widerstand eine Funktion der Spannung wird. Die Änderung der Leitfähigkeit bei hohen Feldstärken bezeichnet man nach ihrem Entdecker auch als WIEN-Effekt. Nach Gl. (2.60) kann eine Änderung von λ mit der Feldstärke nicht nur auf einer Änderung von f_λ beruhen, sondern sie kann auch durch eine Änderung von α hervorgerufen werden.

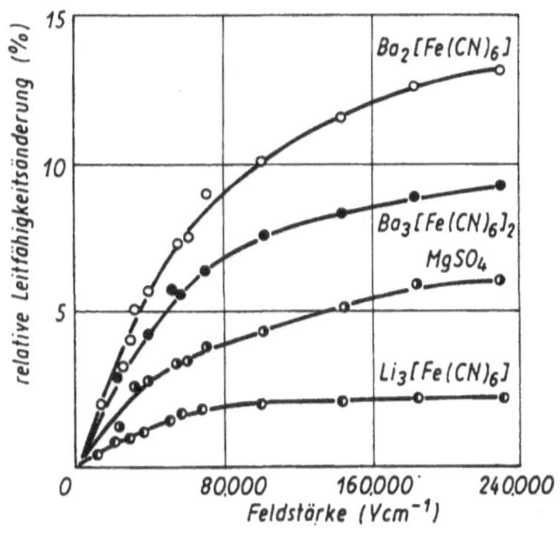

Abb. 2.27: Der Feldstärkeeffekt

Dissoziations-Spannungs-Effekt

Bei Lösungen schwacher Elektrolyte wirkt sich die Anwendung hoher Feldstärken auf den Dissoziationsgrad α aus, der durch die Aufspaltung von Molekülen in Ionendipole und endlich in Ionen vergrößert wird. Die Moleküle werden gewissermaßen durch die hohe Spannung gespalten. Der Anstieg der Leitfähigkeit mit der Feldstärke ist annähernd linear. In *Abb. 2.28* ist dieser Effekt für Essigsäure und Monochloressigsäure dargestellt. Er hat dadurch Bedeutung erlangt, daß man ihn verwenden kann, um nach der Relaxationstechnik (*s. Band 1*, S. 538) die Rekombinationsgeschwindigkeit von Ionen, die außerordentlich rasch verläuft, zu messen (*s. 5.1.2.*). In Lösungsmitteln mit kleiner DK und für höhere Konzentrationen tritt der Dissoziations-Spannungseffekt übrigens auch bei starken Elektrolyten auf (quaternäre Ammoniumsalze); das beweist die Existenz von Ionendipolen in den entsprechenden Lösungen.

Eine Änderung von λ_∞ mit der Feldstärke könnte dadurch hervorgerufen werden, daß bei hohen Feldstärken das STOKESsche Gesetz nicht mehr befolgt wird. Modellversuche haben jedoch gezeigt, daß dies erst bei Ionengeschwindigkeiten von mindestens 1 km/s (!) zu erwarten ist.

Bestimmt man die Leitfähigkeit eines Elektrolyten mit Wechselstrom und steigert dessen Frequenz ν, so steigen die Werte von λ etwa oberhalb $\nu = 10^6\ \mathrm{s}^{-1}$ (DEBYE-FALKENHAGEN-Effekt). Man nennt diese Erscheinung auch *Dispersionseffekt* (Dispersion der Leitfähigkeit bei Änderung von ν). In *Abb. 2.29* ist dieser Effekt für 10^{-3} molare Magnesiumsulfatlösung dargestellt. Der Anstieg der Leitfähigkeit beginnt etwa bei einer Wellenlänge von 30 m, d. h. $\nu = 10^7\ s^{-1}$, und erreicht bei 3 m entsprechend $\nu = 10^8\ s^{-1}$ einen Anstieg von etwa 3,5% gegenüber dem Wert bei Frequenzen unter 10^6 Hertz. Diese Erscheinung ist darauf zurückzuführen, daß sich das Zentralion innerhalb der Ionenwolke sehr schnell hin- und herbewegt, so daß der Relaxationseffekt immer mehr verschwindet. Da aber der elektrophoretische Effekt bestehen bleibt, kann die Leitfähigkeit bei steigender Frequenz den Wert von λ_∞ nicht erreichen (*vgl. „Feldstärkeeffekt"*).

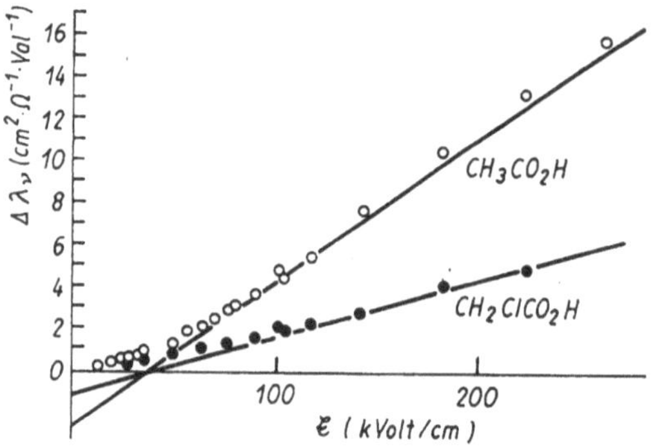

Abb. 2.28: Der Dissoziationsspannungseffekt bei wäßrigen Lösungen von Essigsäure und Monochloressigsäure

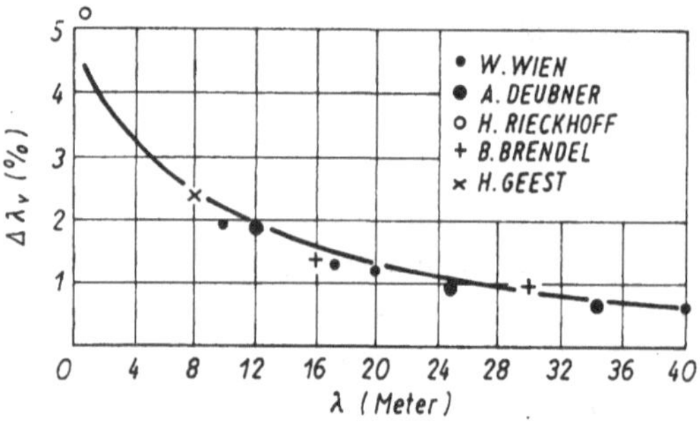

Abb. 2.29: Dispersion der Leitfähigkeit einer 10^{-3}-molaren Lösung von $MgSO_4$

Es sei noch darauf hingewiesen, daß auch der Einfluß der Temperatur, des Druckes und anderer Faktoren in Übereinstimmung mit der Debye-Hückelschen Theorie steht, solange eben die vereinfachenden Voraussetzungen als noch gültig angenommen werden können.

2.6.5. *Theorie der Ionenpaarbildung von Bjerrum*

Nach Arrhenius können Moleküle bei der Auflösung in einem Lösungsmittel mit hoher Dielektrizitätskonstante zum Teil in Ionen zerfallen. Der Dissoziationsgrad α läßt sich z. B. aus der elektrischen Leitfähigkeit bestimmen. Die für die Spaltung des Moleküls in Ionen erforderliche Energie liefert die Wechselwirkung zwischen den Ionen und den Lösungsmittelmolekülen. Wenn aber der zu lösende Stoff bereits in Form von Ionen vorliegt (Ionenkristall), dann ist zur Bildung frei beweglicher Ionen immerhin die Überwindung der COULOMB-Energie notwendig. Wenn man umgekehrt von einer unendlich verdünnten Lösung eines starken Elektrolyten ausgeht und die Konzentration steigert, so wird mit zunehmender Annäherung der Teilchen COULOMB-Energie frei. Schließlich werden bei genügend hoher Konzentration entgegengesetzt geladene Ionen zu einem stabilen Gebilde, dem *Ionenpaar*, zusammentreten, das sich von einem „Molekül" dadurch unterscheidet, daß seine Teile nicht durch kovalente Bindungen miteinander verknüpft sind, sondern durch elektrostatische Anziehung.

Wenn es sich um ein Ionenpaar handelt, bei dem $\sum z_+ = \sum |z_-|$ ist, z. B. Mg^{++} SO_4^{--}, so leistet es ebensowenig einen Beitrag zur elektrischen Leitfähigkeit wie etwa ein Essigsäuremolekül. Die interionische (COULOMBsche) Wechselwirkung bewirkt hier die Bildung einer neuen Teilchensorte. Sie ist aber im Gegensatz zu den Neutralmolekülen eines schwachen Elektrolyten schwer von den Ionen durch ihre Lichtabsorption zu unterscheiden, weil die elektrostatische Wechselwirkung keine Verschiebung der Lichtabsorption gegenüber der der selbständigen Ionen hervorruft. Nur wenn die Ionen unter weitgehender Desolvatation zu Ionenpaaren zusammentreten, kann man diese unter Umständen spektralphotometrisch von den selbständigen Ionen unterscheiden; eine solche partielle Desolvatation findet aber erst bei sehr hohen Konzentrationen statt. Man spricht von äußeren oder lockeren Ionenpaaren, wenn die Solvathüllen zwischen den Ionen noch voll erhalten sind, und von inneren oder dichten Ionenpaaren, wenn die Ionen nicht mehr durch Solvatmoleküle voneinander getrennt sind [2.7—2.9]. Zwischen den freien Ionen und den verschiedenen Ionenpaartypen bestehen Gleichgewichte entsprechend dem Schema:

$$(Ka^{z+}kSl) + (A^{z-}aSl) \rightleftharpoons [k(1 - i)\, SlKa^{z+}(k \cdot i + ab)\, SlA^{z-}a(1 - b)\, Sl]$$

äußeres Ionenpaar

$$\rightleftharpoons [k(1 - i)\, SlKa^{z+} \cdot A^{z-}a(1 - b)\, Sl] + (ki + ab)\, Sl.$$

inneres Ionenpaar

Sl — Solvensmolekül

Im äußeren Ionenpaar befinden sich $(ki + ab)$ Solvensmoleküle zwischen Kation Ka^{z+} und Anion A^{z-}. Da es kaum rein elektrostatische Bindungskräfte gibt, muß man bei den inneren Ionenpaaren mit Übergängen zu „Molekülen" mit stark kovalentem Bindungsanteil rechnen. Man kann dann solche Teilchen auch als Komplex auffassen; und tatsächlich besteht zwischen einem „Ionenpaar" etwa vom Typ $[Cd^{++}4\,I^- \cdot xH_2O]$ und dem Komplexion CdI_4'' kein Unterschied. Man verwendet daher neuerdings häufig generell den Ausdruck *Komplexe*, auch wenn die Ionen vorwiegend durch elektrostatische Kräfte aneinander gebunden sind.

Entsprechend dem obigen Schema können wir nun auch mit einem Dissoziationsgrad β des Ionenpaares (wir wollen hier auf die Unterscheidung der beiden Ionenpaartypen verzichten) und einer Dissoziationskonstanten $K_{J\varphi}$ rechnen. Die Bestimmung von β und damit $K_{J\varphi}$ macht aber große Schwierigkeiten, weil sich die Ionenpaare im allgemeinen nicht gesondert bestimmen lassen. Am häufigsten wird die Messung der Leitfähigkeit dazu verwendet; dabei muß man aber die interionische Wechselwirkung zwischen den freien Ionen berücksichtigen und daher in einem Gebiet arbeiten, wo die ONSAGER-Gleichung oder eine erweiterte Form für f_λ noch anwendbar ist. Da in diesem Konzentrationsbereich Ionen nur dann in meßbarem Umfange als Ionenpaare auftreten, wenn sie entweder eine hohe Ladungszahl haben oder in Lösungsmitteln mit niedriger Dielektrizitätskonstante gelöst sind, sind vor allem solche Systeme untersucht worden. Beispielsweise ist für $MgSO_4$ in wäßriger Lösung ein Wert von $\approx 5 \cdot 10^{-3}$ mol $\times$ l^{-1} für $K_{J\varphi}$ gefunden worden. Daraus kann man grob abschätzen, daß in einer 3molalen wäßrigen $MgSO_4$-Lösung etwa 70% Ionenpaare vorliegen. In diesem hohen Anteil von Ionenpaaren liegen auch die niedrigen Werte der mittleren Aktivitätskoeffizienten begründet, die man aus den gemessenen Aktivitäten $a_\pm$ erhält, wenn man für die mittlere Konzentration die aus der Einwaage berechnete Konzentration, multipliziert mit dem Faktor Q (s. S. 89), einsetzt. In der Gleichung $f_\pm = \frac{a_\pm}{m_B \cdot Q}$ ist dann der Nenner viel zu groß, weil ein beträchtlicher Teil des Elektrolyten als Ionenpaar vorliegt und nicht mit zur mittleren Ionenkonzentration gezählt werden kann; man erhält also viel zu kleine mittlere Aktivitätskoeffizienten. Generell ist in solchen konzentrierten Lösungen die Aussagefähigkeit der Aktivitätskoeffizienten aus diesen Gründen (eventuell auch wegen Komplexbildung) sehr gering; die Zuverlässigkeit der direkt gemessenen Aktivität bleibt davon natürlich unberührt.

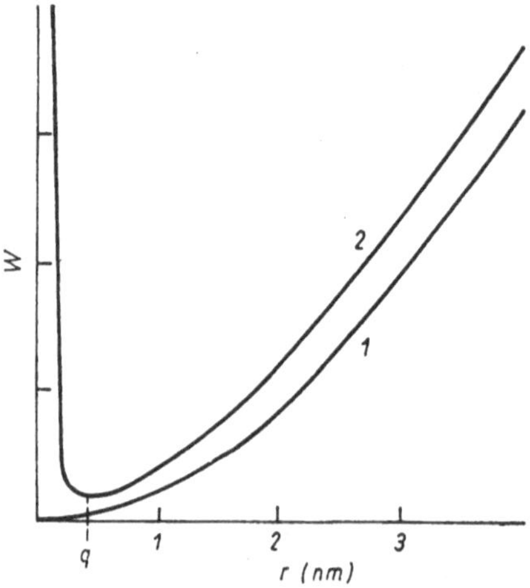

Abb. 2.30: Zur Theorie der Ionenpaarbildung von N. Bjerrum

N. Bjerrum hat nun (1926), von analogen Überlegungen ausgehend wie Debye und Hückel (s. S. 81), die Aufenthaltswahrscheinlichkeit eines Ions i (Ladungszahl z_i) in einer Kugelschale von der Dicke dr (z. B. 0,01 nm) im Abstand r von einem entgegengesetzt geladenen Ion k (Ladungszahl z_k) berechnet. Dabei erhält man

$$dW = \frac{N_0 \cdot c_i}{1000} \cdot \exp\left(\frac{-|z_i \cdot z_k| \cdot e_0^2}{4\pi \cdot \varepsilon_0 \cdot \varepsilon \cdot r \cdot kT}\right) \cdot 4\pi r^2\, dr, \tag{2.99}$$

wobei c_i die Konzentration des Ions i (mol/l), ε die Dielektrizitätskonstante ist und die übrigen Größen die übliche Bedeutung haben.

Wenn man W, mit anderen Worten die Zahl N_i, in einer Kugelschale der Dicke dr gegen deren Abstand aufträgt, so durchläuft sie ein sehr steiles Minimum im Abstand q, weil einerseits das Volumen der Schale stark mit dem Abstand anwächst, andererseits die Anziehung sinkt (Kurve 2, *Abb. 2.30*). Dagegen wird natürlich die Zahl der neutralen Lösungsmittelmoleküle mit r monoton größer (Kurve 1). Der Abstand q des Minimums nimmt nun, wie aus (2.99) hervorgeht, stark mit der Ladungszahl der Ionen und mit sinkender DK zu. In Wasser erhält man z. B. bei etwa 25 °C für einen ein-ein-wertigen Elektrolyten $q = 0{,}357$ nm, für einen zwei-zwei-wertigen Elektrolyten 1,428 nm und für einen drei-drei-wertigen Elektrolyten 3,21 nm. In einer Kugelschale mit $r = 1{,}428$ nm sind übrigens bereits etwa 400 H_2O-Moleküle enthalten.

Wie sich leicht zeigen läßt, entspricht der Abstand q einer Coulomb-Energie von $2kT$

$$q = \frac{|z_i \cdot z_k| \cdot e_0^2}{8\pi \cdot \varepsilon_0 \cdot \varepsilon \cdot kT}; \quad 2kT = \frac{|z_i \cdot z_k| \cdot e_0^2}{4\pi \cdot \varepsilon_0 \cdot \varepsilon \cdot q}. \tag{2.100}$$

Die Coulomb-Energie ist also gleich dem Vierfachen ($4 \cdot \frac{1}{2} kT$) der kinetischen Energie eines Freiheitsgrades. Bjerrum nimmt nun an, daß alle Gegenionen, deren Abstand kleiner als q ist, mit dem Zentralion ein Ionenpaar bilden. Man kann dann unter Integration von (2.99) den Dissoziationsgrad und die Dissoziationskonstante $K_{J\varphi}$ berechnen, q ist die obere, $a = 2r$ (Abstand größter Annäherung) die untere Integrationsgrenze. Man erhält für einen binären Elektrolyten ($z = |z_i| = |z_k|$, $c = c_i = c_k$)

$$(1 - \beta) = \frac{4\pi \cdot N_0 \cdot c}{1000} \left(\frac{z^2 \cdot e_0^2}{4\pi \cdot \varepsilon_0 \cdot \varepsilon \cdot kT}\right)^3 \cdot Q(b) \tag{2.101}$$

mit

$$Q(b) = \int_2^b \exp(y) \cdot y^{-4} \cdot dy \quad \text{und} \quad y = z^2 \cdot e_0^2 (r \cdot 4\pi \cdot \varepsilon_0 \cdot \varepsilon \cdot kT)^{-1}$$

$$\text{obere Grenze: } b = z^2 \cdot e_0^2 (a \cdot 4\pi \cdot \varepsilon_0 \cdot \varepsilon \cdot kT)^{-1}.$$

Die Funktion $Q(b)$ ist für verschiedene Werte von b tabelliert.[1]) Durch Einsetzen von β in $K_{J\varphi} = \dfrac{\beta^2 \cdot c \cdot f_\pm^2}{1 - \beta}$ erhält man einen entsprechenden Wert für die Dissoziationskonstante. Allerdings kann (2.101) nur auf sehr verdünnte Lösungen angewendet werden, weil die Einwirkung anderer Ionen vernachlässigt wird; außerdem erscheint es fraglich, ob die Annahme, daß das Volumen der Ionenpaarbildung $\frac{4}{3} \pi q^3$ ist, wirklich Berechtigung hat. Immerhin sind aus dieser Theorie in Lösungen niederer DK und mit hohen Werten von z (z. B. $LaFe(CN)_6$) Werte für β in befriedigender Übereinstimmung mit dem Experiment errechnet worden. Neuerdings ist die Theorie der Ionenpaarbildung von R. M. Fuoss modifiziert worden; dabei wird ein doppelter kritischer Abstand ($L = 2q$) wie bei Bjerrum zugrunde gelegt. Auch diese Theorie ist nur auf sehr verdünnte Lösungen anwendbar. Es spielt auch eine wichtige Rolle, daß die Dielektrizitätskonstante in der Umgebung der Ionen nicht gleich der des reinen Lösungsmittels, sondern sicher sehr viel kleiner ist (s. S. 118), worauf Bjerrum schon selbst hingewiesen hat.

2.7. *Wechselwirkung Ion—Molekül*

Wenn ein Ionenkristall in einem Lösungsmittel aufgelöst wird, muß soviel Energie zugeführt werden, daß die Gitterenergie $U_G{}^0$ mindestens teilweise überwunden wird. Zur Herstellung einer unendlich verdünnten Lösung, in der die Ionen keine Wechselwirkung aufeinander ausüben, muß wie bei der Überführung der Einzelionen ins Vakuum die gesamte Gitterenergie aufgebracht werden. Bei der Herstellung konzentrierter Lösungen, die in mehr oder weniger großem Umfang Ionenpaare enthalten, vermindert

---

[1]) a ist dabei der Abstand größter Annäherung der Ionen (s. S. 88).

sich zwar die aufzuwendende Energie, da aber, wie wir gesehen haben, die Gitterenergie von Ionenkristallen schon bei ein-ein-wertigen Salzen Werte von etwa 840 kJ hat und mit der Ladungszahl der Ionen stark anwächst (*s. Band 1*, S. 149), ist der für die Auflösung von Ionenkristallen aufzubringende Energiebetrag in jedem Fall sehr beträchtlich. Nun sind aber die Lösungswärmen (Lösungsenthalpien) (*s. Band 1*, S. 242), sofern sich der Ionenkristall überhaupt in dem betreffenden Lösungsmittel auflöst, zwar meistens endotherm (positiv), aber um eine Größenordnung kleiner als die Gitterenergie. Dem Energieerhaltungssatz zufolge muß dann der Restbetrag an Energie von einem exothermen Vorgang, nämlich der Energie der Wechselwirkung der Ionen mit dem Lösungsmittel, der *Solvatationsenergie* U_s^0, entnommen werden. Wenn wir die erste Lösungswärme bestimmen (*s. Band 1*, S. 244), dann folgt aus dem Energieerhaltungssatz:

$$\bar{Q}_B^{0\prime} = U_G^0 - U_S^0, \tag{2.102}$$

wenn wir den Lösungsvorgang bei konstantem Volumen unter Standardbedingungen betrachten. Die Berechnung der Gitterenergie erfolgt im allgemeinen für $T = 0$ K, dann wird $U^0 = H^0$, und wir können also für diesen Fall $\bar{Q}_B^0 = H_G^0 - H_S^0$ mit $\bar{Q}_B^0 = \bar{Q}_B^{0\prime} + pV$ setzen. Natürlich läßt sich $\bar{Q}_B^0$ für $T = 0$ höchstens durch Extrapolation bestimmen. Da aber die Berechnung der Gitterenergie U_G^0 nicht sehr genau und die Volumenarbeit bei einem Ionenkristall sehr klein ist, kann man auch bei höheren Temperaturen $U_G \approx H_G$ setzen. Die Berechnung der Gitterenergie von Ionenkristallen aus dem COULOMBschen Gesetz (s. *Band 1*, S. 146) kann deswegen zu großen Fehlern führen, weil die Gitterenergie von Ionenkristallen außer der elektrostatischen Energie sehr oft noch kovalente Bindungsanteile enthält. Nach F. HABER und M. BORN (1919) kann man aber die Gitterenergie auch aus experimentell zugänglichen thermodynamischen Größen mit Hilfe eines Kreisprozesses auf der Grundlage des Energieerhaltungssatzes berechnen.

Bei diesem HABER-BORNschen Kreisprozeß wird ein Mol eines Kristalls auf zwei verschiedenen Wegen in ein ideales Ionengas überführt. Nach dem 1. Hauptsatz muß natürlich die Summe der Energieänderungen für beide Wege den gleichen Wert haben. Für 1 Mol Kaliumchlorid sieht der Kreisprozeß bei einer bestimmten Temperatur (z. B. 25 °C) folgendermaßen aus:

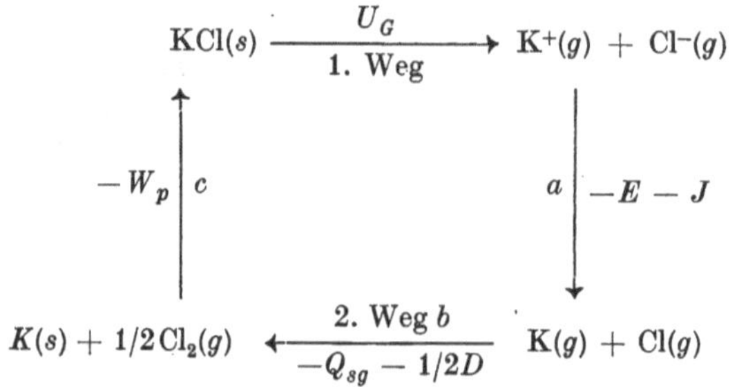

1. Weg: Ein Mol festes KCl wird zu je 1 Mol gasförmiger K^+- und Cl^--Ionen verdampft, so daß die Teilchen keine Kräfte mehr aufeinander ausüben. Für diesen Vorgang muß die Gitterenergie U_G aufgebracht werden.

2. Weg: Das Ionengas wird auf einem anderen Weg in kristallisiertes KCl zurückverwandelt.

a) Die gasförmigen Ionen werden zu neutralen Atomen umgesetzt. Wenn man den Energiebetrag, der beim Übergang eines Atoms unter Aufnahme von Elektronen in ein negatives Ion benötigt wird, als Elektronenaffinität E bezeichnet, so wird dieser Betrag beim umgekehrten Prozeß frei $(-E)$. Beim Übergang der Kationen in den neutralen Zustand wird die Ionisationsenergie J frei.

$$Cl^- \xrightarrow{-E} Cl + e^-$$

$$K^+ + e^- \xrightarrow{-J} K$$

b) Nun wird das atomare Kaliumgas zu festem Kalium kondensiert, wobei die Sublimationswärme Q_{sg} nach außen abgegeben wird. Ein halbes Mol Chlor geht unter Verlust der Hälfte der molaren Dissoziationsenergie D in den molekularen Zustand über.

c) Das feste Kalium und das gasförmige Chlor reagieren miteinander zu festem Kaliumchlorid; W_p ist die Reaktionswärme des umgekehrten Vorganges.

Die Summe aller Energieänderungen muß, da wir einen Kreisprozeß durchgeführt haben, Null sein; mithin ergibt sich für U_G

$$U_G = W_p + Q_{sg} + \frac{1}{2} D + J + E. \tag{2.103}$$

Die Reaktionswärme W_p kann leicht kalorimetrisch bestimmt werden, eventuell auf einem Weg über andere Reaktionen mit Hilfe des HESSschen Wärmesatzes.[1])

Auch die Sublimationswärme Q_{sg} und die Dissoziationswärme des Chlors können direkt gemessen oder aus anderen Größen berechnet werden.

Für die Ermittlung der Ionisierungsenergie J von Gasen kann man die Untersuchung der Lichtabsorption heranziehen (s. *Band 1*, s. S. 556f). Am schwersten ist die Elektronenaffinität E zugänglich. Sie wird in vielen Fällen, bei denen die Gitterenergie U_G aus einem anderen Verfahren genügend sicher bekannt ist, nach Gl. (2.103) errechnet. Der Vergleich zwischen den Werten von U_G aus der COULOMB-Energie (*Band 1, Kap. 8.2.*) und dem HABER-BORNschen Kreisprozeß (nach 2.103) kann dann für andere Salze des Anions, für welches E ermittelt worden ist, durchgeführt werden.

Tabelle 2.18

Chlorid	LiCl	NaCl	KCl	RbCl
E_{Cl} (kJ · mol^{-1})	−368	−364	−356	−364

Tabelle 2.19

Halogene	F	Cl	Br	I
E (kJ · mol^{-1})	−398	−364	−343	−310

Die Werte der Elektronenaffinität des Chloratoms E_{Cl} wurden für verschiedene Alkalichloride errechnet, die Ergebnisse sind in *Tab. 2.18* zusammengestellt.

Tabelle 2.19 enthält die Mittelwerte der Elektronenaffinitäten der Halogene, die auf die beschriebene Weise gefunden wurden.

[1]) Da die Größen auf der rechten Seite von (2.103) im allgemeinen bei der Normaltemperatur (25 °C) bestimmt werden, erhält man auch die Gitterenergie U_G bei 25 °C. Um sie mit der aus der COULOMB-Energie für 0 K errechneten vergleichen zu können, muß man C_p bzw. C_v kennen und $\int_0^{298} C_p\, dT$ berechnen.

Elektronenaffinitäten lassen sich neuerdings auch direkt, z. B. massenspektrometrisch, bestimmen; die Übereinstimmung mit den in *Tab. 2.19* angegebenen Werten ist gut. Für Cl wurde z. B. 365,5 kJ, für Br 343,3 kJ und für I 316,9 kJ gefunden (vgl. auch *Band 1, Kap. 7.*).

In *Tab. 2.20* sind die Werte für U_G, die aus den Gln. (8.1) und (8.2) (*Band 1, Kap. 8.2.*) und (2.103) gewonnen wurden, für einige Salze nebeneinandergestellt worden. Beim CdI_2 ist eine starke Abweichung festzustellen, weil dort kovalente Bindungsanteile schon eine erhebliche Rolle spielen, die in Gl. (8.1) und (8.2) (*Band 1, Kap. 8.2.*) nicht berücksichtigt werden.

Tabelle 2.20

Salz	U_G nach HABER u. BORN (kJ · mol⁻¹)	U_G nach MADELUNG (Teil 1, 8.2.) (kJ · mol⁻¹)
MgF_2	2885	2918
CaF_2	2583	2587
AgCl	896	850
AgI	871	795
CdI_2	2357	1984

Um den Energieunterschied zwischen einem Mol des Salzes (KCl(*s*)) und N_0 selbständigen Ionenpaaren (KCl(*g*)) festzustellen, kann man ebenfalls einen Kreisprozeß benützen.

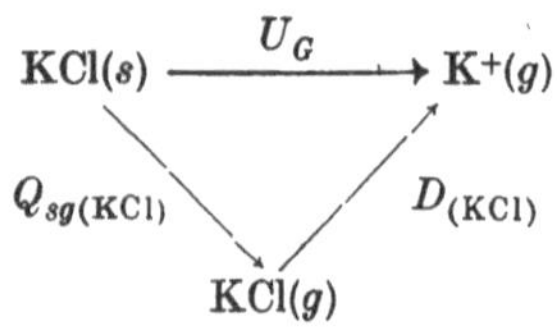

$$U_G = Q_{sg(KCl)} + D_{(KCl)}$$

$$U_G - D_{(KCl)} = Q_{sg(KCl)} \qquad (2.104)$$

Die gesuchte Differenz ist $Q_{sg(KCl)}$, die molare Sublimationswärme von Kaliumchlorid; $D_{(KCl)}$ ist die molare Dissoziationswärme von KCl, die man aus Gl. (7.16) (*Band 1*) durch Multiplikation mit N_0 erhält.

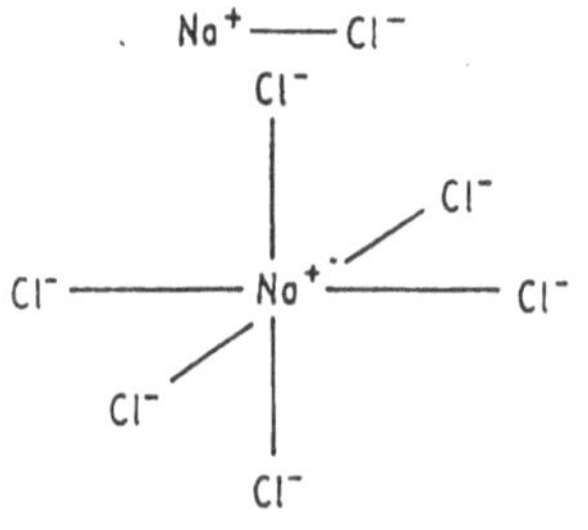

Abb. 2.31: Schema zum Vergleich der Verhältnisse im Einzelmolekül und im Kristall

Auch im Abstand der Ionen voneinander unterscheiden sich die Einzelmoleküle (Dampf) und die Moleküle im Kristall. Im Einzelmolekül wird ein Ion nur von einem Partner und also nur in einer Richtung angezogen, der Abstand ist gering. Innerhalb eines Kristalls ist das Ion aber von mehreren entgegengesetzt geladenen Teilchen umgeben, die Kräfte wirken nach verschiedenen Seiten, es tritt im Vergleich zum Einzelmolekül eine Auflockerung ein (*Abb. 2.31*), d. h., die

Ionenabstände im Kristall sind größer als die zwischen den Ionen eines einzelnen Paares. So findet man z. B. für die kürzesten Abstände zwischen einem Kation und einem Anion in den kubischen Kristallen von einigen Salzen folgende Werte (in nm): NaCl: 0,282; KCl: 0,314; NaBr: 0,298; KBr: 0,330. Untersucht man dagegen die gleichen Moleküle im Dampfzustand, so erhält man (ebenfalls in nm): NaCl: 0,251 ± 0,003; KCl: 0,279 ± 0,002; NaBr: 0,264 ± 0,001; KBr: 0,294 ± 0,003.

Wenn man nun nach (2.102) aus der ersten Lösungswärme und der Gitterenergie die Solvatationsenergie der Alkalihalogenide in Wasser, also ihre Hydratationsenergie, errechnet, so erhält man sehr große exotherme Wärmebeträge, wie *Tab. 2.24*, S. 116, zeigt. Da bei diesen Salzen die Werte für die Gitterenergie wegen der guten Übereinstimmung zwischen den nach beiden Methoden erhaltenen Werten gesichert sind, können auch die Hydratationsenergien als zuverlässig angesehen werden. Wie aus *Tab. 2.20* hervorgeht, sind die Gitterenergien mit einem beträchtlichen kovalenten Bindungsanteil noch größer, so daß bei etwa gleichen Lösungswärmen mit noch größeren Hydratationsenergien zu rechnen ist. Nun sind allerdings die Hydratationsenergien von Ionenkristallen gegenüber den Solvatationsenergien in anderen Lösungsmitteln, soweit sie überhaupt bekannt sind, sehr hoch. Das liegt an den spezifischen Wechselwirkungsenergien Ion—H_2O, auf die wir später zu sprechen kommen. Zum Teil sind aber auch die Solvatationsenergien in organischen Lösungsmitteln deswegen niedriger als in Wasser, weil wegen der niedrigen DK gar keine selbständigen Ionen, sondern auch bei sehr großer Verdünnung nur Ionenpaare gebildet werden. Wenn man aus der Leitfähigkeit den scheinbaren Dissoziationsgrad λ/λ_∞ für echte Elektrolyte bestimmt, so stellt man demzufolge einen Zusammenhang mit der DK des Lösungsmittels fest, λ/λ_∞ nimmt bei gleicher Konzentration mit wachsender DK zu. Dasselbe trifft auch für den aus dem osmotischen Druck bzw. der Gefrierpunktserniedrigung berechneten scheinbaren Dissoziationsgrad zu. Nach dem Coulombschen Gesetz wird die elektrostatische Anziehung mit wachsender DK geringer; damit muß die Neigung zur Ionenpaarbildung größer werden, wie auch aus (2.101) hervorgeht. Da nun die DK mit der Temperatur bei allen Lösungsmitteln abnimmt, nimmt auch die Ionenpaarbildung mit der Temperatur zu; dadurch fällt bei hohen Temperaturen in wäßrigen Lösungen die spezifische Leitfähigkeit trotz der Abnahme der Viskosität ab. Das Leitfähigkeitsmaximum in Abhängigkeit von der Temperatur beruht also auf der gegensätzlichen Wirkung des Viskositätsabfalls (Zunahme von l_+, l_-) und der Abnahme der DK (steigende Ionenpaarbildung) mit der Temperatur. In einem nicht zu großen Temperaturintervall sinkt die DK linear mit der Temperatur $\varepsilon_\vartheta = \varepsilon_0 - B\vartheta$. Der Proportionalitätsfaktor B ist von Lösungsmittel zu Lösungsmittel verschieden. Für Wasser erhält man einen genauen Wert aus der Gleichung:

$$\varepsilon_{H_2O} = 87{,}740 - 0{,}4008\vartheta + 9{,}398 \cdot 10^{-4}\vartheta^2 - 1{,}410 \cdot 10^{-6}\vartheta^3 .$$

Man sieht, daß die DK des Wassers von 87,74 bei 0 °C auf 55,65 bei 100 °C absinkt, wodurch das Temperaturverhalten von Elektrolytlösungen erheblich beeinflußt werden kann. Das elektrische Feld der gelösten Ionen wirkt auf die Lösungsmittelmoleküle in der Weise ein, daß die DK ebenfalls herabgesetzt wird (s. S. 118). Sie nimmt etwa linear mit der Konzentration ab und kann bei hohen Konzentrationen wäßriger Elektrolytlösungen auf weniger als die Hälfte gegenüber der DK des reinen Wassers absinken. Deshalb kann die DK des Lösungsmittels in konzentrierten Lösungen nicht ohne weiteres zur Berechnung der interionischen Wechselwirkung und der Ionenpaarbildung verwendet werden.

Wenn in der festen (oder flüssigen) Verbindung der kovalente Bindungsanteil sehr groß ist, dann liegen im reinen Zustand keine Ionen mehr vor; bei der Auflösung in einem Solvens Sl werden nur dann Ionen gebildet, wenn die Solvatationsenergie ausreicht, um die kovalente Bindung in der Weise zu spalten, daß das Elektronenpaar auf einen Molekülrest B unter Bildung eines Anions übergeht und der andere Teil A zum Kation wird:

$$AB + nSl \rightleftharpoons A^{+} \cdot xSl + B^{-}(n - x)\,Sl.$$

Wegen der außerordentlich hohen Hydratationsenergie des Protons ist die häufigste und am meisten untersuchte Gleichgewichtsreaktion dieser Art das Dissoziationsgleichgewicht

$$HB + nSl \rightleftharpoons H^{+}xSl + B^{-}(n - x)\,Sl.$$

in Wasser. Auch dabei muß aber bereits die Bindung des H-Atoms im Molekül polarisiert sein wie in der $-\mathrm{C}\begin{smallmatrix}\nearrow \mathrm{O}\\ \searrow \mathrm{OH}\end{smallmatrix}$-Gruppe; in organischen Lösungsmitteln mit geringer Protonenaffinität und niederer DK liegt das Dissoziationsgleichgewicht trotzdem stark auf der linken Seite. Natürlich spielt auch hier die DK insofern eine Rolle, als sie den elektrostatischen Anteil der Wechselwirkungsenergie schwächt. Man muß also bei potentiellen Elektrolyten mit sehr verwickelten Verhältnissen in bezug auf die Ionenbildung rechnen. Quantitative Aussagen sind daher noch weniger möglich als bei echten Elektrolyten.

2.7.1. Bestimmung des Dipolmoments und der Polarisierbarkeit von Molekülen und ihre Wechselwirkung mit Ionen

Wie wir gesehen haben (vgl. *Band 1, Kap. 5.4.*), wirken zwischen den Molekülen von Flüssigkeiten und Gasen Kräfte, die normalerweise eine Anziehung hervorrufen und hauptsächlich auf der quantenmechanischen Wechselwirkung der Elektronen beruhen. Zum Teil spielt auch die polare Natur der Moleküle eine Rolle. Wenn wir jetzt die Wechselwirkung zwischen den Ionen, also geladenen Teilchen, und den Molekülen des Lösungsmittels betrachten, so werden deren polare Eigenschaften eine größere Bedeutung haben. Wir behandeln daher zunächst kurz die Bestimmung des permanenten Dipolmoments und der Polarisierbarkeit und anschließend die daraus berechenbare Wechselwirkungsenergie zwischen Ion und Molekül.

Die üblichen Methoden zur Bestimmung des permanenten Dipolmoments und die Polarisierbarkeit beruhen auf der Messung der (relativen) Dielektrizitätskonstanten (neuerdings Dielektrizitätszahl) der betreffenden Substanz, die man erhält, wenn man die Kapazität eines Kondensators, der mit der betreffenden Substanz gefüllt ist, mit seiner Kapazität im Vakuum vergleicht und diese gleich 1 setzt[1]). Für die Messung bzw. den Vergleich von Kapazitäten gibt es eine große Zahl von Methoden, auf die hier nicht näher eingegangen werden kann.

---

[1]) Da die Kapazität des Kondensators durch Luft von Atmosphärendruck gegenüber der im Vakuum kaum verändert wird, vergleicht man meistens die Kapazität C_S bei Füllung mit der betreffenden Substanz mit C_L bei Füllung mit Luft.

Zum Beispiel kann man sich zur Messung der Leitfähigkeit (s. S. 35) mit Wechselstrom einer Brückenschaltung ähnlich der WHEATSTONEschen Brücke bedienen, wobei die 4 Brückenwiderstände durch Kondensatoren ersetzt sind. Meistens verwendet man sogenannte Resonanzmethoden, bei denen der Meßkondensator sich in einem Schwingkreis befindet, der mit einer zweiten parallel geschalteten variablen Kapazität zunächst ungefüllt auf Resonanz zu einem Sender geeigneter Frequenz eingestellt wird. Durch Füllen mit der zu untersuchenden Substanz tritt eine Verstimmung des Schwingkreises ein, die man durch Veränderung des variablen Kondensators wieder beseitigen kann. Die zur Wiederherstellung der Resonanz notwendige Änderung der Kapazität des variablen Kondensators liefert dann die Kapazitätsänderung und damit die relative Dielektrizitätskonstante der Substanz:

$$\varepsilon_r = \frac{C_{\text{Substanz}}}{C_{\text{Vakuum}}}.$$

Wenn sich in dem Kondensator Moleküle befinden, die ein permanentes Dipolmoment haben oder ein induziertes Dipolmoment ausbilden können (s. *Band 1, Kap. 5.4.*), dann werden sich die permanenten Dipole und die durch das Feld induzierten Dipole in Richtung des Feldes orientieren und damit die Feldstärke schwächen; um letzteres zu erhalten, d. h., um zwischen den Platten des Kondensators die gleiche Spannung U zu erzielen, ist eine größere Elektrizitätsmenge Q nötig: $Q = C \cdot U$. Die Kapazität C und damit die relative DK ε_r wird um so mehr steigen, je größer das Dipolmoment μ und die Polarisierbarkeit α sind. Wie die molekularen Größen μ und α mit der makroskopischen Dielektrizitätskonstante ε verknüpft werden können, hat P. DEBYE gezeigt, indem er die von O. F. MOSOTTI und R. CLAUSIUS eingeführte *Molpolarisation*

$$P = \frac{\varepsilon - 1}{\varepsilon + 2} \frac{M}{\varrho} \quad (M \text{ — Molmasse, } \varrho \text{ — Dichte})$$

als additive Funktion der durch die permanenten Dipole hervorgerufenen *Orientierungspolarisation* P_0 und der durch die induzierten Momente erzeugten *Verschiebungspolarisation* P_V (Ladungsverschiebung im Molekül) dargestellt hat. Dabei wird nur die Polarisation der Elektronen im elektrischen Feld, nicht die demgegenüber sehr kleine Polarisierbarkeit der Atomkerne berücksichtigt.

$$P = P_V + P_0.$$

Unter der Voraussetzung, daß die Moleküle keine Wechselwirkung aufeinander ausüben, kann man für die gesamte Molpolarisation P nach DEBYE setzen

$$P = \frac{N_0}{3\varepsilon_0}\left(\alpha + \frac{\mu^2}{3kT}\right) = \frac{\varepsilon - 1}{\varepsilon + 2} \frac{M}{\varrho}. \tag{2.105}$$

Diese Gleichung von CLAUSIUS-MOSOTTI und DEBYE gestattet es im Prinzip nur, μ zu bestimmen, wenn man α kennt, und umgekehrt. Außerdem ist sie ausschließlich für verdünnte Gase oder Lösungen eines Stoffes in einem unpolaren Lösungsmittel anwendbar, weil ja keine zwischenmolekulare Wechselwirkung stattfinden darf. Wenn man die Gleichung auf Lösungen anwendet, muß man daher ε bei verschiedenen Konzentrationen c des zu untersuchenden Stoffes messen und auf $c = 0$ extrapolieren. In verdünnten Mischphasen ergibt sich die Gesamtpolarisation aus der der Komponenten

A und B additiv nach

$$P = x_A P_A + x_B P_B. \tag{2.105a}$$

x_A und x_B-Molenbrüche

Die Verschiebungspolarisation läßt sich getrennt bestimmen, wenn man bei so hohen Frequenzen mißt, daß die permanenten Dipole dem Richtungswechsel des Feldes nicht mehr zu folgen vermögen; dann verschwindet die Orientierungspolarisation, und man erhält

$$P = \frac{\varepsilon - 1}{\varepsilon + 2} \frac{M}{\varrho} = P_v = \frac{N_0 \alpha}{3 \varepsilon_0}.$$

Da das Licht auch eine elektromagnetische Schwingung darstellt und nach MAXWELL $\varepsilon = n^2$ (n = Brechungsindex in dem betreffenden Medium) gesetzt werden kann, läßt sich α auch aus dem Brechungsindex nach

$$P_v = \frac{n^2 - 1}{n^2 + 2} \frac{M}{\varrho} = \frac{n^2 - 1}{n^2 + 2} V = \frac{N_0 \alpha}{3 \varepsilon_0} \tag{2.106}$$

bestimmen[1]).

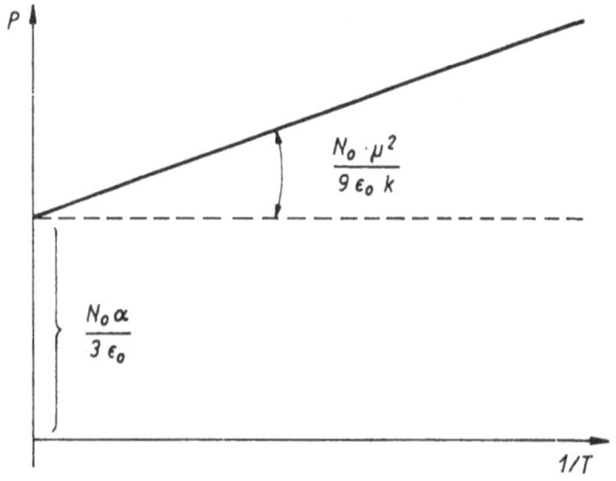

Abb. 2.32: Grafische Darstellung zur Berechnung der Polarisierbarkeit α und des Dipolmoments μ

Aus (2.106) folgt (s. auch *Band 1, Kap. 5.4.*), daß α proportional dem Molvolumen V ist. Wenn das Molekül Kugelform hat, kann man aus α den Molekülradius r_M bestimmen:

$$r_M = \left(\frac{n^2 + 2}{n^2 - 1} \cdot \frac{\alpha}{4\pi \cdot \varepsilon_0} \right)^{1/3}.$$

---

[1]) Für Gase und Dämpfe vereinfacht sich die Formel zu

$$P_v = \frac{n^2 - 1}{3} \frac{M}{\varrho} = \frac{N_0 \cdot \alpha}{3 \varepsilon_0}.$$

Strenggenommen müßte die Messung bei der Frequenz $\nu = 0$ durchgeführt oder auf $\nu = 0$ extrapoliert werden, dann wären aber die Orientierungseffekte nicht zu vernachlässigen. DEBYE hat aber gezeigt, daß auch n, bei endlichen Wellenlängen (etwa der Natrium-D-Linie) gemessen, noch gute Werte ergibt.

Die Orientierungspolarisation

$$P_0 = \frac{N_0}{3\varepsilon_0} \cdot \frac{\mu^2}{3kT} \tag{2.107}$$

ist deswegen temperaturabhängig, weil mit steigender Temperatur die Wärmebewegung die Orientierung der Dipole im elektrischen Feld behindert. Dadurch ergibt sich die Möglichkeit, aus $P = F(T)$ sowohl α als auch μ zu bestimmen. Trägt man N_0 über $\frac{1}{T}$ auf, so erhält man eine Gerade, aus deren Ordinatenabschnitt (für $\frac{1}{T} = 0$) man die Polarisierbarkeit α und aus deren Steigung man das Dipolmoment berechnen kann (*Abb. 2.32*). Wenn man Gleichung (2.105) in der Form $P = a + \frac{b}{T}$ schreibt, so erhält man aus der Steigung der $P \Big/ \frac{1}{T}$ Geraden

$$b = \frac{N_0 \cdot \mu^2}{9\varepsilon_0 k},$$

nach Einsetzen der Zahlenwerte für N_0 und k das Dipolmoment nach

$$\mu = 4{,}23 \cdot 10^{-30} \sqrt{b} \ \ (\text{As} \cdot \text{cm})$$

bzw.

$$\mu_{\text{elst.}} = 0{,}0127 \sqrt{b} \ \ (\text{D}).$$

In den Tabellenbüchern wird das Dipolmoment überwiegend in Debye (D) angegeben. Diese Größe hat ihren Ursprung in der elektrostatischen Definition der Ladung über das COULOMB-Gesetz (*s. Band 1, S. 75 und Band 2, S. 25*) und beträgt 10^{-18} elektrostatische Einheiten [ESE]. Der Umrechnungsfaktor zu den SI-Einheiten lautet:

$$1\,\text{D} = 10^{-18}\,\text{cm}^{5/2} \cdot \text{g}^{1/2} \cdot \text{s}^{-1} \triangleq \frac{1}{3} \cdot 10^{-27}\,\text{As} \cdot \text{cm}.$$

Der Umrechnungsfaktor zwischen der Polarisierbarkeit α in SI-Einheiten und $\alpha_{\text{elst.}}$ in elektrostatischen Einheiten lautet:

$$\alpha = \alpha_{\text{elst.}} \cdot \frac{1}{9} \cdot 10^{-11} \frac{\text{As}}{\text{V} \cdot \text{cm}}.$$

In *Abb. 2.33* sind die Molpolarisationen (gemessen von C. T. ZAHN) der gasförmigen Halogenwasserstoffe (HCl, HBr, HI) gegen $\frac{1}{T}$ aufgetragen. Man sieht aus den Steigungen der Geraden, daß HCl das größte Dipolmoment hat; das des Iodwasserstoffs ist sehr klein (0,38 D). Für HCl erhält man einen Wert von 1,03 D und für HF ist $\mu = 1{,}91$ D.

In *Abb. 2.34* sind die Molpolarisationen einiger Chlorkohlenwasserstoffe, gelöst in dem unpolaren Lösungsmittel Hexan, in Abhängigkeit von $\frac{1}{T}$ aufgetragen. Die Ergebnisse stammen von C. P. SMYTH. Man erhält daraus für $CHCl_3$: $\mu = 1{,}05$ D, für C_6H_5Cl: $\mu = 1{,}52$ D und für C_2H_5Br: $\mu = 1{,}86$ D. Aus den Ordinatenabschnitten, die sich aus den *Abb. 2.33* und *2.34* durch Extrapolation ergeben, folgt, daß die Polarisierbarkeit in der Reihenfolge HCl, HBr, HI zunimmt, während für μ die umgekehrte Reihenfolge gefunden wurde, und daß sich die Verschiebungspolarisationen der Chlorkohlenwasserstoffe nur wenig unterscheiden ($CHCl_3$: 26,6 cm³, C_2H_5Br: 29,5 cm³, C_6H_5Cl: 33,2 cm³). Die Zunahme von α bei den Halogenwasserstoffen in der genannten Reihenfolge entspricht insofern der Erwartung, als der Molekülradius in der gleichen Richtung ansteigt. Beim Vergleich von Dipolmomenten, die in der Gasphase gemessen wurden, mit den Werten, die für die gleichen Substanzen in Lösung erhalten wurden, findet man befriedigende Übereinstimmung, sofern völlig unpolare Lösungsmittel verwendet werden (z. B. für Anilin: Gas μ = 1,48 D, in Benzen μ = 1,51 D).

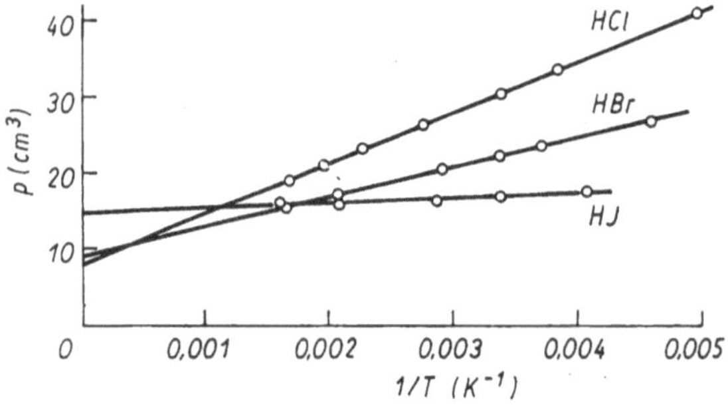

Abb. 2.33: Molpolarisationen gasförmiger Halogenwasserstoffe aufgetragen gegen $\frac{1}{T}$

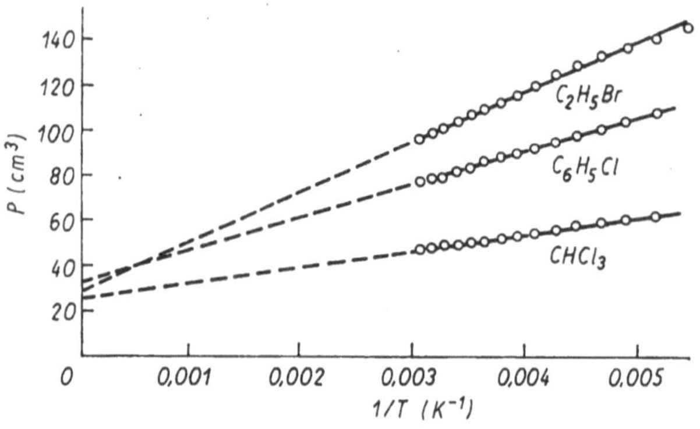

Abb. 2.34: Molpolarisationen einiger Chlorkohlenwasserstoffe gelöst in Hexan, aufgetragen gegen $\frac{1}{T}$

Man kann nach einer von ONSAGER angegebenen Beziehung auch das Dipolmoment reiner Flüssigkeiten näherungsweise aus der DK berechnen. Am exaktesten bestimmt man heute Dipolmomente mit Hilfe der Mikrowellenspektroskopie.

Tabelle 2.21 zeigt, daß die Polarisierbarkeit von kugelsymmetrischen Atomen und Ionen stark von ihrem Volumen abhängt. Die Werte wurden aus optischen Daten berechnet. Spalte 1 enthält das Symbol S, Spalte 2 die Ordnungszahl Z, Spalte 3 die Polarisierbarkeit α.

Wenn die Teilchen nicht kugelsymmetrisch sind, ist ihre Polarisierbarkeit in verschiedenen Richtungen verschieden, *Tabelle 2.22* bringt einige Beispiele. In Spalte 1 ist die Formel, in Spalte 2 das Dipolmoment, in den Spalten 3 bis 5 sind die Polarisier-

Tabelle 2.21

S	*Z*	$\alpha \cdot 10^{25}$ (cm³)	*S*	*Z*	$\alpha \cdot 10^{25}$ (cm³)	*S*	*Z*	$\alpha \cdot 10^{25}$ (cm³)	*S*	*Z*	$\alpha \cdot 10^{25}$ (cm³)	*S*	*Z*	$\alpha \cdot 10^{25}$ (cm³)
Li^+	3	0,29				O^{2-}	8	27,5	F^-	9	9,69	He	10	1,98
Na^+	11	1,88	Mg^{++}	12	1,03	S^{2-}	16	90,0	Cl^-	17	35,9	Ne	2	3,96
K^+	19	8,94	Ca^{++}	20	5,55	Se^{2-}	34	114,2	Br^-	35	50,2	Ar	18	16,6
Rb^+	37	15,0	Sr^{++}	38	10,2	Te^{2-}	52	162,1	I^-	53	76,1	Kr	36	25,5
												X	54	41,2

Tabelle 2.22

Formel	μ (D)	$\alpha_1 \cdot 10^{25}$ (cm³)	$\alpha_2 \cdot 10^{25}$ (cm³)	$\alpha_3 \cdot 10^{25}$ (cm³)	$\bar{\alpha} \cdot 10^{25}$ (cm³)	Molekülstruktur
H_2	0,015				7,35	
N_2	0				16,8	
C_2H_4	0	56,1	35,9	35,9	42,6	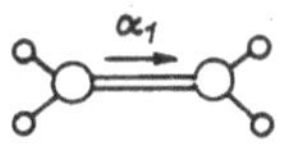
HCN	2,8	39,2	19,2	19,2	25,9	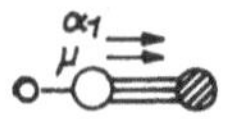
SO_2	1,61	54,9	27,2	34,9	37,2	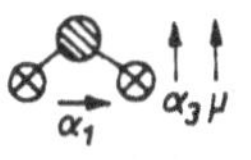
NH_3	1,46	24,2	21,8	21,8	22,6	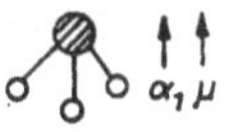

barkeiten α_1, α_2 und α_3 in der Richtung dreier durch das Molekül gelegter Achsen, die senkrecht aufeinanderstehen, in Spalte 6 ist das Mittel $\bar{\alpha}$ aus den 3 Werten angegeben. Spalte 7 gibt die Struktur der Moleküle und, soweit nötig, die Polarisierungsrichtung an. Wasser ist wegen der Komplikation durch die Wasserstoffbrücken nicht aufgeführt.

Die Dipolmomente und Polarisierbarkeiten gestatten nicht nur die Wechselwirkungsenergien zwischen Molekülen (*Band 1, Kap. 5.*) bzw. Ionen und Molekülen (s. S. 104) zu berechnen, sondern man kann aus diesen Größen, insbesondere deren Dipolmoment, auch Aussagen über die Bindungsverhältnisse und die Struktur der Moleküle selbst ableiten. Wir haben gesehen, daß HCl(g) ein Dipolmoment von 1,03 D hat. Aus spektroskopischen Messungen (s. *Band 1, Kap. 27.3.*) wird eine Bindungsläng (l), d. h. ein Abstand der beiden Atome, von 0,1275 nm erhalten. Wenn HCl eine reine Ionenbindung hätte, wenn also das Elektron des H-Atoms sich vollständig auf der Seite des Chlors befände, so daß sich zwei Ionen (H^+Cl^-) mit einer positiven und negativen Elementarladung im Abstand von 0,1275 nm gegenüberständen, so müßte HCl ein Dipolmoment von

$$\mu_{\text{Ion}} = e_0 \cdot l = 4{,}80 \cdot 10^{-10} \cdot 1{,}275 \cdot 10^{-8} = 6{,}11 \cdot 10^{-18}\ \text{ESE} = 6{,}11\ \text{D}.$$

haben. Bei rein kovalenter Bindung würde das Dipolmoment Null sein, weil dann das Elektronenpaar symmetrisch zwischen den beiden einfach positiv geladenen Atomen angeordnet wäre. Das gemessene Dipolmoment μ zeigt offenbar an, daß ein Zwischenzustand vorliegt. Man kann annehmen, daß der Anteil der Ionenbindung aus dem Verhältnis des gemessenen Dipolmoments zu μ_{Ion} abgeschätzt werden kann.

In unserem Fall ist $\dfrac{\mu}{\mu_{\mathrm{Ion}}} = \dfrac{1{,}03}{6{,}11} = 0{,}17$. Die Bindung zwischen H und Cl im HCl ist also zu 17% eine Ionenbindung, zu 83% eine kovalente Bindung. Für Bromwasserstoff findet man 11,5% Ionenbindung. Es muß aber darauf hingewiesen werden, daß diese Berechnung nur eine grobe Schätzung sein kann, weil dabei die nicht an der Bindung beteiligten Elektronen nicht berücksichtigt werden; das muß sich um so stärker auswirken, je größer ihre Zahl ist.

Ähnlich wie man bei mehratomigen Molekülen die Polarisierbarkeit in verschiedenen Raumrichtungen angeben kann (vgl. *Tab. 2.22*), läßt sich auch ein permanentes Dipolmoment in mehrere Vektoren entsprechend den Richtungen ihrer Bindungen, in sogenannte ***Bindungsmomente***, aufteilen. Das H_2O-Molekül in der Gasphase hat z. B. ein permanentes Dipolmoment von 1,85 D. Die Bindungslinien der Wasserstoffatome zum Sauerstoff bilden miteinander einen Winkel von 105° (s. *Abb. 2.34*). Wenn man jeder H—O-Bindung ein Moment μ_{OH} zuschreibt, so muß das gemessene Moment die Vektorsumme beider Momente, d. h. $\mu = 2\mu_{\mathrm{OH}} \cdot \cos 52{,}5°$, sein. Daraus ergibt sich ein Bindungsmoment $\mu_{\mathrm{OH}} = 1{,}52$ D. Auf analoge Weise kann man andere Bindungsmomente errechnen und dadurch die unbekannten permanenten Dipolmomente von Molekülen durch Vektoraddition abschätzen. Auch hier machen die nichtbindenden Elektronen, obwohl man die Bindungswinkel kennt, eine sichere Berechnung nicht möglich. Bei Molekülen mit unbekannter Struktur ist das natürlich noch unsicherer, weil man bei der Vektoraddition auf Annahmen bezüglich der Anordnung der Bindungslinien zueinander angewiesen ist. Außerdem können permanente Dipolmomente in einer anderen benachbarten Bindung ein Moment induzieren und dadurch eine Berechnung des Gesamtmomentes als Vektorsumme der permanenten Bindungsmomente unmöglich machen. Die Dipolmomentmessung läßt sich aber durchaus zur Aufklärung von Strukturfragen benutzen, insbesondere kann man damit Aussagen über die Symmetrie mehratomiger Moleküle machen. Daß z. B. CO_2 das Dipolmoment Null hat, weist auf eine lineare Struktur mit gleichem Abstand der Sauerstoffatome vom C-Atom hin. Dichlorethylen hat die beiden Isomeren

```
H—C—Cl  und  H—C—Cl,
  ‖            ‖
H—C—Cl      Cl—C—H
```

Die Messung des Dipolmoments gestattet, sie zu unterscheiden; das zweite Isomere, die Trans-Form, hat das Dipolmoment Null, weil sich die beiden Bindungsmomente C—Cl kompensieren, das cis-Dichlorethen hat das Dipolmoment $\mu = 1{,}89$ D. Bei Komplexverbindungen sind ebenfalls Strukturaussagen durch Messung des Dipolmoments möglich. Die Verbindung $PtCl_2 \cdot 2(C_2H_5)_3As$ existiert in einer weißen und einer gelben Form. Für die erste wurde $\mu = 10$ D, für die gelbe Form $\mu = 0$ D gefunden. Daraus folgt, daß das weiße Isomere die cisplanare Form (*A*), das gelbe die transplanare Form (*B*) hat

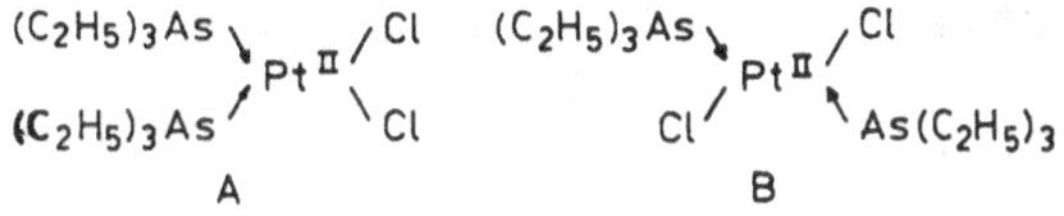

Die orientierende Wirkung der elektrostatischen Kräfte kommt nun auch bei der Solvatation zum Ausdruck, wenn die Lösungsmittelmoleküle polar sind, wie etwa die des Wassers. Sie lagern sich so an das Ion an, daß der Abstand entgegengesetzter Ladungen bzw. Ladungsschwerpunkte möglichst klein ist. Während die Lösungsmittelmoleküle im reinen Lösungsmittel nicht nur frei beweglich, sondern auch frei drehbar sind, nehmen sie unter dem Einfluß orientierender elektrostatischer Wechselwirkung eine feste Lage ein und sind nicht mehr frei drehbar. Allerdings werden die Solvatmoleküle mit freien Lösungsmittelmolekülen ausgetauscht. Die Austauschfrequenz ist je nach der Bindungsfestigkeit verschieden (s. *Kap. 2.7.2.*). Die orientierende Kraft wird um so größer, sein, je geringer der Abstand entgegengesetzter Ladungsschwerpunkte ist. Da die Kationen im allgemeinen einen kleineren Radius als die Anionen haben, ist ihre Solvatationsenergie (mit Ausnahme etwa der großen Cs^+ oder Tl^+) größer als die der Anionen, vor allem natürlich dann, wenn sie mehrere positive Ladungen tragen, z. B. Al^{+++}. Daher haben Anionen im allgemeinen (Ausnahme F^-) nicht nur kleinere Solvatationszahlen, sondern die Bindung der Solvatmoleküle ist auch schwächer, so daß z. B. ihre Drehbarkeit viel weniger behindert ist.

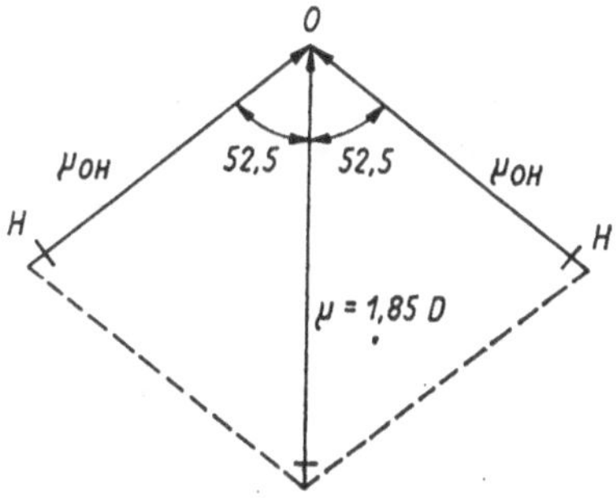

Abb. 2.35: H_2O-Molekül

Wechselwirkung Ion—Ion

Zwei Ionen mit den Ladungen z_+e_0 und z_-e_0 besitzen die potentielle Energie (Coulomb-Energie)

$$E_{J-J} = \frac{-z_+ \cdot e_0 \cdot |z_-| \cdot e_0}{4\pi \cdot \varepsilon_0 \cdot r}.$$

Für die unendliche Entfernung ist die Wechselwirkungsenergie beider Ionen Null.

Wechselwirkung Ion—Dipol

Die Änderung der potentiellen Energie für die Annäherung eines Moleküls mit einem starren Dipol und eines Ions ist abhängig vom Winkel zwischen der Verbindungslinie vom Ionenmittelpunkt zur Mitte der Dipolachse und der letzteren. Wie sich an Hand von *Abb. 2.36* ergibt, ist unter der Voraussetzung $r \gg l$ (dann wird $\varphi \approx \varphi'$) die potentielle Energie zwischen einem Molekül mit dem Dipolmoment $\mu = Q_+ \cdot l$ und einem Ion mit der Ladung $z \cdot e_0$ im Abstand r:

$$E_{J\text{-}D} = \frac{-z \cdot e_0 \cdot \mu}{4\pi \cdot r^2 \cdot \varepsilon_0} \cdot \cos \varphi . \qquad (2.108)$$

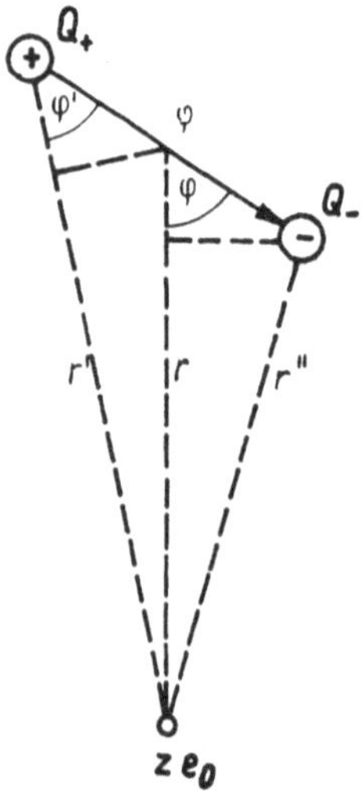

Abb. 2.36: Ion – Dipol

Die potentielle Energie E_{J-D} ergibt sich additiv aus den beiden Coulomb-Energiebeträgen zwischen der Ionenladung und den Partialladungen Q_+ und Q_- des Dipols (Superpositionsprinzip)

$$E_{J\text{-}D} = \frac{z \cdot e_0 \cdot Q_+}{4\pi \cdot \varepsilon_0 \cdot r'} + \frac{z \cdot e_0 \cdot Q_-}{4\pi \cdot \varepsilon_0 \cdot r''} .$$

Für $r \gg l$ und $\varphi \approx \varphi'$ gilt:

$$r' = r + \frac{1}{2} \cos \varphi \quad \text{und} \quad r'' = r - \frac{1}{2} \cos \varphi .$$

Daraus folgt bei Beachtung von $Q_+ = -Q_-$

$$E_{J\text{-}D} = \frac{z \cdot e_0 \cdot Q_+}{4\pi \cdot \varepsilon_0} \left(\frac{1}{r + \frac{l}{2} \cos \varphi} - \frac{1}{r - \frac{l}{2} \cos \varphi} \right) .$$

Eine Taylor-Reihenentwicklung und Abbruch nach dem ersten Störglied führt zu

$$E_{J\text{-}D} = \frac{z \cdot e_0 \cdot Q_+}{4\pi \cdot \varepsilon_0} \left(\frac{1}{r} - \frac{l \cdot \cos \varphi}{2 \cdot r^2} - \frac{1}{r} - \frac{l \cdot \cos \varphi}{2 \cdot r^2} \right) ,$$

woraus sich durch Zusammenfassung der Glieder (2.108) ergibt

$$E_{J\text{-}D} = \frac{-z \cdot e_0 \cdot Q_+ \cdot l}{4\pi \cdot \varepsilon_0 \cdot r^2} \cos \varphi = \frac{-z \cdot e_0 \cdot \mu}{r^2} \cos \varphi .$$

Das Ion übt auf den gleichsinnig geladenen Ladungsschwerpunkt des Dipols eine abstoßende Kraft aus, auf den entgegengesetzt geladenen eine anziehende und versucht somit, die Dipolachse in die Gerade r zu legen, daher stammt der Name Richtkräfte. Die Wärmebewegung arbeitet den Richtkräften entgegen. Außerdem müssen die Wechselwirkungskräfte zwischen den Dipolmolekülen berücksichtigt werden, wenn man die Bindung der Solvatmoleküle insgesamt untersuchen will.

Wechselwirkung Dipol—Dipol

Die potentielle Energie zweier Dipole gegeneinander (E_{D-D}) läßt sich ähnlich gewinnen. Sie sei für zwei Spezialfälle, nämlich für auf einer Geraden liegende (*Abb. 2.37*) und für parallel liegende (*Abb. 2.38*) Dipole angegeben. Auch hier gilt die Bedingung $r \gg l$.

$$E_{D-D} = \frac{-2\mu_1 \cdot \mu_2}{4\pi \cdot \varepsilon_0 \cdot r^3},$$

$$E_{D-D} = \frac{-\mu_1 \cdot \mu_2}{4\pi \cdot \varepsilon_0 \cdot r^3}.$$

Für Multipole (CO_2 ist z. B. ein Quadrupol) kann man E unter den gleichen Voraussetzungen analog berechnen, ihre Richtkräfte wegen der geringen Größe jedoch meist vernachlässigen.

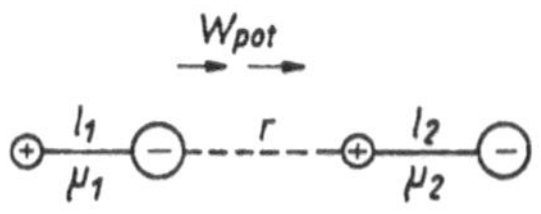

Abb. 2.37: Dipol—Dipol (auf einer Geraden)

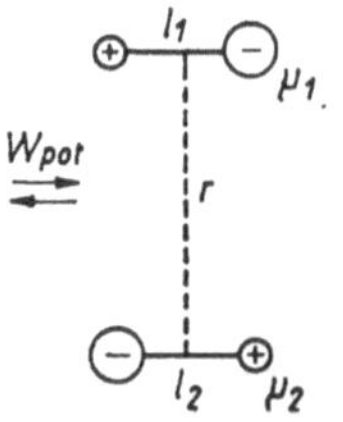

Abb. 2.38: Dipol—Dipol (parallel)

Wechselwirkung Ion—Molekül (induzierter Dipol)

Unter dem Einfluß eines elektrischen Feldes, z. B. eines entgegengesetzt geladenen Ions, können sowohl die Ionen selbst als auch Moleküle deformiert werden und ein zusätzliches induziertes Dipolmoment erhalten. Geht die Induktionskraft von einem Ion

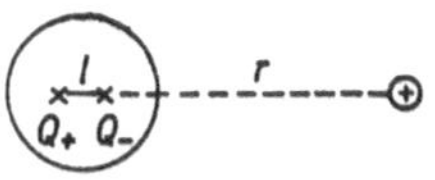

Abb. 2.39: Ion—Molekül (induzierter Dipol)

aus, so liegt die Achse des neuen Dipols natürlich in der Geraden durch die Mittelpunkte des Ions und des Moleküls (*Abb. 2.39*). Wenn die Feldstärke an einer Stelle den Wert ϵ hat, und sich das Teilchen mit der Polarisierbarkeit α um die Strecke dl verschiebt, so ändert sich, wie leicht einzusehen, die potentielle Energie um den Betrag

$$dU = -\alpha\epsilon \, d\epsilon,$$

daher wird

$$E = \int_0^{\epsilon} -\alpha \cdot \epsilon \cdot d\epsilon = -\frac{\alpha}{2}\epsilon^2. \quad (2.109)$$

Das Ion mit der Ladung $z \cdot e_0$ soll als Punktladung betrachtet werden. Dann gilt für die Feldstärke im Abstand r:

$$\epsilon = \frac{z \cdot e_0}{4\pi \cdot \varepsilon_0 \cdot r^2},$$

und man erhält nach Einsetzen in Gl. (2.109) für $r \gg l$

$$E_{J-M} = -\frac{\alpha \cdot z^2 \cdot e_0^2}{32\pi^2 \cdot \varepsilon_0^2 \cdot r^4}. \quad (2.110)$$

Auch hier muß natürlich die Wechselwirkung der Lösungsmittelmoleküle untereinander bei der Betrachtung des gesamten Solvatationsvorganges berücksichtigt werden.

Wechselwirkung (permanenter) Dipol—Molekül (induzierter Dipol)

Ebenso wie ein Ion kann auch ein Molekül mit einem permanenten Dipolmoment ein anderes Molekül polarisieren. Mit Hilfe von *Abb. 2.40* kann man die Feldstärke in der Entfernung von einem Dipol berechnen

$$\epsilon = \frac{2\mu \cdot \cos\varphi}{4\pi \cdot \varepsilon_0 \cdot r^3}$$

und damit die Wechselwirkungsenergie Dipol—Molekül:

$$E_{D-M} = -\frac{\alpha \cdot \mu^2 \cdot \cos^2\varphi}{8\pi^2 \cdot \varepsilon_0^2 \cdot r^6}. \quad (2.111)$$

Aus Gl. (2.110) und Gl. (2.111) geht hervor, daß die Induktionskräfte mit wachsender Entfernung zwischen Molekül und induzierendem Teilchen sehr rasch abnehmen.

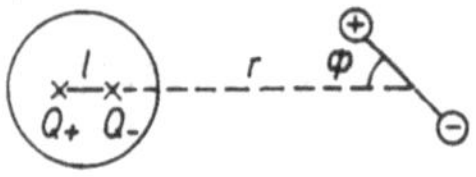

Abb. 2.40: (Permanenter) Dipol—Molekül (induzierter Dipol)

Wechselwirkung Molekül—Molekül

Die oben beschriebene Abnahme der Induktionskräfte mit wachsender Entfernung der Teilchen voneinander gilt auch für die Dispersionsenergie zwischen Molekülen mit den Polarisierbarkeiten α_1 und α_2 oder Molekülen gleicher Art mit der Polarisierbarkeit α (s. *Band 1, Kap. 5*). Die Wechselwirkungsenergie Molekül—Molekül ist danach

$$E_{M-M} = -\frac{3}{2} \cdot \frac{\alpha_1\alpha_2}{r^6} \cdot \frac{J_1 J_2}{J_1 + J_2}, \quad (2.112)$$

wobei J_1 und J_2 die Ionisierungsenergien der beiden Moleküle sind und r ihr Abstand der groß ist gegenüber ihrem Radius. Wenn $\alpha_1 = \alpha_2$ und $J_1 = J_2$ ist, vereinfacht sich (2.112) zu

$$E_{M-M} = -\frac{3}{4} \cdot \frac{\alpha^2}{r^6} \cdot J.$$

Die Gleichungen (2.108) bis (2.112) gelten für die Teilchen, bei denen die jeweilig behandelten Kräfte überwiegen. Trotzdem können auch andere Wechselwirkungen auftreten, wie Induktionskräfte zwischen Ionen und Dipolen, Dispersionskräfte zwischen Dipolen oder zwischen einem polarisierbaren Ion (große Ionen, z. B. Halogenionen oder Kationen quaternärer Ammoniumbasen) und einem Molekül usw. Die Gesamtkraft ergibt sich als (vektorielle) Summe der Polkräfte, Induktionskräfte und Dispersionskräfte; in Elektrolytlösungen spielen die Polkräfte eine maßgebende Rolle.

Jedenfalls muß man selbst in einfachen Fällen in Elektrolytlösungen mit einer größeren Zahl von Wechselwirkungsenergien rechnen, deren Zusammenwirken zu kompliziert ist, um die Solvatationsenergien pro Mol molekulartheoretisch einigermaßen zuverlässig berechnen zu können [2.9], [2.5]. Es kommt hinzu, daß die Gleichungen (2.108) bis (2.112) ja zunächst nur für das Vakuum gelten und in einem beliebigen Medium mit der Dielektrizitätskonstante ε diese Größe in den Nenner der genannten Gleichungen eingeht, weil durch die Verschiebungs- und Orientierungspolarisation das elektrische Feld geschwächt wird. Sind die Lösungsmittelmoleküle, insbesondere die Wasserdipole, in die Solvathülle eingebaut — trotz des Austausches mit den „freien" Lösungsmittelmolekülen ist im zeitlichen Mittel ein mit der Ionenkonzentration wachsender Anteil gebunden — so leisten sie nur noch einen geringen Beitrag zur dielektrischen Wirkung des Mediums. In Abhängigkeit von der Stärke der Bindung und der Solvatationszahl kann es in unmittelbarer Nähe der Ionen bis zur *„dielektrischen Sättigung"* kommen, die einer maximalen Feldorientierung und einem unteren Grenzwert der DK entspricht (beim Wasser etwa 5 gegenüber 78 des reinen Wassers). Dadurch nimmt die Dielektrizitätskonstante des Mediums mit der Konzentration des Elektrolyten etwa linear ab. Man kann also in die Gleichungen für die Wechselwirkungsenergien keinen konstanten Wert für ε einsetzen, wodurch eine Berechnung der Solvatationsenergien, aber auch der interionischen Wechselwirkungsenergie, noch weiter erschwert wird. Letztere nimmt daher nicht nur wegen des verringerten Abstands der Ionen, sondern auch wegen der DK-Erniedrigung mit der Konzentration des Elektrolyten (dem Betrag nach) zu. In der Gleichung für die Konzentrationsabhängigkeit der DK:

$$\varepsilon = \varepsilon_0 - K \cdot m_B \qquad (2.113)$$

nimmt der Proportionalitätsfaktor K mit der Ladungszahl und Ladungsdichte der Ionen des Elektrolyten zu. Messungen der DK wäßriger Lösungen mit Frequenzen von $> 10^9$ Hz haben für K einiger anorganischer Salze folgende Werte ergeben:

Tabelle 2.23

Konzentrationsabhängigkeit der DK des Wassers

Salz	K	Salz	K
KCl	10	LiCl	14
NaCl	11	$MgCl_2$	30
NaF	12	$LaCl_3$	44
NaI	15	(HCl)	20

K: Proportionalitätsfaktor in (2.113)

Man erkennt daraus, daß in konzentrierten Lösungen nicht nur die Wechselwirkung Ion—Ion, sondern auch die Wechselwirkung Ion—Lösungsmittelmolekül die makroskopischen Eigenschaften der Lösung maßgebend beeinflußt. Das kommt auch in einer Veränderung der Struktur des Lösungsmittels, insbesondere des Wassers, zum Ausdruck, wie wir im nächsten Kapitel sehen werden.

Wenn man den gleichen Elektrolyten, z. B. $(C_2H_5)_4NI$, das sich auch in organischen Lösungsmitteln mit niederer DK gut löst, in verschiedenen Lösungsmitteln bei niederen Konzentrationen löst und den Quotienten $\frac{\lambda}{\lambda_\infty}$ als Maßstab für die dissoziierende Kraft der Lösungsmittel bestimmt, so nimmt er mit der DK zu (s. S. 77), und für einen konstanten Wert in zwei verschiedenen Lösungsmitteln (1 und 2) gilt:

$$\frac{\varepsilon_1}{\varepsilon_2} = \left(\frac{c_1}{c_2}\right)^{1/3} \quad \text{(Walden).}$$

Wenn also $\varepsilon_1 > \varepsilon_2$, so braucht man auch in dem Lösungsmittel 2 eine niedrigere Konzentration als in 1, um den gleichen Wert von $\frac{\lambda}{\lambda_\infty}$ zu erhalten.

2.7.2. *Ionensolvatation und Struktur von Elektrolytlösungen*

Wie wir gesehen haben, kann man die Solvatationsenergie eines echten Elektrolyten aus seiner Gitterenergie und der ersten Lösungswärme berechnen und erhält dann für die Hydratationsenergie sehr große Werte (s. *Tab. 2.24*). Bei dieser thermodynamischen

Tabelle 2.24

Gitterenergien, erste Lösungswärmen und Hydratationswärmen der Alkylhalogenide in kJ · mol^{-1}

Salz	U_{G^0} ber.	Wärmeinhalt H des festen Salzes $T = 291$ K	U_{G^0} $T = 291$ K	Erste Lösungswärme $T = 291$ K	Hydratationswärme $T = 291$ K
LiF	−1027,8	5,9	−1034,1	+4,6	−1029,5
LiCl	−844,9	8,4	−848,7	−36,0	−884,7
LiBr	−799,7	10,5	−801,4	−46,5	−847,8
LiI	−743,2	11,7	−743,6	−62,0	−805,5
NaF	−909,4	7,95	−913,6	+2,5	−911,0
NaCl	−774,6	10,0	−776,6	+5,4	−771,2
NaBr	−742,7	10,5	−744,4	+0,8	−743,6
NaI	−692,9	11,7	−693,3	−5,9	−699,2
KF	−812,2	9,2	−815,2	−17,2	−832,3
KCl	−708,4	10,5	−710,1	+18,4	−691,6
KBr	−680,8	11,3	−681,6	+21,4	−660,2
KI	−643,9	11,7	−644,3	+21,4	−623,0
RbF	−772,5	10,5	−774,1	−24,3	−798,4
RbCl	−683,7	11,7	−684,1	+18,8	−665,3
RbBr	−659,0	12,1	−659,0	+26,8	−632,2
RbI	−625,1	12,6	−624,7	+27,2	−597,4

Berechnung kann man weder die Verteilung der Lösungsmittelmoleküle auf die verschiedenen Ionen (Anion und Kation) noch ihre Zahl ermitteln. Da aber auch die erste Lösungswärme auf unendliche Verdünnung extrapoliert ist, hat man einen „unendlichen" Überschuß an Lösungsmittel und kann daher mit einer maximalen Solvatationszahl rechnen, die bei hohen Konzentrationen sicher nicht erreicht werden kann. Die Solvatationsenergie wird daher eine Konzentrationsabhängigkeit aufweisen; das ergibt sich auch aus der Konzentrationsabhängigkeit der Lösungswärmen nach (2.102). Die Solvatationsenergie bestimmt die Lösefähigkeit eines Lösungsmittels gegenüber dem betreffenden Elektrolyten. Echte feste Elektrolyte werden dann unter (vollständiger) Dissoziation gelöst, wenn die Solvatationsenergie die Größenordnung der Gitterenergie erreicht. Eine (nichtdissoziative) Auflösung solcher Elektrolyte unter Ionenpaarbildung kann stattfinden, wenn die Solvatationsenergie wenigstens zur Lieferung der Sublimationsenergie ausreicht; das trifft z. B. für quaternäre Ammoniumsalze in manchen unpolaren organischen Lösungsmitteln zu. Ist die Solvatationsenergie auch beträchtlich kleiner als die Sublimationswärme, dann findet keine Auflösung des Ionenkristalls statt. Damit kann man auch im Prinzip die Löslichkeitsgrenze für Ionenkristalle erklären: wenn keine Lösungsmittelmoleküle zur Überwindung der Gitterenergie bzw. Sublimationsenergie zur Verfügung stehen, weil sie bereits alle für die Solvatation des gelösten Elektrolyten verbraucht sind, kann keine weitere Auflösung stattfinden. Im Falle der Auflösung potentieller Elektrolyte, wie etwa HCl, ist diese nur dann dissoziativ, wenn die Wechselwirkungsenergie der Lösungsmittelmoleküle mit den kovalenten Bindungspartnern ausreicht, um die Bindung unter Trennung des Elektronenpaares aufzubrechen; dazu ist in besonderem Maße das Wasser befähigt. Da allgemein das Wasser auch heute noch als Lösungsmittel für Elektrolyte die dominierende Rolle spielt, wollen wir uns im weiteren vor allem mit der Hydratation als wichtigstem Fall der Solvatation beschäftigen.

Die aus den ersten Lösungswärmen errechneten Hydratationsenthalpien müssen, da interionische Wechselwirkung ausgeschlossen wird, additiv sein wie λ_∞ (s. S. 43). Man kann also analog dem KOHLRAUSCHschen Gesetz der unabhängigen Ionenwanderung die unbekannte Hydratationsenergie eines Elektrolyten (*KaA*) berechnen, wenn man die eines solchen mit dem gleichen Anion (*XA*) und eines anderen mit dem gleichen Kation (*KaY*) sowie die des Elektrolyten (*XY*) kennt:

$$H^s_{KaA} = H^s_X + H^s_A = H^s_{Ka} + H^s_Y - (H^s_X + H^s_Y).$$

H^s sind Hydratationsenthalpien der betreffenden Ionen bzw. Elektrolyte. Die Hydratationsenergien der einzelnen Ionen lassen sich damit ebensowenig berechnen wie die Beweglichkeiten der Ionen aus dem Gesetz der unabhängigen Ionenwanderung. Man kann aber aus den Unterschieden der Hydratationsenergie von Salzen mit gleichem Anion bzw. Kation Rückschlüsse auf die Einflüsse der Veränderung der Gegenionen ziehen. Da in erster Linie das Hydratationsgleichgewicht interessiert, bestimmt man meistens aus H^s und der Hydratationsentropie S^s (s. S. 121) die freie Hydratationsenthalpie: $G^s \equiv H^s - TS^s$, aus der sich die Gleichgewichtskonstante berechnen läßt (s. *Band 1*, S. 376). Wenn man G^s für die Alkalihalogenide vergleicht (s. *Tab. 2.25*), so stellt man anhand der Differenzen zwischen zwei gleichen Kationen für verschiedene Anionen ($\Delta G^s_{Li^\cdot}$ und $\Delta G^s_{Cs^\cdot}$) und zwischen zwei gleichen Anionen für verschiedene Kationen ($\Delta G^s_{F'}$ und $\Delta G^s_{I'}$) fest, daß sich die G^s-Werte einigermaßen additiv verhalten, wobei die relativ große Fehlerbreite zu berücksichtigen ist. Erwartungsgemäß nimmt

G^s mit steigendem Ionenradius des Kations wie des Anions ab, weil die Ladungsdichte und damit die COULOMB-Energie abnimmt.

Für die Beurteilung der thermodynamischen und kinetischen Eigenschaften von Elektrolytlösungen in Abhängigkeit von der Hydratation ihrer Ionen ist natürlich H^s, G^s und S^s für die einzelnen Ionen von besonderem Interesse, weil man daraus auf die individuellen Effekte der Ionen schließen und sie mit molekulartheoretischen Berechnungen vergleichen kann. Zur Bestimmung der Enthalpien und Entropien einzelner Ionen sind ähnlich wie bei der Berechnung von individuellen Aktivitätskoeffizienten (s. S. 216) nichtthermodynamische Methoden erforderlich [2.18], [2.19].

Tabelle 2.25

Freie Hydratationsenthalpien der Alkalihalogenide ($kJ \cdot mol^{-1}$)
(LATIMER, PITZER und SLANSKÝ)

Kation	F′	Cl′	Br′	I′	$\Delta G^s_{F'}$	$\Delta G^s_{I'}$
$Li^{\cdot}$	−959,6	−831,9	−801,9	−763,7		
					111,4	98,0
$Na^{\cdot}$	−848,2	−726,0	−699,6	−665,7		
					68,2	67,4
$K^{\cdot}$	−780,0	−657,7	−631,0	−598,3		
					30,1	22,2
$Rb^{\cdot}$	−749,8	−634,3	−607,1	−576,1		
					18,4	28,9
$Cs^{\cdot}$	−731,4	−597,9	−578,6	−547,2		
$\Delta G^s_{Li^{\cdot}}$	127,7	30,1	38,1			
$\Delta G^s_{Cs^{\cdot}}$	133,6	19,2	31,4			

M. BORN hat G^s als die Arbeit berechnet, die notwendig ist, um ein Ion mit dem Radius r und der Ladungszahl z aus dem Vakuum in ein Medium mit der DK ε zu bringen. Wenn nur COULOMB-Energie aufzubringen ist, dann findet man, wie leicht zu überblicken,

$$G^s = \frac{N_0 \cdot z^2 \cdot e_0^2}{8\pi \cdot \varepsilon_0 \cdot r} \left(\frac{1}{\varepsilon} - 1 \right). \tag{2.114}$$

e_0 — Elementarladung

Durch Differentiation nach der Temperatur ergibt sich daraus gleichzeitig die Solvatationsentropie S^s:

$$S^s = \frac{N_0 \cdot z^2 \cdot e_0^2}{8\pi \cdot \varepsilon_0 \cdot r} \frac{1}{\varepsilon^2} \frac{\partial \varepsilon}{\partial T}. \tag{2.115}$$

Berechnet man nun aus (2.114) die freien Hydratationsenthalpien unter Verwendung der GOLDSCHMIDTschen Ionenradien und des Wertes 78 für ε_{H_2O}, so findet man viel größere Werte, als man sie experimentell bestimmt. Gleichung (2.114) enthält nur zwei Größen, die eventuell korrigiert werden können, den Ionenradius r und die DK ε. Durch Anpassung dieser Größen kann man Übereinstimmung mit der BORNschen Gleichung erzielen.

LATIMER, PITZER und SLANSKY haben festgestellt, daß man diese Übereinstimmung erhält, wenn man dem Radius des Kations 0,085 nm und dem des Anions 0,01 nm hinzufügt, also

$$r_+^e = (r_+ + 0{,}085)\ \text{nm}, \qquad r_-^e = (r_- + 0{,}01)\ \text{nm}.$$

r^e = effektiver Ionenradius

Theoretisch besser begründet erscheint die Verwendung einer kleineren DK, da wir gesehen haben, daß bei Ionen mit hoher Ladungsdichte dielektrische Sättigung erreicht wird und die DK des Wassers auf etwa 5 sinkt (s. S. 115). Man kann eine reziproke effektive DK (ε_{eff}) auf folgende Weise errechnen:

$$(\varepsilon_{eff})^{-1} = \frac{1}{2}\left(\frac{1}{5} + \frac{1}{78}\right).$$

Tabelle 2.26

Freie Hydratationsenthalpien (G^{s0}), Standardhydratationsenthalpien (H^{s0}), Standardhydratationsentropien (S^{s0}) für einwertige Ionen bei 25 °C nach LATIMER

Ion	$-G^{s0}$ (kJ · mol⁻¹)	$-H^{s0}$ (kJ · mol⁻¹)	$-S^{s0}$ (kJ · mol⁻¹ · K⁻¹)
Li^+	479,8	507,4	92,1
Na^+	375,6	396,1	71,2
K^+	307,7	317,4	33,5
Rb^+	282,6	289,7	25,1
Cs^+	254,6	259,6	16,7
F^-	476,9	513,3	121,4
Cl^-	352,5	371,4	62,8
Br^-	326,6	340,8	50,2
I^-	293,1	301,9	29,3

Wenn man dann noch den Ionenradius um den des Wassers vergrößert, kann man freie Hydratationsenthalpien (HASTED, STOKES, GLUECKAUF) berechnen, die mindestens in ihrer Tendenz richtig sind. Einen Vergleich mit dem Experiment kann man natürlich nicht durchführen, wenn man nicht für ein Ion einen bestimmten Wert annimmt. LATIMER hat für das Cl^- einen Wert von $-352{,}5$ kJ · mol⁻¹ für G^s (unter Standardbedingungen) in Übereinstimmung mit den theoretischen Berechnungen angenommen; dabei sind natürlich auch Annahmen über die Einzelionenentropie des Cl^- nötig. Wenn man für die Entropieänderung beim Übergang gasförmiger Cl^- im Standardzustand (1 mol l⁻¹; ideales Verhalten) zu einer hypothetischen 1 molaren wäßrigen Lösung mit idealem Verhalten bei 25 °C einen Wert von 62,8 J · mol⁻¹ · K⁻¹ zugrunde legt, erhält man aus experimentellen Daten für die Elektrolyte die in *Tab. 2.26* aufgeführten Werte[1]). Sie enthält neben den G^{s0}-Werten auch die auf der gleichen Grundlage errechneten H^s-Werte unter Standardbedingungen für einwertige Ionen bei 25 °C. Natürlich handelt es sich dabei um relative, auch von den gewählten Bezugszuständen abhängige Größen. Man sieht aber deutlich, daß alle drei Größen um so stärker negativ sind, je kleiner der Ionenradius ist.

---

[1]) Thermodynamisch streng genommen kann man Hydratationsenthalpien und G^s von Einzelionen ebensowenig experimentell bestimmen wie Einzelionenaktivitäten; für mindestens ein Ion sind nichtthermodynamische Berechnungen nötig. Es ist daher nicht korrekt, von „experimentellen" Werten zu sprechen, wenn man aus H^s bzw. G^s für den Elektrolyten durch solche Rechnungen für ein Ion die Werte für die anderen ermittelt.

Wenn man die aus der BORNschen Gleichung mit den genannten Werten für r und ε_{eff} rein theoretisch errechneten G^s-Werte mit Werten vergleichen will, die aus „experimentellen" Werten für Elektrolyte erhalten wurden, findet man bessere Übereinstimmung, wenn man für die Berechnung der experimentellen Werte $G^s_{Cl^-} = -293$ kJ · mol^{-1} zugrunde legt, wie *Tab. 2.27* zeigt. In diesem Fall weichen die nach beiden Methoden erhaltenen Werte wenig voneinander ab, allerdings sind die Differenzen gegenüber den Werten der *Tab. 2.26* sehr beträchtlich. Man erkennt, daß die G^s-Werte mit der Wertigkeit des Kations steil ansteigen, beim Al^{+++} um eine volle Größenordnung gegenüber den einwertigen Ionen.

Tabelle 2.27

Nach BORN unter Verwendung effektiver *DK*-Werte und Ionenradien errechnete freie Hydratationsenthalpien und „experimentelle" Werte auf der Basis $G^s_{Cl} = -293$ kJ · mol^{-1} (STOKES)

Ion	$-G^s$ (kJ · mol^{-1})		Ion	$-G^s$ (kJ · mol^{-1})		Ion	$-G^s$ (kJ · mol^{-1})		Ion	$-G^s$ (kJ · mol^{-1})	
	ber.	exp.		ber.	exp.		ber.	exp.		ber.	exp.
Na^+	432,9	426,2	Mg^{++}	1905	1938	Al^{+++}	4672	4664	F^-	339,5	349,2
K^+	358,0	352,1	Ca^{++}	1591	1624	Se^{+++}	3931	3986	Cl^-	287,2	293,0
Rb^+	334,9	330,8	Sr^{++}	1461	1457	V^{+++}	3554	3651	Br^-	283,9	264,2
Cs^+	304,0	298,5	Ba^{++}	1365	1348	La^{+++}	3282	3316	I^-	255,8	226,9

Besonders eingehend hat man sich um die Berechnung der Hydratationsenergien des Protons bemüht, weil es einmal in wäßrigen Lösungen eine fundamentale Rolle spielt und andererseits bei Kenntnis dieses Wertes auch alle Hydratationsenergien der anderen Ionen zugänglich wären. Verhältnismäßig zuverlässig läßt sich die Enthalpie der Reaktion in der Gasphase

$$H^+(g) + H_2O(g) \rightarrow H_3O^+(g)$$

mit $H^s_{(g)} = -712$ kJ und $G^s_{(g)} = -678$ kJ bestimmen. Die volle Hydratation in der Lösung, wobei in erster Linie H_9O_4 gebildet wird, ist noch stärker exotherm. H^s für diese Reaktion:

$$H^+(g) + 4\,H_2O(l) \rightarrow H_9O_4^+(l)$$

zu bestimmen, ist nach verschiedenen Methoden versucht worden, auf die hier nicht eingegangen werden kann; die über Kreisprozesse oder rein theoretisch errechneten Werte liegen zwischen -1088 und -1507 kJ · mol^{-1} für $H^s_{H^+}$ und bei -1047 bis -1214 kJ · mol^{-1} für $G^s_{H^+}$. Für eine Wasserstoffbindung im $H_9O_4^+$ ist eine Bindungsenergie von 184 bis 209 kJ theoretisch berechnet worden (GRAHN). Meist wird für $H^s_{H^+}$ der schon von BERNAL und FOWLER angegebene Wert von -1151 kJ · mol^{-1} verwendet, für $G^s_{H^+} = -1084$ kJ · mol^{-1} (NOYES); diese Differenz ergibt sich auch etwa aus der Hydratationsentropie (s. S. 117)

$$G^s_{H^+} = H^s_{H^+} - 298 \cdot S^s_{H^+} = 1151 \cdot 10^3 - 298(-130) = -1114 \text{ kJ} \cdot \text{mol}^{-1}.$$

Die Berechnung von Hydratationsenergien und allgemein Solvatationsenergien gestaltet sich auch deswegen schwierig, weil man nicht damit rechnen kann, daß alle Lösungsmittelmoleküle von dem Ion mit der gleichen Energie gebunden werden. Wenn die elektrostatische Attraktion des Ions durch H_2O-Moleküle in seiner unmittelbaren Umgebung (innere Hydrathülle) weitgehend abgeschirmt ist, können weitere Moleküle mit geringerer Energie in einer äußeren Hydrathülle gebunden werden. Man spricht auch von primärer oder chemischer und sekundärer oder physikalischer Solvatation (J. O'M. Bockris). Zur Berechnung der physikalischen Solvatation muß man auch die Induktions- und Dispersionskräfte zwischen den Lösungsmittelmolekülen in der Solvathülle und andere Faktoren berücksichtigen (W. Simon) [2.19]. Durch die Annahme zweier Solvatationszustände läßt sich auch verständlich machen, daß verschiedene Methoden zur Bestimmung von Solvatations-, insbesondere Hydratationszahlen, unterschiedliche Werte ergeben (s. S. 63). Die Methoden können sich dadurch unterscheiden, daß die einen die sekundäre Solvathülle nicht erfassen, weil die dabei auftretenden Kräfte viel größer sind als die, mit denen die H_2O-Moleküle der sekundären Hydrathülle gebunden sind, die anderen Methoden diese Hülle aber mehr oder weniger vollständig mitmessen. Man muß dabei auch berücksichtigen, daß die Moleküle der sekundären Solvathülle sicher sehr viel rascher mit freien Molekülen ausgetauscht werden als die der primären Solvathülle. Im allgemeinen wird, vor allem bei kinetischen Methoden, nur die primäre Hydratationszahl gemessen werden. Außerdem ist noch zu berücksichtigen, daß die Ionen die Struktur des Wassers beträchtlich verändern (s. S. 124) und dadurch auch ihr eigenes kinetisches Verhalten sowie die Eigenschaften der gesamten Elektrolytlösung verändert werden.

Wie schon bemerkt wurde, benötigt man zur Bestimmung von G^s für einen Elektrolyten außer der aus der ersten Lösungswärme zugänglichen Solvatationsenthalpie die Solvatationsentropie. Mit elektrochemischen Methoden, durch Kettenspannungsmessungen, läßt sich die freie Reaktionsenthalpie ΔG chemischer Umsetzungen bestimmen und durch Extrapolation ihr Standardwert ΔG^0 ermitteln (s. *Kap. 4.*). Aus dem Temperaturkoeffizienten erhält man nach $\left(\frac{\delta \Delta G^0}{\delta T}\right)_p = -\Delta S^0$ die Standardentropieänderung bei der betreffenden Reaktion. Sie ist natürlich gleich der Summe der Standardentropien der Endprodukte minus der Summe der Standardentropien der Ausgangsstoffe, $\Delta S^0 = \sum S_E{}^0 - \sum S_A{}^0$. Für die Reaktion:

$$\frac{1}{2}\,H_2(g) + \frac{1}{2}\,Cl_2(g) \rightleftharpoons HCl\ (\text{Lösung})$$

erhält man z. B.

$$\Delta S^0 = \bar{S}^0_{HCl} - \frac{1}{2}\,S^0_{H_2} - \frac{1}{2}\,S^0_{Cl_2}. \qquad (2.116)$$

Da $S^0_{H_2}$ und $S^0_{Cl_2}$ thermodynamisch oder statistisch zugänglich sind (und ebenso im Prinzip die Standardentropien aller reinen Stoffe), kann man die partielle molare Standardentropie der HCl $\bar{S}^0_{HCl}$ bestimmen. Die Standardsolvatationsentropie S^{s0}_{HCl} ist die Entropieänderung beim Übergang von HCl(g) unter Standardbedingungen in die betreffende Standardlösung, also

$$S^{s0}_{HCl} = \bar{S}^0_{HCl} - S^0_{HCl}(g). \qquad (2.117)$$

Da sich $S^0_{HCl}(g)$ leicht bestimmen läßt, kann man aus (2.116) und (2.117) die Standardsolvatationsentropie für HCl gewinnen. In analoger Weise lassen sich für andere Elektrolyte Standardsolvatations-, insbesondere Hydratationsentropien, berechnen:

$$S_B{}^s = \bar{S}_B - S_B(s) \tag{2.117a}$$

B — Elektrolyt.

Um aus $S_B{}^s$ die Standardsolvatationsentropie des Elektrolyten B zu erhalten, muß man dessen Aktivitätskoeffizienten bis zur Sättigung kennen.

Wenn man die Standardsolvatationsentropie einzelner Ionen berechnen will, muß man wieder mindestens für ein Ion den Wert kennen oder festsetzen. Vielfach gibt man relative Entropiewerte an, indem man die Hydratationsentropie des H^+ unter Standardbedingungen Null setzt und die partielle molare Standardentropie, die man nach (2.116) aus der Standardreaktionsentropie errechnet, als Entropiemaß für die Hydratation verwendet. Man bezeichnet diese Werte als *relative Standardhydratationsentropien* $S_r{}^{s0}$ (Werte für andere Lösungsmittel sind wenig bekannt). Wie aus (2.117) hervorgeht, wird damit auch die Standardentropie des reinen Stoffes Null gesetzt. Man kann unter Verwendung nichtthermodynamischer Annahmen die partielle molare Entropie einzelner Ionen berechnen, worauf hier nicht eingegangen werden soll (s. *Band 1*, S. 278). Für H^+ wurde z. B. ein Wert von $\approx -20{,}9\ \mathrm{J \cdot mol^{-1} \cdot K^{-1}}$, für Cl^- $+77{,}46\ \mathrm{J \cdot mol^{-1} \cdot K^{-1}}$ gefunden; wenn man diese Werte von den partiellen molaren Entropien der betreffenden Elektrolyte abzieht, erhält man die partiellen molaren Entropien der Einzelionen $\bar{S}_J{}^0$. Die Einzelionenhydratationsentropie $S_J{}^{s0}$ ergibt sich nach (2.117) durch Subtraktion der Standardentropie des gasförmigen Ions $S_{J,g}{}^0$, die man auf einfache Weise statistisch nach der Formel von SACKUR und TETRODE (s. *Band 1*, S. 279) berechnen kann. In *Tab. 2.28* sind für eine Anzahl von Ionen die entsprechenden Werte zusammengestellt. Wie man sieht, sind die $S_J{}^{s0}$-Werte für alle Ionen negativ, während die relativen Standardhydratationsentropien für alle einfach geladenen Anionen (mit Ausnahme von F^-) und für die einfach geladenen Kationen positive Werte haben; die mehrfach geladenen Ionen bis auf Pb^{++} haben negative Werte. Offensichtlich erhält man um so kleinere Werte von $S_r{}^{s0}$, je stärker die Ionen hydratisiert sind; man kann aus den Entropiewerten daher auch Hydratationszahlen berechnen. Die Entropiewerte beim Übergang der Ionen in die Lösung lassen auch Rückschlüsse auf die Änderung der Struktur des Lösungsmittels zu[1]).

Wie wir gesehen haben, sind die Solvatationsenergien der Ionen sehr beträchtlich, daher können sie die zwischenmolekularen Energien, die die Lösungsmittelmoleküle aufeinander ausüben und eine Nahordnung erzeugen (s. *Band 1*, S. 74), überwinden; das gilt insbesondere für wäßrige Lösungen. Reines Wasser hat vor allem bei Temperaturen wenig oberhalb des Schmelzpunktes auf Grund der Wasserstoffbrückenbindungen eine quasikristalline, im Verhältnis zur dichtesten Kugelpackung relativ sperrige Struktur. Das ergibt sich daraus, daß der mittlere Raumbedarf eines H_2O-Moleküls im flüssigen Wasser bei etwa 15 °C 0,03 (nm)³ beträgt, während bei dichtester Kugelpackung nur 0,0035 (nm)³ benötigt würden. Eine völlige Klärung der Struktur des

---

[1]) In der letzten Zeit sind verschiedene andere Methoden zur Berechnung von Hydratationsenthalpien und -entropien der Ionen ausgearbeitet worden (z. B. von NOYES [2.18], W. SIMON [2.19] u. a.), die von anderen Werten für H^+ ausgehen und damit auch Unterschiede für die übrigen Ionen ergeben; die relativen Änderungen von Ion zu Ion sind aber dieselben.

Tabelle 2.28

Relative und absolute Entropien verschiedener Ionen in $J \cdot K^{-1}$

Ion	S_r^{s0}	$\bar{S}_J^0$ $S^0_{H^+} = -20{,}9\ J \cdot K^{-1}$	$S_{J,g}^0$	$S_J^{s0} = \bar{S}_J^0 - S_{J,g}^0$
H^+	0	−20,9	108,8	−129,8
Li^+	19,7	−1,25	133,1	−134,4
Na^+	58,6	37,7	147,8	−110,1
K^+	101,3	80,4	154,5	−74,1
Rb^+	120,2	99,2	164,5	−65,3
NH_4	110,5	89,6	—	—
Ag^+	73,3	52,3	167,0	−114,7
Tl^+	127,7	106,8	175,4	−68,7
Mg^{++}	−132,3	−174,2	148,6	−322,8
Ca^{++}	−47,7	−89,6	154,9	−244,5
Sr^{++}	−30,6	−72,4	164,5	−237,0
Ba^{++}	9,6	−32,2	170,4	−202,6
Zn^{++}	−107,6	−149,5	161,2	−310,7
Cd^{++}	−68,7	−110,5	167,9	−278,4
Fe^{++}	−108,4	−150,3	159,1	−309,4
Cu^{++}	−111,0	−152,8	161,2	−314,0
Sn^{++}	−20,5	−62,4	168,7	−231,1
Pb^{++}	16,3	−25,5	175,4	−201,0
Al^{+++}	−318,2	−381,0	149,9	−530,9
F^-	−9,6	11,3	145,7	−133,1
Cl^-	56,5	77,4	153,6	−76,2
Br^-	82,5	103,4	163,7	−60,3
I^-	105,9	126,9	169,1	−42,3
OH^-	−10,5	10,5	—	—
NO_3^-	146,5	167,5	—	—
ClO_4^-	182,5	203,5	—	—
SO_4^{--}	−18,4	23,4	—	—
CO_3^{--}	−54,4	−12,6	—	—

Wassers ist trotz intensiver Forschung mit allen zur Verfügung stehenden Methoden (Ultrarot-, Röntgen-, Kernresonanzspektroskopie, Neutronenbeugung usw.) bisher nicht gelungen. Es ist aber ziemlich sicher, daß Assoziate von verschiedener Größe, z. B. tetraedrische Molekülassoziate aus $4\,H_2O$ bis zu großen aus 20···100 und mehr H_2O bestehenden „Clustern", und daneben auch Einzelmoleküle gleichzeitig vorhanden sind. Mit steigender Temperatur werden die großen Aggregate immer mehr zugunsten kleinerer und von Einzelmolekülen abgebaut. Zwischen den „freien" Einzelmolekülen und solchen in Assoziaten findet ein sehr rascher Austausch mit einer Frequenz von $\approx 10^{12}\,s^{-1}$ statt. Ein Molekül kann sich also nicht nur mit einem Schwarm bewegen, sondern auch allein von Assoziat zu Assoziat und innerhalb eines solchen. Die „quasikristalline" Struktur des Wassers wirkt sich auch in vielen makroskopischen Eigenschaften dieses wichtigsten Lösungsmittels für Elektrolyte aus.

1. Die relativ hohen intermolekularen Anziehungskräfte im Wasser, die besonders durch die Wasserstoffbrücken:

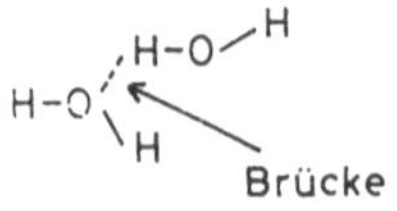

verursacht werden, gehen ganz deutlich aus einem Vergleich der Schmelz- und Verdampfungsdaten von Wasser und Schwefelwasserstoff, der kaum Wasserstoffbrücken bildet, hervor (*Tab. 2.29*). Auch für Ethanol liegen diese Daten höher als für den isomeren Dimethylether.

Tabelle 2.29

	H_2O	H_2S
Schmelzwärme	6,016 kJ · mol^{-1}	2,382 kJ · mol^{-1}
Schmelzpunkt	0°C	−85,5°C
Verdampfungswärme	40,6 kJ · mol^{-1}	18,67 kJ · mol^{-1}
Siedepunkt	100°C	−60,4°C

2. Zunehmende Wärmebewegung verursacht fast stets eine Volumenvergrößerung. Das Wasser zählt zu den wenigen Stoffen, bei denen mit steigender Temperatur ein Dichtemaximum durchlaufen wird. Das kann man sehr einfach erklären: Vom Schmelzpunkt zum Siedepunkt überwindet die Wärmebewegung nach und nach die intermolekularen Kräfte, die freie Rotation der Moleküle wird immer besser verwirklicht, die voluminöse quasikristalline Struktur nähert sich der Struktur der dichtesten Kugelpackung. Von 0°C bis 4°C überwiegt diese Volumenabnahme, oberhalb von 4°C wird sie jedoch von der Ausdehnung überkompensiert, die allgemein durch die erhöhte Wärmebewegung hervorgerufen wird. Bei hohen Drücken verschwindet das Dichtemaximum, weil dann nach dem Prinzip vom kleinsten Zwang die lockere tridymitähnliche Anordnung nicht existenzfähig ist.

3. Bei tiefen Temperaturen steigt die Zähigkeit nicht stetig mit dem Druck, sondern sie weist ein Minimum auf. Das Zustandekommen dieses Extremwertes läßt sich ähnlich wie beim Dichtemaximum erklären: Eine Abnahme der Viskosität wird von der Zerstörung der Struktur bewirkt, denn sie ist „starrer" als die dichteste Kugelpackung. Bei hohen Temperaturen verschwindet mit dem Einfluß der Struktur auch das Viskositätsminimum.

Wenn nun Ionen im Wasser gelöst werden, so wird die Wechselwirkung der Ionen mit den H_2O-Molekülen immer ausreichen, die zwischenmolekularen Kräfte im Wasser soweit zu überwinden, daß die normale quasikristalline Struktur gestört wird.

Besitzen die Ionen eine hohe Ladungsdichte, was in erster Linie bei kleinen, mehrfach geladenen Kationen der Fall ist, dann werden sie eine primäre und sekundäre Hydrathülle, das heißt eine eigene Struktur, um sich herum aufbauen (FRANK). Wenn die Ionen nur die Wasserstruktur zerstören, spricht man häufig von ***strukturbrechenden*** Ionen (z. B. K^+, Rb^+, Cs^+, Cl^-, Br^-, I^-), wenn sie außerdem selbst eine Struktur (manchmal ***Eisbergstruktur*** genannt) aufbauen, von ***strukturbildenden*** Ionen (z. B. H^+, Li^+, Na^+). Die Dipole der Wassermoleküle werden sich dabei je nach der Ladung des Ions verschieden orientieren, wie dies in ***Abb. 2.39*** angedeutet ist. Dabei werden die H_2O-Moleküle an die Anionen nicht nur in geringerer Zahl, sondern auch weniger fest gebunden sein als an die Kationen hoher Ladungsdichte. Die Veränderung der Wasserstruktur durch gelöste Ionen wirkt sich auf das makroskopische Verhalten in verschiedener Weise aus. Zum Beispiel wird durch strukturbrechende Ionen bei nicht zu hoher Konzentration die Viskosität der Lösung gegenüber der reinen Wassers herabgesetzt, weil die Cluster abgebaut werden und mehr „freie" Wassermoleküle entstehen. Die besonders hohe Beweglichkeit der Wasserstoffionen nimmt durch Zusatz von strukturbrechenden, bei hohen Konzentrationen auch von strukturbildenden Ionen ab, weil der Protonenaustausch, die Ursache der hohen Beweglichkeit, behindert wird. Die um die Ionen dicht gepackten und durch das elektrische Feld deformierten H_2O-Moleküle (*Elektrostriktion*) haben ein kleineres Volumen als die des reinen Wassers. Wenn man daher vom gemessenen Volumen der Lösung v das des reinen Wassers und des festen Elektrolyten B abzieht:

$$v^E = v - n_{H_2O} V_{H_2O} - n_B V_B \quad \text{bzw.}$$

$$\bar{v}^E = \frac{v}{n_{H_2O} + n_B} - x_{H_2O} V_{H_2O} - x_B V_B,$$

so ist dieses sogenannte *Exzeßvolumen* um so negativer, je stärker die Ionen des Elektrolyten strukturbildend, d. h. hydratisiert sind. Die Hydrathülle schirmt entgegengesetzt geladene Ionen elektrostatisch ab, aber nur in sehr verdünnten Lösungen haben die Ionen Gelegenheit, eine vollständige Hydrathülle aufzubauen. Mit zunehmender Konzentration wird der Abstand d der Ionen im zeitlichen Mittel immer geringer. Zum Beispiel kann man abschätzen, daß d bei der Konzentration c (mol l^{-1}) an NaCl folgende Werte hat:

c (mol l^{-1})	$1 \cdot 10^{-3}$	$1 \cdot 10^{-2}$	$1 \cdot 10^{-1}$	1
d (nm)	9,4	4,4	2,0	0,94

Im Kochsalzgitter beträgt der Abstand 0,28 nm. Es ist klar, daß bei hohen Konzentrationen die volle Ausbildung einer ungestörten Hydrathülle nicht mehr möglich ist; dadurch wächst die elektrostatische Wechselwirkung zwischen den Ionen stark an, und es kommt zur Ionenpaarbildung, unter Umständen verbunden mit teilweiser Dehydratation (s. S. 96).

Die in der Hydrathülle gebundenen Wassermoleküle werden zwar in der äußeren Hydrathülle sehr rasch, in der inneren langsamer ausgetauscht, sie sind aber in ihren Eigenschaften gegenüber „freien" H_2O-Molekülen doch verändert, wie vor allem Kernresonanz- und dielektrische Untersuchungen gezeigt haben. In reinem Wasser nehmen die H_2O-Moleküle Gleichgewichtslagen zueinander ein, in denen sie im Mittel eine bestimmte Zeit τ verweilen. Ist E die Energie, die ein H_2O-Molekül besitzen muß, um den Potentialwall zwischen zwei Gleichgewichtslagen zu überwinden, so gilt (Samoilov [2.17]):

$$\tau = \tau_0 \cdot e^{\frac{E}{RT}}.$$

Durch Zugabe eines Elektrolyten ändert sich diese Verweilzeit τ. Befindet sich nämlich in der Nachbarschaft eines H_2O-Moleküls ein Ion, so wird sich eine neue Gleichgewichtslage des H_2O-Moleküls mit veränderter Verweilzeit τ_i ausbilden. Die Energie, die notwendig ist, um das H_2O-Molekül aus dieser Lage zu entfernen, wird sich von E um einen Betrag ΔE unterscheiden, so daß in diesem Fall gilt

$$\tau_i = \tau_0 e^{\frac{E+\Delta E}{RT}}.$$

Bei strukturbildenden Ionen wird $\Delta E > 0$ sein und damit die Verweilzeit τ_i in der Nähe des Ions größer als τ:

$$\frac{\tau_i}{\tau} = e^{\frac{\Delta E}{RT}} > 1.$$

Man spricht dann nach SAMOILOV auch von positiver Hydratation. Wenn die Ionen dagegen nur die Struktur des Wassers zerstören, ohne selbst eine aufzubauen, so wird $\Delta E < 0$ sein und die Verweilzeit in der Nähe des Ions τ_i wird kleiner als τ_0:

$$\frac{\tau_i}{\tau} = e^{\frac{\Delta E}{RT}} < 1$$

(„negative Hydratation"). Diese unterschiedlichen Verweilzeiten wirken sich z. B. auf die Selbstdiffusion des Wassers (HERTZ) aus. Wenn es sich um organische Ionen mit Kohlenwasserstoffresten handelt, z. B. $N(C_nH_{2n+1})_4^+$ (Tetraalkylammoniumionen), dann wird die Struktur des Wassers in anderer Weise verändert; die hydrophoben Kohlenwasserstoffreste drängen die H_2O-Moleküle aus der Umgebung der Ionen ab. Es entstehen Leerstellen, die sich mit einem „Käfig" aus relativ dicht gepackten Wassermolekülen umgeben. Das Exzeßvolumen solcher Lösungen ist stark positiv.

2.8. *Anwendung der Leitfähigkeitsmessung in Lösungen (Konduktometrie)*

Da die spezifische Leitfähigkeit der molaren Konzentration proportional ist (s. S. 33), sofern die Beweglichkeiten als konstant angesehen werden können, bietet die Messung der spezifischen Leitfähigkeit für niedere Konzentrationsbereiche eine bequeme Möglichkeit zur Bestimmung der Elektrolytkonzentration. Allerdings kann man durch die Leitfähigkeitsmessung (Konduktometrie) im allgemeinen nicht feststellen, um welchen Elektrolyten es sich handelt, da sich die Ionenbeweglichkeiten, mit Ausnahme von l_{H} und $l_{\mathrm{OH'}}$ in wäßrigen Lösungen, nicht wesentlich unterscheiden. Trotzdem spielt die Leitfähigkeitsmessung zur Konzentrationsbestimmung eine wichtige Rolle, einmal bei sehr niedrigen Konzentrationen und andererseits als Endpunktsindikator bei sogenannten konduktometrischen Titrationen. Hier wird die hohe Beweglichkeit der $H^{\cdot}$ und OH' ausgenutzt.

2.8.1. *Direkte Konzentrationsbestimmung aus der spezifischen Leitfähigkeit*

Aus dem Zusammenhang zwischen spezifischer Leitfähigkeit und Konzentration (s. S. 33) ergibt sich für den Widerstand einer Elektrolytlösung mit beliebig vielen Ionensorten (a bis k) in einem Leitfähigkeitsgefäß der Widerstandskapazität l/q (s. S. 35)

$$\frac{1}{R} = \frac{q}{1000l} \sum_a^k c_i l_i. \tag{2.118}$$

Demzufolge kann man die Konzentration eines Ions aus dem Widerstand der Lösung nur erhalten, wenn man die Konzentrationen der anderen Ionen und alle Beweglichkeiten l_i bei der betreffenden Ionenstärke kennt. Das wird praktisch kaum vorkommen. Daher läßt sich die Messung des Widerstandes zur Konzentrationsbestimmung nur dann verwenden, wenn sich in der Lösung lediglich *ein* Elektrolyt mit bekannten

Beweglichkeiten seiner Ionen befindet. Im allgemeinen sind nur die Beweglichkeiten bei unendlicher Verdünnung bekannt. Man kann aber bei niedrigen Konzentrationen durch Anwendung der ONSAGER-Gleichung (2.97) und Iterationsverfahren zu den Werten von $(l_+ + l_-)$ bei den gesuchten Konzentrationen gelangen, wie an folgenden Beispielen gezeigt werden soll.

a) *Bestimmung des Dissoziationsgrades eines binären Elektrolyten*

Wie wir gesehen haben (s. S. 72), ist der Dissoziationsgrad wegen der interionischen Wechselwirkung nicht einfach $\frac{\lambda_c}{\lambda_\infty} = \alpha$, wenn λ_c die Äquivalentleitfähigkeit bei der betreffenden Konzentration c ist, sondern $\frac{\lambda_c}{\lambda_\infty} = \alpha \cdot f_\lambda$. Da man die Ionenkonzentration c, die in die ONSAGER-Gleichung eingeht, zunächst nicht kennt, muß man f_λ durch Iteration auf folgende Weise ermitteln. Man mißt den Widerstand der Lösung bei der Konzentration c des binären Elektrolyten und berechnet daraus in bekannter Weise $\varkappa$ sowie λ_c, indem man in (2.98c) c einsetzt. Aus $(l_+ + l_-)_\infty = \lambda_\infty$, die man aus Tabellen entnimmt oder durch Extrapolation bestimmt, erhält man einen ersten Näherungswert für $\alpha = \frac{\lambda_c}{\lambda_\infty}$. Für den Leitfähigkeitskoeffizienten gilt, da ja nur die Ionen, nicht die undissoziierten Moleküle (oder Ionenpaare) zur interionischen Wechselwirkung beitragen:

$$f_\lambda = 1 - \left(A + \frac{B}{\lambda_\infty}\right)\sqrt{\alpha \cdot c},$$

oder, die erste Näherung für α eingesetzt:

$${}^1f_\lambda = 1 - \left(A + \frac{B}{\lambda_\infty}\right)\sqrt{c \cdot \frac{\lambda_c}{\lambda_\infty}}.$$

Setzt man ${}^1f_\lambda$ in die ONSAGER-Gleichung ein, weil ja $\alpha = \frac{\lambda_c}{\lambda_\infty \cdot f_\lambda}$ ist, so erhält man einen zweiten Näherungswert

$${}^2f_\lambda = 1 - \left(A + \frac{B}{\lambda_\infty}\right)\sqrt{c\,\frac{\lambda_c}{\lambda_\infty \cdot {}^1f_\lambda}}.$$

Diesen setzt man wieder in die ONSAGER-Gleichung ein und erhält einen dritten Näherungswert

$${}^3f_\lambda = 1 - \left(A + \frac{B}{\lambda_\infty}\right)\sqrt{c\,\frac{\lambda_c}{\lambda_\infty \cdot {}^2f_\lambda}}.$$

Das wird solange fortgesetzt, bis ${}^{(n+1)}f_\lambda = {}^nf_\lambda$ ist, dann erhält man den wahren Dissoziationsgrad

$$\alpha = \frac{\lambda_c}{\lambda_\infty \cdot {}^nf_\lambda}. \tag{2.119}$$

Auf diese Weise kann man nicht nur den Dissoziationsgrad von schwachen Elektrolyten und ihre Dissoziationskonstante, sondern auch den von Ionenpaaren starker Elektrolyte bestimmen (s. S. 96). In letzterem Fall ergibt sich nur die Schwierigkeit, daß im Gültigkeitsbereich der ONSAGER-Gleichung bei den meisten starken Elektrolyten noch keine Ionenpaare auftreten. Nur bei mehrfach geladenen Ionen (z. B. $MgSO_4$, $LaFe(CN)_6$) läßt sich dieses Iterationsverfahren zur Bestimmung von α starker Elektrolyte vor allem in Lösungsmitteln niederer DK verwenden.

In anderen Fällen kann man erweiterte Formen von Gleichungen für f_λ einsetzen. Zum Beispiel haben FUOSS und KRAUS den Leitfähigkeitskoeffizienten durch die Funktion

$$F(z) = [A\lambda_\infty + B]\,(\lambda_c \cdot c)^{1/2}\,\lambda_\infty^{-3/2}$$

dargestellt.

Diese Funktion ist tabelliert [21] und bis zu Werten von $c = 3{,}2 \cdot 10^{-7}\varepsilon^3$ (ε — Dielektrizitätskonstante) von 1—1-Elektrolyten anwendbar, so daß man α aus $\alpha = \frac{\lambda_c}{\lambda_\infty} F(z)^{-1}$ berechnen kann, wenn λ_∞ bekannt ist.

Die aus α nach

$$K_c = \frac{\alpha^2 \cdot c}{1 - \alpha}$$

berechnete Dissoziationskonstante (s. S. 67) berücksichtigt den Einfluß der interionischen Wechselwirkung für das thermodynamische Gleichgewicht noch nicht und ist daher eine Konzentrationsfunktion. Wenn man den Aktivitätskoeffizienten entsprechend der DEBYE-HÜCKEL-Gleichung einführt, so ergibt sich die thermodynamische Konstante K_a zu

$$K_a = \frac{c \cdot \alpha^2 \cdot f_\pm^2}{1 - \alpha}; \quad \lg K_a = \lg K_c + \lg f_\pm^2 = \lg K_c - 2A\sqrt{J} = \lg K_c - 2A\sqrt{\alpha c}.$$

Wenn man also $\lg \frac{\alpha^2 c}{1 - \alpha}$ gegen $\sqrt{\alpha \cdot c}$ aufträgt[1]), so erhält man (im DEBYE-HÜCKEL-Bereich) eine Gerade, deren Ordinatenabschnitt $\lg K_a$ und damit die thermodynamische Dissoziationskonstante liefert.

b) *Bestimmung der Sättigungskonzentration schwerlöslicher Salze*

Die Sättigungskonzentration c_s eines schwerlöslichen Salzes ergibt sich aus der spezifischen Leitfähigkeit der gesättigten Lösung $\varkappa_s$ nach

$$c_s = \frac{\varkappa_s \cdot 1000}{n_e \cdot \lambda}.$$

Nur bei extrem schwerlöslichen Salzen wird man ohne größeren Fehler $\lambda_\infty = l_{+\infty} + l_{-\infty}$ für λ verwenden können. Sonst muß man λ durch Iteration ermitteln, indem man den ersten Näherungswert für ${}^1c_s$, den man durch Verwendung von λ_∞ erhält, in die ONSAGER-Gleichung für λ einsetzt:

$${}^1\lambda = \lambda_\infty - (A\lambda_\infty + B)\sqrt{c_s},$$

mit ${}^1\lambda$ einen neuen Wert von ${}^2c_s$ errechnet und so fort, bis ${}^nc_s = {}^{(n+1)}c_s$ wird. Bei sehr schwerlöslichen Salzen muß außerdem die Eigenleitfähigkeit des Wassers, allgemein des Lösungsmittels, von der gemessenen spezifischen Leitfähigkeit abgezogen werden:

$$\varkappa_{Korr} = \varkappa_s - \varkappa_{H_2O}.$$

---

[1]) $\alpha \cdot c$ ist gleich der Ionenstärke, wenn die Lösung keine anderen Elektrolyte enthält.

c) *Hydrolysengrad*

Unter Hydrolyse versteht man bekanntlich die Umsetzung gelöster Kationen oder Anionen mit dem Lösungsmittel Wasser. Allgemein wird die Umsetzung mit dem Lösungsmittel als Solvolyse bezeichnet. Man kann die Hydrolyse als Umkehrung der Neutralisation ansehen:

$$\text{Salz} + \text{Wasser} \underset{\text{Neutralisation}}{\overset{\text{Hydrolyse}}{\rightleftharpoons}} \text{Säure} + \text{Base}.$$

Mindestens einer der beiden Partner Säure und Base muß ein schwacher Elektrolyt sein, sonst liegt das Gleichgewicht ganz auf der linken Seite.

1. Fall: Schwache Säure, starke Base (Natriumacetat); die Lösung reagiert basisch:

$$Na^{\cdot} + CH_3COO' + H_2O \rightleftharpoons Na^{\cdot} + CH_3COOH + OH' \quad \text{(a)}$$

$$CH_3COO' + H_2O \rightleftharpoons CH_3COOH + OH' \quad \text{(b)}$$

2. Fall: Starke Säure, schwache Base (Ammoniumchlorid); die Lösung reagiert sauer:

$$NH_4^{\cdot} + H_2O \rightleftharpoons NH_3 + H_3O^{\cdot} \quad \text{(c)}$$

3. Fall: Schwache Säure, schwache Base (Ammoniumacetat)

$$CH_3COO' + NH_4^{\cdot} \rightleftharpoons NH_3 + CH_3COOH \quad \text{(d)}$$

Die Lösung reagiert bei diesem Beispiel fast genau neutral, da nach Gl. (d) weder Wasserstoff- noch Hydroxylionen entstehen.

Aus den drei angegebenen Reaktionsgleichungen geht hervor, daß die Hydrolyse aus einem Austausch von Protonen H^+ besteht, der mit einer Änderung der Leitfähigkeit verbunden ist.

Unter dem Hydrolysengrad h versteht man analog zum Dissoziationsgrad das Verhältnis der hydrolytisch zerfallenen zur insgesamt gelösten Salzmenge:

$$h = \frac{\text{hydrolysierter Anteil}}{\text{Gesamtmenge}}.$$

Mit Hilfe dieser Definition des Hydrolysengrades und mit der Reaktionsgleichung (a) kann man für die Äquivalentleitfähigkeit einer Lösung von Natriumacetat als Beispiel eines hydrolysierenden Salzes folgende Formel ansetzen

$$\lambda = (1 - h)\,\lambda_{NaAz} + h \cdot \lambda_{NaOH}. \tag{2.120}$$

Aus dieser Gleichung läßt sich der Hydrolysengrad berechnen

$$h = \frac{\lambda - \lambda_{NaAz}}{\lambda_{NaOH} - \lambda_{NaAz}}. \tag{2.121}$$

Die Äquivalentleitfähigkeit des Salzes ohne Hydrolyse (λ_{NaAc}) wird dabei entweder aus den Ionenbeweglichkeiten gewonnen, die aus Tabellen zu entnehmen sind, oder aus einer Messung bestimmt, bei der die Hydrolyse durch Zusatz von Essigsäure (allgemein der durch Hydrolyse entstehenden schwachen Säure bzw. Base) unterdrückt worden ist. Die Essigsäure trägt praktisch nicht zur Leitfähigkeit bei.

Hydrolysengrad und Hydrolysenkonstante K_H stehen für binäre Salze in einer einfachen Beziehung zueinander.

Für Na*Ac* gilt nach dem Massenwirkungsgesetz

$$K_{\mathrm{H}}' = \frac{c_{\mathrm{H}Ac} \cdot c_{\mathrm{OH}'}}{c_{Ac'} \cdot c_{\mathrm{H_2O}}}. \tag{2.122}$$

Für verdünnte Lösungen kann man $c_{\mathrm{H_2O}}$ in die Konstante einbeziehen

$$K_{\mathrm{H}} = \frac{c_{\mathrm{H}Ac} \cdot c_{\mathrm{OH}'}}{c_{Ac'}}, \tag{2.122a}$$

$$K_{\mathrm{H}} = \frac{c_0 \cdot h \cdot c_0 \cdot h}{(1 - h)\, c_0} = \frac{h^2}{1 - h} \cdot c_0. \tag{2.123}$$

c_0 — aus der gelösten Salzmenge errechnete Konzentration.

Aus der Hydrolysenkonstanten kann man auch die Dissoziationskonstante der schwachen Säure oder Base K_c berechnen, indem man das Ionenprodukt des Wassers $K_w = c_{\mathrm{H}^{\cdot}} \cdot c_{\mathrm{OH}'}$ einführt. Da für eine schwache Säure H*A* gilt:

$$K_c = \frac{c_{A'} \cdot c_{\mathrm{H}^{\cdot}}}{c_{A\mathrm{H}}},$$

und für $c_{\mathrm{OH}'}$ $K_w c_{\mathrm{H}^{\cdot}}^{-1}$ geschrieben werden kann, ergibt sich aus (2.122a)

$$K_c = \frac{K_w}{K_{\mathrm{H}}}.$$

Da weder in K_{H} noch in K_c die Aktivitätskoeffizienten berücksichtigt sind, handelt es sich nicht um thermodynamische Konstanten.

d) *Kinetische Untersuchungen*

Für die Messung von Reaktionsgeschwindigkeiten (s. *Band 1*, S. 479) braucht man Analysenverfahren, die rasch und möglichst ohne Veränderung des Reaktionsgemisches arbeiten.

Geeignet sind Leitfähigkeitsmessungen, wenn es nur gelingt, einen Zusammenhang zwischen den chemischen Änderungen und der Leitfähigkeitsänderung zu finden.

Ein einfaches Beispiel ist die Verseifung eines Esters mit Natronlauge (R, R_1 sind Alkyl- oder Arylgruppen).

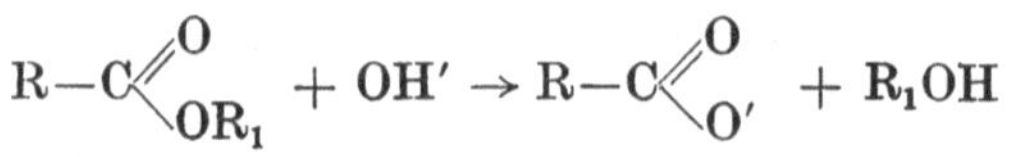

Die Geschwindigkeitsgleichung lautet in integrierter Form (s. *Band 1*, S. 489)

$$k = \frac{1}{(a - b)\, t} \ln \frac{(a - x)\, b}{(b - x)\, a}.$$

k ist die Geschwindigkeitskonstante der Reaktion.

a — Anfangskonzentration des Esters

b — Anfangskonzentration der OH′-Ionen bzw. Natriumionen

x — Konzentration der Säurerestionen zur Zeit t.

Die Leitfähigkeit nimmt dauernd ab, weil nach und nach an Stelle der schnellen OH'-Ionen Säurerestionen mit geringer Beweglichkeit treten; die Konzentration der Natriumionen bleibt konstant. Für die spezifische Leitfähigkeit der Lösung erhält man

$$1000\varkappa = b \cdot l_{\mathrm{Na}^{\cdot}} + (b - x)\, l_{\mathrm{OH}'} + x \cdot l_{R\mathrm{COO}'}. \tag{2.124}$$

$$x = \frac{b(l_{\mathrm{Na}^{\cdot}} + l_{\mathrm{OH}'}) - 1000\varkappa}{l_{\mathrm{OH}'} - l_{R\mathrm{COO}'}} = \frac{1000(\varkappa_0 - \varkappa)}{l_{\mathrm{OH}'} - l_{R\mathrm{COO}'}}. \tag{2.125}$$

$\varkappa_0$ — spezifische Leitfähigkeit zu Beginn des Versuches.

Man kann die Gleichungen (2.124) und (2.125) nur anwenden, wenn die Ionenbeweglichkeiten bei Konzentrationsänderungen praktisch konstant sind, wenn man also mit verdünnten Lösungen arbeitet. Die Differenz der Ionenbeweglichkeiten wird aus Tabellen entnommen.

e) *Messung und Registrierung des Salzgehaltes*

Wenn es nur darauf ankommt, im Wasser den Gehalt an gelösten Elektrolyten in sehr niedriger Konzentration zu bestimmen, ohne daß die Art der gelösten Salze eine Rolle spielt, so kann man die spezifische Leitfähigkeit, die durch selbstabgleichende Brücken gemessen wird, benutzen, um den Salzgehalt (z. B. ausgedrückt in mg NaCl/l) direkt anzuzeigen und zu registrieren. Für den Betrieb von Dampfturbinen wird, wenn die Kesselanlagen bei Drücken von 10 und mehr MPa arbeiten, vollentsalztes Wasser mit $\varkappa \approx 10^{-7}\ \mathrm{Ohm}^{-1}\,\mathrm{cm}^{-1}$ gebraucht. Diese weitgehende Elektrolytfreiheit wird meistens mit Mischbettionenaustauschern (s. *Band 1*, S. 416) erreicht. Die Steuerung dieser Anlagen wird auch durch die automatische Kontrolle der Leitfähigkeit des Wassers bewerkstelligt.

2.8.2. *Leitfähigkeitstitrationen*

Fast alle analytisch angewendeten Reaktionen der anorganischen Chemie sind Ionenreaktionen, insbesondere die maßanalytischen Methoden. Ionenreaktionen verlaufen im allgemeinen sehr schnell, und es verschwinden dabei ursprünglich vorhandene Ionen, bzw. es entstehen neue Ionen. Wegen der Änderung der Zahl oder auch nur der Art und damit der Beweglichkeit der Ionen ändert sich bei solchen Umsetzungen auch die Leitfähigkeit. Wenn die Differenzen groß genug sind, kann man die Leitfähigkeit als „Indikator" für das Ende der Reaktion verwenden. Dieses Verfahren bezeichnet man als „konduktometrische Maßanalyse". Es werden dabei zwei unangreifbare Elektroden in das Titrationsgefäß gegeben, und mit Hilfe der Wheatstoneschen Brückenschaltung wird die Widerstandsänderung des Elektrolyten während der Titration verfolgt. Damit die anderen Effekte nicht durch die Verdünnung beim Zulaufen von Flüssigkeit verdeckt werden, muß die Konzentration der zufließenden Lösung möglichst groß gegenüber der Konzentration des vorgelegten Elektrolyten sein.

1. Neutralisationsreaktionen:

Die Anwendung von Farbindikatoren ist auf farblose oder schwachgefärbte Lösungen beschränkt, die Leitfähigkeitstitration wird auch durch starke Färbung nicht gestört. Außerdem ist die Schärfe der Endpunktsanzeige durch eine unstetige Änderung der Leitfähigkeit bzw. des Widerstandes unabhängig von der Verdünnung, solange $\varkappa$ etwa 2 Zehnerpotenzen über der spezifischen Leitfähigkeit des Lösungsmittels liegt. Bei Titrationen mit Indikatoren stört bei großer Verdünnung die Azidität des Indikators selbst, bei potentiometrischen Titrationen (s. S. 230) wird bei großer Verdünnung die Endpunktsanzeige meist ungenau.

Starke Säuren und Basen zeigen ein sehr viel höheres Leitvermögen als Salze, weil die $H^{\cdot}$-Ionen und die OH'-Ionen viel größere Beweglichkeiten besitzen als die anderen Kationen und Anionen. Titriert man eine starke Base (NaOH) mit einer starken Säure (HCl), so erhält man bei annähernd konstantem Volumen die Kurve *A* in *Abb. 2.41* (schematisch). In dem Maße, wie die Hydroxylionen der vorgelegten Lösung durch Chloridionen ersetzt werden, sinkt die Leitfähigkeit, im Äquivalenzpunkt ist sie am geringsten. Nachdem die Neutralisation nach $H^{\cdot} + OH' \rightarrow H_2O$ beendet ist, steigt die Leitfähigkeit proportional zur weiter zugegebenen Säuremenge wieder steil an, weil sich jetzt die hohe Leitfähigkeit der Säure auswirkt.

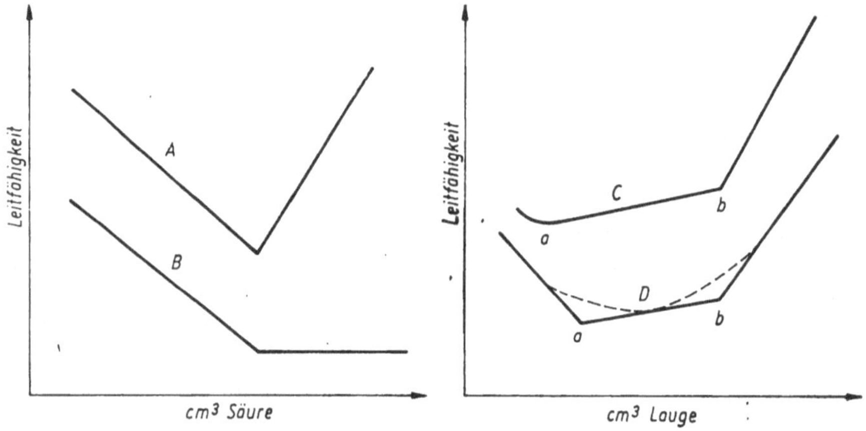

Abb. 2.41

Titriert man die Natronlauge mit einer schwachen Säure (Essigsäure), so läßt sich der Endpunkt nicht so genau bestimmen (*Abb. 2.41*, Kurve *B*). Bis zum Äquivalenzpunkt nimmt die Leitfähigkeit zwar ähnlich ab wie bei Kurve *A*, es werden ja OH'-Ionen durch Azetationen ersetzt, danach bleibt die Leitfähigkeit aber fast konstant, weil die ohnehin geringe Dissoziation der überschüssigen Essigsäure durch die vorhandenen Acetationen praktisch vollständig zurückgedrängt wird.

Abb. 2.41, Kurve *C* zeigt schematisch die Titration einer schwachen Säure (Essigsäure) mit einer starken Base (NaOH). Zuerst wird die Dissoziation der Essigsäure vermindert; nach dem Minimum a überwiegt der Leitfähigkeitsanstieg durch Salzbildung, und am Äquivalenzpunkt b tritt ein scharfer Knick auf, weil hinter ihm die zunehmende NaOH-Konzentration die Leitfähigkeit stark steigen läßt.

Man kann auch eine schwache und eine starke Säure nebeneinander mit einer starken Base titrieren (Kurve *D*). Beim Knickpunkt a ist die starke, bei b die schwache Säure umgesetzt. Gestrichelte Kurve *D*: tatsächlicher Verlauf $\varkappa = f$ (Volumen, Titrationsmittel).

2. *Fällungsreaktionen:*

Bei der Leitfähigkeitstitration eines Schwermetallsalzes mit H_2S nach

$$Me^{\cdot\cdot} + H_2S \rightarrow MeS + 2\,H^{\cdot}$$

steigt die Leitfähigkeit zunächst an, weil die Metallionen durch $H^{\cdot}$-Ionen ersetzt werden. Nach vollendeter Fällung ist praktisch keine Änderung des Widerstandes mehr festzustellen, weil H_2S ein sehr schwacher Elektrolyt ist (*Abb. 2.42*, Kurve *A*). Für einen Fällungsvorgang analog der Bestimmung von Kochsalz mit Silbernitrat

$$\underbrace{Ag^{\cdot} + NO_3'}_{\text{zugesetzt}} + \underbrace{Na^{\cdot} + Cl'}_{\text{vorgelegt}} \rightarrow AgCl + Na^{\cdot} + NO_3'$$

verläuft die Leitfähigkeit etwa so, wie es Kurve *B* (*Abb. 2.42*) zeigt. Da sich die Beweglichkeiten von Cl' und NO_3' nur wenig unterscheiden, bleibt die Leitfähigkeit anfangs etwa konstant, nach dem Äquivalenzpunkt steigt sie aber an, weil das Fällungsmittel jetzt *zusätzlich* erscheint, sofern der Verdünnungseffekt durch das Titrationsmittel genügend klein ist.

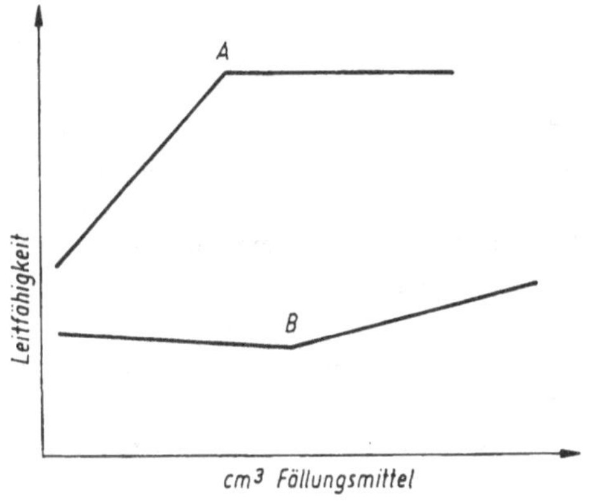

Abb. 2.42

3. Redoxreaktionen:

Ein Beispiel für eine Redoxreaktion, die sich für die konduktometrische Maßanalyse eignet, ist die Titration von Arsenit mit Iod

$$AsO_3''' + I_2 + H_2O \rightarrow AsO_4''' + 2\,H^{\cdot} + 2I'.$$

Die Leitfähigkeit steigt bis zum Äquivalenzpunkt, weil Iodwasserstoff gebildet wird, und wird durch einen Überschuß von Iod praktisch nicht weiter verändert.

Die in den *Abb. 2.41* und *2.42* dargestellten Kurven sind insofern schematisiert, als am Äquivalenzpunkt kein völlig scharfer Knick auftritt, sondern die beiden Äste mit einer Krümmung ineinander übergehen. Den Äquivalenzpunkt findet man durch Verlängerung der beiden Geraden bis zum gemeinsamen Schnittpunkt. In *Abb. 2.41 D* entspricht die gestrichelte Kurve dem tatsächlichen Verlauf. Bei sehr genauen Titrationen und verdünntem Titrationsmittel muß man die Volumenänderung durch Zugabe des Titrationsmittels berücksichtigen. Dies geschieht dadurch, daß man den gemessenen Leitfähigkeitswert mit $\frac{V + v}{V}$ multipliziert, wobei V das Ausgangsvolumen, v das Titrationsmittelvolumen ist. Wenn die Konzentration des Titrationsmittels mindestens 10mal größer als die der Meßflüssigkeit ist, kann man diese Korrektur vermeiden.

Wenn die konduktometrischen Messungen statt mit Netz- oder Hörfrequenz mit Hochfrequenz ($\approx 10^6$ Hertz) durchgeführt werden, so wirken sich auch Kapazitäts- und Induktivitätsänderungen der Meßzelle bei Zugabe des Titrationsmittels aus. Man mißt dann Impedanzen, die sich im allgemeinen nicht linear mit Zugabe des Titrationsmittels ändern. Bei diesen *Hochfrequenz-* oder auch *oszillometrischen Titrationen* läßt sich der Äquivalenzpunkt durch unstetige Änderungen der Frequenz eines Schwingkreises, in dem sich die Meßzelle befindet, aber auch von Stromstärke oder Spannung ermitteln. Wegen der nichtlinearen Abhängigkeit ist die Endpunktsindikation nicht immer scharf, man hat aber den Vorteil, daß man die Elektroden außen an der Meßzelle anbringen kann. Wenn man ringförmige Elektroden an der Außenseite von chromatographischen Säulen anbringt, kann man die Ionen verschiedener Zusammensetzung damit erkennen. Eine quantitative Bestimmung des Gehaltes an den betreffenden Komponenten ist allerdings mit diesen „Ionendetektoren" nicht möglich [2.20].

3. Elektrische Leitfähigkeit flüssiger und fester chemischer Verbindungen

Die elektrische Leitfähigkeit von reinen flüssigen und festen Verbindungen ist sehr viel später systematisch untersucht worden als die der Elemente, insbesondere der Metalle, und der Elektrolytlösungen. Das hat seine Ursache zum Teil in der großen technischen Bedeutung der Metalle für den Stromtransport und dem Auftreten der Elektrolytlösungen in der Natur, im Meerwasser, in biologischen Flüssigkeiten usw. sowie ihrer Verwendung in der technischen Elektrochemie, zum anderen aber in meßtechnischen Schwierigkeiten; denn organische Flüssigkeiten haben im allgemeinen einen sehr hohen spezifischen Widerstand, ebenso viele feste Verbindungen. Außerdem wurden bei letzteren, je nach dem Produkt, um Größenordnungen verschiedene Widerstandswerte gefunden, die man sich zunächst nicht erklären konnte. Im Zuge der Entwicklung der elektrischen und elektronischen Meßtechnik sind nicht nur die meßtechnischen Schwierigkeiten überwunden worden, sondern die Leitfähigkeit fester Verbindungen hat sehr große Bedeutung erlangt. Nachdem sehr leistungsfähige Reinigungsverfahren (insbesondere das Zonenschmelzen, s. *Band 1*, S. 347) entwickelt worden waren, konnte festgestellt werden, daß die Leitfähigkeit in hohem Maße vom Reinheitsgrad der Verbindung abhängt. Das gilt vor allem für Elektronenleiter.

Bei reinen anorganischen und organischen Flüssigkeiten hängt die spezifische Leitfähigkeit stark von der Polarität ihrer Moleküle und der Eigendissoziation ab. Weil diese mit der Temperatur stark zunimmt, wächst auch die Eigenleitfähigkeit erheblich an; so gilt z. B. für Wasser im Bereich von 0 bis 50 °C

$$\varkappa_{H_2O} = 23{,}4 \exp\left(-\frac{51\,500}{RT}\right); \quad \begin{array}{l} 0\,^\circ\mathrm{C}:\ \varkappa_{H_2O} = 1{,}58 \cdot 10^{-8}\ \mathrm{Ohm^{-1}\,cm^{-1}}, \\ 50\,^\circ\mathrm{C}:\ \varkappa_{H_2O} = 1{,}89 \cdot 10^{-7}\ \mathrm{Ohm^{-1}\,cm^{-1}}. \end{array}$$

In *Tab. 3.1* sind die spezifischen Leitfähigkeiten für einige reine anorganische Flüssigkeiten angegeben. Wie man sieht, unterscheiden sich die Werte für verschiedene Flüssigkeiten ganz enorm (bis zu 16 Zehnerpotenzen). Bei organischen Flüssigkeiten zeigen die Kohlenwasserstoffe und Halogenwasserstoffe die niedrigsten Leitwerte, aber auch reine Carbonsäuren und Carbonylverbindungen haben niedrige Leitfähigkeiten, vergleiche *Tab. 3.2*. Da die Leitfähigkeit sehr stark von Verunreinigungen, insbesondere dem Wassergehalt, abhängt und oft darüber keine exakten Angaben gemacht werden, sind die Werte vor allem für sehr schlecht leitende Flüssigkeiten nicht ohne weiteres vergleichbar.

Nachdem die Schmelzflußelektrolyse zur Gewinnung von Metallen, die aus wäßrigen Lösungen nicht abscheidbar sind, z. B. Al, Mg, Ti, Zr, W, Ta, in der Technik in steigendem Umfang eingesetzt wird, hat auch die Leitfähigkeit von Salzschmelzen große Bedeutung erlangt. Darüber hinaus hat auch die Theorie geschmolzener Elektrolyte verstärkte Bearbeitung erfahren.

Tabelle 3.1

Spezifische Leitfähigkeit reiner, anorganischer Flüssigkeiten

Stoff	Spezifische Leitfähigkeit (Ohm^{-1} cm^{-1})	Temperatur (°C)
HF	$1{,}6 \cdot 10^{-6}$	0
	$2{,}9 \cdot 10^{-4}$	25
H_2SO_4	$1{,}05 \cdot 10^{-2}$	25
	$1{,}71 \cdot 10^{-2}$	40
HSO_3F	$1{,}38 \cdot 10^{-4}$	0
	$2{,}24 \cdot 10^{-4}$	25
HNO_3	$3{,}73 \cdot 10^{-2}$	25
H_3PO_4	$4{,}85 \cdot 10^{-2}$	25
HCN	$8{,}0 \cdot 10^{-9}$	0
N_2H_4	$2{,}5 \cdot 10^{-6}$	25
N_2O_4	$3{,}1 \cdot 10^{-13}$	25
CS_2	$7{,}8 \cdot 10^{-18}$	18

3.1. *Leitfähigkeit von Elektrolytschmelzen*

Die Leitfähigkeit geschmolzener Verbindungen hängt in erster Linie von ihrem Bindungscharakter ab. Wenn es sich um reine oder stark überwiegende Ionenbindungen handelt, so ist die Leitfähigkeit der Schmelze schon in der Nähe des Schmelzpunktes sehr hoch, z. B. bei den Alkalisalzen. Bei hohem kovalentem Bindungsanteil ist sie dagegen sehr niedrig, z. B. bei $SnCl_4$ oder $PbCl_4$ ($\lambda < 10^{-5}$ Ohm^{-1} Val^{-1} cm^2).

Bei den echten Salzen könnte man erwarten, daß die Schmelze gegenüber einer wäßrigen Lösung eine niedrige Leitfähigkeit hat, auch wenn die Meßtemperatur viel höher ist, weil die Ionen der Schmelze nicht durch ein Dielektrikum getrennt sind und daher starke interionische Wechselwirkung und Ionenpaarbildung vorherrschen. Tatsächlich liegen die Verhältnisse umgekehrt; z. B. beträgt die spezifische Leitfähigkeit einer 1 M KCl-Lösung bei 20°C etwa 0,1 Ohm^{-1} cm^{-1}, die einer KCl-Schmelze bei 830°C dagegen 2,24 Ohm^{-1} cm^{-1}. In *Tab. 3.3* ist die spezifische Leitfähigkeit einiger Salze zusammengestellt. Man erkennt daraus, daß bei Schmelzen mit ausgesprochener Ionenbindung die Werte selbst bei relativ niedrigen Temperaturen schon wesentlich höher liegen als die entsprechender Lösungen. Es kann daher die hohe thermische Energie, die die Coulomb-Energie zwischen den Ionen übertrifft, zur Erklärung der großen Ionenbeweglichkeiten kaum als ausreichend angesehen werden. Vielmehr wird ein besonderer Leitungsmechanismus angenommen, der auch der Tatsache Rechnung trägt, daß bei den Salzschmelzen die spezifische Leitfähigkeit exponentiell steil mit der Temperatur ansteigt, ähnlich wie bei festen Salzen (s. S. 139).

Bei dem Schmelzvorgang findet eine beträchtliche Volumenzunahme statt, so daß in der Schmelze mit einem erheblichen Anteil an Leerstellen, bei den Alkalisalzen etwa 20% des Volumens, gerechnet werden muß. Im Gegensatz zu wäßrigen Elektrolytlösungen läßt sich der Diffusionskoeffizient der Salze in der Schmelze (hier der Selbstdiffusionskoeffizient) nicht aus der Beweglichkeit ihrer Ionen mit der Nernstschen Gleichung berechnen (s. S. 65).

Tabelle 3.2

Spezifische Leitfähigkeit reiner organischer Flüssigkeiten

Stoff	$\varkappa$ (Ohm^{-1} cm^{-1})	ϑ (°C)
Hexan[1])	$10^{-13} \ldots 10^{-19}$	20
Heptan	$6{,}6 \cdot 10^{-14}$	20
Benzen	$3{,}8 \cdot 10^{-14}$	20
Nonan	$1{,}7 \cdot 10^{-8}$	25
Tetrachlorkohlenstoff	$4 \cdot 10^{-18}$	18
1-2-Dibromethan	$8 \cdot 10^{-13}$	25
Chlorbenzen	$6{,}6 \cdot 10^{-13}$	25
Brombenzen	$1{,}5 \cdot 10^{-11}$	25
o-Dichlorbenzen	$5 \cdot 10^{-10}$	25
α-Chlornaphthalin	$1{,}8 \cdot 10^{-11}$	25
α-Bromnaphthalin	$4 \cdot 10^{-11}$	25
Methanol[1])	$2 \cdots 7 \cdot 10^{-9}$	25
Ethanol	$1{,}3 \cdot 10^{-9}$	25
n-Propanol	$2 \cdot 10^{-8}$	25
iso-Propanol	$4 \cdot 10^{-9}$	25
Aceton	$1 \cdots 6 \cdot 10^{-9}$	25
Glycol	$3 \cdot 10^{-7}$	25
Acetaldehyd	$5{,}5 \cdot 10^{-6}$	20
Benzaldehyd	$1{,}86 \cdot 10^{-7}$	25
Furfurol	$1{,}4 \cdots 4{,}8 \cdot 10^{-6}$	25
Phenol	$1 \cdots 3 \cdot 10^{-8}$	50
o-Cresol	$1{,}27 \cdot 10^{-9}$	25
m-Cresol	$1{,}40 \cdot 10^{-8}$	25
p-Cresol	$1{,}38 \cdot 10^{-8}$	25
Ameisensäure	$6{,}4 \cdot 10^{-5}$	25
Essigsäure	$1{,}12 \cdot 10^{-8}$	25
Propionsäure	$< 3 \cdot 10^{-10}$	25
Trichloressigsäure	$3 \cdot 10^{-9}$	25
Oleinsäure	$< 2 \cdot 10^{-10}$	15
Essigsäureethylester	$3 \cdot 10^{-9}$	25
Pyridin	$3 \cdot 10^{-10}$	25
Dibenzylamin	$1{,}7 \cdot 10^{-8}$	25
Nitrobenzen	$1 \cdot 10^{-10}$	25

[1]) Werte sehr stark von Verunreinigungen, insbesondere H_2O, abhängig.

Man nimmt daher an, daß der Ionentransport im elektrischen Feld über Leerstellen erfolgt (J. O'M. Bockris). Die Ionen gehen bei ihrer Wanderung von einer nächsten Leerstelle zur anderen über. Natürlich spielen als Teilchenarten die Ionenpaare auch eine wichtige Rolle, aber ihre Lebensdauer ist bei den in Betracht kommenden Temperaturen gering ($10^{-8} \ldots 10^{-10}$ s). Die Leitfähigkeit nimmt exponentiell mit der Temperatur zu, die Viskosität fällt andererseits exponentiell mit der Temperatur: die Aktivierungsenergien, die man aus

$$\frac{\partial \ln \varkappa}{\partial(1/T)} = -\frac{E_\varkappa}{R}$$

bzw.

$$\frac{\partial \ln \eta}{\partial(1/T)} = \frac{E_\eta}{R}$$

für den Leitungsprozeß ($E_\varkappa$) bzw. die Viskosität (E_η) errechnet, sind recht verschieden. Bei den Alkalisalzen liegen die Werte für $E_\varkappa$ zwischen 4 und 12,5 kJ, die Werte für E_η zwischen 29 und 42 kJ, bei den Silbersalzen ist $E_\varkappa$ rund 4 kJ, E_η 19···25 kJ. In größeren Temperaturbereichen folgt die Äquivalentleitfähigkeit λ der Gleichung

$$\lg \lambda = A + \frac{1000B}{T} + C \lg\left(\frac{1000}{T}\right) \tag{3.1}$$

mit den empirischen Konstanten A, B und C, wobei der dritte Term der Temperaturabhängigkeit der Aktivierungsenergie Rechnung trägt. Das WALDEN-Produkt ($\lambda \cdot \eta$) ist für viele geschmolzene Salze konstant und liegt für die Salze des Natriums und Kaliums etwa zwischen 0,09 und 0,19, obwohl sich die Temperaturen zum Teil um 500 °C unterscheiden.

Tabelle 3.3

Spezifische Leitfähigkeit von Schmelzen einiger Salze

Salz	$\varkappa$ (Ohm^{-1}cm^{-1})	ϑ (°C)	Salz	$\varkappa$ (Ohm^{-1}cm^{-1})	ϑ (°C)	Salz	$\varkappa$ (Ohm^{-1}cm^{-1})	ϑ (°C)
LiCl	5,83	620	NaI	2,56	700	KNO_3	0,81	400
$LiNO_3$	1,06	300		2,76	850	CsCl	1,12	650
	1,59	400	Na_2SO_4	2,23	900		1,42	800
	1,86	450		2,50	1000	$CaCl_2$	2,21	800
NaOH	2,16	328	$NaNO_3$	0,97	308	$AgNO_3$	0,85	250
	2,82	400		1,35	400	Hg_2Cl_2	1,00	529
NaCl	3,75	850	KCl	2,25	800	$HgCl_2$	$1,10 \cdot 10^{-4}$	350
	3,91	900		2,47	900	$BeCl_2$	$8,68 \cdot 10^{-3}$	472
	4,17	1000		2,65	1000	AgI	2,35	600

Die Überführungszahl im Sinne von HITTORF läßt sich natürlich in reinen Salzschmelzen nicht bestimmen, da ja keine Änderung des Verhältnisses Elektrolyt/Lösungsmittel in den Elektrodenräumen stattfinden kann. Man kann aber eine unterschiedliche Beteiligung der Ionen am Stromtransport durch eine Volumenänderung in den Elektrodenräumen (F. R. DUKE und R. W. LAITY) oder durch Markierung mit Radioisotopen bestimmen (A. KLEMM). Die Überführungszahl des Anions ist dann beispielsweise als die Zunahme des Elektrolyten (in Äquivalenten) je Faraday definiert. Sie ergibt sich aus der Volumenzunahme des Anolyten Δv, der Anzahl Coulomb Q, die während des Versuchs geflossen sind, und dem Äquivalentvolumen V_E des Elektrolyten nach

$$t_- = \frac{96500 \cdot \Delta v}{Q \cdot V_E}. \tag{3.2}$$

Wie in festen Salzen (s. S. 139) wird auch in ihren Schmelzen der Stromtransport häufig weitgehend von den Kationen übernommen; so beträgt in Kochsalzschmelzen die Überführungszahl des Natriums bei 835 °C $t_+ = 0{,}76$. Auch in Silikaten, insbesondere in Gläsern, findet man überwiegend Kationenleitfähigkeit. Bei alkalischen Gläsern ist t_{Na^+} bzw. t_{K^+} praktisch 1, in einer CaO, Al_2O_3, SiO_2-Schmelze wurde reine Ca^{++}-leitung gefunden: $t_{Ca^{++}} = 1$ (O. Esin). Bei Schmelzen mit großem Kation, z. B. $PbCl_2$, findet man dagegen in Übereinstimmung mit dem Stromtransport im entsprechenden festen Salz Anionenleitfähigkeit. Daraus kann geschlossen werden, daß der Leitungsmechanismus in Schmelzen dem in festen Salzen generell ähnlich ist [3.7].

3.2. *Leitfähigkeit von festen Elektrolyten*

Die elektrische Leitfähigkeit von festen Stoffen ist von den Metallen (10^6 Ohm^{-1} cm^{-1}) bis zum Quarz (10^{-18} Ohm^{-1} cm^{-1}) bei Zimmertemperatur über 24 bis 25 Größenordnungen veränderlich. Stoffe mit einer Leitfähigkeit von 10^{-6} bis 10^{-18} Ohm^{-1} cm^{-1} werden als Isolatoren bezeichnet und spielen in der Elektrotechnik eine beinahe ebenso wichtige Rolle wie die metallischen Leiter. Die meisten festen Salze gehören bei normalen Temperaturen zu den Isolatoren ($\varkappa < 10^{-10}$ Ohm^{-1} cm^{-1}), wenn sie auch wegen ihrer ungünstigen mechanischen Eigenschaften (hohe Sprödigkeit) keine Anwendung in der Elektrotechnik finden. Feste Stoffe mit einer spezifischen Leitfähigkeit von 10^2 bis 10^{-6} Ohm^{-1} cm^{-1} bei Normaltemperatur werden als elektrische Halbleiter bezeichnet, von denen diejenigen eine außerordentliche praktische Bedeutung erlangt haben, die den Strom wie die Metalle durch Elektronen transportieren, *elektronische Halbleiter* (s. *3.3.*).

Verbindungen mit ausgesprochenem Salzcharakter sind Ionenleiter; ihre Leitfähigkeit nimmt exponentiell mit der Temperatur zu und erreicht daher in der Nähe des Schmelzpunktes oft Werte, die denen der Halbleiter entsprechen.

Die Frage, ob ein fester Stoff Elektronen- oder Ionenleitung zeigt, läßt sich einerseits dadurch entscheiden, daß im Falle der Ionenleitung an den Elektroden eine stoffliche Veränderung festgestellt wird, z. B. Metallabscheidung (C. Tubandt); dabei kann gleichzeitig die Überführungszahl ermittelt werden. Andererseits kann man zwischen beiden Leitungsmechanismen mit Hilfe des Hall-Effektes[1]) sicher entscheiden. Manche festen Stoffe transportieren den Strom sowohl durch Ionen wie durch Elektronen (*gemischte Halbleiter*).

Wenn die elektrische Leitung im Ionenkristall dadurch zustande käme, daß die Ionen aus einer Gitterlage in die andere übergehen, müßte für den Stromtransport die volle Gitterenergie aufgebracht werden; das entspräche also bei ein-einwertigen Elektrolyten Energien von ≈ 837 kJ · mol^{-1} und würde praktisch keine Leitfähigkeit zulassen; die Salze müßten vollständige Isolatoren sein. Da das nicht zutrifft, muß angenommen werden, daß fehlgeordnete Ionen (s. *Band 1*, S. 154) die Elektrizitäts-

[1]) Wenn durch einen Würfel eines Leiters ein Strom fließt und senkrecht zur Stromrichtung ein Magnetfeld anliegt, so bildet sich senkrecht zu Strom- und Magnetfeldrichtung eine Spannungsdifferenz aus. Ihr Vorzeichen ist (bezogen auf den Strom) negativ, wenn dieser von negativen Ladungsträgern, und positiv, wenn er von positiven Ladungsträgern transportiert wird. Ihr Betrag ist der Beweglichkeit der Ladungsträger proportional (Hall-Koeffizient). Da nun die Beweglichkeit der Ionen sehr viel kleiner ist als die der Elektronen und Defektelektronen (s. S. 141), ist der Hall-Effekt bzw. die Hall-Spannung bei reinen Ionenleitern verschwindend klein gegenüber der von Elektronenleitern.

leitung im Ionenkristall bewirken [3.1], [3.2]. Da deren Zahl nach dem BOLTZMANNschen Energieverteilungssatz exponentiell mit der Temperatur zunimmt, wächst also auch die Zahl der Ladungsträger exponentiell, und damit erklärt sich die lineare Zunahme von $\ln \varkappa$ mit $\frac{1}{T}$ (d. h. die exponentielle Leitfähigkeitszunahme mit T), vgl. *Abb. 3.1.* Wie man aus *Abb. 3.1.* sieht, nimmt $\varkappa$ im Temperaturbereich von 300° bis

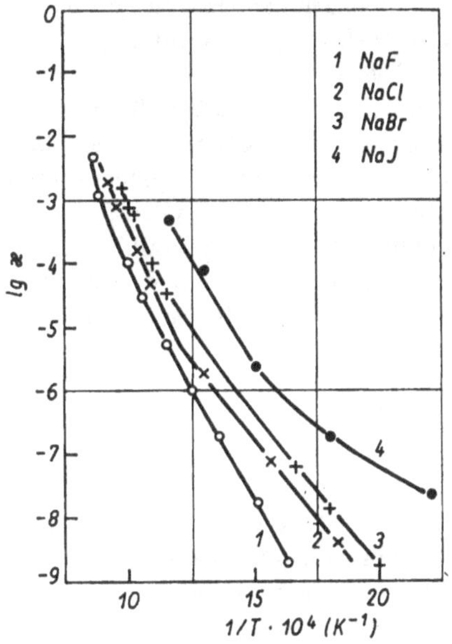

Abb. 3.1: Leitfähigkeitszunahme fester Salze mit der Temperatur

800 °C um etwa fünf Zehnerpotenzen zu, außerdem tritt bei Natriumchlorid von einer bestimmten Temperatur an eine Änderung der Steigung der $\ln \varkappa \Big/ \frac{1}{T}$-Geraden auf. Zunächst wächst $\varkappa$ deshalb, weil die Zahl der fehlgeordneten und damit als Ladungsträger in Betracht kommenden Ionen nach $N = N_0 \cdot e^{\frac{-E}{kT}}$ ansteigt. Bei höheren Temperaturen nimmt aber auch die Wahrscheinlichkeit (W) zu, daß die fehlgeordneten Ionen ihre Plätze austauschen. Das bedeutet im Prinzip, daß ihre Beweglichkeit mit der Temperatur exponentiell größer wird:

$$W = W_0 \cdot e^{\frac{-E_w}{kT}},$$

wobei natürlich die Aktivierungsenergie dieses Prozesses einen anderen Wert (E_w) hat. Wenn der Abstand zwischen zwei fehlgeordneten Ionen a ist, so erhält man für die Temperaturabhängigkeit des festen Ionenkristalls:

$$\varkappa = K \cdot \exp\left[-\left(\frac{E}{a} + E_w\right)(kT)^{-1}\right]. \tag{3.3}$$

Der Anteil der Ionensorte, die im Ionenkristall den Stromtransport übernimmt, hängt von ihrer Fähigkeit ab, Zwischengitterplätze einzunehmen und dort Platzwechsel durchzuführen. Da im allgemeinen die Kationen kleiner als die Anionen sind, werden die Überführungszahlen der Kationen größer sein als die der Anionen. Für die Halogenide des Cu und Ag wurde tatsächlich $t_+ = 1$ gefunden, ebenso für NaF bei 500 °C (übrigens auch für NaCl); bei höheren Temperaturen nehmen in zunehmendem Maße die Fluoridionen am Stofftransport teil (625 °C: $t_+ = 0{,}86$). Bei den Halogeniden sehr großer Kationen ist umgekehrt $t_- = 1$; das gilt für die Halogenide des Pb und Ba mit Ausnahme der Iodide, bei denen wegen der Größe des I^- beide Ionen (Pb^{++} und I^-) zu etwa gleichen Teilen den Stromtransport bei 275 °C übernehmen. Hier ist die Überführungszahl im Gegensatz zu den Elektrolytlösungen stark temperaturabhängig, z. B. ist für PbI_2 t_+ bei 255 °C 0,39, bei 290 °C aber 0,67 (C. Tubandt).

Bei einigen Ionenkristallen ist $(t_+ + t_-) < 1$, ein Zeichen dafür, daß außerdem ein elektronischer Leitungsmechanismus auftritt. Zum Beispiel ist im Silbersulfid die Überführungszahl des Ag^+ bis 100 °C 0,01, die des S^{2-} 0,0; d. h., 99% des Stromes werden durch Elektronen transportiert. Bei 150 °C beträgt aber der Anteil der Ag^+ bereits etwa 20%. Ag_2S stellt also unter 100 °C praktisch einen reinen elektronischen Halbleiter, bei 150 °C einen gemischten Halbleiter dar. Wir befassen uns jetzt kurz mit den elektronischen Halbleitern, die die gesamte Elektrotechnik, insbesondere die Schwachstromtechnik, entscheidend verändert haben.

3.3. *Elektronische Halbleiter*

Nach der Konzeption des Energiebändermodells des festen Körpers (s. *Band 1, Kap. 8.5.*) kommt die hohe Elektronenleitfähigkeit der Metalle dadurch zustande, daß die durch Zusammenlagerung der Energieniveaus der Einzelatome entstandenen Energiebänder entweder nicht voll besetzt sind (z. B. Li), oder daß sich ein voll besetztes und ein leeres Band überlappen, wobei dann gewissermaßen ein neues unvollständig besetztes Band entsteht (z. B. Be). Die Bewegung der Elektronen in unvollständig besetzten Bändern erfordert wenig Energie, so daß schon geringe Spannungsdifferenzen einen hohen Elektronenfluß zu erzeugen vermögen (d. h. hohe elektrische Leitfähigkeit). Wenn das voll besetzte Valenzband von einem leeren Leitfähigkeitsband so weit getrennt ist, daß die thermische Energie nicht ausreicht, um Elektronen von einem ins andere Band zu befördern, so kommt keine elektronische Leitung zustande. Vorausgesetzt, daß auch Ionen den Strom nicht zu transportieren vermögen, stellt ein solcher Stoff einen idealen Isolator dar.

Vom Standpunkt der Fermi-Dirac-Statistik aus (s. *Band 1, Kap. 14.1.6.*) bedeutet dies, daß die Fermi-*Grenzenergie* (*Fermikante*) beim metallischen Leiter im Leitfähigkeitsband liegt, beim Isolator aber darunter.

Wenn der Abstand der Bänder klein genug ist, um durch die kinetische Energie kT der Elektronen „übersprungen" werden zu können, haben wir es mit einem *elektronischen Eigenhalbleiter* zu tun, wie ihn höchstreines Silizium oder Germanium darstellen. Demnach sollten elektronische Eigenhalbleiter unterhalb der Temperatur, die einer zum Überspringen der Energiebarriere zwischen Valenz- und Leitfähigkeitsband ausreichenden Energie entspricht, keine Elektronenleitfähigkeit zeigen; von dieser Temperatur an sollte sie exponentiell ansteigen, weil die Zahl der Elektronen, die die „Sprungenergie" haben, nach dem Boltzmannschen Energieverteilungssatz exponentiell mit T steigt. Bei reinstem Germanium tritt dieser plötzliche, steile Leitfähigkeitsanstieg etwa bei 150 °C auf. Tatsächlich findet fast immer neben der Eigenhalbleitung eine *Störstellenleitung* statt, die vor allem durch Verunreinigungen, Ionen anormaler Wertigkeit und dergleichen hervorgerufen wird. Wenn man die Eigenschaften von Silizium oder Germanium als Eigenhalbleiter studieren will, so muß das Material (Si oder Ge) weniger als 10^{-18}% Verunreinigungen enthalten, da sich sonst schon die Störstellenleitfähigkeit stark überlagert[1]). Im Grunde genommen kommt die elektronische Halbleitung immer dadurch zustande, daß Elektronen in das unvollständig besetzte Leitfähigkeitsband geliefert und/oder aus dem vollbesetzten Valenzband entnommen werden. Wenn bei einem Eigenhalbleiter ν Elektronen aus dem Valenzband in das Leitfähigkeitsband übergehen, so entstehen im Valenzband ebensoviel *Leerstellen* (*Löcher, Defektelektronen*). Dadurch, daß sie immer wieder durch Elektronen aufgefüllt werden können, entsteht ein dem Elektronenfluß entgegengesetzter Ladungstransport. Die Löcher wirken also wie positive Ladungsträger. Mit Hilfe des HALL-Effektes ließ sich eindeutig nachweisen, daß tatsächlich ein solcher Strom positiver Ladungsträger in elektronischem Halbleitermaterial auftritt, da eine positive Spannungsdifferenz festgestellt wurde (s. S. 138, *Fußnote 1*), die weder auf positive Ionen (es trat keine Abscheidung an den Elektroden auf) noch auf Positronen (s. *Band 1, Kap. 29.*) (wegen deren Kurzlebigkeit) zurückgeführt werden konnte. Durch den Übergang eines Elektrons aus dem Valenzband ins Leitfähigkeitsband werden demnach zwei frei bewegliche Ladungsträger gebildet: ein Elektron im L-Band ($\ominus$) und ein positives Loch im Valenzband ($\oplus$), s. *Abb. 3.2a*. Im Fall eines Eigenhalbleiters muß natürlich die Zahl der Elektronen (n) gleich der Zahl der positiven Löcher sein [3.3].

Wie schon bemerkt, kann durch Fremdstoffe, durch Gitterlücken oder besetzte Zwischengitterplätze elektronische Leitfähigkeit erzeugt werden, und zwar können Elektronen ins Leitfähigkeitsband gespeist oder aus dem Valenzband entnommen werden. Wird von einer lokalisierten Störstelle ein Elektron abgegeben, so wird sie allgemein als *Donator* bezeichnet, nimmt sie ein Elektron auf, dann heißt sie *Acceptor*. Wenn in einem Germaniumkristall an einem Gitterpunkt statt Germanium ein Arsenatom sitzt, so hat dieses ein Valenzelektron mehr (5 statt 4) als das Germanium und kann dieses in das L-Band abgeben. Die Arsenatome wirken als Donatoren. Das Germanium erhält dadurch einen Elektronenüberschuß, es wird zum *Überschußleiter* oder *n-Leiter*. Sind andererseits Gitterplätze des Germaniums durch Aluminium- oder Indiumatome besetzt, die nur drei Valenzelektronen tragen, so versuchen sie, dem Valenzband ein Elektron zu entziehen, erzeugen damit positive Löcher, wirken als Acceptoren und machen das Germanium zum *Defekt-* oder *p-Leiter*. Im Bändermodell (s. *Abb. 3.2b* und *c*) befinden sich die Donatoren in der „verbotenen" Energiezone zwischen V- und L-Band, und zwar in der Nähe des L-Bandes. Die Energie, die für den Vorgang $D \rightarrow D^{+} + \ominus$ (D = Donatoratom) benötigt wird, bezeichnet man als *Dissoziationsenergie*. Sie ist um so geringer, je näher die *Donatorenergie* am oberen Rand der verbotenen Zone liegt. Die Donatoren sind ebenso wie die Acceptoren im Gitter fixiert, also nicht beweglich, und damit auch die Elektronen, solange sie mit

---

[1]) Die außerordentliche Empfindlichkeit der elektronischen Leitfähigkeit gegenüber Verunreinigungen war auch der Grund für die schlechte Reproduzierbarkeit der Leitfähigkeitsmessungen von festen Verbindungen. Es mußten erst spezielle Reinigungsverfahren und hochempfindliche Methoden zur Spurenanalyse (z. B. Aktivierungsanalyse, s. *Band 1, Kap. 29.*) entwickelt werden.

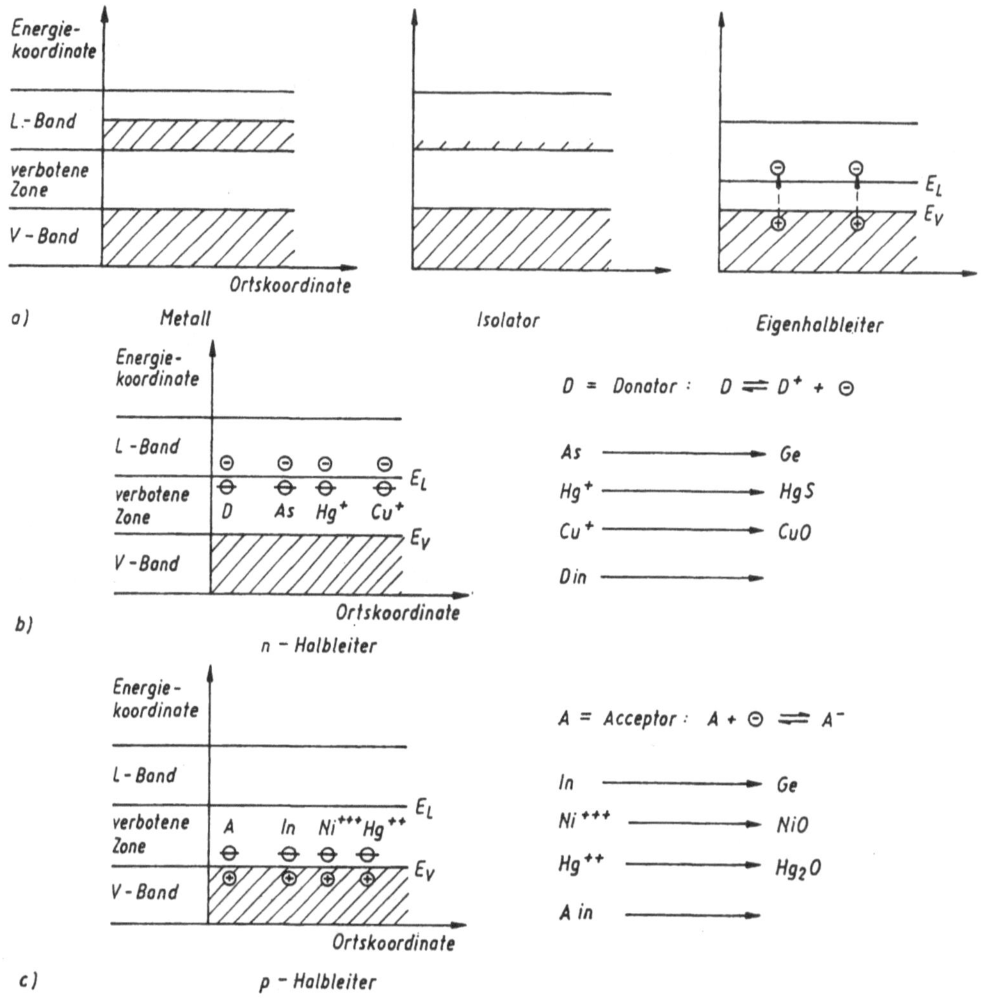

Abb. 3.2: a) Bändermodell von Isolator, Leiter und Halbleiter; b) Bändermodell eines *n*-Leiters; c) Bändermodell eines *p*-Leiters

ihnen verbunden sind. Das kennzeichnet man schematisch häufig durch einen kurzen Parallelstrich zur Ortskoordinate an der betreffenden Stelle der verbotenen Zone. Die Energie, die mit der Aufnahme eines Elektrons durch einen Acceptor A verbunden ist, $A + \ominus \rightarrow A^-$, wird als *Rekombinationsenergie* bezeichnet; sie ist um so kleiner, je dichter A an der unteren Grenze der verbotenen Zone liegt [3.4], [3.5], [3.6].

Verbindungen mit Halbleitereigenschaften können auch dadurch entstehen, daß freie Valenzelektronen vorhanden sind, z. B. Titanium(II)-oxid TiO mit 4 Valenzelektronen des Ti, von denen nur 2 gebunden sind. Wenn das Kation in einem Oxid oder Sulfid von einem Element stammt, das in mehreren Wertigkeitsstufen auftritt, so können dadurch Donatoren auftreten, daß neben den der stöchiometrischen Zusammensetzung entsprechenden Ionen auch Ionen niederer Wertigkeit auftreten, z. B. im HgS neben Hg^{2+} auch Hg^+-Ionen; die letzteren können ein Elektron ins Leitfähigkeitsband liefern, und damit wird das Quecksilber(II)-sulfid zum *n*-Leiter (s. *Abb. 3.2b*). Völlig stöchiometrisch zusammengesetztes Bleidioxid (PbO_2) oder Nickeloxid (NiO) haben eine schlechte Leitfähigkeit. Enthält aber z. B. NiO durch Behandlung mit Sauerstoff neben Ni^{2+} auch Ni^{3+}, dann wird es zum *p*-Leiter, weil die Ni^{3+}-Ionen als Acceptoren wirken. Man kann im NiO die *p*-Leitfähigkeit wesentlich steigern, wenn man ihm Li^+ zusetzt, weil dann zur Aufrechterhaltung der Elektroneutralität neue Ni^{3+}-Ionen entstehen (E. J. Verwey)[1]).

Allgemein spielt die gezielte Zugabe von Fremdionen (Dotierung) in der Halbleitertechnik eine außerordentlich wichtige Rolle, weil man damit *n*- und *p*-Leitung auf kleinstem Raum erzeugen kann. Die Dotierung wird entweder durch Eindiffusion oder durch Ionenbeschuß (Ionenimplantation) vorgenommen. Neben den dotierten Ge- und Si-Halbleitern gewinnen immer mehr III-V-Verbindungen vom Typ GaP oder GaAs für die Halbleitertechnik Bedeutung, weil man mit diesen Verbindungen den Abstand zwischen *V*-Band und *L*-Band im Gegensatz zum Ge und Si verändern kann, was die Anwendungsmöglichkeiten solcher Halbleiter noch vergrößert.

Für *n*- oder *p*-Halbleiter besteht zwischen den freien Elektronen (n) und den positiven Löchern (p, Defektelektronen) einerseits, sowie den Elektronen des Valenzbandes n_V und denen des Leitfähigkeitsbandes n_L andererseits ein Gleichgewicht:

$$\frac{n \cdot p}{n_V \cdot n_L} = K_e.$$

Die Gleichgewichtskonstante errechnet sich in Analogie zu der des chemischen Gleichgewichtes $K = \exp\left(\frac{-\Delta G^0}{RT}\right)$. Näherungsweise kann ΔG^0 aus der Differenz der Energie des *L*-Bandes (E_L, untere Kante *Abb. 3.2*) und der des *V*-Bandes (E_V, obere Kante *Abb. 3.2*) abgeschätzt werden (unter der Annahme, daß keine Entropieänderung stattfindet),

$$K_e = \exp\left(\frac{E_V - E_L}{kT}\right),$$

so daß man für das Produkt $n \cdot p$ setzen kann:

$$n \cdot p = n_V \cdot n_L \cdot \exp\left(\frac{E_V - E_L}{kT}\right). \qquad (3.4)$$

Damit ist das Produkt für einen gegebenen Halbleiter (bei konstanter Temperatur) konstant.

---

1) Man kann die Unstöchiometrie des NiO oder des Hg_2O auch so auffassen, daß Sauerstoffüberschuß vorliegt und dadurch Lücken im Kationengitter auftreten, die positive Löcher erzeugen; formal stellt man diesen Vorgang in der Form $Hg\square^- + \oplus \rightleftharpoons Hg\square^*$ dar. $Hg\square^-$ entspricht dem rekombinierten Acceptor (Hg^+), $Hg\square^*$ dem Acceptor (Hg^{++}) vor der Elektronenaufnahme:

$$Hg^+ - \ominus \rightleftharpoons Hg^{++} \quad \text{oder} \quad Hg^{++} + \ominus \rightleftharpoons Hg^+$$

bzw., da $-\ominus = +\oplus$, kann man auch schreiben:

$$Hg^+ + \oplus \rightleftharpoons Hg^{++}.$$

Für Germanium ist es z. B.

$$n \cdot p = n_L{}^2 \approx 6 \cdot 10^{26}\ \text{cm}^{-6}.$$

Die im Überschuß vorhandenen Ladungsträger nennt man *Majoritätsträger*, die anderen *Minoritätsträger*. In bezug auf die Ladungsträger verhalten sich die Halbleiter ähnlich wie z. B. das Wasser in bezug auf seine Ionen; bei Zimmertemperatur ist $[H^{\cdot}][OH'] = 10^{-14}\ (\text{mol/l})^2$, das sind $3{,}7 \cdot 10^{26}\ (\text{Ionen} \cdot \text{cm}^{-3})^2$, also fast dieselbe Zahl für die Ladungsträger wie bei Germanium. Die Zahl der negativen Ladungsträger ist der der positiven umgekehrt proportional, analog zu

$$[H^{\cdot}] = \frac{K_w}{[OH']}.$$

Die Anwendung der elektronischen Halbleiter ist außerordentlich vielseitig, so daß hier nur einige Anwendungsgebiete angedeutet werden können.

Der positive Temperaturkoeffizient der Leitfähigkeit von Halbleitern ist etwa 10mal größer als der negative von Metallen (z. B. Platin); deshalb werden Halbleiter sehr viel zur genauen Temperaturmessung und -regelung eingesetzt (*Thermistoren*).

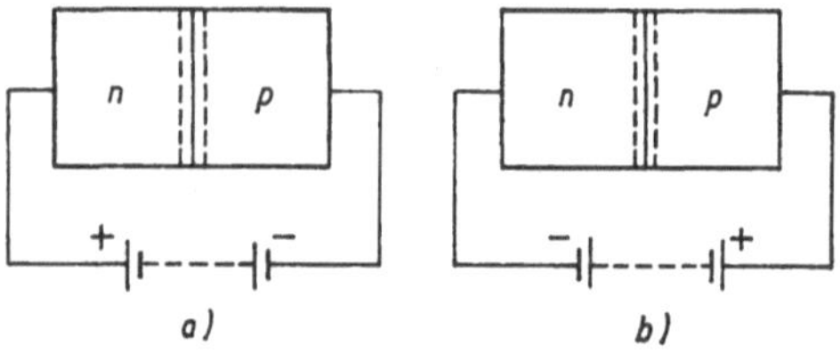

Abb. 3.3: a) Halbleiterdiode, Sperrschaltung
b) Halbleiterdiode, Durchgangsschaltung

Wenn man einen *p*- und einen *n*-Leiter aneinander baut (vgl. *Abb. 3.3*), dann erhält man einen Gleichrichter (*Halbleiterdiode*). Liegt nämlich der Pluspol am *n*-Leiter und der Minuspol am *p-Leiter*, so wird der *p-n*-Übergang von Ladungsträgern entleert, es kann also auch an dieser Stelle kein Strom durchtreten, der Halbleiter befindet sich *in Sperrschaltung* (*Abb. 3.3a*). Wird jetzt umgepolt, so wird der Übergang mit Ladungsträgern versorgt, und es findet ein ungehemmter Stromdurchgang statt (*Abb. 3.3b*). Es gibt auch Halbleiterdioden, die erst von einer bestimmten Spannung an, durch Übergang von Elektronen aus dem *V*-Band in das *L*-Band, den Stromfluß ermöglichen (*Zenerdioden*).

Eine der wichtigsten Anwendungen der elektronischen Halbleiter ist die als Verstärker (*Transistor*), wodurch sie die Elektronenröhren weitgehend ersetzt haben. Es gibt eine große Zahl von Transistortypen, auf die hier nicht eingegangen werden kann. In *Abb. 3.4* ist nur als Beispiel das Schema eines *n-p-n*-Transistors dargestellt. Die Verstärkung erfolgt wie beim Telegraphenrelais, indem eine kleine Steuerspannung (hier *Emitterspannung*) den Strom für eine örtliche Stromquelle (hier *Kollektorbatterie*) öffnet. Das wird dadurch erreicht, daß die Emitterspannung in bezug auf den linken *n-p*-Übergang in Durchgangsschaltung arbeitet und dadurch den „*Strompfad*" für die Kollektorbatterie, die in Sperrschaltung gegenüber dem rechten *p-n*-Übergang liegt, öffnet, indem der Emitter in den Übergang Ladungsträger einspeist. Damit möglichst wenig Elektronen aus den n-Leitern mit den positiven Löchern rekombinieren und damit für den Stromfluß verlorengehen, ist die Schicht des p-Leiters sehr dünn.

In den letzten Jahren hat durch Verwendung von Dünnschichthalbleitern und die Entwicklung von sogenannten *integrierten Schaltkreisen* die Elektronik eine solche Miniaturisierung erfahren, daß sich auf wenigen Quadratmillimetern Millionen von Bauelementen (Transistoren, Dioden, Widerstände) unterbringen lassen.

Oxidische Halbleiter haben in der Technik noch relativ wenig Eingang gefunden, weil ihre Eigenschaften nicht so gut reproduzierbar und konstant sind, aber die Halbleitereigenschaften der Oxidschichten spielen bei der Korrosion und Passivität der Metalle eine große Rolle (s. S. 324).

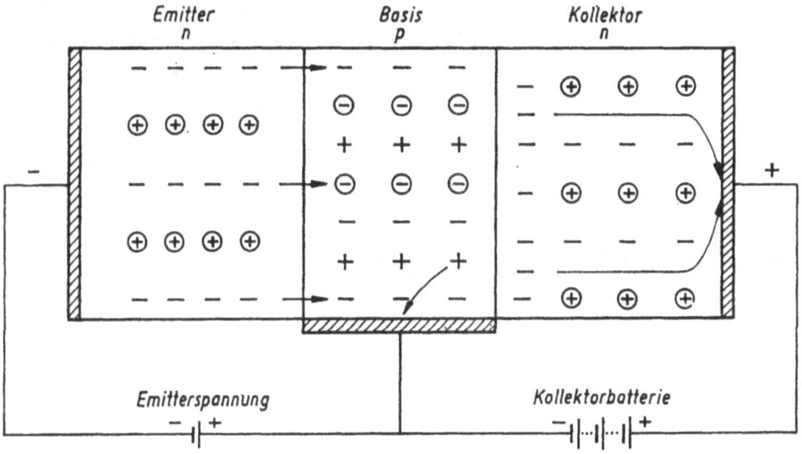

Abb. 3.4: Schema eines *npn*-Transistors

Neben den elektronischen Halbleitern finden in der Elektrotechnik, insbesondere zur Messung mechanischer Größen, durch Ausnutzung des piezoelektrischen Effektes auch feste Ionenleiter mit hohem elektrischem Widerstand zunehmend Verwendung. Dieser Effekt beruht bekanntlich darauf, daß sich im Gitter des Ionenleiters unter dem Einfluß einer mechanischen Kraft (Druck- oder Zugspannung) durch Verschiebung der Ladungsschwerpunkte ein Dipolmoment in einer zur Spannung vertikalen Richtung ausbildet [3.11]. Die dadurch erzeugten Spannungen sind recht hoch, so daß man mit dem normalen Fingerdruck auf eine Schaltertaste Spannungen von etwa 1 V erzeugen kann, die zur Steuerung elektronischer Bauelemente verwendet werden. Solche Tasten arbeiten sehr störungsarm; sie werden z. B. in Haushalt- und medizinischen Geräten eingesetzt. Während früher als piezoelektrische Materialien nur Quarz und Seignettesalz bekannt waren, sind in den letzten Jahren chemisch resistente Oxide entwickelt worden, die mit hohem Wirkungsgrad ($\approx 60\%$) mechanische in elektrische Energie umwandeln (Piezokeramik, z. B. $BaTiO_3$ oder Mischoxide aus Pb, Ti und Zr). Solche piezokeramischen Schichten lassen sich auch zur Übertragung akustischer Signale in Mikrophonen verwenden. Durch Anlegen eines elektrischen Feldes wird in piezoelektrischen Ionenkristallen eine mechanische Kraft erzeugt. Dieser inverse piezoelektrische Effekt wird bereits beim Einsatz der piezokeramischen Mikrophone im Telefon verwertet, dient aber auch zur Erzeugung von Ultraschall und zur Zerstäubung von Flüssigkeiten. Auch dieses Gebiet der elektrochemischen Festkörperforschung ist keineswegs abgeschlossen [3.12].

Photoelektrische Erscheinungen werden bei Halbleitern in vielfältigster Weise genutzt.

Bei der Betrachtung eines Halbleiters mit Strahlung der Frequenz ν werden bei $E = h\nu \gtrsim E_L - E_V$ Elektronen aus dem L-Band in das V-Band angeregt. Die paarweise Bildung der Ladungsträger erhöht die elektrische Leitfähigkeit und dient zum Nachweis der Strahlungsintensität in Photoelementen. Das Selen- und das Cu(I)oxid-Element dienen z. B. als Belichtungsmesser für photographische Zwecke.

Großflächige pn-Übergänge, die von Lichtstrahlen erreicht werden können, also direkt unter der Kristalloberfläche liegen, eignen sich zur direkten Umwandlung von Licht in elektrische Energie. Durch Diffusion von freien Elektronen aus dem n-Leiter in den p-Leiter bzw. von Defektelektronen in die umgekehrte Richtung bilden sich am unbestrahlten pn-Übergang Raumladungszonen aus, wobei die Grenzschicht des n-Leiters positiv geladen ist. Bei Bestrahlung des p-Leiters werden paarweise Ladungsträger gebildet, wobei die Elektronen durch das elektrische Feld der Raumladungszone zum n-Leiter verschoben werden (die negative Raumladung stößt die Elektronen ab), während die Defektelektronen zurückbleiben. Die Potentialdifferenz am pn-Übergang wird dadurch abgebaut und es bildet sich eine Photospannung aus, die in Solarzellen zur Stromerzeugung genutzt wird. Der Wirkungsgrad dieser Zellen ist zur Zeit noch recht niedrig und beträgt bei Silizium ungefähr 12%.

Es wird auch versucht, Sonnenenergie durch die Verwendung von Halbleitern photoelektrochemisch für eine Elektrolyse, z. B. zur Wasserzersetzung, zu nutzen [3.13]. Für eine großtechnische Anwendung sind die bisher erreichten Wirkungsgrade ($< 10\%$) zu gering.

4. Elektrochemische Thermodynamik

Die Gesetze der chemischen Thermodynamik (*Band 1, Kap. 11*), die aus den allgemeingültigen Sätzen der Wärmelehre abgeleitet sind, gelten natürlich auch für die Elektrochemie. So kann man Enthalpie- und Entropieänderungen bei elektrochemischen Reaktionen genauso zur Berechnung der Gleichgewichtskonstanten der betreffenden Reaktionen wie bei chemischen Umsetzungen verwenden. Auch für die Phasengleichgewichte, z. B. zwischen Festkörper und Schmelze eines Elektrolyten oder zwischen Salz und seiner gesättigten Lösung, gelten die früher allgemein abgeleiteten Beziehungen. Für die Berechnung elektrochemischer Gleichgewichte gibt es aber noch einen anderen, sehr vorteilhaften Weg, der auf der direkten Bestimmung der freien Enthalpie elektrochemischer Reaktionen und Ermittlung von ΔG^0 durch Extrapolation beruht. Diese direkte Bestimmung der freien Reaktionsenthalpie ist normalerweise nicht möglich, weil chemische Reaktionen irreversibel ablaufen; elektrochemische Reaktionen, bei denen ein Ladungsaustausch stattfindet, kann man aber umkehrbar durchführen und so unmittelbar ΔG bestimmen (s. S. 148). Man führt dazu die betreffende Reaktion in einem galvanischen Element durch. Dieser Weg liefert dann die freie Reaktionsenthalpie direkt als Elektroenergie, was energetisch große Vorteile bietet und bereits heute große technische Bedeutung hat.

Die Tatsache, daß wir es bei elektrochemischen Reaktionen im allgemeinen mit geladenen Teilchen (Ionen) zu tun haben, hat nur dann einen Einfluß auf die Anwendung der Gesetze der Thermodynamik, wenn wir einzelne Ionen insbesondere im Gleichgewicht zwischen zwei Phasen betrachten, was für Einzelelektrodenprozesse (s. S. 172) von Bedeutung ist. Im Gleichgewicht zwischen zwei geladenen Phasen muß nämlich die Summe aus chemischem und elektrischem Potential, das *elektrochemische Potential*, in beiden Phasen gleich sein (s. S. 173).

Die Thermodynamik irreversibler Prozesse, die die klassische Thermodynamik der reversiblen Vorgänge als Grenzfall einschließt, hat auch für die irreversiblen elektrochemischen Vorgänge, z. B. die Diffusion und die dabei auftretenden Diffusionspotentiale (s. S. 191), Bedeutung. Wir befassen uns zunächst mit dem Zusammenhang zwischen freier Enthalpie und elektrischer Arbeit und ihrer Ermittlung im galvanischen Element.

4.1. Freie Reaktionsenthalpie und elektromotorische Kraft (EMK), Kettenspannung

Wenn eine Reaktion neben elektrischer Arbeit A_E noch Volumenarbeit $p\Delta V$ leistet, z. B.

$$Zn + H_2SO_4 \rightleftharpoons ZnSO_4 + H_2$$

(in dem Fall ist bei 0 °C und 101,3 kPa ΔV für einen molaren Umsatz 22414 cm³), so ist die maximale, bei reversibler Prozeßführung geleistete Arbeit: $-A_m = A_E + p\Delta V$.

Da nun andererseits $A_m + p\Delta V = \Delta G$ ist, gilt

$$-\Delta G = -(A_m + p\Delta V) = A_E + p\Delta V - p\Delta V.$$

Die bei reversibler Prozeßführung geleistete elektrische Arbeit ist also gleich der Abnahme der freien Enthalpie (unabhängig von geleisteter Volumenarbeit). Natürlich kann man dem reaktionsfähigen System auch reversibel elektrische Arbeit zuführen. Da die elektrische Energie, das Produkt aus Spannung (Intensitätsfaktor) und Ladungsmenge, ein Vielfaches (z) der einem Äquivalent entsprechenden Ladungsmenge von 96500 C = 1 F ist, kann man allgemein schreiben:

$$\Delta G = zFE, \tag{4.1.1}$$

wobei man E als *elektromotorische Kraft* (EMK) bezeichnet[1]).

Die EMK kann also im Prinzip ganz analog wie die freie Reaktionsenthalpie ein positives oder negatives Vorzeichen haben, je nachdem, ob der Prozeß in der einen (erzwungen) oder anderen (freiwillig) Richtung abläuft. Normalerweise wird man freiwillig verlaufende Vorgänge untersuchen, nur sie liefern ja bei geeigneter Prozeßführung eine Spannung, nämlich in einem *galvanischen Element* (s. *Kap. 4.2.*). Diese gemessene Spannung nennt man *Zellspannung* (U), sie ist, reversible Umsetzung vorausgesetzt:

$$U = -E. \tag{4.1.2}$$

Bei elektrochemischen Reaktionen werden Elektronen zwischen den Reaktionspartnern ausgetauscht; bezeichnet man ihre Zahl pro Reaktion mit z, so gilt

$$E = \frac{\Delta G}{zF} = -U. \tag{4.1.3}$$

Folgende Beispiele für typische Elektronenaustauschreaktionen seien aufgeführt:

1. Ionenumladung in Lösung

$$Cu^{\cdot} + Fe^{\cdot\cdot\cdot} \rightleftharpoons Cu^{\cdot\cdot} + Fe^{\cdot\cdot}. \tag{4.1.4}$$

2. Umsetzungen zwischen Ionen und elementaren Stoffen

$$Zn(s) + Cu^{\cdot\cdot} \rightleftharpoons Cu(s) + Zn^{\cdot\cdot} \tag{4.1.5}$$

$$Sn(s) + Hg_2^{\cdot\cdot} \rightleftharpoons 2\,Hg(l) + Sn^{\cdot\cdot} \tag{4.1.6}$$

(4.1.5) und (4.1.6): Zementation

$$2\,Na(s) + 2\,H^{\cdot} \rightleftharpoons H_2(g) + 2\,Na^{\cdot} \tag{4.1.7}$$

$$Cl_2(g) + 2\,Br' \rightleftharpoons Br_2(l) + 2\,Cl'. \tag{4.1.8}$$

Auch Reaktionen zwischen Neutralmolekülen und Elementen können unter Elektronenaustausch ablaufen, wobei Ionen gebildet werden.

3. Reaktionen zwischen Elementen

$$H_2 + Cl_2 \rightleftharpoons 2\,H^{\cdot} + 2\,Cl'. \tag{4.1.9}$$

---

[1]) Tatsächlich ist E eine Spannung. Sie wird gemessen, wenn ein Prozeß freiwillig reversibel in einem galvanischen Element abläuft, sie ist aufzuwenden, wenn er reversibel in umgekehrter Richtung ablaufen soll.

Ein Elektronenübergang bedeutet *Oxydation* des Teilchens, welches das Elektron abgibt, und *Reduktion* der Partikel, die das Elektron aufnimmt. Reduktion und Oxydation müssen stets gemeinsam auftreten; wenn ein Stoff reduziert wird, muß ein anderer oxydiert werden. In Gl. (4.1.4) ist z. B. $Cu^{\cdot}$ das „Reduktionsmittel" (auch *Elektronendonator* = Elektronengeber), wird also oxydiert, $Fe^{\cdot\cdot\cdot}$ ist das Oxydationsmittel (auch *Elektronenacceptor* = Elektronennehmer) und wird reduziert; in Gl. (4.1.9) wird H_2 oxydiert und Cl_2 reduziert. In *Tab. 4.1* ist eine größere Anzahl von Stoffen (hauptsächlich Ionen) angegeben, zwischen denen in wäßriger Lösung Oxydations-Reduktions-Reaktionen, abgekürzt Redoxreaktionen, ablaufen; A ist der oxydierende, B der reduzierende Stoff (bei gleicher Konzentration von A und B).

Tabelle 4.1

Oxydations-Reduktions-Reaktionen

A	*B*	*A*	*B*	*A*	*B*
$Fe^{\cdot\cdot\cdot}$	$Cr^{\cdot\cdot}$	$Bi^{\cdot\cdot\cdot}$	$Ti^{\cdot\cdot\cdot}$	$HCrO_4^{\prime}$	$Fe^{\cdot\cdot}$
$Fe^{\cdot\cdot\cdot}$	$Sn^{\cdot\cdot}$	$Ti^{\cdot\cdot\cdot\cdot}$	$Cr^{\cdot\cdot}$	$HCrO_4^{\prime}$	$[Fe(CN)_6]^{\prime\prime\prime\prime}$
$Fe^{\cdot\cdot\cdot}$	$Nb^{\cdot\cdot\cdot}$	$UO_2^{\cdot\cdot}$	$Ti^{\cdot\cdot\cdot}$	$HCrO_4^{\prime}$	$HSO_3^{\prime}$
$Ce^{\cdot\cdot\cdot\cdot}$	$[Fe(CN)_6]^{\prime\prime\prime\prime}$	$MnO_4^{\prime}$	$Fe^{\cdot\cdot}$	$BrO_3^{\prime}$	$[Fe(CN)_6]^{\prime\prime\prime\prime}$
$Ce^{\cdot\cdot\cdot\cdot}$	$I^{\prime}$	$MnO_4^{\prime}$	$Ce^{\cdot\cdot\cdot}$	$BrO_3^{\prime}$	$Tl^{\cdot}$
$Ce^{\cdot\cdot\cdot\cdot}$	$As^{\cdot\cdot\cdot}$	$MnO_4^{\prime}$	$Hg_2^{\cdot\cdot}$	$IO_3^{\prime}$	$I^{\prime}$
$Hg^{\cdot\cdot}$	$Fe^{\cdot\cdot}$	$MnO_4^{\prime}$	$Sn^{\cdot\cdot}$	$IO_3^{\prime}$	$Sb^{\cdot\cdot\cdot}$
$Hg^{\cdot\cdot}$	$S_2O_4^{\prime\prime}$	$MnO_4^{\prime}$	$VO^{\cdot\cdot}$	$VO_4^{\prime\prime\prime\prime}$	$Ti^{\cdot\cdot\cdot}$
$Ag^{\cdot}$	$Fe^{\cdot\cdot}$	$MnO_4^{\prime}$	$Mo^{\cdot\cdot\cdot}$	$S_2O_8^{\prime\prime}$	$Fe^{\cdot\cdot}$
$Cu^{\cdot}$	$Cr^{\cdot\cdot}$	$MnO_4^{\prime}$	$W^{\cdot\cdot\cdot\cdot\cdot}$	$MoO_4^{\prime\prime}$	$Ti^{\cdot\cdot\cdot}$
$Cu^{\cdot\cdot}$	$Cr^{\cdot\cdot}$	$MnO_4^{\prime}$	H_2O_2	$ReO_4^{\prime}$	$Sn^{\cdot\cdot}$
$Cu^{\cdot\cdot}$	$V^{\cdot\cdot}$	$MnO_4^{\prime}$	$H_2C_2O_4$	$BrO^{\prime}$	$As^{\cdot\cdot\cdot}$
$Cu^{\cdot\cdot}$	$W^{\cdot\cdot\cdot}$	$[Fe(CN)_6]^{\prime\prime\prime}$	$Mn^{\cdot\cdot}$	$ClO^{\prime}$	$As^{\cdot\cdot\cdot}$
$Au^{\cdot\cdot\cdot}$	$Cu^{\cdot}$	$[Fe(CN)_6]^{\prime\prime\prime}$	$Cr^{\cdot\cdot}$	Halogen	$[Fe(CN)_6]^{\prime\prime\prime\prime}$
$Tl^{\cdot\cdot\cdot}$	$Ti^{\cdot\cdot\cdot}$	$[Fe(CN)_6]^{\prime\prime\prime}$	$Ce^{\cdot\cdot\cdot}$	Cl_2	$Br^{\prime}$
$Sn^{\cdot\cdot\cdot\cdot}$	$Cr^{\cdot\cdot}$	$[Fe(CN)_6]^{\prime\prime\prime}$	$Co^{\cdot\cdot}$	Br_2	$As^{\cdot\cdot\cdot}$
$As^{\cdot\cdot\cdot\cdot\cdot}$	$I^{\prime}$	$[Fe(CN)_6]^{\prime\prime\prime}$	$Sn^{\cdot\cdot}$	Persalze	$Ti^{\cdot\cdot\cdot}$
$Sb^{\cdot\cdot\cdot\cdot\cdot}$	$Sn^{\cdot\cdot}$	$[Fe(CN)_6]^{\prime\prime\prime}$	$Ti^{\cdot\cdot\cdot}$		

Die Voraussetzungen dafür, daß man die Gleichung (4.3) zur Berechnung von ΔG und aller anderen daraus für die betreffende Reaktion ableitbaren thermodynamischen Größen verwenden kann, sind eine Trennung von Elektronengeber- und Elektronennehmerprozeß in einem galvanischen Element und reversible Prozeßführung.

4.2. *Galvanische Elemente*

Vorrichtungen, in denen chemische Reaktionen unter Elektronenaustausch elektrische Arbeit zu leisten in der Lage sind, werden *galvanische Elemente, galvanische Ketten* oder auch *elektrochemische Zellen* genannt. Wenn die betreffende Reaktion durch Zufuhr elektrischer Energie in umgekehrter Richtung gegenüber dem Elektroenergie liefernden Ablauf durchgeführt werden kann, spricht man von Sekundärelementen oder elektrischen Akkumulatoren (s. S. 250). In diesem Fall müßte bei völliger Reversibilität

$$\Delta G = zF \cdot U_a$$

sein, wo U_a die für die Umkehr der freiwilligen Reaktion aufzuwendende Spannung ist. Wir wollen zunächst erörtern, wie es durch Trennung der beiden Teilprozesse zur Ausbildung einer elektrischen Spannung kommt.

Wenn die Oxydation und die Reduktion nicht nur gleichzeitig, sondern auch am gleichen Ort stattfinden, so treten die Elektronen nach außen hin nicht in Erscheinung, weil sie vom reduzierenden direkt auf den oxydierenden Stoff übergehen, z. B. vom $Cu^{\cdot}$-Ion auf das $Fe^{\cdot\cdot\cdot}$-Ion in einer Lösung, die diese beiden Ionensorten nebeneinander enthält. Taucht ein Zinkstab in eine $CuSO_4$-Lösung, so verlaufen ebenfalls die Kupferabscheidung (Reduktion) und die Auflösung des Zinks (Oxydation) gleichzeitig und am gleichen Ort — eben auf dem Zinkstab[1]). Wenn man aber eine Versuchsanordnung verwendet, bei der sich die Oxydation und die Reduktion räumlich getrennt abspielen, so kann man auch den Elektronenübergang nachweisen. Bei der Reaktion

$$Cu^{\cdot} + Fe^{\cdot\cdot\cdot} \rightarrow Cu^{\cdot\cdot} + Fe^{\cdot\cdot}$$

kann man z. B. die Vorgänge

$$Cu^{\cdot} \rightarrow Cu^{\cdot\cdot} + e^- \qquad \text{Oxydation}$$

$$Fe^{\cdot\cdot\cdot} + e^- \rightarrow Fe^{\cdot\cdot} \qquad \text{Reduktion}$$

räumlich voneinander trennen, indem man das eine Ende eines metallischen Leiters, der den Elektrolytlösungen gegenüber indifferent sein muß (z. B. Platindraht), in eine $Cu^{\cdot}$-Salzlösung, das andere in eine $Fe^{\cdot\cdot\cdot}$-Salzlösung taucht. Es geschieht nun folgendes: $Cu^{\cdot}$-Ionen geben je ein Elektron an den metallischen Leiter ab und werden zu $Cu^{\cdot\cdot}$-Ionen. Die Elektronen fließen zu dem Drahtende in der $Fe^{\cdot\cdot\cdot}$-Salzlösung und gehen auf die $Fe^{\cdot\cdot\cdot}$-Ionen über, wodurch diese zu $Fe^{\cdot\cdot}$-Ionen werden. Solange der Stromkreis nicht geschlossen ist, d. h., wenn die beiden Elektrolytlösungen nur über den Metalldraht und nicht noch einmal untereinander verbunden sind, kann natürlich kein dauernder Stromfluß zustande kommen, sondern nur ein ganz kurzer Stromstoß erfolgen, denn durch die Abgabe von Elektronen lädt sich die $Cu^{\cdot}$-Salzlösung positiv auf und hält die Elektronen in dem eintauchenden Drahtende durch elektrostatische Anziehung zurück; die Elektronen ihrerseits verhindern durch elektrostatische Abstoßung, daß weitere Elektronen an den Draht abgegeben werden. Die $Fe^{\cdot\cdot\cdot}$-Salzlösung wird umgekehrt durch Elektronenaufnahme negativ, der Elektronenmangel in dem eintauchenden Drahtende bringt jedoch den Elektronenübergang in die Lösung schnellstens zum Stillstand. Aus diesen Betrachtungen geht gleichzeitig hervor, daß Vorgänge, die nur in einer Elektronenabgabe bzw. -aufnahme bestehen (Einzelelektrodenprozesse), nicht selbständig verlaufen können. Erst wenn man eine elektrisch leitende Flüssigkeitsverbindung zwischen den beiden Lösungen schafft, kommt ein Stromfluß zustande. Die Flüssigkeitsverbindung muß natürlich eine Vermischung der beiden Elektrolyte möglichst vollkommen ausschließen, weil ja sonst der Elektronenübergang wieder direkt von Ion zu Ion erfolgen kann. In *Abb. 4.1* ist die Flüssigkeitsbrücke ein sogenannter ***elektrolytischer Stromschlüssel*** oder ***elektrolytischer Heber***, ein mit Schliffen verschlossenes Glasrohr, das mit einer Elektrolytlösung gefüllt ist. Diese muß sich in-

---

[1]) Die Bildung von Lokalelementen (s. später) kann hier unberücksichtigt bleiben, weil sie nur regellose, nicht verwertbare Elektronenströme verursacht.

different gegenüber den beiden Lösungen verhalten, die sie verbindet. Man kann auch ein poröses Diaphragma verwenden oder die Lösungen in einem Rohr von so kleinem Querschnitt in direkte Berührung bringen, daß die Vermischung sehr stark gehemmt ist.

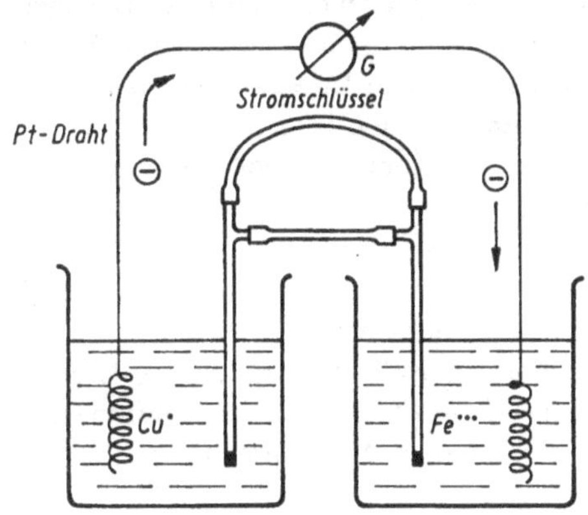

Abb. 4.1: Schema eines galvanischen Elements

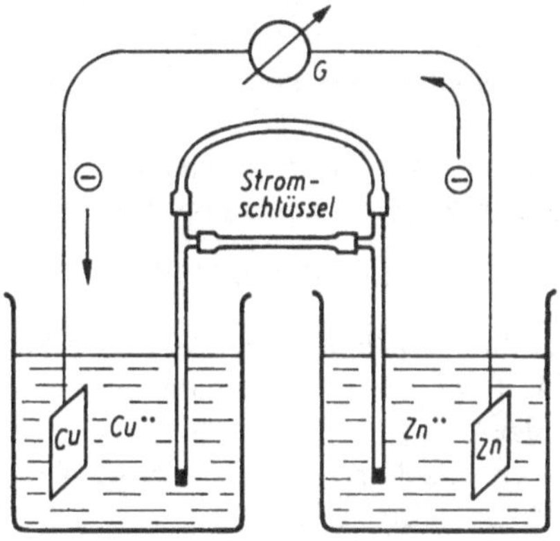

Abb. 4.2: Schema eines DANIELL-Elements

Eine Versuchsanordnung, wie sie *Abb. 4.1* zeigt, nennt man nach dem Entdecker GALVANI *galvanische Kette* oder *galvanisches Element.* Ein sehr bekanntes Beispiel ist auch das DANIELL-Element, bei dem eine Kupferelektrode in eine $CuSO_4$-Lösung und eine Zinkelektrode in eine $ZnSO_4$-Lösung taucht. Die beiden Lösungen können z. B. durch einen elektrolytischen Stromschlüssel mit KCl-Lösung verbunden werden (*Abb. 4.2*). Schließt man den Stromkreis, indem man die beiden Metalle miteinander verbindet, so fließt ein Strom, und es finden folgende Einzelvorgänge statt:

$$Cu^{\cdot\cdot} + 2e^- \rightarrow Cu \qquad \text{Reduktion}$$

$$Zn \rightarrow Zn^{\cdot\cdot} + 2e^- \qquad \text{Oxydation}$$

$$\text{insgesamt:} \quad Cu^{\cdot\cdot} + Zn \rightarrow Cu + Zn^{\cdot\cdot}$$

Die Elektronen fließen also vom Zink zum Kupfer. Das Zink hat eine große Tendenz Elektronen abzugeben, das Kupfer(II)-Ion nimmt sie unter Reduktion auf. Der „Elektronendruck" auf der Seite des Zinks ist sehr viel größer als auf der des Kupfers. Dadurch kommt es zur Ausbildung einer elektrischen Spannung (*elektrischen Potentialdifferenz*), die bei leitender Verbindung Stromfluß ergibt. Der negative Pol des Elements ist das Zink mit dem Elektronenüberschuß. Da es oxydiert wird und in Lösung geht, wenn Strom fließt, wird es hier (und allgemein der negative Pol in einem galvanischen Element) als Anode bezeichnet; das Kupfer ist demnach im DANIELL-Element die Katode. Bei einer Elektrolysezelle war die Anode der positive Pol, dort findet die Oxydation statt, die Katode der negativen Pol. Ihm werden von außen Elektronen zugeführt, die Reduktionsprozesse wirken analog wie die hier vom Zink gelieferten Elektronen.

Man verwendet für die Beschreibung eines galvanischen Elementes folgende abgekürzte Schreibweise:

$$Cu \mid CuSO_4 \parallel KCl \parallel ZnSO_4 \mid Zn. \tag{4.2a}$$

Im folgenden wird mit dieser Schreibweise vorausgesetzt, daß es sich um Systeme mit wäßrigen Phasen handelt. Das Vorliegen einer Schmelze oder einer organischen Lösung wird deshalb besonders gekennzeichnet. Jede Phasengrenze wird durch einen senkrechten Strich markiert. Einen senkrechten Doppelstrich verwendet man, wenn zwei Lösungen verschiedener Zusammensetzung aneinandergrenzen. An solchen Grenzen treten ebenfalls elektrische Spannungen (Diffusionspotentiale) auf (s. S. 191). Wenn sich in einer Phase mehrere Stoffe befinden, deren Angabe von Interesse ist, so werden diese durch Komma getrennt. Zur näheren Erläuterung können in Klammern gesetzte Angaben über Aggregatzustand oder Aktivität bzw. Konzentration dienen. Das DANIELL-Element kann man folgendermaßen schreiben:

$$Cu \mid Cu^{\cdot\cdot} \parallel KCl \parallel Zn^{\cdot\cdot} \mid Zn, \qquad (4.2.b)$$

denn die Sulfationen sind an den Elektrodenreaktionen nicht beteiligt.

Die $CuSO_4$-Lösung mit der eintauchenden Kupferelektrode und die $ZnSO_4$-Lösung mit der Zinkelektrode nennt man *Halbelemente* oder *Halbketten*, weil ihre Kombination ein galvanisches Element ergibt. Manchmal bezeichnet man Halbelemente auch kurz als Einzelelektrode[1]).

Tabelle 4.2

Verschiedene Elektrodenarten und -reaktionen

	Zusammensetzung	Beispiel	Reaktion
1	Metall | Metallion	$Cu \mid Cu^{\cdot\cdot}$	$Cu \rightleftharpoons Cu^{\cdot\cdot} + 2e^-$
2	Metall | schwerlösl. Salz (oder Oxid), Anion	$Hg \mid Hg_2Cl_2, \mid Cl'$	$2Hg + 2Cl' \rightleftharpoons Hg_2Cl_2 + 2e^-$
3	Inerte Elektrode[1]) | Metalloid in Lösung, Anion	$Pt \mid I_2, I'$	$2I' \rightleftharpoons I_2 + 2e^-$
4	Inerte Elektrode | Ionen verschied. Wertigkeit	$Pt \mid Fe^{\cdot\cdot}, Fe^{\cdot\cdot\cdot}$	$Fe^{\cdot\cdot} \rightleftharpoons Fe^{\cdot\cdot\cdot} + e^-$
5	Inerte Elektrode | Gas, Ion	$Pt \mid H_2, H^{\cdot}$	$H_2 \rightleftharpoons 2H^{\cdot} + 2e^-$
		$Pt \mid Cl_2, Cl'$	$2Cl' \rightleftharpoons Cl_2 + 2e^-$
6	Inerte Elektrode | gelöste Nichtelektrolyte in verschied. Oxydationsstufen	$Pt \mid C_6H_4(OH)_2$ (Hydrochinon) $C_6H_4O_2$ (Chinon)	$C_6H_4(OH)_2 + 2H_2O \rightleftharpoons C_6H_4O_2 + 2H_3O^{\cdot} + 2e^-$

[1]) Unter einer inerten Elektrode versteht man einen Elektronenleiter, der den Strom zuführt, aber nicht an dem Einzelvorgang des Halbelementes beteiligt ist.

Es gibt nun zu einem bestimmten Halbelement nicht etwa nur ein einziges anderes Halbelement, mit dem es zu einer galvanischen Kette vereinigt werden kann, sondern man hat sehr viele Kombinationsmöglichkeiten, die der Definition eines galvanischen Elementes genügen. So kann man die Halbketten $Cu \mid Cu^{\cdot\cdot}$ bzw. $Zn \mid Zn^{\cdot\cdot}$ auch mit den Halbelementen $Ag \mid Ag^{\cdot}$, $Hg \mid Hg_2^{\cdot\cdot}$ usw. zusammensetzen. In *Tab. 4.2* sind verschiedene Arten von Halbelementen bzw. Elektroden und die dazugehörigen Elektrodenreaktionen (Einzelvorgänge) angegeben.

[1]) Bisher haben wir ja unter Elektroden stets nur die Elektronenleiter verstanden, die den Elektrolyten den Strom zuführen.

4.3. *Messung von Zellspannungen*

Die in *Kap. 4.1.* definierte Zellspannung U kann nur gemessen und damit zur Berechnung der freien Reaktionsenthalpie verwendet werden, wenn bei der Messung reversible Bedingungen herrschen. Wenn wir im galvanischen Element wie in *Abb. 4.1* bzw. *4.2* Katode und Anode kurzschließen, so findet entsprechend der Stärke des fließenden Stromes eine irreversible Umsetzung statt, d. h., die Voraussetzung zur Messung der Zellspannung ist nicht erfüllt. Wenn wir die beiden Elektroden über ein Voltmeter verbinden, so zeigt dieses nur dann die Zellspannung an, wenn stromlos gemessen wird. Ist die Stromstärke so klein, daß man mit einem beinahe reversiblen Reaktionsablauf rechnen kann, mißt man nicht U, sondern die kleinere Klemmenspannung $U_{Kl} = U \frac{R_a}{R_i + R_a}$ (s. S. 26). Erst wenn der äußere Widerstand R_a (des Voltmeters) gegenüber dem Zellenwiderstand außerordentlich groß wird, kann $U_{Kl} = U$ gesetzt werden. Man kann dies heute ohne weiteres durch Verwendung von Voltmetern mit einem Eingangswiderstand von 10^{12} Ohm und mehr erreichen. Anschaulicher in bezug auf die Reversibilitätsbedingung ist jedoch die schon von POGGENDORFF (1890) vorgeschlagene ***Kompensationsmethode***. Sie beruht im Prinzip darauf, daß der zu messenden Spannung eine bekannte, veränderliche Spannung entgegengeschaltet wird.

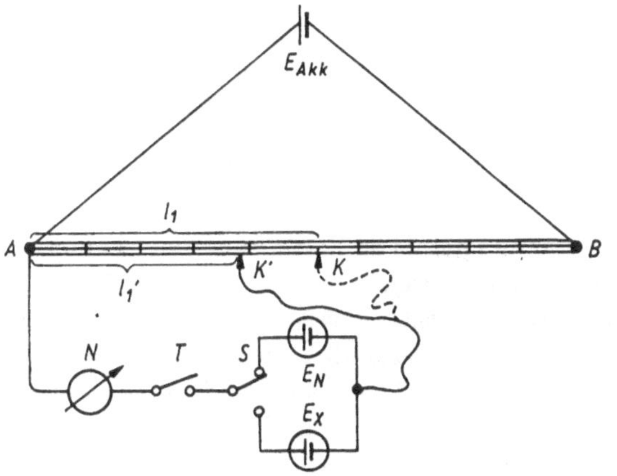

Abb. 4.3: Kompensationsmethode zur Messung von Zellspannungen

Wenn beide Spannungen völlig gleich sind, zeigt ein im Stromkreis liegendes hochempfindliches Galvanometer N keinen Strom an (s. *Abb. 4.3*). Die geringste Vergrößerung der veränderlichen Spannung führt zu einem Stromfluß, der der Richtung der elektrochemischen Reaktion entgegen ihrem freiwilligen Verlauf entspricht, z. B. $Cu^{\cdot\cdot} + Fe^{\cdot\cdot} \rightarrow Fe^{\cdot\cdot\cdot} + Cu^{\cdot}$, während eine minimale Verkleinerung der veränderlichen Spannung gegenüber der zu messenden die freiwillige Reaktion, in obigem Beispiel: $Fe^{\cdot\cdot\cdot} + Cu \rightarrow Cu^{\cdot\cdot} + Fe^{\cdot\cdot}$, wenn auch in verschwindendem Maße, ablaufen läßt. Durch die Kompensation der Zellspannung mit der veränderlichen Spannung ist ein „Gleichgewicht" hergestellt worden[1]), das dem reversiblen Ablauf der betreffenden Reaktion entspricht

[1]) Es handelt sich wohlgemerkt nicht um das chemische Gleichgewicht, dann müßte ja ΔG und damit U Null sein und die Konzentration von $Fe^{\cdot\cdot\cdot}$ und $Cu^{\cdot}$ wäre sehr viel kleiner als die von $Cu^{\cdot\cdot}$ und $Fe^{\cdot\cdot}$. Gleichgewicht besteht zwischen den beiden Spannungen, dadurch wird Reversibilität erzielt und $\Delta G = -z \cdot F \cdot U$ meßbar.

und nach (4.1.3) die freie Reaktionsenthalpie liefert. Allerdings muß die Reaktion unter den gewählten Bedingungen auch in beiden Richtungen mit merklicher Geschwindigkeit ablaufen, weil sich sonst die Zellspannung nicht auf den den jeweiligen Konzentrationen (richtiger Aktivitäten) entsprechenden Wert einstellt.

In *Abb. 4.3* ist schematisch eine einfache POGGENDORFFsche Kompensationsschaltung dargestellt. Einer möglichst konstanten Spannungsquelle, z. B. einem Bleiakkumulator, wird über einen Spannungsteiler, in *Abb. 4.3* ein auf einer Meßlatte ausgespannter Widerstandsdraht, eine veränderliche Spannung entnommen, die durch Verschieben des Schleifkontaktes K solange variiert wird, bis das Nullinstrument N (z. B. ein Lichtmarkengalvanometer) keinen Ausschlag zeigt; dann ist die Zellspannung U_x des Elements E_x gleich der dem Spannungsteiler entnommenen Spannung. Sie läßt sich aus der Länge des Gefällsdrahtes AB und dem abgegriffenen Abschnitt $AK' = l_1'$ berechnen, wenn die Spannung des Akkumulators E_{AKK} genau bekannt ist. U_{AKK} erhält man, indem man in der gleichen Weise die Spannung eines Elementes mit sehr genau bekannter und konstanter Spannung U_N, eines sogenannten *Normalelementes*[1]) kompensiert. Ist dies bei der Länge $AK = l_1$ erreicht (s. *Abb. 4.3*), dann ist die Akkuspannung:

$$U_{AKK} = U_N \cdot \frac{AB}{AK} = U_N \cdot \frac{AB}{l_1}. \tag{4.3.1}$$

Für die Zellspannung des zu messenden Elementes ergibt sich dann, wie man leicht übersieht,

$$U_x = U_N \cdot \frac{AK'}{AK} = U_N \frac{l_1'}{l_1}. \tag{4.3.2}$$

Der Taster gestattet, nur kurzzeitig auf Stromlosigkeit zu prüfen, damit das Element, wenn man sich noch außerhalb der Kompensation befindet, so wenig wie möglich durch Stromentnahme oder -zufuhr belastet wird; mit dem Schalter S kann man vom Normalelement auf das Element E_x umschalten.

Gleichspannungskompensatoren, die Zellspannungen nach dem POGGENDORFFschen Prinzip mit hoher Präzision zu messen gestatten, verwenden als Spannungsteiler statt des Schleifdrahtes in *Abb. 4.3* Stufen- oder Kaskadenwiderstände. Zum Beispiel werden bei dem FEUSSNER-Präzisionskompensator Widerstandsstufen von 10×1000 Ohm, 10×100 Ohm, 10×1 Ohm und $10 \times 0{,}1$ Ohm verwendet. Mit solchen Kompensatoren ebenso wie mit Röhren- oder Transistorvoltmetern (mit hohem Eingangswiderstand), kann man Gleichspannungen mit einer Genauigkeit von 1 μV und weniger ohne Schwierigkeit messen. Die Reproduzierbarkeit der Meßwerte von galvanischen Elementen ist aber im allgemeinen viel geringer und beträgt in günstigsten Fällen ± 5 μV.

Das am häufigsten verwendete Normalelement ist das internationale WESTON-Element (*Abb. 4.4*). Es hat folgenden Aufbau:

$$- \ \mathrm{Hg, Cd}\ (12{,}5\%) \mid CdSO_4 \cdot 8/3\, H_2O \mid CdSO_4 \mid Hg_2SO_4 \mid \mathrm{Hg}\ + \tag{4.3.a}$$

Dieses Element besitzt bei konstanter Temperatur eine sehr konstante Spannung, weil die Änderungen bei geringen Stromflüssen dadurch wieder ausgeglichen werden, daß $CdSO_4$ oder Hg_2SO_4 in Lösung gehen bzw. sich aus der Lösung abscheiden. Mit der

[1]) Normalelemente (s. S. 155) sind zur Kontrolle von kleinen Gleichspannungen auch heute noch im Gebrauch, weil die zeitliche Konstanz und zum Teil auch die geringe Temperaturabhängigkeit ihrer Spannung bisher durch andere Konstantspannungsquellen kaum erreicht ist (Konstanz bis auf 10^{-5} V).

Temperatur ϑ (°C) ändert sich die EMK dieses Elementes folgendermaßen:

$$U = 1{,}01865 - 4{,}076 \cdot 10^{-5}(\vartheta - 20) - 9{,}447 \cdot 10^{-7}(\vartheta - 20)^2 + 9{,}8 \cdot 10^{-9}(\vartheta - 20)^3 \text{ (V)}.$$

Das WESTON-Standardelement unterscheidet sich vom internationalen WESTON-Element dadurch, daß es eine bei 4 °C gesättigte $CdSO_4$-Lösung und kein festes Cadmiumsulfat enthält. Es hat den Vorteil, daß seine EMK zwischen 10 und 30 °C praktisch konstant 1,0190 V beträgt, ist aber stromempfindlicher.

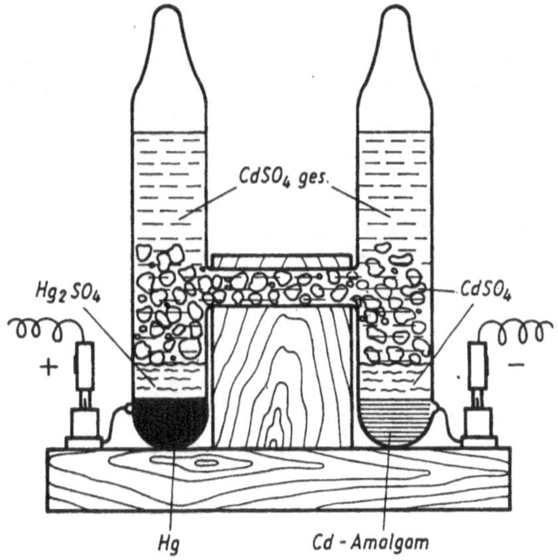

Abb. 4.4: Internationales WESTON-Element

Auch das CLARK-Standardelement wird oft benutzt. Es ist ähnlich wie die WESTON-Elemente aufgebaut, jedoch mit Zink an Stelle des Cadmiums.

$$- \text{ Hg, Zn (10\%)} \mid ZnSO_4 \cdot 7\,H_2O \mid ZnSO_4 \mid Hg_2SO_4 \mid Hg \; + \qquad (4.3.b)$$

$$U = 1{,}4330 - 1{,}119 \cdot 10^{-3}(\vartheta - 15) - 7 \cdot 10^{-6}(\vartheta - 15)^2 \text{ (V)}.$$

4.4. *Bestimmung der freien Reaktionsenthalpie aus Zellspannungen, Nernstsche Gleichung*

Wenn es gelingt, eine chemische Reaktion in einen Elektronennehmer- und einen Elektronengeberprozeß aufzuteilen und beide Prozesse getrennt und reversibel an zwei geeigneten Elektroden ablaufen zu lassen, so erhält man aus der Zellspannung nach (4.1.3) sofort die freie Reaktionsenthalpie unter den gewählten Bedingungen.

Dabei ist es im Prinzip nicht nötig, daß bei der interessierenden Reaktion unmittelbar Ionen gebildet werden. Die Reaktion

$$H_2(g) + \frac{1}{2}\,O_2(g) \rightleftharpoons H_2O(l) \qquad (4.4.1)$$

läßt sich z. B. in die beiden Teilreaktionen:

$$H_2(g) \rightleftharpoons 2\,H^{\cdot} + 2e^- \qquad (4.4.2)$$

$$\frac{1}{2}\,O_2 + H_2O(l) + 2e^- \rightleftharpoons 2\,OH' \qquad (4.4.3)$$

zerlegen. Wenn man noch berücksichtigt, daß $2\,H^{\cdot} + 2\,OH' \rightleftharpoons 2\,H_2O(l)$ ist, erhält man aus der Summe von (4.4.2) und (4.4.3) die Gleichung (4.4.1):

$$H_2(g) + \frac{1}{2}\,O_2(g) + H_2O(l) \rightleftharpoons 2\,H^{\cdot} + 2\,OH' \rightleftharpoons 2\,H_2O(l).$$

Wenn nun die beiden Elektrodenreaktionen in Wasser oder zur Erhöhung der Leitfähigkeit in einer (verdünnten) wäßrigen Elektrolytlösung reversibel ablaufen, dann liefert die Spannung der entsprechenden Zelle, z. B.

$$Pt \mid H_2,\ \text{Elektrolyt},\ O_2 \mid Pt$$

ΔG für die Reaktion. An platiniertem Platin als Elektrodenmaterial läuft die Reaktion (4.4.2) vollständig reversibel ab (s. S. 306); dagegen wird O_2 an keinem üblichen Elektrodenmaterial reversibel nach (4.4.3) reduziert. Wenn man daher die aus (4.1.3) berechnete Zellspannung mit der gemessenen vergleicht, findet man für letztere um 0,2 bis 0,3 V kleinere Werte. Für die Reaktion (4.4.1) ist $\Delta G^0 = -237{,}35$ kJ bei 25 °C. Daraus erhält man nach $\frac{237{,}35}{2 \cdot 96484} = 1{,}23$ V, während man meistens Werte von 0,9 bis 1,0 V mißt. Der oben angegebene Wert von $-237{,}35$ kJ für die Reaktion (4.4.1) bezieht sich als Standardgröße auf die Aktivitäten bzw. Fugazitäten 1 der Reaktionsteilnehmer (s. *Band 1, Kap. 18.8*). Sofern man die beiden Gase bei einem Druck von 101,3 kPa und eine verdünnte wäßrige Lösung verwendet, kann man sowohl die Fugazitätskoeffizienten der Gase wie den Aktivitätskoeffizienten des Wassers praktisch gleich 1 setzen; die Abweichung des gemessenen vom berechneten Wert kann also nicht etwa auf die nicht idealen Bedingungen der gemessenen Zelle zurückgeführt werden. Sie ist vielmehr eine Folge der Tatsache, daß sich das Gleichgewicht

$$\frac{1}{2}\,O_2 + H_2O + 2e^- \rightleftharpoons 2\,OH'$$

an den Elektroden nicht reversibel einstellt. Das ergibt sich aus der Tatsache, daß in vielen anderen Fällen die gemessene Kettenspannung, auch wenn sie nicht unter Standardbedingungen bestimmt wurde, gut mit dem berechneten Wert übereinstimmt (s. z. B. S. 167, Chlorknallgaskette). Allerdings ist dabei Voraussetzung, daß beide Elektrodenreaktionen im gleichen Elektrolyten ablaufen.

Nur wenn der anodische und katodische Teilschritt der chemischen Reaktion (in unserem Fall $H_2 \rightleftharpoons 2\,H^{\cdot} + 2e^-$ und $\frac{1}{2}\,O_2 + H_2O + 2e^- \rightleftharpoons 2\,OH'$) im gleichen Elektrolyten ablaufen können, ist die gemessene Zellspannung, multipliziert mit $z \cdot 96484$, gleich der Änderung der freien Enthalpie pro Formelumsatz. Man spricht in diesem Fall von *Ketten ohne Überführung*, weil es nur einen Elektrodenraum gibt und infolgedessen beim Arbeiten der Zelle keine Überführung von Ionen aus dem Katoden- in den Anodenraum oder umgekehrt stattfinden kann. Viele Umsetzungen (vor allem zwischen

Ionen) lassen sich nicht in einer Kette ohne Überführung durchführen, weil dann eine direkte Reduktions-Oxydations-Reaktion ablaufen würde. Zum Beispiel kann man die Umsetzung im sogenannten DANIELL-Element:

$$Zn + Cu^{\cdot\cdot} \rightleftharpoons Cu + Zn^{\cdot\cdot}$$

weder in einer Kupfersulfatlösung, in die ein Kupferblech und ein Zinkblech taucht, noch in einer Zinksulfatlösung mit denselben Blechen als Elektroden durchführen. Im ersten Fall würde an dem Zinkblech die Gesamtreaktion irreversibel verlaufen und das Zinkblech mit (zementiertem) Kupfer überziehen. Im zweiten Fall fände keine Reaktion statt, weil keine $Cu^{\cdot\cdot}$ vorhanden wären, die der Reduktion zu Cu unterliegen würden. Nur wenn das Zinkblech in eine Zinksalzlösung und das Kupferblech in eine Kupfersalzlösung taucht, können der anodische ($Zn \rightleftharpoons Zn^{\cdot\cdot} + 2e^-$) und katodische ($Cu^{\cdot\cdot} + 2e^- \rightleftharpoons Cu$) Prozeß getrennt ablaufen, d. h. kann eine galvanische Zelle entstehen. Dann tritt aber eine Phasengrenze zwischen den beiden Elektrolytlösungen, die z. B. durch ein Tondiaphragma getrennt werden, auf. Dort findet Diffusion der Lösungen ineinander bzw. Überführung von Ionen bei Stromfluß statt. Dadurch entstehen zusätzlich Spannungsdifferenzen, *Diffusionspotentiale* (s. S. 191), die weder exakt berechnet noch getrennt experimentell bestimmt werden können. *Ketten mit Überführung* liefern wegen dieser Diffusionspotentiale im allgemeinen auch nicht die freie Reaktionsenthalpie der in der Zelle ablaufenden Reaktion, hier gilt:

$$zFE = \Delta G + A_d, \tag{4.4.4}$$

wobei A_d die bei Formelumsatz an der Phasengrenze zwischen den beiden Lösungen auftretende unbekannte Arbeit ist. Die freie Reaktionsenthalpie kann daher nur in Zellen ohne Überführung bei reversiblem Verlauf von anodischem und katodischem Teilprozeß exakt bestimmt werden. Das gilt auch für die durch Konvention angebbaren *Galvanispannungen* von Einzelelektrodenprozessen (s. S. 167).

Genausowenig wie man thermodynamische Standardgrößen, die für einen fiktiven Bezugszustand definiert sind, direkt experimentell bestimmen kann (s. *Band 1, Kap. 18.8.*), ist es möglich, Zellspannungen unter Standardbedingungen direkt zu messen. Man kann die *Standardzellspannung* bzw. die *Standard*-EMK auch nur durch Extrapolation oder rechnerische Berücksichtigung der Abweichung vom idealen Bezugszustand erhalten. Dazu liefert uns der thermodynamische Zusammenhang zwischen freier Reaktionsenthalpie und Aktivität der Reaktionsteilnehmer (s. *Band 1,* S. 376) die prinzipielle Möglichkeit:

$$\Delta G = \Delta G^0 + RT \ln \frac{\Pi a_E}{\Pi a_A}, \tag{4.4.5}$$

wobei Πa_A das Produkt der Aktivitäten (bzw. Fugazitäten) der Ausgangsstoffe und Πa_E das Produkt der Aktivitäten der Endprodukte der Reaktion sind. Die freie Standardreaktionsenthalpie wird erhalten, wenn die Aktivität aller Reaktionsteilnehmer eins ist.

Findet nun die Reaktion in einer galvanischen Zelle unter reversiblen Bedingungen statt, so können wir $\Delta G = zFE$ und $\Delta G^0 = zFE^0$ setzen (s. S. 148) und erhalten

$$E = E^0 + \frac{RT}{zF} \ln \frac{\Pi a_E}{\Pi a_A}, \tag{4.4.6}$$

die sogenannte *Nernstsche Gleichung*. Sie ist, wie man sieht, eine einfache Konsequenz aus der allgemeinen chemischen Thermodynamik und mithin in dieser Form auch exakt gültig. Sie hat für die elektrochemische Thermodynamik und zum Teil auch für die elektrochemische Kinetik fundamentale Bedeutung.

Wenn man nun die Zellspannung bei verschiedenen Konzentrationen mißt und auf $c = 0$ extrapoliert, wo der Aktivitätskoeffizient, wie wir wissen, eins wird, dann können wir durch Anwendung der NERNSTschen Gleichung auch E^0 und damit auch ΔG^0 ermitteln. Daraus erhalten wir die Gleichgewichtskonstante der Zellreaktion, und wenn wir E^0 für verschiedene Temperaturen bestimmen, auch ihre Reaktionsentropie und -enthalpie, wie wir im nächsten Kapitel sehen werden. Aus den schon genannten Gründen muß aber auch die Messung in Zellen ohne Überführung erfolgen.

Wir wollen zunächst an einer einfachen Reaktion zeigen, wie man mittels Messung von Zellspannungen E^0 und damit ΔG^0 erhalten kann. Wenn wir in wäßriger Salzsäure Quecksilber(I)-chlorid (Kalomel) mit Wasserstoff zu Quecksilber reduzieren, so findet die Reaktion

$$H_2 + Hg_2Cl_2(s) \rightleftharpoons 2\,Hg + 2\,Cl' + 2\,H^{\cdot} \tag{4.4.7}$$

statt. Sie läßt sich zerlegen in:

$$H_2 \rightleftharpoons 2\,H^{\cdot} + 2e^-, \quad \text{anodischer Prozeß}, \tag{4.4.2}$$

und

$$Hg_2Cl_2(s) + 2e^- \rightleftharpoons 2\,Hg + 2\,Cl', \quad \text{katodischer Prozeß}. \tag{4.4.8}$$

(4.4.2) und (4.4.8) ergeben wieder (4.4.7). Wenn wir in wäßriger Salzsäure eine Wasserstoffelektrode (H_2 wird an eine platinierte, halbeintauchende Platinelektrode geleitet) mit einer Quecksilberelektrode, die mit Kalomel bedeckt ist, kombinieren:

$$Pt \mid H_2, HCl \mid Hg_2Cl_2 \mid Hg \tag{4.4.a}$$

so ist deren EMK, vorausgesetzt, daß die Teilprozesse reversibel ablaufen (als Kette ohne Überführung) und der Wasserstoffdruck 101,3 kPa beträgt (streng genommen muß die Fugazität 1 sein), nach der NERNSTschen Gleichung:

$$E = E^0 + \frac{RT}{2F} \ln a_{H^{\cdot}}^2 \cdot a_{Cl'}^2 \tag{4.4.9}$$

oder

$$E = E^0 + \frac{RT}{F} \ln a_{H^{\cdot}} \cdot a_{Cl'} = E^0 + \frac{RT}{F} \ln a_{\pm}^2, \tag{4.4.10}$$

$$E = E^0 + \frac{2RT}{F} \ln a_{\pm}. \tag{4.4.11}$$

Wenn wir statt der EMK die gemessene Kettenspannung $U = -E$ und den dekadischen Logarithmus einführen, erhalten wir

$$U = U^0 - \frac{2 \cdot 2{,}3026 \cdot RT}{F} \lg a_{\pm}. \tag{4.4.12}$$

Wir bezeichnen den viel benötigten Faktor $+\dfrac{2{,}3026RT}{F} = F_N$ als NERNST-Faktor. Sein Wert errechnet sich für verschiedene Temperaturen (in K), wenn wir R in $J \cdot mol^{-1} \cdot K^{-1}$ ausdrücken, nach $F_N = 1{,}984 \cdot 10^{-4} \cdot T$. Er ist in *Tab. 3* des Anhangs für die Berechnung der Kettenspannung in V angegeben.

Wie man aus (4.4.9) bis (4.4.12) sieht, erhält man eine Gleichung, die nicht etwa Einzelionenaktivitäten enthält, obwohl diese in die Elektrodenreaktionen eingehen, sondern nur ihr Produkt, nämlich die mittlere Aktivität der Salzsäure. Das gilt allgemein für die Zellspannung. Man kann demzufolge aus solchen Messungen keine Einzelionenaktivitäten ermitteln, sondern nur mittlere. Natürlich braucht man dazu die Zellspannung. Wenn die Messung in einem Konzentrationsbereich der Salzsäure erfolgt ist, in dem die DEBYE-HÜCKEL-Gleichung oder eine erweiterte Form anwendbar ist (s. S. 88), dann kann man U^0 nach

$$U^0 = U + 2F_N \lg m_\pm f_\pm = U + 2F_N \lg m_\pm + 2F_N \lg f_\pm \tag{4.4.13}$$

berechnen, wobei sich $f_\pm$ nach (2.91a) bzw. (2.94a) ergibt. Wenn die Aktivität von HCl in der betreffenden Lösung auf andere Weise, z. B. aus Dampfdruckmessungen über die Gleichung von GIBBS-DUHEM (s. *Band 1*, S. 326) bekannt ist, kann man ebenso verfahren.

Andererseits kann man auch die DEBYE-HÜCKEL-Gleichung oder ihre Erweiterungen benutzen, um die Standardzellspannung durch Extrapolation zu ermitteln. Wenn man in (4.4.13) $\lg f_\pm$ durch $-Az_+ |z_-| \sqrt{J_{(m)}}$ ersetzt und umstellt, ergibt sich

$$U + 2F_N \lg m_\pm = U^0 + 2F_N A z_+ |z_-| \sqrt{J_{(m)}}. \tag{4.4.14}$$

Trägt man also $(U + 2F_N \lg m_\pm)$ gegen $\sqrt{J_{(m)}}$ auf, so muß im DEBYE-HÜCKEL-Bereich eine Gerade mit der Steigung $2F_N A z_+ |z_-|$ resultieren, die die Ordinate im Punkt U^0 schneidet. In unserem Beispiel wird $m_\pm = m_{HCl}$ und, sofern keine anderen Elektrolyte gelöst sind, auch $J_{(m)} = m_{HCl}$. Wenden wir nun eine erweiterte DEBYE-HÜCKEL-Gleichung für $\lg f_\pm$ an, z. B.

$$\lg f_\pm = \frac{-A\sqrt{m_{HCl}}}{1 + \sqrt{m_{HCl}}} + b m_{HCl},$$

so können wir für (4.4.13) schreiben:

$$U + 2F_N \left(\lg m_{HCl} - \frac{A\sqrt{m_{HCl}}}{1 + \sqrt{m_{HCl}}} \right) = U^0 - b m_{HCl} \cdot 2F_N. \tag{4.4.15}$$

Wenn wir jetzt den Ausdruck auf der linken Seite von (4.4.15), der nur bekannte Größen enthält, gegen die Molalität der Salzsäure auftragen, so erhalten wir bis zu höheren Konzentrationen eine Gerade mit der Steigung $2bF_N$, die sich also aus der Meßreihe ergibt. Sie schneidet wieder die Ordinate bei U^0 (vgl. *Abb. 4.5*).

Für die Kette (4.4.a) wurde auf diese Weise eine Standardspannung bei 25 °C von $0{,}26796 \pm 4 \cdot 10^{-5}$ V gefunden. Dabei war die Wasserstoffelektrode der negative, die $Hg\,|\,Hg_2Cl_2$-Elektrode der positive Pol der Kette. So ist gleichzeitig erwiesen, daß der Vorgang (4.4.7) von links nach rechts unter Standardbedingungen freiwillig verläuft, mit anderen Worten, der Wasserstoff ist Elektronendonator, Hg_2Cl_2 Elektronenacceptor. Allgemein kann man aus dem Vorzeichen der Elektroden erkennen, in welcher Richtung die Kettenreaktion freiwillig verläuft. Demzufolge muß mit wachsender HCl-Aktivität das Gleichgewicht nach links verschoben werden und die Affinität $A = zFU$ abnehmen, wie dies auch Gleichung (4.4.12) fordert.

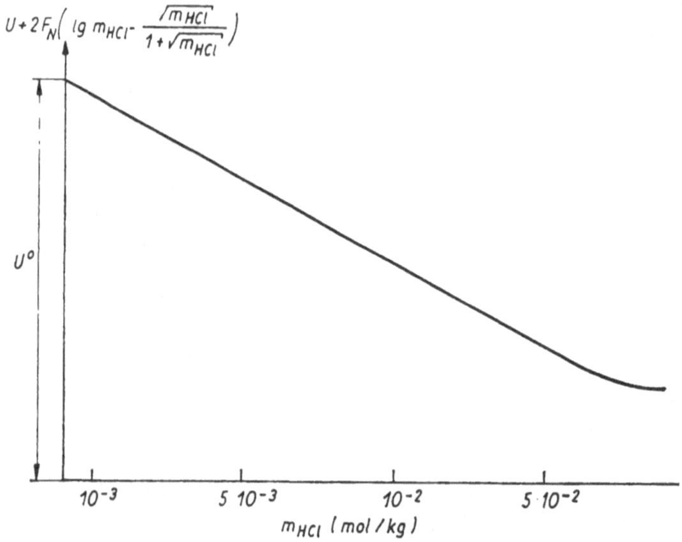

Abb. 4.5: Grafische Darstellung zur Bestimmung der Standardspannung

Bei Kenntnis der Standardzellspannung kann man mit EMK-Messungen an Ketten ohne Überführung die Aktivitäten für beliebige Konzentrationen bestimmen. Das ist eine der wichtigsten Methoden zur direkten Bestimmung der Aktivität gelöster Elektrolyte. Den Aktivitätskoeffizienten erhält man aus der Konzentration des Elektrolyten m_E nach

$$f_\pm = \frac{a_\pm}{m_E \cdot Q}, \qquad Q = \sqrt[\nu]{\nu_+^{\nu_+} \cdot \nu_-^{\nu_-}}. \tag{4.4.16}$$

Dabei ist vorausgesetzt, daß der gelöste Elektrolyt vollständig dissoziiert ist und weder Ionenpaar- oder Komplexbildung noch Hydrolyse die nach $m_\pm = m_E \cdot Q$ errechnete mittlere molare Konzentration verändern. Bei konzentrierten Elektrolytlösungen wird häufig $m_\pm$ infolge von Ionenpaar- oder Komplexbildung wesentlich kleiner als $m_E Q$ sein, dann findet man zu kleine Aktivitätskoeffizienten; im Falle starker Hydrolyse ist $m_\pm > m_E \cdot Q$, dann erhält man zu große Aktivitätskoeffizienten. Dadurch wird die theoretische Interpretation von $f_\pm$ bzw. der freien Überschußenthalpie außerordentlich erschwert (s. S. 85).

4.5. *Bestimmung von Gleichgewichtskonstanten, Reaktionsentropien und -enthalpien aus Zellspannungen*

Die direkte Bestimmung von ΔG^0 aus der Standard-EMK der Kette ermöglicht natürlich mit der fundamentalen Gleichung:

$$\Delta G^0 = -RT \ln K_a \quad (\textit{Band 1}, \text{S. } 376),$$

die Gleichgewichtskonstante der in der Kette ablaufenden Reaktion zu berechnen. Zum Beispiel ergibt sich aus der Standardspannung der Kette (4.4.a) für die Reaktion (4.4.7) (s. S. 158)

$$\Delta G^0 = z \cdot FE^0 = -z \cdot FU^0 = -RT \ln K_a, \tag{4.5.1}$$

$$2 \cdot 96484 \cdot 0{,}26796 = 2{,}3026 \cdot R \cdot T \lg K_a, \tag{4.5.2}$$

bzw. bei 25 °C wird

$$\lg K_a = \frac{0{,}26796 \cdot 2}{0{,}059158} = 9{,}0630;$$

damit erhält man für

$$K_a = 1{,}156 \cdot 10^9.$$

Das Gleichgewicht der Reduktion des Kalomels durch gasförmigen Wasserstoff zu Quecksilber und wäßriger Salzsäure liegt also bei 25 °C völlig auf der Seite des Quecksilbers. Eine direkte Bestimmung von K_a aus der Gleichgewichtsaktivität bei der chemischen Reaktion (4.4.7) würde kaum gelingen, weil sich das chemische Gleichgewicht außerordentlich träge einstellen würde. Man sieht, daß die Methode der Zellspannungsmessungen für die chemische Thermodynamik große Vorteile bietet. Wie wir im nächsten Kapitel sehen werden, beschränkt sich diese Methode nicht nur auf solche Reaktionen, die in Ketten ohne Überführung reversibel ablaufen, sondern man kann auch die Gleichgewichtskonstanten vieler anderer Reaktionen durch Kombination von Elektrodenprozessen berechnen. Zunächst wollen wir noch die Berechnung von Reaktionsentropien und -enthalpien aus dem Temperaturkoeffizienten der Zellspannung behandeln. Da der Temperaturkoeffizient der freien Enthalpie gleich dem negativen Entropiewert ist (s. *Band 1*, S. 292), können wir die Reaktionsentropie ΔS aus dem Temperaturkoeffizienten der freien Reaktionsenthalpie ΔG und damit aus dem Temperaturkoeffizienten der EMK bzw. der Zellspannung berechnen

$$\left(\frac{\partial \Delta G}{\partial T}\right)_p = \left(\frac{\partial E}{\partial T}\right)_p \cdot zF = -\Delta S \tag{4.5.3}$$

bzw.

$$\left(\frac{\partial U}{\partial T}\right)_p \cdot zF = \Delta S. \tag{4.5.4}$$

Wenn wir weiter berücksichtigen, daß $\Delta G = \Delta H - T\Delta S$ ist, ergibt sich

$$\Delta H = zF\left[E - T\left(\frac{\partial E}{\partial T}\right)_p\right] = W_p. \tag{4.5.5}$$

Wenn wir die exotherme Wärmetönung einführen und mit $\bar{W}_p$ (nach EUCKEN) bezeichnen, so können wir bei Ersatz von E durch die direkt gemessene Zellspannung schreiben:

$$\bar{W}_p \equiv -W_p, \qquad \bar{W}_p = zF\left[U - T\left(\frac{\partial U}{\partial T}\right)_p\right]. \tag{4.5.6}$$

Die Kettenspannung und ihr Temperaturkoeffizient liefern also die freie Reaktionsenthalpie, die Reaktionsenthalpie (oder Wärmetönung bei konstantem Druck (s. *Band 1*, S. 292)) und die Reaktionsentropie einer in einem galvanischen Element reversibel verlaufenden Reaktion. Aus (4.5.5) folgt, daß

$$W_p > \Delta G, \quad \text{wenn} \quad \left(\frac{\partial E}{\partial T}\right)_p < 0 \tag{4.5.7}$$

und

$$W_p < \Delta G, \quad \text{wenn} \quad \left(\frac{\partial E}{\partial T}\right)_p > 0. \tag{4.5.8}$$

Anschaulicher ist es, die exotherme Wärmetönung, wie sie etwa in einer Wärmekraftmaschine zur Erzeugung mechanischer Energie benutzt wird, mit der aus einem galvanischen Element mit derselben Umsetzung zu entnehmenden Elektroenergie zFU (bei reversiblem Verlauf) zu vergleichen. Nach (4.5.6) gilt:

$$W_p > zFU, \quad \text{wenn} \quad \left(\frac{\partial U}{\partial T}\right)_p < 0 \tag{4.5.9}$$

und

$$W_p < zFU, \quad \text{wenn} \quad \left(\frac{\partial U}{\partial T}\right)_p > 0. \tag{4.5.10}$$

Aus Gleichung (4.5.10) folgt, daß man im Prinzip einer Reaktion im galvanischen Element mehr Elektroenergie entnehmen kann, als sie bei direkter chemischer Umsetzung Wärme liefert, wenn die Zellspannung mit der Temperatur zunimmt. Demgegenüber erhält man wegen des zweiten Hauptsatzes der Wärmelehre maximal nur den Bruchteil

$$A_E = \frac{T_1 - T_2}{T_1} \cdot W_p$$

an elektrischer Energie (A_E), wenn man sie über mechanische Energie in einer Wärme-Kraftmaschine und einem Elektrogenerator erzeugt (s. *Band 1*, S. 197).

$T\Delta S$ ist die bei reversibler Prozeßführung aufgenommene ($\Delta S > 0$) oder abgegebene ($\Delta S < 0$) Wärme. Im Fall (4.5.10) wird diese aus der Umgebung aufgenommene Wärme mit in elektrische Energie umgewandelt, so daß zFU, die geleistete elektrische Arbeit, größer ist als die Enthalpieabnahme $-\Delta H = W_p$.

Wenn man die Temperaturabhängigkeit der Standardzellspannung (z. B. durch Extrapolation bei verschiedenen Temperaturen) bestimmt hat, so erhält man aus ihrem Temperaturkoeffizienten

$$\left(\frac{\partial U^0}{\partial T}\right)_p = -\left(\frac{\partial E^0}{\partial T}\right)_p$$

die Standardreaktionsentropie

$$-zF\left(\frac{\partial E^0}{\partial T}\right)_p = zF\left(\frac{\partial U^0}{\partial T}\right)_p = \Delta S^0 \tag{4.5.11}$$

und entsprechend (4.5.5) bzw. (4.5.6) die Standardenthalpieänderung (bzw. Wärmetönung)

$$\Delta H^0 = zF\left[E^0 - T\left(\frac{\partial E^0}{\partial T}\right)_p\right] = W_p{}^0 \tag{4.5.12}$$

oder

$$-\Delta H^0 = W_p{}^0 = zF\left[U^0 - T\left(\frac{\partial U^0}{\partial T}\right)_p\right]. \tag{4.5.13}$$

Man kann also hier auf relativ einfache Weise (ohne Extrapolation oder Umrechnung auf den Standardbezugszustand) Standardreaktionsenthalpien und -entropien erhalten. Da aber ΔS und ΔH selbst Temperaturfunktionen sind, gelten die nach (4.5.3) und (4.5.5) bzw. (4.5.6) errechneten Werte nur für den kleinen Temperaturbereich, in dem $\left(\frac{\partial E}{\partial T}\right)_p$ bzw. $\left(\frac{\partial E^0}{\partial T}\right)_p$ konstant sind.

In *Tab. 4.3* sind die Standard-EMK-Werte, ihre Temperaturkoeffizienten und die daraus berechneten Größen ΔG^0, $\Delta H^0 = W_p{}^0$ und $T\Delta S^0$ für einige Zellen mit den Kettenreaktionen angegeben. Für die Werte von $W_p{}^0$ sind zum Vergleich experimentell bestimmte Wärmetönungen aufgeführt ($W^0_{p\,gem}$). Die Übereinstimmung ist teilweise schlecht; das kann an der Schwierigkeit, den Temperaturkoeffizienten der EMK genügend genau zu bestimmen, liegen. Andererseits ist auch die Messung der Wärmetönungen und ihre Extrapolation auf Standardbedingungen oft mit erheblichen Fehlern verbunden.

An folgendem Beispiel soll gezeigt werden, welche Informationen über die thermodynamischen Größen einer chemischen Reaktion exakte Messungen von Zellspannungen liefern, wenn sie in einem galvanischen Element reversibel durchführbar sind.

Für die Kette (4.4.a) war eine Standardspannung von 0,26796 V[1]) bei 25 °C angegeben worden. Bei 30 °C wurde ein Wert von 0,26639 V gefunden. Daraus ergibt sich ein Temperaturkoeffizient $\left(\frac{\partial U^0}{\partial T}\right)_p = \frac{-0{,}00157}{5} = -3{,}14 \cdot 10^{-4}\ \mathrm{V \cdot K^{-1}}$. Man erhält für ΔG^0 der Reaktion (4.4.7):

$$\Delta G^0 = -2 \cdot F \cdot 0{,}26796 = -51709\ \mathrm{J},$$

für die Reaktion

$$\frac{1}{2}\,H_2 + \frac{1}{2}\,Hg_2Cl_2 \rightleftharpoons Hg + H^{\cdot} + Cl'$$

demzufolge

$$\Delta G^0_{1/2} = -25854\ \mathrm{J}.$$

Aus $zF\left(\frac{\partial U^0}{\partial T}\right)_p$ errechnet man: $\Delta S^0 = -60{,}62\ \mathrm{J \cdot K^{-1}}$ bzw. $\Delta S^0_{1/2} = -30{,}31\ \mathrm{J \cdot K^{-1}}$.

Damit ergibt sich für $W_p{}^0 = 2F\left[U^0 + T\left(\frac{\partial U^0}{\partial T}\right)_p\right] = 2F[0{,}26796 + 298{,}15 \cdot 3{,}14 \cdot 10^{-4}]$:

$$W_p{}^0 = 69811\ \mathrm{J} \quad \text{bzw.} \quad W^0_{p1/2} = 34905\ \mathrm{J}.$$

---

[1]) Nach neueren Messungen beträgt sie 0,26808 bis 0,26822 V. Als sicherster Wert ist wohl 0,26816 V anzusehen (HILLS). Der Temperaturkoeffizient ist im Temperaturbereich 25···30 °C $-2{,}971 \cdot 10^{-4}\ \mathrm{V \cdot K^{-1}}$. Daraus ergibt sich für $\Delta G^0_{1/2}$ ein Wert von -25891 J, für $\Delta S^0_{1/2} = -28{,}68\ \mathrm{J \cdot K^{-1}}$ und für $\Delta H^0_{1/2} = -34441$ J. Man sieht, wie stark sich schon Abweichungen von 0,0001 V, vor allem auch beim Temperaturkoeffizienten von U^0, in den thermodynamischen Werten auswirken.

Tabelle 4.3

Berechnung der Wärmetönung chemischer Umsetzungen aus dem Temperaturkoeffizienten der EMK

Kette und Reaktion	E^0 (V)	$\frac{E^0_{T_2} - E^0_{T_1}}{\Delta T}$ [1] (V · K⁻¹)	ΔG^0 (J)	$W^0_{p_{ber}}$ (J)	$W^0_{p_{gem}}$ (J)	$T\Delta S^0$ (J)
1 2 3						
Pb | $PbCl_2$ HCl AgCl | Ag Pb + 2 AgCl ⇌ $PbCl_2$ + 2 Ag	−0,4900 (25 °C)	$+1{,}86 \cdot 10^{-4}$	−94664	−105382	−105382	−10718
Pb | $PbCl_2$ HCl Hg_2Cl_2 | Hg Pb + Hg_2Cl_2 ⇌ $PbCl_2$ + 2 Hg	−0,5356 (25 °C)	$-1{,}45 \cdot 10^{-4}$	−103498	−95124	−84155	+19343
Tl | TlCl NaCl AgCl | Ag Tl + AgCl ⇌ TlCl + Ag	−0,7790 (25 °C)	$+0{,}47 \cdot 10^{-4}$	−74902	−76602	−76200	−1298
Pb | PbI_2 KI AgI | Ag Pb + 2 AgI ⇌ PbI_2 + 2 Ag	−0,2145 (25 °C)	$+1{,}73 \cdot 10^{-4}$	−41252	−51209	−51079	−9826
Ag | AgCl HCl Hg_2Cl_2 | Hg 2 Ag + Hg_2Cl_2 ⇌ 2 AgCl + 2 Hg	−0,0455 (25 °C)	$-3{,}38 \cdot 10^{-4}$	−4396	+5338	+7955	+10844
Zn | $ZnSO_4$ (gesättigt) Cu | $CuSO_4$ (gesättigt) Zn + Cu˙˙ ⇌ Cu + Zn˙˙	−1,0934 (15 °C)	$+4{,}3 \cdot 10^{-4}$	−211015	−234838	−231111	−20097
Cu | $Cu(C_2H_3O_2)_2$ aq Pb | $Pb(C_2H_3O_2)_2$ + 100 H_2O Pb + $Cu(C_2H_3O_2)_2$ ⇌ Cu + $Pb(C_2H_3O_2)_2$	−0,4764 (0 °C)	$-3{,}85 \cdot 10^{-4}$	−91942	−71678	−69166	+22776
Ag | AgCl Zn | $ZnCl_2$ + 5 H_2O Zn + 2 AgCl ⇌ 2 Ag + Zn˙˙ + 2 Cl′	−1,0171 (0 °C)	$+2{,}1 \cdot 10^{-4}$	−196361	−207414	−205488	−9127
Hg | Hg_2Cl_2 KCl (0,1 N) Hg | Hg_2O KOH (0,01 N) Hg_2O + H_2O + 2 Cl′ ⇌ Hg_2Cl_2 + 2 OH′	−0,1483 (0 °C)	$-8{,}37 \cdot 10^{-4}$	−31694	+15533	+13732	+45427

[1] Die Unterschiede zwischen T_1 und $T_2 > T_1$ sind so klein gewählt, daß man die angegebenen experimentell bestimmten Differenzenquotienten an Stelle der Differentialquotienten $\partial E/\partial T$ verwenden kann.

Mithin ist $\Delta H^0 = -69811$ J bzw. $\Delta H^0_{1/2} = -34905$ J und damit größer als ΔG^0 (vom Vorzeichen abgesehen), weil $\left(\frac{\partial E^0}{\partial T}\right)_p > 0$ ist. Alle Werte beziehen sich auf 25 °C.

Die Reaktionsentropie ist bekanntlich gleich der Summe der Entropien der Endprodukte, vermindert um die Summe der Entropien der Ausgangsstoffe, d. h. in unserem Beispiel

$$\Delta S^0 = 2S^0_{\mathrm{Hg}} + 2\bar{S}^0_{\mathrm{HCl}} - S^0_{\mathrm{H_2}} - S^0_{\mathrm{Hg_2Cl_2}}. \tag{4.5.14}$$

Daraus läßt sich die partielle molare Standardentropie der Salzsäure $\bar{S}^0_{\mathrm{HCl}}$ berechnen, da ja die der anderen Reaktionsteilnehmer aus den Molwärmen oder statistisch berechnet werden können (s. *Band 1*, S. 278).

$$\bar{S}^0_{\mathrm{HCl}} = \Delta S^0_{1/2} - S^0_{\mathrm{Hg}} + \frac{1}{2}\,S^0_{\mathrm{H_2}} + \frac{1}{2}\,S^0_{\mathrm{Hg_2Cl_2}}. \tag{4.5.15}$$

Mit $S^0_{\mathrm{Hg}} = 77{,}5\ \mathrm{J \cdot K^{-1} \cdot mol^{-1}}$, $S^0_{\mathrm{H_2}} = 130{,}6\ \mathrm{J \cdot K^{-1} \cdot mol^{-1}}$, $S^0_{\mathrm{Hg_2Cl_2}} = 198{,}0\ \mathrm{J \cdot K^{-1}} \times \mathrm{mol^{-1}}$ erhält man $\bar{S}^0_{\mathrm{HCl}} = 56{,}9\ \mathrm{J \cdot K^{-1}}$.

Da sich die partielle molare Standardentropie auf ideale Verdünnung bezieht, ist $\bar{S}^0_{\mathrm{HCl}}$ und jede andere Standardentropie dieser Art für einen Elektrolyten gleich der Summe der Standardentropien der Einzelionen, die sich ohne Zusatzannahmen nicht berechnen lassen (s. S. 122).

Entsprechend Gleichung (4.5.14) muß auch ΔH^0 und ΔG^0 gleich der Summe der Standardenthalpien bzw. freien Standardenthalpien der Endprodukte minus der Summe der entsprechenden Größen der Ausgangsstoffe sein, denn es handelt sich ja um Zustandsgrößen. Da die Standardenthalpien und freien Standardenthalpien der Elemente Null gesetzt werden, erhalten wir

$$\Delta H^0 = 2\bar{H}^0_{\mathrm{HCl}} - H^0_{\mathrm{Hg_2Cl_2}}, \tag{4.5.16}$$

daraus ergibt sich für $\bar{H}^0_{\mathrm{HCl}}$, d. h. für die partielle molare Standardenthalpie wäßriger Salzsäure:

$$\bar{H}^0_{\mathrm{HCl}} = \Delta H^0_{1/2} + \frac{1}{2}\,H^0_{\mathrm{Hg_2Cl_2}}. \tag{4.5.17}$$

Die Standardbildungsenthalpie des Hg_2Cl_2 ist bei 25 °C -265108 J; damit wird $\bar{H}^0_{\mathrm{HCl}} = -167459 \approx -168000$ J.

Diese partielle molare Größe entspricht der Bildung von HCl aus $H_2(g)$ und $Cl_2(g)$ in ideal verdünnter wäßriger Lösung (25°); also muß die erste Lösungswärme $\bar{Q}^0_{\mathrm{HCl}}$ sein (s. *Band 1, Kap. 13.14.*)

$$\bar{Q}^0_{\mathrm{HCl}} = \bar{H}^0_{\mathrm{HCl}} - H^0_{\mathrm{HCl}(g)}.$$

Mit einem Wert von $H^0_{\mathrm{HCl}(g)} = -92373$ J für die Standardbildungsenthalpie von HCl(g) erhält man für die erste Lösungswärme von HCl(g) den Wert $\bar{Q}^0_{\mathrm{HCl}} = -75086$ J.

Durch Extrapolation aus experimentell bestimmten Lösungswärmen wurde $\bar{Q}_B{}^0 = -72432$ J gefunden (s. *Band 1, Kap. 13.14*), ein Wert, der im Hinblick auf die Unsicherheit der Extrapolation befriedigend mit dem aus Kettenspannungsmessungen errechneten Wert übereinstimmt.

In analoger Weise erhält man aus

$$\bar{G}^0_{HCl} = \Delta G^0_{1/2} + \frac{1}{2} G^0_{Hg_2Cl_2} \tag{4.5.18}$$

mit $G^0_{Hg_2Cl_2} = -210805$ J für die freie Standardbildungsenthalpie von HCl in ideal verdünnter Lösung (25 °C)

$$\bar{G}^0_{HCl} = -131206 \text{ J}.$$

Wenn man von diesem Wert die freie Standardbildungsenthalpie von HCl(g), $G^0_{HCl(g)} = -95{,}329$ J (25 °C), abzieht, erhält man die Änderung der freien Enthalpie beim Übergang von HCl(g) in eine wäßrige Lösung unter Standardbedingungen (25 °C), $\Delta\bar{G}^0$:

$$\text{HCl}(g)\ (a_g = 1) \rightarrow \text{HCl}\ (aq, a_B = 1), \qquad \Delta\bar{G}^0 = -35877 \text{ J}.$$

Es ist dabei zu beachten, daß zwei verschiedene Bezugszustände auftreten. $a_g = 1$ bedeutet $p = 101{,}3$ kPa (= 1 atm), Fugazitätskoeffizient = 1; $a_{HCl} = 1$ bedeutet $m_{HCl} = 1$, $f_{\pm HCl} = 1$ in wäßriger Lösung. Man kann die Arbeit der Überführung von HCl(g) in die wäßrige Lösung unter Standardbedingungen auch ohne Kettenspannungsmessung folgendermaßen errechnen: Wir lassen HCl(g), $a_g = 1$, in eine so konzentrierte HCl-Lösung übergehen, daß der Partialdruck über dieser Lösung genügend klein ist, um den Fugazitätskoeffizienten 1 setzen zu können. Das trifft z. B. für eine 4molare wäßrige Salzsäure bei 25 °C zu ($p_4 = 2{,}4267$ Pa, $a_{HCl} = m_\pm^2 \cdot f_\pm^2 = 49{,}66$). Wir führen nun folgendes Gedankenexperiment durch:

$$\text{HCl}(g, a_g = 1) \rightarrow \text{HCl}(g, p_4 = 2{,}4267 \text{ Pa}),$$

$${}^1\Delta G = RT \ln p_4^{\circledast} = -26419 \text{ J},$$ [1]

$$\text{HCl}(g, p_4) \rightleftharpoons \text{HCl}(aq, m = 4),$$

$${}^2\Delta G = 0, \quad \text{da Gleichgewichtsdruck},$$

$$\text{HCl}(aq, m = 4), \qquad (a_{HCl} = 49{,}66) \rightarrow \text{HCl}(aq, a_{HCl} = 1 = m_\pm = f_\pm),$$

$${}^3\Delta G = RT \ln \frac{1}{a_{HCl}} = -9684 \text{ J}.$$

$$\text{HCl}(g, a_g = 1) \rightarrow \text{HCl}(aq, a_{HCl} = 1),$$

$$\Delta\bar{G}^0 = {}^1\Delta G + {}^2\Delta G + {}^3\Delta G = -36103 \text{ J}.$$

Die Änderung der freien Enthalpie bei Überführung von 1 mol HCl von einem Standardzustand (g) in den anderen (aq, $a_{HCl} = 1$), die man so errechnet, stimmt also mit dem oben ermittelten Wert gut überein.

---

[1]) Bei Verwendung anderer Druckeinheiten als Atmosphären muß in die Gleichung zur Berechnung des chemischen Potentials $\mu = \mu_0 + RT \ln p^{\circledast}$ der reduzierte Druck (auch relativer Druck genannt) $p^{\circledast} = p/p^0$ mit $p^0 = 101{,}325$ kPa = 760 Torr = 1 atm eingesetzt werden (s. *Bd. 1*, S. 294), um schwerwiegende Fehler bei numerischen Rechnungen zu vermeiden. p und p^0 sind in den gleichen Einheiten anzugeben. Der reduzierte Druck ist dimensionslos. Sein Zahlenwert entspricht dem aktuellen Druck, wenn dieser in Atmosphären angegeben wird.

Der oben erhaltene Wert von $\bar{G}^0_{HCl}$ gestattet uns gleichzeitig, die Standard-EMK der Kette

$$\mathrm{Pt} \mid \mathrm{H_2, HCl, Cl_2} \mid \mathrm{Pt} \qquad (4.5.a)$$

zu berechnen, denn in ihr wird wäßrige Salzsäure nach

$$\begin{aligned} &H_2 \rightleftharpoons 2H^{\cdot} + 2e^- \\ &Cl_2 + 2e^- \rightleftharpoons 2Cl' \\ \hline &H_2 + Cl_2 \rightleftharpoons 2HCl + aq \end{aligned} \qquad (4.5.19)$$

gebildet, folglich muß für die Standard-EMK gelten:

$$E = E^0 + \frac{RT}{2F} \ln \frac{a^2_{HCl}}{p^{\circledast}_{H_2} \cdot p^{\circledast}_{Cl_2}},$$

$$-2 \cdot 131206 = 2\bar{G}^0 = 2FE^0,$$

$$E^0 = \frac{-131206}{96539} = -1{,}359 \text{ V } (25\,°\text{C}).$$

Die Standardzellspannung der sogenannten Chlorknallgaskette ist also $U^0 = 1{,}359$ Volt bei 25 °C. Aus Zellspannungsmessungen an dieser Kette (4.5.a) bei beliebigen HCl-Konzentrationen kann man damit auch die Aktivität der HCl, bzw., wenn sie bekannt ist (z. B. durch Messungen mit der Kette (4.4.a), die Fugazität des Cl_2 bestimmen, da die des H_2 bei 101,3 kPa 1 gesetzt werden kann (s. S. 166),

Die bisherigen Ausführungen haben gezeigt, daß man aus Messungen an galvanischen Zellen, in denen chemische Umsetzungen reversibel unter Elektronenaustausch ablaufen, eine Fülle von thermodynamischen Größen gewinnen kann. Dabei wird immer nur die Gesamtreaktion, nicht die einzelne Elektrodenreaktion betrachtet. Tatsächlich kann man die Spannungsdifferenz zwischen einer Elektrode und dem umgebenden Elektrolyten nicht getrennt von der zweiten Elektrode messen (s. S. 168); es lassen sich nur Zellspannungen messen. Durch formale Zerlegung der Gesamtreaktion in die beiden Elektrodenprozesse läßt sich aber der Anwendungsbereich der elektrochemischen Thermodynamik stark erweitern.

4.6. *Halbelemente, Galvanispannung, Spannungsreihe, elektrochemisches Potential*

Wenn wir eine der bisher besprochenen Zellen (ohne Überführung) mit einer zweiten kombinieren, die mit der ersten einen Elektrodenvorgang gemeinsam hat, so können wir die freie Reaktionsenthalpie (bzw. die Zellspannung) und andere thermodynamische Größen für neue Reaktionen berechnen. Die Ketten (4.5.a) und (4.4.a) haben die Elektrodenreaktion $H_2 \rightleftharpoons 2H^{\cdot} + 2e^-$ gemeinsam. Die beiden Kettenreaktionen (4.4.7) und (4.5.19) lassen sich schreiben

$$\begin{aligned} &2Hg + 2H^{\cdot} + 2Cl' \rightleftharpoons Hg_2Cl_2(s) + H_2 && E_d{}^0 = +0{,}2682 \text{ V}^{1)} \\ &Cl_2 + H_2 \rightleftharpoons 2H^{\cdot} + 2Cl' && E_h{}^0 = -1{,}359 \text{ V} \\ \hline &2Hg + Cl_2 \rightleftharpoons Hg_2Cl_2(s) && E_i{}^0 = -1{,}0912 \text{ V} \end{aligned} \qquad (4.6.1)$$

[1]) Da der Vorgang in der nicht freiwillig verlaufenden Richtung geschrieben ist, muß E^0 das positive Vorzeichen haben. Es wurde für $E_d{}^0$ der neuere Wert 0,26816 Volt verwendet.

Der Vorgang der Ionisation des Wasserstoffs hebt sich heraus, wenn wir beide Vorgänge addieren, und durch einfache Addition der Spannungen erhalten wir die Standard-EMK für die Reaktion (4.6.1). Durch Multiplikation mit zF ergibt sich die freie Standardbildungsenthalpie des $Hg_2Cl_2(s)$

$$G^0_{Hg_2Cl_2} = -2 \cdot 96484 \cdot 1{,}0912 = -210688 \text{ J}$$

in guter Übereinstimmung mit dem S. 166 angegebenen Wert.

Nach einem Vorschlag von W. NERNST kann man daher auch „*Einzelelektrodenpotentiale*“ angeben, indem man sich jeden Elektrodenvorgang mit dem der Wasserstoffionisation $H_2 \rightleftharpoons 2H^{\cdot} + 2e^-$ kombiniert denkt und deren Standardelektrodenpotentiale für alle Temperaturen Null setzt.

Das „Standardpotential“ der Reaktion

$$2\,Hg + 2\,Cl' \rightleftharpoons Hg_2Cl_2(s) + 2e^- \qquad (4.4.8)$$

wäre demzufolge: $\varepsilon^0 = +0{,}2682 \pm 4 \cdot 10^{-5}$ V. Das positive Vorzeichen entspricht dem Sachverhalt, daß die $Hg \mid Hg_2Cl_2(s)$-Elektrode den positiven Pol in der Kette (4.4.a) bildet (s. S. 158); das sagt physikalisch aus, daß der Vorgang (4.4.8) nicht in der Richtung von links nach rechts (wie oben angegeben) freiwillig verläuft, sondern in der umgekehrten. In Wirklichkeit kann die Elektrodenreaktion weder in der einen noch in der anderen Richtung für sich allein ablaufen. Wenn nämlich die Elektronen nicht abfließen könnten, würde sich sofort zwischen Elektrode und Elektrolyt eine Spannungsdifferenz ausbilden, die eine weitere Umsetzung verhindern würde. Die „Einzelelektrodenpotentiale“ sind in Wirklichkeit elektrische Potentialdifferenzen zwischen den beiden Phasen (Elektrode und Elektrolyt) und werden daher richtiger als *Galvanispannung* bezeichnet [4.2].

Wenn man aus diesen Größen, die meistens mit ε bezeichnet und entsprechend der von NERNST vorgeschlagenen Konvention auf $\varepsilon_H{}^0$ (für $H_2 \rightleftharpoons 2H^{\cdot} + 2e^-) = 0$ bezogen werden, thermodynamische Werte ΔG, ΔH, ΔS berechnet, so beziehen sich diese nicht auf den Einzelelektrodenprozeß, sondern auf diesen Prozeß in Kombination mit der Ionisation des Wasserstoffs. Wenn z. B. die Standardgalvanispannung für den Vorgang $Zn \rightleftharpoons Zn^{\cdot\cdot} + 2e^-$ mit $\varepsilon^0 = -0{,}762$ Volt angegeben wird[1]) (bei 25 °C), so errechnet sich nach: $\varepsilon^0 \cdot 2F = \Delta G^0$ die freie Standardreaktionsenthalpie für den Vorgang:

$$Zn + 2H^{\cdot} \rightleftharpoons Zn^{\cdot\cdot} + H_2. \qquad (4.6.2)$$

Das negative Vorzeichen von ε^0 entspricht dem negativen Pol der Kette am Zink

$$Zn \mid Zn^{\cdot\cdot} \parallel H^{\cdot}, H_2 \mid Pt \qquad (4.6.a)$$

und besagt, daß unter Standardbedingungen ($a_{H^{\cdot}} = a_{Zn^{\cdot\cdot}} = 1$, $p_{H_2} = 101{,}3$ kPa) der Prozeß (4.6.2) freiwillig von links nach rechts verläuft. Die Standardgalvanispannung (+0,799 V) der Silberelektrode ($Ag \rightleftharpoons Ag^{\cdot} + e^-$) läßt sofort erkennen, daß in der Zelle

$$Ag \mid Ag^{\cdot} \parallel H^{\cdot}, H_2 \mid Pt \qquad (4.6.b)$$

---

[1]) Häufig werden diese Werte noch als „*Normalpotentiale*“ bezeichnet, obwohl es sich um Standardgrößen und Potentialdifferenzen handelt.

das Ag unter Standardbedingungen der positive Pol ist und die Reaktion

$$Ag + H \rightleftharpoons Ag^{\cdot} + \frac{1}{2} H_2$$

unter Standardbedingungen von rechts nach links freiwillig verläuft. Das Zn verdrängt $H^{\cdot}$ aus der Lösung, der Wasserstoff umgekehrt das $Ag^{\cdot}$. Das Zink ist „unedler" als der Wasserstoff, das Silber edler.

Tabelle 4.4

Spannungsreihe der Elemente bei 25 °C

Elektrode	ε^0 (V)	Elektrode	ε^0 (V)	Elektrode	ε^0 (V)
Li | $Li^{\cdot}$	−3,01	Fe | $Fe^{\cdot\cdot}$	−0,44	Hg | $Hg_2^{\cdot\cdot}$	+0,798
Rb | $Rb^{\cdot}$	−2,98	Cd | $Cd^{\cdot\cdot}$	−0,402	Ag | $Ag^{\cdot}$	+0,799
Cs | $Cs^{\cdot}$	−2,92	In | $In^{\cdot\cdot\cdot}$	−0,336	Au | $Au^{\cdot\cdot\cdot}$	+1,42
K | $K^{\cdot}$	−2,92	Tl | $Tl^{\cdot}$	−0,335	Pt | Se | Se''	−0,78
Ba | $Ba^{\cdot\cdot}$	−2,92	Co | $Co^{\cdot\cdot}$	−0,27	Pt | S | S''	−0,51
Sr | $Sr^{\cdot\cdot}$	−2,89	Ni | $Ni^{\cdot\cdot}$	−0,23	Pt | O_2, OH'	+0,401
Ca | $Ca^{\cdot\cdot}$	−2,84	In | $In^{\cdot}$	−0,203	Pt | I_2, I'	+0,536
Na | $Na^{\cdot}$	−2,713	Sn | $Sn^{\cdot\cdot}$	−0,140	Pt | Br_2, Br'	+1,066
Mg | $Mg^{\cdot\cdot}$	−2,38	Pb | $Pb^{\cdot\cdot}$	−0,126	Pt | Cl_2, Cl'	+1,358
Be | $Be^{\cdot\cdot}$	−1,70	Cu | $Cu^{\cdot\cdot}$	+0,34	Pt | F_2, F'	+2,85
Al | $Al^{\cdot\cdot\cdot}$	−1,66	Cu | $Cu^{\cdot}$	+0,52		
Zn | $Zn^{\cdot\cdot}$	−0,761	Te | $Te^{\cdot\cdot\cdot\cdot}$	+0,56		

Wenn man die Metalle nach ihren Standardgalvanispannungen in der Reihenfolge zunehmender ε^0-Werte ordnet, so erhält man die bekannte *Spannungsreihe Tab. 4.4.* Am oberen Ende stehen die ganz unedlen Metalle, deren Tendenz, Elektronen abzugeben, so groß ist, daß sie auch mit der geringen Zahl der $H^{\cdot}$ des Wassers sofort reagieren: Li, K, Na, Mg. In der Nähe des Wasserstoffs, aber immer noch über ihm, stehen viele Gebrauchsmetalle, insbesondere das Eisen; unter dem Wasserstoff stehen die edleren Metalle Cu, Ag, Au. Die Stellung in der Spannungsreihe ist für das Korrosionsverhalten der Metalle von Bedeutung. Die Halogene mit ihrer starken Tendenz, Elektronen aufzunehmen, d. h. andere Stoffe zu oxydieren, erteilen damit der Elektrode ein positives Potential[1]) (s. *Tab. 4.4.*). Natürlich kann man im Prinzip jeden Elektronendonator-acceptorprozeß, jeden Redoxvorgang mit dem der Standardwasserstoffelektrode ($H_2 \rightleftharpoons 2H^{\cdot} + 2e^-$) vergleichen und damit Standardgalvanispannungen für diese Redoxreaktionen bestimmen. Einige Werte sind in *Tab. 4.5* zusammengestellt. Auch hier gibt natürlich $\varepsilon^0 \cdot z \cdot F$ die Änderung der freien Standardenthalpie für die Kombination mit der Standard-Wasserstoffelektrode zu einem galvanischen Element an. Zum Bei-

[1]) Die Vorzeichen der Standardgalvanispannungen beziehen sich auf die Elektrode und entsprechen der Tendenz des betreffenden Vorgangs: $El \rightarrow El^{m+} + me^-$ bzw. $El^{n-} \rightarrow El + ne^-$, Elektronen abzugeben; je kleiner sie ist, um so positiver ist das Elektrodenpotential. In der angelsächsischen Literatur wird zum Teil noch heute die umgekehrte Vorzeichenregelung verwendet, die Li-Elektrode hat dann die Galvanispannung $\varepsilon^0 = +3{,}0243$ V, die Chlorelektrode −1,359 V. Im Prinzip ist das eine Frage der Konvention, wir wollen die in Europa allgemein übliche Vorzeichenregelung konsequent verwenden.

spiel bezieht sich der Wert $+6 \cdot F \cdot 1{,}360 = \Delta G^0$ für die Redoxreaktion:

$$2\,Au + 3\,H_2O \rightleftharpoons Au_2O_3 + 6\,H^{\cdot} + 6e^- \qquad (4.6.3)$$

auf den Vorgang

$$2\,Au + 3\,H_2O \rightleftharpoons Au_2O_3 + 3\,H_2, \qquad (4.6.4)$$

der sich durch Kombination von (4.6.3) mit $3\,H_2 \rightleftharpoons 6\,H^{\cdot} + 6e^-$ ergibt.

Standardgalvanispannungen lassen sich experimentell nur genau in Ketten ohne Überführung bestimmen, weil sonst Diffusionspotentiale die Werte unsicher machen. Die in *Tab. 4.4* bis auf 4 Stellen angegebenen Werte sind daher auch nicht mit Ketten vom Typ (4.6.a) oder (4.6.b) bestimmt worden, bei denen an der Grenze zwischen den beiden Lösungen beträchtliche Diffusionspotentiale auftreten würden, sondern mit Ketten ohne Überführung, z. B. die Standardgalvanispannung des Zn mit der Kette

$$Zn \mid ZnCl_2 \mid Hg_2Cl_2 \mid Hg \qquad (4.6.c)$$

Da die Standardgalvanispannung der $Hg \mid Hg_2Cl_2(s)$-Elektrode mit Hilfe der Kette (4.4.a) sehr genau bestimmt worden ist (s. S. 168), kann man durch Extrapolation der Zellspannung von (4.6.c) in der früher beschriebenen Weise (s. S. 159) für die Reaktion

$$Zn + Hg_2Cl_2(s) \rightleftharpoons Zn^{\cdot\cdot} + 2\,Cl' + 2\,Hg, \qquad (4.6.5)$$

die in (4.6.c) abläuft und sich aus $Zn \rightleftharpoons Zn^{\cdot\cdot} + 2e^-$ und $2\,Hg + 2\,Cl' \rightleftharpoons Hg_2Cl_2 + 2e^-$ zusammensetzt, E^0 bestimmen und daraus $\varepsilon^0_{Zn/Zn^{\cdot\cdot}}$ berechnen. E^0 muß sein

$$E^0 = \varepsilon^0_{Zn/Zn^{\cdot\cdot}} + (-\varepsilon^0_{Hg/Hg_2Cl_2}).$$

Wenn für E^0 ein Wert von $-1{,}029$ V gefunden wurde, dann ist demzufolge

$$\varepsilon^0_{Zn/Zn^{\cdot\cdot}} = -1{,}029 + 0{,}268 = -0{,}761 \text{ V}.$$

Tabelle 4.5

Standardgalvanispannungen einiger Reaktionen bei 25 °C

Elektrodenreaktion		ε^0 (V)
$H_2 + 2\,OH'$	$\rightleftharpoons 2\,H_2O + 2e^-$	$-0{,}8279$
$Pb + 2\,OH'$	$\rightleftharpoons PbO + H_2O + 2e^-$	$-0{,}578$
$Cr^{\cdot\cdot}$	$\rightleftharpoons Cr^{\cdot\cdot\cdot} + e^-$	$-0{,}41$
H_2	$\rightleftharpoons 2\,H^{\cdot} + 2e^-$	$\pm 0{,}0000$
$Hg + 2\,OH'$	$\rightleftharpoons HgO + H_2O + 2e^-$	$+0{,}097$
$2\,Sb + 3\,H_2O$	$\rightleftharpoons Sb_2O_3 + 6\,H^{\cdot} + 6e^-$	$+0{,}152$
$Sn^{\cdot\cdot}$	$\rightleftharpoons Sn^{\cdot\cdot\cdot\cdot} + 2e^-$	$+0{,}15$
$Cu^{\cdot}$	$\rightleftharpoons Cu^{\cdot\cdot} + e^-$	$+0{,}153$
$MnO_2 + 4\,OH'$	$\rightleftharpoons MnO_4' + 2\,H_2O + 3e^-$	$+0{,}587$
$Fe^{\cdot\cdot}$	$\rightleftharpoons Fe^{\cdot\cdot\cdot} + e^-$	$+0{,}771$
$Hg_2^{\cdot\cdot}$	$\rightleftharpoons 2\,Hg^{\cdot\cdot} + 2e^-$	$+0{,}920$
$Mn^{\cdot\cdot} + 2\,H_2O$	$\rightleftharpoons MnO_2 + 4\,H^{\cdot} + 2e^-$	$+1{,}236$
$Tl^{\cdot}$	$\rightleftharpoons Tl^{\cdot\cdot\cdot} + 2e^-$	$+1{,}250$
$2\,Au + 3\,H_2O$	$\rightleftharpoons Au_2O_3 + 6\,H^{\cdot} + 6e^-$	$+1{,}360$
$Pb^{\cdot\cdot} + 2\,H_2O$	$\rightleftharpoons PbO_2 + 4\,H^{\cdot} + 2e^-$	$+1{,}456$
$MnO_2 + 2\,H_2O$	$\rightleftharpoons MnO_4' + 4\,H^{\cdot} + 3e^-$	$+1{,}586$
$Ce^{\cdot\cdot\cdot}$	$\rightleftharpoons Ce^{\cdot\cdot\cdot\cdot} + e^-$	$+1{,}61$
$PbSO_4 + 2\,H_2O$	$\rightleftharpoons PbO_2 + SO_4'' + 4\,H^{\cdot} + 2e^-$	$+1{,}685$
$Co^{\cdot\cdot}$	$\rightleftharpoons Co^{\cdot\cdot\cdot} + e^-$	$+1{,}82$

Die Standardgalvanispannung der $Hg \mid Hg_2Cl_2$-Elektrode ist zwar in HCl-Lösung und nicht in $ZnCl_2$-Lösung bestimmt worden, aber durch Extrapolation auf eine ideal verdünnte Lösung; dann tritt aber keine Wechselwirkung zwischen den Ionen mehr auf, d. h. es ist völlig gleichgültig, ob unter Standardbedingungen das mit dem Hg reagierende Cl' von $ZnCl_2$ oder von HCl herrührt. Dasselbe gilt natürlich für die Standardgalvanispannung der Zinkelektrode, sie muß unabhängig davon sein, ob das $Zn^{\cdot\cdot}$ als Sulfat oder Chlorid vorliegt.

Generell läßt sich die EMK einer Kette als Summe der Galvanispannungen der beiden Elektrodenreaktionen darstellen, wobei nur die Vorzeichenfrage zu berücksichtigen ist: Wenn man, wie dies in den *Tab. 4.4* und *4.5* geschehen ist, die Elektrodenreaktion immer so schreibt, daß die abgegebenen Elektronen auf der rechten Seite der Reaktionsgleichung stehen, dann muß natürlich beim Zusammensetzen von zwei Elektrodenprozessen zu einer Zellreaktion einer davon in umgekehrter Richtung verlaufen und damit seine Galvanispannung das zu dem in den Tabellen angegebenen Vorzeichen entgegengesetzte Vorzeichen erhalten, wie dies oben bei Berechnung der EMK der Kette (4.6.c) geschehen ist. Man kann also auch schreiben:

$$E = \varepsilon_1 + (-\varepsilon_2). \tag{4.6.6}$$

Wenn Standardgalvanispannungen bekannt sind, gilt entsprechend

$$E^0 = \varepsilon_1^0 + (-\varepsilon_2^0). \tag{4.6.7}$$

Wenn wir etwa den Elektrodenvorgang $Tl \rightleftharpoons Tl^{\cdot} + e^-$, $\varepsilon^0 = -0{,}335$ V, mit $Zn \rightleftharpoons Zn^{\cdot\cdot} + 2e^-$, $\varepsilon^0 = 0{,}761$ V, kombinieren, dann bedeutet das ja, daß wir die Reaktion

$$Tl + H^{\cdot} \rightleftharpoons Tl^{\cdot} + \frac{1}{2} H_2 \qquad \Delta G_1^0 = 1 \cdot F \cdot (-0{,}335)$$

mit der Reaktion

$$Zn + 2H^{\cdot} \rightleftharpoons Zn^{\cdot\cdot} + H_2 \qquad \Delta G_2^0 = 2F(-0{,}761)$$

zu einem Prozeß vereinigen wollen. Das ist aber nur möglich, wenn wir die obere Reaktion mit 2 multiplizieren: Wenn wir davon die untere Reaktion abziehen, ergibt sich

$$2Tl + Zn^{\cdot\cdot} \rightleftharpoons Zn + 2Tl^{\cdot} \qquad \Delta G^0 = 2F(\varepsilon_1^0 - \varepsilon_2^0),$$

$$E^0 = \varepsilon_1^0 - \varepsilon_2^0 = (-0{,}335 + 0{,}761)\ V = +0{,}426\ V.$$

Dabei ist es im Prinzip gleichgültig, welchen Elektrodenprozeß man vom anderen abzieht. Aus dem Vorzeichen der EMK, die man aus (4.6.7) erhält, ersieht man aber sofort, in welcher Richtung die Zellreaktion freiwillig verläuft ($E < 0$), ohne daß man die Kettenspannung messen und die Reaktionsrichtung aus dem Vorzeichen der Elektroden ermitteln muß. Im obigen Beispiel verläuft der Vorgang nicht von links nach rechts, sondern von rechts nach links freiwillig; Zink zementiert (fällt) natürlich Thallium aus und nicht umgekehrt. Man erhält auch aus (4.6.7) einen Wert von E^0, der frei von Diffusionspotentialen ist und daher einen genauen Wert von ΔG^0 für die betreffende Kettenreaktion liefert, sofern die ε^0-Werte, aus denen sich E^0 zusammensetzt, genau sind. Häufig könnte man aus zwei Elektrodenreaktionen experimentell gar keine Kette ohne Überführung aufbauen. Gleichung (4.6.7) liefert aber E^0-Werte, die sich für eine Zelle ohne Diffusionspotential ergeben würden.

Zum Beispiel können wir die Reaktion:

$$Au_2O_3 + 2MnO_2 + 2OH' \rightleftharpoons 2MnO_4' + 2Au + H_2O \qquad (4.6.8)$$

zwar in die Reaktionen (s. *Tab. 4.4*)

$$2Au + 3H_2O \rightleftharpoons Au_2O_3 + 6H^{\cdot} + 6e^- \qquad (4.6.9)$$

und

$$2(MnO_2 + 4OH' \rightleftharpoons MnO_4' + 2H_2O + 3e^-) \qquad (4.6.10)$$

zerlegen, aber wir können aus den beiden Elektrodenreaktionen keine Kette ohne Überführung, also mit nur einem Elektrolyten, aufbauen; dann würde eine chemische Umsetzung mit MnO_4' und Au_2O_3 stattfinden. Die Rechnung liefert uns aber trotzdem die freie Standardreaktionsenthalpie:

$$2MnO_2 + 8OH' \rightleftharpoons 2MnO_4' + 4H_2O + 6e^- \qquad \varepsilon_1^0 = +0{,}587\ V$$

$$\Delta G_1^0 = 2 \cdot 3 \cdot F \cdot \varepsilon_1^0$$

$$Au_2O_3 + 6H^{\cdot} + 6e^- \rightleftharpoons 2Au + 3H_2O \qquad \varepsilon_2^0 = -1{,}360\ V\text{[1]}$$

$$\Delta G_2^0 = -6 \cdot F \cdot \varepsilon_2^0$$

$$Au_2O_3 + 2MnO_2 + 2OH' \rightleftharpoons 2MnO_4' + H_2O + 2Au$$

$$E^0 = \varepsilon_1^0 + \varepsilon_2^0, \qquad \Delta G^0 = -(6 \cdot F \cdot 0{,}773)\ J.$$

Die freie Standardenthalpie der Oxydation von Braunstein zu Permanganat durch Gold(III)-oxid beträgt also

$$\Delta G^0 = -447\,736\ J$$

und verläuft mithin von links nach rechts freiwillig.

Es wäre sicher schwierig, dieses Gleichgewicht experimentell zu untersuchen und die Gleichgewichtskonstante zu bestimmen. Hier erhalten wir aus E^0 über ΔG^0 sehr leicht diese Konstante. Man sieht daraus, daß sich durch die Aufteilung von chemischen Reaktionen in Einzelelektrodenprozesse die Möglichkeiten zur Berechnung von thermodynamischen Größen chemischer Reaktionen außerordentlich erweitern lassen. Andererseits kann man natürlich aus bekannten Gleichgewichtskonstanten und dem zugehörigen ΔG^0-Wert leicht die Standardgalvanispannung einer Elektrodenreaktion berechnen, die meßtechnisch nicht zugänglich ist. Man zerlegt dazu die Gleichgewichtsreaktion in einen Elektronengeber- und -nehmerprozeß, wobei zweckmäßig die Ionisation des Wasserstoffs mit verwendet wird. Wenn z. B. das Gleichgewicht zwischen Gold und Wasser bekannt ist (s. *Band 1, Kap. 18.*):

$$2Au + 3H_2O \rightleftharpoons Au_2O_3 + 3H_2 \qquad (4.6.11)$$

$$\Delta G_f^0 = G_f^0(Au_2O_3) - 3G_f^0(H_2O),$$

---

[1]) Der Vorgang ist in gegenläufiger Richtung zu der in *Tab. 4.5* angegeben, dann ist $\varepsilon_2^0 = -1{,}36\,V$, und man muß die beiden Galvanispannungen addieren.

dann läßt sich die Standardgalvanispannung der Reaktion (4.6.9) leicht berechnen, wenn man (4.6.11) folgendermaßen zerlegt:

$$2\,Au + 3\,H_2O \rightleftharpoons Au_2O_3 + 6\,H^{\cdot} + 6e^- \qquad \varepsilon_x^0$$

und

$$3\,H_2 \rightleftharpoons 6\,H^{\cdot} + 6e^- \qquad \varepsilon_H^0 = 0$$

$$2\,Au + 3\,H_2O \rightleftharpoons Au_2O_3 + 3\,H_2.$$

Damit wird

$$\varepsilon_x^0 = \frac{\Delta G_f^0}{6 \cdot F}.$$

Eine Reihe der in den *Tab. 4.4* und *4.5* verzeichneten ε^0-Werte ist auf diesem Wege erhalten worden.

Solange wir eine Zellreaktion als Ganzes betrachten, reichen unsere bisherigen Kenntnisse der chemischen Thermodynamik aus. Wir sind nun in der Lage, eine nicht im chemischen Gleichgewicht befindliche Reaktion reversibel unter Leistung elektrischer Arbeit ablaufen zu lassen und daraus thermodynamische Größen für diese Reaktion, insbesondere ΔG bzw. G^0, zu ermitteln. Daß dabei eine elektrische Spannung auftritt, braucht uns nicht zu wundern, denn wir befinden uns ja eben nicht im Gleichgewicht. Wenn wir aber einen Einzelelektrodenprozeß betrachten, etwa den Vorgang

$$Ag \rightleftharpoons Ag^{\cdot} + e^-,$$

dann besteht eine Potentialdifferenz zwischen einem Silberstab und einer Silbersalzlösung, in die er taucht; wir können sie z. B. gegen eine Wasserstoffelektrode messen. Andererseits herrscht offenbar zwischen Metall und Lösungen ein Gleichgewicht; denn obwohl es schon bei kleinsten äußeren Spannungen gelingt, Ag abzuscheiden oder aufzulösen, also keine Reaktionshemmungen vorliegen, verändert sich das System ohne äußere Spannung nicht; die Konzentration der $Ag^{\cdot}$ bleibt unverändert. Für das Gleichgewicht zwischen zwei Phasen gilt, wie wir gesehen haben (s. *Band 1, Kap. 17*), daß das chemische Potential nicht geladener Teilchen in beiden Phasen gleich sein muß:

$$\mu_A{}^I = \mu_A{}^{II}.$$

Wenn es sich um geladene Teilchen, z. B. Silberionen, handelt, die sowohl im Metall wie in der Lösung vorliegen, kommt zum chemischen Potential noch das durch ihre Ladung hervorgerufene elektrische Potential hinzu. Wenn wir seinen Wert im Innern der metallischen Phase mit $\varphi_J{}^{II}$ und im Innern der Lösung mit $\varphi_J{}^I$ bezeichnen, so muß für das betreffende Ion offenbar im Gleichgewicht gelten

$$\mu_J{}^I + z_J F \varphi_J{}^I = \mu_J{}^{II} + z_J F \varphi_J{}^{II}. \qquad (4.6.12)$$

Die Summe von chemischem und elektrischem Potential wird als *elektrochemisches Potential* bezeichnet und mit dem Symbol $\tilde{\mu}$ versehen:

$$\tilde{\mu}_J \equiv \mu_J + z_J F \varphi_J. \qquad (4.6.13)$$

Die Gleichgewichtsbedingung zwischen geladenen Teilchen der Sorte J in zwei Phasen I und II lautet also:

$$\tilde{\mu}_J{}^I = \tilde{\mu}_J{}^{II}. \qquad (4.6.14)$$

Die inneren elektrischen Potentiale, d. h. die Arbeit, die notwendig ist, um die Ladung des Ions aus dem Unendlichen in das Innere der Lösung bzw. der metallischen Phase zu bringen, können nicht gemessen werden (über die elektrischen Potentialdifferenzen zwischen zwei Phasen *s. auch* S. 286). Wir können ihre Differenz, die Galvanispannung, formulieren [4.2]. Setzen wir dafür:

$$\varphi_J{}^{II} - \varphi_J{}^{I} = \varepsilon_J\,, \tag{4.6.15}$$

so ergibt sich mit

$$\mu_J = \mu_J{}^0 + RT \ln a_J\,,$$

$$\varepsilon_J = \frac{\mu_J{}^{0I} - \mu_J{}^{0II}}{z_J F} + \frac{RT}{z_J F} \ln \frac{a_J{}^I}{a_J{}^{II}}\,. \tag{4.6.16}$$

Dabei entspricht der erste Term einer elektrischen Standardpotentialdifferenz für $a_J{}^I = a_J{}^{II} = 1$.

Wir setzen daher

$$\frac{\mu_J{}^{0I} - \mu_J{}^{0II}}{z_J F} \equiv \varepsilon_J{}^0 \tag{4.6.17}$$

und erhalten

$$\varepsilon_J = \varepsilon_J{}^0 + \frac{RT}{z_J F} \ln \frac{a_J{}^I}{a_J{}^{II}}\,. \tag{4.6.18}$$

Wenn II die feste Phase der Elektrode ist und I die der Lösung, so ergibt sich aus der Gleichgewichtsbedingung (4.6.14) für den Einzelelektrodenvorgang eine der Nernstschen Gleichung (s. *Kap. 4.4.*) völlig analoge Beziehung. Allerdings enthält sie die Einzelionenaktivitäten von J; diese sind, wie wir wissen, mit thermodynamischen Methoden nicht zu bestimmen. Da ε, das *Einzelelektrodenpotential* oder die *Galvanispannung*, als Absolutwert nicht meßbar ist, sind auch durch (4.6.18) Einzelionenaktivitäten nicht zu ermitteln. Aus der Definition

$$\varphi_J{}^{II} - \varphi_J{}^{I} = \varepsilon_J$$

sieht man, daß sich das Vorzeichen von ε_J in der hier verwendeten Schreibweise auf die Elektrode bezieht, wenn es sich um das Gleichgewicht

$$Me(s) \rightleftharpoons Me^{z+} + ze^-$$

handelt. Für das reine Metall mit $a^{II}_{Me} = 1$ gilt mithin

$$\varepsilon_{Me} = \varepsilon^0_{Me} + \frac{RT}{zF} \ln a^I_{Me^{z+}}\,. \tag{4.6.19}$$

Wir wollen nun im Folgenden verschiedene Arten von Einzelelektrodenprozessen etwas näher behandeln, obwohl sie einzeln nicht exakt meßbar sind.

4.6.1. *Einzelelektrodenprozesse zwischen gelösten Stoffen*

Die Nernstsche Gleichung leitet sich, wie wir gesehen haben, aus dem zweiten Hauptsatz der Thermodynamik ab und muß daher unabhängig vom Aggregatzustand der Reaktionspartner sowohl auf Ketten- wie Galvanispannungen von Einzelelektroden (letztere sind ja im Prinzip auch Kettenspannungen, s. S. 167) anwendbar sein, wenn es gelingt, diese zu messen.

Damit der Elektronenaustausch in einem Kompensationsstromkreis gemessen werden kann, bringt man einen Elektronenleiter in die Lösung, der natürlich chemisch indifferent sein muß; d. h., er darf sich nicht an der Reaktion beteiligen und das Gleichgewicht nicht verschieben. Deshalb sind die Edelmetalle Gold und Platin besonders gut geeignet, aber auch z. B. Graphit kommt in Frage. Es ergibt sich aber oft, daß ein Elektrodenvorgang in der Lösung, z. B.

$$Me^{k+} \rightleftharpoons ne^{l+} + ne^-, \qquad n = l - k, \tag{4.6.20}$$

gehemmt, also irreversibel ist. Wenn man dann ein Metall kennt, das den Vorgang katalysiert, d. h. die Gleichgewichtseinstellung beschleunigt (*Elektrokatalyse* s. S. 314), so wird man natürlich dieses als Elektrode verwenden, um eine möglichst rasche, reversible Einstellung der Potentialdifferenz zu erhalten; auch in dieser Hinsicht sind vor allem die Platinmetalle geeignet.

1. Beispiel eines Halbelementes: Pt | Fe˙˙, Fe˙˙˙

Vorgang $Fe^{\cdot\cdot} \rightleftharpoons Fe^{\cdot\cdot\cdot} + e^-$.

Der Potentialsprung Metall—Lösung hat nach der NERNSTschen Gleichung den Wert[1])

$$\varepsilon = \varepsilon^0 + \frac{RT}{F} \ln \frac{a^{Fe^{\cdot\cdot\cdot}}}{a_{Fe^{\cdot\cdot}}}, \tag{4.6.21}$$

$$\varepsilon = \varepsilon^0_{298} + 0{,}05916 \lg \frac{a_{Fe^{\cdot\cdot\cdot}}}{a_{Fe^{\cdot\cdot}}} \text{ bei } 25\,°C.$$

Für genügend verdünnte Lösungen kann man schreiben

$$\varepsilon = \varepsilon^0_{298} + 0{,}05916 \lg \frac{c_{Fe^{\cdot\cdot\cdot}}}{c_{Fe^{\cdot\cdot}}}.$$

Bei $a_{Fe^{\cdot\cdot}} = a_{Fe^{\cdot\cdot\cdot}}$ bzw. $c_{Fe^{\cdot\cdot}} = c_{Fe^{\cdot\cdot\cdot}}$ wird $\varepsilon = \varepsilon^0$. Ein derartiges Gemisch von Fe˙˙ und Fe˙˙˙ zeigt bei 25 °C gegen die Standardwasserstoffelektrode eine Galvanispannung von

$$\varepsilon^0_{298} = 0{,}771 \text{ V}.$$

Aus Gl. (4.6.21) geht hervor, daß ε um so größer ist, je größer die Aktivität der Fe˙˙˙-Ionen und je kleiner die Aktivität der Fe˙˙-Ionen ist. Eine Änderung des Aktivitätsverhältnisses um eine Zehnerpotenz ändert ε um etwa 59 mV.

2. Beispiel eines Halbelements: Pt | Cr˙˙˙, $HCrO_4'$

$$Cr^{\cdot\cdot\cdot} + 4\,H_2O \rightleftharpoons HCrO_4' + 7\,H^{\cdot} + 3e^-$$

Die NERNSTsche Gleichung lautet (a_{H_2O} = konstant)

$$\varepsilon = \varepsilon^{0\prime} + \frac{RT}{3F} \ln \frac{a_{HCrO_4'} \cdot a^7_{H^{\cdot}}}{a_{Cr^{\cdot\cdot\cdot}}}, \tag{4.6.22}$$

$$\varepsilon^{0\prime}_{298} = 1{,}31 \text{ V}.$$

[1]) Wenn man die Elektrodenreaktion immer so schreibt, daß auf der rechten Seite die abgegebenen Elektronen und damit auch die Stoffe mit der höheren Oxydationsstufe stehen, so hat man deren Aktivität in den Zähler hinter dem Logarithmus zu setzen, die auf der linken Seite der Gleichung stehenden Reaktionspartner in den Nenner. Wenn ihre Aktivität zunimmt, wird demnach ε kleiner; mit der Aktivität der höheren Oxydationsstufe wird ε größer.

Aus dem höheren Standardpotential des Übergangs von $Cr^{\cdot\cdot\cdot}$ in sechswertiges Chrom im Vergleich zu dem Übergang von $Fe^{\cdot\cdot}$ in $Fe^{\cdot\cdot\cdot}$ geht hervor, daß unter Standardbedingungen $HCrO_4'$ ein stärkeres Oxydationsmittel ist als $Fe^{\cdot\cdot\cdot}$ und $Fe^{\cdot\cdot}$ ein stärkeres Reduktionsmittel als $Cr^{\cdot\cdot\cdot}$. Wenn man die beiden Lösungen mit $Fe^{\cdot\cdot}$, $Fe^{\cdot\cdot\cdot}$ und $Cr^{\cdot\cdot\cdot}$, $HCrO_4'$ direkt aneinandergrenzen ließe, würden sie sich rasch vermischen und direkt chemisch miteinander reagieren; außerdem würde an der Grenze ein großes Diffusionspotential (s. S. 191) auftreten. Man trennt daher die beiden Lösungen durch einen Stromschlüssel (*Abb. 4.2*), d. h. ein auf beiden Seiten mit einem porösen Stopfen oder einem nicht gefetteten Schliff verschlossenes Rohr, das mit einer konzentrierten KCl-Lösung vollständig gefüllt ist. Dadurch entstehen zwar in der Kette (4.6.d) zwei Flüssigkeitsgrenzen α und β, aber deren Diffusionspotentiale heben sich wenigstens teilweise auf.

$$\mathrm{Pt} \mid \mathrm{Fe^{\cdot\cdot}, Fe^{\cdot\cdot\cdot}} \underset{\alpha}{\|} \mathrm{KCl\ (ges.)} \underset{\beta}{\|} \mathrm{Cr^{\cdot\cdot\cdot}, HCrO_4'} \mid \mathrm{Pt} \qquad (4.6.d)$$

So ist die EMK dieser Kette bei Vernachlässigung der Diffusionspotentialsprünge einfach die Differenz der Galvanispannungen.

$$\begin{array}{lll} 3\,Fe^{\cdot\cdot} & \rightleftharpoons 3\,Fe^{\cdot\cdot\cdot} + 3e^- & 0{,}771\ V = \varepsilon^0_{298} \\ Cr^{\cdot\cdot\cdot} + 4\,H_2O & \rightleftharpoons HCrO_4' + 7\,H^{\cdot} + 3e^- & 1{,}31\ V\ = \varepsilon^{0\prime}_{298} \\ \hline 3\,Fe^{\cdot\cdot} - Cr^{\cdot\cdot\cdot} - 4\,H_2O & \rightleftharpoons 3\,Fe^{\cdot\cdot\cdot} - HCrO_4' - 7\,H^{\cdot} & \end{array}$$

$$3\,Fe^{\cdot\cdot} + 7\,H^{\cdot} + HCrO_4' \rightleftharpoons 3\,Fe^{\cdot\cdot\cdot} + Cr^{\cdot\cdot\cdot} + 4\,H_2O \quad \varepsilon^0 - \varepsilon^{0\prime} = -0{,}54\ V = E^0_{298}.$$

Der Vorgang verläuft demnach von links nach rechts freiwillig, $Fe^{\cdot\cdot}$ wird von $HCrO_4'$ zu $Fe^{\cdot\cdot\cdot}$ oxydiert. Natürlich können wir dann auch aus $\Delta G^0 = -3 \cdot F \cdot 0{,}54$ in bekannter Weise die Gleichgewichtskonstante berechnen. Sie hat etwa den Wert 10^{27}.

4.6.2. *Elektrodenreaktion unter Beteiligung von Gasen*

Man nennt Halbelemente, an deren elektromotorisch wirksamen Prozeß ein Gas beteiligt ist, auch *Gaselektroden*.

1. Beispiel:

Die wichtigste Gaselektrode, die *Wasserstoffelektrode*, haben wir bereits kennengelernt. Ihre Standardgalvanispannung wird seit NERNST als Bezugspunkt für die Einzelelektrodenpotentialsprünge verwendet, indem $\varepsilon_H{}^0$, d. h. die Galvanispannung für den Vorgang bei $\alpha_{H^{\cdot}} = 1$, $p_{H_2} = 1$ atm $= 101{,}3$ kPa,

$$\frac{1}{2}\,H_2 \rightleftharpoons H^{\cdot} + e^-, \qquad (4.6.23)$$

willkürlich bei allen Temperaturen gleich Null gesetzt wird.

In *Abb. 4.6* ist eine Wasserstoffelektrode dargestellt. Ein platiniertes Platinblech taucht etwa zur Hälfte in den Elektrolyten, z. B. in Schwefelsäure, ein und wird von Wasserstoff umspült, der durch Platinasbest von O_2 und durch $KMnO_4$ und $AgNO_3$ von anderen Verunreinigungen befreit worden ist. Die Gleichgewichtseinstellung dauert etwa 10 bis 15 Minuten. Damit sich das potentialbestimmende Gleichgewicht (4.6.23) reversibel einstellt, muß eine Reihe von Teilschritten rasch durchlaufen werden:

$$\begin{array}{ll} H_3O^{\cdot} & \rightleftharpoons H^+ + H_2O \\ H^+ + e^- & \rightleftharpoons H\ \text{(in Pt gelöst)} \\ 2\,H & \rightleftharpoons H_2\ \text{(in Pt gelöst)} \\ H_2\ \text{(in Pt gelöst)} & \rightleftharpoons H_2\ \text{(gasförmig)}. \end{array}$$

Wenn das Platinblech vollständig in die Flüssigkeit eintaucht, erfolgt die Sättigung mit Wasserstoff und damit die Einstellung des Gleichgewichtes der Elektrodenreaktion zu langsam, weil nur die geringe H_2-Konzentration in der Lösung zur Verfügung steht. Die beim POGGENDORFFschen Kompensationsverfahren auftretenden geringen Ströme genügen dann, um das Gleichgewicht zu stören und bei der EMK-Messung Fehler zu verursachen. Die Wasserstoffelektrode ist heute für praktische Messungen von anderen Bezugselektroden weitgehend verdrängt worden, weil das Hantieren mit einem Gas relativ umständlich ist und das Gleichgewicht und die Gleichgewichtseinstellung der Elektrode relativ empfindlich gegen Stromentnahme, reduzierende und oxydierende Stoffe sowie gegen Elektrodengifte (AsH_3, H_2S usw.) ist.

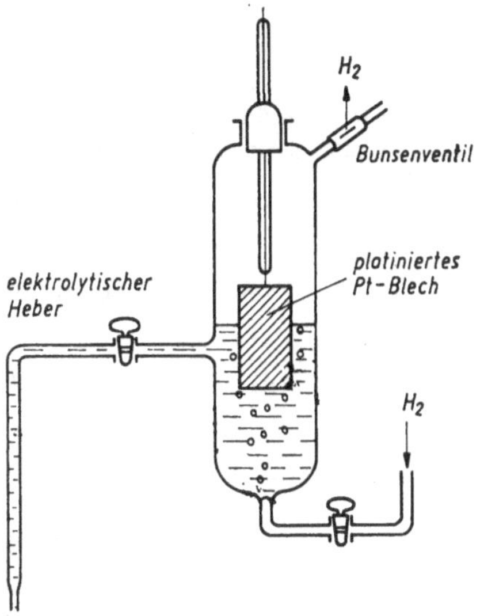

Abb. 4.6: Wasserstoffelektrode

Die NERNSTsche Gleichung für die Galvanispannung lautet

$$\varepsilon = \varepsilon^0 + \frac{RT}{F} \ln \frac{a_{H^\cdot}}{a_{H_2}^{1/2}}.$$

Wenn man die Fugazität p^* bzw. die Aktivität des H_2 gleich dem Wasserstoffdruck setzt, was für Drücke < 100 kPa zulässig ist, kann man auch schreiben

$$\varepsilon = \varepsilon^0 + \frac{RT}{F} \ln \frac{a_{H^\cdot}}{p_{H_2}^{\circledast 1/2}}.$$

Definitionsgemäß ist $\varepsilon^0 = 0$, und so wird

$$\varepsilon = \frac{RT}{F} \ln \frac{a_{H^\cdot}}{p_{H_2}^{\circledast 1/2}}. \tag{4.6.24}$$

Für die Bestimmung von Standardgalvanispannungen durch Extrapolation der EMK-Werte von Zellen ohne Überführung ist die Wasserstoffelektrode noch immer unentbehrlich (s. S. 168) und liefert bei Beachtung aller Fehlerquellen bis auf 10 bis 20 μV reproduzierbare, richtige Werte.[1]

[1] Eine Standardwasserstoffelektrode ($a_{H^\cdot} = 1$, $p_{H_2}^{\circledast} = 1$) läßt sich experimentell nicht herstellen, ihr Wert, der konventionsgemäß Null gesetzt wird, ist in der Standard-EMK von Ketten des Typs (4.4.a) enthalten.

Eine Kette ohne Überführung aus zwei Wasserstoffelektroden, die sich nur im H_2-Druck unterscheiden, ist eine *Konzentrationskette* (Gaskonzentrationskette) mit gemeinsamem Elektrolyten. Die EMK einer solchen Kette

$$\mathrm{Pt} \mid \mathrm{H_2}(p_1),\ \mathrm{H_2SO_4},\ \mathrm{H_2}(p_2) \mid \mathrm{Pt} \tag{4.6.e}$$

folgt thermodynamisch exakt der NERNSTschen Gleichung

$$\varepsilon_1 = \frac{RT}{F} \ln \frac{a_{\mathrm{H}^\cdot}}{p_{1\mathrm{H_2}}^{\circledast 1/2}}, \qquad \varepsilon_2 = \frac{RT}{F} \ln \frac{a_{\mathrm{H}^\cdot}}{p_{2\mathrm{H_2}}^{\circledast 1/2}},$$

$$E = \varepsilon_1 - \varepsilon_2 = \frac{RT}{F} \ln \frac{p_{2\mathrm{H_2}}^{\circledast 1/2}}{p_{1\mathrm{H_2}}^{\circledast 1/2}} = \frac{RT}{2F} \ln \frac{p_{2\mathrm{H_2}}^{\circledast}}{p_{1\mathrm{H_2}}^{\circledast}}. \tag{4.6.25}$$

Je Zehnerpotenz Druckunterschied findet man bei 25 °C eine Potentialänderung von 59/2 mV. Man kann solche Ketten zur Bestimmung von Partialdrücken elektrochemisch aktiver Gase verwenden.

2. Beispiel:

Eine *Sauerstoffelektrode* des Aufbaus Pt | O_2, OH′ könnte ähnliche Bedeutung haben wie die Wasserstoffelektrode, wenn es gelänge, den Vorgang

$$4\,\mathrm{OH'} \rightleftharpoons \mathrm{O_2} + 2\,\mathrm{H_2O} + 4e^- \tag{4.6.26}$$

reversibel ablaufen zu lassen. Auch bei Verwendung von Edelmetallen (Pt) als Stromzuführung arbeitet die Sauerstoffelektrode nicht reversibel, und die NERNSTsche Gleichung

$$\varepsilon = \varepsilon^0 + \frac{RT}{4F} \ln \frac{p_{\mathrm{O_2}}^{\circledast}}{a_{\mathrm{OH'}}^4} = \varepsilon^0 + \frac{RT}{4F} \ln p_{\mathrm{O_2}}^{\circledast} - \frac{RT}{F} \ln a_{\mathrm{OH'}} \tag{4.6.27}$$

wird nicht genau befolgt. Das rechnerisch aus thermodynamischen Daten ermittelte Standardpotential $\varepsilon^0 = 0{,}401$ Volt (25 °C) läßt sich experimentell nicht erreichen. Dieses Standardpotential ist der Wert des Potentialsprungs des Halbelementes

$$\mathrm{Pt} \mid \mathrm{O_2}\ (101{,}325\ \mathrm{kPa}),\ \mathrm{OH'}\ (a = 1),$$

bezogen auf die Standardwasserstoffelektrode.

Wegen des Zusammenhanges zwischen der Aktivität der H˙- und OH′-Ionen in wäßriger Lösung kann man die Standard-EMK der Kette ohne Überführung

$$\mathrm{Pt} \mid \mathrm{H_2}\ (101{,}325\ \mathrm{kPa}),\ \mathrm{H^\cdot}\ (a = 1),\ \mathrm{O_2}\ (101{,}325\ \mathrm{kPa}) \mid \mathrm{Pt} \tag{4.6.f}$$

unter der Annahme, daß sie reversibel arbeitet, ohne weiteres berechnen; denn aus

$$K_W = a_{\mathrm{H}^\cdot} \cdot a_{\mathrm{OH'}} \approx 10^{-14} \quad \text{bei } 25\,^\circ\mathrm{C}$$

ergibt sich, daß in einer Lösung von $a_{\mathrm{H}^\cdot} = 1$ die Aktivität $a_{\mathrm{OH'}} = 10^{-14}$ sein muß. Aus Gl. (4.6.27) wird mit $p_{\mathrm{O_2}} = 101{,}3$ kPa

$$\varepsilon = \varepsilon^0 - \frac{RT}{F} \ln 10^{-14},$$

$$\varepsilon = 0{,}401 + 0{,}059 \cdot 14 = 1{,}23\ \mathrm{V} \quad \text{bei } 25\,^\circ\mathrm{C}.$$

Dies ist gleichzeitig die Standard-EMK der Kette (4.6.f).

Aus den Elektrodenvorgängen erhält man als Reaktion des galvanischen Elementes

$$H_2 \rightleftharpoons 2H^{\cdot} + 2e^-$$

$$\frac{1}{2}O_2 + H_2O + 2e^- \rightleftharpoons 2OH' \qquad \varepsilon^0_{298} = -1{,}23\ \text{V}$$

$$H_2 + \frac{1}{2}O_2 + H_2O \rightleftharpoons 2H^{\cdot} + 2OH' \qquad E^0_{298} = -1{,}23\ \text{V}$$

$$H_2 + \frac{1}{2}O_2 \rightleftharpoons H_2O,$$

d. i. die Knallgasreaktion. Man nennt galvanische Ketten, in denen sie abläuft, auch *Knallgasketten.*

Aus der Zellspannung erhält man durch Multiplikation mit $2F$ die Änderung der freien Standardenthalpie und daraus nach $\Delta G^0 = -RT \ln K$ die Gleichgewichtskonstante der Wasserbildung (aus H_2 und O_2) für 25°C zu $3{,}87 \cdot 10^{41}$.

3. Beispiel:

Die Chlorelektrode bildet mit einer Wasserstoffelektrode die sogenannte *Chlorknallgaskette* (s. S. 167)

$$\text{Pt} \mid H_2, \text{HCl}, Cl_2 \mid \text{Pt} \tag{4.6.g}$$

mit der Reaktion

$$H_2 + Cl_2 \rightleftharpoons 2H^{\cdot} + 2Cl', \tag{4.6.28}$$

wobei die Elektrodenreaktionen sind

$$H_2 \rightleftharpoons 2H^{\cdot} + 2e^-, \tag{4.6.29}$$

$$2Cl' \rightleftharpoons Cl_2 + 2e^-. \tag{4.6.30}$$

Die EMK setzt sich aus den beiden Potentialsprüngen zusammen

$$\varepsilon_1 = \frac{RT}{F} \ln \frac{a_{H^{\cdot}}}{p_{H_2}^{\circledast 1/2}},$$

$$\varepsilon_2 = \varepsilon_2{}^0 + \frac{RT}{F} \ln \frac{p_{Cl_2}^{\circledast 1/2}}{a^{Cl'}},$$

$$E = \varepsilon_2{}^0 + \frac{RT}{F} \ln \frac{p_{H_2}^{\circledast 1/2} \cdot p_{Cl_2}^{\circledast 1/2}}{a_{H^{\cdot}} \cdot a_{Cl^{\cdot}}}. \tag{4.6.31}$$

Wenn $p_{H_2} = p_{Cl_2} = 101{,}3$ kPa und wenn die Aktivität der $H^{\cdot}$- und Cl'-Ionen 1 wird, so ist die negative Standard-EMK der Kette bei 25°C gleich ε^0 der Chlorelektrode entsprechend Vorgang (4.6.30).

$$U^0 = 1{,}36\ \text{V} \qquad -E^0 = \varepsilon^0 = 1{,}36\ \text{V},$$

$$E^0 = -1{,}36\ \text{V}.$$

Sowohl die Knallgas- wie die Chlorknallgaskette lassen sich als Ketten ohne Überführung aufbauen; während die Knallgaskette nicht reversibel arbeitet und kaum Spannungen über 0,9 V liefert (bei 25°C und Bedingungen, die denen des Standardzustandes nahekommen), verhält sich die Chlorknallgaskette weitgehend reversibel und zeigt die nach (4.6.31) berechneten Spannungen in Übereinstimmung mit dem S. 167 aus thermodynamischen Daten errechneten Wert für E^0.

4.6.3. *Einzelelektrodenprozesse zwischen Metall (Elektrodenmaterial) und Elektrolyt (Elektroden 1. Art)*

Bei den bisher behandelten Elektrodenprozessen hatten die Elektroden nur die Funktion, die Elektronen von der Seite, an der ein Überschuß entsteht (durch die Elektronengeberreaktion), nach der Seite der Elektronennehmerreaktion zu transportieren. Das Elektrodenmaterial selbst ist dabei am Elektrodenprozeß nicht beteiligt und darf es auch nicht in einer Simultanreaktion sein, weil sonst die zu untersuchenden Reaktionen und Galvanispannungen verfälscht würden; es hat nur die Funktion des Elektronentransports, kann aber den Elektrodenprozeß katalytisch beschleunigen. Das Gleichgewicht $H_2 \rightleftharpoons 2H^{\cdot} + 2e^-$ stellt sich z. B. am gut elektronenleitenden Graphit nur sehr langsam, am platinierten Platin sehr rasch ein; beide Materialien sind aber an der Bruttoelektrodenreaktion nicht beteiligt (*s. auch* S. 306).

Wir haben bei den allgemeinen Erörterungen über Zell- und Einzelelektrodenreaktionen Beispiele genannt, in denen Metalle an den Elektrodenreaktionen teilnehmen und daher zweckmäßigerweise als Elektrodenmaterial verwendet werden (Ag, Hg, Zn, Tl).

Wenn sich das Metall mit seinem Ion in der Lösung (oder Schmelze) ins Gleichgewicht setzt,

$$Me \rightleftharpoons Me^{z\cdot} + ze^-, \tag{4.6.32}$$

so sprechen wir von einer *einfachen Metallelektrode*. Ihr Gleichgewichtspotential ist nach der NERNSTschen Gleichung gegeben durch

$$\varepsilon = \varepsilon^0 + \frac{RT}{zF} \ln a_{Me^{z\cdot}}. \tag{4.6.33}$$

Die Galvanispannung eines Metalls wird also um so größer (positiver), je größer die Aktivität seiner Ionen ist. Es ist damit im Prinzip möglich, daß ein Metall, dessen „Standardpotential" positiv ist, das also nach der Spannungsreihe „edler" als Wasserstoff ist, bei niedrigen Aktivitäten seiner Ionen „unedler" wird. Da sich aber ε mit $\frac{0{,}059}{z} \lg a_{Me^{z\cdot}}$ ändert, müssen die Konzentrationen bzw. Aktivitäten sehr viel kleiner als 1 sein, damit $\varepsilon \ll \varepsilon^0$ wird. Das trifft z. B. bei der Bildung eines stabilen Komplexes zu (s. S. 226).

Wie wir gesehen haben, ergibt sich Gleichung (4.6.33) einfach aus der Gleichung für die freie Enthalpiedifferenz der Reaktion

$$Me + zH^{\cdot} \rightleftharpoons Me^{z\cdot} + \frac{z}{2} H_2, \tag{4.6.34}$$

wenn wir für $p^{\circledast}_{H_2}$ und $a_{H^{\cdot}}$ eins setzen. W. NERNST hat für das Gleichgewicht der einfachen Metallelektrode eine anschauliche Erklärung gegeben. Das Metall hat je nach seiner Natur eine verschieden große Tendenz, als Ion in Lösung zu geben, einen bestimmten „Lösungsdruck" (P_L). Die Ionen ihrerseits üben einen um so größeren osmotischen Druck π (d. h. ein Bestreben, sich aus der Lösung zu entfernen) aus, je größer ihre Konzentration ist. Analog wie sich aus dem Druckunterschied eines Gases die Änderung der freien Enthalpie ergibt: $\Delta G = RT \ln \frac{p_2^{\circledast}}{p_1^{\circledast}}$, kann man für den Übergang eines Ions aus dem Metall in die Lösung setzen:

$$\Delta G = RT \ln \frac{\pi}{P_L},$$

und mit $\pi = c_{Me^{z\cdot}} RT$ und $\Delta G = zF\varepsilon$ wird

$$\varepsilon = \varepsilon^0 + \frac{RT}{zF} \ln c_{Me^{z\cdot}} \quad \text{mit} \quad \varepsilon^0 = \frac{RT}{zF} \ln \frac{RT}{P_L}.$$

Das Elektrodenpotential des Metalls bei der Konzentration 1 wird also um so negativer, je größer sein „Lösungsdruck" ist. Man sieht, daß man von sehr verschiedenen Modellvorstellungen aus zur Gleichung für das „Elektrodenpotential" oder die Galvanispannung kommen kann. Damit wird einmal mehr bewiesen, daß die Ableitung einer experimentell gefundenen Beziehung aus einer bestimmten Modellvorstellung keine Gewähr für die Richtigkeit dieser Vorstellung gibt.

Die Kinetik der einfachen Metallelektroden ist trotz der einfachen Bruttoreaktion sehr kompliziert, weil sie in einer Reihe von Einzelschritten erfolgt (s. S. 307), und bis heute nicht vollständig geklärt. In jedem Fall handelt es sich um eine heterogene Reaktion, daher können Diffusionserscheinungen den Gesamtablauf wesentlich beeinflussen (s. *Band 1, Kap. 23.1.2.*).

Man bezeichnet Elektroden, bei denen der potentialbestimmende Vorgang aus dem Übertritt von Metallionen in die Lösung bzw. Schmelze besteht, auch als *Elektroden erster Art.* Dabei kommen als Elektronenleiter nicht nur Metalle, sondern auch Oxide, z. B. Braunstein, in Frage; andererseits können die Metalle als Elektrodenmaterial auch flüssig sein (z. B. Hg).

Wenn wir zwei Elektroden aus dem gleichen Metall in Lösungen verschiedener Konzentration tauchen, so sollte nach (4.6.33) zwischen beiden Elektroden die Spannungsdifferenz

$$\varepsilon_2 - \varepsilon_1 = \Delta\varepsilon = \varepsilon^0 + \frac{RT}{zF} \ln a_2 - \varepsilon^0 - \frac{RT}{zF} \ln a_1 = \frac{RT}{zF} \ln \frac{a_2}{a_1}$$

auftreten, wenn in der einen Lösung die Aktivität a_2, in der anderen die Aktivität a_1 der Metallionen herrscht und keine anderen Spannungen auftreten. Die Elektrode in der Lösung mit der höheren Ionenaktivität müßte entsprechend (4.6.33) positiv sein. Wenn man die Aktivität des Ions $a_{Me^{z\cdot}}$ in der einen Lösung kennen würde (z. B. indem man eine Konzentration wählt, bei der sich $f_{Me^{z\cdot}}$ aus der DEBYE-HÜCKEL-Gleichung berechnen läßt), so könnte man die Einzelionenaktivität der Metallionen für jede beliebige Konzentration berechnen. Tatsächlich ist es aber nicht möglich, eine *Konzentrationskette* zu konstruieren, bei der nur die Potentialsprünge zwischen dem Metall und seinen Ionen verschiedener Konzentration auftreten. Wenn wir nämlich die beiden Lösungen mit den Metallionenaktivitäten a_1 und a_2 aneinandergrenzen lassen, dann tritt an dieser Grenze ein Diffusionspotential ε_d auf, das von diesen Aktivitäten abhängt:

$$\underset{\varepsilon_1}{Me \mid Me^{z\cdot}(a_1)} \underset{\varepsilon_d}{\parallel} \underset{\varepsilon_2}{Me^{z\cdot}(a_2) \mid Me} \tag{4.6.h}$$

Die Kettenspannung der Kette (4.6.h) ist also:

$$U = \varepsilon_2 - \varepsilon_1 + \varepsilon_d(a_{1Me^{z\cdot}}, a_{2Me^{z\cdot}}). \tag{4.6.35}$$

Da wir nur die gesamte Kettenspannung und nicht die einzelnen Potentialsprünge bestimmen können, lassen sich mit Konzentrationsketten, allgemein mit Ketten mit Überführung (s. S. 191), prinzipiell keine Einzelionenaktivitäten (außerhalb des DEBYE-HÜCKEL-Bereichs) bestimmen. Daß dies mit Ketten ohne Überführung nicht möglich ist, hatten wir bereits gezeigt (s. S. 158). Auch wenn wir die beiden Lösungen durch eine Flüssigkeitsbrücke trennen, wird daran nichts geändert:

$$Me \mid Me^{z\cdot}(a_1) \parallel \mathrm{KCl} \parallel Me^{z\cdot}(a_2) \mid Me. \qquad (4.6.i)$$
$$\varepsilon_{d_1} \qquad \varepsilon_{d_2}$$

Die Differenz $\varepsilon_{d_1} - \varepsilon_{d_2}$ wird zwar im allgemeinen etwas kleiner als ε_d; da sie aber von den Einzelionenaktivitäten der sich berührenden Lösungen abhängt, ist sie ebenfalls nicht berechenbar. Spannungen der Ketten vom Typ (4.6.h) lassen sich zwar berechnen (s. *Kap. 4.6.6*), aber man erhält sie aus mittleren Aktivitäten und kann umgekehrt nur diese aus solchen Ketten ermitteln. Wenn man Ketten vom Typ (4.6.i) verwendet und die Konzentration von $Me_{z\cdot}$ auf einer Seite so klein ist, daß $f_{Me^{z\cdot}} = 1$ gesetzt werden kann, so kann man diese recht genau bestimmen (potentiometrische Bestimmung der Löslichkeit schwer löslicher Salze).

Es ist mit Hilfe des Potentialsprungs Metall/Metallion möglich, Konzentrationsketten mit einem gemeinsamen Elektrolyten zu bilden, wenn man nämlich für die eine oder für beide Elektroden eine Legierung, z. B. ein Amalgam, verwendet. Ein solches galvanisches Element nennt man ***Metallkonzentrationskette*** oder, wenn das Legierungsmittel Quecksilber ist, Amalgamkonzentrationskette. Das Quecksilber fungiert in dem Amalgam — ganz ähnlich wie ein Platinblech für den Wasserstoff bei der Wasserstoffelektrode — als Lösungsmittel und ist an den Elektrodenprozessen nicht beteiligt. Ganz allgemein wirkt in einer Legierung von zwei Metallen das unedlere Metall potentialbestimmend. In dem Element

$$+ \quad \mathrm{Hg, Ba}(a_1) \mid \mathrm{BaCl_2} \mid \mathrm{Ba}(a_2), \mathrm{Hg} \quad -$$
$$(a_2 > a_1)$$

ist die Elektrode mit der höheren Aktivität des Bariums negativ, weil die Lösungstendenz ja mit steigender Aktivität des ungeladenen Metalls wachsen muß. Die NERNSTsche Gleichung lautet

$$E = \varepsilon^0 + \frac{RT}{2F} \ln \frac{a_{\mathrm{Ba}^{\cdot\cdot}}}{a_{1_{\mathrm{Ba}}}} - \varepsilon^0 - \frac{RT}{2F} \ln \frac{a_{\mathrm{Ba}^{\cdot\cdot}}}{a_{2_{\mathrm{Ba}}}},$$

$$E = \frac{RT}{2F} \ln \frac{a_{2_{\mathrm{Ba}}}}{a_{1_{\mathrm{Ba}}}}. \qquad (4.6.36)$$

Gleichung (4.6.36) ist thermodynamisch exakt, da keine Diffusionspotentiale auftreten. Bei sehr geringen Konzentrationen des Bariums im Quecksilber stimmt die nach Gleichung (4.6.36) berechnete EMK mit der gemessenen überein, wenn man an Stelle der Aktivitäten die Konzentrationen einsetzt. Bei höheren Konzentrationeu treten Abweichungen auf. Wählt man die eine Konzentration sehr niedrig und nur die andere so hoch, daß man an Stelle der Konzentration die Aktivität verwenden muß, so kann man den Aktivitätskoeffizienten und die Aktivität des Bariums aus Gleichung (4.6.36) berechnen. Metallkonzentrationsketten sind also zur Bestimmung der Aktivität von Metallen in Legierungen geeignet:

$$\ln f_{2_{\mathrm{Ba}}} = \frac{2F \cdot E}{RT} + \ln c_{1_{\mathrm{Ba}}} - \ln c_{2_{\mathrm{Ba}}}. \qquad (4.6.37)$$

Als Lösungsmittel in der Elektrolytphase von Amalgamkonzentrationsketten kommen übrigens auch nichtwäßrige Lösungsmittel, z. B. Hydrazin, in Frage, die gegenüber Wasser den Vorteil haben, das Amalgam nicht so leicht anzugreifen.

Dabei ist es besonders vorteilhaft, daß in die Gleichung (4.6.36) die Aktivität des Elektrolyten nicht eingeht. Die Aktivität der Legierungskomponenten bezieht sich auf das reine Metall ($x_{Me} = 1$, $f_{Me} = 1$). Aus Messungen von Kettenspannungen können auch die Aktivitäten von Legierungskomponenten ermittelt werden. Dazu wird die Spannung einer Kette gemessen, die folgendermaßen aufgebaut ist:

$$Me_1 \mid Me_1^{n+}A^{n-} \text{ (Schmelze)} \mid Me_1, Me_2$$

wobei Me_1 das zu bestimmende unedlere Metall, Me_2 ein anderes, edleres Metall und A ein beliebiges Anion ist.

Die Aktivität von Metallen in Legierungen ist für metallurgische Prozesse und das Korrosionsverhalten solcher Legierungen von Bedeutung. Bei bekanntem Molenbruch kann man aus den Aktivitätskoeffizienten Schlüsse auf die Wechselwirkung des betreffenden Metalls mit seinen Komponenten ziehen. Die Galvanispannungen von Metallen und allgemein von Elektrodenprozessen in nichtwäßrigen Medien (Lösungsmitteln, Schmelzen) sind aber nicht vergleichbar mit den auf die Standardwasserstoffelektrode bezogenen Galvanispannungen, auch wenn derselbe Elektrolyt vorliegt; denn diese Spannungen beziehen sich auf den Übergang in die wäßrige Lösung (unter Standardbedingungen), enthalten also auch die freien Hydratationsenthalpien. Diese sind aber von den freien Solvatationsenthalpien in anderen Medien meistens erheblich verschieden. Daher ist die Spannungsreihe der Metalle in nichtwäßrigen Medien, z. B. in Salzschmelzen (Delimarski) oder organischen Lösungsmitteln, gegenüber der in Wasser recht unterschiedlich. Die Standardwasserstoffelektrode hat in jedem Medium einen anderen Wert (wegen der verschiedenen Solvatationsenergie des H^+). Versuche, alle Galvanispannungen unabhängig vom Medium auf den gleichen Vorgang eines nicht solvatisierenden Ions zu beziehen ($Rb \mid Rb^+$) (Pleskow), haben zu widerspruchsvollen Ergebnissen geführt.

Es sei darauf hingewiesen, daß relativ wenige Metalle Galvanispannungen in den Lösungen ihrer Ionen zeigen, die bis zu niedrigen Konzentrationen exakt der Nernstschen Gleichung folgen. Am günstigsten verhalten sich Quecksilber und Silber. Diese Metalle zeigen bis zu Konzentrationen von $10^{-5} \ldots 10^{-6}$ Val · l^{-1} Galvanispannungen entsprechend der Nernst-Gleichung. Kupfer, Thallium, Cadmium und Zink folgen mit ihrer Galvanispannung zumindest bei höherer Konzentration ($\geqq 10^{-3}$ Val l^{-1}) der Theorie recht gut. Viele (sehr) unedle Metalle (Al, Mg), aber auch die Eisenmetalle, ändern ihre Galvanispannung mit der Konzentration ihrer Ionen wenig oder gar nicht; das liegt zum Teil daran, daß sie sich mit passivierenden Deckschichten überziehen oder als mehrfache Elektroden wirken (s. S. 189).

Der Wunsch, statt der relativen Werte für die Galvanispannungen zwischen einem Metall und seinen Ionen (sowie für andere Elektrodenprozesse, wie sie die auf die Standardwasserstoffelektrode bezogenen Werte darstellen) absolute Potentialsprünge zu messen, hat schon frühzeitig zu Versuchen geführt, unabhängig von „*Bezugselektroden*“ Potentialdifferenzen zwischen Metall und Elektrolyt zu erhalten. Diese sogenannten „*absoluten Potentiale*“ lassen sich aber nur bei Zusatzannahmen gewinnen, die nicht thermodynamisch gesichert sind. Sie hängen eng mit Problemen der Kinetik des Ladungsdurchtritts durch die Phasengrenze zusammen. Wir werden im *Kap. 5.2* darauf eingehen. Jetzt wollen wir noch einen Typ von Einzelelektroden besprechen, der sich als Bezugselektrode statt der Wasserstoffelektrode vielfach bewährt hat.

4.6.4. Elektroden zweiter Art

Bei der Behandlung der Kette: Pt | H_2, HCl | Hg_2Cl_2 | Hg haben wir bereits an der Kalomelelektrode Hg | Hg_2Cl_2 | Cl′ einen Elektrodenvorgang kennengelernt, an dem außer dem Metall und den Ionen der Lösung eine feste Phase $Hg_2Cl_2(s)$ teilnimmt. Man nennt generell eine Elektrode, an deren Elektrodengleichgewicht neben dem Metall und gelösten Ionen ein schwerlösliches Salz des betreffenden Metalls beteiligt ist, eine Elektrode zweiter Art. Neben der Kalomelelektrode sind besonders die Silber/Silberhalogenidelektroden eingehend untersucht worden und werden vielfach verwendet [4.11]. Wir hatten die Elektrodenreaktion der Kalomelelektrode geschrieben: $2\,Hg + 2\,Cl' \rightleftharpoons Hg_2Cl_2(s) + 2e^-$. Analog würde die Elektrodenreaktion der Ag | AgCl(s), Cl′-Elektrode sein

$$Ag + Cl' \rightleftharpoons AgCl(s) + e^- . \qquad (4.6.38)$$

Für diesen Elektrodenprozeß lautet die NERNSTsche Gleichung

$$\varepsilon_{AgCl} = \varepsilon^0_{AgCl} - \frac{RT}{F} \ln a_{Cl'}, \qquad (4.6.39)$$

da Ag und AgCl(s) die Aktivität 1 haben und das Cl′ die niedrige Oxydationsstufe ist, demzufolge in der Reaktionsgleichung links und hinter dem Logarithmus im Nenner steht.

Für die Silberelektrode im Gleichgewicht mit $Ag^{\cdot}$ gilt natürlich

$$Ag \rightleftharpoons Ag^{\cdot} + e^- \qquad (4.6.40)$$

und für diesen Prozeß lautet die NERNSTsche Gleichung

$$\varepsilon_{Ag} = \varepsilon^0_{Ag} + \frac{RT}{F} \ln a_{Ag^{\cdot}}. \qquad (4.6.41)$$

Wenn aber die Lösung bereits mit AgCl gesättigt ist, weil sie festes Salz als Bodenkörper enthält, dann ist die Aktivität der $Ag^{\cdot}$ durch die Löslichkeitskonstante gegeben (s. *Band 1, Kap. 17.13*):

$$K_L = a_{Ag^{\cdot}} \cdot a_{Cl'}.$$

Daher können wir in (4.6.41) die Aktivität der Silberionen ersetzen durch $\frac{K_L}{a_{Cl'}}$ und erhalten

$$\varepsilon_{Ag} = \varepsilon^0_{Ag} + \frac{RT}{F} \ln \frac{K_L}{a_{Cl'}} = \varepsilon^0_{Ag} + \frac{RT}{F} \ln K_L - \frac{RT}{F} \ln a_{Cl'}. \qquad (4.6.42)$$

Wenn wir jetzt

$$\left(\varepsilon^0_{Ag} + \frac{RT}{F} \ln K_L\right) = \varepsilon^0_{AgCl} \qquad (4.6.43)$$

setzen, dann erhalten wir die Galvanispannung der Ag | AgCl-Elektrode entsprechend Gleichung (4.6.39). Die Standardgalvanispannungen der Elektrode 1. und 2. Art unterscheiden sich also um den Betrag $\frac{RT}{F}$ ln K_L. Wenn man K_L kennt, kann man aus der Standardgalvanispannung der Elektrode erster Art die der Elektrode zweiter Art berechnen. Umgekehrt kann man natürlich aus

$$\ln K_L = \frac{(\varepsilon^0_{AgCl} - \varepsilon^0_{Ag})\, F}{RT} \qquad (4.6.44)$$

auch die Löslichkeitskonstante berechnen. Die Standardgalvanispannung der Ag | AgCl-Elektrode ergibt sich aus der Standard-EMK der Kette

$$\mathrm{Pt} \mid \mathrm{H_2, HCl} \mid \mathrm{AgCl} \mid \mathrm{Ag}. \qquad (4.6.j)$$

Sie erhält man, wie für die Kette Pt | H_2, HCl | Hg_2Cl_2 | Hg näher beschrieben, durch Extrapolation der Kettenspannung auf $m_{HCl} = 1$, $f_{HCl} = 1$. Man berechnet für U^0 der Kette (4.6.j) bei 25 °C

$$U^0 = 0{,}2224\ \mathrm{V},$$

damit ist

$$E^0 = \varepsilon_{H^0} - \varepsilon^0_{AgCl} = -0{,}2224\ \mathrm{V}$$

und die Standardgalvanispannung der Ag | AgCl-Elektrode

$$\varepsilon^0_{AgCl} = 0{,}2224\ \mathrm{V}.$$

Entsprechend ist die Standardgalvanispannung der Kalomelelektrode

$$E^0 = -0{,}26816\ \mathrm{V} = \varepsilon_{H^0} - \varepsilon^0_{Hg_2Cl_2}; \quad \varepsilon^0_{Hg_2Cl_2} = +0{,}26816\ \mathrm{V}.$$

Mit der Standardgalvanispannung für die Hg-Elektrode erster Art, an der die Reaktion

$$2\,\mathrm{Hg} \rightleftharpoons \mathrm{Hg_2^{\cdot\cdot}} + 2e^-$$

abläuft, deren Potential laut *Tab. 4.4* bei 25 °C den Wert 0,7988 V hat, ergibt sich für die Löslichkeitskonstante des Hg_2Cl_2:

$$K_L = a^1_{Hg_2^{\cdot\cdot}} \cdot a^2_{Cl'},$$

$$\ln K_L = \frac{(\varepsilon^0_{Hg_2Cl_2} - \varepsilon^0_{Hg}) \cdot 2 \cdot F}{RT}$$

oder

$$\lg K_L = \frac{(0{,}2682 - 0{,}7988) \cdot 2}{F_N} = \frac{-1{,}0612}{0{,}05916} = -17{,}938,$$

$$K_L = 1{,}15 \cdot 10^{-18}.$$

Aus der allgemeinen Gleichung für eine Elektrode zweiter Art bei einer Reaktion mit dem Anion A' zu dem schwerlöslichen Salz MeA_z:

$$Me + zA' \rightleftharpoons MeA_z + ze^-, \qquad (4.6.45)$$

$$\varepsilon_{MeA_z} = \varepsilon^0_{MeA_z} - \frac{RT}{zF} \ln a^z_{A'} = \varepsilon^0_{MeA_z} - \frac{RT}{F} \ln a_A \qquad (4.6.46)$$

folgt, daß die Galvanispannung mit wachsender Aktivität der Anionen negativer werden muß. Das ergibt sich auch daraus, daß mit steigender Anionenaktivität die Aktivität der Kationen abnehmen muß. Elektroden zweiter Art vom Quecksilber und Silber werden sehr gern als Bezugselektroden anstelle der Wasserstoffelektrode benutzt. Sie zeigen nämlich eine sehr gut reproduzierbare und konstante Galvanispannung. Selbst wenn sie vorübergehend mit geringen Strömen ($\leqq 10^{-6}$ A · cm^{-2}) bei der Messung belastet werden, bleiben die Spannungen bis auf $\pm 0{,}5$ mV konstant, wenn die Elektroden in der richtigen Weise sorgfältig hergestellt sind und eine Berührung des Elektrolyten mit dem oft zur Ableitung dienenden Platindraht sicher vermieden wird.

Tabelle 4.6

Galvanispannungen einiger Bezugselektroden gegenüber der Standardwasserstoffelektrode bei 25 °C

Elektrode	(25 °C) (V)
Hg | Hg_2Cl_2 | KCl (gesättigt)	0,2410
Hg | Hg_2Cl_2 | KCl (1 N)	0,2801
Hg | Hg_2Cl_2 | KCl (0,1 N)	0,3337
Ag | AgCl | KCl (gesättigt)	0,197
Ag | AgCl | KCl (1 N)	0,236
Ag | AgCl | KCl (0,1 N)	0,2895
Hg | HgO | NaOH (0,1 N)	0,165
Hg | Hg_2SO_4 | H_2SO_4 (1 molal)	0,6739
Ag | Ag_2SO_4 | H_2SO_4 (1 molal)	0,7162

Ihre Standardwerte sind meistens in der beschriebenen Weise sehr genau bestimmt worden. Bei Kenntnis der Aktivität des Elektrolyten für die verwendete Konzentration lassen sich die Galvanispannungen der Elektroden recht genau angeben und natürlich auch in geeigneten Ketten ohne Überführung genau messen. Es muß aber darauf hingewiesen werden, daß in endlichen Konzentrationsbereichen die Aktivitätskoeffizienten von Elektrolyten mit gleichem Anion, aber verschiedenem Kation nicht identisch und auch für Kation und Anion bei gleicher Ladungszahl nicht gleich sind. In *Tab. 4.6* sind für eine Reihe von Bezugselektroden für 25 °C die Galvanispannungen angegeben, die sich in Volt, bezogen auf die Standardwasserstoffelektrode, ergeben, wenn keine Diffusionspotentiale auftreten. In *Abb. 4.7* sind die wichtigsten Galvanispannungen von Bezugselektroden in Form einer Skala aufgetragen, um die Umrechnung einer Galvanispannung von einem Bezugspunkt, z. B. gesättigte Kalomelelektrode, auf die Standardwasserstoffelektrode oder eine andere Bezugselektrode zu erleichtern. Man erkennt sofort, daß sich die Galvanispannung ($\varepsilon_B{}^x$), bezogen auf eine Bezugselektrode, deren Spannung gegen die Standardwasserstoffelektrode $\varepsilon_H{}^B$ beträgt, in ihren auf die Standardwasserstoffelektrode bezogenen Wert $\varepsilon_H{}^x$ nach:

$$\varepsilon_H{}^x = \varepsilon_B{}^x + \varepsilon_H{}^B \qquad (4.6.47)$$

umrechnen läßt, wenn man das Vorzeichen berücksichtigt.

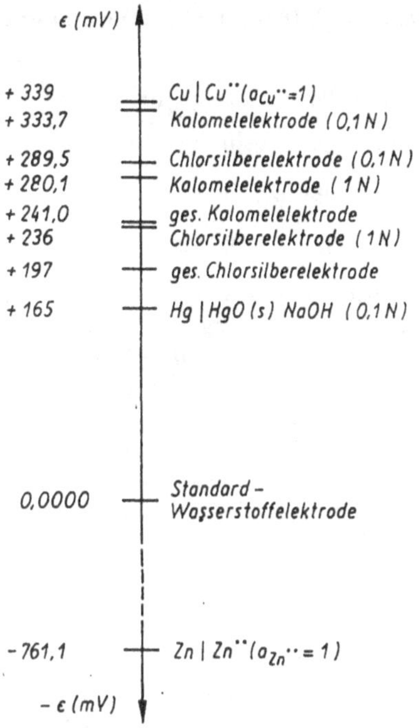

Abb. 4.7: Galvanispannungen von Bezugselektroden

Wäre z. B. für die Cu | Cu··-Elektrode gegen die gesättigte Kalomelelektrode eine Spannung von $\varepsilon_B^x = 98$ mV gemessen worden, so ergäbe sich für die Cu | Cu··-Elektrode, bezogen auf $\varepsilon_H^0 = 0$

$$\varepsilon_H^x = 98 + 241 = 339 \text{ mV}.$$

Wenn mit der Ag | AgCl-Elektrode ($c_{u'} = 1$ mol · l^{-1}) bei 25 °C eine Galvanispannung einer Sn·· | Sn····-Elektrode von $\varepsilon_B^x = -96$ mV[1]) gefunden wurde, so ist $\varepsilon_H^x = -96 + 236 = +140$ mV. Findet man für eine Sn | Sn··-Elektrode gegen die Ag | AgCl-Elektrode ($c_{u'} = 1$ mol · l^{-1}) $\varepsilon_B^x = -400$ mV, so ist $\varepsilon_H^x = (-400 + 236)$ mV; $\varepsilon_H^x = -164$ mV. Dabei ist immer vorausgesetzt, daß zwischen zu messender und Bezugselektrode keine zusätzliche Spannungsdifferenz (Diffusionspotential) auftritt. Das trifft aber praktisch nie zu, und die Diffusionspotentiale sind stark von der Elektrolytkombination abhängig (s. S. 191). Wenn dadurch ein Fehler von ± 3 mV möglich wird, so ist die Unsicherheit der Aktivität an der zu messenden Elektrode bereits 0,1. Eine Messung von Aktivitätskoeffizienten wäre daher auch bei genauer Kenntnis der Konzentration sehr ungenau. Wie wir noch sehen werden, können „Diffusionspotentiale" wesentlich größer als 3 mV sein. Wenn sie über einen großen Konzentrationsbereich des zu messenden Systems einigermaßen konstant sind, können solche Ketten mit Überführung zur Bestimmung von (niedrigen) Ionenkonzentrationen benutzt werden (s. S. 230).

Wenn man Galvanispannungen bei anderen Temperaturen als 25 °C gegen Bezugselektroden mißt, muß man deren Temperaturkoeffizienten kennen, denn es empfiehlt sich, Meß- und Bezugselektrode auf der gleichen Temperatur zu halten, da sonst zusätzliche Spannungsdifferenzen (Thermodiffusionspotentiale) auftreten können. Im folgenden sind die Temperaturfunktionen einiger Bezugselektroden angegeben. Dabei wird die Standardgalvanispannung der Wasserstoff-

[1]) Das Minuszeichen bedeutet, daß in der Kette +Ag | AgCl | KCl || Sn··, Sn···· | Pt-, die Sn··, Sn····-Elektrode den negativen Pol bildet. In der Skala (*Abb. 4.7*) steht sie daher unter der Ag/AgCl-Elektrode.

elektrode, auf die sich die Werte beziehen, definitionsgemäß (s. S. 168) für alle Temperaturen Null gesetzt:

$Hg \mid Hg_2Cl_2 \mid KCl$ (ges.)	$\varepsilon = 0{,}2410 - 6{,}61 \cdot 10^{-4}(\vartheta - 25) - 1{,}75 \cdot 10^{-6}(\vartheta - 25)^2$
$Hg \mid Hg_2Cl_2 \mid KCl$ (1 N)	$\varepsilon = 0{,}2801 - 2{,}75 \cdot 10^{-4}(\vartheta - 25) - 2{,}50 \cdot 10^{-6}(\vartheta - 25)^2$
$Hg \mid Hg_2Cl_2 \mid KCl$ (0,1 N)	$\varepsilon = 0{,}3337 - 8{,}75 \cdot 10^{-5}(\vartheta - 25) - 3 \cdot 10^{-6}(\vartheta - 25)^2$
$Ag \mid AgCl \mid KCl$ (0,1 N)	$\varepsilon = 0{,}2895 - 6{,}45 \cdot 10^{-4}(\vartheta - 25) - 3{,}28 \cdot 10^{-6}(\vartheta - 25)^2$

ϑ ist die Celsiustemperatur. Kalomelelektroden lassen sich bei Temperaturen über 50 °C nicht mehr verwenden, weil dann eine Disproportionierung nach $Hg_2Cl_2 \rightleftharpoons Hg + HgCl_2$ eintritt.

Elektroden zweiter Art sind in Ketten ohne Überführung notwendig, um die Abhängigkeit der Zellspannung von der Aktivität des an der Kettenreaktion beteiligten Anions zum Ausdruck zu bringen. Trotzdem ist die Zellspannung immer von der mittleren Aktivität des Elektrolyten abhängig, wie wir gesehen haben (s. S. 158). Sie läßt sich mit großer Genauigkeit bestimmen, wenn die Elektroden der Kette reversibel arbeiten. Elektroden zweiter Art in Ketten mit Überführung liefern wegen der mit der Diffusion verbundenen Potentialdifferenzen keine exakten thermodynamischen Größen. Dagegen sind sie für analytische Zwecke (s. *Kap. 4.7.*) von großem Wert. Darüber hinaus haben sie große technische Bedeutung in den Akkumulatoren (s. *Kap. 4.8.*).

Die Galvanispannung von Elektroden zweiter Art ist von der Aktivität der Anionen abhängig; die erster Art von der der Kationen des Elektrodenmaterials. Wenn es sich dabei um ein unedles Metall handelt, wird oft keine der NERNSTschen Gleichung entsprechende Abhängigkeit zwischen ε und a_+ gefunden, weil die Elektrode als *mehrfache Elektrode* wirkt (s. *Kap. 4.6.5.*). In solchen Fällen kann man unter Umständen eine sogenannte ***Elektrode dritter Art*** benutzen (R. LUTHER), wobei das Metall des potentialbestimmenden Kations nicht benötigt wird; das Elektrodenmaterial muß aber ein Salz mit gleichem Anion wie das zu bestimmende Kation bilden, das schwerer löslich ist als das Salz dieses Kations. Zum Beispiel wird sich an einer Elektrode

$$Hg \mid Hg_2I \mid TlI \mid TlNO_3 \qquad (c_{Hg_2I_2} \ll c_{TlI})$$

das Gleichgewicht

$$TlI(s) + Hg(l) \rightleftharpoons Tl^{\cdot} + \frac{1}{2} Hg_2I_2(s) + e^-$$

einstellen, dessen Galvanispannung nur von der Aktivität der Thalliumionen in der $Tl(NO_3)$-Lösung abhängt, da alle anderen Reaktionsteilnehmer in reiner fester oder flüssiger Phase vorliegen. Es muß also gelten:

$$\varepsilon = \varepsilon_3{}^0 + \frac{RT}{F} \ln a_{Tl} .$$

Dabei ist natürlich $\varepsilon_3{}^0$ nicht das Standardpotential der Tl-Elektrode, sondern entspricht der freien Standardenthalpie der Reaktion: $TlI(s) + Hg + H^{\cdot} \rightleftharpoons Tl + \frac{1}{2} Hg_2I_2 + \frac{1}{2} H_2$. Da sich dabei ein Gleichgewicht zwischen mehreren festen Phasen einstellen muß, wird man damit rechnen müssen, daß Spannungskonstanz nur langsam erreicht wird.

4.6.5. *Mehrfache Elektroden, Konzentrationsketten*

Bisher haben wir angenommen, daß an den Elektroden 1., 2. oder 3. Art nur immer *ein* Prozeß mit Elektronenaustausch stattfindet, der dann allein die Galvanispannung der Elektrode bestimmt. Das trifft zu, wenn alle anderen Elektronenaustauschvorgänge sehr viel langsamer verlaufen, so daß nur dieser eine die Potentialdifferenz bestimmt. Man spricht dann von einfachen Elektroden. Bei Metallelektroden aus unedlen Metallen kommt es aber vor allem in saurer Lösung häufig vor, daß neben dem Vorgang

$$Me \rightleftharpoons Me^{z\cdot} + ze^- \tag{4.6.48}$$

auch der Vorgang:

$$2\,H^{\cdot} + 2e^- \rightleftharpoons H_2 \tag{4.6.49}$$

mit solcher Geschwindigkeit abläuft, daß er die Spannung Metall—Lösung mitbestimmt; man nennt dann eine solche Elektrode eine ***zweifache Elektrode.*** Ihre Galvanispannung liegt zwischen der für den Vorgang (4.6.48) und der für (4.6.49). Allgemein werden Elektroden, deren Galvanispannung von mehreren Elektrodenvorgängen beeinflußt wird, ***mehrfache Elektroden*** genannt (C. WAGNER und W. TRAUD). Die beiden Vorgänge finden bei der Metallkorrosion statt (s. S. 318). Daher treten dort auch „Mischpotentiale“ = Mischgalvanispannungen auf, die zu beurteilen gestatten, welcher der beiden Vorgänge die Korrosionsgeschwindigkeit bestimmt. Mischspannungen sind aber auch prinzipiell zu erwarten, wenn metallische Mischphasen als Elektrodenmaterial verwendet werden. Unter der Voraussetzung, daß bei einer Legierung aus zwei Komponenten (z. B. Cd, Hg) in der Lösung die Ionen beider Metalle vorhanden sind und sich auch das Gleichgewicht (4.6.48) beider Metalle einstellt, müssen die Galvanispannungen beider Komponenten gleich sein, z. B. an einer Cadmiumamalgamelektrode, die in eine Lösung mit $Cd^{\cdot\cdot}$ und $Hg_2^{\cdot\cdot}$ taucht,

$$\Delta\varphi_{Hg} = \Delta\varphi_{Cd}\,. \tag{4.6.50}$$

Wenn die beiden Komponenten eine ideale metallische Mischphase bilden, können wir in dieser Phase a_{Me} durch den Molenbruch x ersetzen: $a_{Cd} \approx x_{Cd}$, $a_{Hg} = 1 - x_{Cd}$. Dann folgt aus (4.6.50) (s. *Kap. 4.6.*)

$$\frac{a_{Hg_2^{\cdot\cdot}}}{a_{Cd^{\cdot\cdot}}} = \frac{\exp\,[\Delta\mu^0_{Hg}\cdot(RT)^{-1}]\,(1 - x_{Cd})}{\exp\,[\Delta\mu^0_{Cd}\cdot(RT)^{-1}]\cdot x_{Cd}}, \tag{4.6.51}$$

wobei $\Delta\mu^0$ die Unterschiede im chemischen Standardpotential von Hg bzw. Cd zwischen metallischer Phase und Lösung sind. Wenn man unter Vernachlässigung der nicht bekannten Galvanispannung Metall—Metall $\Delta\mu^0$ durch $zF\varepsilon^0$ für die beiden Metalle ersetzt[1]), dann erhält man aus (4.6.51)

$$\frac{a_{Hg_2^{\cdot\cdot}}}{a_{Cd^{\cdot\cdot}}} = \frac{10^{-27,1}(1 - x_{Cd})}{10^{13,6}\cdot x_{Cd}} = 10^{-40,7}\,\frac{1 - x_{Cd}}{x_{Cd}} = 10^{-40,7}\,\frac{n_{Hg}}{n_{Cd}}. \tag{4.6.52}$$

---

[1]) Dabei ist zu beachten, daß hier der Übergang des Ions aus der Lösung auf das Metall einzusetzen ist, die Vorzeichen von ε^0 also umzukehren sind: $\varepsilon^0_{Hg} = -0{,}799$ V, $\varepsilon^0_{Cd} = +0{,}402$ V.

Daraus folgt, daß selbst bei einem Molverhältnis $\frac{n_{Hg}}{n_{Cd}}$ von $10^{10,7}$ im Amalgam die Konzentration bzw. Aktivität der $Hg_2^{\cdot\cdot}$ in der Lösung im Gleichgewicht 10^{-30} mal kleiner sein muß als die der $Cd^{\cdot\cdot}$. Wenn $a_{Hg_2^{\cdot\cdot}}$ zunächst größer war, so muß solange Cd in Lösung gehen und Hg zementieren, bis das Aktivitätsverhältnis nach (4.6.52) erreicht ist, wobei natürlich $m_{Cd^{\cdot\cdot}} + m_{Hg_2^{\cdot\cdot}} = m$ konstant bleiben muß. Wenn man annimmt, daß $f_{Cd^{\cdot\cdot}} = f_{Hg^{\cdot\cdot}} \approx 1$ ist, so kann man für (4.6.52) schreiben:

$$\frac{m}{m_{Cd^{\cdot\cdot}}} = \frac{10^{13,6} \cdot x_{Cd} + 10^{-27,1}(1 - x_{Cd})}{10^{13,6} \cdot x_{Cd}} \tag{4.6.53}$$

oder allgemein

$$\frac{m}{m_J} = \frac{\exp\left[(z_J F \varepsilon_J{}^0) \cdot (RT)^{-1}\right] x_J + \exp\left[(z_K F \varepsilon_K{}^0) \cdot (RT)^{-1}\right](1 - x_J)}{\exp\left[(z F \varepsilon_J{}^0) \cdot (RT)^{-1}\right] x_J}, \tag{4.6.54}$$

wobei die Indices J bzw. K die betreffenden Größen für die beiden Legierungskomponenten sind. Für die Galvanispannung $\Delta\varphi = \varepsilon$ im Gleichgewicht folgt aus

$$\Delta\varphi = \varepsilon = \varepsilon^0 + \frac{RT}{2F} \ln \frac{m_{Cd^{\cdot\cdot}}}{x_{Cd}} = \frac{RT}{2F} \ln \frac{m_{Cd^{\cdot\cdot}}}{\exp\left[-2F\varepsilon^0 (RT)^{-1}\right] x_{Cd}}$$

$$\approx \frac{RT}{2F} \ln \frac{m_{Cd^{\cdot\cdot}}}{10^{13,6} \cdot x_{Cd}} \tag{4.6.55}$$

und aus (4.6.53)

$$\varepsilon = \frac{RT}{2F} \ln \frac{m \cdot 10^{13,6} \cdot x_{Cd}}{10^{13,6} x_{Cd} + 10^{-27,1}(1 - x_{Cd})}. \tag{4.6.56}$$

Der zweite Summand im Nenner ist so viel kleiner als der erste, daß er vernachlässigt werden kann, und die Konzentration der $Cd^{\cdot\cdot}$ ist in jedem vernünftigen Konzentrationsbereich der metallischen Mischphase so viel größer als die der $Hg_2^{\cdot\cdot}$ (*s. oben*), daß man (4.6.56) schreiben kann

$$\varepsilon = \varepsilon^0 + \frac{RT}{2F} \ln m_{Cd^{\cdot\cdot}}. \tag{4.6.57}$$

Mit anderen Worten: bei einer homogenen metallischen Mischphase ist praktisch nur die unedlere Komponente im Gleichgewicht potentialbestimmend. Natürlich müssen sich die Standardgalvanispannungen genügend unterscheiden, für $z = 2$ genügt schon ein Unterschied von 0,3 V in ε^0, damit sich die Exponenten im Nenner von (4.6.56) um etwa 10 unterscheiden und damit ein Summand gegen den anderen vernachlässigt werden kann, auch wenn x für die unedlere Komponente nur 10^{-3} bis 10^{-4} ist. Man kann die Galvanispannung des Cd-Amalgams auch daraus ableiten, daß sich beide Redoxsysteme ($Hg \mid Hg_2^{\cdot\cdot}$ und $Cd \mid Cd^{\cdot\cdot}$) ins Gleichgewicht setzen:

$$Cd + Hg_2^{\cdot\cdot} \rightleftharpoons Cd^{\cdot\cdot} + Hg$$

und dabei die Gleichgewichtskonzentration von $Hg_2^{\cdot\cdot}$ so niedrig ist, daß nur Veränderungen von $a_{Cd^{\cdot\cdot}}$ die Galvanispannung beeinflussen. Wenn sich die beiden Metalle nicht ineinander lösen, sondern als reine Metalle in mechanischer Mischung vorliegen, wird x für jede Komponente 1; die Gleichung (4.6.51) behält aber sonst ihre Gültigkeit. Auch in diesem Fall ist nur das unedlere Metall bestimmend für die Galvanispannung der betreffenden Elektrode. Dabei ist aber immer vorausgesetzt, daß sich die Gleichgewichte ungehemmt einstellen. Bei festen Legierungen ist das häufig nicht der Fall, sondern eine oder auch beide Elektrodenreaktionen sind gehemmt. Dann wird die Galvanispannung der Elektrode in erster Linie von der Elektrodenreaktion bestimmt, die am wenigsten gehemmt ist (s. *Kap. 5.2.*). Das gilt nicht nur für Elektroden 1. Art, sondern für alle Redoxvorgänge, z. B. für die Umsetzung von (organischen) Molekülen an den Elektroden.

In *Kap. 4.6.2.* und *4.6.3.* hatten wir gezeigt, daß Galvanispannungen in Ketten ohne Überführung auch dann auftreten, wenn Gase oder Metalle, also nicht gelöste Teilnehmer, am Redoxgleichgewicht an den beiden Elektroden mit verschiedenem Partialdruck oder verschiedener Konzentration teilnehmen. Wenn man mit solchen Konzentrationsketten, bei denen nur die beiden Potentialsprünge an den Elektroden auftreten, Konzentrationen, Partialdrücke bzw. Fugazitäten oder Aktivitäten in der metallischen Phase bestimmen will, müssen, wie wir jetzt sehen, die Elektroden in bezug auf den zu bestimmenden Stoff als einfache Elektroden wirken. Das ist einerseits dann gewährleistet, wenn die Galvanispannung der zu bestimmenden Komponente soviel negativer ist als die aller anderen, daß sie allein potentialbestimmend wirkt. Bei dem früher behandelten Beispiel

$$\mathrm{Hg, Ba}(a_1) \mid \mathrm{BaCl_2} \mid \mathrm{Ba}(a_2), \mathrm{Hg}$$

ist dies sicher gewährleistet, da die Standardgalvanispannung des Bariums um 3,7 V negativer als die des Quecksilbers ist. Andererseits kann ein Gasgemisch oder eine metallische Mischphase auch dann in bezug auf eine Komponente als einfache Elektrode wirken, wenn nur diese Komponente ihr Redoxgleichgewicht rasch einstellt, die anderen Komponenten aber nicht oder nur sehr langsam. Bei H_2 im Gemisch mit den meisten anderen Gasen kann man dies annehmen, wenn sie nicht direkt mit dem Wasserstoff reagieren. Ist das der Fall und das Gleichgewicht stellt sich rasch ein, dann liegt wieder derselbe Fall wie beim Cd-Amalgam vor.

Wenn an den beiden Elektroden Ionen in verschiedener Konzentration oder verschiedene Ionenarten auftreten, also kein gemeinsamer Elektrolyt der Zelle vorliegt, dann existiert zwischen den beiden Lösungen eine Grenze. Wenn die galvanische Zelle arbeitet (auch reversibel), werden Ionen von einer Lösung zur anderen überführt, und an der Grenze zwischen beiden tritt eine Spannungsdifferenz auf. Solche Ketten mit Überführung sind auch alle *Elektrolytkonzentrationsketten*, bei denen zwei gleiche Elektroden in zwei Lösungen verschiedener Konzentration der potentialbestimmenden Ionen tauchen. Solche Konzentrationsketten sind nicht ohne weiteres geeignet, die Aktivität des Elektrolyten oder gar der Einzelionen zu bestimmen, weil die Potentialdifferenz an der Grenze beider Lösungen nicht gesondert gemessen werden kann. Mit diesen Spannungen und den Ketten mit Überführung, denen wir schon mehrfach begegnet sind, befassen wir uns im nächsten Abschnitt.

4.6.6. Ketten mit Überführung. Diffusionsgalvanispannung

Wenn in einer Elektrolysezelle oder einer galvanischen Zelle an Katode und Anode verschiedene lösliche Produkte entstehen bzw. verschiedene gelöste Stoffe umgesetzt werden sollen, die direkt chemisch miteinander reagieren können, wenn also Katolyt und Anolyt unterschiedliche Zusammensetzung haben oder beim Arbeiten der Zelle erhalten, existiert eine Phasengrenze zwischen beiden Lösungen. Um eine rasche Vermischung und direkte chemische Umsetzung zu verhindern, trennt man die Lösungen auf die verschiedenste Weise, z. B. durch eine poröse Tonwand, flüssigkeitsdurchlässige Membranen, durch einen nicht gefetteten Hahn usw. In jedem Fall muß eine Überführung der Ionen von einem Elektrodenraum zum anderen möglich sein, damit durch die Zelle Strom fließen kann. Sowohl bei Elektrolyseprozessen als auch bei galvanischen Zellen haben wir es in der Praxis meistens mit Zellen mit Überführung zu tun. Gleichgültig, wie die Grenze zwischen beiden Elektrolyten aufgebaut ist, tritt dort bei der Überführung oder Diffusion von Ionen aus einer Lösung in die andere durch ihre unterschiedliche Geschwindigkeit eine Spannung auf, die als Diffusionsgalvanispannung oder heute meistens noch als Diffusionspotential bezeichnet wird.

Wenn eine Elektrolyse stattfindet oder ein galvanisches Element Strom liefert, erfolgt eine der Stromstärke proportionale Ionenüberführung. Wenn die Elektrodenprozesse reversibel durchgeführt werden, findet, obwohl in beiden Stromrichtungen infolge der äußeren Gegenspannung (Kompensationsverfahren s. S. 153) kein Strom fließt, trotzdem eine Diffusion statt, die auf dem Konzentrationsgefälle zwischen beiden Lösungen beruht und durch die äußere Kompensation der elektrischen Spannung nicht verhindert werden kann. Auch im stromlosen Zustand der Kompensation („reversible Bedingungen") treten daher durch Diffusion an der Kontaktstelle zwischen zwei Lösungen verschiedener Zusammensetzung oder Konzentration durch die unterschiedliche Wanderungsgeschwindigkeit der Ionen Diffusionspotentiale auf.

Wir betrachten zunächst den einfachen Fall, daß zwei Lösungen des gleichen Elektrolyten, aber verschiedener Konzentration bzw. Aktivität, aneinander grenzen, und zwar mit Hilfe einer Kette vom Typ (4.6.h). Wir wählen die Kette:

$$\mathrm{Ag} \mid \mathrm{AgCl} \mid \mathrm{HCl}(a_1) \underset{\varepsilon_d}{\|} \mathrm{HCl}(a_2) \mid \mathrm{AgCl} \mid \mathrm{Ag} \tag{4.6.k}$$

Es war schon darauf hingewiesen worden, daß sich wegen des Diffusionspotentials ε_d die Kettenspannung nicht einfach aus der NERNSTschen Gleichung nach

$$\varepsilon_1 - \varepsilon_2 = E = -U = \frac{RT}{F} \ln \frac{a_{\mathrm{Cl}_2'}}{a_{\mathrm{Cl}_1'}} \tag{4.6.58}$$

ergibt. Wir können aber die EMK der Kette (4.6.k) aus der Aktivitätsänderung bei Diffusion der konzentrierten in die verdünnte Lösung berechnen.

Allgemein ergibt sich die Änderung des chemischen Potentials $d\mu_B$ eines gelösten Stoffes B aus seiner Aktivitätsänderung nach (s. *Band 1, Kap. 15.5.*)

$$d\mu_B = RT \, \mathrm{d} \ln a_B .$$

Wenn eine konzentrierte Lösung, die mit einer verdünnten überschichtet ist, durch Diffusion ihre Konzentration mit dieser ausgleicht, so ist das natürlich ein irreversibler Vorgang, und man kann daher die „Verdünnungsarbeit" $d\mu_B$ bzw. $\Delta\mu_B$ nicht bestimmen.[1])

---

[1]) Die Verdünnungswärme $\Delta\bar{H}$, die sich eventuell kalorimetrisch messen ließe, ist $\Delta\bar{H} = \Delta\mu + T\Delta\bar{S}$. Die Entropieänderung ($\Delta\bar{S}$) ist aber gerade erst aus dieser Gleichung zugänglich.

Wenn aber die Kette (4.6.k) reversibel Elektroenergie liefert, so ist diese gleich der Änderung des chemischen Potentials $\Delta\mu = zFE$, denn die an den Elektroden umgesetzte Elektroenergie ist Null, wie folgende Bilanz für ein Faraday zeigt.

Wenn $a_1 > a_2$, muß nach der NERNSTschen Gleichung ε_1 negativer als ε_2 sein (s. S. 158).

(Anode) $-$ Ag | AgCl | HCl(a_1) || HCl(a_2) | AgCl | Ag $+$ (Katode)

Elektrodenprozeß:	$Ag + Cl' \rightleftharpoons AgCl(s) + e^-$	$AgCl(s) + e^- \rightleftharpoons Ag + Cl'$
	$\lvert\varepsilon_1\rvert \cdot F$	$= \lvert\varepsilon_2\rvert F \quad \Delta\varepsilon F = 0 = \Delta\mu$
es verschwindet -1 Val Cl'		es wird $+1$ Val Cl' gebildet
Überführung	$+t_- Cl'$	$-t_- Cl'$
	$-t_+ H^\cdot$	$+t_+ H^\cdot$
	$-(1 - t_-)\,Cl' = -t_+ Cl'$	$+(1 - t_-)\,Cl' = t_+ Cl'$
	$-t_+ H^\cdot$	$+ t_+ H^\cdot$
	$-t_+(H^\cdot + Cl') = -t_+ (HCl)$	$+t_+(H^\cdot + Cl') = t_+ (HCl)$

Wenn also eine Zelle reversibel ein Faraday Strom liefert, werden t_+ Mol HCl von der konzentrierten zur verdünnteren Lösung überführt; die an den Elektroden ablaufenden Prozesse heben sich auf, mithin wird

$$d\mu = F\,d\varepsilon = RT \cdot t_+\,d\ln a_{HCl} = 2RT \cdot t_+\,d\ln a_\pm. \qquad (4.6.59)$$

Unter der Voraussetzung, daß sich in dem Konzentrationsbereich c_1 bis c_2 die Überführungszahl nicht ändert, erhalten wir durch Integration von (4.6.59) zwischen den Grenzen $a_{\pm 1} = c_1 f_{\pm 1}$ und $a_{\pm 2} + c_2 f_{\pm 2}$

$$\Delta\mu = F\Delta\varepsilon = 2t_+ RT \ln \frac{a_{\pm 2}}{a_{\pm 1}}. \qquad (4.6.60)$$

Die EMK der Kette mit Überführung (4.6.k) hat also den Wert

$$E = \frac{2t_+RT}{F} \ln \frac{a_{\pm 2}}{a_{\pm 1}}. \qquad (4.6.61)$$

Dieser Wert unterscheidet sich also von dem aus der Differenz der Elektrodengalvanispannungen errechneten dadurch, daß einmal die mittleren Aktivitäten eingehen, weil natürlich HCl diffundiert und nicht nur Cl'; man kann also auch mit Konzentrationsketten dieser Art keine Einzelionenaktivitäten bestimmen. Zum anderen wird die EMK durch die Überführungszahl bestimmt und, wie wir gesehen haben, geht in (4.6.61) die Überführungszahl des nicht potentialbestimmenden Ions ($H^\cdot$) ein. Für die Kette

$$\underset{\varepsilon_d}{Pt \mid H_2, HCl(a_1) \parallel HCl(a_2), H_2 \mid Pt} \qquad (4.6.l)$$

ist dementsprechend, wie man leicht zeigen kann, in (4.6.61) die Überführungszahl des Anions einzusetzen. Nur wenn die mittlere Aktivität der Einzelionenaktivität gleichgesetzt werden kann und $t_- = t_+ = 0{,}5$ ist (d. h., wenn die Beweglichkeiten von Kation und Anion gleich sind), kann die EMK von (4.6.k) bzw. (4.6.l) nach (4.6.58) errechnet werden. Gleichung (4.6.61) gilt, wie schon bemerkt, nur für einen Konzentrationsbereich, in dem t_+ bzw. t_- als konstant angesehen werden kann. Bei großen Konzentrationsunterschieden zwischen beiden Lösungen trifft das nicht zu; dann führt die Integration von (4.6.60) zu

$$E = \frac{2RT}{F} \int_{a_{\pm 1}}^{a_{\pm 2}} t_+ \, d \ln a_\pm . \tag{4.6.62}$$

Die Integration läßt sich nur ausführen, wenn die Konzentrationsfunktion der Überführungszahl bekannt ist. Da letztere sich aber, wie wir früher sahen, mit der Konzentration nicht sehr stark ändert (s. S. 55), kann man (4.6.61) bei endlichen Konzentrationsbereichen ($\Delta c \approx 0{,}5$) noch benutzen, um $a_\pm$ für eine Konzentration zu bestimmen, wenn man die der anderen kennt oder $f_\pm$ noch mit der Debye-Hückel-Gleichung berechnen kann. Das Vorzeichen der Elektroden in Ketten vom Typ (4.6.k) bzw. (4.6.l) ergibt sich entsprechend der Gleichung für die Potentialabhängigkeit der Einzelelektroden. Wenn $a_{1_{HCl}} > a_{2_{HCl}}$, ist die Elektrode mit der Elektrolytaktivität $a_{1_{HCl}}$ im Falle (4.6.k) negativ, im Falle (4.6.l) positiv.

Wir können uns nun auch die EMK der Kette (4.6.k) (und analog die von (4.6.l)) zusammengesetzt denken aus der Differenz der Einzelelektrodenpotentiale ($\varepsilon_1 - \varepsilon_2$) und dem Diffusionspotential ε_d:

$$E = \varepsilon_1 - \varepsilon_2 + \varepsilon_d . \tag{4.6.63}$$

Wenn wir jetzt voraussetzen, daß $a_\pm = a_+ = a_-$ ist, was natürlich nur im Debye-Hückel-Bereich zutrifft, dann muß nach (4.6.61) gelten:

$$E = \frac{2t_+RT}{F} \ln \frac{a_{-2}}{a_{-1}} = \frac{RT}{F} \ln \frac{a_{-2}}{a_{-1}} + \varepsilon_d , \tag{4.6.64}$$

weil sich $\varepsilon_1 - \varepsilon_2$ nach (4.6.58) errechnet. Nun ist

$$t_+ - t_- = t_+ - (1 - t_+) = 2t_+ - 1 ; \qquad 2t_+ = 1 + (t_+ - t_-) .$$

Wir können für (4.6.64) daher auch schreiben

$$E = \frac{RT}{F} \ln \frac{a_{-2}}{a_{-1}} + \frac{(t_+ - t_-)}{F} RT \ln \frac{a_{-2}}{a_{-1}} = \frac{RT}{F} \ln \frac{a_{-2}}{a_{-1}} + \varepsilon_d . \tag{4.6.65}$$

Aus (4.6.65) folgt, daß unter der oben gemachten Voraussetzung das Diffusionspotential

$$\varepsilon_d = \frac{(t_+ - t_-)}{F} RT \ln \frac{a_{-2}}{a_{-1}} \tag{4.6.66}$$

sein muß. Da nun für einen binären Elektrolyten $t_+ = \frac{l_+}{l_+ + l_-}$ bzw. $t_- = \frac{l_-}{l_+ + l_-}$ ist, kann man das Diffusionspotential auch mit Hilfe der Unterschiede in der Beweglichkeit der Ionen darstellen:

$$\varepsilon_d = \frac{l_+ - l_-}{l_+ + l_-} \frac{RT}{F} \ln \frac{a_{-2}}{a_{-1}} . \tag{4.6.67}$$

In Ketten vom Typ (4.6.k) bzw. (4.6.l) verschwindet also das Diffusionspotential, wenn die beiden Ionen gleiche Beweglichkeit haben. Aus dieser Ableitung der Gleichung für das Diffusionspotential ergibt sich, daß man zu seiner Berechnung die Einzelionenaktivitäten der potentialbestimmenden Ionen kennen muß. Da diese im allgemeinen nicht zugänglich sind, kann man auch Diffusionsgalvanispannungen nicht berechnen, wenn man nicht $f_+ = f_- = f_\pm$ setzen kann. Daher werden immer dann Kettenspannungswerte unsicher, wenn in den Ketten Grenzen zwischen zwei Lösungen verschiedener Zusammensetzung oder Konzentration auftreten.

Aus (4.6.67) ergibt sich auch das Vorzeichen des Potentialsprungs an der Grenze zwischen einer konzentrierten und einer verdünnten Lösung des gleichen Elektrolyten. Wenn nämlich $a_{-2} = a_{\pm 2} > a_{-1}$ ist und $l_+ > l_-$, wird $\varepsilon_d < 0$. Die Grenzfläche auf der Seite der konzentrierten Lösung ist negativ gegenüber der auf der Seite der verdünnteren Lösung (s. *Abb. 4.8*).

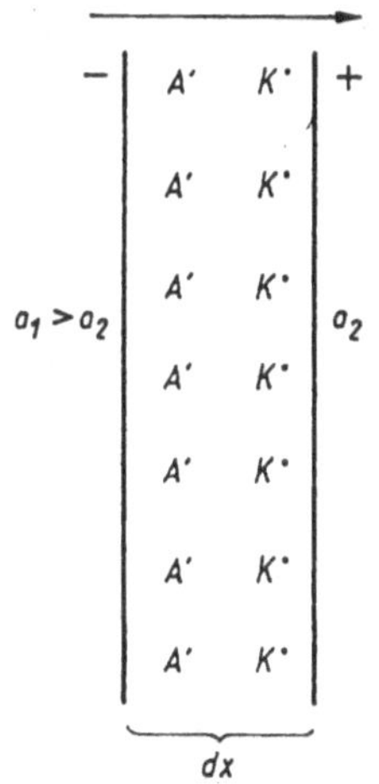

Abb. 4.8: Schema der Diffusionsschicht zwischen zwei Lösungen verschiedener Konzentration von *AK*, $l_{K^\cdot} > l_{A'}$.

Wenn es sich um einen Elektrolyten mit der Ionenzahl ν und den Ladungszahlen z_+ und z_- handelt, dann ergibt sich anstelle von (4.6.62)

$$E = \frac{\nu RT}{z_+ \cdot z_- \cdot F} \int\limits_{a_{\pm 1}}^{a_{\pm 2}} t_+ \, d \ln a_\pm , \tag{4.6.68}$$

wenn das Anion potentialbestimmend ist; wenn das Kation den Elektrodenprozeß bestimmt, ist t_+ durch t_- zu ersetzen.

Man kann nun das Zustandekommen eines Potentialsprungs an der Grenze zweier Elektrolytlösungen mit unterschiedlichen Ionenbeweglichkeiten qualitativ und anschaulich auch auf folgende Weise erklären. Wir nehmen an, daß in der Kette (4.6.k) die Salzsäure so verdünnt ist, daß bei vollständiger Dissoziation die interionische Wechselwirkung in beiden Lösungen ($a_1 > a_2$) vernachlässigt werden kann. Wenn nun der Diffusionskoeffizient des Kations größer ist als der des Anions, was für die Salzsäure zutrifft (s. *Kap. 2.4.5.*), dann werden bei der Diffusion aus der konzentrierten in die verdünntere Lösung die Kationen ($H^\cdot$) wegen ihrer größeren Beweglichkeit vorauseilen (s. *Abb. 4.8*), und die Front der Diffusionsschicht lädt sich positiv auf. Infolge der elektrostatischen Anziehung (Aufrechterhaltung der Elektroneutralität) beschleunigen die Kationen die langsameren Anionen und werden umgekehrt von diesen gebremst, bis nach kurzer Zeit ein stationärer Zustand erreicht ist, bei dem die Geschwindigkeiten gleich sind (*Abb. 4.8*). An der Grenzfläche zwischen den Lösungen entsteht also ein elektrisches Feld und damit auch ein Potentialsprung, der folgendermaßen berechnet werden kann:

Die Geschwindigkeit v_D eines Ions durch Diffusion im Konzentrationsgefälle beträgt (p und T sind konstant)

$$v_D = -\frac{1}{w}\frac{\partial \mu}{\partial x} = -\frac{kT}{w}\frac{\partial \ln a}{\partial x}. \tag{4.6.69}$$

w — Reibungswiderstand
x — Weg in Richtung des Konzentrationsgefälles
μ — chemisches Potential

Das negative Vorzeichen rührt daher, daß die Bewegungsrichtung und die Richtung des Konzentrationsanstieges entgegengesetzt sind.

Die Geschwindigkeit v_E eines Ions, mit der es unter dem Einfluß der elektrischen Feldstärke $\epsilon = -\frac{\partial \varepsilon}{\partial x}$ wandert, erhält man nach (2.2)

$$v_E = -\frac{1}{w} z \cdot e_0 \cdot \frac{\partial \varepsilon}{\partial x}. \tag{4.6.70}$$

Durch Addition dieser beiden Geschwindigkeitsbeiträge ergibt sich die Gesamtgeschwindigkeit

$$\begin{aligned} &\text{für das Kation:}\quad v_{K^\cdot} = -\frac{1}{w_+}\left(kT\,\frac{\partial \ln a_{K^\cdot}}{\partial x} + z_+ \cdot e_0\,\frac{\partial \varepsilon}{\partial x}\right),\\ &\text{für das Anion:}\quad v_{A'} = -\frac{1}{w_-}\left(kT\,\frac{\partial \ln a_{A'}}{\partial x} + z_- \cdot e_0\,\frac{\partial \varepsilon}{\partial x}\right). \end{aligned} \tag{4.6.71}$$

w_+, w_- — Reibungswiderstand des Kations und des Anions

Im stationären Zustand wird $v_+ = v_-$ (s. o.). Da es sich um einen einwertigen binären Elektrolyten handelt, ist $z_{K^\cdot} = -z_{A'} = 1$. Die Aktivitäten der Ionen sind gleich (verdünnte Lösungen): $a_{K^\cdot} = a_{A'} = a$.

$$RT \cdot \partial \ln a \left(\frac{1}{w_-} - \frac{1}{w_+}\right) = \left(\frac{1}{w_+} + \frac{1}{w_-}\right) \cdot F \cdot \partial\varepsilon$$

$$\frac{\partial \varepsilon}{\partial \ln a} = \frac{RT}{F}\,\frac{w_+ - w_-}{w_+ + w_-}. \tag{4.6.72}$$

Nach *Kap. 2.*, Gleichung (2.3), lassen sich die Reibungswiderstände durch die Wanderungsgeschwindigkeiten u_+ und u_- ersetzen:

$$w_+ = \frac{z_+ \cdot e_0 \cdot 10^7}{u_+}, \qquad w_- = \frac{z_- \cdot e_0 \cdot 10^7}{u_-},$$

$$\frac{\partial \varepsilon}{\partial \ln a} = \frac{RT}{F} \cdot \frac{1/u_+ - 1/u_-}{1/u_+ + 1/u_-} = \frac{RT}{F} \cdot \frac{u_- - u_+}{u_+ + u_-}. \tag{4.6.73}$$

Oder, wenn wir die Überführungszahlen einführen:

$$\frac{u_- - u_+}{u_+ + u_-} = t_- - t_+, \tag{4.6.74}$$

$$\partial \varepsilon = \frac{RT}{F} (t_- - t_+) \cdot \partial \ln a. \tag{4.6.75}$$

Wir haben verdünnte Lösungen betrachtet und können annehmen, daß die Überführungszahlen mindestens in einem kleinen Konzentrationsbereich konstant sind, so daß die Integration von Gl. (4.6.75) bei konstanter Temperatur ergibt:

$$\varepsilon_d = \frac{RT}{F} (t_- - t_+) \int_{a_2}^{a_1} d \ln a, \tag{4.6.76}$$

$$\varepsilon_d = \frac{RT}{F} (t_- - t_+) \ln \frac{a_1}{a_2},$$

oder, wenn wir die in Kette (4.6.k) potentialbestimmenden Ionen einführen:

$$\varepsilon_d = \frac{(t_+ - t_-)}{F} \cdot RT \ln \frac{a_{-2}}{a_{-1}}. \tag{4.6.77}$$

Dies ist die HENDERSONsche Formel für den Diffusionspotentialsprung der angegebenen Kette unter den angenommenen vereinfachenden Voraussetzungen.

Sie stimmt völlig mit der auf ganz anderem Weg abgeleiteten Gleichung (4.6.66) überein. Aus der eben gegebenen Ableitung, die in allgemeiner Form von W. NERNST stammt, folgt eindeutig, daß man in Gleichung (4.6.77) Einzelionenaktivitäten einzusetzen hat und damit (4.6.77) nur zur Berechnung von ε_d dienen kann, wenn man Aussagen über a_- (bzw. bei Kette (4.6.l) über a_+) machen kann, was bestenfalls im DEBYE-HÜCKEL-Bereich zutrifft. Die Gesamt-EMK ergibt sich wieder zu:

$$E = \varepsilon_1 - \varepsilon_2 + \varepsilon_d = \varepsilon^0 - \frac{RT}{F} \ln a_{-1} - \left[\varepsilon^0 - \frac{RT}{F} \ln a_{-2}\right] + \frac{(t_+ - t_-)}{F} RT \ln \frac{a_{-2}}{a_{-1}},$$

$$E = \frac{RT}{F} \ln \frac{a_{-2}}{a_{-1}} + \frac{t_+ - t_-}{F} RT \ln \frac{a_{-2}}{a_{-1}},$$

$$E = \frac{RT}{F} 2t_+ \ln \frac{a_{-2}}{a_{-1}}.$$

Aus (4.6.77) folgt ebenso wie aus (4.6.67), daß das Diffusionspotential verschwindet, wenn $t_- = t_+ = 0{,}5$. Da t_- und t_+ sich im allgemeinen wenig voneinander unterscheiden, ist das Diffusionspotential meist klein gegenüber der Gesamt-EMK:

$$t_- \approx t_+ \to t_+ - t_- \ll 1 \to 2t_+ \approx 1 \to \varepsilon_d \ll \varepsilon_1 - \varepsilon_2.$$

Allerdings können dann recht beachtliche Potentialsprünge auftreten, wenn die Überführungszahlen des $H^{\cdot}$ bzw. OH', $t_{H^{\cdot}}$ bzw. $t_{OH'}$ oder $(1 - t_{H^{\cdot}}) = t_{A'}$ bzw. $(1 - t_{OH'}) = t_{Ka^{\cdot}}$, in (4.6.77) auftreten, weil die Überführungszahlen der Ionen des Wassers erheblich größer als 0,5 sind. Wenn für $t_{H^\cdot}$ der Wert 0,844 verwendet wird, so beträgt das Diffusionspotential bei 25 °C und einem Aktivitätsunterschied von $10a_2 = a_1$: $\varepsilon_d = |0{,}688 \cdot 59{,}16| = |40{,}8|$ mV. Bei einem Aktivitätsunterschied von $100a_2 = a_1$ wächst ε_d auf das Doppelte an. Man kann den starken Einfluß der $H^\cdot$ bzw. OH' dadurch unterdrücken, daß man auf beiden Seiten der Elektrolytgrenze einen gleichgroßen Überschuß eines Elektrolyten mit möglichst gleichen Ionenbeweglichkeiten, z. B. KCl oder KNO_3, zugibt[1]). Wenn das nicht möglich ist, weil dadurch die Aktivität der zu untersuchenden Lösung zu stark verändert wird, dann schaltet man zwischen beide Lösungen eine „*Elektrolytbrücke*" (s. S. 151), die eine konzentrierte Lösung eines solchen Elektrolyten mit gleicher Überführungszahl enthält. Die dadurch entstehenden zwei Potentialsprünge haben im allgemeinen entgegengesetztes Vorzeichen und kompensieren sich teilweise. Es ist aber klar, daß man nichts erreicht, wenn man zwischen zwei Elektroden der Kette

$$\text{Pt} \mid H_2, \text{HCl}, H_2O \parallel \text{KCl (ges.)}, H_2O \mid Hg_2Cl_2 \mid \text{Hg} \tag{4.6.m}$$

eine Salzbrücke mit gesättigter KCl-Lösung schaltet:

$$\text{Pt} \mid H_2, \text{HCl} \parallel \text{KCl (ges.)} \parallel \text{KCl (ges.)} \mid Hg_2Cl_2 \mid \text{Hg}. \tag{4.6.n}$$

Wenn in Ketten vom Typ (4.6.k) bzw. (4.6.l) t_+ bzw. $t_- < 0{,}5$, d. h. $2t_- < 1$ ist, so ist die EMK der Kette kleiner, als sich nach (4.6.58) errechnet. Für $2t_-$ bzw. $2t_+ > 1$ wird sie größer, sie verstärkt also dann die durch den Aktivitätsunterschied der beiden Lösungen bedingte EMK.

Ein anderer einfacher Fall, für den die Berechnung des Diffusionspotentials möglich ist, liegt vor, wenn zwei Lösungen aneinandergrenzen, deren Elektrolyte gleiche Aktivität besitzen und ein gemeinsames Anion oder Kation haben. Für das Beispiel

$$\text{Hg, K} \mid \text{KCl}(a_1) \parallel \text{HCl}(a_2), H_2 \mid \text{Pt} \qquad (a_1 = a_2)$$

erhält man

$$\varepsilon_d = \frac{RT}{F} \ln \frac{l_{K^\cdot} + l_{Cl'}}{l_{H^\cdot} + l_{Cl'}}, \tag{4.6.78}$$

und bei gemeinsamem Kation (ein-einwertiger Elektrolyt)

$$\varepsilon_d = \frac{RT}{F} \ln \frac{l_+ + l_{-1}}{l_+ + l_{-2}}. \tag{4.6.79}$$

---

[1]) Eine vollständige Eliminierung der Diffusionspotentiale erreicht man durch ein Extrapolationsverfahren (B. B. Owen), das gleichzeitig genaue Werte von Standardgalvanispannungen unabhängig von der Wasserstoffelektrode zu bestimmen gestattet. In Ketten vom Typ:

$$Me_2 \mid Me_2A \left| \begin{matrix} \text{Na}A(x \cdot m) \\ \text{Na}C\big((1-x)\,m\big) \end{matrix} \right\| \begin{matrix} \text{Na}B(x \cdot m) \\ \text{Na}C(1 - xm) \end{matrix} \left| Me_2B \mid Me_2 \right. \qquad (Me_2 \text{ z. B. Ag, Hg, Cu})$$

(statt der Natriumsalze können beliebige andere lösliche Salze mit den Anionen A, B und C verwendet werden; NaC ist zum Beispiel $NaClO_4$ oder $NaNO_3$) werden zwei Konzentrationsreihen gemessen. Einmal wird bei m = konstant der Bruchteil x des Salzes mit den potentialbestimmenden Anionen A bzw. B bis $x \to 0$ variiert. Zum anderen werden die so erhaltenen EMK-Werte auf $m \to 0$ extrapoliert. Dieser Extrapolationswert stellt dann die Differenz der Standardgalvanispannungen der beiden Elektroden dar und liefert, wenn eine bekannt ist, die der anderen.

Im allgemeinen, nämlich bei hohen Konzentrationen, wenn verschiedene Elektrolyte verschiedener Aktivität, eventuell Mischelektrolyte, oder gar verschiedene Lösungsmittel aneinandergrenzen, kann man die Diffusionspotentiale weder berechnen noch experimentell ermitteln.

Eine Abschätzung des Diffusionspotentials an der Grenze zweier Lösungen beliebiger Zusammensetzung ist möglich, wenn man die Beweglichkeiten und Konzentrationen aller Ionen der Lösungen kennt. Es gilt dann (Büchi)

$$\varepsilon_d = -\frac{RT}{F} \cdot \frac{D^+ - D^-}{S^+ - S^-} \ln \frac{S^+}{S^-}. \tag{4.6.80}$$

Dabei bedeuten: $D = \sum (c_i l_i)_+ - \sum (c_i l_i)_-$;

$$S = \sum (c_i z_i l_i)_+ + \sum (c_i z_i l_i)_-.$$

c_i = Konzentration des Ions der Sorte i (mol · l^{-1}), l_i seine Beweglichkeit, z_i seine Ladungszahl. Es ist, wie man sieht, die Summe aller Produkte $c_i l_i$ von Kationen und die entsprechende Summe für die Anionen abzuziehen, die Summen $c_i z_i l_i$ von Kationen und Anionen sind dagegen zu addieren. Der Term D^+ bzw. S^+ bezieht sich dabei auf die Lösung, die dem Pluspol der Kette näher steht, D^- bzw. S^- auf die Lösung, die ihrem Minuspol benachbarter ist. Daß es sich dabei nur um eine sehr grobe Abschätzung handeln kann, geht schon daraus hervor, daß in der Gleichung statt der (unbekannten) Ionenaktivitäten ihre Konzentrationen verwendet werden. Wenn in einer Kette mehrere Diffusionspotentiale auftreten, sind die aus (4.6.80) für jeden Potentialsprung erhaltenen Werte zu summieren. Dabei stellt man durchaus nicht immer entgegengesetztes Vorzeichen der ε_d-Werte und damit teilweise Kompensation fest. Es muß also festgestellt werden, daß Ketten mit Überführung prinzipiell keine Möglichkeiten bieten, Aktivitäten einzelner Ionen zu bestimmen, weil die Berechnung der darin enthaltenen Diffusionspotentiale bereits die Kenntnis der Einzelionenaktivitäten voraussetzt. Nur wenn man bestimmte, thermodynamisch nicht fundierte Voraussetzungen macht, kann man aus Ketten mit Überführung „Einzelionenaktivitäten" erhalten (s. *Kap. 4.7.2.*). Wohl aber kann man mittlere Aktivitäten im Vergleich zu bekannten Werten bestimmen, wenn in dem betreffenden Konzentrationsbereich die Überführungszahlen als Konzentrationsfunktion bekannt sind.

Bei der Ableitung der Gleichung von Henderson war ein stationärer Zustand gleicher Geschwindigkeit für Kation und Anion vorausgesetzt worden. Wie wir gesehen haben (s. *Band 1, Kap. 21.8.*), lassen sich solche Systeme, die zwar zeitinvariant sind, aber kein echtes Gleichgewicht darstellen, durch die Thermodynamik irreversibler Prozesse behandeln. Wenn man von den drei Strömen (J_1 für das Kation, J_2 für das Anion und J_3 für die Energie) ausgeht:

$$\begin{aligned} J_1 &= L_{11}X_1 + L_{12}X_2 + L_{13}X_3, \\ J_2 &= L_{21}X_1 + L_{22}X_2 + L_{23}X_3, \\ J_3 &= L_{31}X_1 + L_{32}X_2 + L_{33}X_3, \end{aligned} \tag{4.6.81}$$

wobei die Kräfte X_1 und X_2 in Erweiterung von (4.6.71) (rechter Term in Klammer) sind:

$$X_1 = -\frac{\partial \mu_+}{\partial x} + \frac{\mu_+}{T}\frac{\partial T}{\partial x} - z_+ e_0 \frac{\partial \varepsilon}{\partial x}; \qquad X_2 = \frac{\partial \mu_-}{\partial x} + \frac{\mu_-}{T}\frac{\partial T}{\partial x} - z_- e_0 \frac{\partial \varepsilon}{\partial x},$$

und X_3 den Temperaturgradienten darstellt:

$$X_3 = -\frac{1}{T}\frac{\partial T}{\partial x}.$$

so erhält man für $dT = 0$ und die Elektroneutralitätsbedingung (S. R. DE GROOT)

$$\left(\frac{\partial \varepsilon}{\partial x}\right)_{\frac{\partial T}{\partial x}=0} = -\frac{RT}{F}\left(\frac{t_+}{z_+}\frac{\partial \ln a_+}{\partial x} + \frac{t_-}{z_-}\frac{\partial \ln a_-}{\partial x}\right), \tag{4.6.82}$$

woraus man mit $z_+ = |z_-| = 1$ und $a_+ = a_-$ wieder die HENDERSON-Gleichung durch Integration erhält. Wenn man einen Temperaturgradienten zuläßt, ist natürlich auch das chemische Potential der Ionen als Temperaturfunktion zu berücksichtigen. Man erhält dann für den Gradienten des elektrischen Potentials, wenn man ideales Verhalten der Ionen voraussetzt ($f_+ = f_- = 1$),

$$\frac{\partial \varepsilon}{\partial x} = -RT\left(\frac{t_+}{z_+e_0}\frac{\partial \ln c_+}{\partial x} + \frac{t_-}{z_-e_0}\frac{\partial \ln c_-}{\partial x}\right) - \left(\frac{t_+Q_+^t}{z_+e_0} + \frac{t_-Q_-^t}{z_-e_0}\right)\frac{1}{T}\frac{\partial T}{\partial x}. \tag{4.6.83}$$

Der erste Term auf der rechten Seite entspricht dem Diffusionspotential bei Vernachlässigung der interionischen Wechselwirkung[1]) analog (4.6.82), der zweite Term ist das *Thermodiffusionspotential.* In einer Elektrolytlösung erhält man also auch ohne Konzentrationsgefälle bei einem Temperaturgradienten einen Potentialsprung (s. auch S. 187). Die Größen Q_+^t und Q_-^t sind sogenannte *Überführungswärmen,* sie ergeben sich aus den phänomenologischen Koeffizienten von (4.6.81) und der partiellen molaren Enthalpie des betreffenden Ions $\bar{H}_+$, $\bar{H}_-$; relative Werte von Q_+^t und Q_-^t sind zugänglich nach:

$$Q_+^t = \frac{L_{22}L_{31} - L_{21}L_{32}}{L_{11}L_{22} - L_{12}L_{21}} - \bar{H}_+, \quad Q_-^t = \frac{L_{11}L_{32} - L_{12}L_{31}}{L_{11}L_{22} - L_{12}L_{21}} - \bar{H}_-. \tag{4.6.84}$$

Die irreversible Thermodynamik läßt sich auch auf den Fall anwenden, daß ein konstanter elektrischer Strom fließt (s. S. 344).

4.7. *Anwendung von Kettenspannungsmessungen (Potentiometrie)*

Die Möglichkeit, aus Kettenspannungen bzw. Galvanispannungen freie Reaktionsenthalpien zu bestimmen, und deren Zusammenhang mit den Aktivitäten bzw. Konzentrationen der Reaktionsteilnehmer haben zu einer breiten Anwendung von Potentialmessungen in der physikalischen und analytischen Chemie geführt.

Wie schon ausgeführt, werden durch die Standard-EMK und die Standard-Galvanispannung, die man aus reversibel arbeitenden Ketten bzw. Elektroden immer durch Extrapolation erhalten kann, thermodynamische Standardgrößen ΔG^0, ΔH^0, ΔS^0 usw.

---

[1]) Bei Berücksichtigung der interionischen Wechselwirkung geht auch $\frac{\partial f_+}{\partial T}$ und $\frac{\partial f_-}{\partial T}$ in die Gleichung (4.82) ein, und man erhält sehr komplizierte Ausdrücke. Natürlich erzeugt ein Temperaturgefälle wie in der Gasphase (s. *Band 1, Kap. 21.7.*) im stationären Zustand auch einen Konzentrationsgradienten. Dieser Thermodiffusionseffekt ist als SORET-Phänomen schon lange bekannt.

zugänglich, die auf anderem Wege schwer zu erhalten sind. In der analytischen Chemie hat die Anwendung der NERNSTschen Gleichung zur direkten Bestimmung von Ionenkonzentrationen bzw. Aktivitäten (insbesondere $a_{H^{\cdot}}$) geführt oder durch potentiometrische Titration große Bedeutung erlangt. Da man hier elektrische Signale erhält, die die Konzentration anzeigen, lassen sich potentiometrische Analysenverfahren besonders leicht automatisieren und zur Prozeßkontrolle einsetzen. Durch die Entwicklung *ionensensitiver* Elektroden, die bestimmte Ionen spezifisch anzeigen, werden viele Möglichkeiten zur automatischen Prozeßkontrolle auf potentiometrischem Wege erschlossen. Da Galvanispannungen Redox-Gleichgewichte indizieren, hat die Potentiometrie auch in die Untersuchung biologischer Systeme Eingang gefunden. Einige dieser Anwendungen sollen im folgenden noch behandelt werden.

4.7.1. Bestimmung der mittleren Aktivität von Elektrolyten

Die Kettenspannung von Ketten ohne Überführung liefert die mittlere Aktivität eines Elektrolyten, dessen Ionen (allein) an den Elektrodenreaktionen beteiligt sind, wenn die Standard-EMK der betreffenden Kette bekannt ist (s. *Kap. 4.4.* und *4.5.*). Wie man diese durch Extrapolation oder auch aus der Differenz der Standardgalvanispannungen für beide Elektrodenprozesse bestimmt, wurde bereits besprochen (s. S. 159).

Für eine Kettenreaktion, für die die NERNSTsche Gleichung die Form

$$E = E^0 + \frac{\nu RT}{zF} \ln a_\pm \tag{4.7.1}$$

bzw.

$$U = U^0 - \frac{\nu RT}{zF} \ln a_\pm \tag{4.7.2}$$

hat, bei der also die Aktivität aller anderen Reaktionsteilnehmer entweder 1 ist (reine feste oder flüssige Stoffe) oder als konstant in E^0 einbezogen wird, ergibt sich:

$$\lg a_\pm = \frac{z(U^0 - U)}{\nu \cdot F_N}. \tag{4.7.3}$$

Die Zahl der ausgetauschten Elektronen z erhält man, wenn man die Kettenreaktion in einen Elektronengeber- und -nehmerprozeß zerlegt. Mit dem aus (4.7.3) erhaltenen Wert für $a_\pm$ läßt sich mit der Konzentration m_E (mol kg^{-1}) des Elektrolyten $E(Ka^{z^+}_{\nu_+}A^{z^-}_{\nu_-})$; $(\nu_+ + \nu_- = \nu)$ auch der Aktivitätskoeffizient errechnen:

$$f_{\pm(m)} = \frac{a_\pm}{Q \cdot m_E}; \qquad Q = \sqrt[\nu]{\nu_+^{\nu_+} \cdot \nu_-^{\nu_-}}. \tag{4.7.4}$$

Es muß aber darauf hingewiesen werden, daß dabei vollständige Dissoziation des Elektrolyten, keine Komplexbildung oder Hydrolyse, vorausgesetzt ist (s. S. 160), was bei hohen Konzentrationen nicht mehr gewährleistet ist. Die unter solchen Bedingungen mit (4.7.4) errechneten Aktivitätskoeffizienten lassen dann keine Aussagen über die freie Überschußenthalpie zu. In (4.7.3) müssen sich natürlich U und U^0 auf das gleiche Konzentrationsmaß (z. B. mol kg^{-1}) beziehen; für dieses erhält man dann auch $a_\pm$ bzw. $f_\pm$ (bez. der Umrechnung auf andere Konzentrationsmaße s. S. 76).

Es wurde gezeigt (s. S. 185), daß man aus der Standardgalvanispannung einer einfachen Metallelektrode und der zugehörigen Standardgalvanispannung einer Elektrode zweiter Art dieses Metalls die thermodynamische Löslichkeitskonstante des Salzes berechnen kann, das in dieser Elektrode als schwerlösliches Salz des betreffenden Metalls auftritt. Da diese Konstante mit den Ionenaktivitäten nach:

$$K_L = a_+^{\nu_+} \cdot a_-^{\nu_-} = m_+^{\nu_+} \cdot m_-^{\nu_-} \cdot f_+^{\nu_+} \cdot f_-^{\nu_-} = Q^\nu \cdot m_s^\nu \cdot f_\pm^\nu \qquad (4.7.5)$$

zusammenhängt, kann man aus der Sättigungskonzentration m_s auch den mittleren Aktivitätskoeffizienten des schwerlöslichen Salzes berechnen:

$$f_\pm = \sqrt[\nu]{K_L} \cdot Q^{-1} \cdot m_s^{-1}. \qquad (4.7.6)$$

Die Gleichung (4.7.6) gilt auch, wenn die Lösung zusätzlich noch andere fremdionige Salze enthält. Natürlich ändert sich dann $f_\pm$ und damit die experimentell zu bestimmende Sättigungskonzentration. Wenn dagegen in der gesättigten Lösung des Elektrolyten E (mit m_s, $\nu_+ m_s = m_+$, $\nu_- m_s = m_-$) gleichionige Elektrolyte enthalten sind, dann muß ihre Konzentration in (4.7.5) bzw. (4.7.6) berücksichtigt werden. Hat z. B. dieser Elektrolyt ein gleiches Kation wie E und ist dessen Konzentration m_{+f}, so erhält (4.7.5) die Form:

$$K_L = (m_+ + m_{+f})^{\nu_+} \cdot m_-^{\nu_-} \cdot f_\pm^\nu, \qquad (4.7.7)$$

entsprechend bei gemeinsamem Anion mit der Konzentration m_{-f}

$$K_L = m_+^{\nu_+}(m_+ + m_{-f})^{\nu_-} \cdot f_\pm^\nu.$$

Daraus ergibt sich für $f_\pm$

$$f_\pm = K_L^{\frac{1}{\nu}} \cdot (m_+ + m_{+f})^{-\frac{\nu_+}{\nu}} \cdot m_-^{-\frac{\nu_-}{\nu}}$$

bzw.

$$f_\pm = K_L^{\frac{1}{\nu}} \cdot m_+^{-\frac{\nu_+}{\nu}} \cdot (m_- + m_{-f})^{-\frac{\nu_-}{\nu}}. \qquad (4.7.8)$$

Wegen der Konstanz von K_L sinkt, wie bekannt, durch Zusatz gleichioniger Salze (in Lösung) die Sättigungskonzentration schwerlöslicher Salze, wenn keine Komplexbildung stattfindet. Ist K_L nicht aus Standardgalvanispannungen zugänglich, kann diese Konstante auch durch Extrapolation erhalten und dabei wieder die DEBYE-HÜCKEL-Gleichung oder eine ihrer Erweiterungen für $f_\pm$ verwendet werden.

Für die Ionenstärke $J_{(m)_0} \to 0$ wird $f_\pm = 1$. Die Sättigungskonzentration für $J_{(m)} = 0$, m_s^0 ergibt dann

$$K_L = (m_s^0 \cdot Q)^\nu. \qquad (4.7.9)$$

Man bestimmt die Sättigungskonzentration (m_s) für verschiedene Ionenstärken $J_{(m)}$, indem man fremdionige Salze zusetzt. Aus (4.7.6) und (4.7.9) folgt für $f_\pm$

$$f_\pm = \frac{m_s^0}{m_s}. \qquad (4.7.10)$$

Logarithmiert man (4.7.10) und setzt für $\lg f_\pm = -\frac{A z_+ |z_-| \sqrt{J_{(m)}}}{1 + \sqrt{J_{(m)}}} + bJ_{(m)}$ (s. S. 88), so erhält man:

$$\lg m_s = \lg m_s^0 + \frac{A z_+ |z_-| \sqrt{J_{(m)}}}{1 + \sqrt{J_{(m)}}} - bJ_{(m)}. \qquad (4.7.11)$$

Wenn man $\left(\lg m_s - \frac{Az_+|z_-|\sqrt{J_{(m)}}}{1+\sqrt{J_{(m)}}}\right)$ gegen $J_{(m)}$ aufträgt, erhält man eine Gerade, die als Ordinatenabschnitt $\lg m_s^0$ und damit K_L ergibt. Die Löslichkeit des Salzes muß unter dem oder höchstens im Geltungsbereich der Debye-Hückel-Gleichung liegen, damit dieses Verfahren anwendbar ist. Wenn ein gleichioniges Salz (z. B. gleiches Kation wie das schwerlösliche Salz) zugesetzt wird, um die Ionenstärke zu verändern, dann ergibt sich aus (4.7.8)

$$\lg f_\pm = \lg m_s^0 + \lg Q - \frac{\nu_+}{\nu}\lg(m_+ + m_{+f}) - \frac{\nu_-}{\nu}\lg m_-$$

$$= -\frac{Az_+|z_-|\sqrt{J_{(m)}}}{1+\sqrt{J_{(m)}}} + b\cdot J_{(m)}. \tag{4.7.12}$$

Man erhält also $\lg m_s^0 + \lg Q$ als Ordinatenabschnitt, wenn man

$$\frac{\nu_+}{\nu}\lg(m_+ + m_{+f}) + \frac{\nu_-}{\nu}\lg m_- - \frac{Az_+|z_-|\sqrt{J_{(m)}}}{1+\sqrt{J_{(m)}}}$$

gegen $J_{(m)}$ aufträgt.

Im Prinzip kann man aus allen Gleichgewichtsgrößen durch Logarithmieren und Extrapolieren, unter Anwendung einer Debye-Hückel-Gleichung, die thermodynamische Gleichgewichtskonstante gewinnen und daraus nach (4.7.6) den Aktivitätskoeffizienten. Zum Beispiel kann man das Verteilungsgleichgewicht eines Elektrolyten zwischen zwei nicht mischbaren Lösungsmitteln verwenden, wenn in einem Lösungsmittel die Konzentration so niedrig gehalten wird, daß man darin $f_\pm$ nach Debye-Hückel berechnen kann. Auch aus Konzentrationsketten mit Überführung vom Typ (4.6.k) kann man den mittleren Aktivitätskoeffizienten in einer Lösung ermitteln, wenn er in der anderen bekannt oder berechenbar ist. Man braucht in diesem Fall keine Standard-EMK zu bestimmen, sondern kann sie nunmehr mit dem bekannten Wert von $f_\pm$ für die entprechende Kette ohne Überführung aus (4.7.1) berechnen. Gegenüber der Berechnung aus (4.7.1) mit Hilfe der Debye-Hückel-Gleichung hat dies den Vorteil, daß man höhere und damit genauer bestimmbare Konzentrationen verwenden kann.

4.7.2. pH-Messungen, Redoxgleichgewichte, Ionenaustauschgleichgewichte

Es wurde mehrfach darauf hingewiesen, daß sich die thermodynamisch definierte Aktivität eines Einzelions prinzipiell nicht exakt bestimmen läßt, weil es immer mit einem Gegenion auftritt und auch bei Messung eines Einzelelektrodenprozesses, an dem das Ion beteiligt ist, durch das Diffusionspotential eine zuverlässige Messung von a_+ bzw. a_- unmöglich ist. Andererseits ist es aber sehr wichtig, den Einfluß bestimmter Ionen auf chemische und biologische Reaktionen und Geschwindigkeiten zu kennen. Deshalb sind immer wieder Bemühungen unternommen worden, Einzelionenaktivitäten, vor allem mit elektrochemischen Methoden, einigermaßen zuverlässig zu ermitteln.

Die Bestimmung der Wasserstoffionenaktivität ist für den Chemiker von außerordentlich großer Bedeutung, weil ja der Verlauf, das Gleichgewicht und die Reaktionsgeschwindigkeit unzähliger Reaktionen maßgeblich von $a_{H^{\cdot}}$ abhängen. Aber auch den Biologen, Mediziner und Techniker interessiert die Wasserstoffionenaktivität sehr stark. Einerseits ist sie unter den physiologischen Bedingungen, bei denen sich die Lebensvorgänge abspielen, sehr oft ausschlaggebend, weil die $H^{\cdot}$-Ionen entweder an der Reaktion beteiligt sind oder katalytisch wirken; andererseits spielt die Wasserstoffionenaktivität z. B. für die Korrosion eine wichtige Rolle.

Wegen dieser hohen Bedeutung führte SÖRENSEN 1912 ein Maß für die Wasserstoffionenkonzentration ein, mit dem sich bequemer rechnen läßt als mit $c_{H^{\cdot}}$ selbst, nämlich den negativen dekadischen Logarithmus von $c_{H^{\cdot}}$, den er pH-*Wert* nannte.

$$\mathrm{pH} \equiv -\lg c_{H^{\cdot}} \tag{4.7.13}$$

Nachdem sich die Erkenntnis durchgesetzt hatte, daß für den Ablauf chemischer Reaktionen nicht die Konzentrationen, sondern die Aktivitäten der Reaktionsteilnehmer maßgeblich sind, änderte SÖRENSEN diese Definition in

$$\mathrm{pH} \equiv -\lg a_{H^{\cdot}}. \tag{4.7.14}$$

Da das Elektrodenpotential Gl. (4.6.24) bei 101,3 kPa Wasserstoffdruck

$$\varepsilon = \frac{RT}{F} \ln a_{H^{\cdot}} \tag{4.7.15}$$

nicht allein gemessen werden kann, läßt sich $a_{H^{\cdot}}$ wie jede Einzelionenaktivität nicht ohne weiteres ermitteln; denn bei Kombination der Wasserstoffelektrode mit einer beliebigen Bezugselektrode treten Diffusionspotentiale auf, die nicht bekannt und berechenbar sind und eine exakte Aktivitätsbestimmung unmöglich machen. Andererseits braucht bei Verwendung von Ketten ohne Überführung die mittlere Aktivität bei höheren Ionenstärken keineswegs der der Einzelionen ($a_{H^{\cdot}}$) gleich zu sein. Das trifft nur bei niedrigen Ionenstärken zu, wenn nämlich noch die DEBYE-HÜCKELsche Theorie anwendbar ist; dann kann die mittlere Aktivität gleich der des Einzelions gesetzt werden, und nur in diesem Fall kann man pH-Werte, d. h. Wasserstoffionenaktivitäten, wirklich exakt bestimmen. Da also der nach Gleichung (4.7.14) definierte pH-Wert praktisch nur sehr selten gemessen werden kann, hat man eine *konventionelle pH-Skale* eingeführt: Man verwendet eine Kette, bei der eine Wasserstoffelektrode $p_{H^{\cdot}} = 1$ atm $= 101{,}3$ kPa in die zu messende Lösung taucht ($a_{H^{\cdot}} = x$) und über eine KCl-Brücke mit einer 0,1 M bzw. gesättigten Kalomelelektrode kombiniert ist:

$$\mathrm{Pt} \mid H_2, H^{\cdot}(a_{H^{\cdot}} = x) \parallel \mathrm{KCl\ (ges.)} \parallel \mathrm{KCl\ (0{,}1\ M)} \mid Hg_2Cl_2 \mid Hg \tag{4.7.a}$$

Aus der gemessenen EMK dieser Kette U_{gem} errechnet man ohne Rücksicht auf Diffusionspotentiale den „konventionellen pH-Wert"

$$\mathrm{pH} = \frac{F}{2{,}303RT}(U_{gem} - U_0) \tag{4.7.16}$$

bzw. bei 25 °C

$$\mathrm{pH} = \frac{U_{gem} - U_0}{0{,}05916}. \tag{4.7.17}$$

Wenn man die gemessene Spannung als die Galvanispannung der Wasserstoffelektrode ansieht und sie je nachdem, ob diese den positiven oder negativen Pol bildet, mit dem entsprechenden Vorzeichen versieht, so muß man hier U_{gem} mit einem Minuszeichen versehen, also

$$pH = \frac{-U_{gem} - U_0}{0{,}05916}. \tag{4.7.18}$$

U_0 ist dabei die Galvanispannung der betreffenden Kalomelelektrode, bezogen auf die Standard-Wasserstoffelektrode (s. *Tab. 4.6*)[1]. Zum Beispiel: $U_{gem} = 0{,}422$ V, (H_2-Elektrode Minuspol gegen die *n*-Kalomelelektrode $U_0 = +0{,}2801$ V, s. *Tab. 4.6*)

$$pH = \frac{+0{,}422 - 0{,}280}{0{,}05916} = 2{,}4.$$

Dieser pH-Wert gibt im allgemeinen nicht die wahre Wasserstoffionenaktivität an und kann bei hohen Ionenstärken beträchtlich abweichen. Durch die Diffusionspotentiale, die sich auch durch Salzbrücken nicht völlig ausschließen lassen und mit der Ionenstärke der zu messenden Lösung schwanken (0 bis 3 mV), wird nun die Meßgenauigkeit dieser Relativwerte auf 0,02 bis 0,03 pH reduziert. Ohne Kenntnis der Ionenstärke der zu messenden Lösung und entsprechende Berücksichtigung der Diffusionspotentiale hat es daher keinen Sinn, eine größere Genauigkeit bei pH-Messungen anzustreben als 0,02 bis 0,03 pH.

Die Wasserstoffelektrode wird zur Messung des pH-Wertes in unbekannten Lösungen kaum noch verwendet, weil ihre Handhabung unbequem ist und ihre Galvanispannung durch Katalysatorgifte, die die Gleichgewichtseinstellung stören (z. B. Hg, H_2S, CN′), sowie durch andere Redoxsysteme verfälscht wird. Sie ist aber noch immer unentbehrlich für die Messung und Standardisierung von Lösungen, die zum Vergleich verwendet werden. Diese sogenannten *Pufferlösungen* enthalten schwache Säuren oder Basen und deren Salze in äquivalenter Menge.

Wegen des Gleichgewichts:

$$HA \rightleftharpoons H^{\cdot} + A'$$

bzw.

$$B + H_2O \rightleftharpoons BH^{\cdot} + OH'$$

sind sie gegen Veränderungen des pH-Wertes durch Verunreinigungen (CO_2, NH_3) oder Verdünnung ziemlich unempfindlich, weil die durch den Salzzusatz fast vollständig undissoziierte Säure bzw. Base bei Zusatz von $H^{\cdot}$ bzw. OH' nur das Konzen-

---

[1] U_0 ist im allgemeinen aus Ketten ohne Überführung ermittelt, da aber U_{gem} Diffusionspotentiale enthält, verwendet man manchmal auch für U_0 solche Werte. Weil nun die Diffusionspotentiale nicht gleich groß zu sein brauchen, erreicht man dadurch keine größere Genauigkeit. Man hat deswegen andere Größen definiert, die exakt meßbar und ein Maß für den Gehalt an Wasserstoffionen sind, z. B.

$$ptH \equiv -\lg m_{H^{\cdot}} f_{\pm} \quad \text{oder} \quad pwH \equiv -\lg m_{H^{\cdot}} f_{H^{\cdot}} f_{Cl'}.$$

Beide Größen sind mit Ketten vom Typ (4.6.j) exakt bestimmbar. Aber abgesehen davon, daß es oft unmöglich ist, solche Ketten in den unbekannten Lösungen aufzubauen, stellen diese Größen kein genaues Maß für $a_{H^{\cdot}} = m_{H^{\cdot}} f_{H^{\cdot}}$ dar.

trationsverhältnis von Säure zu Salz des schwachen Elektrolyten, aber nicht die Konzentration freier H˙ verändert. Sie haben daher eine große *Pufferkapazität,* d. h. man muß der Pufferlösung viel Säure (oder Base) zusetzen, um den pH um 1 zu verändern. Die Pufferkapazität wird durch den *Pufferindex*

$$p \equiv \frac{1}{V_0}\left(\frac{\Delta n}{\Delta \mathrm{pH}}\right)$$

bzw. den *Pufferwert*

$$p_w \equiv \frac{1}{V_0}\,\frac{dn}{d\mathrm{pH}}$$

ausgedrückt, wobei V_0 das Volumen der Pufferlösung, n die Molzahl zugesetzte Säure (Base) ist. Die Pufferkapazität hat, wie sich leicht zeigen läßt, ein Maximum, wenn äquivalente Mengen Säure (Base) und Salz verwendet werden.

Im Prinzip kann jedes Redox-System, an dem H˙ beteiligt ist, zur Messung des pH-Wertes benutzt werden, wenn die Aktivität aller anderen Reaktionsteilnehmer konstant ist und sich das Gleichgewicht reversibel einstellt.

Für die pH-Messung wird noch eine Elektrode benutzt, bei der organische Verbindungen das Redoxsystem bilden, nämlich die sogenannte *Chinhydronelektrode.* Chinhydron ist eine tief grün gefärbte Molekülverbindung zwischen Chinon und Hydrochinon im Molverhältnis 1 : 1. Der Aufbau der Elektrode ist

Pt | Chinhydron (gesättigt), H˙.

Es spielt sich folgender Elektrodenvorgang ab:

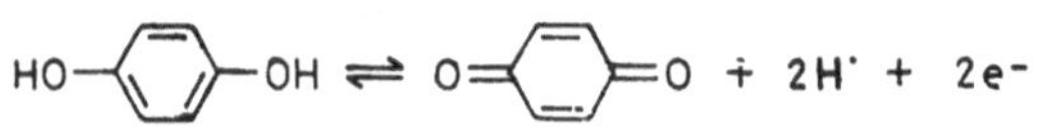

$$\varepsilon = \varepsilon^0 + \frac{RT}{2F}\ln\frac{a_{\mathrm{Chinon}}\cdot a_{\mathrm{H}^\cdot}^2}{a_{\mathrm{Hydrochinon}}} = \varepsilon^0 + \frac{RT}{F}\ln a_{\mathrm{H}^\cdot}. \tag{4.7.19}$$

Das Verhältnis der Aktivitäten von Chinon und Hydrochinon in einer gesättigten Chinhydronlösung kann gleich eins gesetzt werden.

Die Standardgalvanispannung der Chinhydronelektrode, gemessen mit der Kette

Pt | Chinhydron (ges.), $H^\cdot(a = 1)$, H_2(101,325 kPa) | Pt,

ist $\varepsilon^0 = +0{,}6995$ V bei 25 °C.

Die Chinhydronelektrode arbeitet reversibel, befolgt also Gl. (4.7.19) und ist deshalb zur pH-Messung geeignet; der gasförmige Wasserstoff der Wasserstoffelektrode wird durch Chinhydron ersetzt. Die Chinhydronelektrode ist besser zu handhaben als die Wasserstoffelektrode, aber sie kann nur bis etwa zum pH = 8 verwendet werden, weil das Hydrochinon in alkalischer Lösung dissoziiert und somit seine Aktivität verändert. Außerdem ist sie gegen andere Redoxsysteme auch empfindlich [4.13], [4.14].

Den Vorteil der Wasserstoffelektrode, nämlich in alkalischen Lösungen die extrem niedrigen Wasserstoffionenaktivitäten noch richtig anzuzeigen, bieten auch noch andere Redox-Systeme, nämlich Metall | Metalloxidelektroden. Da das Wasser nach

$$H_2O \rightleftharpoons H^\cdot + OH' \tag{4.7.20}$$

dissoziiert und in der Gleichung für die *Dissoziationskonstante*:

$$K_{H_2O} = \frac{a_{H^\cdot} a_{OH'}}{a_{H_2O}} \tag{4.7.21}$$

in verdünnten Lösungen die Aktivität des Wassers als konstant angesehen werden kann, wird das Produkt aus der Aktivität der $H^\cdot$ und OH', das *Ionenprodukt des Wassers*, konstant:

$$K_W = a_{H^\cdot} a_{OH'}. \tag{4.7.22}$$

Man kann daher auch bei Kenntnis von $a_{H^\cdot}$ und von K_W die Aktivität der OH' angeben; mit

$$pOH = -\lg a_{OH'} \quad \text{und} \quad pK_W = -\lg K_W \tag{4.7.23}$$

wird

$$pOH = pK_W - \text{pH}. \tag{4.7.24}$$

Da bei Zimmertemperatur $K_W = 10^{-14}$, ist

$$pOH = 14 - \text{pH}.$$

Ohne zusätzliche Wasserstoff- oder Hydroxylionen, also im neutralen Wasser, ist mithin

$$a_{H^\cdot} = a_{OH'}; \quad \text{pH} = pOH = 7.$$

Von den Metall|Metalloxidelektroden werden zur technischen pH-Messung wegen ihres einfachen und robusten Aufbaus noch die Antimon- und die Wismutelektrode verwendet. Sie bestehen aus einem Stab eines dieser beiden Metalle, der mit einer Bezugselektrode in die zu messende Lösung taucht. Diese Metalle stellen, da sie immer mit einer dünnen Oxidschicht bedeckt sind, Elektroden zweiter Art dar, die sich mit den im Wasser enthaltenen OH' im Gleichgewicht befinden:

$$\begin{aligned} &Bi + 3\,OH' \rightleftharpoons Bi(OH)_3 + 3e^- \\ &\left(2\,Bi(OH)_3 \rightleftharpoons Bi_2O_3 + 3\,H_2O\right). \end{aligned} \tag{4.7.25}$$

Analog kann man auch das potentialbestimmende Gleichgewicht der Antimonelektrode schreiben.

Nach der NERNSTschen Gleichung ergibt sich für die Galvanispannung einer solchen Elektrode:

$$\varepsilon = \varepsilon^0 - \frac{RT}{3F} \ln a_{OH'}^3 = \varepsilon^0 - F_N \lg a_{OH'} = \varepsilon^0 + F_N \cdot pOH. \tag{4.7.26}$$

Mit (4.7.24) folgt daraus auch:

$$\varepsilon = \varepsilon^0 + F_N \cdot \text{p}K_W - F_N \cdot \text{pH} = \varepsilon^{0\prime} - F_N \cdot \text{pH}. \tag{4.7.27}$$

Der NERNST-Faktor ist bei diesen Elektroden im allgemeinen kleiner als der Theorie entspricht, weil in Wirklichkeit die Galvanispannung von komplizierteren Reaktionen als (4.7.25) bestimmt wird; außerdem ist ihr $\varepsilon^{0\prime}$-Wert von dem pH-Wert und von der Salzkonzentration nicht ganz unabhängig. Die Elektroden lassen sich daher nur zur pH-Messung in Lösungen verwenden, deren Zusammensetzung und pH-Wert (im neutralen und alkalischen Bereich) nicht zu sehr schwankt; sie eignen sich außerdem zu potentiometrischen Säure-Base-Titrationen auch in organischen Lösungsmitteln.

Für die Bi-Elektrode wurde z. B. bei 25 °C im Bereich pH = 5 bis 14 und in gepufferten Lösungen gegen die gesättigte Kalomelelektrode eine Spannung von

$$U = 0{,}132 - 0{,}0503\ \text{pH}$$

gemessen, für die Sb-Elektrode unter etwa den gleichen Bedingungen (bis pH ≈ 11)

$$U = -0{,}050 - 0{,}051\ \text{pH}.$$

Ein negatives Vorzeichen, das sich aus diesen Gleichungen ergibt, bedeutet, daß das Vorzeichen der Metallelektrode ‚Minus' ist.

Alle zur pH-Messung verwendeten Elektroden, die auf einem Redoxgleichgewicht mit Beteiligung von $H^{\cdot}$ bzw. OH' beruhen, werden von anderen Redoxgleichgewichten, die in dem zu messenden Medium vorhanden sind, beeinflußt. Sie sind daher bei Gegenwart starker Oxydations- oder Reduktionsmittel (Chromsäure, Permanganat, Dithionit usw.) nicht brauchbar. Eine universell anwendbare Elektrode zur pH-Messung, die auch gegen „Vergiftung" unempfindlich ist, stellt die *Glaselektrode* dar, weil ihre Galvanispannung nicht auf einem Redox-Gleichgewicht, sondern auf einem *Ionenaustauschgleichgewicht* beruht. Bevor wir uns mit ihr befassen, sei noch kurz auf die Bedeutung der potentiometrischen Untersuchung von Redoxgleichgewichten im Verhältnis zu dem H_2, $2H^{\cdot}$-Gleichgewicht eingegangen. An dem Gleichgewicht der als Bezugspunkt dienenden Standardwasserstoffelektrode ist der als Reduktionsmittel viel verwendete gasförmige Wasserstoff beteiligt. Die Berechnung seines Gleichgewichtsdruckes ist für eine reversible Kette ohne Diffusionspotentialsprünge ohne weiteres möglich; z. B. für die Reaktion

$$Cu^{\cdot} + H^{\cdot} \rightleftharpoons Cu^{\cdot\cdot} + \frac{1}{2} H_2$$

gilt ja

$$zF \cdot E^0 = z \cdot F \cdot \varepsilon^0 = \Delta G^0 = -RT \ln K, \tag{4.7.28}$$

ε^0 = Standardpotential des Vorgangs $Cu^{\cdot} \rightleftharpoons Cu^{\cdot\cdot} + e^-$

$$K = \frac{p_{H_2}^{\circledast 1/2} \cdot a_{Cu^{\cdot\cdot}}}{a_{Cu^{\cdot}} \cdot a_{H^{\cdot}}}. \tag{4.7.29}$$

Falls die Aktivitäten der Ionen $a_{Cu^{\cdot}} = a_{Cu^{\cdot\cdot}} = 1$, erhält man für $p_{H_2}^{\circledast}$ im Gleichgewicht

$$F \cdot \varepsilon^0 = -RT \ln \frac{p_{H_2}^{\circledast 1/2}}{a_{H^{\cdot}}} = -RT \ln p_{H_2}^{\circledast 1/2} - 2{,}303RT\ \text{pH}, \tag{4.7.30}$$

$$-\lg p_{H_2}^{\circledast} = \frac{2F \cdot \varepsilon^0}{2{,}303RT} + 2\ \text{pH}, \tag{4.7.31}$$

$$-\lg p_{H_2}^{\circledast} = \frac{2\varepsilon^0}{0{,}05916} + 2\ \text{pH} \quad \text{bei } 25\,°\text{C}. \tag{4.7.32}$$

Nach einem Vorschlag von Clark wurde für diesen negativen Logarithmus des Wasserstoffgleichgewichtsdruckes ein neues Symbol eingeführt; die Definition lautet

$$-\lg p_{H_2}^{\circledast} \equiv r_H = \frac{2\varepsilon^0}{F_N} + 2\ \text{pH}, \tag{4.7.33}$$

$$r_H = \frac{2\varepsilon^0}{0{,}05916} + 2\ \text{pH} \quad \text{bei } 25\,°\text{C}. \tag{4.7.34}$$

Der berechnete Wasserstoffgleichgewichtsdruck bzw. der r_H-Wert können als Maßstab für die Reduktionskraft der betrachteten Elektrodenreaktionen Verwendung finden. Je größer p_{H_2} ist, desto stärker reduzierend wirkt der Vorgang. Aus Gleichung (4.7.33) erkennt man, daß der r_H-Wert stark pH-abhängig ist und nur bei bekanntem pH angegeben werden kann. Man sieht z. B. auch, daß alle Vorgänge mit negativem Standardpotential bei der Wasserstoffionenaktivität $a_{H^{\cdot}} = 1$ im Gleichgewicht einen höheren Wasserstoffdruck als 101,3 kPa verursachen.

Für die Chinhydronelektrode mit der Reaktion

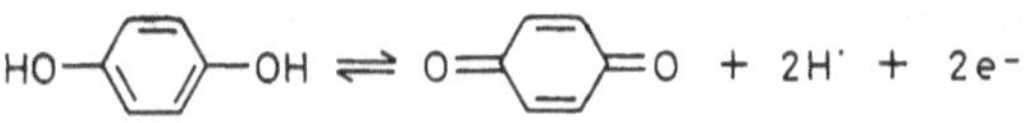

$\varepsilon^0 = 0{,}6990\ \mathrm{V}$

findet man bei 25 °C und $a_{H^{\cdot}} = 1$

$$r_H = \frac{2 \cdot 0{,}6990}{0{,}05916} \approx 24 \quad p_{H_2}^{\circledast} \approx 10^{-24}, \quad p_{H_2} = p_{H_2}^{\circledast} \cdot p_{H_2}^0 \approx 10^{-24} \cdot 101{,}3\ \mathrm{kPa}.$$

Die Reduktionskraft ist also sehr klein im Vergleich zu der Standardwasserstoffelektrode.

Ein sehr hohes Reduktionsvermögen besitzt die Reaktion

$$Cr^{\cdot\cdot} \rightleftharpoons Cr^{\cdot\cdot\cdot} + e^- \quad \varepsilon^0 = -0{,}41\ \mathrm{V};$$

bei 25 °C und $a_{H^{\cdot}} = 1$ folgt

$$r_H = -\frac{2 \cdot 0{,}41}{0{,}05916} \approx -14 \quad p_{H_2}^{\circledast} \approx 10^{14}, \quad p_{H_2} = p_{H_2}^{\circledast} \cdot p_{H_2}^0 \approx 10^{14} \cdot 101{,}3\ \mathrm{kPa}.$$

Redoxreaktionen spielen sowohl in der anorganischen wie organischen Chemie, aber auch besonders in der Biologie eine sehr große Rolle. Dementsprechend war es naheliegend, den r_H-Wert als ein Maß für die Reduktionskraft eines beliebigen Stoffes zu verwenden. Für pH = 0 würde $r_H > 0$, wenn die Reduktionswirkung des betreffenden Stoffes kleiner ist als die des Wasserstoffs von 101,3 kPa bei der betreffenden Temperatur. Wasserstoff von Atmosphärendruck müßte also das Oxydationsprodukt dieses Stoffes reduzieren. Andererseits wäre im Falle $r_H < 0$ (pH = 0) die Reduktionswirkung größer als die von Wasserstoff. Aus einer wäßrigen Lösung von pH < 0 müßte dieses Reduktionsmittel Wasserstoff freimachen, z. B. nach

$$Cr^{\cdot\cdot} + H^{\cdot} \rightarrow Cr^{\cdot\cdot\cdot} + \frac{1}{2} H_2.$$

Tatsächlich trifft das ja auch in diesem Fall zu. Trotzdem hat sich der r_H-Wert nicht in dem Maße eingebürgert wie der pH-Wert. Einmal ist die Kenntnis des letzteren zur Berechnung von r_H zusätzlich notwendig, zum anderen ist der Vergleich mit dem Redoxgleichgewicht des Wasserstoffs oft nicht sehr aussagekräftig. Vor allem aber stellen sich die Redoxgleichgewichte in organischen, insbesondere biologischen Systemen an einer Indikatorelektrode (Platin oder Gold) meistens nicht reversibel ein, sodaß die gemessenen Galvanispannungen nichts Quantitatives über die Redoxeigenschaften des Substrates aussagen. Trotzdem werden solche Messungen oft durchgeführt, um wenigstens einen Anhaltspunkt über die Redoxeigenschaften zu gewinnen. Wenn, wie häufig in biologischen Systemen, mehrere Redoxsysteme vorliegen (unter anderem auch O_2,

OH'), ist natürlich im allgemeinen keine Aussage darüber möglich, welches davon potentialbestimmend ist [4.3].

Ionenaustauschgleichgewichte treten zwischen festen Elektrolyten und Elektrolytlösungen auf. Die Gleichgewichtsbedingung ist auch hier, daß für jedes Ion gelten muß

$$\tilde{\mu}_J{}^I = \tilde{\mu}_J{}^{II}, \tag{4.7.35}$$

wenn $\tilde{\mu}_J{}^I$ das elektrochemische Potential in der festen Phase, $\tilde{\mu}_J{}^{II}$ in der Lösung ist.

Die Differenz der inneren elektrischen Potentiale, d. h. die Galvanispannung, läßt sich hier, wo es sich um zwei Ionenleiter handelt, auch nicht direkt messen.

$$\tilde{\mu}_J{}^I = \mu_J{}^{I_0} + RT \ln a_J{}^I + zF\varphi_J{}^I,$$

$$\tilde{\mu}_J{}^{II} = \mu_J{}^{II_0} + RT \ln a_J{}^{II} + zF\varphi_J{}^{II},$$

$$(\varphi_J{}^I - \varphi_J{}^{II})\, zF = \mu_J{}^{II_0} - \mu_J{}^{I_0} + RT \ln \frac{a_J{}^{II}}{a_J{}^I},$$

$${}^I\Delta^{II}\varphi = \varepsilon = \frac{\mu_J{}^{II_0} - \mu_J{}^{I_0}}{zF} + \frac{RT}{zF} \ln \frac{a_J{}^{II}}{a_J{}^I}. \tag{4.7.36}$$

Im Prinzip gilt (4.7.36) auch für das Gleichgewicht zwischen den Ionen des Salzes im Bodenkörper und den Ionen in der gesättigten Lösung. Natürlich muß für die beiden Phasen die Elektroneutralitätsbedingung erfüllt sein, d. h. in jeder Phase muß die Summe aller +Ladungen gleich der Summe aller −Ladungen sein. Dabei muß beachtet werden, daß die Aktivitäten ja in ihrem Wert vom Bezugszustand, d. h., also auch vom Lösungsmittel abhängen. Wenn wir zwei nicht miteinander mischbare Phasen, die beide Wasser enthalten, verwenden, so können beide Aktivitäten $a_J{}^I$ und $a_J{}^{II}$ auf die ideal verdünnte wäßrige Lösung bezogen werden. Ein solches System ergeben Gläser, die an ihrer Oberfläche eine wasserhaltige, aber weitgehend wasserunlösliche *Quellschicht* ausbilden. Verwenden wir eine Glasmembran, die auf beiden Seiten von wäßrigen Lösungen umgeben ist, so bilden sich auf beiden Seiten „*Phasengrenzpotentiale*" aus (*Abb. 4.9*). An der Membran entsteht also die Differenz zweier Phasengrenzpotentiale. Nehmen wir nun an, daß nur eine Sorte von Ionen, z. B. die Wasserstoffionen, sich ins elektrochemische Gleichgewicht setzt, d. h. zwischen den Phasen austauschfähig ist, so gilt für die Differenz der Phasengrenzpotentiale = Galvanispannungen nach (4.7.36)

$$\Delta\varepsilon = \frac{RT}{F}\left(\ln \frac{a_I}{a_{II}} - \ln \frac{a_{III}}{a'_{II}}\right), \tag{4.7.37}$$

wenn a_I und a_{III} die Aktivitäten der beiden wäßrigen Lösungen, a_{II} und a'_{II} die der beiden Quellschichten sind[1]). Wenn wir die Aktivitäten in den Quellschichten gleich und konstant setzen können, weil das Glas als Salz einer schwachen Säure als Puffer wirkt, dann ergibt sich

$$\Delta\varepsilon = \frac{RT}{F} \ln \frac{a_I}{a_{III}} = F_N(\mathrm{pH}_{III} - \mathrm{pH}_I). \tag{4.7.38}$$

---

[1]) Dabei wird vorausgesetzt, daß innerhalb der Glasmembran keine zusätzlichen Spannungen, z. B. durch Konzentrationsunterschiede usw., auftreten.

Wir können diese Potentialdifferenz messen, indem wir in beide Lösungen eine Bezugselektrode (z. B. gesättigte Kalomelelektrode) tauchen (s. *Abb. 4.10*). Haben beide Elektroden die gleiche Galvanispannung, so hebt sich diese heraus, d. h., die Kette

$$Hg \mid Hg_2Cl_2 \mid KCl\,(ges.) \parallel H^{\cdot}(a_b) \mid Glas \mid H^{\cdot}(a_x) \parallel KCl\,(ges.) \mid Hg_2Cl_2 \mid Hg \quad (4.7.b)$$

hat die durch (4.7.38) gegebene Spannung.

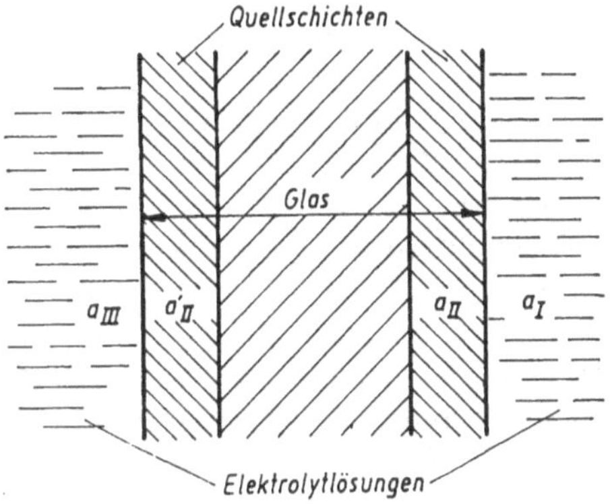

Abb. 4.9: Schema der Membran einer Glaselektrode

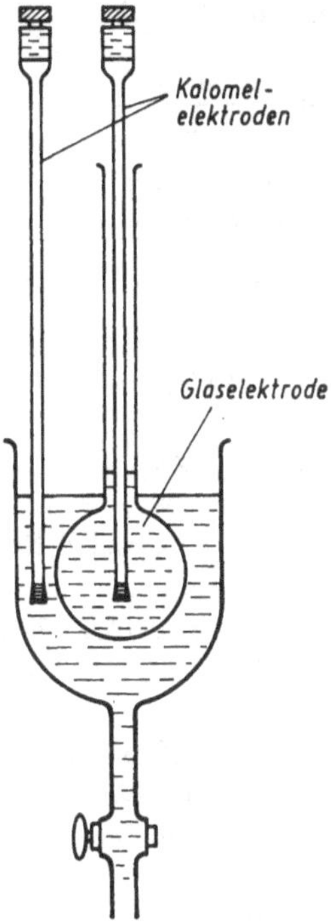

Abb. 4.10: Messung einer pH-Differenz mittels Glaselektrode

Verwenden wir nun als Innenlösung eine solche mit der bekannten Wasserstoffionenaktivität a_b (eine Pufferlösung), so können wir aus der gemessenen Spannung mit (4.7.38) die unbekannte Wasserstoffionenaktivität a_x berechnen.

Das ist das Prinzip der heute allgemein zur pH-Messung, -Steuerung und -Regelung eingesetzten *Glaselektrode* [4.13], [4.15]. Daß an der Phasengrenze Glas|Lösung von deren Säuregehalt abhängige Potentialdifferenzen auftreten, hat der Biologe Cremer 1906 festgestellt; F. Haber hat die Glaselektrode näher untersucht und auch den Mechanismus zu deuten versucht. Lange Zeit wurde angenommen, daß es sich um ein Diffusionspotential handelt; wenn nämlich die Wasserstoffionen aus der einen Phase (der wäßrigen Lösung) in das Glas diffundieren und ihre Überführungszahl $t_{H^{\cdot}} = 1$ ist, so ergibt sich aus der freien Enthalpieänderung die Gleichung (4.7.38). Es konnte aber mit Hilfe von Tritiumionen gezeigt werden, daß auch bei hohen Spannungen keine Überführung von Wasserstoffionen von der einen Seite der Membran zur anderen stattfindet (K. Schwabe). Allerdings ist es auch nicht richtig oder mindestens eine starke

Vereinfachung, wenn man annimmt, daß nur Wasserstoffionen zwischen Wasser und der Quellschicht ausgetauscht werden. Die für die pH-Messung verwendeten Gläser sind meistens alkalireiche Na- bzw. Li-Kalkgläser ($\approx 20\%$ Na_2O, 8…10% CaO, Rest SiO_2), und der Austausch erfolgt in folgender Weise:

$$H^{\cdot}(H_2O) + Na^+ (Glas) \rightleftharpoons Na^{\cdot}(H_2O) + H^+ (Glas). \tag{4.7.39}$$

Für dieses Ionenaustauschgleichgewicht, das sich ebenfalls durch radioaktive Markierung untersuchen läßt, gilt:

$$K_A = \frac{a_{H^+} \cdot a_{Na^{\cdot}}}{a_{H^{\cdot}} \cdot a_{Na^+}}, \tag{4.7.40}$$

a_{H^+}, a_{Na^+} – Aktivität in der Quellschicht;
$a_{H^{\cdot}}$, $a_{Na^{\cdot}}$ – Aktivität in der Lösung.

Daher wird das Phasengrenzpotential:

$$\varepsilon = \frac{RT}{F} \ln (a_{H^{\cdot}} + K_A a_{Na^{\cdot}}), \tag{4.7.41}$$

wie zuerst Nikolski gezeigt hat. Die Austauschkonstante K_A hat aber bei Gläsern, die sich gut für pH-Messungen eignen, Werte von 10^{-11} bis 10^{-12}. Demzufolge wird der Term $K_A \cdot a_{Na^{\cdot}}$ erst berücksichtigt werden müssen, wenn $a_{H^{\cdot}} \leqq 10^{-9}$ (pH = 9) und $a_{Na^{\cdot}} \geqq 1$ ist. Tatsächlich stellt man in alkalischen Lösungen eine um so größere Abweichung von den nach (4.7.38) zu erwartenden Werten fest, je größer der $Na^{\cdot}$-Gehalt der wäßrigen Lösung ist (Alkalifehler der Glaselektroden). Auch in stark sauren Lösungen (pH = 0) treten Abweichungen von der theoretischen Gleichung auf. Sie sind in erster Linie darauf zurückzuführen, daß sich in der Quellschicht die Wasserstoffionenaktivität erhöht, weil Säure (insbesondere HCl) eindiffundiert (Schwabe, Glöckner, Dahms). Im pH-Bereich 1…8 erhält man aber mit Glaselektroden geeigneter Glaszusammensetzung eine völlig exakte Änderung der Spannung mit $\lg a_{H^{\cdot}}$, wenn man mit Ketten ohne Überführung und im Debye-Hückel-Bereich arbeitet, z. B. unter Verwendung der Kette

$$Ag \mid AgCl \mid HCl(a_1) \mid Glas \mid HCl(a_2) \mid AgCl \mid Ag, \tag{4.7.c}$$

die als Helmholtzsche Doppelkette (s. S. 244) aufgefaßt werden kann. Einzelionenaktivitäten kann man natürlich außerhalb des Debye-Hückel-Gebietes auch mit der Glaselektrode oder richtiger Glaskette nicht bestimmen, denn entweder erhält man wieder Diffusionspotentiale oder es geht, wie im Falle der Kette (4.7.c), die mittlere Aktivität ein; ihre Spannung ist nämlich, wie man sich leicht überzeugt (I. E. Prue):

$$\Delta\varepsilon = \frac{2RT}{F} [\ln a_{\pm_1} - \ln a_{\pm_2}]. \tag{4.7.42}$$

Wenn man in Ketten vom Typ (4.7.c) die Konzentration der Säure auf beiden Seiten gleich groß macht, müßte an sich die Spannung Null werden; das ist oft nicht der Fall. Man stellt ein *Asymmetriepotential* (ε_s) fest, das um so kleiner ist, je dünner die Membran ist, und vom unterschiedlichen Verhalten der beiden Quellschichten herrührt. Es muß natürlich berücksichtigt werden, wenn man den pH-Wert bestimmt.

Durch (teilweisen) Ersatz des Natriumoxids durch Cäsium in den Elektrodengläsern hat man den Meßbereich in das alkalische Gebiet bis pH 13 ohne Alkalifehler erweitern können, weil dann die Austauschkonstante noch wesentlich kleiner wird. In $Na^{\cdot}$-freien Lösungen, z. B. in $N(C_2H_5)_4OH$-Lösungen, tritt bis pH > 14 auch bei gewöhnlichen Elektrodengläsern kein Alkalifehler auf.

Andererseits kann man, wie aus Gleichung (4.7.41) hervorgeht, durch Vergrößerung der Austauschkonstanten zumindest bei kleinen Wasserstoffionenaktivitäten (pH $\geqq 6$) die Elektrode gegen $Na^{\cdot}$ empfindlich machen. Wenn z. B. K_A den Wert 1 hätte, so würde eine Glaselektrode aus diesem Material die Natriumionenaktivität bzw. $-\lg a_{Na^{\cdot}} = p\text{Na}$ bis zu einem Wert von $p_{Na^{\cdot}} = 4$ nach

$$\varepsilon = \varepsilon^0 - F_N p\text{Na} \tag{4.7.43}$$

angeben; erst bei $p_{Na} = 5$ ($a_{Na^{\cdot}} = 10^{-5}$) würden die $H^{\cdot}$ ($a_{H^{\cdot}} = 10^{-6}$) einen Fehler von 10% verursachen. Die Austauschkonstante hängt sehr stark von der Zusammensetzung des Glases ab und läßt sich durch teilweisen Ersatz der Kieselsäure durch Borsäure oder Aluminiumoxid so verändern, daß man Elektroden erhält, die zur Bestimmung der $Na^{\cdot}$-, bei hohem K_2O-Gehalt auch der $K^{\cdot}$-Aktivität geeignet sind. Im allgemeinen findet nicht nur ein Austausch zwischen Wasserstoff- und Natriumionen in den beiden Phasen statt, sondern auch zwischen anderen Kationen, z. B. $K^{\cdot}$. Die Selektivität der Anzeige eines Ions i im Vergleich zum Ion j wird um so größer sein, je größer in (4.7.41) die Konstante $K_A = K_{ij}$ in bezug auf das Ion i wird. Für eine $Na^{\cdot}$-sensitive Elektrode muß die Konstante K_{NaH} einen großen Wert haben (man erreicht Werte von 30…100). Für eine $H^{\cdot}$-sensitive Elektrode muß K_{NaH} sehr klein werden, damit $Na^{\cdot}$ nicht stören. Wenn eine $Na^{\cdot}$-sensitive Elektrode sich auch gegenüber $K^{\cdot}$ sehr selektiv verhalten soll, muß die Konstante K_{NaK} sehr groß, für eine $K^{\cdot}$-sensitive sehr klein werden.

Wie aus (4.7.41) hervorgeht, kann man die Austauschkonstante K_{ij} errechnen, wenn man i (im obigen Fall $H^{\cdot}$) konstant hält und j ($Na^{\cdot}$) verändert. Man erhält dann aus

$$\left(\frac{\partial \varepsilon}{\partial \lg a_j}\right)_{a_i} = \alpha = 59 \cdot \frac{K_{ij} a_j}{a_i + K_{ij} a_j} \tag{4.7.44}$$

(ε in mV, 25 °C)

$$K_{ij} = \frac{\alpha \cdot a_i}{(59 - \alpha)\, a_j}. \tag{4.7.45}$$

Die Untersuchungen an Bor-Aluminiumsilikatgläsern haben gezeigt, daß zur Berechnung der Austauschkonstanten im Übergangsgebiet zwischen den beiden Empfindlichkeitsbereichen (für i und j) eine Erweiterung der einfachen Austauschtheorie notwendig ist.

Man nennt diese Konstanten auch Selektivitätskoeffizienten. Mit Gläsern gelingt es nur, einwertige Kationen potentiometrisch zu bestimmen. Wenn man dagegen organische Ionenaustauscher (insbesondere flüssige, die in Membranen eingebaut werden) verwendet, dann kann man zweiwertige Kationen potentiometrisch messen, insbesondere das biologisch wichtige $Ca^{\cdot\cdot}$ (die Änderung pro pCa ist dann natürlich nur 29 mV bei 25 °C).

Ionenaustauschprozesse und davon herrührende Membranpotentiale spielen bei elektrokinetischen Erscheinungen (s. S. 341), insbesondere auch in der Biologie, eine wichtige Rolle.

Ionensensitive Elektroden, auch solche, die Anionen (Cl', Br', I', F') zu bestimmen gestatten, sind in den letzten Jahren in großer Zahl entwickelt worden [4.13], allerdings nur zum Teil vom Prinzip des Ionenaustausches aus; andere sind Elektroden zweiter Art. Dabei ist zu berücksichtigen, daß wieder Redoxgleichgewichte stören können (EISENMAN).

Die Bestimmung des pH-Wertes erfolgt allgemein, wie wir gesehen haben, durch Messung der Spannung von Ketten mit Überführung. Man erhält also einen konventionellen Wert, der zwar bei sorgfältiger Konstanthaltung aller Meßbedingungen bis auf etwa 0,005 pH reproduzierbar sein kann, aber trotzdem keine Einzelionenaktivität angibt. Man kann nun auch spektralphotometrisch oder kolorimetrisch (s. *Band 1*, S. 374) den pH-Wert bestimmen, indem man der zu messenden Lösung eine kleine Menge einer gefärbten schwachen Säure oder Base (einen *Indikator*) zugibt. Aus dem Dissoziationsgleichgewicht des Indikators $B\mathrm{H} = B' + \mathrm{H}^{\cdot}$ ergibt sich

$$K_a = \frac{a_{\mathrm{H}^{\cdot}} a_{\mathrm{B}'}}{a_{\mathrm{H}B}} = \frac{c_0 \alpha^2 f_{\pm}^2}{(1-\alpha)}, \tag{4.7.46}$$

wobei c_0 die Gesamtkonzentration des Indikators und α sein Dissoziationsgrad ist und $f_{\mathrm{HB}} = 1$ gesetzt wird (s. S. 69):

$$\frac{c_{\mathrm{B}'}}{c_0} = \frac{c_{\mathrm{H}^{\cdot}}}{c_0}; \quad c_{\mathrm{H}B} = (1-\alpha)\, c_0$$

oder logarithmiert

$$-\lg K_a = pK_a = \mathrm{pH} - \lg \frac{a_{\mathrm{B}'}}{a_{\mathrm{H}B}}. \tag{4.7.47}$$

Bei genügend kleiner Ionenstärke und Konzentration von HB erhält man für pH

$$\mathrm{pH} = pK_a + \lg \frac{c_B}{c_{\mathrm{H}B}}. \tag{4.7.48}$$

Für den Quotienten kann man setzen

$$\frac{c_{B'}}{c_{\mathrm{H}B}} = \frac{c_0 \alpha}{c_0(1-\alpha)},$$

so daß man erhält

$$\mathrm{pH} = pK_a + \lg \frac{\alpha}{1-\alpha}. \tag{4.7.49}$$

Man sieht, daß der pH-Wert, bei dem der Indikator zur Hälfte dissoziiert ist, gleich dem pK_a-Wert ist. Dieser „*Halbstufenwert*" ist für die meisten Säure-Basen-Indikatoren tabelliert, so daß man pK_a in (4.7.49) kennt. Wenn entweder nur HB oder nur B' gefärbt sind oder sich wenigstens in ihrer Lichtabsorption wesentlich unterscheiden, kann man aus der Extinktion (bei einer bestimmten Wellenlänge) α nach dem LAMBERT-BEERschen Gesetz (s. *Band 1*, S. 557) entnehmen und damit den pH-Wert aus (4.7.49) berechnen. Allerdings darf der zu messende pH-Wert nicht zu weit von dem Halbstufenwert des Indikators entfernt sein (ΔpH $\leqq \pm 1$ pH), weil sonst die Änderung von

α bzw. der Extinktion zu klein wird, wie *Abb. 4.11* zeigt, wo α gegen ΔpH aufgetragen ist. Man muß also für den interessierenden pH-Bereich Indikatoren mit entsprechendem pK_a-Wert suchen. Aus (4.7.49) erhält man natürlich auch keine Einzelionenaktivität des $H^{\cdot}$ oder paH $\equiv -\lg a_{H^{\cdot}}$, denn die Aktivitätskoeffizienten sind 1 gesetzt worden, und höchstens im DEBYE-HÜCKEL-Bereich wäre der pH-Wert aus (4.7.49) nahezu gleich pa$H$.

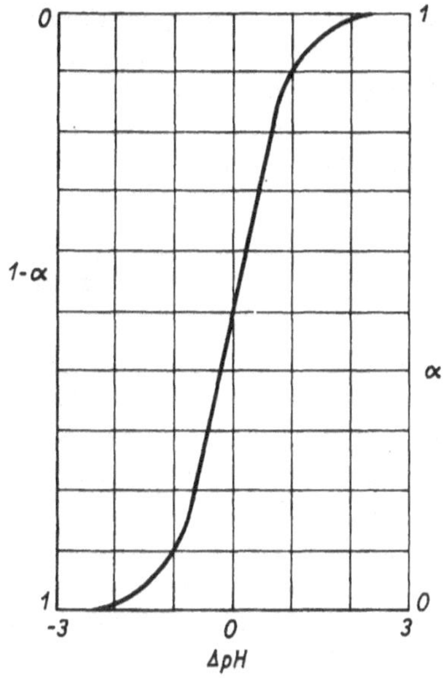

Abb. 4.11: Dissoziationsgrad bzw. Lichtabsorption eines Indikators als Funktion des pH-Wertes

Von L. P. HAMMETT wurde als Aziditätsmaß nach Gleichung (4.7.48) die Größe H eingeführt:

$$H \equiv pK + \lg \frac{c_{B'}}{c_{BH}}. \tag{4.7.50}$$

Diese sogenannte HAMMETT-Funktion wird nur dann gleich dem pa$H$-Wert, wenn $\frac{f_{B'}}{f_{BH}} = 1$ gesetzt werden kann[1]). Sie kann in sehr konzentrierten Säurelösungen und in organischen Lösungsmitteln bestimmt werden, wo die potentiometrische pH-Messung manchmal auf Schwierigkeiten stößt. Sofern aber ptH- bzw. pwH-Werte (s. S. 205) in solchen Medien gemessen werden können, ergeben sie, obwohl thermodynamisch exakt meßbar, keine gute Übereinstimmung mit der HAMMETTschen Aziditätsfunktion; das gilt vor allem auch, wenn man bei konstanter Säurekonzentration die Abhängigkeit von H bzw. ptH (oder pwH) vom Gehalt an organischem Lösungsmittel bei niedrigen Wassergehalten untersucht. Offenbar spielt dabei die Umsolvatation und die Änderung des pK_a-Wertes eine Rolle. Ein universelles Aziditätsmaß ist demnach die HAMMETT-

---

[1]) Für das oben verwendete Indikatorgleichgewicht $BH = B' + H^{\cdot}$ bezeichnet man meistens die HAMMETT-Funktion mit H_{-}, für das Gleichgewicht $BH^{\cdot} \rightleftharpoons H^{\cdot} + B$ mit H_0. Die oben getroffene Feststellung: H $\neq$ paH, wenn das Verhältnis der Aktivitätskoeffizienten nicht 1 ist, ist natürlich unabhängig von der Art des Gleichgewichtes gültig.

Funktion nicht.[1]) Da man Einzelionenaktivitäten und -aktivitätskoeffizienten nicht bestimmen kann, ist natürlich auch $-\lg a_{H^\cdot} = paH$ kein befriedigendes Aziditätsmaß. Für verschiedene Solventien ist außerdem noch die Frage offen, ob es berechtigt ist, Protonen mit einer anderen Solvathülle mit den voll hydratisierten Protonen im Bezugszustand für wäßrige Lösungen in bezug auf die Azidität zu vergleichen. Vom streng thermodynamischen Standpunkt aus braucht man für jedes Lösungsmittel eine besondere pH- bzw. *pa*H- und damit Aziditätsskala.

Der Wunsch, Aktivitätskoeffizienten von individuellen Ionen bestimmen zu können, um daraus auch Rückschlüsse auf die Ursachen der freien Überschußenthalpie zu gewinnen, hat zu verschiedenen thermodynamisch nicht begründbaren Annahmen geführt. GUGGENHEIM hat die Annahme verwendet, daß in verdünnten Lösungen für einen ein-ein-wertigen Elektrolyten $f_+ = f_- = f_\pm$ ist, und daß für einen beliebigen Elektrolyten $Ka^{z_+}_{\nu_+}A^{z_-}_{\nu_-}$ dementsprechend gilt:

$$\ln f_i = \frac{\nu z_i^2}{\nu_+ z_+^2 + \nu_- z_-^2} \ln f_\pm; \quad \nu = \nu_+ + \nu_-. \tag{4.7.51}$$

Daß diese Annahme bei höheren Konzentrationen nicht mehr zutrifft, wird nicht bezweifelt; bis zu welcher Konzentration sie vertretbar ist, ist nicht bekannt. Solange man sie anerkennt, kann man natürlich auch Diffusionspotentiale berechnen (s. S. 197). McINNES hat angenommen, daß $f_{K^\cdot} = f_{Cl'}$ sei, und zwar bei jeder KCl-Konzentration in rein wäßriger Lösung. Selbst bei Lösungen verschiedener Chloride (einschließlich HCl), aber gleicher Cl'-Konzentration, wird $f_{Cl'}$ als gleich angesehen, analoges gilt für f_+ von Kaliumsalzen gleicher Gesamtkonzentration. Auch hier ist nicht bekannt, ob diese Annahme außerhalb des DEBYE-HÜCKEL-Bereiches gültig ist. Die Berechnungen von J. KIELLAND für f_i aus der erweiterten DEBYE-HÜCKEL-Gleichung

$$\lg f_i = \frac{-A z_i^2 \sqrt{J}}{1 + Ba\sqrt{J}} \tag{4.7.52}$$

unter Wahl bestimmter Werte für a für verschiedene Gruppen von Ionen haben zwar bis zu Ionenstärken von 0,2 zu Übereinstimmung mit der Annahme von GUGGENHEIM (4.7.51) geführt, haben aber keine thermodynamische Grundlage.

Alle Methoden, die die Aktivität von Lösungen hoher Konzentration exakt zu messen gestatten, liefern keine mittleren Aktivitätskoeffizienten, die ein exaktes Maß der freien Überschußenthalpie darstellen. $f_\pm$ wird aus $a_\pm$ nach

$$f_\pm = a_\pm (m_E \cdot Q)^{-1} \tag{4.7.53}$$

bestimmt, wobei m_E die Anzahl Mole pro kg Lösungsmittel ist. Es treten zwei Effekte auf, deren Wirkung die Ermittlung exakter Aktivitätskoeffizienten verhindert:

Wenn Ionenpaar- oder Komplexbildung zwischen Anion und Kation stattfindet, was für viele Elektrolyte bei hohen Konzentrationen zutrifft ($\alpha < 1$), dann ist die wahre mittlere Molalität $m_\pm^0$ viel kleiner als $m_E \cdot Q$, das nach der obigen Gleichung zur Berechnung von $f_\pm$ verwendet wird, weil $m_\pm^0$ bei $m_E > 1$ kaum exakt zu bestimmen ist (das gilt auch für die wahre mittlere Molarität). Damit werden zu kleine $f_\pm$-Werte er-

[1]) Außerdem erhält man bei Verwendung verschiedener Indikatoren oft ganz unterschiedliche Werte.

halten, wie man sie in Tabellen, vor allem für 2,2-wertige Elektrolyte (z. B. UO_2SO_4) oder komplexe Chloride findet.

Wenn die Zahl der von den Ionen fest gebundenen Solvensmoleküle groß ist, sinkt die Zahl der pro kg verfügbaren Solvensmoleküle, d. h. $m_\pm{}^0 > m_E Q$. Damit ergibt sich ein sehr großer Wert für $f_\pm$, wie das für eine Reihe von konzentrierten Perchloratlösungen zutrifft (beispielsweise wurde für eine 5,5 M $UO_2(ClO_4)_2$-Lösung bei 25 °C $f_\pm$ zu 1510 ermittelt).

Beide Effekte können sich gleichzeitig auswirken und sich eventuell kompensieren. Da sie aber in den Literaturwerten allgemein nicht berücksichtigt werden und auch nicht exakt bestimmt werden können, erhält man in konzentrierten Elektrolytlösungen aus

$$\mu^E = \frac{RT}{F} \ln f_\pm \tag{4.7.54}$$

keine genauen Werte für die freie Überschußenthalpie μ^E.

Messungen von pH und pwH in ternären wäßrigen Lösungen, in denen m_{HCl} (bzw. m_{HBr} usw.) konstant gehalten wurde und sehr viel kleiner war als die Konzentration von Fremdsalzen, z. B. $NaClO_4$ bis 16 mol/kg, $Al(ClO_4)_3$, machen es wahrscheinlich, daß der starke Anstieg von $f_\pm$ (HCl bzw. HBr) mit der Konzentration von Fremdsalzen in erster Linie auf $f_{H^\cdot}$ zurückzuführen ist, da

$$pH(= paH) - pwH = \lg f_{Cl'} \tag{4.7.55}$$

einen bis zu den höchsten Salzkonzentrationen nahezu konstanten Wert gibt. Auch Bestimmungen von $f_{Cl'}$ und $f_{Br'}$ aus Ketten mit Überführung stimmen damit überein, daß sich $f_{A'}$ bis zu sehr hohen Salzkonzentrationen sehr wenig ändert. Da aber $f_\pm$ (mit Ketten ohne Überführung gemessen) sehr steil ansteigt, muß $f_{H^\cdot}$ sehr stark zunehmen, und keinesfalls kann man unter diesen Bedingungen $f_{H^\cdot} = f_{Cl'} = f_{Br'}$ setzen (SCHWABE). Derselbe Anstieg von $f_{H^\cdot}$ ergibt sich außerdem auch aus spektralphotometrischen und katalytischen Messungen (s. S. 214).

4.7.3. Potentiometrische Bestimmung von Löslichkeiten, Dissoziations- und Komplexgleichgewichten

Die Bestimmung der thermodynamischen Löslichkeitskonstanten aus Standardgalvanispannungen für die Metallelektrode und die entsprechende Elektrode zweiter Art ist in *Kap. 4.6.4.* besprochen worden. Löslichkeiten lassen sich auch potentiometrisch in Ketten mit Überführung bestimmen. Wenn man die Elektrode $Me \mid Me_{\nu_+}A_{\nu_-} \mid A'(\varepsilon_1)$ als Elektrode erster Art auffaßt, kann man durch Kombination mit einer Bezugselektrode (ε_2) unter Vernachlässigung des Diffusionspotentials aus der Kettenspannung

$$U = \varepsilon_1{}^0 + \frac{\nu_+ RT}{z_+ F} \ln a_{Me} - \varepsilon_2$$

die Sättigungsaktivität des Salzes bestimmen. Dieses Verfahren ist natürlich sehr ungenau. Um die Diffusionspotentiale weitgehend zu eliminieren, ist folgende Kette geeignet (B. B. OWEN) (s. auch S. 198):

$$Me \mid MeA \left| \begin{matrix} KA(xm) \\ KNO_3([1-x]\,m) \end{matrix} \right\| KNO_3(m) \left| \begin{matrix} MeNO_3(xm) \\ KNO_3([1-x]\,m) \end{matrix} \right| Me \qquad (4.7.d)$$

Schon aus *einer* Kettenspannungsmessung kann man mit relativ guter Genauigkeit die *Sättigungskonzentration des Salzes* (MeA) bestimmen, wenn man den Anteil des Salzes KA, z. B. KCl, bzw. von $MeNO_3$, z. B. $AgNO_3$, möglichst klein wählt, denn dann wird:

$$E = \frac{RT}{F} \ln \frac{x \cdot m \cdot f_1}{m_s \cdot f_s} \approx \frac{RT}{F} \ln \frac{x \cdot m}{m_s}. \qquad (4.7.56)$$

Bei gleicher Ionenstärke werden sich die Aktivitätskoeffizienten f_1 (für $Me^{\cdot}$ in $MeNO_3$) und f_s kaum unterscheiden. Natürlich ist die Löslichkeit kleiner als in Wasser. Den Einfluß von KA kann man näherungsweise eliminieren, wenn man aus:

$$(m_s + x \cdot m) \cdot m_s f_{\pm}^2 = K_L'$$

unter Berechnung von $f_{\pm}$ aus der DEBYE-HÜCKEL-Gleichung einen Näherungswert von K_L' ermittelt. Den exakten Wert erhält man wieder durch ein Extrapolationsverfahren. Für verschiedene Molalitäten variiert man den Anteil x des gleichionigen Salzes bzw. von $MeNO_3$ und trägt die für jeden Wert von x gemessene Kettenspannung gegen m auf; der Ordinatenabschnitt ist E^0 und ergibt K_L.

Die Bestimmung der *Dissoziationskonstanten* K_a einer Säure HA in wäßriger Lösung und ihres Dissoziationsgrades α läßt sich sowohl durch Messung der elektrolytischen Leitfähigkeit (OSTWALDsches Verdünnungsgesetz, s. S. 68) wie durch die Messung der Wasserstoffionenaktivität durchführen. In beiden Fällen muß man, um zur wahren thermodynamischen Gleichgewichtskonstanten zu gelangen, auf die Konzentration bzw. Ionenstärke Null extrapolieren.

Der konventionelle pH-Wert (s. S. 204), den man in einer Lösung einer schwachen Säure HA mißt, ergibt zwar nach:

$$K_a = \frac{a_{H^{\cdot}} \cdot a_{A'}}{a_{HA}} \approx \frac{a^2_{H^{\cdot}}}{m_{HA}}; \qquad \lg K_a = -2\,\mathrm{pH} - \lg m_{HA}$$

die Dissoziationskonstante[1]) der Säure, aber wegen der hohen Beweglichkeit der Wasserstoffionen ist hier der Fehler durch das Diffusionspotential groß. Wenn man den so erhaltenen Näherungswert von K_a benutzt, um abzuschätzen, wie groß bei einer bestimmten Konzentration von HA der Dissoziationsgrad α ist, so kann man eine Kette mit Überführung vom Typ (4.7.d) mit zwei Wasserstoffelektroden aufbauen, wobei die eine in die Lösung der schwachen Säure taucht, die andere in die Lösung einer starken Säure, deren Konzentration $xm = \alpha \cdot m_{HA}$ ist. Durch Extrapolation, wie oben beschrieben, auf $m = 0$ bei verschiedenen x erhält man wieder E^0 und daraus $a_{H^{\cdot}} = \sqrt{K_a \cdot m_{HA}}$.

Auch durch Messungen an Ketten ohne Überführung vom Typ

$$Pt \mid H_2, HA, KA, KCl \mid AgCl \mid Ag \qquad (4.7.e)$$

---

[1]) Den Aktivitätskoeffizienten der undissoziierten Säure kann man ohne merklichen Fehler bei niedrigen Konzentrationen 1 setzen ($m_{HA} \leqq 0{,}1$ mol kg^{-1}).

läßt sich die Dissoziationskonstante $K_a = \frac{a_{H^\cdot} \cdot a_{A'}}{a_{HA}}$ (durch Extrapolation) gewinnen. Wenn man in der NERNSTschen Gleichung für die EMK der Kette (4.7.e) $a_{H^\cdot}$ durch $K_a \cdot a_{HA} \cdot a_{A'}^{-1}$ ersetzt, ergibt sich

$$E = E^0 + \frac{RT}{F} \ln a_{Cl'} \cdot K_a \cdot a_{HA} \cdot a_{A'}^{-1}$$

$$= E^0 + \frac{RT}{F} \ln \frac{a_{Cl'} \cdot a_{HA}}{a_{A'}} + \frac{RT}{F} \ln K_a. \tag{4.7.57}$$

Wenn man die Aktivitäten in die Molalitäten und die Aktivitätskoeffizienten zerlegt, ergibt sich

$$E = E^0 + \frac{RT}{F} \ln \frac{m_{Cl'} \cdot m_{HA}}{m_{A'}} + \frac{RT}{F} \ln \frac{f_{Cl'} \cdot f_{HA}}{f_{A'}} + \frac{RT}{F} \ln K_a. \tag{4.7.58}$$

E^0 ist als Standard-EMK der Kette

$$\text{Pt} \mid H_2, \text{HCl}(a_{H^\cdot} = 1, a_{Cl'} = 1) \mid \text{AgCl} \mid \text{Ag} \tag{4.7.f}$$

bekannt (—0,236 V bei 25 °C). Wir können alle bekannten Glieder auf eine Seite bringen und erhalten:

$$\frac{E - E^0}{F_N} + \lg \frac{m_{A'}}{m_{Cl'} \cdot m_{HA}} = \lg \frac{f_{Cl'}}{f_{A'}} f_{HA} + \lg K_a. \tag{4.7.59}$$

Wenn wir die linke Seite der Gleichung (4.7.59) mit der bei verschiedenen Verdünnungen gemessenen EMK (E) gegen die Ionenstärke (J) auftragen, die sich aus m_{KA} und m_{KCl} ergibt (da die Dissoziation von HA durch KA stark zurückgedrängt ist), so muß bei Extrapolation von $J \to 0$ der Term für die Logarithmen der Aktivitätskoeffizienten verschwinden, weil schon bei endlichen Konzentrationen f_{HA} und nach der DEBYE-HÜCKEL-Gleichung $\frac{f_{Cl'}}{f_{A'}}$ gleich 1 werden. Der Ordinatenabschnitt ergibt also $\lg K_a$.

Ketten vom Typ (4.7.e) werden vielfach benutzt, um die pH-Werte von *Standardpufferlösungen* (pH_s-Werte) zu ermitteln. Standardpufferlösungen sind verdünnte Lösungen von schwachen Säuren (Basen) und ihren Salzen (s. S. 205) und dienen zu genauen pH-Messungen, z. B. in Blut. Man erhält zunächst unmittelbar aus der EMK den pwH-Wert (s. S. 205)

$$\frac{E^0 - E}{F_N} - m_{Cl'} = pwH. \tag{4.7.60}$$

Durch Extrapolation auf $m_{Cl'}$ gegen Null wird ein $pw\text{H}^0$-Wert erhalten. Der pH_s-Wert ergibt sich zu

$$pH_s = pwH^0 + \lg f^0_{Cl'}. \tag{4.7.61}$$

$f^0_{Cl'}$ ist nicht 1, da die Gesamtionenstärke nicht Null ist. $\lg f^0_{Cl'}$ wird aus einer erweiterten DEBYE-HÜCKEL-Gleichung errechnet.

Nach der klassischen Definition von ARRHENIUS werden bekanntlich als Säuren Stoffe bezeichnet, die in (wäßriger) Lösung Wasserstoffionen abgeben, als Basen Stoffe, die Hydroxylionen bilden. Diese Begriffsbestimmung ist von J. N. BRÖNSTED (1923) und LOWRY im Hinblick auf nichtwäßrige Lösungen dahingehend erweitert worden, daß als Säuren Stoffe definiert werden, die Protonen abgeben, als Basen Stoffe, die Protonen aufnehmen. Gleichgültig ist, ob es sich um Ionen (z. B. Cl^-) oder Moleküle (z. B. NH_3) handelt.

Es besteht mithin zwischen Säure und Base ein Gleichgewicht:

$$\text{Säure} \rightleftharpoons \text{Base} + \text{Proton},$$

$$K_A = \frac{1}{K_B} = \frac{a_{H^+} \cdot a_{\text{Base}}}{a_{\text{Säure}}}. \tag{4.7.62}$$

Die *Aziditätskonstante* K_A ist ein Maß für die Tendenz der Säure, Protonen abzugeben die Basizitätskonstante K_B ein Maß für die Tendenz der (korrespondierenden) Base Protonen aufzunehmen.

Die Messung dieses Gleichgewichts ist nur möglich, wenn die reine Säure im Gleichgewicht mit freien Protonen und der korrespondierenden Base vorliegt: $HA \rightleftharpoons H^+ + A^-$. In einer Lösung, vor allem in wäßriger Lösung, wirkt auch das Lösungsmittel als Säure oder Base:

$$HA + H_2O \rightleftharpoons H_3O^+ + A^-, \tag{4.7.63}$$

$$NH_3 + H_2O \rightleftharpoons NH_4^+ + OH^-. \tag{4.7.64}$$

Im ersten Fall wirkt das Wasser als Protonenacceptor, d. h. als Base, im zweiten Fall als Protonendonator, d. h. als Säure. Im allgemeinen hat man es daher mit einem *Protonenaustausch*-Gleichgewicht zu tun:

$$\underset{\text{Säure I}}{A_{\text{I}}} + \underset{\text{Base II}}{B_{\text{II}}} \rightleftharpoons \underset{\text{Säure II}}{A_{\text{II}}} + \underset{\text{Base I}}{B_{\text{I}}} \tag{4.7.65}$$

mit der Konstanten

$$K = K_{A_{\text{I}}} \cdot K_{B_{\text{II}}} = \frac{(a_{A_{\text{II}}})\,(a_{B_{\text{I}}})}{(a_{A_{\text{I}}})\,(a_{B_{\text{II}}})}. \tag{4.7.66}$$

Die oben berechneten Dissoziationskonstanten sind eigentlich solche Konstanten von Austauschgleichgewichten:

$$K_a = \frac{a_{H} \cdot a_{A'}}{a_{HA} \cdot a_{H_2O}}. \tag{4.7.67}$$

Wegen des großen Überschusses an Lösungsmittel (H_2O), zumal wir ja auf ideales Verhalten = unendliche Verdünnung beziehen, kann $a_{H_2O} = 1$ gesetzt oder in die Konstante einbezogen werden.

Die Aziditätskonstanten, die wir mit der Wasserstoffelektrode oder anderen das Gleichgewicht $\frac{1}{2} H_2 \rightleftharpoons H^{\cdot} + e^-$ ($H^{\cdot}$ = solvatisiertes Proton) indizierenden Elektroden messen, sind daher nur relative Aziditätsmaße im Verhältnis zum Lösungsmittel als Base, und umgekehrt sind Basizitätskonstanten relative Maße für die Basenstärke im Verhältnis zum Lösungsmittel als Säure.

Wenn das Lösungsmittel im Verhältnis zur gelösten Säure eine ähnliche Protonenaffinität hat, dann tritt *Solvolyse* ein:

$$NH_4^{\cdot} + H_2O + (Cl') \rightleftharpoons NH_3 + H_3O^{\cdot} + (Cl') \tag{4.7.68}$$

und analog bei einer Base, deren Protonenaffinität von der Größenordnung der des Lösungsmittels ist:

$$CH_3COO' + H_2O + (Na^{\cdot}) \rightleftharpoons CH_3COOH + OH' + (Na^{\cdot}). \tag{4.7.69}$$

Wenn das Lösungsmittel Wasser ist, wird dieser Protonenaustausch *Hydrolyse* (s. S. 129) genannt. Sie führt also dazu, daß Salze schwacher Basen (NH_3) sauer reagieren und Salze schwacher Säuren basisch. Die Gleichgewichtskonstante dieser Reaktionen, die *Hydrolysenkonstante* (K_{H}) läßt sich auch durch die Messung des pH-Wertes bestimmen.

Für (4.7.68) gilt

$$K_{H'} = \frac{a_{\mathrm{NH_3}} \cdot a_{\mathrm{H_3O}}}{a_{\mathrm{NH_4^{\cdot}}}}, \tag{4.7.70}$$

für (4.7.69)

$$K_{H''} = \frac{a_{\mathrm{CH_3COOH}} \cdot a_{\mathrm{OH'}}}{a_{\mathrm{CH_3COO'}}}, \tag{4.7.71}$$

wenn wir wieder $a_{\mathrm{H_2O}}$ als konstant ansehen. Da unter dieser Voraussetzung auch gilt:

$$K_W = a_{\mathrm{H^{\cdot}}} \cdot a_{\mathrm{OH'}}, \tag{4.7.72}$$

d. h., das Produkt aus Wasserstoff- und Hydroxylionenaktivität, das *Ionenprodukt* des Wassers (s. S. 207), ist konstant, können wir $a_{\mathrm{H_3O^{\cdot}}}$ bzw. $a_{\mathrm{OH'}}$ in obigen Gleichungen ersetzen durch

$$\frac{K_W}{a_{\mathrm{OH'}}} \quad \text{bzw.} \quad \frac{K_W}{a_{\mathrm{H^{\cdot}}}};$$

dann werden aber die Hydrolysenkonstanten

$$K_{H'} = \frac{a_{\mathrm{NH_3}} \cdot K_W}{a_{\mathrm{NH_4^{\cdot}}} \cdot a_{\mathrm{OH'}}},$$

$$K_{H''} = \frac{a_{\mathrm{CH_3COOH}} \cdot K_W}{a_{\mathrm{CH_3COO'}} \cdot a_{\mathrm{H^{\cdot}}}}.$$

Da für das Ammoniak die Basenkonstante

$$K_b = \frac{a_{\mathrm{NH_4^{\cdot}}} \cdot a_{\mathrm{OH'}}}{a_{\mathrm{NH_3}}}$$

und für CH_3COOH die Säurekonstante

$$K_a = \frac{a_{\mathrm{CH_3COO'}} \cdot a_{\mathrm{H^{\cdot}}}}{a_{\mathrm{CH_3COOH}}}$$

ist, können wir auch setzen:

$$K_{H'} = \frac{K_W}{K_b} \quad \text{bzw.} \quad K_{H''} = \frac{K_W}{K_a},$$

oder, wenn wir allgemein die Dissoziationskonstante einer schwachen Säure oder Base mit K_d bezeichnen, gilt für die Hydrolysenkonstante

$$K_H = \frac{K_W}{K_d}. \tag{4.7.73}$$

Setzen wir den durch Hydrolyse gebildeten Anteil von $H^{\cdot}$ bzw. OH' im Verhältnis zum zugesetzten Elektrolyten

$$h = \frac{c_{H^{\cdot}}}{c_{Salz}} \quad \text{bzw.} \quad h = \frac{c_{OH'}}{c_{Salz}},$$

den *Hydrolysengrad*, in die Hydrolysenkonstante ein, so ergibt sich

$$K_H = \frac{h^2 \cdot c_{Salz}^2}{(1-h)\,c_{Salz}} = \frac{h^2 \cdot c_{Salz}}{(1-h)}, \tag{4.7.74}$$

wenn wir die Aktivitätskoeffizienten 1 setzen. Auch bei einer Abweichung von 1 wird der Fehler nicht sehr groß sein, weil im Zähler und Nenner der Aktivitätskoeffizient eines Kations bzw. Anions (wenn auch unterschiedlicher Konzentration) steht. Den Hydrolysengrad kann man aus dem pH-Wert und der Ausgangskonzentration des Salzes berechnen (oder aus Leitfähigkeitsmessungen, s. S. 129).

Wie wir gesehen haben, spielt bei allen wäßrigen Lösungen die Dissoziation des Wassers, das als Brönstedsche Base oder Säure wirkt, eine entscheidende Rolle. Seine *Dissoziationskonstante* K_{H_2O} (s. S. 207) bzw. das Ionenprodukt des Wassers (K_W) ist daher sehr genau und nach verschiedenen Methoden berechnet worden. Das Ionenprodukt $K_W = a_{H^{\cdot}} \cdot a_{OH'}$ ist unter der Voraussetzung konstant, daß sich die Aktivität des Wassers bei Elektrolytzusatz nicht ändert; das gilt nur für verdünnte Lösungen. Wenn man dann die Kilomolalität als Konzentrationsmaß verwendet, ist $K_W = K_{H_2O} \times 55{,}51$ $\left(55{,}51 = \frac{1000}{M_{H_2O}}\right.$, Molzahl von 1 kg H_2O). Zunächst sei seine Bestimmung aus Ketten ohne Überführung beschrieben:

Einmal wurde die Kette ohne Überführung

$$- \quad Pt \mid H_2\,(101{,}325\,kPa),\; KOH\,(0{,}01\,M),\; KCl\,(0{,}01\,M) \mid AgCl \mid Ag \quad + \tag{4.7.g}$$

untersucht.

Harned und Hamer bestimmten ihre Kettenspannung sehr genau und fanden $U = 1{,}05033$ V (25 °C).

Andererseits wurde die Standardgalvanispannung der Kette

$$- \quad Pt \mid H_2,\, HCl \mid AgCl \mid Ag \quad + \tag{4.7.h}$$

zugrunde gelegt, für die der Wert

$$\varepsilon^0 = 0{,}22239\text{ V } (25\,°C)$$

verwendet wurde.

In beiden Ketten spielen sich die gleichen Elektrodenreaktionen ab:

$$\frac{1}{2} H_2 \rightleftharpoons H^{\cdot} + e^-$$

$$Cl' + Ag \rightleftharpoons AgCl + e^-$$

$$\frac{1}{2} H_2 + AgCl \rightleftharpoons Ag + H^{\cdot} + Cl'.$$

Die Standard-EMK der Kette (4.6.h) ist auch die Standard-EMK der Kette (4.7.g); es gilt also, wenn die Richtung des freiwilligen Reaktionsablaufes betrachtet wird:

$$-1{,}05033 = -0{,}22239 + \frac{RT}{F} \ln a_{H^{\cdot}} \cdot a_{Cl'} \quad \text{bei } 25\,°C$$

$$a_{H^{\cdot}} = \frac{K_W}{a_{OH'}}$$

$$-1{,}05033 = -0{,}22239 + 0{,}05916 \lg K_W \frac{a_{Cl'}}{a_{OH'}}$$

$$= -0{,}22239 + 0{,}05916 \lg K_W \frac{f_{Cl'} \cdot 0{,}01}{f_{OH'} \cdot 0{,}01}.$$

Da die Lösung der Kette (4.7.g) ziemlich verdünnt ist, kann man nach der DEBYE-HÜCKELschen Theorie erwarten, daß

$$f_{Cl'} \approx f_{OH'}$$

und erhält

$$\lg K_W = \frac{-1{,}05033 + 0{,}22239}{0{,}05916} = -13{,}997 = 0{,}003 - 14,$$

$$K_W \approx 1{,}01 \cdot 10^{-14} \quad \text{bei } 25\,°C.$$

Man könnte die Bestimmung von K_W auch mit Hilfe einer Sauerstoffelektrode anstatt mit einer Wasserstoffelektrode vornehmen, aber wie wir schon sahen, kennt man keine reversible O_2-Elektrode.

Zum Vergleich soll die Ermittlung von K_W aus Leitfähigkeitsmessungen erst hier beschrieben werden.

$$\varkappa_{H_2O} = 0{,}005 \cdot 10^{-6}\,\Omega^{-1} \cdot cm^{-1} \quad \text{bei } 25\,°C.$$

Dieser Wert stammt von KOHLRAUSCH und HEYDWEILLER.

Mit den Ionenbeweglichkeiten $l_{H^{\cdot}} = 347\,\Omega^{-1}\,cm^2\,Val^{-1}$, $l_{OH'} = 194\,\Omega^{-1}\,cm^2\,Val^{-1}$ ergibt sich für die Äquivalentleitfähigkeit des vollständig dissoziierten Wassers $\lambda_\infty = 541\,\Omega^{-1}\,cm^2\,Val^{-1}$

$$\lambda_{H_2O} = \varkappa_{H_2O} \cdot V_{H_2O} = 0{,}055 \cdot 10^{-6} \cdot 18 = 0{,}99 \cdot 10^{-6}\,\Omega^{-1} \cdot cm^2,$$

V_{H_2O} ist das Molvolumen des Wassers.

Da die Dissoziation des Wassers minimal ist, kann man die interionische Wechselwirkung in reinem Wasser vernachlässigen und erhält für den Dissoziationsgrad

$$\alpha_{H_2O} = \frac{\lambda_{H_2O}}{\lambda_\infty} = \frac{0{,}99 \cdot 10^{-6}}{541} = 0{,}183 \cdot 10^{-8}.$$

In reinem Wasser sind natürlich die Konzentrationen von H'- und OH'-Ionen gleich. Mit $c_{H^\cdot} = \alpha \cdot c_{H_2O}$ ergibt sich:

$$c_{H^\cdot} = c_{OH'} = 0{,}183 \cdot 10^{-8} \cdot 55{,}5 \text{ mol} \cdot l^{-1} = 1{,}02 \cdot 10^{-7} \text{ mol} \cdot l^{-1},$$

$$K_W = a_{H^\cdot} \cdot a_{OH'} \approx c_{H^\cdot} \cdot c_{OH'},$$

$$K_W \approx (1{,}02 \cdot 10^{-7})^2 = 1{,}04 \cdot 10^{-14} \quad \text{bei } 25\,°C.$$

Nach neueren Messungen (H. S. Harned und R. A. Robinson) ist der aus den Kettenspannungen erhaltene Wert richtiger ($1{,}008 \cdot 10^{-14}$). Im Bereich von 0 °C bis 100 °C ist die Temperaturfunktion von $\lg K_W$:

$$-\lg K_W = \frac{4471{,}99}{T} - 6{,}0846 + 0{,}017053T. \tag{4.7.75}$$

Daraus folgt, daß bei 100 °C eine neutrale Lösung ($a_{H^\cdot} = a_{OH'}$) den pH-Wert 6,13 hat. Es sei nochmals darauf hingewiesen, daß das Ionenprodukt des Wassers bei hohen Ionenstärken nicht mehr konstant ist, weil sich dann die Aktivität des Wassers ändert. Es gilt:

$$a_{H^\cdot} \cdot a_{OH'} = K_W \cdot a_{H_2O}.$$

In einer 1-molaren Kaliumhydroxidlösung ist $a_{H_2O} = 0{,}963$ bei 25 °C mithin, wird

$$a_{H^\cdot} \cdot a_{OH'} = 1{,}008 \cdot 10^{-14} \cdot 0{,}963 = 0{,}971 \cdot 10^{-14}.$$

Auf der Grundlage der Brönstedschen Säure-Basen-Definition kann man die Wasserstoffionenaktivität als Maß für die Azidität einer wäßrigen Lösung ansehen und aus der mit ihrer Hilfe ermittelten Dissoziationskonstanten eine *Aziditätsskala* der verschiedenen Säuren bzw. eine Basizitätsskala im Verhältnis zum Wasser aufstellen (denn $K_a \sim a_{H^\cdot}$). Da sich die thermodynamischen Dissoziationskonstanten auf die Ionenstärke Null beziehen, wo $f_{H^\cdot} = f_{A'} = f_\pm$ ist, bestehen in bezug auf die Aktivität des Wasserstoffions keine prinzipiellen Schwierigkeiten. In einem anderen Lösungsmittel, wozu auch die reine Säure oder Base selbst zu zählen ist, hat aber eine solche Skala keine Gültigkeit, denn sie bezieht sich ja auf die Protonen-Austauschkonstante (4.7.67). Bei einem anderen Solvens als Austauschpartner mit gegenüber Wasser veränderter Azidität kann sich auch die Aziditätsskala ändern. Wenn man für die betreffende Säure (HA) eine Kette vom Typ (4.4.a) in dem betreffenden Solvens aufbauen kann:

$$\text{Pt} \mid H_2, HA, \text{Solvens} \mid Hg_2A_2 \mid Hg; \tag{4.7.i}$$

dann kann man aus der Standard-EMK der entsprechenden Kette in Wasser $E_W{}^0$ und der der Kette (4.7.i) $E_S{}^0$ die Änderung der freien Standardenthalpie beim Übergang der Säure aus dem Wasser in das betreffende Solvens berechnen.

$$\Delta\mu^0 = z \cdot F(E_S{}^0 - E_W{}^0). \tag{4.7.76}$$

Nach einem Vorschlag von B. B. Owen setzt man:

$$\Delta\mu^0 = 2RT \ln f_M \tag{4.7.77}$$

und erhält für den sogenannten *primären Mediumeffekt* f_M

$$\lg f_M = \frac{E_S{}^0 - E_W{}^0}{2F_N}. \tag{4.7.78}$$

Im Prinzip kann man mit Hilfe des primären Mediumeffektes die Aziditätsskala in wäßriger Lösung auf eine solche in einem beliebigen Medium umrechnen, für pK_{as} erhält man

$$pK_{as} = pK_a - \lg f_M. \tag{4.7.79}$$

Eine solche Skala läßt sich auf diese Weise nur für Säuren und Basen nach der BRÖNSTEDschen Definition aufstellen. Man nennt die Gleichgewichte nach (4.7.62) auch *protolytische* Gleichgewichte und kann sie auf die Eigendissoziation (d. h. ohne Lösungsmittel) der betreffenden Säure ausdehnen (Autoprotolyse). Für Wasser wäre dann $pK_a = -\lg K_W = 14$ bei 25 °C. In entsprechender Weise findet man für:

$$2\,CH_3COOH \rightleftharpoons CH_3COOH_2^{\cdot} + CH_3COO' \qquad pK_a = 13 \text{ bei } 25\,°C$$

$$2\,HCOOH \rightleftharpoons HCOOH_2^{\cdot} + HCOO' \qquad pK_a = 6 \text{ bei } 25\,°C$$

$$2\,CH_3OH \rightleftharpoons CH_3OH_2^{\cdot} + CH_3O' \qquad pK_a = 17.$$

Da man elektrochemisch K_a aus $\Delta G^0 = zFE^0 = -RT \ln K_a$ erhält, kann man natürlich in der üblichen Weise aus $\Delta G^0 = \Delta H^0 - T\Delta S^0$ die Dissoziationswärmen ΔH^0 und Dissoziationsentropien $\Delta S^0 = -\left(\frac{\partial \Delta G^0}{\partial T}\right)_p$, sowie aus $T\left(\frac{\partial \Delta S^0}{\partial T}\right)_p = \Delta C_p{}^0$ die Differenz der Molwärmen für den Dissoziationsvorgang berechnen.

Wenn man aber Säuren und Basen noch allgemeiner definiert, wird es außerordentlich schwierig, quantitative Aziditätsmaße entsprechend diesen Definitionen zu finden. M. USSANOWITSCH und unabhängig davon L. EBERT und N. KONOPIK haben Säuren als Stoffe definiert, die beliebige Kationen (insbesondere Protonen) abspalten oder beliebige Anionen sowie Elektronen anlagern können, während Basen Kationen (insbesondere Protonen) anlagern und beliebige Anionen sowie Elektronen abspalten können. Vor allem im Bereich der Chemie der Kohlenstoffverbindungen wird vielfach eine Definition, die von G. N. LEWIS vorgeschlagen wurde, verwendet: Säuren sind Stoffe, die ein einsames Elektronenpaar unter Bildung einer kovalenten Bindung von einem anderen Stoff (Base) aufzunehmen vermögen; Basen sind Stoffe, die ein einsames Elektronenpaar an eine Säure abgeben. In diese Definition sind typische Säuren im Sinne von BRÖNSTEDT und LOWRY wie HCl nicht einbezogen. Zum Teil werden sie als besondere Klasse behandelt (*H-Säuren*). J. BJERRUM hat vorgeschlagen, zwischen Protonendonatoren und Elektronenpaaracceptoren als Säuren einerseits und Basen andererseits zu unterscheiden. Durch solche Definitionen geht aber die Einheitlichkeit der Grundbegriffe (Säure-Base) und der streng symmetrische Dualismus verloren. Deshalb erscheint auch der Versuch nicht aussichtsreich, auf der Grundlage der LEWIS-Definition eine Art Aziditätsskala aufzustellen und zwischen „harten“ und „weichen“ Säuren und Basen zu unterscheiden (R. G. PEARSON). Harte Basen sollen die Anionen und Moleküle (z. B. F^-, OH^-, H_2O) sein, die sehr elektronegativ, schwer polarisierbar und schwer oxydabel sind, weiche Basen solche, die ihre Elektronen leicht abgeben, also leicht oxydierbar sind. Es müssen noch Stoffe unterschieden werden, die auf der Grenze liegen. Harte Säuren sind vor allem Kationen mit hoher Ladungsdichte, hoher Elektronegativität (Elektronenaffinität) und geringer Polarisierbarkeit (z. B. Al^{3+}, Ti^{4+}, aber auch H^+ gehört nach den entsprechenden Werten zum Grenzgebiet zwischen harten und weichen Säuren!), weiche Säuren haben niedrige Ladungsdichte, geringe Elektronegativität und große Polarisierbarkeit (z. B. Tl^+, Ag^+, Cu^+). Selbst wenn man diese Unterscheidung (hart-weich) akzeptiert, kann man nur relative Angaben über die Azidität eines Mediums machen, ein wirklicher Fortschritt wird durch diese Verallgemeinerung der Säure-Basen-Definition gegenüber der von BRÖNSTED-LOWRY vor allem in quantitativer Hinsicht nicht erzielt[1]) [4.20].

Potentiometrische Methoden können neben anderen Verfahren (insbesondere spektralphotometrischen, polarographischen usw.) dazu benutzt werden, die Konstanten von Komplexgleichgewichten (*Stabilitätskonstanten*) zu bestimmen. Wenn ein Kation $Me^{z\cdot}$ in Lösung (insbesondere in Wasser) mit n Liganden (Molekülen oder Anionen L bzw. $L\bar{g}$) einen Komplex bildet nach

$$Me^{z\cdot} + nL \rightleftharpoons (MeL_n)^{z\cdot} \tag{4.7.80}$$

oder

$$Me^{z\cdot} + nL\bar{g} \rightleftharpoons (MeL\bar{g}_n)^{(z-n)\cdot}, \tag{4.7.81}$$

so läßt sich die Gleichgewichtskonstante dieser Reaktionen immer dann berechnen, wenn man die Aktivität der Metallionen $Me^{z\cdot}$ (a_{Me}), die noch nicht im Komplex gebunden sind, durch Kettenspannungsmessungen bestimmen kann (J. LEDEN). Wenn die Liganden basischen oder sauren Charakter haben (z. B. NH_3, RNH_2, $RCOOH$, R z. B. Alkylreste), dann kann man durch pH-Messungen auch die Konzentration der freien Liganden bestimmen, und aus der Gesamtkonzentration die im Komplex gebundenen Liganden, womit man auch zur Berechnung der Stabilitätskonstanten gelangen kann (J. BJERRUM). Wenn in der Lösung nur ein Komplex mit der Ligandenzahl n vorliegt, dann ist die Bestimmung der Konstanten:

$$K_K' = \frac{[MeL_n^{z\cdot}]}{[Me^{z\cdot}]\,[L]^n} \tag{4.7.82}$$

relativ einfach, selbst für den Fall, daß mehrere (p) Zentralatome (-ionen) zu einem *mehrkernigen Komplex* zusammentreten. Die Komplexkonstante hat dann die Form:

$$K_K = \frac{[Me_pL_n^{z\cdot}]}{[Me^{z\cdot}]_p\,[L]^n}. \tag{4.7.83}$$

In der Kette:

$$Me \mid Me^{z\cdot}(m_1),\, L(m_2) \parallel L(m_2),\, Me^{z\cdot}(m_1') \mid Me \tag{4.7.j}$$

$$\varepsilon_d$$

macht man die Konzentration des Zentralions m_1 auf beiden Seiten viel kleiner als die des Liganden (m_2). Wenn auf beiden Seiten m_2 gleich groß ist und viel größer als m_1 und m_1', dann kann man die Konzentration des Komplexes $[Me_pL_n^{z\cdot}] - [Me^{z\cdot}] \approx m_1$ bzw. m_1' setzen, weil $[Me^{z\cdot}]$ wegen des großen Ligandenüberschusses sehr klein ist. Für die Konzentration der freien Zentralionen folgt also auf der linken Seite der Kette (4.7.j) aus (4.7.83)

$$[Me^{z\cdot}] = \left[\frac{m_1}{K_K \cdot [L]^n}\right]^{1/p} \tag{4.7.84}$$

und ebenso auf der rechten Seite mit m_1'.

---

[1]) Aussichtsreich ist vielleicht der Vorschlag von W. A. WEYL, die Azidität eines Systems zu betrachten und sie umgekehrt proportional der Abschirmung der Kationen durch Anionen zu setzen; mindestens in Schmelzen und reinen Festkörpern kann man damit Aziditätsangaben machen. Im SF_6 ist S^{6+} völlig abgeschirmt, daher ist die Azidität des SF_6 Null, die unvollständige Abschirmung des S^{6+} durch O im SO_3 ergibt den sauren Charakter des SO_3.

Wenn auf beiden Seiten eine gleiche, hohe Konzentration eines Fremdelektrolyten (z. B. KNO_3) vorliegt (Ionenstärke J_m), dann unterscheiden sich die Aktivitätskoeffizienten der Ionen auf beiden Seiten der Kette wenig und heben sich daher in der Kettenspannung heraus; außerdem wird dadurch das Diffusionspotential (ε_d) vernachlässigbar. Man erhält daher für die Kettenspannung

$$U_1 = \frac{F_N}{z} \lg \left(\frac{m_1}{m_1'}\right)^{1/p}. \tag{4.7.85}$$

Daraus läßt sich p errechnen, da alle anderen Größen bekannt sind. G. BODLÄNDER hat so für das System $|Ag^{\cdot}, NH_3|$ $p = 1$ gefunden, Ag bildet also mit NH_3 einen einkernigen Komplex. In der zweiten Messung wird m_1 konstant gehalten und die Konzentration des Liganden m_2 variiert, wobei alle übrigen Bedingungen gleich denen in der Kette (4.7.j) gewählt werden.

$$Me \mid Me^{z\cdot}(m_1), L(m_2) \parallel L(m_2'), Me^{z\cdot}(m_1) \mid Me. \tag{4.7.k}$$

Wenn wieder m_2 und $m_2' \gg m_1$ sind, ergibt sich für

$$\frac{[Me^{z\cdot}]_{\text{links}}}{[Me^{z\cdot}]_{\text{rechts}}} \quad \text{jetzt} \quad \left(\frac{m_2'}{m_2}\right)^{n/p}.$$

Mithin ist die Spannung für die Kette (4.7.k)

$$U_2 = \frac{F_N}{z} \lg \left(\frac{m_2'}{m_2}\right)^{n/p}. \tag{4.7.86}$$

Da jetzt auch p bekannt ist, erhält man aus (4.7.86) n, die Ligandenzahl. Im Falle des Ag-NH_3-Komplexes wurde $n = 2$ gefunden. Wenn man in der Kette vom Typ (4.7.j) auf der einen Seite bei gleicher Fremdsalzkonzentration und der Konzentration des Zentralions m_1'' keinen Liganden zusetzt, so ergibt sich die Konzentration an freien $Me^{z\cdot}(m_x)$ aus der Kettenspannung nach

$$U_3 = \frac{F_N}{z} \lg \frac{m_1''}{m_x}. \tag{4.7.87}$$

Aus $(m_1 - m_x)$ für $p = 1$ ergibt sich die Konzentration des Komplexes und aus $[m_2 - (m_1 - m_x) \cdot n]$ die des freien Liganden. Mithin ist man in der Lage, die Komplexkonstante (K_K), allerdings für die gewählte Ionenstärke J_m, zu berechnen. Im Prinzip kann man natürlich auch hier durch Extrapolation auf $J_m = 0$ die thermodynamische Konstante gewinnen. Das ist allerdings mit einem großen Aufwand verbunden, deswegen wird oft darauf verzichtet.

Im allgemeinen sind aber in der Lösung mehrere Komplexe mit verschiedenen Ligandenzahlen und Stabilitätskonstanten vorhanden, weil sich der Ligand stufenweise an das Zentralion oder -atom anlagert. Für die experimentelle und theoretische Behandlung konzentrierter Elektrolytlösungen ist die Kenntnis dieser einzelnen Spezies sehr wichtig. Dazu sind recht schwierige Untersuchungen und ein großer Rechenaufwand erforderlich. Durch Einsatz von großen Rechenmaschinen sind in den letzten Jahren viele neue Erkenntnisse auf diesem Gebiet erzielt worden (L. G. SILLÉN, H. L. SCHLÄFER).

Relativ einfach gestaltet sich die Ermittlung der Einzelkonstanten

$$K_i = \frac{[MeL_i]}{[Me]\,[L]^i},$$

wobei i von 1 bis n variieren kann, wenn sich $[Me]$, die Konzentration der freien Ionen, durch Messung von Spannungen der Ketten vom Typ (4.7.j) bestimmen läßt und man damit rechnen kann, daß nur einkernige Komplexe gebildet werden. Nach LEDEN geht man dann so vor:

Aus der Gesamtkonzentration des Zentralions:

$$m_{Me} = [Me] + \sum_{i=1}^{n} [MeL_i] \tag{4.7.88}$$

und der Konzentration der freien Ionen $[Me]$ und der Liganden $[L]$ bildet man die Funktion

$$F(L) = \frac{m_{Me} - [Me]}{[Me] \cdot [L]}. \tag{4.7.89}$$

Die Gesamtligandenkonzentration ist analog zu (4.7.88)

$$m_L = [L] + \sum_{i=1}^{n} i\,[MeL_i]. \tag{4.7.90}$$

Um $F(L)$ nach (4.7.89) bilden zu können, benötigt man $[Me]$; diese Konzentration erhält man aus der Kettenspannung einer Kette vom Typ (4.7.k) (s. S. 227) analog zu (4.7.87). $[L]$ kann bei großem Überschuß und schwacher Komplexbildung näherungsweise gleich m_L gesetzt werden. Wenn das nicht möglich ist, führt man eine durchschnittliche Ligandenzahl (n^x) ein:

$$n^x = \frac{\sum_1^n i[MeL_i]}{\sum_1^n [MeL_i]} = \frac{\sum_1^n i[MeL_i]}{m_{Me} - [Me]}. \tag{4.7.91}$$

Aus n^x erhält man $[L]$ nach

$$[L] = m_L - n^x(m_{Me} - [Me]). \tag{4.7.92}$$

n^x selbst kann man durch ein Näherungsverfahren erhalten, wobei man $[L]$ zunächst gleich m_L setzt und in die Galvanispannung für eine $Me|Me^{\cdot},L$-Elektrode einführt, für die gelten muß, vgl. (4.7.84) und (4.7.86)

$$\varepsilon = \frac{F_N}{z} \lg [L]^{n^x} + \text{konst}. \tag{4.7.93}$$

Für zwei wenig verschiedene Werte von $[L] \approx m_L$ erhält man unter der Voraussetzung, daß sich n^x innerhalb des Konzentrationsbereiches m_{L_1} bis m_{L_2} nicht ändert

$$\Delta U = \frac{F_N}{z}\, n^x \lg \frac{m_{L_1}}{m_{L_2}}. \tag{4.7.94}$$

Mit dem ersten Näherungswert für n^x aus (4.7.94) kann man nach (4.7.92) Näherungswerte von $[L]$ berechnen. Mit diesen bestimmt man einen ersten Näherungswert der Funktion $F(L)$ (4.7.89). Diese ist nun auch, wie man sich leicht überzeugt, als folgende Reihe darstellbar:

$$F(L) = K_1 + K_2[L] + K_3[L]^2 + \cdots + K_n[L]^{n-1} = \sum_{i=1}^{n} K_i[L]^{i-1}. \quad (4.7.95)$$

Trägt man daher $F(L)$ gegen die Näherungswerte von $[L]$ auf, so erhält man als Ordinatenabschnitt einen Näherungswert von K_1. Wenn man jetzt

$$\frac{F(L) - K_1}{[L]} = K_2 + K_3[L] + \cdots + K_n[L]^{n-2}$$

gegen $[L]$ aufträgt, erhält man K_2. In analoger Weise erhält man die weiteren Stabilitätskonstanten bis K_n als erste Näherungswerte. Um sie zu verbessern, berechnet man aus ihnen die Summen

$$\sum_1^n i[MeL_i] \quad \text{und} \quad \sum_1^n [MeL_i]$$

und daraus nach (4.7.91) einen verbesserten Wert von n^x, der mit (4.7.92) verbesserte Werte für $[L]$ liefert. Mit ihnen erhält man eine verbesserte Funktion $F(L)$ und daraus besser genäherte Konstanten K_1 bis K_n. Aus ihnen kann man nun wieder einen weiter verbesserten Wert von n^x erhalten und so fort.

Auf diesem Wege wurden mit der Kette[1]):

$$\text{Hg, Cd} \left| \begin{array}{l} \text{Cd(ClO}_4)_2\ (xm) \\ \text{NaClO}_4\ ([3-2x-y]\,m) \\ \text{NaA}\ (ym) \end{array} \right\| 3\ \text{M NaClO}_4 \left\| \begin{array}{l} \text{Chinhydron (ges.)} \\ 2{,}99\ \text{M NaClO}_4 \\ 0{,}01\ \text{M HClO}_4 \end{array} \right| \text{Au} \mid \text{Pt} \quad (4.7.1)$$

A = Cl′, Br′, I′, NO_3', SCN′

für verschiedene Cadmiumhalogenide folgende Stabilitätskonstanten der einzelnen Stufen bei 25 °C gefunden:

	$CdA^{\cdot}$	CdA_2	CdA_3'	CdA_4''
Cd¨ + Cl′	38,5	170	260	0
Cd¨ + Br′	57	220	2100	5000
Cd¨ + I′	120	500	10^5	$3 \cdot 10^6$
Cd¨ + NO_3'	1,3	0	0	0
Cd¨ + SCN′	24,5	96	380	0

Besondere Schwierigkeiten bietet, wie schon bemerkt, die Bestimmung der Komplexkonstanten mehrkerniger Komplexe; Methoden dafür stammen von B. Hedström und L. G. Sillén.

---

1) Die rechte Elektrode (vergoldetes Platinblech) mit Chinhydron diente als Bezugselektrode, die gegen die Wasserstoffelektrode standardisiert war. Gesamtionenstärke überall 3 mol kg^{-1}.

4.7.4. *Die potentiometrische Titration*

Wie wir schon früher festgestellt haben, lassen sich direkt aus der Messung von Galvanispannungen nur in seltenen Fällen über die NERNSTsche Gleichung genaue Konzentrationsbestimmungen durchführen. Die wichtigsten Gründe dafür sind,

1. daß sich in vielen Fällen nicht genau der reversible Potentialsprung an der betreffenden Elektrode einstellt,
2. daß für zwei Lösungen, in denen sich die Konzentrationen des zu bestimmenden Ions um eine Zehnerpotenz unterscheiden, Potentialdifferenzen von höchstens 59 mV gefunden werden, so daß bei Fehlern von etwa 0,1 bis 1 mV die Genauigkeit der Konzentrationsbestimmung vor allem bei hohen Konzentrationen sehr unbefriedigend ist und
3. daß in Wirklichkeit nicht Konzentrationen, sondern Aktivitäten bestimmt werden, die sich bei hohen Werten der Gesamtionenstärke erheblich von diesen unterscheiden können.

Wenn man nun aber nicht einfach eine EMK-Messung durchführt, sondern das potentialbestimmende Ion mit gemessenen Mengen eines anderen Stoffes umsetzt, so kann man aus dem Verlauf der Potentialdifferenz einer Indikatorelektrode gegen eine Bezugselektrode den Endpunkt der Umsetzung erkennen und aus der Menge des verbrauchten Reagens die ursprüngliche Ionenkonzentration ermitteln. Dieses Verfahren nimmt als sogenannte *potentiometrische* oder *elektrometrische Titration* in der analytischen Chemie eine sehr wichtige Stellung ein. Es hat gegenüber der konduktometrischen und der Farbindikator-Titration vor allem den Vorteil, von Verunreinigungen unabhängiger zu sein. Ferner lassen sich potentiometrische Titrationen besonders leicht automatisieren, weil der Endpunkt der Titration durch ein elektrisches Signal angezeigt wird, das sich verstärken und zum Schließen der Zugabevorrichtung für das Titrationsmittel, z. B. eines Bürettenhahnes, verwenden läßt. Bei Verwendung von Farbindikatoren zur Endpunktindikation muß man Photozellen benutzen, um den Farbumschlag in ein elektrisches Signal für die Betätigung des Bürettenhahnes zu verwandeln. Sogenannte *Titrierautomaten*, die für Serienanalysen eingesetzt werden, führen potentiometrische Titrationen im Laboratorium mit großer Geschwindigkeit aus. Das Titrationsmittel wird meistens nicht aus einer Bürette, sondern mittels eines Kolbens ähnlich einer Injektionsspritze zugegeben. Folgende Voraussetzungen müssen für eine potentiometrische Maßanalyse erfüllt sein:

1. Das Reaktionsgleichgewicht muß sehr weit auf der Seite der Reaktionsprodukte liegen, die aus dem Titrationsmittel und dem titrierten Stoff entstehen.
2. Titrationsmittel und titrierter Stoff müssen in einem eindeutigen Mengenverhältnis und mit genügender Geschwindigkeit reagieren.
3. Der Potentialsprung an der Phasengrenze Elektronenleiter—Lösung muß allein von Stoffen bestimmt werden, die an der Titrationsreaktion beteiligt sind und muß sich einigermaßen rasch einstellen.

Mißt man nun während der Titration die EMK einer Kette, die aus einer Bezugselektrode und der *Indikatorelektrode* — so nennt man die Elektrode, die in die zu titrierende Lösung taucht und deren Potentialgang den Endpunkt der Titration anzeigt — besteht, so erhält man beim Auftragen der EMK über dem Verbrauch an Titrationsmittel Kurven in der Art von *Abb. 4.12.* Der Wendepunkt entspricht dem Äquivalenzpunkt, wie sich leicht zeigen läßt (s. S. 237). Man kann sowohl Säure-Basen-Titrationen wie Fällungs- und Redox-Titrationen potentiometrisch durchführen. Zunächst soll am Beispiel der Säure-Basen-Titration gezeigt werden, daß die Titrationskurve am Äquivalenzpunkt ein Maximum von $\frac{\partial U}{\partial V}$ (V = ml Titrationsmittel) durchläuft, dieser also einen Wendepunkt der Kurve darstellt.

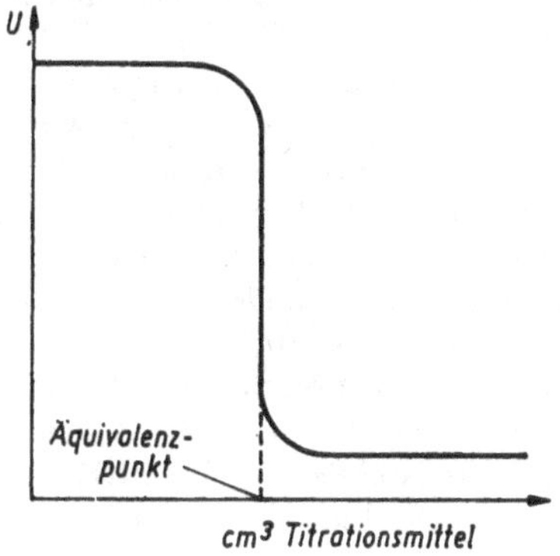

Abb. 4.12: Potentiometrische Titrationskurve

1. Neutralisationsreaktionen

Abb. 4.12 soll an Hand des Potentialverlaufs bei der Titration einer starken Säure mit einer starken Base erläutert werden. Vorgelegt sind 100 ml 0,1-molare Salzsäure; als Indikatorelektrode dient ein Pt-Blech, das mit Wasserstoff von konstantem Druck umspült wird, als Bezugselektrode eine Kalomelelektrode (*Abb. 4.13*).

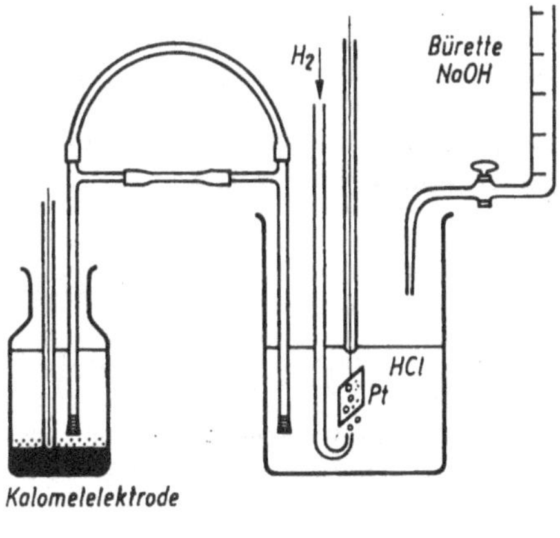

Abb. 4.13: Meßanordnung für die potentiometrische Titration

Im Prinzip genügt zur Durchführung einer potentiometrischen Säure-Basen-Titration ein halbeintauchendes Platinblech als Indikatorelektrode, An ihr stellt sich zwar das Gleichgewicht

$$\frac{1}{2}\,O_2 + H_2O + 2e^- \rightleftharpoons 2\,OH' \tag{4.7.96}$$

nicht reversibel ein (s. S. 315), trotzdem ändert sich ihre Galvanispannung mit dem pH-Wert bei der Titration genügend reproduzierbar, daß man am Äquivalenzpunkt einen eindeutigen Potentialsprung erhält (E. Müller). Meistens verwendet man heute für Säure-Basen-Titrationen Glaselektroden, aber auch Antimon- oder Wismut- und andere Metallelektroden (z. B. Wolfram), die alle in bezug auf den pH-Wert nicht streng der NERNSTschen Gleichung folgen, aber auch in organischen Lösungsmitteln große Potentialsprünge am Äquivalenzpunkt geben.

Es wird mit 1 molarer Natronlauge titriert, wobei zur Vereinfachung angenommen wird, daß die Aktivitätskoeffizienten und Diffusionspotentiale vernachlässigt werden können und daß das Volumen der Lösung praktisch unverändert bleibt. Vor Beginn der Titration beträgt die $H^{\cdot}$-Ionenkonzentration 10^{-1} mol · l^{-1}. Nach Zugabe von 9 ml 1 M NaOH, die sich vollständig mit $H^{\cdot}$-Ionen zu Wasser umsetzen, ist $c_{H^{\cdot}}$ auf 10^{-2} mol · l^{-1} gesunken; das entspricht einer EMK-Änderung ΔE von 59 mV (25 °C). Jetzt genügen zur Änderung der EMK um weitere 59 mV 0,9 ml 1 M NaOH, weil diese Menge $c_{H^{\cdot}}$ auf 10^{-3} mol · l^{-1} erniedrigt, und die nächsten 59 mV ΔE werden von 0,09 ml verursacht. Die Menge von 0,009 ml, welche die EMK wieder um 59 mV verschiebt, liegt fast in allen Fällen schon unterhalb der Ablesegenauigkeit an der Bürette. Durch $1 \cdot 10^{-3}$ ml NaOH wird die Neutralisation nun vervollständigt. Die EMK wird dabei aber nicht „unendlich", sondern sie wird um noch 2 · 59 mV verändert, weil ja die $H^{\cdot}$-Ionenkonzentration am Ende der Titration 10^{-7} mol · l^{-1} ist (und nicht Null), was gegenüber dem Anfangszustand (10^{-1} mol · l^{-1}) eine Gesamtverschiebung von 6 · 59 mV bedeutet. Ein Überschuß von 0,1 ml 1 M NaOH stellt eine OH'-Ionenkonzentration von etwa 10^{-3} mol · l^{-1} bzw. $c_{H^{\cdot}} = 10^{-11}$ mol · l^{-1} her, ΔE ist dabei 4 · 59 mV; dann ist aber schon wieder fast 1 ml des Titrationsmittels nötig, um die EMK um 59 mV zu verschieben. Man erkennt also, daß die Potentialänderung der Indikatorelektrode oder die direkt meßbare EMK-Änderung $\frac{\Delta E}{\Delta V}$ der Kette „Indikatorelektrode—Bezugselektrode" pro Zugabe von 1 ml Lauge wächst und am Äquivalenzpunkt einen Maximalwert erreicht. Beim Auftragen von E gegen V erhält man also eine in der Nähe des Äquivalenzpunktes steil abfallende (oder ansteigende) Kurve (entsprechend der NERNSTschen Gleichung), die bei Äquivalenz von Säure und Base ihren Wendepunkt hat.

Wenn eine schwache Säure oder Base titriert werden soll, so wird der Potentialsprung zwar kleiner, liegt aber noch immer beim Äquivalenzpunkt und gestattet eine genaue Titration, solange das Produkt aus der Anfangskonzentration der schwachen Säure oder Base in Val/Liter und der Dissoziationskonstanten der Säure oder Base größer als 10^{-10} ist; d. h., die Dissoziationskonstante der Säure muß größer als das Ionenprodukt des Wassers sein, wenn ihre Anfangskonzentration etwa 10^{-5} mol · l^{-1} ist.

Bei der Titration einer starken Säure mit einer starken Base kann man die Wasserstoffionen- bzw. Säurekonzentration ($c_{H^{\cdot}}$ bzw. c) zu einem bestimmten Zeitpunkt der Titration auch formelmäßig darstellen:

$$c_{H^{\cdot}} \equiv c = c_A(1 - f) \frac{V}{V - v} \quad (\text{mol} \cdot l^{-1}), \tag{4.7.97}$$

mit c_A — Anfangskonzentration der Säure (mol · l^{-1}), V — Anfangsvolumen im Titrierbecher (ml),
v — zum betrachteten Zeitpunkt zugegebenes Volumen der Base (ml),
$f = c_b/c_A$ — Verhältnis der zugesetzten zur insgesamt für die Neutralisation notwendigen Basenmenge,
$c_b = v/V$ — zum betrachteten Zeitpunkt zugesetzte Basenmenge, bezogen auf das Titrationsvolumen V(mol · l^{-1}).

Gleichung (4.7.97) gilt nur, solange $f < 1$ ist.

(Strenggenommen kommt dazu noch die Konzentration der Wasserstoffionen aus dem Wasser, solange aber $c_A(1 - f) > 10^{-6}$ ist, kann man diesen Beitrag vernachlässigen.)

Wenn man (4.7.97) logarithmiert, kann man die pH-Änderung, der ja die Änderung der Kettenspannung proportional ist:

$$\partial U = 59\,(\partial\,\text{pH}) \qquad (U \text{ in mV})$$

als Funktion des Bruchteils zugegebener Base darstellen:

$$\text{pH} = -\lg c_A - \lg(1 - f) - \lg \frac{V}{V + v}. \tag{4.7.98}$$

Wenn man nach ∂f partiell differenziert, ergibt sich

$$\frac{\partial \text{pH}}{\partial f} = \frac{59 \partial U}{\partial f} = -\frac{\partial \lg (1-f)}{\partial f} = 0{,}4343 \frac{1}{1-f}. \quad (4.7.99)$$

Damit erhält man bei $f = 1$ das Maximum der pH- bzw. Spannungsänderung.

Für die Titration einer schwachen Säure HA $\left(K_a' = \frac{[\text{H}^\cdot][A']}{[\text{H}A]}\right)$ mit einer starken Base kann man die Titrationsreaktion schreiben:

$$\text{H}A + \text{OH}' \rightleftharpoons \text{H}_2\text{O} + A'; \quad K = \frac{[A']}{[\text{H}A][\text{OH}']} = \frac{K_a'}{K_W}. \quad (4.7.100)$$

Die Gleichgewichtskonstante der Titrationsreaktion ist also um so kleiner und damit die Reaktion am Äquivalenzpunkt um so unvollständiger, je kleiner die Dissoziationskonstante der Säure ist (entsprechend für die Titration einer schwachen Base mit einer starken Säure). Für $f = 1$, d. h. gleiche Konzentration von HA und OH′ im Äquivalenzpunkt, gilt:

$$[\text{OH}'] = \left(\frac{K_W}{K_a'}[A']\right)^{1/2}; \qquad [\text{H}^\cdot] = \frac{[\text{H}A]}{[A']} K_a'. \quad (4.7.101)$$

Wenn man logarithmiert und den pH-Wert einführt, erhält man aus (4.7.101) für $f = 1$

$$\text{pH} = \frac{1}{2} pK_W + \frac{1}{2} pK_a' + \frac{1}{2} \lg [A']. \quad (4.7.102)$$

Die Konzentration der Anionen kann man im Äquivalenzpunkt der Konzentration des gebildeten Salzes gleichsetzen, so daß man aus dem pH-Wert am Äquivalenzpunkt auch pK_a' und damit die Dissoziationskonstante der Säure (entsprechend auch der schwachen Base) berechnen kann.

Der pH-Wert im Äquivalenzpunkt liegt also über 7, und zwar um so mehr, je kleiner K_a' und je größer die Anfangskonzentration der Säure und damit $[A']$ ist[1]).

Für die Titration einer schwachen Base mit einer starken Säure gilt am Äquivalenzpunkt entsprechend

$$\text{pH} = \frac{1}{2} pK_W - \frac{1}{2} pK_b' - \frac{1}{2} \lg [Ka^\cdot]. \quad (4.7.103)$$

Der pH-Wert liegt also hier bei $f = 1$ niedriger als 7, und zwar um so mehr, je kleiner die Basenkonstante K_b' und je größer die Konzentration des Kations $[Ka^\cdot]$ (z. B. $\text{NH}_4^\cdot$) und damit des Salzes ist.

Im Laufe der Titration einer schwachen Säure mit einer starken Säure $(1 > f > 0)$ ergibt sich für [HA]

$$[\text{H}A] = c_A \cdot (1-f)\left(\frac{V}{V+v}\right) - [\text{H}^\cdot]$$

und für

$$[A'] = c_A \cdot f\left(\frac{V}{V+v}\right) + [\text{H}^\cdot]$$

---

[1]) Streng genommen ist für $f = 1$: $[A'] = c_A \frac{V}{V+v} - [\text{OH}']$; $[\text{OH}']$ kann aber bei nicht zu kleinen Anfangskonzentrationen $\left[\left(c_A \frac{V}{V+v}\right) > 100 \frac{K_W}{K_a'}\right]$ vernachlässigt werden.

und damit für die Wasserstoffionenkonzentration aus der Dissoziationskonstanten der zu titrierenden Säure:

$$[H^{\cdot}] \approx \frac{c_A(1-f)\left(\dfrac{V}{V+v}\right) - [H^{\cdot}]}{c_A \cdot f\left(\dfrac{V}{V+v}\right) + [H^{\cdot}]} \cdot K_a'. \tag{4.7.104}$$

In dieser Gleichung läßt sich, wenn $c_A \gg K_a'$, $[H^{\cdot}]$ im Zähler und Nenner vernachlässigen (wenn $K_a' < 10^{-5}$, $c_A \geqq 10^{-3}$, ist das sicher berechtigt); dann vereinfacht sich (4.7.104) zu

$$[H^{\cdot}] \approx \left(\frac{1-f}{f}\right) K_a' \tag{4.7.105}$$

oder logarithmiert

$$pH \approx -\lg(1-f) + \lg f + pK_a'. \tag{4.7.106}$$

Aus (4.7.106) folgt zunächst, daß für $f = 0{,}5$, $pH \approx pK_a'$ wird; der pH-Wert bei halber Neutralisation der Säure ergibt etwa den negativen (dekadischen) Logarithmus der Dissoziationskonstanten. Das folgt natürlich auch aus der logarithmierten Gleichung für die Dissoziationskonstante; wenn $c_A' = c_{HA}$ ist, wird $pH = pK_a$. Ferner folgt aus

$$\frac{\partial\, pH}{\partial f} = \frac{0{,}4343}{1-f} + \frac{0{,}4343}{f} = \frac{0{,}4343}{(1-f)\,f}, \tag{4.7.107}$$

daß die pH-Änderung bei $f = 1$ ein Maximum durchläuft, also genau wie bei starken Säuren am Äquivalenzpunkt, nicht etwa am Neutralpunkt, und zwar auch unabhängig von der Konzentration. Ferner ergibt sich daraus, daß die pH-Änderung ein Minimum wird, wenn $f = 0{,}5$ ist, d. h., wenn Säure und Salz in gleicher Konzentration vorliegen; das entspricht der Feststellung, daß bei diesem Konzentrationsverhältnis die größte Pufferkapazität erreicht wird, denn

$$\frac{\partial\, pH}{\partial f} = \frac{\partial\, pH}{\partial c_b} = \frac{1}{p_W} = \frac{V_0\, \partial\, pH}{\partial n}$$

(s. S. 206). Der Pufferwert

$$p_W = \frac{1 \partial n}{V_0\, \partial\, pH} \quad \text{ist also} \quad \frac{(1-f)\,f}{0{,}4343}.$$

Daher ist

$$\frac{\partial p_W}{\partial f} = \frac{1-2f}{0{,}4343}, \qquad \frac{\partial p_W}{\partial f} = 0 \quad \text{für } f = 0{,}5.$$

Diese Rechnungen berücksichtigen die Aktivitätskoeffizienten nicht, daher können sie auch nicht als thermodynamisch exakt angesehen werden. Solange die Gesamtionenstärke sehr klein ist ($< 10^{-2}$ mol l^{-1}), stellen sie aber für viele Fälle eine ausreichende Näherung dar. Das gilt auch, wenn die reine Säure in wäßriger Lösung vorliegt ($f = 0$). Strenggenommen lautet dann die Elektroneutralitätsbedingung:

$$[H^{\cdot}]_{HA} + [H^{\cdot}]_{H_2O} = [A'] + [OH']_{H_2O}.$$

Bei Dissoziationskonstanten, die größer oder gleich 10^{-5} sind, kann man aber die Konzentration der Ionen, die aus dem Wasser stammen ($[H^{\cdot}]_{H_2O}$ und $[OH']_{H_2O}$), vernachlässigen, wenn $c_A = 10^{-3}$ mol l^{-1} ist. Aus der Dissoziationskonstanten

$$K_a' \equiv K_a(c) = \frac{[H^{\cdot}]\,[A']}{[HA]} = \frac{[H^{\cdot}]^2}{c_A - [H^{\cdot}]} \tag{4.7.108}$$

ergibt sich für die Wasserstoffionenkonzentration:

$$[\mathrm{H}^{\cdot}] = \left[\frac{K_a'^2}{4} + c_A \cdot K_a'\right]^{1/2} - \frac{K_a'}{2}. \tag{4.7.109}$$

Wenn $c_A > 100 K_a'$ ist, kann man näherungsweise setzen

$$[H^{\cdot}] \approx (c_A K_a')^{1/2}, \tag{4.7.110}$$

indem man im Nenner [H˙] gegen c_A vernachlässigt. Für den pH-Wert ergibt (4.170a)

$$\mathrm{pH} \approx -\frac{1}{2}\lg K_a' - \frac{1}{2}\lg c_A = \frac{1}{2}pK_a' - \frac{1}{2}\lg c_A. \tag{4.7.111}$$

Daß die Dissoziationskonstanten K_a', bezogen auf die Ionenkonzentrationen, keinen konstanten Wert haben, wenn man sie über einen größeren Konzentrationsbereich bestimmt, zeigt *Abb. 4.14*. Die echte Dissoziationskonstante lautet

$$K_a(a) = \frac{c_{\mathrm{H}} \cdot c_{A'} \cdot f_\pm^2}{c_{\mathrm{H}A} \cdot f_{\mathrm{H}A}}, \tag{4.7.112}$$

wobei $f_{\mathrm{H}A}$ ohne merklichen Fehler bei Konzentrationen von $c_{\mathrm{H}A} \leqq 0{,}1$ mol l^{-1} gleich 1 gesetzt werden kann [4.16], [4.17].

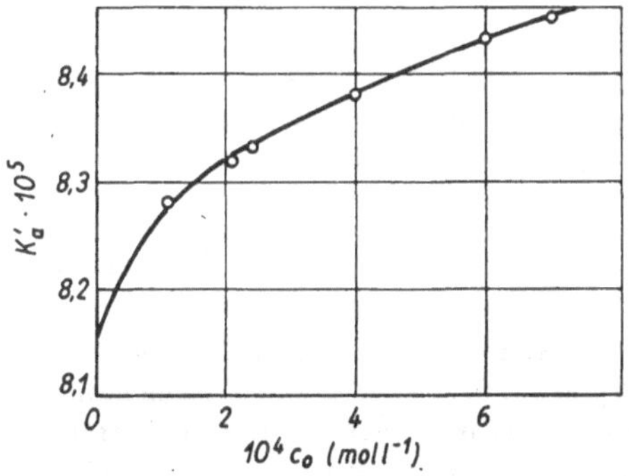

Abb. 4.14: „Klassische" Dissoziationskurve des 2,4-Dinitrophenols nach optischen Messungen in Abhängigkeit von der Konzentration c_0

2. *Fällungsreaktionen*

Ähnlich wie bei der Neutralisation nach

$$\mathrm{H}^{\cdot} + \mathrm{OH}' \rightleftharpoons \mathrm{H_2O} \tag{4.7.113}$$

können durch Bildung von Niederschlägen potentialbestimmende Ionen aus der Lösung entfernt werden, z. B.

$$\mathrm{Ag}^{\cdot} + \mathrm{I}' \rightleftharpoons \mathrm{AgI}. \tag{4.7.114}$$

Wenn die oben aufgeführten Bedingungen erfüllt sind, insbesondere, wenn die Löslichkeit klein genug ist, fallen auch hier Äquivalenzpunkte und stärkste Änderung der EMK je Volumeneinheit des Titers zusammen, und die Titrationskurve verläuft ähnlich, wie es *Abb. 4.12* darstellt. Natürlich wird man nur solche Fällungsreaktionen zur potentiometrischen Titration verwenden, die zu einer möglichst vollständigen Ausfällung des zu bestimmenden Ions führen, wie dies ja auch bei Fällungstitrationen unter Anwendung von Indikatoren geschieht.

Als Indikatorelektroden verwendet man häufig Elektroden aus dem Metall, dessen Kation in dem bei der Fällungstitration gebildeten schwerlöslichen Salz enthalten ist. Zum Beispiel verwendet man bei der Titration von Cl′, Br′, I′ mit $AgNO_3$ Silberelektroden, natürlich auch bei potentiometrischer Bestimmung von Ag˙ mit Halogenidionen. Selbstverständlich ist dabei Voraussetzung, daß das betreffende Metall seine Galvanispannung mit der Konzentration seiner Ionen nach der NERNSTschen Gleichung ändert. Wenn das nicht zutrifft, kann man oft auch Elektroden zweiter Art zur Endpunktsindikation verwenden. So lassen sich z. B. Ca˙˙-Ionen mit Oxalat unter Verwendung einer Silber | Silberoxalatelektrode potentiometrisch titrieren. Solange das zugegebene Oxalat noch nicht zur Fällung des Ca˙˙ ausreicht, ändert sich die Kettenspannung wenig. Wenn der Äquivalenzpunkt von Ca˙˙ und C_2O_4'' erreicht wird, tritt durch die Herabsetzung der Sättigungskonzentration des $Ag_2C_2O_4$ ein Potentialsprung auf, der den Endpunkt anzeigt. Für die Ausbildung eines für die Endpunktsindikation ausreichenden Potentialsprungs muß die Löslichkeit des Salzes der Indikatorelektrode ($Ag_2C_2O_4$) kleiner sein als die des bei der Titration gebildeten Salzes (CaC_2O_4).

Wir beschränken uns hier auf den einfachen Fall, daß die Indikatorelektrode das Kation des bei der Fällungstitration gebildeten Salzes direkt anzeigt entsprechend der Elektrodenreaktion

$$Me \rightleftharpoons Me^{z_+} + ze^-. \tag{4.7.115}$$

Die Galvanispannung der Elektrode und damit die Spannung einer Kette aus dieser Elektrode und einer Bezugselektrode mit konstanter Galvanispannung ändert sich dann mit der Konzentration des Ions

$$U = U^0 + \frac{RT}{zF} \ln c_{Me^{z_+}}.$$

Nehmen wir der Einfachheit wegen ein ein-einwertiges schwerlösliches Salz an (z. B. AgI), das bei der Titration gebildet wird, und sei die Konzentration vor Beginn der Titration c_0 ($f = 0$, s. S. 234), dann nimmt sie (c_+) bei Zugabe der Anions X', mit dem das schwerlösliche Salz gebildet wird, nach

$$c_+ = c_0(1 - f)\left(\frac{V}{V + v}\right) + \frac{K_L}{c_+} \tag{4.7.116}$$

ab, wobei K_L die Löslichkeitskonstante des betreffenden Salzes[1]) ist. Bei hohen Anfangskonzentrationen im Verhältnis zu K_L kann man den letzten Term auf der rechten Seite so lange vernachlässigen, wie man noch nicht allzu nahe am Äquivalenzpunkt ist. Wenn f sich dem Wert 1 annähert, muß man c_+ in diesem zweiten Term berücksichtigen und erhält dann, wenn man (4.7.116) nach c_+ auflöst:

$$c_+ = \frac{1}{2}\left[c_0(1 - f)\left(\frac{V}{V + v}\right) + \left\langle\left[c_0(1 - f)\left(\frac{V}{V + v}\right)\right]^2 + 4K_L\right\rangle^{1/2}\right]. \tag{4.7.117}$$

Wie man aus (4.7.117) erkennt, wird am Äquivalenzpunkt ($f = 1$)

$$c_+ = \sqrt{K_L} = [X']. \tag{4.7.118}$$

Damit ergibt sich für die Galvanispannung der betreffenden Indikatorelektrode am Äquivalenzpunkt

$$\varepsilon_{\ddot{A}} = \varepsilon^0_{Me/Me^{\cdot}} + \frac{1}{2} F_N \lg K_L, \tag{4.7.119}$$

wobei $\varepsilon^0_{Me/Me^{\cdot}}$ die Standardgalvanispannung des Vorgangs

$$Me \rightleftharpoons Me^{\cdot} + e^-$$

---

[1]) Da wir hier die Aktivitätskoeffizienten nicht berücksichtigen, ist es eigentlich das Löslichkeitsprodukt

$$K_L = c_+ \cdot c_-.$$

ist. Da für $Me + X' \rightleftharpoons MeX + e^-$ gilt:

$$\varepsilon^0_{Me|MeX} = \varepsilon^0_{Me/Me^{\cdot}} + F_N \lg K_L \qquad \text{(s. S. 184)},$$

kann man auch für (4.7.119) schreiben:

$$\varepsilon_{\bar{A}} = \varepsilon^0_{Me|MeX} - \frac{1}{2} F_N \lg K_L. \tag{4.7.120}$$

Die Galvanispannung am Äquivalenzpunkt ist also positiver als das Standardpotential der betreffenden Elektrode zweiter Art, und das um so mehr, je kleiner die Löslichkeitskonstante ist. Zum Beispiel gilt für die Titration von $Ag^{\cdot}$ mit Cl': $\varepsilon^0_{Ag|AgCl} = +0{,}2224$ V, $K_L = 1{,}72 \cdot 10^{-10}$, $\varepsilon_{\bar{A}} = +0{,}512$ V, für die Titration von $Ag^{\cdot}$ mit I: $\varepsilon^0_{Ag|AgI} = -0{,}151$ V, $K_L = 8{,}5 \cdot 10^{-17}$, $\varepsilon_{\bar{A}} = +0{,}325$ V.

Wenn der Äquivalenzpunkt überschritten wird, nimmt die Konzentration des Kations infolge der Erniedrigung der Löslichkeit weiter entsprechend der NERNSTschen Gleichung ab; die Titrationskurven sind symmetrisch zum Äquivalenzpunkt, d. h., die Spannungsänderung pro ml Titrationsmittel weist am Äquivalenzpunkt ein Maximum auf. Aus (4.7.116) folgt, daß bei hohen Löslichkeitskonstanten das Maximum der Spannungsänderung nicht mit dem Äquivalenzpunkt übereinstimmen wird, weil $\frac{\partial \ln c_+}{\partial f}$ bei $f = 1$ nicht Null wird. Für die Änderung der Galvanispannung mit dem Zusatz des Titrationsmittels $\frac{\partial \varepsilon}{\partial f}$ ergibt sich:

$$\frac{\partial \varepsilon}{\partial f} = \frac{-F_N \cdot 0{,}4343}{(1 - f) + 2c_s}, \tag{4.7.121}$$

wobei c_s die Sättigungskonzentration des Fällungsproduktes ist. Strenggenommen erreicht $\frac{\partial \varepsilon}{\partial f}$ nur bei sehr geringer Sättigungskonzentration ($c_s \approx 0$) und unter der Bedingung $f = 1$ ein Maximum.

Ein schematisches Beispiel soll das zeigen. Es sollen 100 ml einer 10^{-2} molaren Lösung des potentialbestimmenden Kations $Ka^{\cdot}$ unter der Annahme idealer Verhältnisse ($f_\pm = 1$, $V = 0$, $\varepsilon_d = 0$) mit einer 1 M Lösung des Anions titriert werden. Die Löslichkeitskonstante der Verbindung KaA soll 10^{-4} sein. Der Äquivalenzpunkt ist dann nach Zugabe von 1 ml des Titers erreicht, weil dann ebensoviel Anionen A' zugeflossen sind, wie Kationen vorhanden waren. Das Produkt der Konzentrationen ist $10^{-2} \cdot 10^{-2} = 10^{-4}$; es fällt also noch kein Salz aus, erst nach weiterer Zugabe von A'-Ionen beginnt die Fällung und damit die EMK-Änderung überhaupt.

3. *Redoxreaktionen*

Als Indikatorelektrode dient meist Platin oder Gold. Der Verlauf der Kurve von U über der Menge des Titrationsmittels ist ähnlich, wie es *Abb. 4.12* zeigt, weist aber doch eine charakteristische Abweichung auf (*Abb. 4.15*). Wenn man nämlich z. B. eine praktisch reine $Fe^{\cdot\cdot}$-Lösung mit $KMnO_4$ titriert, so zeigt sich gleich zu Anfang eine starke EMK-Änderung, weil ja mit der Bildung der ersten $Fe^{\cdot\cdot\cdot}$-Ionen das Verhältnis $a_{Fe^{\cdot\cdot}}/a_{Fe^{\cdot\cdot\cdot}}$ besonders stark geändert wird; die Kurve verflacht darauf und durchläuft dann die starke Steigung am Äquivalenzpunkt. Danach sind immer größere Mengen des Oxydationsmittels nötig, um eine bestimmte Änderung ΔU zu bewirken.

Redoxtitrationen sind zur Bestimmung sehr vieler anorganischer Ionen, aber auch von organischen Verbindungen, entwickelt worden (E. MÜLLER) [4.12]. Bekanntlich stellen sich nur wenige Redox-Gleichgewichte an Indikatorelektroden reversibel ein. Das gilt vor allem, wenn organische Verbindungen beteiligt sind. Für potentiometrische Redoxtitrationen ist das nicht erforderlich, da es auch hier nur auf die Spannungsänderungen bei Zugabe von Titrationsmittel ankommt (s. S. 230) und die maximale Änderung zur Endpunktsindikation benötigt wird.

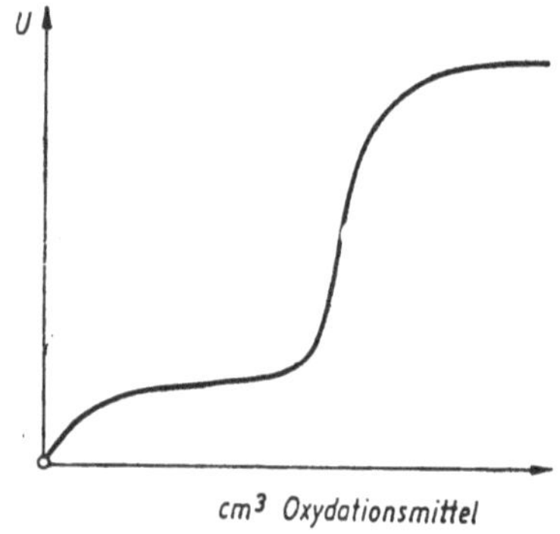

Abb. 4.15: Kurvenverlauf einer potentiometrischen Redoxtitration

Ähnlich wie bei den Säure-Basen-Titrationen ergibt sich bei Titrationen vom Typ

$$Cu^{\cdot} + Fe^{\cdot\cdot\cdot} \rightleftharpoons Cu^{\cdot\cdot} + Fe^{\cdot\cdot}, \tag{4.7.122}$$

wenn man also eine Cu(I)-Salz-Lösung mit Eisen(III)chlorid-Lösung titriert, eine Änderung der Galvanispannung mit dem Bruchteil f des Äquivalentvolumens des Oxydationsmittels. Die Standard-EMK der Titrationsreaktion ergibt sich aus der Differenz der Standardgalvanispannung der beiden Elektrodenprozesse (s. S. 174)

$$Cu^{\cdot} \rightarrow Cu^{\cdot\cdot} + e^- \ (\varepsilon_1^0) \qquad Fe^{\cdot\cdot} \rightleftharpoons Fe^{\cdot\cdot\cdot} + e^- \ (\varepsilon_2^0), \qquad E^0 = \varepsilon_1^0 - \varepsilon_2^0. \tag{4.7.123}$$

Im Laufe der Titration ändert sich die Galvanispannung nach:

$$\varepsilon = \varepsilon_1^0 + F_N \lg \frac{[Cu^{\cdot\cdot}]}{[Cu^{\cdot}]}; \qquad \varepsilon = \varepsilon_2^0 + F_N \lg \frac{[Fe^{\cdot\cdot\cdot}]}{[Fe^{\cdot\cdot}]}. \tag{4.7.124}$$

Wenn sich nach jeder Zugabe von Titrationsmittel das Gleichgewicht einstellt, müssen natürlich die beiden Galvanispannungen gleich sein:

$$\varepsilon = \varepsilon_1^0 + F_N \lg \frac{[Cu^{\cdot\cdot}]}{[Cu^{\cdot}]} = \varepsilon_2^0 + F_N \lg \frac{[Fe^{\cdot\cdot\cdot}]}{[Fe^{\cdot\cdot}]}. \tag{4.7.125}$$

Mit der Anfangskonzentration c_0 der $Cu^{\cdot}$ wird nach Zugabe von $f[Fe^{\cdot\cdot\cdot}]$ die Konzentration von $Cu^{\cdot}$: $[Cu^{\cdot}] = (1 - f)\, c_0 + [Fe^{\cdot\cdot\cdot}]$ und $[Cu^{\cdot\cdot}] = f \cdot c_0 - [Fe^{\cdot\cdot\cdot}]$, außerdem ist $[Cu^{\cdot\cdot}] = [Fe^{\cdot\cdot}]$. Wenn das Gleichgewicht sehr stark auf der rechten Seite liegt ($E^0 \ll 0$), was für (4.7.122) zutrifft (s. S. 170), dann ist die Konzentration des Titrationsmittels $[Fe^{\cdot\cdot\cdot}]$ bis in die Nähe des Äquivalenzpunktes praktisch Null. Wir können also setzen: $[Cu^{\cdot}] = (1 - f)\, c_0$ und $[Cu^{\cdot\cdot}] = f \cdot c_0$. Damit ergibt sich für ε aus (4.7.124)

$$\varepsilon = \varepsilon_1^0 + F_N \lg \frac{f}{1 - f}.^{1)} \tag{4.7.126}$$

Damit wird

$$\frac{\partial \varepsilon}{\partial f} = \frac{\partial U}{\partial f} = \frac{0{,}4343 \cdot F_N}{f(1 - f)}. \tag{4.7.127}$$

Wie man sich leicht überzeugt, hat die Titrationskurve je einen Wendepunkt bei $f = 0$ und $f = 1$. Ein Minimum von $\frac{\partial U}{\partial f}$ erhält man bei $f = 0{,}5$. Wenn die Hälfte

---

[1]) Das bedeutet natürlich nicht, daß in der reinen $Cu^{\cdot}$-Lösung ($f = 0$) $\varepsilon = -\infty$ ist, denn diese Lösung enthält auch bei völligem Sauerstoffausschluß Spuren von $Cu^{\cdot\cdot}$, dafür sorgt schon das Gleichgewicht $Cu^{\cdot} + H^{\cdot} \rightleftharpoons Cu^{\cdot\cdot} + \frac{1}{2} H_2$. Wenn es auch stark auf der linken Seite liegt, kann doch $[Cu^{\cdot\cdot}]$ nicht Null sein.

des Titrationsmittels zugesetzt ist, verschwindet auch der logarithmische Term in (4.7.126); für $f = 0{,}5$ wird

$$\varepsilon_{0,5} = \varepsilon_1^0. \tag{4.7.128}$$

Natürlich ist diese Methode zur Bestimmung der Standardgalvanispannung nicht genau, da Diffusionspotentiale und Aktivitätskoeffizienten nicht berücksichtigt sind, selbst wenn sich die Gleichgewichte reversibel einstellen, was bei der potentiometrischen Titration nicht einmal unbedingt erforderlich ist. Aus (4.7.125) ergibt sich ferner, daß tatsächlich bei $f = 0{,}5$ die Konzentration der $Fe^{\cdot\cdot\cdot}$ sehr klein sein muß gegenüber $[Fe^{\cdot\cdot}] = [Cu^{\cdot\cdot}]$, denn es gilt

$$\varepsilon_{0,5} - \varepsilon_2^0 = \varepsilon_1^0 - \varepsilon_2^0 = F_N \lg \frac{[Fe^{\cdot\cdot\cdot}]}{[Fe^{\cdot\cdot}]}. \tag{4.7.129}$$

Da ε_2^0 für ein starkes Oxydationsmittel stets sehr viel positiver als ε_1^0 (des zu oxydierenden Stoffes) ist, muß $[Fe^{\cdot\cdot\cdot}] \ll [Fe^{\cdot\cdot}]$ sein.

Im Äquivalenzpunkt ($f = 1$) muß nicht nur $[Cu^{\cdot\cdot}] = [Fe^{\cdot\cdot}]$, sondern auch $[Cu^{\cdot}] = [Fe^{\cdot\cdot\cdot}]$, d. h. die Konzentration der unumgesetzten $Cu^{\cdot}$, gleich der des unumgesetzten Titrationsmittels sein, sonst wäre ja keine Äquivalenz erreicht. Für die Gleichgewichtskonstante von (4.7.122)

$$K = \frac{[Cu^{\cdot\cdot}]\,[Fe^{\cdot\cdot}]}{[Cu^{\cdot}]\,[Fe^{\cdot\cdot\cdot}]}$$

gilt dann

$$K = \frac{[Cu^{\cdot\cdot}]^2}{[Cu^{\cdot}]^2} = \frac{[Fe^{\cdot\cdot}]^2}{[Fe^{\cdot\cdot\cdot}]^2}. \tag{4.7.130}$$

Mithin erhält man für die Galvanispannung am Äquivalenzpunkt:

$$\varepsilon_{\ddot{A}} = \varepsilon_1^0 + \frac{F_N}{2} \lg K = \varepsilon_2^0 - \frac{F_N}{2} \lg K. \tag{4.7.131}$$

Daraus folgt weiter (durch Addition):

$$2\varepsilon_{\ddot{A}} = \varepsilon_1^0 + \varepsilon_2^0$$

und

$$\varepsilon_{\ddot{A}} = \frac{\varepsilon_1^0 + \varepsilon_2^0}{2}. \tag{4.7.132}$$

Aus der Galvanispannung am Äquivalenzpunkt kann man also die Standardgalvanispannung des Oxydationsmittels abschätzen, wenn man die des Reduktionsmittels kennt, und umgekehrt. $\varepsilon_{\ddot{A}}$ erhält man aus $U_{\ddot{A}}$ durch Abzug der Galvanispannung der Bezugselektrode.

Allgemein gilt für 2 beliebige Redoxreaktionen, die bei einer potentiometrischen Titration ablaufen:

$$R_1 \rightleftharpoons Ox_1 + z_1 e^-, \tag{4.7.133}$$

$$R_2 \rightleftharpoons Ox_2 + z_2 e^-, \tag{4.7.134}$$

$$\varepsilon_{\ddot{A}} = \frac{z_1 \varepsilon_1^0 + z_2 \varepsilon_2^0}{z_1 + z_2}. \tag{4.7.135}$$

Wenn an der Redoxreaktion

$$R_1 + Ox_2 \rightleftharpoons Ox_1 + R_2 \tag{4.7.136}$$

noch andere Reaktionspartner beteiligt sind, so gilt (4.7.135), wenn deren Konzentration $c_x = 1$ ist, anderenfalls muß $\frac{n}{z_1 + z_2} F_N \lg c_x$ addiert (bzw. subtrahiert) werden (n = Zahl der beteiligten Mole von X; $n > 0$, wenn X im Gleichgewicht rechts steht).

4. Titration mehrerer Stoffe nebeneinander

Mit Silbernitratlösung kann man potentiometrisch die drei Halogenionen Cl′, Br′, I′ bestimmen und erhält für jedes eine Kurve analog *Abb. 4.12*. Aber man kann bei Einhaltung der nötigen Vorsicht die Ionen auch gleichzeitig nebeneinander (genau nur Cl′ neben I′) in derselben Lösung bestimmen. Das ist allerdings immer nur in solchen Fällen möglich, in denen sich die Löslichkeiten genügend unterscheiden, so daß es bei langsamer Fällung unter guter Rührung tatsächlich gelingt, zuerst den am schwersten und zuletzt den am leichtesten löslichen Stoff in ausreichender Reinheit niederzuschlagen. *Abb. 4.16* zeigt den Verlauf der EMK bei der Titration von Iodid und Chlorid nebeneinander. Unter Umständen gelingt es auch, eine starke und eine schwache Säure nebeneinander zu titrieren, obwohl dabei ja nur ein wenig dissoziierter Stoff gebildet wird, nämlich das Wasser. Da, wie gesagt, die Säuren bzw. Basen immer am Äquivalenzpunkt eine maximale Potentialänderung pro ml Titrationsmittel (Potentialsprung) zeigen, liegt dieser Sprung bei starken Säuren, die mit starken Basen titriert werden, etwa bei pH = 7, bei schwachen Säuren aber wegen der Hydrolyse bei pH 9 bis 10 und höher. Bei Titration eines Gemisches einer starken und schwachen Säure etwa mit Natronlauge wird also zuerst die starke Säure neutralisiert, und die auf die H˙-Aktivität ansprechende Indikatorelektrode zeigt einen Sprung bei pH 7. Anschließend wird die schwache Säure neutralisiert, und die Elektrode zeigt einen zweiten, meist kleineren, Sprung am Äquivalenzpunkt dieser Säure. Die beiden Potentialsprünge lassen sich allerdings nur erkennen, wenn die beiden Dissoziationskonstanten sich genügend unterscheiden (für praktische Messungen um mindestens zwei Zehnerpotenzen).

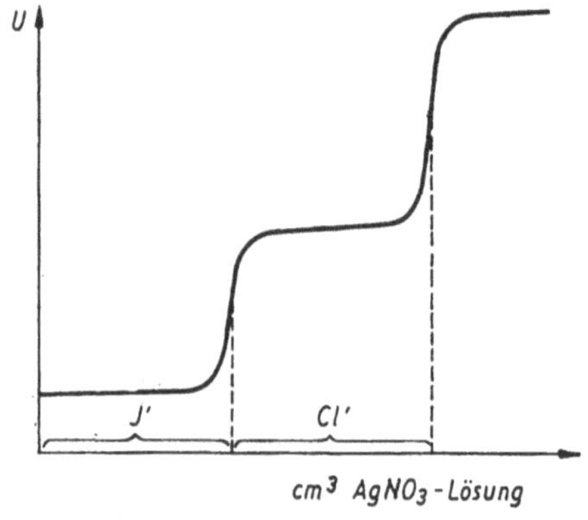

Abb. 4.16: Verlauf der EMK bei der Titration von Iodid und Chlorid nebeneinander

Auch mehrere Redoxtitrationen lassen sich in einem Arbeitsgang nebeneinander ausführen, wenn die Gleichgewichtsspannungen der verschiedenen Redoxreaktionen genügend weit auseinander liegen (> 100 mV). Zum Beispiel kann man mit Permanganat gleichzeitig $Fe^{\cdot\cdot}$ und $V^{\cdot\cdot\cdot}$ in saurer Lösung bestimmen. Man bekommt drei deutlich voneinander unterscheidbare Potentialsprünge. Der erste entspricht dem Äquivalenzpunkt der Oxydation des $V^{\cdot\cdot\cdot}$ zu $VO^{\cdot\cdot}$ ($\varepsilon_{\bar{A}} \approx +0{,}2$ V), der zweite der Oxydation des $Fe^{\cdot\cdot}$ zu $Fe^{\cdot\cdot\cdot}$ ($\varepsilon_{\bar{A}} \approx +0{,}8$ V) und der dritte der Weiteroxydation des $VO^{\cdot\cdot}$ zu $VO_2^{\cdot}$ ($\varepsilon_{\bar{A}} \approx +0{,}91$ V)[1]). Unter Umständen muß man, um deutliche Potentialsprünge

[1]) Die angegebenen Werte beziehen sich auf die 1 N Kalomelelektrode und sind vom pH-Wert abhängig, weil H˙ als Reaktionspartner in den Redoxreaktionen auftreten.

zu erzielen, durch Zusatz von Säure für die eine oder andere der Stufenreaktionen den pH-Wert verändern. Als Oxydationsmittel werden neben MnO_4' auch CrO_4'' und Iodlösungen verwendet. Reduzierende Titrationsmittel sind z. B. $Cr^{\cdot\cdot}$, $V^{\cdot\cdot}$, $Ti^{\cdot\cdot\cdot}$, $Sn^{\cdot\cdot}$.

Für die praktische Durchführung der potentiometrischen Maßanalyse gibt es eine ganze Reihe von Wegen, von denen hier einige kurz beschrieben werden sollen, die mit geringem apparativem Aufwand verbunden sind oder sich leicht automatisieren lassen.

Man bestimmt nach Zugabe jeder kleinen Menge des Titrationsmittels – z. B. von 0,1 ml zu 0,1 ml – die Spannung der Kette aus Indikator- und Bezugselektrode mit Hilfe der Kompensationsschaltung nach Poggendorff. Dann wird U über dem Volumen des Titrationsmittels aufgetragen und von dem Wendepunkt der Kurve das Lot auf die Abszisse gefällt, wodurch der Verbrauch bis zum Äquivalenzpunkt ermittelt wird (*Abb. 4.12*).

Im Wendepunkt der Kurve von *Abb. 4.12* ist die Änderung der Spannung pro Volumeneinheit des Titrationsmittels am größten, $\Delta U/\Delta V$ geht dort also durch ein Maximum. Deshalb kann man auch in einer Tabelle $\Delta U/\Delta V$ gegen den Verbrauch V eintragen und erhält den Äquivalenzpunkt beim Höchstwert von $\Delta U/\Delta V$. Durch Interpolation zwischen zwei Meßwerten kann unter Umständen das Ergebnis noch verbessert werden. Man kann natürlich auch $\Delta U/\Delta V$ über V auftragen und den Äquivalenzpunkt grafisch ermitteln (*Abb. 4.17*). Die Bestimmung nach *Abb. 4.17* wird allgemein der Ermittlung aus *Abb. 4.12* vorgezogen, weil sie sich genauer durchführen läßt.

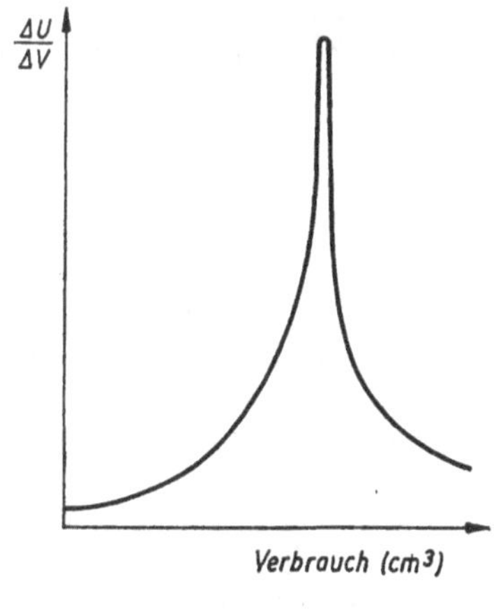

Abb. 4.17. Grafische Methode für die Bestimmung des Äquivalenzpunktes

Vor allem für Serienanalysen sind natürlich Schnellmethoden erwünscht, bei denen man das Ergebnis gleich während des Experimentes erhält. Es existiert eine Anzahl von Methoden, die den Äquivalenzpunkt aus einem bestimmten Ausschlag eines Voltmeters oder Galvanometers erkennen lassen und die auch so gestaltet werden können, daß die Bürette im Äquivalenzpunkt automatisch geschlossen wird.

a) *Methode des entgegengesetzten Umschlagspotentials*

Im Äquivalenzpunkt hat der Potentialsprung der Indikatorelektrode unter bestimmten Verhältnissen einen bestimmten Wert. Wenn dieser bekannt ist, kann man solange titrieren, bis die Indikatorelektrode diesen Wert gegenüber der Bezugselektrode angenommen hat. Oftmals ist dabei keine Kompensationsschaltung nötig, sondern es genügt ein hochohmiges Galvanometer. In *Abb. 4.18* wird eine andere Möglichkeit gezeigt, das *Umschlagspotential* – so nennt man häufig die Spannung der Indikatorelektrode gegen eine Bezugselektrode am Äquivalenzpunkt oder Umschlagspunkt – anzuzeigen: Es soll $Fe^{\cdot\cdot}$ mit $KMnO_4$ bestimmt werden, und als Bezugselektrode dient eine Lösung, in der $Fe^{\cdot\cdot}$ bereits mit $KMnO_4$ austitriert worden ist. Die Titration ist beendet, wenn beide Elektroden das gleiche Potential haben und die Marke des Galvanometers durch den Nullpunkt geht. An Stelle der austitrierten $Fe^{\cdot\cdot\cdot}$, $Fe^{\cdot\cdot}$-Elektrode kann man natürlich auch ein anderes Halbelement als Umschlagselektrode verwenden, das den gleichen Potentialsprung zeigt. Für unser Beispiel ist die Bezugselektrode Pt/Br_2, NaBr, $c = 1\ \mathrm{mol} \cdot l^{-1}$ geeignet, und es sind solche Bezugselektroden auch für eine ganze Reihe anderer potentiometrischer Titrationen im Gebrauch. Diese Methode mit „entgegengesetztem Umschlagspotential" hat für den Einsatz im Laboratorium den Vorteil, daß man mit einem hochempfindlichen Galvanometer mit großem Innenwiderstand auskommt.

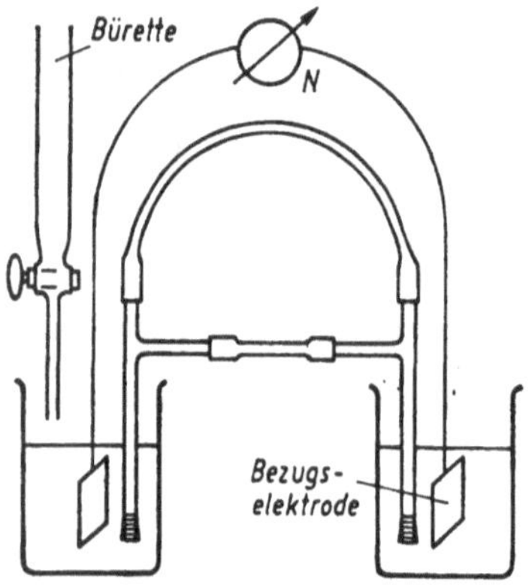

Abb. 4.18: Meßanordnung für die Methode des entgegengesetzten Umschlagspotentials

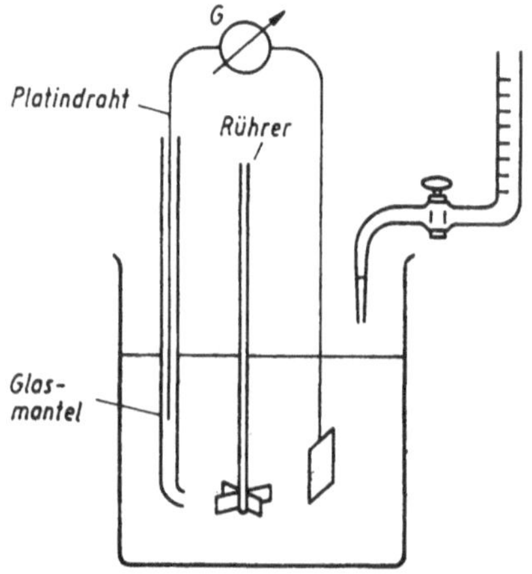

Abb. 4.19: Meßanordnung für die Differentialtitrationsmethode

b) *Differentialtitrationsmethode bzw. Methode mit Maximalausschlag des Galvanometers* (E. MÜLLER)

Die beiden Elektroden in der Kette bestehen aus dem gleichen Material und tauchen beide in den Titrationsbecher (*Abb. 4.19*). Die eine steckt aber in einer Kapillare, in der sich die Konzentratioı sänderung bei Zulauf von Titrationsflüssigkeit nicht sofort bemerkbar macht. Das Potential dieser Elektrode hinkt also immer etwas hinter dem der direkt in die Lösung tauchenden her. Wenn daher die beiden Elektroden über ein Galvanometer G kurzgeschlossen sind, so zeigt dieses bei Zugabe von Titrationsmittel einen Ausschlag, der mit weiterem Zusatz bis zum Umschlagspunkt wächst. Im Äquivalenzpunkt hat der Ausschlag einen Maximalwert. Man nennt diese Methode auch manchmal potentiometrische Titration mit „gebremster" Elektrode.

c) *Dead-stop-Methode* (*Foulk und Bawden*)

Bei der Titration von I_2 mit Thiosulfat kann man den Endpunkt folgendermaßen bestimmen: Man taucht zwei Platinelektroden in die Lösung und legt eine geringe Spannung an (*Abb. 4.20*). Da es sich um unpolarisierbare (d. h. bei Stromfluß ihre Galvanispannung nicht oder nur geringfügig verändernde, s. *Kap. 5.*) Elektroden mit dem umkehrbaren Vorgang

$$2I' \rightleftharpoons I_2 + 2e^-$$

handelt, zeigt das Galvanometer G einen Strom an. Sobald aber das gesamte Iod reduziert ist, kann die Reaktion

$$I_2 + 2e^- \rightleftharpoons 2I'$$

nicht mehr ablaufen und statt dessen muß als Katodenreaktion Wasserstoffabscheidung eintreten. Dadurch wird die Kette aber polarisiert, ihre entstehende Gegenspannung kompensiert die angelegte Spannung und verhindert somit den Stromfluß. Im Äquivalenzpunkt geht also der Galvanometerausschlag auf Null zurück. Ganz analog ist die Anordnung bei anderen unpolarisierbaren Elektrodenpaaren. Man kann auch umgekehrt vorgehen, so daß im Äquivalenzpunkt Depolarisation eintritt und der Galvanometerzeiger, der zuvor auf Null stand, ausschlägt. Bei dieser Methode handelt es sich nicht um ein potentiometrisches Titrationsverfahren im engeren Sinne, denn es werden nicht konzentrationsabhängige Spannungsänderungen (stromlos) gemessen, sondern durch eine äußere Spannung wird ein Strom erzeugt und dessen sprungartige Änderung am Äquivalenzpunkt wird zur Endpunktsindikation benutzt. Man könnte daher die Dead-stop-Titration auch als amperometrisches Verfahren bezeichnen (s. *Kap. 5.*) oder auch als Polarisationstitration.

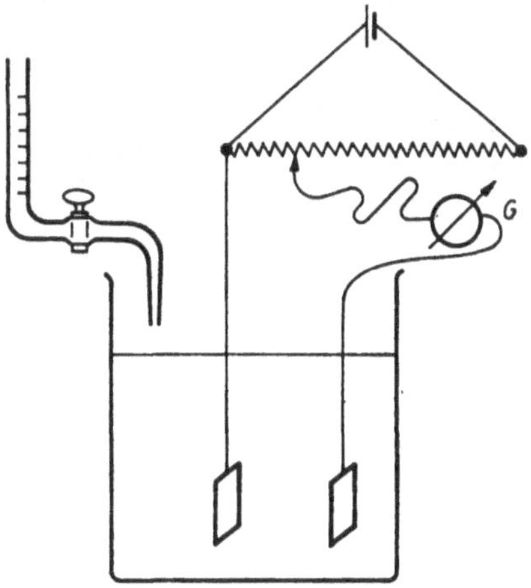

Abb. 4.20: Meßanordnung für die Dead-stop-Methode

4.7.5. *Bestimmung von Überführungszahlen aus Kettenspannungen*

Wie wir gesehen haben, enthält die Kettenspannung für Konzentrationsketten mit den mittleren Aktivitäten $a_{\pm 1}$ und $a_{\pm 2}$ die Überführungszahl des nicht potentialbestimmenden Ions (4.6.60) bis (4.6.62).

Baut man nun zwei Ketten ohne Überführung auf, z. B. vom Typ

$$Pt \mid H_2, HCl \mid Hg_2Cl_2 \mid Hg, \tag{4.7.m}$$

von denen eine die gleiche Konzentration und damit Aktivität hat wie auf der einen Seite der Konzentrationskette ($a_{\pm 1}$), die andere die der anderen Seite der Konzentrationskette $a_{\pm 2}$, dann gilt für die beiden EMK-Werte:

$$E_1 = E^0 + \frac{2RT}{F} \ln a_{\pm 1}, \qquad E_2 = E^0 + \frac{2RT}{F} \ln a_{\pm 2}.$$

Die Differenz ergibt also:

$$\Delta E = E_1 - E_2 = \frac{2RT}{F} \ln \frac{a_{\pm 1}}{a_{\pm 2}}.$$

Eine entsprechende Kette mit Überführung, z. B. (4.6.k) oder (4.6.l) (s. S. 192), hat aber die EMK

$$E' = \frac{2RT}{F} \cdot t_- \ln \frac{a_{\pm 1}}{a_{\pm 2}} \quad \text{bzw.} \quad E = \frac{2RT}{F} t_+ \ln \frac{a_{\pm 1}}{a_{\pm 2}}. \tag{4.7.137}$$

Der Quotient

$$\frac{E'}{\Delta E} = t_- \quad \text{bzw.} \quad \frac{\Delta E}{E} = t_+ \tag{4.7.138}$$

stellt also die Überführungszahl des Kations des Elektrolyten dar, wenn man sie in dem Konzentrationsbereich m_1 bis m_2 als konstant ansehen kann. Sehr genaue Werte von $t = f(m)$ erhält man, wenn man die eine Konzentration (m_1) konstant hält, die andere (m_2) in kleinen Abständen variiert und $\frac{E}{\Delta E}$ gegen m_2 aufträgt; dann ist die Steigung der Kurve $\frac{dt}{dm}$.

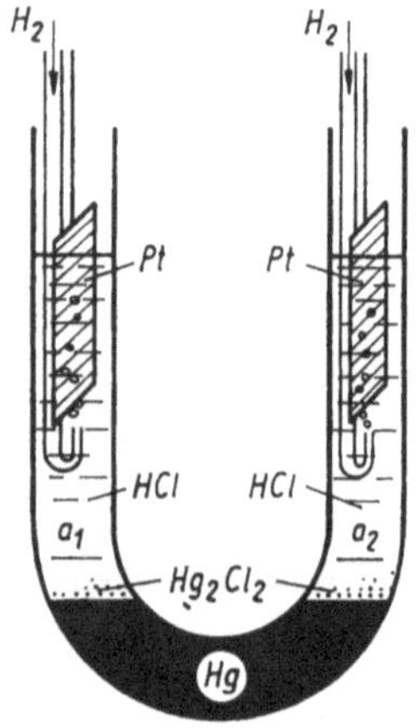

Abb. 4.21 HELMHOLTZsche Doppelkette

Man sieht, daß es gleichgültig ist, welche Elektrode der Kette ohne Überführung man in der Kette mit Überführung verwendet, da ja $t_+ = 1 - t_-$ ist. Wenn sich keine Kette ohne Überführung aufbauen läßt, z. B. weil es keine Elektrode zweiter Art für das betreffende Anion gibt oder weil das Kation keine reversible Elektrode mit dem Metall bildet, dann muß man die Aktivitäten $a_{\pm 1}$ und $a_{\pm 2}$ auf andere Weise bestimmen. So würde man z. B. die Überführungszahl des ClO_4' im $Zn(ClO_4)_2$ aus der Kette

$$\text{Hg, Zn} \mid Zn(ClO_4)_2(m_1) \parallel Zn(ClO_4)_2(m_2) \mid \text{Zn, Hg}$$

erhalten können, wenn für die Konzentrationen m_1 und m_2 des $Zn(ClO_4)_2$ die Aktivitätskoeffizienten, z. B. aus Dampfdruckmessungen, bekannt sind und die Zinkamalgamkonzentration auf beiden Seiten der Kette konstant ist:

$$E = \frac{3RT}{2F} t_- \ln \frac{4^{1/3} m_1 f_{\pm 1}}{4^{1/3} m_2 f_{\pm 2}},$$

$$t_- = \frac{2}{3} \frac{E}{F_N \lg \frac{a_{\pm 1}}{a_{\pm 2}}}. \tag{4.7.139}$$

Man kann die beiden Ketten ohne Überführung mit $a_{\pm 1}$ und $a_{\pm 2}$ auch zu einer sogenannten HELMHOLTZschen Doppelkette vereinigen; besonders bei Verwendung von Quecksilber- bzw. Amalgamelektroden ergeben sich einfache Anordnungen (vgl. Abb. 4.21).

4.8. Galvanische Elemente für die Elektroenergiegewinnung

Galvanische Elemente werden heute technisch in erster Linie eingesetzt zur Versorgung von Fahrzeugen aller Art (Eisenbahnzügen, Kraftfahrzeugen, Schiffen, Raketen, Raumschiffen) mit Elektroenergie, die sie für die Beleuchtung, für Meß- und Steuerungseinrichtungen, zum Starten bei Explosionsmotoren usw. benötigen. Dabei wird, wie wir gesehen haben, die freie Reaktionsenthalpie einer elektrochemischen Umsetzung (unter reversiblen Bedingungen vollständig) direkt in Elektroenergie umgewandelt. Der Vorteil ihrer Verwendung liegt vor allem in der Unabhängigkeit von stationären Stromversorgungseinrichtungen. Die Gewinnung von Elektroenergie direkt aus einer elektrochemischen Reaktion läuft wesentlich effektiver ab, als wenn Elektroenergie durch Elektrogeneratoren in Wärmekraftwerken erzeugt wird. Bekanntlich beträgt der Wirkungsgrad $\eta = \frac{T_1 - T_2}{T_1}$ in bezug auf die Wärmetönung einer chemischen Reaktion (vgl. *Bd. 1*, S. 197) kaum mehr als 35%. Diese Betrachtung spielt allerdings für den hier angegebenen Einsatz der Akkumulatoren keine erhebliche Rolle. Inzwischen ist der Bedarf an mobilen Stromquellen dadurch gestiegen, daß immer mehr Geräte (Rundfunk- und Fernsehgeräte, Meßinstrumente, Haushalt- und Gartengeräte) ohne Netzanschluß betrieben werden. Der Antrieb von Elektromobilen mit galvanischen Elementen hatte bisher nur geringe Bedeutung. Für Motorschiffe (vor allem Unterseeboote) wurden gelegentlich batteriebetriebene Elektromotoren eingesetzt. Neuerdings hat aber der Einsatz galvanischer Elemente zum Fahrzeugantrieb verstärktes Interesse erlangt, weil er dazu beitragen könnte, die Verunreinigung von Luft und Gewässern durch Abgase und andere Abprodukte der OTTO- und DIESEL-Motoren stark einzuschränken oder ganz zu vermeiden.

In jüngster Zeit sind Lithiumbatterien mit Elektrolyten in organischen Lösungsmitteln oder auch mit Festionenleitern (s. S. 138) und verschiedenen Katodenmaterialien (z. B. MnO_2, CuO) entwickelt worden, die Zellspannungen von etwa 3 V liefern und eine Energiedichte von 300 bis 700 Whl^{-1} haben. Vorerst werden sie allerdings nur in der Mikroelektronik für Taschenrechner, elektrische Armbanduhren usw. eingesetzt. Es sind aber auch Entwicklungen im Gange, um auf Lithiumbasis Akkumulatoren herzustellen.

Der größte Teil der Elektroenergie wird in der Welt noch immer durch Verbrennung von Kohle oder Erdöl über Dampf und mechanische Energie erzeugt. Große stationäre Anlagen zur Direktgewinnung von Elektroenergie aus chemischer Energie werden wahrscheinlich in der Zukunft keine Bedeutung erlangen, weil für Großanlagen der Investitions- und Wartungsaufwand vorerst größer ist als der für Wärmekraftanlagen, einschließlich Kernkraftwerken, zumal jedes einzelne galvanische Element nur niedrige Gleichspannung liefert, die zum Transport Wechselrichtung und Transformation auf hohe Spannungen erfordert.

Wir unterscheiden drei Typen technischer galvanischer Elemente oder Batterien:

1. *Primärelemente* oder *Primärbatterien*

Die in ihnen ablaufende Reaktion ist nicht umkehrbar, so daß das Element nach beendeter Umsetzung nicht mehr verwendbar ist.

2. *Sekundärelemente* oder *Akkumulatoren* (englisch storage battery)

Die elektrochemische Reaktion ist umkehrbar. Nach Ablauf unter Lieferung elektrischer Energie, nach *Entladung*, kann der Prozeß unter Zufuhr elektrischer Energie in umgekehrter Richtung erfolgen, die Batterie kann wieder *aufgeladen* werden.

3. *Brennstoffelemente*

An unangreifbaren Elektroden werden leicht oxydable Stoffe (z. B. H_2) oxydiert („verbrannt", Anode) und Oxydationsmittel reduziert (im allgemeinen O_2 der Luft, Katode). Das Brennstoffelement ist zwar auch insofern ein Primärelement, als die in ihm ablaufenden elektrochemischen Prozesse nicht umkehrbar sind, unterscheidet sich aber dadurch sehr wesentlich, daß es im Prinzip unbegrenzt nutzbar ist, wenn man ihm laufend Brennstoff und Oxydationsmittel zuführt.

4.8.1. Primärbatterien

Die Direktumwandlung von chemischer Energie in Elektroenergie ist ein längst bekanntes und seit langem technisch angewandtes Verfahren. Bereits um 1800 konnte Volta, nach dem historischen Froschschenkelversuch des Italieners Galvani, die erste praktisch verwendbare Stromquelle auf der Basis Silber- (Silberoxid)-Zink gestalten. Aber erst die Entwicklungsarbeiten von Daniell führten im Jahre 1836 zu einer elektrochemischen Stromquelle, deren Spannung (etwa 1 Volt) auch bei Stromentnahme in weiten Grenzen konstant blieb. Im Daniell-Element, bestehend aus einem Kupferstab in einer Kupfersulfat-Lösung und einem amalgamierten Zinkstab in einer Zinksulfat-Lösung unter Trennung der beiden Elektrolyträume durch ein Tondiaphragma, laufen die beiden Reaktionen getrennt ab:

$$\begin{aligned} &Zn \rightleftharpoons Zn^{\cdot\cdot} + 2e^-, \\ &Cu^{\cdot\cdot} + 2e^- \rightleftharpoons Cu. \end{aligned} \qquad (4.8.1)$$

Durch die räumliche Trennung von Reduktion und Oxydation liefert dieser Prozeß direkt elektrische Nutzarbeit. Auf diesem Prinzip beruhend, haben inzwischen eine ganze Reihe leistungsfähiger galvanischer Elemente Verbreitung gefunden. Das Daniell-Element hat heute keine technische Bedeutung mehr, weil sein Aufbau in verschiedener Hinsicht seine Anwendung einschränkt. Die größte Verbreitung unter allen Primärbatterien hat noch immer das sogenannte Leclanché-Element (1865).

Sein prinzipieller Aufbau

$$+ \quad C \mid MnO_2 \mid NH_4Cl\,(20\%) \mid Zn \quad - \qquad (4.8.a)$$

ist in *Abb. 4.22* dargestellt. Der Anodenprozeß ist der gleiche wie im Daniell-Element (4.8.1), wobei aber die primär gebildeten Zinkionen entweder mit den durch den Katodenprozeß entstehenden Hydroxylionen $Zn(OH)_2$ bzw. ZnO bilden oder als Komplex $Zn(NH_3)_2Cl_2$ vorliegen können. An der Katode wird Braunstein nach

$$MnO_2 + H^{\cdot} + e^- \rightleftharpoons MnOOH \qquad (4.8.2)$$

$$2MnOOH \rightleftharpoons Mn_2O_3 + H_2O \qquad (4.8.3)$$

reduziert. Eine endgültige Klärung dieses Reduktionsprozesses ist noch nicht gelungen. Da die gelieferte Ladung im allgemeinen größer als 1 Faraday pro Mol Braunstein ist, wäre auch eine partielle Reduktion zu MnO denkbar:

$$MnOOH + H^{\cdot} + e^- \rightleftharpoons MnO + H_2O\,. \qquad (4.8.4)$$

Häufig wird die größere Ladungsmenge auf eine teilweise Reduktion adsorbierten Sauerstoffs zurückgeführt, obwohl in diesem Milieu O_2 sehr schwer zu reduzieren ist (s. S. 249). Der Gesamtprozeß, der sich im Leclanché-Element abspielt, kann so formuliert werden:

$$Zn + 2MnO_2 \rightleftharpoons ZnO + Mn_2O_3\,. \qquad (4.8.5)$$

Diese Bruttoreaktion sagt aber natürlich nichts über den Mechanismus der Elektrodenreaktionen aus.

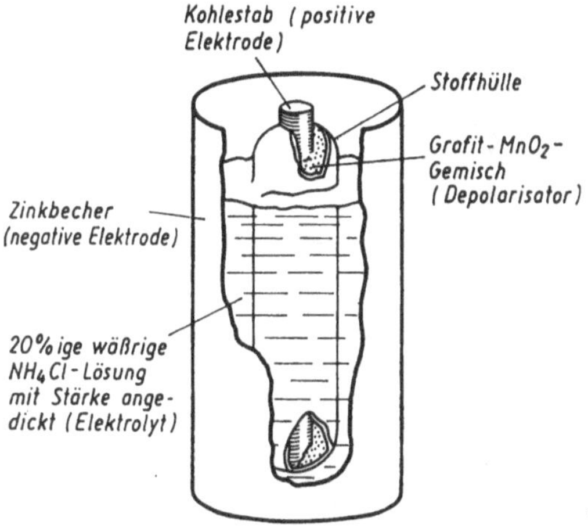

Abb. 4.22: Leclanché-Element

Die Kettenspannung errechnet sich aus der freien Reaktionsenthalpie der in der Kette ablaufenden Umsetzung bzw. aus der Differenz der Galvanispannungen der Einzelelektrodenvorgänge. Wenn man für den Anodenvorgang:

$$Zn + 2OH' \rightleftharpoons Zn(OH)_2\,(s) + 2e^- \qquad (4.8.6)$$

$$\varepsilon^0 = -1{,}25\ \text{V} \quad \text{bei} \quad 25\,°\text{C},$$

für den Katodenprozeß (4.8.2) $\varepsilon^0 = -0{,}2$ V annimmt, ergibt sich U^0 zu 1,05 V. Tatsächlich findet man (ohne Stromentnahme) eine Spannung bis zu 1,6 V – ein Beweis dafür, daß die Bruttoreaktion dem tatsächlichen Reaktionsverlauf nicht voll entspricht, denn die Unterschiede gegenüber den Standardbedingungen, für die die ε^0-Werte gelten, können diese große Differenz nicht allein hervorrufen. Durch radioaktive Markierung des MnO_2 ließ sich feststellen, daß beim Entladungsvorgang des Leclanché-Elements auch $Mn^{\cdot\cdot}$-Ionen in erheblichem Umfang gebildet werden und in Lösung bleiben; es muß also auch eine Reduktion von MnO_2 zu $Mn^{\cdot\cdot}$ unter diesen Bedingungen stattfinden. Allerdings sinkt die Spannung bei Stromentnahme ziemlich stark ab, was in erster Linie auf die starke pH-Änderung und ihren Einfluß auf die Galvanispannung beider Elektronen zurückzuführen ist (s. *Abb. 4.23*). Generell ist die Zellspannung eine Funktion der Stromdichte an den Elektroden. Wenn die Elektrodenprozesse der Geschwindigkeit der Elektronenabgabe bzw. -aufnahme nicht zu folgen vermögen, tritt infolge verschiedener Reaktionshemmungen eine *Polarisation* auf (s. *Kap. 5*), und diese setzt die Spannung herab. Bei Stromentnahme von etwa 10 mA/cm² beträgt die Spannung etwa 1 V. Wie aus *Abb. 4.22* hervorgeht, werden LECLANCHÉ-Zellen meist als sogenannte Trockenbatterien verwendet; ihr Elektrolyt wird durch Zusätze, die die Viskosität erhöhen (Stärke, Mehl usw.), so verdickt, daß er nicht mehr fließt. Dadurch wird der Innenwiderstand erhöht und der Spannungsabfall in der Zelle vergrößert. Da die Reduktion des Braunsteins als Festkörperreaktion abläuft und er kein guter

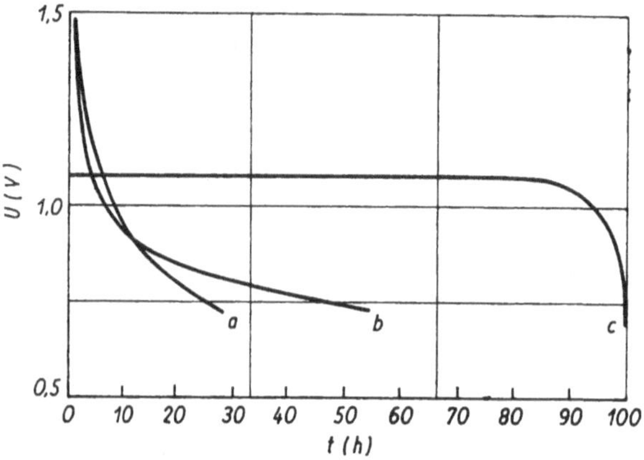

Abb. 4.23. Entladungscharakteristiken und technische Daten von Zink-Luft- und Zink-Braunstein-Batterien

Typ	Kapazität in Ah	Volumen in cm³	Stromdichte in A/cm²
Braunsteinelemente			
a) EKT	4,90	145	0,034
b) ELT	8,50	330	0,026
Zink-Luftelement	20,02	120	0,167

Die Entladung erfolgte für alle Elemente kontinuierlich über 5 Ω

Elektronenleiter ist, erhöht man die Elektronenleitfähigkeit, indem man ihm Graphit zumischt. Dieses Verfahren wird auch bei anderen Elementen mit elektronisch schlecht leitenden Reaktionspartnern angewendet. Die Stromstärke, die ein galvanisches Element abgibt, ohne daß sich seine Spannung wesentlich ändert (in der Praxis sieht man einen etwa 20prozentigen Spannungsabfall gegenüber der Spannung ohne Belastung als vertretbar an), und seine *Belastbarkeit* hängen vom Innenwiderstand und vor allem von der Geschwindigkeit der Elektrodenprozesse ab. Die *Strommenge*, also die Amperestundenzahl, die man ihm entnehmen kann, seine (Strom-) *Kapazität*, wird im Prinzip von der Anzahl reaktionsfähiger Äquivalente nach dem FARADAYschen Gesetz bestimmt. Sie hängt aber auch bis zu einem gewissen Grad von der Belastung ab, weil bei sehr hohen Stromdichten die zur Verfügung stehenden Äquivalente nicht voll ausgenutzt werden und bei sehr niedrigen Stromdichten, aber auch ohne Stromentnahme, die Reaktionspartner durch chemische Umsetzung verbraucht werden (*Selbstentladung*). Das LECLANCHÉ-Element wird für die verschiedensten Zwecke, z. B. für Taschenlampen, für batteriegespeiste Meßgeräte, für Rundfunk-, Fernseh- und Tonbandgeräte usw. verwendet. Seine Einsatzfähigkeit ist noch erheblich gestiegen, weil die mit Transistoren ausgerüsteten Instrumente und Geräte eine viel kleinere Stromaufnahme haben als Röhrengeräte, so daß die Belastbarkeit dieser Elemente im allgemeinen ausreicht [4.23].

Schon frühzeitig wurde versucht, den Braunstein durch Luftsauerstoff als Oxydationsmittel oder *Depolarisator*[1]) zu ersetzen, einmal um die Kosten für den Braunstein zu sparen, zum anderen, um das Gewicht des Elements zu senken und dadurch die Leistung pro kg, die *Leistungsdichte* [Watt · kg^{-1}], zu erhöhen. Die Reduktion des Sauerstoffs ist, wie schon bemerkt (s. S. 247), stark gehemmt und führt zunächst nur zum H_2O_2:

$$O_2 + 2H_2O + 2e^- \xrightleftharpoons{\text{schnell}} H_2O_2 + 2OH' \tag{4.8.7}$$

$$H_2O_2 + 2e^- \xrightleftharpoons{\text{langsam}} 2OH' \tag{4.8.8}$$

$$O_2 + 2H_2O + 4e^- \rightleftharpoons 4OH' \tag{4.8.9}$$

Vor allem die katodische Reduktion des H_2O_2 ist stark gehemmt. Auch die Reaktion (4.8.7) findet nur an Elektroden, die *Elektrokatalysatoren* wie Pt oder Schwermetalloxide enthalten, vor allem in stark alkalischer Lösung mit hoher Geschwindigkeit statt. Wenn man für den Anodenprozeß wieder (4.8.6) annimmt und für die Sauerstoffreduktion den Vorgang (4.8.9) mit $\varepsilon^0 = +0{,}401$ V, so müßte man eine Kettenspannung von 1,66 V erwarten. Tatsächlich erhält man aber etwa 1,1 Volt, weil (4.8.8) praktisch nicht stattfindet, sondern H_2O_2 in O_2 und H_2O zerfällt. Für (4.8.7) ist in alkalischer Lösung $\varepsilon^0 = -0{,}08$ V. Außerdem ist zu berücksichtigen, daß in stark alkalischer Lösung (6 M KOH) das Zink als Zinkat in Lösung geht ($\varepsilon^0 = -1{,}22$ V). Da aber das alkalische Zink-Luft-Element eine wesentlich konstantere Entladespannung hat als das LECLANCHÉ-Element (vgl. *Abb. 4.23*) und außerdem eine 4- bis 5mal höhere Leistungsdichte (statt 5 etwa 20 bis 25 W/kg), wird neuerdings seine Herstellung in größerem Umfang durchgeführt. Außerdem bemüht man sich, das alkalische Zink-Luft-Element wieder aufladbar zu machen, d. h. einen Zink-Luft-Akkumulator zu entwickeln.

Eine noch wesentlich höhere Leistungsdichte ließe sich wegen des niedrigeren Äquivalentgewichts des Mg bzw. Al mit Magnesium- oder Aluminium-Luft-Elementen erzielen, wenn es gelänge, die chemische Umsetzung der sehr unedlen Metalle mit dem Elektrolyten (Selbstentladung) zu verhindern. Zur Zeit werden Magnesiumelemente mit CuCl oder AgCl als Oxydationsmittel in der Form sogenannter *Füllbatterien* verwendet. Dabei wird der Elektrolyt (NaCl-Lösung oder auch Meerwasser) erst in dem Moment zugeführt, wo die Zelle Strom liefern soll, sie muß dann vollständig entladen werden.

Eine alkalische Zink-Batterie, die auch eine sehr konstante Entladespannung zeigt und eine Kettenspannung von 1,34 V hat (Arbeitsspannung je nach Belastung 1,3

---

[1]) Wenn man davon ausgeht, daß der katodische Prozeß im LECLANCHÉ-Element ist: $2H^{\cdot} + 2e^- \rightleftharpoons H_2$, die gesamte Kettenreaktion also lautet: $Zn + 2H^{\cdot} \rightleftharpoons Zn^{\cdot\cdot} + H_2$, und man berücksichtigt, daß die $H^{\cdot}$-Entladung mit einer beträchtlichen Reaktionshemmung (Polarisation) abläuft (s. S. 296), kann man MnO_2 auch als ein Mittel zur Herabsetzung der Polarisation, als Depolarisator, ansehen, indem statt der $H^{\cdot}$-Entladung (4.8.2) stattfindet. In letzter Zeit sind alkalische Zink-Braunstein-Elemente entwickelt worden, die auch eine konstante Entladespannung zeigen.

bis 1,24 V), benutzt Quecksilberoxid als Oxydationsmittel (RUBEN-MALLORY-Zelle). Ihre Lebensdauer ist 4- bis 6mal höher als die des LECLANCHÉ-Elements, allerdings auch der Preis. Die Kettenreaktion ist:

$$Zn + HgO \rightleftharpoons Hg + ZnO \qquad (4.8.10)$$

$$E^0 = -1{,}35\ V.$$

4.8.2. *Sekundärelemente = Akkumulatoren*

Im Prinzip lassen sich viele Kettenreaktionen durch Zufuhr elektrischer Energie wieder umkehren. Trotz größter Anstrengungen haben sich aber nur ganz wenige (3) Ketten finden lassen, die eine oft wiederholte Ladung und Entladung (viele *Ladezyklen*) und damit eine lange Betriebszeit gestatten. Dafür ist Voraussetzung, daß sich die Reaktionspartner nicht vermischen.

Obwohl die Elektrodenvorgänge reversibel sind, kann z. B. das DANIELL-Element nicht als Akku benützt werden, weil von der Grenzfläche der beiden Elektrodenflüssigkeiten aus nicht umkehrbare Vermischung eintritt. Ein Akku soll also nach Möglichkeit eine Kette ohne Überführung sein. Wie bereits erwähnt, kann man solche Ketten mit Hilfe von Elektroden zweiter Art leicht herstellen. Deshalb ist bei den heute bekannten Akkus auch mindestens ein Halbelement eine Elektrode zweiter Art. An einen Sammler werden eine Anzahl weiterer Forderungen gestellt: er soll beim Stehen seine Spannung nicht verändern (keine Selbstentladung); soll bei hoher Stromentnahme praktisch reversibel arbeiten; zumindest im geladenen Zustand sollen die Elektroden immer wieder die gleiche Beschaffenheit haben; die Klemmspannung und die Kapazität müssen möglichst hoch sein, damit die pro Massen- bzw. Volumeneinheit gelieferte Leistung (Leistungsdichte, s. S. 260) möglichst groß wird. Aus diesen Gründen hat man bis heute nur drei Elemente als Akkumulatoren verwendbar gefunden.

1. *Bleiakkumulator*; EMK 2,04 V

Aufbau:

$$+\quad \overset{1}{PbO_2} \mid \overset{2}{PbSO_4} \mid H_2SO_4 \mid \overset{3}{Pb} \quad - \qquad (4.8.b)$$

Elektrodenprozesse:

$$PbSO_4(s) + 2\,H_2O \underset{\text{Entladen}}{\overset{\text{Laden}}{\rightleftharpoons}} PbO_2 + 4\,H^{\cdot} + SO_4'' + 2e^-, \qquad (4.8.11)$$

$$Pb(s) + SO_4'' \underset{\text{Laden}}{\overset{\text{Entladen}}{\rightleftharpoons}} PbSO_4(s) + 2e^-, \qquad (4.8.12)$$

Gesamtreaktion:

$$PbO_2 + Pb + 2\,SO_4'' + 4\,H^{\cdot} \underset{\text{Laden}}{\overset{\text{Entladen}}{\rightleftharpoons}} 2\,PbSO_4(s) + 2\,H_2O. \qquad (4.8.13)$$

NERNSTsche Gleichung (25 °C):

$$\varepsilon_{12} = \varepsilon_{12}^0 + \frac{0{,}05916}{2} \lg a_{H^{\cdot}}^4 \cdot a_{SO_4''}, \qquad \varepsilon_{12}^0 = +1{,}685\ V, \qquad (4.8.14)$$

$$\varepsilon_{32} = \varepsilon_{32}^0 - \frac{0{,}05916}{2} \lg a_{SO_4''}, \qquad \varepsilon_{32}^0 = -0{,}3563\ V. \qquad (4.8.15)$$

Die Aktivitäten der festen Stoffe und des Wassers sind in die Standardpotentiale einbezogen.

$$E = \varepsilon_{12} - \varepsilon_{32} = E^0 + 0{,}05916 \lg a_{H^\cdot}^2 \cdot a_{SO_4''}. \tag{4.8.16}$$

Da eine relativ hohe Schwefelsäurekonzentration verwendet wird (3,8 mol l^{-1}, entspricht etwa 28 Gewichtsprozent, $\varrho = 1{,}21$ g ml^{-1}), die sich nach (4.8.13) beim Entladen und Laden ändert, muß nach (4.8.13) in die Gleichung für die EMK strenggenommen noch die Aktivität des Wassers eingesetzt werden, die wir 1 gesetzt haben. Für E ergibt sich dann:

$$E = E^0 + F_N \lg \frac{a_{H_2SO_4}}{a_{H_2O}}. \tag{4.8.17}$$

Aus der Differenz der Standardgalvanispannungen errechnet sich für E^0 ein Wert von 2,041 V. Das positive Vorzeichen von E bezieht sich auf den Ladevorgang. Die gemessene Kettenspannung liegt in der Nähe dieses Wertes und sinkt auch bei Belastung relativ wenig ab, weil die aktiven Massen (Bleistaub und Bleidioxidpulver) eine sehr große Oberfläche haben und daher die wirkliche Stromdichte nicht sehr hoch ist.

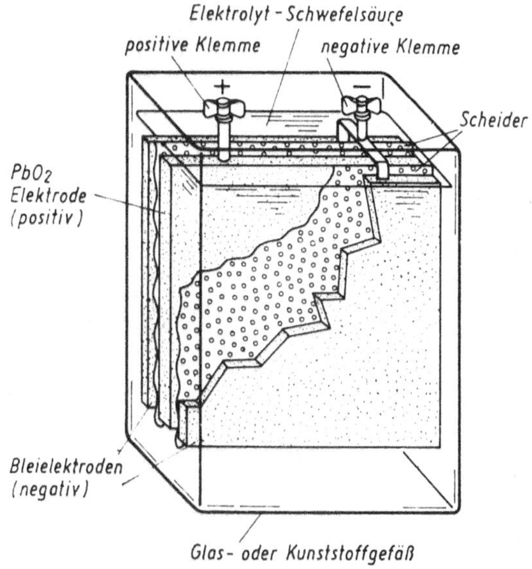

Abb. 4.24: Bleisammler

In *Abb. 4.24* ist ein Bleisammler dargestellt. Zwischen den Platten befinden sich zur Verhinderung von Plattenschluß Scheider aus Polyvinylchlorid oder Holz. Um die PbO_2-Elektroden mechanisch möglichst stabil und dabei mit genügend aktiver Masse herzustellen, bringt man eine PbO_2-Paste in ein Gitter aus einer Blei-Antimon-Legierung. Damit der innere Widerstand R_i möglichst klein ist, wird Schwefelsäure höchster Leitfähigkeit als Elektrolyt verwendet. Beim Entladungsvorgang verschwindet je Faraday ein Mol H_2SO_4 aus der Lösung, sie wird also verdünnt. Man kann die Dichte der Akkusäure, die ja von der Konzentration abhängt, als Maß für den Ladungszustand des Akkus nehmen. Um R_i klein zu halten, wird auch die Oberfläche der Elektroden groß (feinverteiltes Pb und PbO_2, s. o.) und ihr Abstand klein gewählt; ersteres hat den zusätzlichen Vorteil, daß die Stromdichte bei einer bestimmten Stromstärke kleiner ist als bei Elektroden mit kleiner Oberfläche. Daher kann man bei der Entladung hohe Stromstärken entnehmen; das ist z. B. für Starterbatterien von Kraftwagen usw. von großer Bedeutung[1]). Bei guter Behandlung erreicht ein Blei-Akku eine Lebensdauer von etwa 20 Jahren. Bei Starterbatterien erreicht man allerdings nur 2 bis 3 Jahre. Die Zahl der Ladezyklen ist bei stationären Batterien auf mehrere Tausend gesteigert worden. Der Grund für die hohe Lebensdauer ist darin zu sehen, daß alle Produkte der elektrochemischen Reaktionen schwerlöslich sind, daher auch ohne Diaphragma an der Elektrode bleiben, an der sie umgesetzt werden.

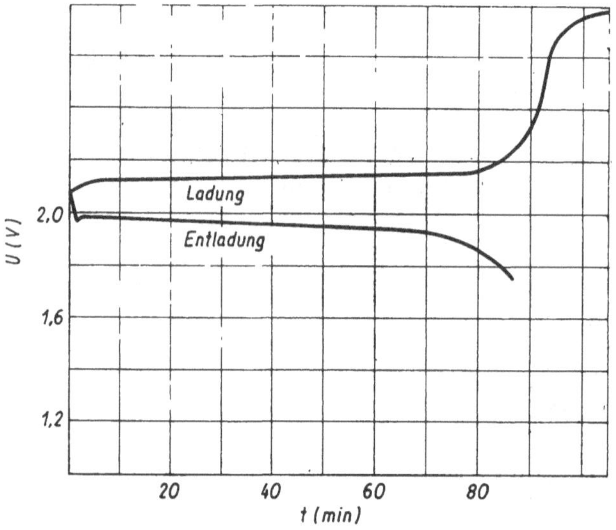

Abb. 4.25: Lade- und Entladekurve des Bleiakkumulators

Man muß darauf achten, daß bei Entladung die Spannung nicht unter 1,8 V sinkt, sonst wird durch Aufladen der alte Zustand nicht wieder erreicht. Auch darf man einen Blei-Akku nicht zu lange unbenutzt stehenlassen. Es verläuft nämlich langsam eine Selbstentladung nach

$$Pb + H_2SO_4 \rightleftharpoons PbSO_4(s) + H_2.$$

Das ist der Vorgang, dessen weitgehender Hemmung es überhaupt zu verdanken ist, daß es einen Blei-Akku gibt, denn Pb ist ja unendler als Wasserstoff und müßte sich in H_2SO_4 lösen. — Das Bleisulfat kristallisiert dabei in einer groben Form, die sich schlecht wieder umsetzen läßt; die Bleielektrode wird durch diese sogenannte Sulfatisierung weitgehend beeinträchtigt.

Die Energieausbeute (gelieferte Energie/Ladungsenergie) beträgt für den Blei-Sammler bis zu 75%, die Stromausbeute (entnommene Ladung/aufgebrachte Ladung) bis 95%.

---

[1]) Um die beiden Elektroden bei großer Oberfläche möglichst stabil und unempfindlich gegen Erschütterungen zu machen, sind verschiedene Plattenkonstruktionen, z. B. sogenannte Panzerplatten mit Röhrchenzellen, entwickelt worden.

Die Ladespannung liegt einmal deswegen höher als die Entladespannung, weil mindestens am Anfang der Widerstand der (verdünnteren) Schwefelsäure größer ist, vor allem aber deshalb, weil die Elektrodenprozesse beim Ladevorgang infolge von Reaktionswiderständen eine zusätzliche Spannung (*Überspannung*) benötigen. Die Ladespannung steigt zunächst langsam bis zur beginnenden Wasserstoffentwicklung an der Bleielektrode und Sauerstoffentwicklung an der PbO_2-Elektrode ($\approx$ 2,4 V) an, anschließend folgt ein steiler Anstieg bis etwa 2,7 V, während dessen in erster Linie Wasserzersetzung erfolgt. Eine Lade- und Entladekurve bei hoher Stromdichte zeigt *Abb. 4.25* [4.24].

2. *Edison- oder Eisen-Sammler:*

Das einzige Element, das sich mit dem Blei-Akku messen kann, ist der Edison-Sammler, der in den USA vielfach benützt wird. Seine EMK ist 1,33 Volt, also kleiner als die des Pb-Akkus.

Aufbau:

$$- \quad \overset{1}{\mathrm{Fe}} \mid \overset{2}{\mathrm{KOH}} \mid \overset{3}{\mathrm{Ni(OH)_3}} \quad + \tag{4.8.c}$$

Elektrodenprozesse:

$$\mathrm{Fe} + 2\,\mathrm{OH'} \underset{\text{Ladung}}{\overset{\text{Entladung}}{\rightleftharpoons}} \mathrm{Fe(OH)_2} + 2e^- \quad \varepsilon^0_{12} = 0{,}88\ \mathrm{V} \tag{4.8.18}$$

$$2\,\mathrm{Ni(OH)_2} + 2\,\mathrm{OH'} \underset{\text{Entladung}}{\overset{\text{Ladung}}{\rightleftharpoons}} 2\,\mathrm{Ni(OH)_3} + 2e^- \quad \varepsilon^0_{32} = -0{,}48\ \mathrm{V} \tag{4.8.19}$$

Gesamtreaktion:

$$\mathrm{Fe} + 2\,\mathrm{Ni(OH)_3} \underset{\text{Ladung}}{\overset{\text{Entladung}}{\rightleftharpoons}} \mathrm{Fe(OH)_2} + 2\,\mathrm{Ni(OH)_2}. \tag{4.8.20}$$

Das wahrscheinlich primär aus $Ni(OH)_2$ bei der Ladung entstehende $Ni(OH)_3$ geht unter Wasserabgabe in ein Nickel(III)-oxid über, das aber nicht genau der Zusammensetzung Ni_2O_3 entspricht. Mindestens als Zwischenprodukt entsteht β-NiOOH, aber wahrscheinlich werden auch höhere Oxydationsstufen beim Laden erreicht. Endgültig ist der Mechanismus der Nickeloxidelektrode trotz umfangreicher Untersuchungen nicht geklärt.

Der Nachteil der geringen Spannung wird vom praktischen Standpunkt aus zum Teil durch das geringere Gewicht der Zelle wieder ausgeglichen. Zur Erhöhung der mechanischen Festigkeit bringt man die gepreßten aktiven Fe- und Ni_2O_3-Pulver, die zur reversiblen Durchführung der Gesamtreaktion geeignet sind, in Taschen und Röhrchen von vernickelten Eisenblechelektroden unter. In *Abb. 4.26* ist ein Edison-Akku dargestellt. Die EMK des Sammlers ist von der Elektrolytkonzentration weitgehend unabhängig; man findet bei 20 °C

mit 5,3 M KOH $\quad E = 1{,}3349$ V

mit 1,1 M KOH $\quad E = 1{,}33368$ V.

Damit die Leitfähigkeit hoch ist, wird 20%ige KOH verwendet. Die KOH-Konzentration ändert sich tatsächlich praktisch nicht, wie es die Reaktionsgleichung fordert. Nur CO_2 aus der Luft kann KOH zu K_2CO_3 umsetzen [4.32].

Beinahe noch größere Bedeutung als der Ni-Fe-Akku hat seit etwa 1945 der von JUNGNER entwickelte Nickel-Cadmium-Akkumulator erlangt, bei dem der anodische Prozeß

$$Cd + 2OH' \rightleftharpoons Cd(OH)_2 + 2e^- \qquad (4.8.21)$$

$$\varepsilon^0 = -0{,}81 \text{ V}$$

ist und demnach die Gesamtreaktion

$$Cd + 2Ni(OH)_3 \underset{\text{Ladung}}{\overset{\text{Entladung}}{\rightleftharpoons}} Cd(OH)_2 + 2Ni(OH)_2 \qquad (4.8.22)$$

abläuft. Die Kettenspannung (ohne Belastung) liegt bei etwa 1,35 V. Obwohl wegen des höheren Äquivalentgewichtes die Leistungsdichte des Ni-Cd-Akkus geringer als die des Ni-Fe-Akkus und der Preis des Cd erheblich höher ist, hat sich der Ni-Cd-Akku durchgesetzt, weil sich das Cd reversibler verhält und nicht wie das Fe zur Passivität neigt; vor allem auch, weil er eine geringe Selbstentladung unter H_2-Entwicklung zeigt. Infolgedessen kann man heute völlig gasdichte Ni-Cd-Akkus bauen, bei denen die vor allem bei der Ladung auftretenden Gase H_2 und O_2 auf geeignete Weise, z. B. durch katalytische Umsetzung, beseitigt werden. Die durchschnittliche Lebensdauer beider Nickelakkumulatoren ist noch höher als die des Blei-Akkus, die Energieausbeute 55 bis 65%, die Stromausbeute etwa 82%. Der konstruktive Aufbau beider Akkus ist ähnlich. In beiden Fällen sind die Produkte der elektrochemischen Umsetzung schwerlöslich, wodurch die hohe Lebensdauer erreicht wird; eine Aufbewahrung im entladenen Zustand ist beim Ni-Cd-Akku viel ungefährlicher als beim Blei-Akku.

3. *Zink-Silber-Sammler:*

Aufbau:

$$- \quad Zn \mid NaOH \mid Ag_2O \quad + \qquad (4.8.d)$$

Elektrodenprozesse:

$$2Zn \underset{\text{Ladung}}{\overset{\text{Entladung}}{\rightleftharpoons}} 2Zn^{\cdot\cdot} + 4e^- \qquad (4.8.23)$$

$$2Ag + 2H_2O \underset{\text{Entladung}}{\overset{\text{Ladung}}{\rightleftharpoons}} Ag_2O_2 + 4H^{\cdot} + 4e^- \qquad (4.8.24)$$

Gesamtreaktion:

$$Ag_2O_2 + 2Zn + 4H^{\cdot} \underset{\text{Ladung}}{\overset{\text{Entladung}}{\rightleftharpoons}} 2Ag + 2Zn^{\cdot\cdot} + 2H_2O. \qquad (4.8.25)$$

Das Silber geht allerdings beim Laden nur zum Teil in Ag_2O_2 über, ein Teil liegt als Ag_2O vor. Die Zellspannung beträgt im geladenen Zustand etwa 1,75 V, sinkt bei Belastung ziemlich schnell auf 1,5 V ab und bleibt auf diesem Wert, bis etwa 90% der Kapazität verbraucht sind. Die Ladespannung beträgt 2,1 bis 2,3 V.

Dieser Akkumulator hat trotz seines relativ hohen Preises neuerdings eine gewisse Bedeutung in der militärischen, insbesondere der Raketentechnik, bekommen. Reversible Ladung und Entladung sind für ihn nicht so gut möglich wie für die beiden anderen Sammler; er übersteht weniger Ladungen und Entladungen, weil im Gegensatz zu den beiden anderen Akkumulatoren ein Reaktionsprodukt ($Zn^{\cdot\cdot}$ als Zinkat) löslich ist. Infolgedessen müssen Diaphragmen verwendet werden, deren Trennwirkung nicht vollständig ist, so daß doch allmählich ZnO_4'' in den Katodenraum gelangt. Außerdem ist seine Lebensdauer begrenzt. Als Elektrolyt dient konzentrierte Natronlauge. Die Energieausbeute beträgt etwa 55%, die Stromausbeute 80%.

Akkumulatoren haben als Strom- und Spannungsquellen für wissenschaftliche und technische Zwecke, vor allem zur Stromerzeugung in Fahrzeugen aller Art, große Bedeutung. Batterien von mehreren Akkus dienen außerdem zum Antrieb von Elektrokarren, aber auch von Motorbooten, Grubenloks und U-Booten. Das Anlassen von Benzinmotoren und die Beleuchtung von Fahrzeugen werden durch Akkus besorgt. Eine weitere technische Anwendung sind die Pufferbatterien in der Radiotechnik; sie werden zwischen Netz und Gerät geschaltet, der Netzstrom lädt die Batterie, und diese speist den Apparat, ohne Netzstörungen zu übertragen. Die Form und der Aufbau der Akkus werden dem jeweiligen Verwendungszweck angepaßt.

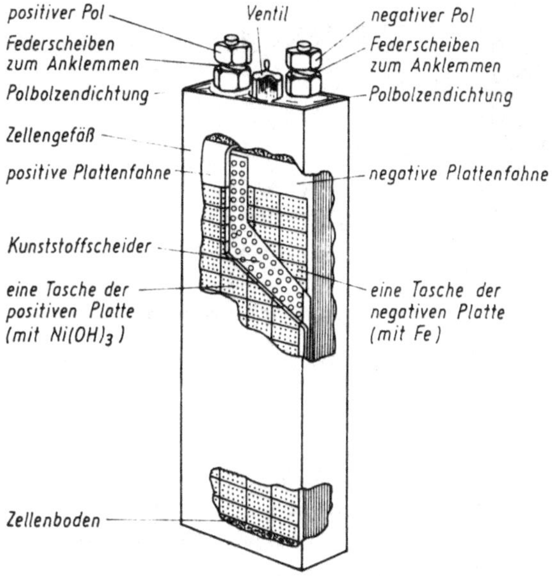

Abb. 4.26: EDISON-Sammler (Ni—Fe)

4.8.3. *Brennstoffelemente*

Bereits 1894 äußerte W. OSTWALD, der Begründer der physikalischen Chemie in Deutschland, den Gedanken, auch fossile Brennstoffe in galvanischen Elementen zu oxydieren, um damit eine wesentlich bessere Energieausbeute zu erzielen. Große technische, zum Teil auch prinzipielle Schwierigkeiten haben die praktische Realisierung des Gedankens verhindert. Selbst als man erkannt hatte, daß man die bei Normaltemperatur reaktionsträgen primären Brennstoffe durch reaktionsfähigere veredelte ersetzen muß, konnten sich die elektrochemischen Brennstoffzellen nicht durchsetzen.

In den letzten 15 Jahren hat diese Technik jedoch erneut eine intensive Bearbeitung gefunden. Dafür sind folgende Gründe maßgebend:

1. Die zu erwartende höhere Leistungsdichte der Brennstoffzellen gegenüber konventionellen Batterien, was besonders für die Energieversorgung von Raumflugkörpern interessant ist.

2. Die Möglichkeit, Brennstoffzellen für den Kraftfahrzeugantrieb einzusetzen, wobei die entscheidenden Vorteile in einer Verminderung der Fahrgeräusche und im Wegfall der schädlichen Auspuffgase bestehen.

3. Die Rohstoffsituation, die vor allem in der DDR einen Ersatz der herkömmlichen Batterien durch neue Stromquellen, für die einheimische Rohstoffe – z. B. Kohle – verwendet werden, erstrebenswert erscheinen läßt.

Den prinzipiellen Aufbau einer Brennstoffzelle zeigt *Abb. 4.27*. Der Brennstoff *B* wird der Anode zugeleitet und geht dort unter Abgabe von Elektronen in den oxydierten Zustand über. Das Oxydationsmittel, im allgemeinen Sauerstoff, nimmt an der Katode Elektronen auf.

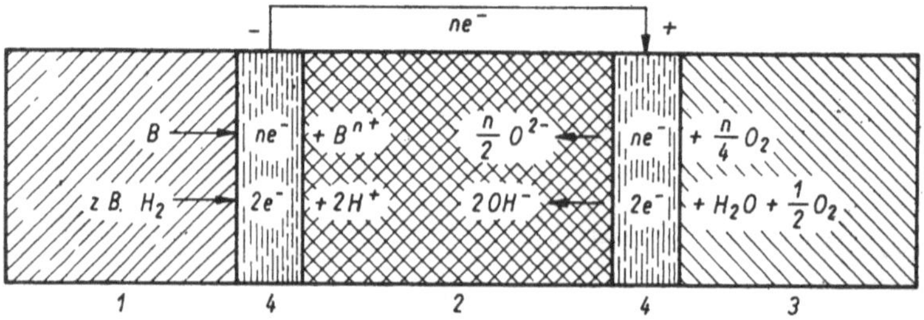

Abb. 4.27 Schema einer galvanischen Brennstoffzelle

1 Brennstoffe, gasförmig: H_2, CO, C_mH_n; flüssig: Alkohole (CH_3OH, C_2H_5OH), organische Abfallstoffe (Sulfitablauge), Kohlenwasserstoffe; fest: (Kohle), Metalle

2 Elektrolyt, niedere und mittlere Temperaturen wäßrige KOH-, H_2SO_4- und H_3PO_4-Lösungen, Ionenaustauschermembranen, hohe Temperaturen: Salzschmelzen, Ionenfestleiter

3 Oxydationsmittel; O_2, Luft, Sauerstoffüberträger, z. B.: $Fe^{3+} + e^- \rightarrow Fe^{2+}$, $Fe^{2+} + {}^1/_4 O_2 + {}^1/_2 H_2O \rightarrow Fe^{3+} + OH^-$

4 Elektroden: poröse Metallelektroden (Ni, Ag, Fe), imprägnierte Kohleelektroden

Je nach Arbeitsbereich unterscheidet man Niedertemperatur- (bis 150 °C), Mitteltemperatur- (170 bis 350 °C) und Hochtemperaturbrennstoffzellen (500 bis 1100 °C). Die Brennstoffe können gasförmig (z. B. Wasserstoff, Ammoniak, Kohlenmonoxid, Kohlenwasserstoffe, auch Erdgas), flüssig bzw. gelöst im Elektrolyten (Alkohole, Hydrazin) und prinzipiell auch in fester Form (z. B. Kohle, deren direkte anodische Oxydation unter Elektroenergieerzeugung aber als technisch noch nicht gelöst angesehen werden muß) eingesetzt werden. Als Oxydationsmittel dienen Sauerstoff oder Luft, aber auch Wasserstoffperoxid oder Chlor. Als Elektroden werden meistens sogenannte Diffusionselektroden, d. h. hochporöse Körper (Metalle, z. B. Nickel, Silber, Eisen, oder imprägnierte Kohle) verwendet. Die Beschaffenheit der Elektrolyte ist sehr stark von der Arbeitstemperatur abhängig. Bei Niedertemperaturzellen werden vornehmlich wäßrige Lösungen (Kalilauge, Schwefelsäure, Phosphorsäure) sowie organische oder anorganische Ionenaustauschermembranen, die gleichzeitig die Funktion des Scheiders übernehmen, eingesetzt. Im Mitteltemperaturbereich kommen wäßrige Lösungen unter Druck, Schmelzen und Pasten zur Anwendung, z. B. Kaliumhydroxid mit 1 Mol Kristallwasser. Hochtemperaturzellen werden mit Salzschmelzen, beispielsweise Alkalicarbonatschmelzen, oder mit festen Sauerstoffionenleitern auf der Basis von Systemen wie $0{,}85\,ZrO_2-0{,}15\,Y_2O_3$ oder $0{,}85\,CeO_2-0{,}15\,CaO$ betrieben. Wie im *Kap. 4.5.* gezeigt wurde, ist die aus einer im galvanischen Element ablaufenden

Reaktion gewinnbare elektrische Nutzarbeit

$$A_E = zFU = W_p + TzF\left(\frac{\partial U}{\partial T}\right)_p. \qquad (4.8.26)$$

Sie kann also je nach dem Temperaturkoeffizienten der Kettenspannung größer $\left[\left(\frac{\partial U}{\partial T}\right)_p > 0\right]$ oder kleiner $\left[\left(\frac{\partial U}{\partial T}\right)_p < 0\right]$ als die exotherme Wärmetönung der Reaktion W_p sein. Da von dieser nur der Bruchteil $\eta = \frac{T_1 - T_2}{T_1}$, das sind 35 bis 40%, in Nutzarbeit umgewandelt werden kann, ist der thermodynamische Wirkungsgrad

$$\eta_{\text{th}} = \frac{A_e}{W_p} = \frac{zFU}{W_p} = 1 + \frac{TzF\left(\frac{\partial U}{\partial T}\right)_p}{W_p} \qquad (4.8.27)$$

eines Brennstoffelementes im allgemeinen mindestens doppelt so groß wie der einer Wärmekraftmaschine.

Die praktische Energieausbeute hängt einerseits von der Vollständigkeit des Umsatzes der Reaktionspartner ab: Der Umsatzwirkungsgrad oder FARADAYsche Wirkungsgrad η_K gibt das Verhältnis von praktisch erzeugter Strommenge Q zu der theoretisch auf Grund der FARADAYschen Gesetze errechneten wieder:

$$\eta_F = \frac{Q}{zF\frac{m}{M}} \qquad (4.8.28)$$

M — Molmasse
m — umgesetzte Stoffmasse.

Andererseits wird die praktische Energieausbeute aber maßgeblich von der tatsächlich bei der Stromentnahme, d. h. bei irreversiblem Betrieb, auftretenden Spannung U_{Kl} und damit von der Kinetik der Elektrodenprozesse bestimmt. Der kinetische Wirkungsgrad η_K ist definiert durch

$$\eta_K = \frac{U_{Kl}}{U}. \qquad (4.8.29)$$

Der kinetische Spannungsabfall kann auf Durchtritts-, Reaktions- und Diffusionshemmungen zurückzuführen sein (s. *Kap. 5*). Hinzu kommt noch der auf Grund des Innenwiderstandes der Zelle auftretende OHMsche Spannungsabfall.

Die erzeugte Elektroenergie $Q \cdot U_{Kl}$ ergibt sich demnach entsprechend der Gleichung:

$$Q \cdot U_{Kl} = \eta_F \cdot \eta_{\text{th}} \cdot \eta_K \cdot W_p. \qquad (4.8.30)$$

Auf Grund dieser verschiedenen Faktoren ist der Gesamtwirkungsgrad der bisher entwickelten Brennstoffzellen praktisch nicht größer als der von Wärmekraftmaschinen. Aber auch wenn man die Energieausbeute noch steigern könnte, ist die Verwertung von Brennstoffelementen für stationäre Großanlagen aus schon genannten Gründen nicht wahrscheinlich. Wohl aber ist es gelungen, die Leistungsdichte gegenüber den beschriebenen konventionellen Batterien zu erhöhen. In erster Linie sind dafür Knallgasbatterien entwickelt worden, bei denen aus Wasserstoff und Sauerstoff Wasser nach

$$H_2 \rightleftharpoons 2H^{\cdot} + 2e^- \qquad (4.8.31)$$

$$\frac{1}{2}O_2 + H_2O + 2e^- \rightleftharpoons 2OH' \qquad (4.8.32)$$

$$\left.\begin{array}{l} H_2 + \frac{1}{2}O_2 + H_2O \rightleftharpoons 2H^{\cdot} + 2OH' \\ H_2 + \frac{1}{2}O_2 \rightleftharpoons H_2O \end{array}\right\} \qquad (4.8.33)$$

meistens in alkalischen Elektrolyten gebildet wird. Eine Knallgaszelle mit konzentrischer Anordnung von aktivierten Kohleelektroden zeigt *Abb. 4.28*. Für höhere Temperaturen (200 °C) und Drücke sind Knallgasbatterien nach Filterpressenart entwickelt worden (24 V, 240 A, BACON).

Die Oxydation des H_2 verläuft bei Anwendung geeigneter Elektrokatalysatoren (Pt, Pd, Spinelle) relativ reversibel, der Elektrodenprozeß ist dann wenig gehemmt. Wie schon betont, verläuft die Reduktion des Sauerstoffs nur bis zum H_2O_2 rasch. Aus diesem Grunde erhält man statt der theoretisch zu erwartenden Spannung von 1,23 V nur etwa 1 V. Dafür ist aber die spezifische Kapazität (Ah/g) besonders groß [H_2: (26,6 Ah g^{-1}),

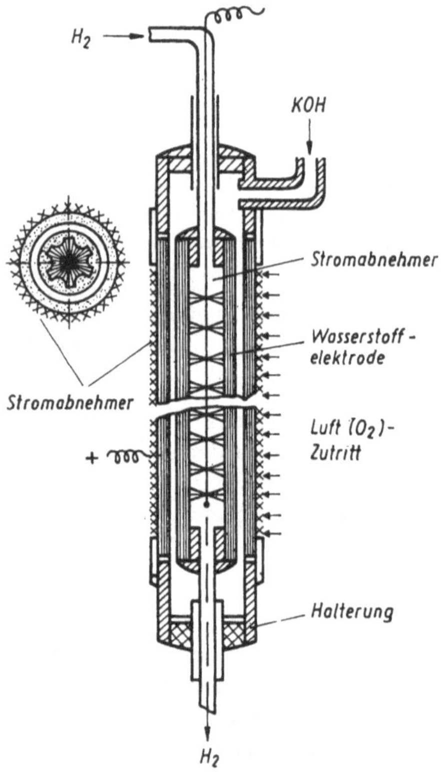

Abb. 4.28: Konzentrische Brennstoffzelle mit Kohleelektroden nach KORDESCH

O_2: (3,35 Ah g^{-1})] und wird von keinem anderen Brennstoff oder Oxydationsmittel erreicht. Den Wasserstoff kann man entweder in Stahlflaschen mitführen oder aus Erdöl durch Cracken in einer kleinen transportablen Anlage erzeugen. Allerdings verbrauchen die Nebeneinrichtungen dann so viel Energie, daß der Gesamtwirkungsgrad kleiner als 30% wird. Knallgaszellen sind für das Appolloraumfahrtprogramm eingesetzt worden.

Wenn man mit flüssigen Elektrolyten und gasförmigen Reaktionspartnern arbeitet, ist der Reaktionsort die Dreiphasengrenze Elektrode/Elektrolyt/Gas. Um sie möglichst groß zu machen, verwendet man hochporöse Diffusionselektroden, in denen sich diese Dreiphasengrenze ausbildet (s. *Abb. 4.28*).

Dazu ist ein teilweises Eindringen des Elektrolyten in die Poren der Elektrode erforderlich. *Abb. 4.29* zeigt das Bild einer *Gleichgewichtspore*. Der äußere Gasdruck muß gleich dem hydrostatischen Druck der Lösung + dem Kapillardruck p_K sein:

$$p_K = \frac{2\sigma \cdot \cos\Theta}{r} \tag{4.8.34}$$

σ – Oberflächenspannung, Θ – Benetzungswinkel, r – Porenradius.

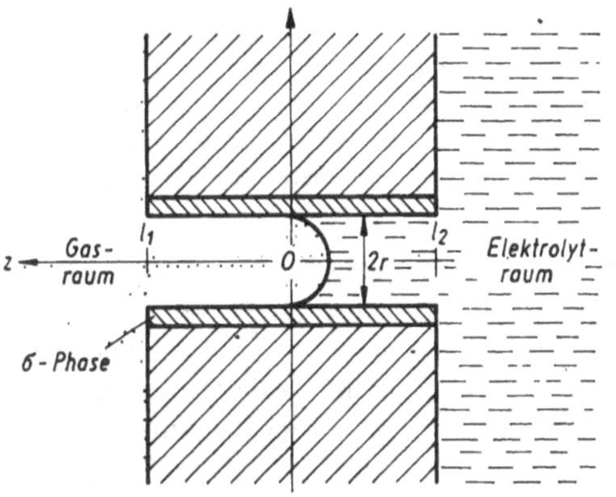

Abb. 4.29: Schema einer Gleichgewichtspore (σ-Phase = Chemisorptionsschicht)

Der Benetzungswinkel Θ soll möglichst 90° betragen. Ist er größer, so dringt zu wenig Elektrolyt in die Poren ein, ist er kleiner, so werden die Poren überflutet, und die Elektrode wird für die Reaktion unbrauchbar. In der Praxis beschreitet man zwei Wege zur Lösung des Problems. Einmal wendet man sogenannte Doppelschichtelektroden an, in denen eine Zone mit Poren kleineren Durchmessers dem Elektrolyten und eine andere mit Poren größeren Durchmessers der Gasseite zugewandt ist. Die Reaktionszone, die Dreiphasengrenze, befindet sich an der Übergangsstelle von feinporiger zu grobporiger Schicht. Eine zweite Möglichkeit ergibt sich durch den Einsatz von geeigneten Hydrophobierungsmitteln, die auf die Elektrode aufgebracht werden, wodurch der Benetzungswinkel in gewünschter Richtung verändert wird.

Im Dauerbetrieb spielt die Geschwindigkeit, mit der sich die Poren füllen und damit die Dreiphasengrenze verkürzen, eine wesentliche Rolle. Sie hängt von der Benetzungsgeschwindigkeit ab. Diese läßt sich wesentlich durch die Viskosität beeinflussen:

$$\frac{dL}{dt} = \frac{r\sigma \cdot \cos\Theta}{4\eta L} \tag{4.8.35}$$

L – benetzte Porenlänge, η – Viskosität.

Natürlich darf auch die Viskosität nicht zu groß sein; dann würden die Poren als Reaktionsort gar nicht in Betracht kommen.

Geschwindigkeitsbestimmend ist oft der Transport der Reaktionspartner an diese Dreiphasengrenze.

Wenn sowohl der Brennstoff wie das Oxydationsmittel gasförmig sind, ist ein großer regelungstechnischer Aufwand erforderlich, um die Gasdrücke, die Strömungsgeschwindigkeiten, den Abtransport des gebildeten Wassers usw. zu steuern. Dadurch wird der Gewinn an Leistungsdichte weitgehend kompensiert [4.29].

Der Ersatz des Wasserstoffs durch flüssige Brennstoffe, der auch die Benutzung schwerer Stahlflaschen erübrigt, ist bisher im wesentlichen auf wasserlösliche Brennstoffe, Methanol und Hydrazin, beschränkt. Die anodische Oxydation des Methanols findet selbst unter Verwendung von Pt als Elektrokatalysator mit geringer Geschwindigkeit statt. Besonders aussichtsreich erscheint die Hydrazinbrennstoffzelle, wenn es gelingt, den Preis des Hydrazins beträchtlich zu senken, weil die Oxydation, als Bruttoreaktion geschrieben:

$$4\,OH' + N_2H_4 \rightleftharpoons N_2 + 4\,H_2O + 4e^- \qquad (4.8.36)$$

$$\varepsilon^0 = -1{,}16\ V$$

ohne Edelmetallkatalysatoren in alkalischer Lösung mit hoher Geschwindigkeit abläuft (Stromdichten bis zu 1 A/cm²). Die Kettenspannung liegt bei 1,2 V. Für den militärischen Einsatz sind bereits solche Batterien (1 kW-Einheiten) mit hoher Leistungsdichte entwickelt worden. Auch Methanolzellen werden für Anwendungsgebiete mit geringer Leistung über lange Zeit (Wartungsfreier Betrieb über mehrere Jahre, Leuchtbojen, Fernsehumsetzer) eingesetzt [4.21], [4.22], [4.27], [4.31].

Für die Stromversorgung und den Antrieb von Fahrzeugen scheinen in erster Linie Brennstoffelemente, die bei normalen oder mittleren Temperaturen arbeiten, aussichtsreich zu sein; deshalb ist ihre Entwicklung in den letzten Jahren intensiver betrieben worden als die von Hochtemperaturzellen. *Tab. 4.7* bietet einen Vergleich von konventionellen Batterien und Brennstoffzellen in bezug auf ihre spezifische Leistung.

Tabelle 4.7

Element		$W \cdot kg^{-1}$
Primärelemente:	$Zn \mid MnO_2$	4···5
	$Zn \mid HgO$	≈ 6
	$Zn \mid$ Luft	20
Akkumulatoren:	$Pb \mid PbO_2$	≈ 4,5
	$Ni \mid Cd$	3,5
	$Ag \mid Zn$	≈ 13
Brennstoffelemente:	$H_2 \mid O_2$	40···50
	$N_2H_4 \mid$ Luft	≈ 50
	$CH_3OH \mid$ Luft	0,1

Die Angaben der *Tab. 4.7* sind insofern nicht eindeutig, weil häufig nicht genau angegeben wird, was an Gewicht in die Berechnung der spezifische Leistung einbezogen ist.

5. Elektrochemische Kinetik

Wenn man unter dem Wort Kinetik alle Gebiete der Chemie zusammenfaßt, die Geschwindigkeiten bestimmen und ihre Abhängigkeit von den verschiedensten Parametern prüfen, dann gehört die Leitfähigkeit von Elektrolyten auch dazu, denn sie ist ja der Wanderungsgeschwindigkeit der Ionen im elektrischen Feld proportional. Da aber die elektrolytische Leitfähigkeit eine so typische und wichtige Eigenschaft vor allem der Elektrolytlösungen ist, hat man sie allgemein als besonderes Kapitel der Elektrochemie behandelt, und wir sind dieser Tradition gefolgt.

Wir behandeln jetzt die Geschwindigkeit der Reaktion von Ionen miteinander, insbesondere in Lösung, und die Umsetzung an den Elektroden bei Stromfluß. Im ersten Falle handelt es sich um die chemische Kinetik im homogenen System; es gelten dafür im Prinzip die gleichen Gesetze, die wir schon kennengelernt haben (s. *Band 1, Kap. 23.*). Allerdings ist die Kinetik homogener Ionenreaktionen bis vor einigen Jahren auf Vorgänge beschränkt gewesen, bei denen die Konzentrationsänderungen mit den üblichen Methoden gemessen werden konnten; dabei traten zum Teil Erscheinungen auf, die auf die Ladung der Reaktionspartner zurückzuführen sind und daher bei anderen homogenen Reaktionen nicht beobachtet werden. Ein großer Teil der Ionenreaktionen findet aber mit so hoher Geschwindigkeit statt, daß man sie lange Zeit als momentan verlaufend bezeichnet hat, ohne quantitative Aussagen über den Umsatz pro Sekunde machen zu können. Dazu mußten erst spezielle Verfahren, vor allem die Relaxationsmethoden, entwickelt werden. Sie haben generell einen Einblick in die Kinetik schneller Reaktionen ermöglicht und werden in ständig steigendem Maße auch für die Forschung auf dem Gebiet der homogenen Ionenreaktionen eingesetzt.

Die Kinetik der Elektrodenprozesse hat in den letzten 40 Jahren eine besonders intensive Bearbeitung erfahren. Lange Zeit hatte man geglaubt, daß die Geschwindigkeit der Elektrodenvorgänge bei der Elektrolyse (ähnlich wie die vieler heterogener Reaktionen an der Phasengrenze fest/flüssig) durch die Diffusion zum Ort der Reaktion (eben zur Phasengrenze) bestimmt wird, während der eigentliche Elektronenübergang mit so viel höherer Geschwindigkeit erfolgt, daß er auf den Gesamtverlauf keinen Einfluß hat. Daß dies nicht allgemein gültig sein kann, ergibt sich schon aus der starken Abhängigkeit der Entladung von Wasserstoffionen (bei gleichem Katodenpotential) vom Elektrodenmaterial. Von dieser auch technisch sehr wichtigen Elektrodenreaktion ausgehend, wurden Vorstellungen über den Mechanismus der Elektrodenprozesse entwickelt und Methoden zur Messung der Geschwindigkeit der Elektronenübergänge unabhängig von den Transportvorgängen ausgearbeitet (M. Volmer, A. Frumkin, K. F. Vetter). Dabei ist besonders günstig, daß die Geschwindigkeit der Bruttoreaktion sehr einfach und genau durch die Stromstärke gemessen werden kann. Allerdings ist die Stromdichte, d. h. die Geschwindigkeit pro Flächeneinheit, schon viel weniger genau anzugeben, weil man die wahre Oberfläche der Elektroden im allgemeinen nicht sehr genau kennt (Ausnahme Quecksilber). Außerdem ist schwer zu entscheiden, ob alle Bereiche der Oberfläche am Elektrodenprozeß teilnehmen und in welchen Teilschritten er abläuft. Die Forschung auf dem Gebiet der Elektrodenkinetik hat inzwischen einen enormen Umfang angenommen; oft wird sie schlechthin als elektrochemische Kinetik bezeichnet. Trotzdem ist es nur in wenigen Fällen gelungen, den Mechanismus der Elektrodenreaktion vollständig aufzuklären; selbst über die Entladung der H˙ besteht keine völlige Klarheit.

5.1. *Homogene Kinetik*

Wie schon bemerkt, gelten für homogene Ionenreaktionen im Prinzip dieselben kinetischen Gesetzmäßigkeiten wie für beliebige andere homogene Reaktionen. Bei den am meisten untersuchten Ionenreaktionen in Lösung treten in bezug auf die Gesamtbruttoreaktion Geschwindigkeitsgleichungen erster, zweiter und dritter Ordnung auf; die Reaktionsordnung in bezug auf einen bestimmten Reaktionsteilnehmer kann ebenfalls diese Werte annehmen (s. *Band 1, Kap. 23.1.2*). Die auf die Konzentrationen 1 normierte Geschwindigkeit, d. h. die Geschwindigkeitskonstante, nimmt wie bei anderen homogenen Reaktionen exponentiell mit der Temperatur zu (ARRHENIUS-Gleichung). Da aber die Reaktionspartner Ladungsträger sind, muß die COULOMBsche Wechselwirkung zwischen ihnen den Ablauf beeinflussen. Wenn man von der Stoßtheorie ausgeht, wird man erwarten, daß die Abstoßung gleichsinnig geladener Ionen ihren für die Reaktion erforderlichen Zusammenstoß hemmt, die Anziehung entgegengesetzt geladener Ionen ihn begünstigt. Tatsächlich sind praktisch alle langsam verlaufenden Ionenreaktionen entweder solche zwischen Kationen oder solche zwischen Anionen. Extrem rasch verlaufen praktisch nur Reaktionen zwischen entgegengesetzt geladenen Ionen.

Quantitativ kann man vom Standpunkt der Stoßtheorie aus die Wirkung der COULOMB-Energie auf folgende Weise berechnen. Zu der Aktivierungsenergie E_A' kommt noch die Energie, die notwendig ist, um die Ionen A (Ladungszahl z_A, Radius r_A) und die Ionen B (Ladungszahl z_B, Radius r_B) aus unendlicher Entfernung in den für die Reaktion nötigen Abstand d (während des Stoßes) zu bringen; wir bezeichnen sie mit E_C. Vor dem Zusammenstoß beträgt die COULOMB-Energie jedes Ions, die auch für die freie Überschußenthalpie und den Aktivitätskoeffizienten nach DEBYE-HÜCKEL verantwortlich ist (s. S. 86),

$$E_A = \frac{+z_A^2 \cdot e_0^2}{8\pi \cdot \varepsilon_0 \cdot \varepsilon \cdot r_A} \quad \text{und} \quad E_B = \frac{+z_B^2 \cdot e_0^2}{8\pi \cdot \varepsilon_0 \cdot \varepsilon \cdot r_B}. \tag{5.1.1}$$

ε — Dielektrizitätskonstante

Beim Zusammenstoß ist die Energie

$$E_{AB} = \frac{+e_0^2(z_A + z_B)^2}{8\pi \cdot \varepsilon_0 \cdot \varepsilon \cdot d}. \tag{5.1.2}$$

Die Differenz gibt die Energieänderung E_C

$$E_C = E_{AB} - E_A - E_B = \frac{+e_0^2}{8\pi \cdot \varepsilon_0 \cdot \varepsilon}\left[\frac{(z_A + z_B)^2}{d} - \frac{z_A^2}{r_A} - \frac{z_B^2}{r_B}\right]. \tag{5.1.3}$$

Die ARRHENIUS-Gleichung nimmt also damit die Form an:

$$k_r = s \cdot e^{-(E_{A'}+E_C)(RT)^{-1}}, \tag{5.1.4}$$

oder logarithmiert

$$\ln k_r = \ln s - \frac{E_{A'}}{RT} - \frac{E_C}{RT} = \ln s - \frac{E_{A'}}{RT} - \frac{e_0^2 \cdot N_0}{8\pi \cdot \varepsilon_0 \cdot \varepsilon \cdot RT}\left[\frac{(z_A + z_B)^2}{d} - \frac{z_A^2}{r_A} - \frac{z_B^2}{r_B}\right]. \tag{5.1.5}$$

Wenn wir die Geschwindigkeitskonstante ohne COULOMBsche Wechselwirkung mit k_0 bezeichnen:

$$\ln k_0 = \ln s - \frac{E_{A'}}{RT}, \tag{5.1.6}$$

dann erhalten wir für die Geschwindigkeitskonstante mit Wechselwirkung k_r

$$\ln k_r = \ln k_0 - \frac{e_0^2 \cdot N_0}{8\pi \cdot \varepsilon_0 \cdot \varepsilon \cdot RT}\left(\frac{(z_A + z_B)^2}{d} - \frac{z_A^2}{r_A} - \frac{z_B^2}{r_B}\right), \tag{5.1.7}$$

und wenn wir die Ionenradien und den des Stoßkomplexes näherungsweise gleichsetzen ($d \approx r_A = r_B$), vereinfacht sich (5.1.7) zu

$$\ln k_r = \ln k_0 - \frac{N_0 \cdot e_0^2 \cdot z_A \cdot z_B}{4\pi \cdot \varepsilon_0 \cdot \varepsilon \cdot RT}. \tag{5.1.8}$$

Praktisch zu demselben Ergebnis kommt man auch durch Anwendung der Theorie des aktivierten Komplexes (s. *Band 1, Kap. 23.2.5.*). Für die Geschwindigkeitskonstante gilt dann

$$k_r = \frac{kT}{h} \exp\left(\frac{-\Delta G^0_{\ddagger}}{RT}\right) \quad (\textit{Band 1}, 23.138).$$

Zur freien Aktivierungsenthalpie $\Delta G^0_{\ddagger}$ kommt noch die COULOMB-Energie im Abstand der Ionenladungen, die sie im aktivierten Komplex einnehmen (d).

$$G_K = \frac{N_0 \cdot e_0^2 \cdot z_A \cdot z_B}{4\pi \cdot \varepsilon_0 \cdot \varepsilon \cdot d} \quad \text{(auf ein Mol bezogen)}. \tag{5.1.9}$$

Für $\ln k_r$ können wir daher schreiben:

$$\ln k_r = \ln \frac{kT}{h} - \frac{\Delta G^0_{\ddagger}}{RT} - \frac{z_A \cdot z_B \cdot e_0^2 \cdot N_0}{4\pi \cdot \varepsilon_0 \cdot \varepsilon \cdot d \cdot RT} = \ln k_0 - \frac{N_0 \cdot e_0^2 \cdot z_A \cdot z_B}{4\pi \cdot \varepsilon_0 \cdot \varepsilon \cdot d \cdot RT}. \tag{5.1.10}$$

Gleichung (5.1.8) bzw. (5.1.10) stimmen insofern mit dem quantitativen Befund überein, als bei gleichsinniger Ladung der reagierenden Ionen die Geschwindigkeit durch die COULOMBsche Wechselwirkung herabgesetzt, bei entgegengesetzter Ladung exponentiell vergrößert wird. Quantitative Angaben lassen sich deswegen nicht machen, weil der Abstand der Ionen im Stoßkomplex (d) nicht bekannt ist. Der Logarithmus der Geschwindigkeitskonstanten sollte aber nach (5.1.8) der Dielektrizitätskonstanten des Mediums umgekehrt proportional sein. Durch Zusatz von organischen Lösungsmitteln zu wäßrigen Lösungen der Reaktionspartner hat man die Dielektrizitätskonstante verändert und Gleichung (5.1.8) in dieser Hinsicht bestätigt gefunden. Zum Beispiel wurde für die Reaktion:

$$S_2O_3'' + BrCH_2COO' \rightarrow S_2O_3CH_2COO'' + Br' \qquad (5.1.11)$$

bei Veränderung von ε durch Zusatz von Alkohol oder anderen organischen Lösungsmitteln die in *Abb. 5.1* dargestellte lineare Änderung von $\ln k_r$ mit $\frac{1}{\varepsilon}$ gefunden. Aus der Steigung der Geraden

$$\left[\frac{\partial \ln k_r}{\partial\left(\frac{1}{\varepsilon}\right)}\right]_{Tp} = \frac{-N_0 e_0^2 z_A z_B}{4\pi \cdot \varepsilon_0 \cdot \varepsilon \cdot d \cdot RT}$$

läßt sich d berechnen; im vorliegenden Fall wurde ein Wert von 0,51 nm gefunden.

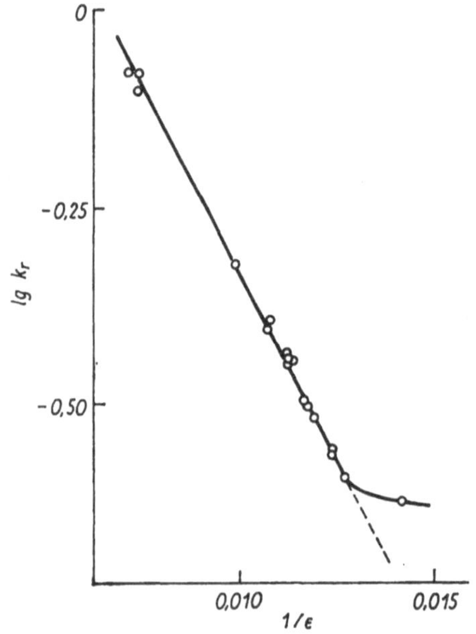

Abb. 5.1: Änderung von lg k_r mit $1/\varepsilon$

Nach (5.1.4) ist die Aktivierungsenergie für eine Ionenreaktion insgesamt $\Delta G^0_{\ddagger}$,

$$\Delta G^0_{\ddagger} = E_A' + \frac{N_0 \cdot e_0^2 \cdot z_A z_B}{4\pi \cdot \varepsilon_0 \cdot \varepsilon \cdot d}. \qquad (5.1.12)$$

Wenn man E_A' als temperaturunabhängig ansieht, so muß sich aus dem Temperaturkoeffizienten von $\Delta G^0_{\ddagger}$ nach

$$\left(\frac{\partial \Delta G^0_{\ddagger}}{\partial T}\right)_{p,\varepsilon} = -\Delta S^0_{\ddagger} \qquad (5.1.13)$$

die Aktivierungsentropie $\Delta S^0_{\ddagger}$ berechnen lassen, da in (5.1.12) nur ε temperaturabhängig und $\frac{\partial \varepsilon}{dT}$ mindestens für Wasser genau bekannt ist. Man erhält bei Verwendung der aus $\frac{\partial \ln k_r}{\partial\, 1/\varepsilon}$ erhaltenen Werte von d für alle Reaktionen mit Ionen gleichen Ladungssinns sehr stark negative Werte, z. B. für die Reaktion

$$S_4O_6'' + SO_3'' \rightarrow S_3O_6'' + S_2O_3'', \quad \Delta S^0_{\neq} = -167\ J \cdot K^{-1} \cdot mol^{-1}, \tag{5.1.14}$$

oder für:

$$2[Co(NH_3)_5Br]^{\cdot\cdot} + Hg^{\cdot\cdot} + 2\,H_2O \rightarrow 2[Co(NH_3)_5H_2O]^{3\cdot} + HgBr_2, \quad \Delta S^0_{\neq} = -167\ J \cdot K^{-1} \cdot mol^{-1}; \tag{5.1.15}$$

das bedeutet, daß die Aktionskonstante s sehr viel kleiner ist als $\frac{kT}{h}$ ($\approx 10^{13}$ bei Zimmertemperaturen). Zum Beispiel findet man experimentell für die Reaktion von Thiosulfat mit Sulfit $s = 2 \cdot 10^6$. Dagegen erhält man für Reaktionen entgegengesetzt geladener Ionen größere Werte für die Aktionskonstante als 10^{-3}, und daraus errechnet man in Übereinstimmung mit den nach (5.1.13) berechneten Werten positive Aktivierungsentropien (s. S. 266). Man deutet die stark negativen $\Delta S^0_{\neq}$-Werte durch die Erhöhung der Ladungsdichte und die damit verbundene Verdichtung der Hydrathülle im aktivierten Komplex (Elektrostriktion s. S. 125) bei gleichsinnig geladenen Ionen, die positiven $\Delta S^0_{\neq}$-Werte durch die Verminderung der Ladungsdichte im aktivierten Komplex entgegengesetzt geladener Ionen.

Vom Standpunkt der Stoßtheorie kann man natürlich die niedrige Aktionskonstante in dem einen Fall mit der Herabsetzung der Stoßzahl durch die Coulombsche Abstoßung, den starken Anstieg von s im anderen Fall durch die Zunahme der Stöße infolge der Coulombschen Anziehung der Ionen erklären.

5.1.1. Langsam verlaufende Ionenreaktionen

Wie schon hervorgehoben und begründet, verlaufen Reaktionen zwischen Ionen gleichen Ladungssinns relativ langsam. Wenn es sich um einfache Elektronenaustauschreaktionen handelt und nur zwei Ionen beteiligt sind, wie etwa

$$Cu^{\cdot} + Fe^{\cdot\cdot\cdot} \rightarrow Cu^{\cdot\cdot} + Fe^{\cdot\cdot}, \tag{5.1.16}$$

wenn also eine bimolekulare Reaktion vorliegt, ist die Geschwindigkeit immer noch relativ hoch. Wenn wir annehmen, daß der Anteil der Aktivierungsenergie, der ohne die Coulomb-Energie auftreten würde, sehr klein und daher zu vernachlässigen ist, kann man aus (5.1.9) die freie Aktivierungsenthalpie für wäßrige Lösungen ($\varepsilon_{H_2O} = 78{,}5$) unter der Annahme abschätzen, daß für kleine anorganische Ionen $d \approx 2 \cdot 10^{-8}$ cm gesetzt werden kann:

$$G_{\ddot{U}} \approx G^0_{\neq} \approx 8400 \cdot z_A \cdot z_B \cdot J \cdot mol^{-1}. \tag{5.1.17}$$

Für eine Reaktion zwischen Ionen mit $z_A = +1$, $z_B = +3$ würde sich also für $\Delta G^0_{\neq} = 25\,100\ J \cdot mol^{-1}$ ergeben. Die Geschwindigkeitskonstante einer Ionenreaktion vom Typ (5.1.16) hat dann einen Wert von

$$k_r \approx \frac{k \cdot T}{h} \cdot e^{-\frac{25\,100}{RT}} \tag{5.1.18}$$

oder bei 27 °C

$$\lg k_r \approx \lg k_0 - \frac{25\,100}{2{,}3 \cdot 8{,}3143 \cdot 300}. \tag{5.1.19}$$

Wenn wir $k_0 = \frac{kT}{h} \approx 10^{13}$ setzen, ergibt sich für lg k_r

$$\lg k_r \approx 13 - 4{,}4 = 8{,}6. \qquad (5.1.20)$$

Für die Geschwindigkeitskonstante k_r des Zerfalls des aktivierten Komplexes erhält man also etwa $4 \cdot 10^8\,\mathrm{s^{-1}}$, eine noch sehr hohe Geschwindigkeit. Die Geschwindigkeit der eigentlichen Reaktion erhält man durch Multiplikation mit den Konzentrationen der Reaktionspartner. Selbst bei einer Konzentration von 10^{-2} mol/l für $Cu^{\cdot}$ und $Fe^{\cdot\cdot\cdot}$ ergibt sich für die Geschwindigkeit v:

$$v = 4 \cdot 10^8 \cdot 10^{-2} \cdot 10^{-2} = 4 \cdot 10^4 \ (\mathrm{mol\,l^{-1}\,s^{-1}}),$$

ein Wert, der sich mit den üblichen Methoden der Konzentrationsbestimmung nicht mehr messen läßt.[1])

Man kann auch mit (5.1.13) die Aktivierungsentropie $\Delta S^0_{\ddagger}$ und mit $\Delta H^0_{\ddagger} = \Delta G^0_{\ddagger} + T\Delta S^0_{\ddagger}$ die Aktivierungsenthalpie bestimmen. Aus (5.1.9) und (5.1.13) erhält man für $\Delta S^0_{\ddagger}$

$$\Delta S^0_{\ddagger} = -\left(\frac{\partial \Delta G^0_{\ddagger}}{\partial T}\right)_p = \frac{N_0 \cdot e_0^2 \cdot z_A \cdot z_B}{4\pi \cdot \varepsilon_0 \cdot \varepsilon^2 \cdot d}\left(\frac{\partial \varepsilon}{\partial T}\right)_p$$
$$= \frac{N_0 \cdot e_0^2 \cdot z_A \cdot z_B}{4\pi\,\varepsilon_0 \cdot \varepsilon \cdot d}\left(\frac{\partial \ln \varepsilon}{\partial T}\right)_p \qquad (5.1.21)$$

und für $\Delta H^0_{\ddagger}$, immer unter der Voraussetzung, daß nur die COULOMB-Energie die Aktivierungsenergie bestimmt:

$$\Delta H^0_{\ddagger} = \frac{N_0 \cdot e^2 \cdot z_A \cdot z_B}{4\pi \cdot \varepsilon_0 \cdot \varepsilon \cdot d}\left[1 + T\left(\frac{\partial \ln \varepsilon}{\partial T}\right)_p\right]. \qquad (5.1.22)$$

Für Wasser ist in einem mittleren Temperaturbereich

$$\left(\frac{\partial \ln \varepsilon_{H_2O}}{\partial T}\right)_p = -4{,}6 \cdot 10^{-3}.$$

Damit ergibt sich aus (5.1.17) und (5.1.21)

$$\Delta S^0_{\ddagger} \approx -8400 \cdot 4{,}6 \cdot 10^{-3} \cdot z_A \cdot z_B \approx -38{,}5 \cdot z_A \cdot z_B \quad \mathrm{J \cdot K^{-1} \cdot mol^{-1}}. \qquad (5.1.24)$$

$\frac{kT}{h}$ ändert sich also um den Faktor $e^{-\frac{38{,}5 \cdot z_A \cdot z_B}{R}}$ (etwa 0,01, bei $z_A \doteq z_B = 1$), nimmt also bei Ionen mit gleichem Ladungssinn ab, bei entgegengesetztem Ladungssinn zu. Für die Reaktion (5.1.16) würde die Änderung der Aktionskonstanten gegenüber 10^{13}

---

[1]) Allerdings beruht diese Berechnung auf der willkürlichen Annahme, daß nur COULOMBsche Aktivierungsenergie vorliegt. Für die mit radioaktiv markiertem $Cu^{\cdot\cdot}$ neuerdings gemessene Geschwindigkeitskonstante der Reaktion:

$$Cu^{\cdot} + {}^{x}Cu^{\cdot\cdot} \rightarrow Cu^{\cdot\cdot} + {}^{x}Cu \qquad (5.1.23)$$

${}^{x}Cu^{\cdot\cdot}$: radioaktives Cu-Ion

wurde tatsächlich ein ähnlicher Wert erhalten ($0{,}5 \cdot 10^8\,\mathrm{l\,mol^{-1}\,s^{-1}}$ bei 25 °C, $\Delta G^0_{\ddagger} = 29266$ J).

demnach $e^{-\frac{38,5\cdot 3}{8,3143}} = 10^{-\frac{38,5\cdot 3}{19,148}} \approx 10^{-6}$ betragen. Wenn man aus (5.1.22) $\Delta H^0_{\ddagger}$ berechnet, dann erhält man auf der Grundlage des oben angegebenen Wertes $\left(\frac{\partial \ln \varepsilon_{H_2O}}{\partial T}\right)$ bei $T = 300$ K:

$$\Delta H^0_{\ddagger} \approx 8400 \cdot z_A \cdot z_B (1 - 4{,}6 \cdot 10^{-3} \cdot 300) \approx -3180 \cdot z_A \cdot z_B \quad \text{J} \cdot \text{mol}^{-1}. \quad (5.1.25)$$

Für die Reaktion (5.1.16) ergibt sich $\Delta H^0_{\ddagger} \approx -9546\,\text{J} \cdot \text{mol}^{-1}$. Damit folgt natürlich aus

$$k_r = \frac{kT}{h} \cdot e^{\left[\frac{\Delta S^0_{\ddagger}}{R}\right]} \cdot e^{\left[\frac{-\Delta H^0_{\ddagger}}{RT}\right]} \quad \text{(s. \textit{Band 1, Kap. 23.}; 23.140)}$$

wieder

$$k_r \approx 4 \cdot 10^8\,\text{s}^{-1}.$$

Eine negative Aktivierungsenthalpie ist insofern physikalisch sinnvoll, als das Gleichgewicht zwischen Ausgangsprodukten und aktiviertem Komplex eine exotherme Wärmetönung haben kann; eine Aktivierungsenergie im Sinne der Stoßtheorie kann keine negativen Werte annehmen (es sei denn, man läßt auch hier negative absolute Temperaturen zu; s. *Band 1*, S. 284). Aus dem Temperaturkoeffizienten des Logarithmus der Geschwindigkeitskonstanten berechnet man allerdings bei solchen Ionenreaktionen immer positive Aktivierungsenergien; mit der Temperatur nimmt aber auch immer die Stoßzahl zu. Für die Aktivierungsenergie der viel untersuchten Reaktion $Fe^{\cdot\cdot}/Fe^{\cdot\cdot\cdot}$ (s. S. 175) findet man aus der Temperaturabhängigkeit der experimentell bestimmten Geschwindigkeitskonstanten (bei 25 °C $k_r = 0{,}87 \cdot \text{mol}^{-1} \cdot \text{s}^{-1}$) den beträchtlichen Wert von 70,3 kJ · mol^{-1}. Aus (5.1.17) und (5.1.18) errechnet man dagegen für k_r einen Wert von $1{,}6 \cdot 10^4\,\text{l} \cdot \text{mol}^{-1} \cdot \text{s}^{-1}$. Schon bei bimolekularen Elektronenaustauschreaktionen vom Typ (5.1.16) oder (5.1.23) können also zusätzliche Reaktionshemmungen mit gegenüber der elektrostatischen Hemmung nach (5.1.17) stark vergrößerter Aktivierungsenergie auftreten.

Wenn die Reaktionen nicht wie (5.1.16) als bimolekulare Elementarprozesse verlaufen (das trifft für viele anorganische Ionenreaktionen zu), dann können ihre Geschwindigkeiten recht niedrig sein. So ist beispielsweise die Geschwindigkeit der Reaktion

$$Sn^{\cdot\cdot} + 2Fe^{\cdot\cdot\cdot} \rightarrow Sn^{4\cdot} + 2Fe^{\cdot\cdot} \quad (5.1.26)$$

bei Zimmertemperatur in schwefelsaurer Lösung sehr gering, weil sie als trimolekulare Reaktion zwischen Ionen gleichen Ladungssinns ablaufen muß. Man kann sie außerordentlich beschleunigen, wenn man der Lösung soviel HCl zusetzt, daß $SnCl_4''$ gebildet wird. Dann findet eine Umsetzung mit entgegengesetzt geladenen Ionen statt, und dadurch wird die Aktionskonstante stark vergrößert. Auch dann erfolgt aber die Reaktion nicht als trimolekularer Prozeß, sondern in zwei Stufen:

$$SnCl_4'' + Fe^{\cdot\cdot\cdot} \rightarrow Fe^{\cdot\cdot} + SnCl_4', \quad (5.1.27)$$

$$SnCl_4' + Fe^{\cdot\cdot\cdot} \rightarrow Fe^{\cdot\cdot} + Sn^{4\cdot} + 4Cl'. \quad (5.1.28)$$

Dabei ist (5.1.27) der geschwindigkeitsbestimmende, langsamere Schritt.

Die katalytische Wirkung der Cl′ beruht hier auf der Bildung eines anionischen Komplexes.

Ein anderes Beispiel dafür, daß Elektronenaustausch im Dreierstoß langsam erfolgt, ist die Oxydation von $Mn^{\cdot\cdot}$ zu $Mn^{4\cdot}$ mit $Ce^{4\cdot}$. Während $Fe^{\cdot\cdot}$ mit $Ce^{4\cdot}$ sehr rasch oxydiert wird:

$$Fe^{\cdot\cdot} + Ce^{4\cdot} \rightarrow Fe^{\cdot\cdot\cdot} + Ce^{\cdot\cdot\cdot}, \qquad (5.1.29)$$

erfolgt die Umsetzung

$$Tl^{\cdot} + 2Ce^{4\cdot} \rightarrow Tl^{\cdot\cdot\cdot} + 2Ce^{\cdot\cdot\cdot} \qquad (5.1.30)$$

sehr langsam. Man kann sie aber durch Zusatz von $Mn^{\cdot\cdot}$ stark beschleunigen, weil $Mn^{\cdot\cdot}$ selbst in zwei rasch verlaufenden bimolekularen Stufen zum $Mn^{4\cdot}$ oxydiert wird und dieses ebenfalls in einem bimolekularen Schritt $Tl^{\cdot}$ zu $Tl^{\cdot\cdot\cdot}$ oxydiert:

$$Mn^{\cdot\cdot} + Ce^{4\cdot} \rightarrow Mn^{\cdot\cdot\cdot} + Ce^{\cdot\cdot\cdot}, \qquad (5.1.31)$$

$$Mn^{\cdot\cdot\cdot} + Ce^{4\cdot} \rightarrow Mn^{4\cdot} + Ce^{\cdot\cdot\cdot}, \qquad (5.1.32)$$

$$Tl^{\cdot} + Mn^{4\cdot} \rightarrow Tl^{\cdot\cdot\cdot} + Mn^{\cdot\cdot}. \qquad (5.1.33)$$

Hier wirkt das $Mn^{\cdot\cdot}$ als echter homogener Katalysator. Die Halbwertszeit der Oxydation des $Tl^{\cdot}$ wird durch $Mn^{\cdot\cdot}$ von über 1000 Stunden auf 1 Stunde herabgesetzt.

Die homogene Katalyse des Elektronenaustausches spielt heute in der Katalyseforschung eine wichtige Rolle. Man stellt dabei fest, daß vor allem einfach geladene Kationen, die in ein um 1 Elektron ärmeres Ion übergehen können, z. B. $Cu^{\cdot}/Cu^{\cdot\cdot}$, $Ag^{\cdot}/Ag^{\cdot\cdot}$, andere Elektronenübergänge höher geladener Ionen zu katalysieren vermögen, z. B.

$$V^{\cdot\cdot\cdot} + Fe^{\cdot\cdot\cdot} \rightarrow V^{4\cdot} + Fe^{\cdot}. \qquad (5.1.34)$$

Möglicherweise wirkt sich hier die hohe Abstoßung der mehrfach geladenen Kationen hemmend aus. Aus (5.1.17) und (5.1.18) folgt z. B. für (5.1.34) $\lg k_r \approx 13 - 13 = 0$, $k_r \approx 1\ s^{-1}$, während sich für die Reaktion (5.1.16) $4 \cdot 10^8$ ergeben hatte und sich für

$$V^{\cdot\cdot\cdot} + Cu^{\cdot\cdot} \rightarrow V^{4\cdot} + Cu^{\cdot} \qquad (5.1.35)$$

$k_r \approx 10^4\ s^{-1}$ errechnet.

Für den Elektronenaustausch $Ce^{\cdot\cdot\cdot} \rightarrow Ce^{4\cdot}$ wurde ein Wert von $k_r \approx 1{,}1 \cdot 10^{-4}$ bei 25°C gefunden, während man nach (5.1.17) bzw. (5.1.18) $k_r \approx 3 \cdot 10^{-5}$ erhält.

Die Reaktion (5.1.30) wird auch durch $Ag^{\cdot}$ katalysiert, wobei man annimmt, daß folgende Stufen durchlaufen werden:

$$Ag^{\cdot} + Ce^{4\cdot} \rightarrow Ce^{\cdot\cdot\cdot} + Ag^{\cdot\cdot}, \qquad (5.1.36)$$

$$Ag^{\cdot\cdot} + Tl^{\cdot} \rightarrow Tl^{\cdot\cdot} + Ag^{\cdot}, \qquad (5.1.37)$$

$$Tl^{\cdot\cdot} + Ce^{4\cdot} \rightarrow Ce^{\cdot\cdot\cdot} + Tl^{\cdot\cdot\cdot}. \qquad (5.1.38)$$

Wenn man $Tl^{\cdot\cdot}$ als Zwischenstufe annimmt, wäre ein zweistufiger, bimolekularer Einelektronenübergang auch ohne $Ag^{\cdot}$ möglich. Wahrscheinlich spielt bei den Elektronenübergängen auch die Hydrathülle (bzw. Solvathülle) eine Rolle, da auch das Elektron Wasser anzulagern bestrebt ist und möglicherweise ***hydratisierte Elektronen*** eine Zwischenstufe darstellen. Da $Tl^{\cdot}$ nicht oder ganz schwach hydratisiert ist, könnten dadurch gegenüber einem sehr fest hydratisierten Ion wie $Ce^{4\cdot}$ Schwierigkeiten entstehen. Übrigens ist auch der Elektronenübergang indirekt über H_2O-Protonen diskutiert worden:

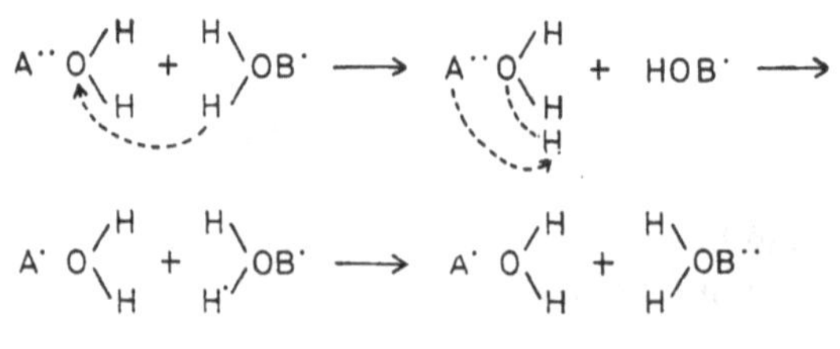

(5.1.39)

Ein solcher Mechanismus würde auch maßgeblich von der Hydrathülle der Ionen beeinflußt. Generell ist die homogene Katalyse von Ionenreaktionen ein noch wenig aufgeklärtes Gebiet der chemischen Kinetik.

Eine weitere Gruppe langsam verlaufender Ionenreaktionen sind solche, bei denen kein Elektronenaustausch, sondern ein Ligandenwechsel stattfindet. Ein genau untersuchtes Beispiel ist die umkehrbare Reaktion:

$$AsO_3^{3'} + TeO_4'' \underset{\overleftarrow{k}_2}{\overset{\overrightarrow{k}_2}{\rightleftharpoons}} AsO_4^{3'} + TeO_3''. \tag{5.1.40}$$

Selbst bei relativ hohen Temperaturen sind die Geschwindigkeitskonstanten in beiden Richtungen sehr klein. Bei 89,6 °C wurde für $\overrightarrow{k}_2$ ein Wert von $9 \cdot 10^{-7}$ (l mol^{-1} s^{-1}) und für $\overleftarrow{k}_2$ sogar nur $4 \cdot 10^{-10}$ (l mol^{-1} s^{-1}) bestimmt. Daraus ergibt sich übrigens in guter Übereinstimmung mit der thermodynamischen Gleichgewichtskonstanten ($2{,}4 \cdot 10^3$) ein Wert von $K = \frac{\overrightarrow{k}_2}{\overleftarrow{k}_2} = 2{,}2 \cdot 10^3$. Der Austausch des Sauerstoffs erfolgt hier offenbar so langsam, daß demgegenüber die Hemmung durch die gleichsinnige Ladung keine Rolle spielt. Ein anderes Beispiel ist die Reaktion (5.1.11) (s. S. 264). Hier findet zwar auch eine Ladungsänderung statt, aber der geschwindigkeitsbestimmende Prozeß ist der Substituentenaustausch in der Methylgruppe.

Wenn Ionenreaktionen sehr langsam verlaufen, dann ist nicht nur Coulombsche Abstoßung die Ursache, sondern der eigentlich geschwindigkeitsbestimmende Mechanismus stellt keinen einfachen Übergang eines Elektrons dar. In solchen Fällen findet man dann auch relativ hohe Aktivierungsenergien, z. B. aus $\overleftarrow{k}_2$ im Falle von (5.1.40) 60290 J. Aber die starke und weitreichende elektrostatische Energie übt auch dann noch auf die Geschwindigkeit einen spezifischen Einfluß aus, wie wir in *Kap. 5.14* sehen werden.

Der Mechanismus des Elektronenüberganges ist auch für den einfachen Austausch, z. B. $Fe^{\cdot\cdot}/Fe^{\cdot\cdot\cdot}$, nicht völlig geklärt. Die prinzipielle Schwierigkeit besteht darin, daß nur bei sehr geringem Abstand (0,4 nm) der beiden Ionen der Übergang mit nicht zu hoher Aktivierungsenergie möglich ist, daß aber andererseits diese Annäherung auf Grund des Coulombschen Gesetzes viel Energie erfordert. Zum Teil wird der Elektronenübergang quantenmechanisch behandelt; dem Elektron wird nicht die Eigenschaft eines selbständigen Teilchens zuerkannt, es werden demnach viele Zwischenzustände durchlaufen. Auch wenn man das Elektron als Teilchen behandelt, kommt man nur zu den dem experimentellen Befund ($E_A = 70{,}3$ kJ) entsprechenden Aktivierungsenergien bzw. Geschwindigkeiten, wenn man eine quantenmechanische Tunnelung durch die Energiebarriere annimmt. Wahrscheinlich spielt aber die Hydrathülle bei der Energieschwelle eine wichtige Rolle (K. J. Laidler, E. Sacher). Neben einer Energiebarriere für einen Teilschritt einer Ionenreaktion und der elektrostatischen Abstoßung kann aber noch ein weiteres Phänomen, das bei Reaktionen in Lösungen allgemein eine Rolle spielt, die Reaktion verzögern. Dieser Effekt beruht auf der gegenüber Gasen sehr geringen Diffusionsgeschwindigkeit in Flüssigkeiten (s. *Band 1*, S. 443). Wenn zwei reaktionsfähige Ionen (oder Moleküle) in der Gasphase zusammentreffen, so beträgt die Zeit ihrer Existenz als Stoßpaar nur $10^{-12} \ldots 10^{-13}$ s, in Flüssigkeiten dagegen $10^{-10} \ldots 10^{-11}$ s. Das rührt daher, daß die beiden Reaktionspartner, wenn sie ein Paar ($A-B$) gebildet haben, ja in der Flüssigkeit von einer großen Zahl Lösungsmittelmoleküle umgeben sind und sich aus diesem Käfig erst wieder entfernen können, wenn sie beide durch die Lösungsmittelwand hindurchdiffundieren. Für den Fall nun, daß die beiden Partner sehr schnell miteinander reagieren, kann dann eine Verzögerung eintreten, wenn die Rückreaktion mindestens ebenso schnell erfolgt wie die Abdiffusion aus dem Käfig. Dieser *Käfig-Effekt* (Franck—Rabinowitsch) spielt z. B. eine Rolle bei photochemischen Dissoziationsreaktionen, bei denen ein Molekül $A—B$ in die Radikale $A^{\cdot}$ und $B^{\cdot}$ gespalten wird

$$(A—B) \underset{\overleftarrow{k}_2}{\overset{h\nu}{\rightleftharpoons}} (A^{\cdot}B^{\cdot}) \tag{5.1.41}$$

und die Rekombination mit der Geschwindigkeitskonstanten $\overleftarrow{k}_2$ rascher erfolgt als die Abdiffusion aus dem Käfig. Man nennt diese Rekombination *primäre Rekombination*, im Gegensatz zu der Wiedervereinigung, nachdem die Radikale in der Lösung durch Diffusion verteilt sind und erneut zusammentreffen (*sekundäre Rekombination*). In der Gasphase tritt dieser Effekt wegen der viel geringeren Teilchendichte nicht auf. Bei Reaktionen in Lösung wird der Käfigeffekt auch nur dann eine Rolle spielen, wenn die Abdiffusion aus dem Käfig nicht schneller erfolgt als die Reaktion. Für die bisher behandelten Reaktionen von Ionen gleichen Ladungssinns wird er demnach keine Bedeutung haben, wohl aber für die extrem schnellen Reaktionen vieler Kationen mit Anionen, denen wir uns jetzt zuwenden.

5.1.2. *Schnell verlaufende Ionenreaktionen*

Nach (5.1.12) wird die Aktivierungsenergie einer Reaktion zwischen dem Ion A mit der Ladungszahl z_A und dem Ion B mit der Ladungszahl ($z_B < 0$) um den Betrag

$$\frac{-N_0 \cdot e_0^2 \cdot z_A \cdot z_B}{4\pi \cdot \varepsilon_0 \cdot \varepsilon \cdot d}$$

herabgesetzt, die Reaktion also entsprechend beschleunigt. Die meisten Reaktionen vom Typ:

$$\nu_+ A^{z_+\cdot} + \nu_- B^{z_-\prime} \rightleftharpoons A_{\nu_+}B_{\nu_-} \tag{5.1.42}$$

verlaufen deshalb mit so hoher Geschwindigkeit, daß diese nur mit speziellen Methoden, wie wir sie in *Band 1, Kap. 25* kurz behandelt haben, bestimmt werden kann. Wenn die entsprechenden Umsetzungen scheinbar relativ langsam verlaufen, so liegt das daran, daß andere für die Umsetzung nötige Teilschritte sehr viel langsamer ablaufen. Wenn z. B. bei der Titration einer Säure mit einer Base der Indikator oder das pH-Gerät nicht momentan den Zusatz des Titrationsmittels erkennen läßt, so ist nicht etwa die Geschwindigkeit der Reaktion:

$$H^{\cdot} + OH' \rightarrow H_2O \tag{5.1.43}$$

verantwortlich, sondern die Geschwindigkeit der homogenen Vermischung beider Lösungen. Oder wenn man aus einer verdünnten Lösung von $BaCl_2$ mit Na_2SO_4-Lösung $BaSO_4$ ausfällt und nicht sofort das Fällungsprodukt sieht, so erfolgt nicht etwa die Reaktion:

$$Ba^{\cdot\cdot} + SO_4'' \rightarrow BaSO_4 \tag{5.1.44}$$

langsam, sondern die Bildung und das Wachstum der Kristallkeime bis zur Erzeugung eines sichtbaren Niederschlags ist für die Verzögerung verantwortlich.

Fast alle Reaktionen vom Typ (5.1.42) bis (5.1.44), die man auch als Rekombinationsreaktionen ansehen kann, haben Geschwindigkeitskonstanten in der Größenordnung von 10^{10} l mol^{-1} s^{-1} und können daher mit konventionellen Methoden, die nur etwa bis zu k-Werten von 1 s^{-1} verwendbar sind, keinesfalls untersucht werden. Auch die früher besprochenen Strömungsmethoden (s. *Band 1, Kap. 25*) reichen nicht aus, da sie nur zu k-Werten von 10^3 bis 10^4 s^{-1} geeignet sind. Von den früher behandelten Relaxationsmethoden, bei denen durch einen Temperatur-, Druck- oder Spannungsschock das Gleichgewicht verschoben wird und damit z. B. in (5.1.43) neue $H^{\cdot}$ und $OH^{\cdot}$ gebildet werden, deren Rekombinationsgeschwindigkeit mit geeigneten Methoden gemessen wird, hat sich für die Messung der Reaktionsgeschwindigkeit entgegengesetzt geladener Ionen besonders das Verfahren, durch einen Spannungsimpuls die Dissoziation zu erhöhen, als geeignet erwiesen; es läßt sich für Reaktionen mit Geschwindigkeitskonstanten von 10^{10} bis 10^{11} s^{-1} verwenden (M. Eigen [5.47]). Auch andere Verfahren zur Messung sehr rascher Ionenreaktionen sind entwickelt worden, z. B. polarographische Methoden (s. S. 332). Noch höhere Geschwindigkeiten (bis zu $k = 10^{14}$ s^{-1}) können mit der Hochfrequenzspektroskopie, z. B. der Protonenrelaxationsmessung mit Kernresonanzmethoden (s. *Band 1, Kap. 28.3.*), aber auch mit Methoden der Kurzzeit-(nano-sekunden)-spektroskopie verschiedener Wellenlänge bestimmt werden.

Wir wollen uns darauf beschränken, die Messung der Rekombinationsgeschwindigkeit zweier Ionen entgegengesetzter Ladung $H^{\cdot}$ und A' mit Hilfe der Relaxationsmethode durch einen Spannungssprung kurz zu beschreiben[1]).

Wenn sich die beiden Ionen im Gleichgewicht mit dem Molekül HA befinden:

$$HA \underset{k_2}{\overset{k_1}{\rightleftharpoons}} H^{\cdot} + A' , \qquad (5.1.45)$$

so sind die Geschwindigkeiten von Hin- und Rückreaktion gleich; das Verhältnis ihrer Geschwindigkeitskonstanten $\frac{k_1}{k_2}$ ist aber um so größer, je größer die Gleichgewichtskonstante ist:

$$K_a = \frac{k_1}{k_2} = \frac{[H^{\cdot}] \cdot [A']}{[HA]} \qquad (5.1.46)$$

(Wir setzen so verdünnte Lösungen voraus, daß wir die Konzentrationen verwenden können, weil dann alle $f = 1$ sind). Erhöhen wir nun durch einen plötzlichen Impuls die Dissoziation, so wird das System nach Aufhebung des Impulses in seinen Ausgangszustand zurückkehren. Wenn durch den Impuls die Konzentration von HA den Wert $[HA]$ erreicht hat, die von $A'[A']$ und von $H^{\cdot}[H^{\cdot}]$, dann wird die Geschwindigkeit der Reaktion zur Wiederherstellung des Gleichgewichtszustandes nach uns bekannten Gesetzen für unvollständig verlaufende Reaktionen sein

$$\frac{d[HA]}{dt} = k_1[HA] - k_2[H^{\cdot}][A']. \qquad (5.1.47)$$

---

1) Im Prinzip läßt sich natürlich das Verfahren auf beliebige Kationen und Anionen oder ein beliebiges anderes Dissoziationsgleichgewicht anwenden. Auch wenn man einen anderen Impuls, (Temperatursprung, Schallabsorption und Druckstoß) anwendet, ist der Rechnungsgang im Prinzip derselbe.

Für das Gleichgewicht gilt natürlich

$$-k_2[\mathrm{H}^{\cdot}]_g\,[A']_g + k_1[\mathrm{H}A]_g = 0. \qquad (5.1.48)$$

Da der Impuls auf die gesamte Lösung wirkt, sind die Konzentrationsänderungen natürlich überall gleich, ein Mischungsvorgang ist nicht erforderlich. Wie wir gesehen haben, läßt sich der Dissoziationsgrad eines schwachen Elektrolyten durch eine hohe Spannung, die man an seine Lösung legt, vergrößern (Dissoziationsspannungseffekt s. S. 95). Wir bezeichnen die Konzentrationsänderung, die durch den Impuls hervorgerufen wird, mit $\Delta[\mathrm{H}A]$; dann können wir nach Einschalten der Spannung setzen:

$$[A'] = [A']_g + \Delta[\mathrm{H}A]; \quad [\mathrm{H}^{\cdot}] = [\mathrm{H}^{\cdot}]_g + \Delta[\mathrm{H}A] \quad \text{und}$$

$$[\mathrm{H}A] = [\mathrm{H}A]_g - \Delta[\mathrm{H}A]. \qquad (5.1.49)$$

Damit wird aus (5.1.47)

$$\frac{\mathrm{d}\Delta[\mathrm{H}A]}{dt} = k_1\big[[\mathrm{H}A]_g - \Delta[\mathrm{H}A]\big] + k_2\big[[\mathrm{H}^{\cdot}]_g + \Delta[\mathrm{H}A]\big]\,\big[[A']_g + \Delta[\mathrm{H}A]\big]. \qquad (5.1.50)$$

Da die Gleichgewichtsverschiebung $\Delta[\mathrm{H}A]$ durch den Impuls nur klein sein wird, können wir $\big[\Delta[\mathrm{H}A]\big]^2$ vernachlässigen, und da $k_1[\mathrm{H}A]_g - k_2[\mathrm{H}^{\cdot}]_g\,[A']_g$ nach (5.1.18) Null ist, setzen:

$$\frac{\mathrm{d}\Delta[\mathrm{H}A]}{dt} = -\Delta[\mathrm{H}A]\,\big[k_1 + k_2[A']_g + k_2[\mathrm{H}^{\cdot}]_g\big]. \qquad (5.1.51)$$

Je größer der konstante Klammerausdruck mit den Geschwindigkeitskonstanten auf der rechten Seite ist, um so rascher kehrt das System in den Gleichgewichtszustand zurück, um so kürzer ist also die Zeit (Relaxationszeit τ) bis zur Herstellung des Gleichgewichtes; wir setzen daher:

$$\big[k_1 + k_2[A']_g + k_2[\mathrm{H}^{\cdot}]_g\big]^{-1} \equiv \tau.^{1)} \qquad (5.1.52)$$

Damit vereinfacht sich (5.1.51) zu einer Geschwindigkeitsgleichung 1. Ordnung

$$\frac{\mathrm{d}\Delta[\mathrm{H}A]}{dt} = -\frac{\Delta[\mathrm{H}A]}{\tau} \qquad (5.1.53)$$

bzw.

$$\mathrm{d}\ln\Delta[\mathrm{H}A] = -\frac{dt}{\tau};$$

und integriert mit $\Delta[\mathrm{H}A]_0$ für $t = 0$

$$\ln\Delta[\mathrm{H}A] - \ln\Delta[\mathrm{H}A]_0 = -\frac{t}{\tau}$$

oder

$$\Delta[\mathrm{H}A] = \Delta[\mathrm{H}A]_0\, e^{-t/\tau}. \qquad (5.1.54)$$

---

1) Auf analoge Weise errechnet man die in *Band 1, Kap. 25.* angegebenen Gleichungen für die Relaxationszeiten anderer Reaktionen.

Die Relaxationszeit τ, definiert durch (5.1.52), gibt mithin die Zeit an, in der die Konzentrationsverschiebung von ihrem Anfangswert $\Delta[HA]_0$ auf den Wert $\frac{1}{e}\,\Delta[HA]_0$ absinkt.

Wenn wir im Falle eines Spannungsimpulses unter Anwendung des Dissoziationsspannungseffektes die elektrolytische Leitfähigkeit mit einem rasch anzeigenden Katodenstrahloszillographen verfolgen, so findet beim Abschalten der Spannung ein rascher Abfall der Leitfähigkeit wegen der Rekombination von $H^{\cdot}$ und A' statt; aus dem Verlauf dieses Abfalls kann man die Relaxationszeit τ berechnen. In *Abb. 5.2* sind die Rechteckspannungsimpulse mit der Dauer Θ und der Verlauf der Leitfähigkeit (als gestrichelte Kurve) dargestellt. Man sieht, daß beim Einschalten des Impulses die Leitfähigkeit steil zunimmt, weil mehr Moleküle in Ionen aufgespalten werden, der Dissoziationsgrad α nimmt zu; diese Zunahme ($\Delta\alpha$) ist um so größer, je länger die Dauer des Spannungsimpulses ist, die Leitfähigkeit nimmt aber auch schneller ab (M. Eigen). Wenn man aus dem Leitfähigkeitsabfall τ bestimmt hat und die Dissoziationskonstante K_a kennt, kann man k_2, also die Geschwindigkeitskonstante der Rekombination der Ionen, berechnen:

$$\tau = \langle k_2[K_a + [H^{\cdot}]_g + [A']]\rangle_g^{-1}. \qquad (5.1.55)$$

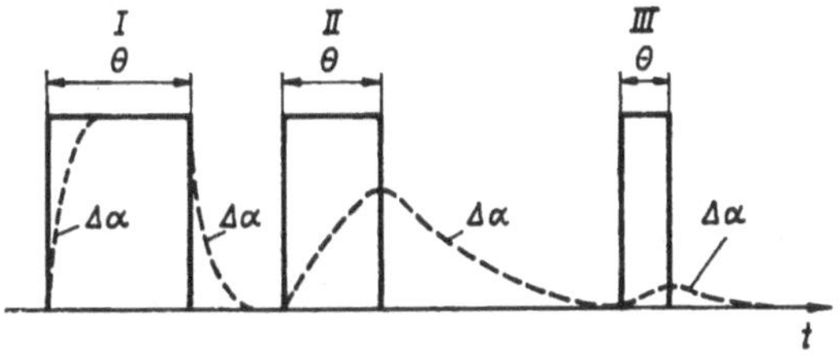

Abb. 5.2 · Rechteckspannungsimpulse und Verlauf der Leitfähigkeit

Für fast alle Reaktionen vom Typ (5.1.43) bis (5.1.45) wurden bei Zimmertemperatur Geschwindigkeitskonstanten zwischen 10^{10} und 10^{11} ($l\,mol^{-1}\,s^{-1}$) gefunden. Zum Beispiel erhielt Eigen mit der skizzierten Methode für die Reaktion:

$$H^{\cdot} + SO_4'' \rightarrow HSO_4' \qquad (5.1.56)$$

einen Wert von $10^{11}\,l\,mol^{-1}\,s^{-1}$. Nach einer Temperatursprungmethode wurde für die Neutralisationsreaktion in Wasser (5.1.43) bei 25 °C eine Relaxationszeit von $3{,}6 \cdot 10^{-5}$ s gefunden. Mit $K_a = \frac{K_W}{m_{H_2O}}$ errechnet man aus (5.1.55) für k_2 von (5.1.43) einen Wert von $1{,}4 \cdot 10^{11}\,l\,mol^{-1}\,s^{-1}$. Damit ist natürlich auch die Geschwindigkeitskonstante der Dissoziation des Wassers k_1 bekannt: $k_1 = K_a \cdot k_2 = 2{,}5 \cdot 10^{-5}\,s^{-1}$. Die Dissoziation ist also ein sehr langsam verlaufender Prozeß.

In *Tab. 5.1* sind einige Geschwindigkeitskonstanten sehr schneller Ionenreaktionen zusammengestellt, die meisten Werte wurden übereinstimmend nach verschiedenen Methoden erhalten.

Mit der Bestimmung der Geschwindigkeitskonstanten ist noch nichts über den Mechanismus solcher Reaktionen ausgesagt. Nach dem, was früher über die Verweilzeit von Teilchenpaaren und den Käfigeffekt gesagt wurde (s. S. 270), muß man aber damit rechnen, daß Reaktionen mit einer Geschwindigkeitskonstanten in der Größenordnung 10^{10} bis 10^{11} l mol^{-1} s^{-1} in Wirklichkeit von Transportvorgängen in der Lösung bestimmt werden (*diffusionskontrolliert*). Das hat sich für die behandelten Rekombinationsvorgänge in wäßrigen Lösungen ziemlich eindeutig nachweisen lassen.

P. Debye hat auf der Grundlage des Stokesschen Gesetzes für die Viskosität kugelsymmetrischer Teilchen zeigen können, daß die Geschwindigkeitskonstante von Protonenübergangsreaktionen mit den Diffusionskoeffizienten der Ionen D_A, D_B auf folgende Weise zusammenhängt:

$$k_L \approx \frac{N_0 \cdot e_0^2 \cdot z_A \cdot z_B \cdot (D_A + D_B)}{10^3 \cdot \varepsilon_0 \cdot \varepsilon \cdot kT \left[\exp\left(\frac{e_0^2 \cdot z_A \cdot z_B}{4\pi \cdot \varepsilon_0 \cdot \varepsilon \cdot kT \cdot \sigma}\right)\right]^{-1}}. \tag{5.1.57}$$

Dabei ist σ die Entfernung, bei der der Protonenübergang stattfindet; die Bedeutung der übrigen Symbole ist bekannt. Für σ wurde ein Wert von $7{,}5 \cdot 10^{-8}$ cm wahrscheinlich gemacht; wenn man diesen Wert und die Diffusionskoeffizienten von $H^{\cdot}$ und OH' $D_{H^{\cdot}} = 9{,}28 \cdot 10^5$, $D_{OH^{\cdot}} = 5{,}08 \cdot 10^5\ cm^2\ s^{-1}$ in (5.1.57) einsetzt, erhält man für die Konstante der Rekombinationsgeschwindigkeit von $H^{\cdot}$ und OH'

$$k_2 = 1{,}3 \cdot 10^{11}\ l\ mol^{-1}\ s^{-1}$$

in guter Übereinstimmung mit dem aus Relaxationsmessungen bestimmten Wert von $1{,}4 \cdot 10^{11}$ l $\times$ mol^{-1} s^{-1}, der nach neueren Messungen möglicherweise etwas niedriger liegt. Auch für eine Reihe anderer Reaktionen dieser Art wurde mit Hilfe der Gleichung (5.1.57) gezeigt, daß die gemessene Rekombinationsgeschwindigkeit diffusionskontrolliert ist.

Tabelle 5.1

Geschwindigkeitskonstanten schneller Ionenreaktionen

Reaktion		k_r (l mol^{-1} s^{-1}) 25°C
$H_3O^{\cdot} + OH'$	$\rightarrow 2H_2O$	$1{,}4 \cdot 10^{11}$
$H_3O^{\cdot} + F'$	$\rightarrow H_2O + HF$	$1 \cdot 10^{11}$
$H_3O^{\cdot} + SO_4''$	$\rightarrow H_2O + HSO_4'$	$1 \cdot 10^{11}$
$H_3O^{\cdot} + CH_3COO'$	$\rightarrow H_2O + CH_3COOH$	$4{,}5 \cdot 10^{10}$
$H_3O^{\cdot} + (CH_3)_3N$	$\rightarrow H_2O + (CH_3)_3NH^{\cdot}$	$2{,}5 \cdot 10^{10}$
$OH' + NH_4^{\cdot}$	$\rightarrow H_2O + NH_3$	$3{,}3 \cdot 10^{10}$
$OH' + CH_3NH_3^{\cdot}$	$\rightarrow H_2O + CH_3NH_2$	$3{,}7 \cdot 10^{10}$
$OH' + (CH_3)_3NH^{\cdot}$	$\rightarrow H_2O + (CH_3)_3N$	$1 \cdot 10^{10}$
$HVO_2^{\cdot\cdot} + Fe^{\cdot\cdot}$	$\rightarrow HVO_2^{\cdot} + Fe^{\cdot\cdot\cdot}$	$1{,}2 \cdot 10^5$
$V^{\cdot\cdot\cdot} + V^{\cdot\cdot\cdot\cdot\cdot}$	$\rightarrow 2V^{\cdot\cdot\cdot\cdot}$	$2 \cdot 10^3$ (pH = 1,25)
$e_{aq}^- + H_3O^+$	$\rightarrow H + H_2O$	$2 \cdot 10^{10}$
$e_{aq}^- + e_{aq}^-$	$\rightarrow H_2 + 2OH'$	$1 \cdot 10^{10}$

In *Tab. 5.1* sind auch sehr schnelle Reaktionen des hydratisierten Elektrons (e_{aq}^-) aufgeführt. Daß freie Elektronen in solvatisierter Form auftreten können, ist zunächst bei der Auflösung von Metallen (Na, K, Li) in flüssigem Ammoniak festgestellt worden, wo eine Reaktion

$$Me + xNH_3 \rightarrow Me(NH_3)_y^{\cdot} + e^-(NH_3)_z \tag{5.1.58}$$

stattfindet (C. H. Kraus 1907). Das solvatisierte Elektron konnte durch Messung der Lichtabsorption (Lösungen von Na in flüssigem NH_3 sind blaugefärbt), mit Leitfähigkeitsmessungen, der großen Volumenzunahme usw. nachgewiesen werden.

Hydratisierte Elektronen werden durch die Einwirkung kurzwelligen Lichtes oder ionisierender Strahlung auf wäßrige Lösungen erzeugt (der *G*-Wert ist etwa 1,7, s. *Band 1, Kap. 29*). Ihre Lebensdauer ist sehr gering, so daß ihr Nachweis, der vor allem spektroskopisch durchgeführt wurde (Absorptionsmaximum 720 nm), sehr schwierig war. In neutraler Lösung beträgt die Halbwertszeit etwa $2{,}3 \cdot 10^{-4}$ s, weil die Reaktionen:

$$e_{aq}^- + H_3O^+ \rightarrow H + H_2O \qquad k_2 = 2 \cdot 10^{10}\,l\,mol^{-1}\,s^{-1} \tag{5.1.59}$$

und

$$e_{aq}^- + e_{aq}^- + H_2 \rightarrow 2\,OH' \qquad k_2 = 1 \cdot 10^{10}\,l\,mol^{-1}\,s^{-1} \tag{5.1.60}$$

mit sehr hoher Geschwindigkeit ablaufen, aber auch die Reaktion

$$e_{aq}^- + H_2O(l) \rightarrow H + OH' \qquad k_2 = 16\,l\,mol^{-1}\,s^{-1} \tag{5.1.61}$$

wegen des hohen Angebots an Wassermolekülen die hydratisierten Elektronen rasch verbraucht. Man läßt deswegen einen Lichtblitz (*Blitzlichtphotolyse*) oder einen Impuls ionisierender Strahlung (γ-Strahlen, Elektronenstrahlen, *Pulsradiolyse*) auf eine Bestrahlungszelle fallen und mißt senkrecht dazu die Lichtabsorption in verschiedenen Zeitabständen vom Impuls. Man kann die Lebensdauer der e_{aq}^- beträchtlich vergrößern, indem man ihre Bildung in Gläsern vollzieht. Um in reinem Wasser nach:

$$H_2O(l) \rightarrow H^\cdot + OH + e_{aq}^- \tag{5.1.62}$$

e_{aq}^- zu erzeugen, braucht man γ-Strahlung; der *G*-Wert ist relativ niedrig. Mit kurzwelligem Licht kann man entweder aus Kationen, Anionen oder auch neutralen Molekülen e_{aq}^- mit unterschiedlicher Quantenausbeute nach:

$$Me^{Z\cdot} \xrightarrow{h\nu} Me^{(Z+1)\cdot} + e_{aq}^- \tag{5.1.63}$$

$$A^{Z'} \xrightarrow{h\nu} A^{(Z-1)'} + e_{aq}^- \tag{5.1.64}$$

$$M_{aq} \xrightarrow{h\nu} M_{aq}^\cdot + e_{aq}^- \tag{5.1.65}$$

erzeugen.

In *Tab. 5.2* sind für einige solche Reaktionen die wirksamen Wellenlängen und die Quantenausbeuten angegeben.

Durch diese verschiedenen Herstellungsmethoden war es auch möglich, die Eigenschaften dieses einfachsten Ions zu bestimmen. Die Äquivalentleitfähigkeit beträgt bei 25 °C etwa 170 $cm^2\,Val^{-1}\,Ohm^{-1}$; aus diesem relativ geringen Wert muß geschlossen werden, daß die negative Ladung in einem relativ großen Teilchen ($r = 0{,}25\cdots0{,}3$ nm) verteilt ist, der Diffusionskoeffizient beträgt $D = 4{,}5 \cdot 10^{-5}\,cm^2\,s^{-1}$. Die Hydratationsenthalpie:

$$e_g^- + H_2O(l) = e_{aq}^- \tag{5.1.66}$$

ist zu

$$H_{e^-}^{s0} = -159{,}5\,kJ \cdot mol^{-1}$$

Tabelle 5.2

Quantenausbeuten für die Abspaltung von Elektronen (e_{aq}^-) durch Lichtimpulse

Teilchen	Br′	Cl′	OH′	SO_4''	I′	$Fe(CN)_6^{4\prime}$	$Fe^{\cdot\cdot}$	C_6H_5OH
Wellenlänge (nm)	1849	1849	1849	1849	2537	2537	2537	2537
Quantenausbeute	0,34	0,43	0,11	0,71	0,23	0,67	0,06	0,025

berechnet worden, sie liegt also im Verhältnis zu der der meisten Ionen niedrig. Die Standardgalvanispannung des Vorgangs:

$$e_{aq}^{-} + H^{\cdot} \rightleftharpoons \frac{1}{2} H_2 \tag{5.1.67}$$

ist zu $-2{,}75$ V berechnet worden.

Das hydratisierte Elektron reagiert nicht nur mit dem Wasser und seinen Ionen sehr rasch (s. o.), sondern ist auch sonst sehr reaktionsfähig; es reduziert mit hoher Geschwindigkeit Kationen und Moleküle. In *Tab. 5.3* sind einige Beispiele mit den Geschwindigkeitskonstanten angegeben. Aus der Standardgalvanispannung des e_{aq}^{-} folgt, daß solche Metalle, deren Standardgalvanispannung noch negativer als $-2{,}75$ V liegt, zunächst nach:

$$Me + H_2O \rightarrow Me^{\cdot} + e_{aq}^{-} \tag{5.1.68}$$

mit Wasser hydratisierte Elektronen liefern, die in zweiter Stufe nach (5.1.67) Wasserstoff erzeugen.

Kalium- und Natriumamalgam ergeben tatsächlich bei der Reaktion mit Wasser hydratisierte Elektronen. Ihre Beteiligung bei Redoxvorgängen ist auch in bezug auf Elektronenübertragungsprozesse vom früher besprochenen Typ diskutiert worden [5.48].

Tabelle 5.3

Reaktion	Geschwindigkeits-konstante ($l\ mol^{-1}\ s^{-1}$)	nachgewiesen durch
$e_{aq}^{-} + Ag^{\cdot} \rightarrow Ag(s)$	$3 \cdot 10^{10}$	ESR-Spektrum
$e_{aq}^{-} + Zn^{\cdot\cdot} \rightarrow Zn^{\cdot}$	$1 \cdot 10^{9}$	Optisches Spektrum
$e_{aq}^{-} + Cd^{\cdot\cdot} \rightarrow Cd^{\cdot}$	$5 \cdot 10^{10}$	Optisches Spektrum
$e_{aq}^{-} + Fe(CN)_6''' \rightarrow Fe(CN)_6''''$	$5 \cdot 10^{10}$	Chemische Analyse
$e_{aq}^{-} + I_2 \rightarrow I_2'$	$5 \cdot 10^{10}$	Optisches Spektrum
$e_{aq}^{-} + O_2 \rightarrow O_2'$	$2 \cdot 10^{10}$	Optisches Spektrum
$e_{aq}^{-} + RCl \rightarrow R + Cl'$	$(1 \cdots 3) \cdot 10^{10}$	Cl′ durch Nephelometrie
z. B.		R = Radikal durch ESR-Spektrum
$e_{aq}^{-} + CHCl_3 \rightarrow CHCl_2 + Cl'$		
$e_{aq}^{-} + N_2O \rightarrow N_2 + O'$	$9 \cdot 10^{9}$	N_2-Gasanalyse
$(O' + H_2O \rightarrow OH' + OH)$		

5.1.3. *Reaktionen zwischen Ionen und Molekülen*

Einen Einfluß von Polkräften kann man auch auf die Geschwindigkeit von Ionen mit polaren Molekülen erwarten. Im allgemeinen wird sich der Dipol des Moleküls (μ) so orientieren, daß sein Ende, das entgegengesetzt geladen ist wie das Ion, diesem benachbart ist. Durch ungünstige Strukturen von Molekül oder Solvathülle des Ions kann allerdings diese Anordnung behindert werden. Wenn wir den Abstand zwischen Ion und Dipolende in der normalen Orientierung bei Bildung des aktivierten Komplexes mit d bezeichnen, die Ladungszahl des Ions mit z, so vermindert sich die freie Aktivierungsenthalpie der Reaktion zwischen Ion und Dipolmolekül um den Betrag:

$$\Delta G_{\ddagger e} = \frac{z e_0 \cdot \mu \cdot N_0}{4\pi \cdot \varepsilon_0 \cdot \varepsilon \cdot d^2}. \qquad (5.1.69)$$

Wenn wir Wasser als Lösungsmittel verwenden und ein Dipolmoment $\mu = 2$ D annehmen, dann ergibt sich für $\Delta G_{\ddagger e}$ mit den früher verwendeten Zahlenwerten:

$$\Delta G_{\ddagger e} = 1884 \cdot z \;\; \mathrm{J} \qquad \Delta S_{\ddagger e} = 8{,}37 \cdot z \;\; \mathrm{J \cdot K^{-1}}. \qquad (5.1.70)$$

Da dieser Effekt auf die Geschwindigkeitskonstante viel kleiner ist als der zwischen zwei Ionen, wird er oft durch andere Einflüsse, z. B. des Lösungsmittels oder spezifische nichtelektrostatische Einflüsse, überlagert. Wenn man die Dielektrizitätskonstante des Lösungsmittels durch Veränderung der Konzentration der einen Komponente in einem Gemisch zweier Lösungsmittel vermindert (z. B. Wasser—Dioxan), so sollte ln k_r der betreffenden Reaktion mit $\frac{1}{\varepsilon}$ ansteigen. Beim Vergleich von k_r in verschiedenen Lösungsmitteln mit unterschiedlicher DK läßt sich das meistens nicht feststellen, weil die unterschiedlichen Solvatationsverhältnisse die Wirkung der Polkräfte verdecken. Daher sind Voraussagen über die Veränderung der Reaktionsgeschwindigkeit durch die DK des Lösungsmittels bei Ion-Molekülreaktionen und erst recht bei Molekül-Molekülreaktionen kaum mit Sicherheit zu machen. Wesentlich kompliziertere Beziehungen als (5.1.69), die zusätzlich das Dipolmoment des aktivierten Komplexes berücksichtigen (J. G. Kirkwood), haben nicht weiter geführt. Dabei muß betont werden, daß die bisherigen Überlegungen nur die elektrostatischen Wechselwirkungen zwischen den Reaktionspartnern berücksichtigt haben, nicht die mit den übrigen Ionen der Lösung. Eine quantitative Berechnung dieses Einflusses auf die Reaktionsgeschwindigkeit von Ionenreaktionen ist höchstens bei niedrigen Ionenstärken möglich, bei denen noch die Debye-Hückel-Theorie angewendet werden kann.

5.1.4. *Salzeffekte bei homogenen Ionenreaktionen und Säure-Basenkatalyse*

Wenn wir davon ausgehen, daß die Reaktionen zwischen zwei oder mehreren Ionen bei Abwesenheit anderer Ionen und in so verdünnter Lösung, daß die Gesamtionenstärke praktisch Null ist, in ihrer Geschwindigkeit den in *Kap. 5.1.* abgeleiteten Beziehungen folgen, so kann man für eine Reaktion zwischen den Ionen A (Ladungszahl z_A) und B (Ladungszahl z_B) die Reaktionsgeschwindigkeit bei der endlichen Ionenstärke J wie folgt berechnen (J. N. Brönsted):

Wir nehmen an, daß die Reaktion über den aktivierten Komplex $M_{\ddagger}$ zu den Endprodukten C und D erfolgt:

$$A + B \rightarrow M_{\ddagger} \rightarrow C + D. \qquad (5.1.71)$$

Der Theorie des aktivierten Komplexes zufolge existiert ein Gleichgewicht

$$A + B \rightleftharpoons M_{\ddagger}. \qquad (5.1.72)$$

Bei der Formulierung der Gleichgewichtskonstanten müssen wir, da es sich um elektrisch geladene Partikel handelt, auch in verdünnten Systemen die Aktivitäten statt der Konzentrationen verwenden. Wir erhalten

$$K_a = \frac{a_{\neq}}{a_A \cdot a_B} = \frac{c_{\neq}}{c_A \cdot c_B} \cdot \frac{f_{\neq}}{f_A \cdot f_B}. \tag{5.1.73}$$

Die Reaktionsgeschwindigkeit ist der Konzentration des aktivierten Komplexes proportional. Es gilt

$$\frac{dc_C}{dt} = k' c_{\neq} = k' \cdot K_a \cdot c_A \cdot c_B \frac{f_A \cdot f_B}{f_{\neq}}. \tag{5.1.74}$$

Für die Geschwindigkeitskonstante ergibt sich daraus

$$k_r = k' \cdot K_a \cdot \frac{f_A \cdot f_B}{f_{\neq}} \quad \left(\text{weil } \frac{dc_C}{dt} = k_r \cdot c_A \cdot c_B\right). \tag{5.1.75}$$

$\frac{f_A \cdot f_B}{f_{\neq}}$ bezeichnet man nach BRÖNSTED auch als den kinetischen Aktivitätsfaktor.

In ideal verdünnten Lösungen nehmen die Aktivitätskoeffizienten den Wert eins an. Aus (5.1.75) erhält man daher für k_r bei $J = 0$

$$k_0 = k' \cdot K_a. \tag{5.1.76}$$

Man kann demnach für Gleichung (5.1.75) auch schreiben

$$k_r = k_0 \cdot \frac{f_A \cdot f_B}{f_{\neq}} \quad \text{bzw.} \quad \lg k_r = \lg k_0 + \lg \frac{f_A \cdot f_B}{f_{\neq}}. \tag{5.1.77}$$

Im DEBYE-HÜCKEL-Gebiet gilt

$$\lg f_i = -A z_i^2 \sqrt{J}.$$

Für den Logarithmus des kinetischen Aktivitätsfaktors ergibt sich dementsprechend

$$\lg \frac{f_A \cdot f_B}{f_{\neq}} = A \sqrt{J} \, (z_{\neq}^2 - z_A^2 - z_B^2). \tag{5.1.78}$$

Da

$$z_{\neq} = z_A + z_B\,^{1)} \tag{5.1.79}$$

ist, vereinfacht sich diese Beziehung zu

$$\lg \frac{f_A \cdot f_B}{f_{\neq}} = A \sqrt{J} \, (2 z_A \cdot z_B) \approx \sqrt{J} \, (z_A \cdot z_B), \tag{5.1.80}$$

denn die Konstante A hat bei Zimmertemperatur (20···25 °C) etwa den Wert 0,5.

Aus (5.1.77) und (5.1.80) ergibt sich schließlich

$$\lg k_r = \lg k_0 + z_A \cdot z_B \sqrt{J}, \tag{5.1.81}$$

$$k_r = k_0 \cdot 10^{z_A z_B \sqrt{J}} = k_0' \cdot e^{z_A z_B \sqrt{J}}. \tag{5.1.82}$$

Bei gleichsinnig geladenen Ionen A und B (z_A und z_B beide positiv oder beide negativ) müßte demzufolge die Geschwindigkeitskonstante und damit auch die Reaktions-

---

[1]) Bei negativen Ionen ist z negativ.

geschwindigkeit mit wachsender Ionenstärke zunehmen; umgekehrt wäre bei ungleichsinniger Ladung von A und B eine Abnahme der Geschwindigkeit zu erwarten. Diese Aussagen konnten, wie *Abb. 5.3* zeigt, sowohl qualitativ als auch quantitativ durch das Experiment bestätigt werden.

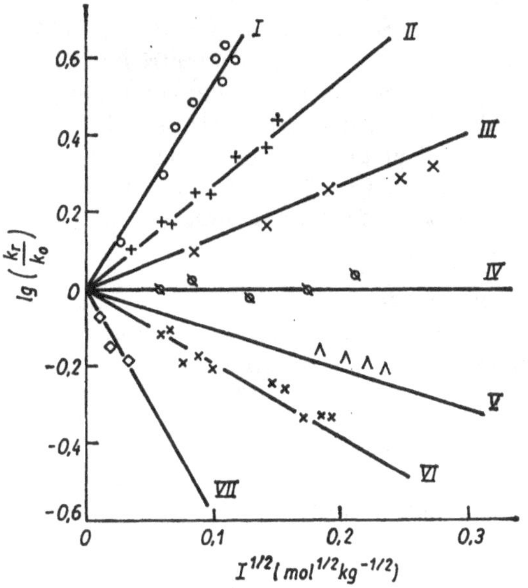

Abb. 5.3: Einfluß der Ionenstärke auf die Geschwindigkeit einiger Ionenreaktionen

I:	$[Co(NH_3)_5Br]^{\cdot\cdot} + Hg^{\cdot\cdot} + H_2O \rightarrow [Co(NH_3)_5(H_2O)]^{\cdot\cdot\cdot} + HgBr$	$z_A z_B = 4$
II:	$S_2O_8'' + 2I' \rightarrow 2SO_4'' + I_2$	$z_A z_B = 2$
III:	$[O_2N{=}N{-}COOC_2H_5I]' + OH' \rightarrow N_2O + CO_3'' + C_2H_5OH$	$z_A z_B = 1$
IV:	Saccharose + OH' → Glucose + Fructose	$z_A z_B = 0$
V:	$H_2O_2 + 2H^{\cdot} + 2Br' \rightarrow 2H_2O + Br_2$	$z_A z_B = -1$
VI:	$[Co(NH_3)_5Br]^{\cdot\cdot} + OH' \rightarrow [Co(NH_3)_5(OH)]^{\cdot\cdot} + Br'$	$z_A z_B = -2$
VII:	$Fe^{\cdot\cdot} + Co(C_2O_4)_3''' \rightarrow Fe^{\cdot\cdot\cdot} + [Co(C_2O_4)_3]^{4'}$	$z_A z_B = -6$

Aus Gleichung (5.1.82) geht hervor, daß auch Neutralsalzzusätze zur Reaktionslösung infolge der damit verbundenen Erhöhung der Ionenstärke die Geschwindigkeit von Ionenreaktionen beeinflussen. Die Veränderung der Reaktionsgeschwindigkeit von Ionenreaktionen durch Neutralsalze wird als *primärer Salzeffekt* bezeichnet. Er läßt sich natürlich durch Gleichung (5.1.82) nur dann quantitativ darstellen, wenn die DEBYE-HÜCKEL-Gleichung für lg f_i erfüllt ist. Bei höheren Ionenstärken treten nicht nur wegen der individuellen Unterschiede in den Aktivitätskoeffizienten, sondern auch wegen spezifischer, zum Teil katalytischer Einflüsse mancher Ionen oft ganz andere Abhängigkeiten von der Ionenstärke auf.

Der primäre Salzeffekt nach (5.1.82) bewirkt bei Zusatz ein-einwertiger Salze selten eine Änderung der Geschwindigkeitskonstanten um mehr als 4···5%; auch bei Zusatz mehrwertiger Salze erreicht sie kaum 10%. Sehr große Veränderungen der Geschwindigkeit können aber bei solchen Reaktionen in Lösung auch ohne direkte Beteiligung von Ionen durch die Veränderung der Katalysatorkonzentration bzw. -aktivität bei Zusatz von Elektrolyten hervorgerufen werden. Man bezeichnet solche in vielfacher Weise auftretende Wirkungen als *sekundäre Salzeffekte.*

Bei Reaktionen in wäßrigen Lösungen zwischen Molekülen sind häufig Ionen als Katalysatoren beteiligt und wirken oft schon in sehr kleinen Konzentrationen so stark beschleunigend, daß es schwierig ist, die unkatalysierte Reaktion zu untersuchen und damit ihren Mechanismus aufzuklären. Zum Beispiel beschleunigen schon 10^{-10} g $Cu^{\cdot\cdot}$ pro Liter die Oxydation von SO_2 durch gelösten Sauerstoff im Wasser um 30%, dabei handelt es sich um einen Kettenmechanismus mit Cu als Kettenträger (BÄCKSTRÖM). Man kann solche katalytischen Effekte zur Spurenbestimmung von Ionen verwenden. Die wichtigste Form der Ionenkatalyse von Reaktionen zwischen Molekülen (insbesondere organischen Verbindungen), vor allem in wäßrigen Lösungen, ist die *Säure-Basen*-Katalyse. Wir verstehen hier im Sinne von BRÖNSTED und LOWRY (s. S. 220) unter Säuren Protonendonatoren, unter Basen Protonenacceptoren und unterscheiden

+ *spezifische Säurekatalysen* (Protonendonatoren wirken vorzugsweise beschleunigend). Dazu gehören vor allem Hydrolysereaktionen, z. B. die hydrolytische Spaltung von Di- und Polysacchariden, von Ethern, Acetalen und die besonders empfindliche Abspaltung von N_2 aus Diazoessigester;

— *spezifische Basenkatalysen* (Protonenacceptoren wirken vorzugsweise beschleunigend). Als Beispiel seien die Spaltung des Nitramids $H_2N{-}NO_2$ in N_2O und H_2O, sowie viele Enolisierungsreaktionen genannt. Manche Reaktionen werden aber von Säuren und Basen beschleunigt:

Säure- und Basenkatalysen

Ein klassisches Beispiel dafür ist die Mutarotation[1]) verschiedener Zuckerarten, insbesondere der Glucose. Es hat sich aber gezeigt, daß bei sehr vielen Säurekatalysen im Bereich hoher Salzkonzentrationen auch das Anion als Base katalytisch wirkt.

In besonderem Maße haben sich die Ionen des Wassers ($H^{\cdot}$ und OH') als katalytisch wirksam erwiesen. Da nun bei schwachen Säuren und Basen die $H^{\cdot}$- bzw. OH'-Konzentration durch Salzzusatz stark verändert werden kann (infolge Zurückdrängung der Dissoziation), wurden hier sehr häufig sekundäre Salzeffekte beobachtet; außerdem kann natürlich die Aktivität aller an der Reaktion beteiligten Ionen stark verändert werden und, da sie, nicht aber die Konzentration, in die Geschwindigkeitsgleichung eingeht, damit auch die Geschwindigkeit erheblich beeinflussen.

Bei den ersten Untersuchungen z. B. von WILHELMY über die Inversion des Rohrzuckers zu Glucose und Fructose war angenommen worden, daß nur die Wasserstoffionen als Katalysatoren bei hydrolytischen Reaktionen wirksam sind. Es stellte sich aber heraus, daß auch das undissoziierte Säuremolekül als BRÖNSTEDsche Säure katalytisch wirksam ist und in manchen Fällen auch das Wasser. Das ergab sich schon daraus, daß bei vollständiger Unterdrückung der Dissoziation einer schwachen Säure durch Salzzusatz immer noch ein katalytischer Effekt übrig blieb. Für eine reine Säure-

---

[1]) Unter Mutarotation versteht man den Übergang eines zyklischen Kohlehydrats in ein anderes isomeres Kohlehydrat, z. B. α-Glucose in β-Glucose (zyklische Isomerisierung).

katalyse müßte die Geschwindigkeit v der Umsetzung eines Substrates S bei Gegenwart verschiedener BRÖNSTED-Säuren folgender Beziehung folgen

$$v = k_0[S] + \sum_{A}^{J} k_{\mathrm{H}}\,[\mathrm{H}^{\cdot}]\,[S]; \tag{5.1.83}$$

hierbei ist k_0 die Geschwindigkeitskonstante für die unkatalysierte Reaktion, k_A bis k_J sind die Katalysenkonstanten der verschiedenen Säuren A bis J, wobei für jeden Wert von $k_{\mathrm{H}^{\cdot}}[\mathrm{H}^{\cdot}]$ eine neue Konstante gesetzt werden kann, da ja die Konzentration jeder Katalysatorsäure konstant bleiben muß. Bei einer schwachen Säure HA, die die Katalysenkonstante $k_{\mathrm{H}A}$ hat, die Wasserstoffionen die Katalysenkonstante $k_{\mathrm{H}^{\cdot}}$, gilt demnach:

$$v = k_0[S] + k_{\mathrm{H}}\,[\mathrm{H}^{\cdot}]\,[S] + k_{\mathrm{H}A}[\mathrm{H}A]\,[S] \tag{5.1.84}$$

bzw. für die Geschwindigkeitskonstante der Gesamtreaktion $\frac{v}{[S]} = k$

$$k = k_0 + k_{\mathrm{H}^{\cdot}}[\mathrm{H}^{\cdot}] + k_{\mathrm{H}A}[\mathrm{H}A]. \tag{5.1.85}$$

Wenn es sich um eine Säure-Basen-Katalyse handelt, also auch die Basen katalytisch wirken, dann erhält man für die Geschwindigkeitskonstante einer wäßrigen Lösung der Säure HA (evtl. mit ihrem Salz), da nun noch A' und OH′ als Basen zu berücksichtigen sind,

$$k = k_0 + k_{\mathrm{H}^{\cdot}}[\mathrm{H}^{\cdot}] + k_{\mathrm{H}A}[\mathrm{H}A] + k_{A'}[A'] + k_{\mathrm{OH}'}[\mathrm{OH}']. \tag{5.1.86}$$

Durch geeignete Wahl der Versuchsbedingungen, die mindestens 3 der Summanden zu vernachlässigen gestatten, kann man die einzelnen Katalysenkonstanten bestimmen.

Die Tatsache, daß bei Zusatz des Salzes zur Lösung einer schwachen Säure die Geschwindigkeit vieler Reaktionen wieder ansteigt, obwohl doch in (5.1.85)

$$[\mathrm{H}^{\cdot}] + [\mathrm{H}A] = m_{\mathrm{H}A} = \alpha \cdot m_{\mathrm{H}A} + (1 - \alpha)$$

$m_{\mathrm{H}A}$ konstant sein und daher bei vollständiger Unterdrückung der Dissoziation ein Grenzwert erreicht werden müßte, beweist, daß die Anionen als Basen ebenfalls katalytisch wirken.

Auf Grund der meist beobachteten gleichzeitigen Katalysewirkung von Säuren und Basen kann man generell als Zwischenprodukt der katalytischen Stufenreaktion ein durch Protonenaufnahme (Säurekatalyse) oder -abgabe (Basenkatalyse) des Substratmoleküls S entstandenes Molekül ansehen; aus diesem Zwischenprodukt entsteht dann das Endprodukt (P) unter Protonenabgabe an eine Base B oder -aufnahme von einer Säure HA, wie folgendes Schema zeigt:

Säurekatalyse

$$\left.\begin{aligned} S + \mathrm{H}A &\underset{\overleftarrow{k_2}}{\overset{\overrightarrow{k_2}}{\rightleftharpoons}} S\mathrm{H}^{\cdot} + A' \\ S\mathrm{H}^{\cdot} + \mathrm{H_2O} &\xrightarrow{k_2'} P + \mathrm{H_3O}^{\cdot} \end{aligned}\right\} \text{Protolytischer Mechanismus}$$

$$\left.\begin{aligned} S + \mathrm{H}A &\underset{\overleftarrow{k_2}}{\overset{\overrightarrow{k_2}}{\rightleftharpoons}} S\mathrm{H}^{\cdot} + A' \\ S\mathrm{H}^{\cdot} + A' &\xrightarrow{k_2'} P + \mathrm{H}A \end{aligned}\right\} \text{Prototroper Mechanismus}$$

Basenkatalyse

$$\left.\begin{aligned} SH + B &\underset{\overleftarrow{k}_3}{\overset{\overrightarrow{k}_3}{\rightleftharpoons}} S' + BH^{\cdot} \\ S' + H_2O &\xrightarrow{k_3'} P + OH' \end{aligned}\right\} \text{Protolytischer Mechanismus}$$

$$\left.\begin{aligned} SH + B &\underset{\overleftarrow{k}_3}{\overset{\overrightarrow{k}_4}{\rightleftharpoons}} S' + BH^{\cdot} \\ S' + BH^{\cdot} &\xrightarrow{k_3'} P + B \end{aligned}\right\} \text{Prototroper Mechanismus}$$

Wenn man für den Zwischenstoff $SH^{\cdot}$ das Stationaritätsprinzip (s. *Band 1*, S. 479) anwendet, dann erhält man bei niedrigen Konzentrationen von Substrat und Säure, wie man sich leicht überzeugt, für $[SH^{\cdot}]$ im Falle, daß H_2O als Protonenacceptor wirkt (Protolytischer Mechanismus),

$$[SH^{\cdot}] = \frac{\overrightarrow{k}_2[S]_0\,[HA]_0}{\overleftarrow{k}_2[A'] + k_2'} \tag{5.1.87}$$

und damit für die Geschwindigkeit der Bildung des Produktes

$$v = k_2' \cdot [SH^{\cdot}] = \frac{k_2' \cdot \overrightarrow{k}_2[S]_0\,[HA]_0}{\overleftarrow{k}_2[A'] + k_2'}, \tag{5.1.88}$$

wobei $[S]_0$ bzw. $[HA]_0$ die Anfangskonzentrationen des Substrats bzw. der Säure HA sind.

Im Falle, daß die Base A' als Protonenacceptor wirkt (Prototroper Mechanismus), erhält man für v

$$v = \frac{k_2' \cdot \overrightarrow{k}_2[S]_0\,[HA]_0}{(\overleftarrow{k}_2 + k_2')\,[A]}. \tag{5.1.89}$$

Die Gleichungen vereinfachen sich, wenn man im Nenner von (5.1.88) bzw. (5.1.89) eine der Konstanten vernachlässigen kann, weil sie viel kleiner ist als die andere:

1. $\overleftarrow{k}_2[A'] \gg k_2'$ (Arrheniusscher Zwischenstoff)

$$v = \frac{\overrightarrow{k}_2}{\overleftarrow{k}_2}\,k_2'\,\frac{[S]_0\,[HA]_0}{[A']}. \tag{5.1.90}$$

Wenn man die Dissoziationskonstante einführt

$$K_a \approx \frac{[A'][H^{\cdot}]}{[HA]_0}, \tag{5.1.91}$$

erhält man in diesem Fall für die Geschwindigkeit v

$$v = \frac{\overrightarrow{k}_2}{\overleftarrow{k}_2} \cdot \frac{k_2'}{K_a}\,[S_0]\,[H^{\cdot}] = k''[S]_0\,[H^{\cdot}]. \tag{5.1.92}$$

Die Geschwindigkeit der katalysierten Reaktion ist also von der ersten Ordnung in bezug auf das Substrat und der Wasserstoffionenkonzentration proportional.

2. $k_2' \gg \overleftarrow{k_2}[A']$ (van't Hoffscher Zwischenstoff)
Protolytischer Mechanismus

$$v = \overrightarrow{k_2}[S]_0 \cdot [\mathrm{H}A]_0. \tag{5.1.93}$$

Auch in diesem Fall erhält man für den protolytischen Mechanismus eine Reaktion erster Ordnung in bezug auf das Substrat und Proportionalität der Geschwindigkeit mit der Säurekonzentration. Im Falle eines prototropen Mechanismus erhält man unter Berücksichtigung von (5.1.91)

$$v = \frac{\overrightarrow{k_2}}{K_a} \cdot [S]_0 \cdot [\mathrm{H}^\cdot], \tag{5.1.94}$$

also eine analoge Beziehung wie für den Arrhenius-Zwischenstoff.

Wenn ein großer Überschuß von Säure vorliegt, dann wird ein merklicher Teil des Substrats im Zwischenstoff gebunden. Die Konzentration des freien Substrats ist dann nicht mehr gleich der Anfangskonzentration, sondern:

$$[S] = [S_0] - [S\mathrm{H}^\cdot],$$

und durch Anwendung des Stationaritätsprinzips erhält man für $[S\mathrm{H}^\cdot]$ im protolytischen Mechanismus

$$[S\mathrm{H}^\cdot] = \frac{\overrightarrow{k_2}[S]_0\,[\mathrm{H}A]_0}{\overleftarrow{k_2}[A'] + k_2' + \overrightarrow{k_2}[\mathrm{H}A]_0}. \tag{5.1.95}$$

Daraus folgt

1. im Fall $\overleftarrow{k_2} \gg k_2'$ (Arrhenius)

$$v = \frac{\overrightarrow{k_2}k_2'[S]_0\,[\mathrm{H}A]_0}{\overleftarrow{k_2}[A'] + \overrightarrow{k_2}[\mathrm{H}A]_0} = \frac{\overrightarrow{k_2}k_2'[S]_0\,[\mathrm{H}^\cdot]}{\overleftarrow{k_2} \cdot K_a + \overrightarrow{k_2}[\mathrm{H}^\cdot]}. \tag{5.1.96}$$

Das heißt, bei Überschuß von Säure und Bildung eines Arrheniusschen Zwischenstoffes erreicht man mit sinkendem pH-Wert einen Grenzwert der Geschwindigkeit; nämlich wenn $\overleftarrow{k_2} \cdot K_a$ gegen $\overrightarrow{k_2}[\mathrm{H}^\cdot]$ vernachlässigt werden kann.

2. Im Fall $k_2' \gg \overleftarrow{k_2}$ und $\overrightarrow{k_2}$ (Van't Hoff)

$$\text{wird } v = \overrightarrow{k_2}[S]_0\,[\mathrm{H}A]_0 \tag{5.1.97}$$

wie bei niedrigen Konzentrationen von HA.

Liegt ein prototroper Mechanismus vor, so wird, wie hier nicht näher gezeigt werden soll, auch im Fall 1. kein Grenzwert der Geschwindigkeit erreicht, weil mit zunehmender Säurekonzentration auch $[A']$ wächst und $v[A']$ proportional wird:

$$v = \frac{\overrightarrow{k_2} \cdot k_2'[S]_0\,[\mathrm{H}A]_0}{\overleftarrow{k_2} + k_2' + \overrightarrow{k_2}[\mathrm{H}A]_0 \cdot [A']^{-1}}. \tag{5.1.98}$$

Analoge Beziehungen lassen sich auch für die Basenkatalyse ableiten, wie man aus den Reaktionsgleichungen erkennt. Eingehende Untersuchungen über die Katalyse der Wasserstoffionen stammen von R. P. BELL [5.44], [5.46].

Bei einer Säurekatalyse wirken am stärksten die Säuren mit der größten Tendenz, Protonen abzugeben; folglich ist zu erwarten, daß die Katalysenkonstanten von Säurekatalysen $k_{r,a}$ eine Funktion der Dissoziationskonstanten K_a der betreffenden Säure sind. BRÖNSTED und PEDERSEN haben festgestellt, daß folgender Zusammenhang für einen großen Bereich der Dissoziationskonstanten (15 Zehnerpotenzen) Gültigkeit hat:

$$k_{r,a} = C_a \cdot K_a^{\alpha} \tag{5.1.99}$$

bzw.

$$\lg k_{r,a} = \lg C_a + \alpha \cdot \lg K_a. \tag{5.1.100}$$

C_a ist eine Konstante, der Wert des konstanten Exponenten α in (5.1.99) ist kleiner als 1.

Eine analoge Beziehung gilt auch für die Katalysenkonstante von Basenkatalysen $k_{r,b}$

$$k_{r,b} = C_b \cdot K_b^{\beta} = C_b \cdot K_a^{-\beta}, \tag{5.1.101}$$

$$\lg k_{r,b} = \lg C_b - \beta \lg K_a. \tag{5.1.102}$$

Auch hier ist der Exponent β immer kleiner als 1. Wenn die Säure mehrere Protonen (p) abzugeben vermag (mehrbasische Säuren) oder die Base mehrere Protonen (q) aufnehmen kann (mehrsäurige Basen), nehmen (5.1.99) bzw. (5.1.101) die Form an:

$$\frac{k_{r,a}}{p} = G_a \left(\frac{qK_a}{p}\right)^{\alpha} \tag{5.1.103}$$

bzw.

$$\frac{k_{r,b}}{q} = G_b \left(\frac{p}{qK_a}\right)^{\beta}. \tag{5.1.104}$$

In *Abb. 5.4* ist $\lg k_{r,a}$ für die Hydrolyse von Ethylorthoacetat [$(C_2H_5O)_3C-CH_3$] durch verschiedene Säuren gegen $\lg K_a$ dieser Säuren aufgetragen. Man sieht, daß die BRÖNSTEDsche Beziehung über eine Änderung von K_a um etwa 10^{16} einigermaßen erfüllt ist. *Abb. 5.5* zeigt die Gültigkeit der BRÖNSTED-Gleichung für die katalytische

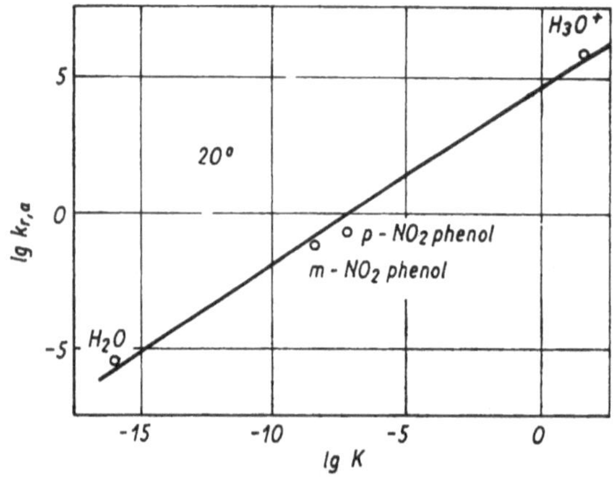

Abb. 5.4: Säurekatalyse von Ethylorthoacetat

Nitramidspaltung durch verschiedene Anionen als Basen, deren Basenkonstante $\left(\frac{1}{K_a}\right)$ logarithmisch als Abszisse aufgetragen ist:

$$H_2N-NO_2 \rightarrow N_2O + H_2O. \tag{5.1.105}$$

In diesem Fall beträgt für diese Basenanionen $C_b = 7{,}2 \cdot 10^{-5}$, $\beta = 0{,}80$. Dagegen wurde für ungeladene Basen, wie Wasser, Anilin usw., $C_b = 1{,}70 \cdot 10^{-4}$, $\beta = 0{,}75$ gefunden.

Für den gleichen Reaktionstyp (z. B. Verseifungen) von organischen Verbindungen, die sich nur durch verschiedene Substituenten unterscheiden, folgen für die Geschwindigkeitskonstanten Gleichungen vom Typ:

$$\lg k_r = \lg k_{r_0} + \sigma \cdot \varrho. \tag{5.1.106}$$

k_{r_0} ist dabei die Geschwindigkeitskonstante der unsubstituierten Verbindung (z. B. Benzoesäureethylester), σ ist die Konstante, die dem Substituenteneinfluß Rechnung trägt und ϱ ist eine für die Reaktion typische Konstante (Reaktionskonstante). L. P. Hammett hat eine solche Gleichung für verschiedene Reaktionen substituierter Benzoesäuren (Esterverseifung in verschiedenen Medien) sowie aromatischer Amine gefunden (Hammett-Gleichung). Eine entsprechende Gleichung mit anderen Konstanten gilt nach R. W. Taft für einige Reaktionen aliphatischer Verbindungen (Taft-Gleichung). Für die Verseifung der Benzoesäureester durch Basen in 60%igem Aceton ist z. B. $\varrho = 2{,}400$, durch Säuren in 60%igem Ethanol 0,144. Unabhängig davon beträgt der Einfluß der Methylgruppe in Metastellung $\sigma = -0{,}07$, in Parastellung $\sigma = -0{,}17$, der Nitrogruppe in Metastellung $\sigma = +0{,}71$, in Parastellung $\sigma = +0{,}78$.

Für die Dissoziationskonstanten der betreffenden Säuren (z. B. substituierte Benzoesäuren) gilt nach Hammett eine entsprechende Gleichung

$$\lg k_r = \lg K_{a_0} + \sigma\varrho'. \tag{5.1.107}$$

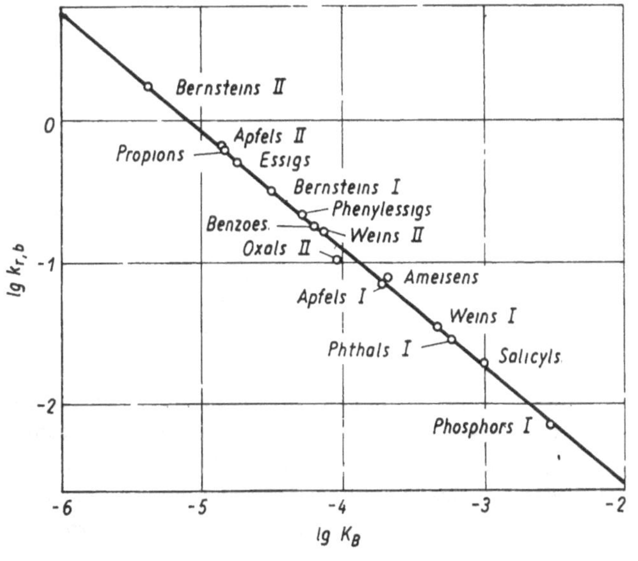

Abb. 5.5: Basenkatalyse der Nitramidspaltung durch Anionen

Der Substituentenfaktor σ ist etwa der gleiche. K_{a_0} ist die Dissoziationskonstante der unsubstituierten Säure. Durch Umformen und Subtraktion von (5.1.106) und (5.1.107) erhält man

$$\frac{1}{\varrho} \lg k_r - \frac{1}{\varrho'} \lg K_a = \frac{1}{\varrho} \lg k_{r_0} - \frac{1}{\varrho'} \lg K_{a_0} = \text{konst.} \tag{5.1.108}$$

oder

$$\lg \frac{k_r^{1/\varrho}}{K_a^{1/\varrho'}} = \text{konst.} \quad \text{bzw.} \quad \lg \frac{k_r}{K_a^{\varrho/\varrho'}} = \text{konst.}$$

Das ist aber praktisch wieder die BRÖNSTEDsche Gleichung:

$$k_r = G_a \cdot K_a^{\varrho/\varrho'}, \tag{5.1.109}$$

wenn man $\alpha = \dfrac{\varrho}{\varrho'}$ setzt. Eine Aussage über die physikalische Bedeutung der Konstanten α und G_a ist damit nicht gewonnen, denn ϱ und ϱ' sind empirische Konstanten. Die Gleichungen (5.1.106) bzw. (5.1.107) gelten nur einigermaßen genau für homologe Reihen. Wie wir schon früher bei der Besprechung der allgemeinen Kinetik feststellen mußten, ist es bis heute kaum möglich, sichere Voraussagen über die Geschwindigkeit kinetisch noch nicht untersuchter Reaktionen zu machen. Das gilt im gleichen Maße für die Kinetik der Elektrodenprozesse, sofern sie nicht wie viele andere heterogene Reaktionen durch die Diffusion zum Reaktionsort (der Elektrodenoberfläche) bestimmt sind.

5.2. *Kinetik der Elektrodenreaktionen (heterogene Kinetik)*

Die Elektrodenkinetik befaßt sich mit der Aufklärung des Mechanismus und dem Zeitverhalten heterogener elektrochemischer Reaktionen, die an der Berührungsgrenze zweier Phasen ablaufen. Dabei ist die eine Phase, die Elektrode, ein Elektronenleiter, die andere ein elektrolytischer Leiter (Elektrolytlösung, Elektrolytschmelze oder Festionenleiter). Gegenüber heterogenen Systemen, deren Phasen aus Neutralmolekülen bestehen (z. B. die Umsetzung von Benzaldehyd (*l*) mit Naphthylamin (*s*)), besteht bei heterogenen Systemen, wie sie Elektroden in einem Elektrolyten darstellen, der wesentliche Unterschied darin, daß nicht die Differenz der chemischen Potentiale, sondern der elektrochemischen Potentiale ($\Delta\tilde{\mu}$) (s. S. 173) in die Geschwindigkeit (v) der dort ablaufenden Reaktionen eingeht:

$$v = \frac{\Delta\tilde{\mu}}{R_W}, \tag{5.2.1}$$

R_W — Reaktionswiderstand

Die Größe des durch die Phasengrenze fließenden Stromes kann dabei — entsprechend den FARADAYschen Gesetzen — als ein Maß für die Reaktionsgeschwindigkeit angesehen werden. Dadurch wird es möglich, die Geschwindigkeit der Bruttoreaktion mit großer Genauigkeit zu messen. Da aus (5.2.1) folgt, daß die Geschwindigkeit der Reaktionen zwischen Elektrode und Elektrolyt auch von der Differenz der inneren elektrischen Potentiale, d. h. der Galvanispannung (s. S. 24) abhängt, kann man sie auch durch Veränderung dieser Spannung durch eine Außenspannung beeinflussen (beschleunigen oder verzögern). Beim POGGENDORFFschen Kompensationsverfahren wird durch eine gleichgroße Gegenspannung zur Differenz der Galvanispannungen zweier ein Element bildender Elektroden die Gesamtstromstärke und damit die Bruttogeschwindigkeit Null gemacht. Die Aufklärung der an den Elektroden bei Stromfluß ablaufenden Vorgänge hat auf vielen Gebieten der technischen Elektrochemie praktische Bedeutung, z. B. auf den Gebieten Korrosion, Brennstoffelemente und elektrochemische Analytik.

5.2.1. *Grundbegriffe*

Wird mit Hilfe einer geeigneten Außenschaltung durch die Phasengrenze einer Versuchselektrode ein sinusförmiger Wechselstrom geschickt, dann verhält sich die Phasengrenze oftmals wie eine Parallelschaltung aus einer Kapazität C_d und einem komplexen Widerstand $\mathfrak{R}_f$ (*Abb. 5.6*).

$\mathfrak{R}_f$ wird ***Faraday-Impedanz*** genannt und entspricht dem eigentlichen FARADAYschen Durchtrittsstrom i_f. Die in der Außenschaltung meßbare Gesamtstromdichte $_c$ setzt sich additiv aus dieser Durchtrittsstromdichte i_f und einer Ladestromdichte ii zusammen:

$$i = i_f + i_c. \qquad (5.2.2)$$

i_c kommt der Umladung der Doppelschichtkapazität C_d zugute, die sich an der Phasengrenze ausbildet. Da die Struktur der Doppelschicht den Ablauf elektrochemischer Reaktionen wesentlich beeinflußt, wollen wir uns zunächst deren Aufbau zuwenden.

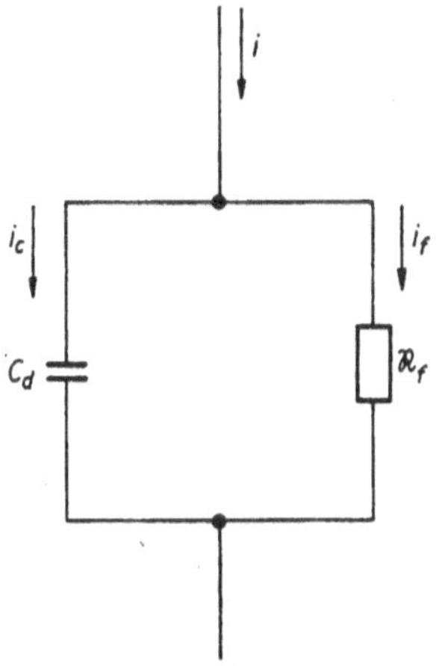

Abb. 5.6: Wechselstromersatzschaltbild der Phasengrenze

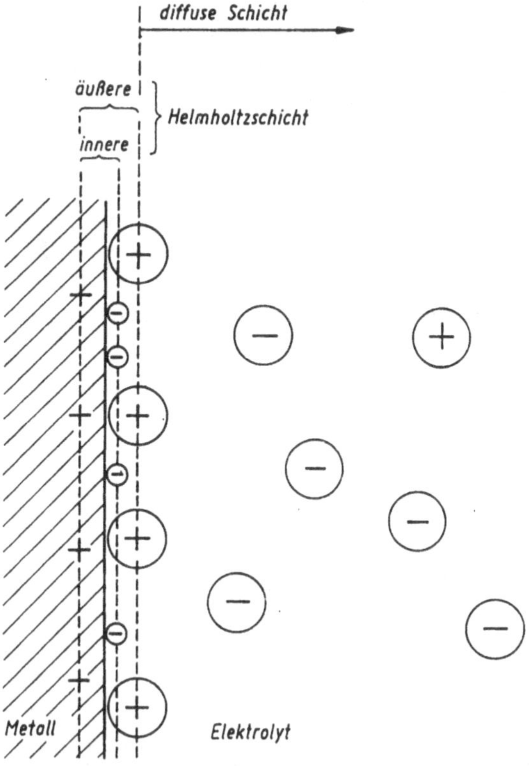

Abb. 5.7: Aufbau der elektrochemischen Doppelschicht

Durch die Berührung der beiden elektrisch leitenden Phasen kommt es beiderseits der Phasengrenze Elektrode/Lösung zur Ausbildung zweier Schichten von Ladungsträgern entgegengesetzten Vorzeichens, einer *elektrochemischen Doppelschicht* (s. *Abb. 5.7*). Dadurch besteht zwischen den beiden Phasen eine Potentialdifferenz, die natürlich durch eine äußere Spannungsquelle verändert werden kann. Wenn man die Potentialdifferenz zwischen den beiden Phasen durch eine äußere Spannung kompensiert hat, so erreicht man den *Ladungsnullpunkt* und nennt die zugehörige Galvanispannung, die z. B. gegenüber der Standardwasserstoffelektrode bestimmt wird, das *Nulladungspotential* oder *Lippmannpotential.* Am Aufbau der Doppelschicht beteiligen sich auch Dipolschichten, die sich in unmittelbarer Nähe der Phasengrenze befinden. Metallseitig können solche Dipolschichten dadurch entstehen, daß an der Metalloberfläche die Ladungsschwerpunkte der positiven Metallionen nicht mehr mit den Ladungsschwerpunkten der Elektronenhüllen übereinstimmen. Lösungsseitig liefert die Adsorption polarer Teilchen an der Phasengrenze einen Beitrag.

Die gesamte elektrische Potentialdifferenz über der Phasengrenze einer ans Vakuum grenzenden Phase wird als *inneres Potential* (s. *Kap. 4.6.*) oder *Galvanipotential* φ bezeichnet. Sie ist definiert als die Arbeit, die aufgewendet werden muß, um eine genügend kleine Probeladung aus dem Unendlichen bis ins Innere der Phase zu transportieren, geteilt durch den Wert dieser Probeladung. Das Galvanipotential setzt sich aus zwei Anteilen zusammen. Die Potentialdifferenz über der Dipolschicht an der Phasengrenze wird als *Oberflächenpotential* χ bezeichnet, während die Potentialdifferenz zwischen dem Unendlichen und einem in unmittelbarer Nähe der Oberfläche befindlichen Punkt (ca. 10^{-6} cm von der Oberfläche entfernt) *äußeres Potential* ψ (*Voltapotential*) genannt wird. Das Voltapotential kann mit Hilfe einer äußeren Spannungsquelle auf einen bestimmten Wert eingestellt werden. Zwischen den Potentialen besteht die Beziehung

$$\varphi = \psi + \chi. \tag{5.2.3}$$

Wenn zwischen zwei Phasen Gleichgewicht herrscht, so muß $dG = 0$ gelten.

Aus der Gleichgewichtsbedingung für den Fall, daß geladene Teilchen zwei verschiedenen Phasen (I und II) angehören:

$$\tilde{\mu}_J{}^I - \tilde{\mu}_J{}^{II} = 0,$$

hatten wir die Gleichung für die Differenz der Galvanipotentiale $\varphi_J{}^{II} - \varphi_J{}^I = \varepsilon_J$, die Galvanispannung, abgeleitet ((4.6.16) bzw. (4.6.18)). Während, wie wir gesehen haben, die Galvanispannung

$$\varepsilon_J = \varepsilon_J{}^0 + \frac{RT}{z_J F} \ln \frac{a_J{}^I}{a_J{}^{II}} \tag{5.2.4}$$

nicht als Absolutwert meßbar ist, sondern nur mit einer Bezugselektrode verglichen werden kann, läßt sich die Differenz der Voltapotentiale $\psi^{II} - \psi^I = \Delta\psi$, die *Voltaspannung*, zwischen zwei Phasen direkt bestimmen. Wenn man zum chemischen Potential μ eines Ions die Arbeit addiert, die durch das Oberflächenpotential entsteht: $z \cdot F\chi$, so entspricht das der Arbeit, die erforderlich ist, um das Ion aus der betreffenden Phase zu entfernen, der sogenannten *Austrittsarbeit*; diese Summe wird als *reales Potential* α bezeichnet, dafür muß also gelten

$$\alpha = \mu + zF\chi = \tilde{\mu} - zF\psi. \tag{5.2.5}$$

Wie in *Abb. 5.7* angedeutet, besitzt die elektrochemische Doppelschicht auf der Lösungsseite eine bis in ihr Inneres reichende Struktur. Sie kommt dadurch zustande, daß der elektrostatischen Anziehung der beiden entgegengesetzt aufgeladenen Schichten, die zu einem Konzentrationsgefälle zwischen Phasengrenze und Lösungsinnerem führt, die Diffusion entgegenwirkt; es bildet sich eine *diffuse Doppelschicht* aus. Sie wurde zuerst von G. GOUY und von ihm unabhängig von D. L. CHAPMAN postuliert (1910 bis 1913). Sie ist durch eine räumlich verteilte Überschußladung gekennzeichnet, die mit zunehmendem Abstand von der Phasengrenze in den elektroneutralen Zustand des Phaseninneren übergeht. Ursprünglich war nur eine starre Belegung der Phasengrenze mit entgegengesetzten Ladungen angenommen worden (H. L. F. VON HELMHOLTZ, 1861). Von O. STERN (1924) wurde gezeigt, daß sich an die starre HELMHOLTZ-Schicht die diffuse Doppelschicht anschließt. Eine weitere Verfeinerung der Vorstellungen und sehr sorgfältige Untersuchungen über die Doppelschicht stammen vor allem von A. U. FRUMKIN und D. C. GRAHAME. Sie wurden vor allem mit Quecksilber als Elektronenleiter durchgeführt, weil es nur mit diesem Metall gelingt, definierte oxidfreie, saubere Grenzflächen zum Elektrolyten herzustellen, vor allem, wenn man sich der tropfenden Quecksilberelektrode bedient (s. S. 332). Aus der Bestimmung der Doppelschichtkapazität (s. u.) und anderen Messungen ergaben sich Aussagen über die Anordnung der Ladungsträger in der Doppelschicht, ihre Struktur. Die solvatisierten Ionen können sich der Metalloberfläche maximal bis auf einen Ionenradius nähern. Der Bereich zwischen den Ladungsschwerpunkten dieser Ionen und der Metalloberfläche wird als *starre Doppelschicht* oder *äußere Helmholtz-Schicht* bezeichnet. Im Gegensatz dazu bilden die „*spezifisch adsorbierten*" Ionen, die metallseitig ihre Solvathülle abgestreift haben, die *innere Helmholtz-Schicht* (vgl. *Abb. 5.7*). Im allgemeinen werden nur die schwach hydratisierten Anionen unter partieller Dehydratation spezifisch adsorbiert. Die stark hydratisierten Kationen befinden sich in der äußeren HELMHOLTZ-Schicht; eine Ausnahme bildet wahrscheinlich nur das schwach hydratisierte $Tl^{\cdot}$.

Die elektrochemische Doppelschicht kann als ein Kondensator mit bestimmter Kapazität aufgefaßt werden. Messungen haben gezeigt, daß diese Kapazität vom Elektrodenpotential abhängig ist. Um diesem Sachverhalt Rechnung zu tragen, ist es notwendig, zwei Werte der Doppelschichtkapazität zu definieren, die *differentielle Doppelschichtkapazität* C_d und die *integrale Doppelschichtkapazität* C_i:

$$C_d \equiv \frac{dQ_m}{d\varepsilon}, \tag{5.2.6}$$

$$C_i \equiv \frac{Q_m}{\varepsilon - \varepsilon_0}. \tag{5.2.7}$$

Q_m ist die metallseitige Ladungsmenge und ε_0 das Nulladungspotential. Bei Wechsel strommessungen ist stets die differentielle Kapazität wirksam.

Dem diffusen und dem starren Anteil der elektrochemischen Doppelschicht entsprechen zugehörige Kapazitätswerte C_{diff} und C_{starr}. Die Gesamtkapazität kann als eine Hintereinanderschaltung dieser Kapazitäten aufgefaßt werden, so daß die Beziehung

$$\frac{1}{C_d} = \frac{1}{C_{\text{starr}}} + \frac{1}{C_{\text{diff}}} \tag{5.2.8}$$

gilt.

Wenden wir uns nun dem wichtigen Begiff der *Polarisation* einer Elektrode zu.

Fließt beispielsweise durch eine galvanische Kette des Typs $Cu/CuSO_4/Cu$ ein elektrischer Strom, dann nimmt die EMK dieser Kette, die vorher wegen der Identität der beiden Halbelemente Null war, einen endlichen Wert an. Das liegt daran, daß an der Anode dieser Kette unter dem Einfluß des Stromes Kupferionen in Lösung gehen, während an der Katode Kupferionen abgeschieden werden. Bei genügend hohen Stromstärken kann der entstehende Unterschied in der Kupferionenkonzentration der beiden Elektrodenräume nicht mehr schnell genug durch Diffusion ausgeglichen werden. Dadurch werden die beiden Elektroden „polarisiert", d. h., sie unterscheiden sich in ihrem Elektrodenpotential voneinander. Die entstehende EMK ist der äußeren Spannung entgegengerichtet. *Es tritt also eine Polarisation auf.* Die Differenz zwischen der Galvanispannung der Elektrode ohne Strom $\varepsilon_{(0)}$ und der bei Strombelastung $\varepsilon_{(i)}$ nennt man Polarisationsspannung $\varepsilon_p = \varepsilon_{(i)} - \varepsilon_{(0)}$. Im vorliegenden Falle ist die Ursache der Polarisation eine Konzentrationsveränderung, die der Strom an den Elektroden hervorruft.

Allgemein wird für eine einzelne Elektrode die von einem polarisierenden Strom hervorgerufene Abweichung η der Galvanispannung vom thermodynamischen Gleichgewichtswert ε_{gl} als *Überspannung* bezeichnet:

$$\eta \equiv \varepsilon_{(i)} - \varepsilon_{gl}. \quad (5.2.9)$$

Die Überspannung unterscheidet sich von der Polarisationsspannung, wenn die betreffende Elektrode in der Lösung ihre Gleichgewichtsgalvanispannung ε_{gl} nicht einstellt. Erzeugen schon sehr geringe Ströme eine hohe Überspannung, dann bezeichnet man die Elektrode als *ideal polarisierbar*. Der andere Grenzfall einer *ideal unpolarisierbaren Elektrode* ist dadurch gekennzeichnet, daß auch hohe Ströme keine merkliche Abweichung vom Gleichgewichtspotential hervorrufen. Im obengenannten Beispiel wäre die Kupferelektrode also dann ideal unpolarisierbar, wenn sie das durch die strombedingte Konzentrationsänderung gegebene Gleichgewichtspotential unter Strombelastung zeigt. Eine Konzentrationsänderung und dadurch hervorgerufene Polarisation kann nicht nur durch einen verzögerten An- bzw. Abtransport der am Ladungsübergang beteiligten Teilchen verursacht werden, sondern auch dadurch, daß sie aus einem Gleichgewicht nachgeliefert werden müssen und diese Nachlieferung verzögert ist. Zum Beispiel könnte die Abscheidung des Kupfers

$$Cu^{\cdot\cdot} + 2e^- \rightarrow Cu$$

dadurch verzögert sein, daß das Kupfer in dem Komplex $Cu(NH_3)_4^{\cdot\cdot}$ vorliegt und die Nachlieferung nach

$$Cu(NH_3)_4^{\cdot\cdot} \rightarrow Cu^{\cdot\cdot} + 4NH_3$$

verzögert ist. Im ersten Fall spricht man von *Diffusionsüberspannung* (η_d), im zweiten von *Reaktionsüberspannung* (η_r). Als Reaktionsüberspannung wäre aber auch die Hemmung, die bei der Umsetzung von Produkten des Elektrodenprozesses auftritt, zu bezeichnen. Zum Beispiel kann in der Folge

$$H^{\cdot} + e^- \rightarrow H$$

die Vereinigung der Wasserstoffatome

$$H + H \rightarrow H_2$$

gehemmt sein. Diffusions- und Reaktionsüberspannung werden oft unter dem Oberbegriff *Konzentrationsüberspannung* zusammengefaßt.

Eine weitere wichtige Ursache für das Auftreten einer Überspannung kann die Hemmung des Ladungsdurchtritts durch die Phasengrenze sein; man spricht von *Durchtrittsüberspannung* (η_D). Schließlich kann der gehemmte Einbau abgeschiedener Metallatome in das Metallgitter eine *Kristallisationsüberspannung* (η_K) hervorrufen. Die gesamte Elektrodenreaktion ist eine Folge von Diffusions-, Reaktions-, Durchtritts- und eventuell Kristallisationsprozessen. Alle diese Vorgänge können gehemmt sein. Geschwindigkeitsbestimmend für den Gesamtablauf ist wie in der chemischen Kinetik (vgl. *Band 1, Kap. 23.*) allgemein der langsamste Prozeß. Die Gesamtüberspannung η setzt sich additiv aus den einzelnen Beiträgen zusammen:

$$\eta = \eta_d + \eta_r + \eta_D + \eta_K . \qquad (5.2.10)$$

Auf die einzelnen Überspannungsarten wird im nächsten Abschnitt eingegangen.

Die experimentelle Untersuchung elektrodenkinetischer Vorgänge, die mit dem Begriff der Überspannung eng verknüpft sind, erfolgt hauptsächlich mit Hilfe elektrischer Methoden. Diese gestatten die Aufnahme von Strom-Spannungs-Kurven, Strom-Zeit-Kurven und Spannungs-Zeit-Kurven. Bei der *potentiostatischen Meßtechnik* wird mit Hilfe einer geeigneten Außenschaltung das Potential einer Versuchselektrode in gewünschter Weise vorgegeben und die Stromdichte bzw. die Stromdichte-Zeit-Funktion gemessen. Bei der *galvanostatischen Meßtechnik* wird entsprechend der Strom vorgegeben und das sich einstellende Elektrodenpotential relativ zu einer Bezugselektrode gemessen. Die beiden Meßtechniken werden mit Hilfe von Regelgeräten („*Potentiostaten*") verwirklicht. Die vorgegebene Größe (Stromdichte oder Potential) kann entweder konstant gehalten (*stationäre Meßtechnik*) oder nach einer bestimmten Zeitfunktion verändert werden (*instationäre Meßtechnik*). Häufig verwendete Zeitfunktionen sind die sinusförmige, die lineare und die sprungförmige Änderung der vorgegebenen Größe. Insbesondere die instationären Verfahren gestatten die Trennung des Gesamtvorganges in nacheinander ablaufende Vorgänge und damit die Bestimmung der einzelnen Überspannungsanteile sowie die Erfassung schneller Teilvorgänge.

Auf Einzelheiten der Meßtechnik kann hier nicht eingegangen werden. Es sei nur darauf hingewiesen, daß die Bestimmung genauer Überspannungswerte sehr schwierig ist. Um die mit Strom belastete Arbeitselektrode auf einer konstanten Galvanispannung halten oder sie bei konstantem Strom messen zu können, muß man diese Galvanispannung mit einer Bezugselektrode vergleichen. Der Strom fließt von der Arbeitselektrode zu einer zweckmäßigerweise möglichst wenig polarisierbaren, deswegen im allgemeinen großen Gegenelektrode (s. *Abb. 5.8*). Wenn zwischen der Arbeits- und der Bezugselektrode, die sich im Abstand d gegenüberstehen, der Elektrolytwiderstand R Ohm beträgt und die Stromstärke I ist, dann enthält die gemessene oder geregelte Spannungsdifferenz $A - B$ einen Spannungsabfall in der Lösung IR, der nichts mit der Polarisation der Arbeitselektrode zu tun hat, um den also die gemessene Überspannung falsch ist; bei $I = 5 \cdot 10^{-3}$ A und $R = 2$ Ohm sind das bereits 10 mV. Man versucht nun, den Abstand (d) möglichst klein zu machen, um einen niedrigen Widerstand R zu erhalten. Um dabei die Stromlinien möglichst wenig abzuschirmen und dadurch an der Meßstelle keine zu niedrige Polarisation zu messen, verwendet man dünne Kapillaren, die die Bezugselektrode oder die Elektrolytbrücke, die zu ihr führt, aufzunehmen. Trotzdem wird man bei höheren Stromstärken kaum eine größere Meßgenauigkeit als ± 2 mV erzielen. Wenn sich schlechtleitende Deckschichten, Gashäute oder dergleichen bilden, können die Fehler noch viel größer sein. Wenn man während der Potentialmessung den Strom kurzzeitig unterbricht, muß man damit rechnen, daß während der Unterbrechung bereits ein Abfall der Überspannung stattfindet und dadurch zu kleine Werte gefunden werden. Außerdem ist bei geregelter, konstanter Galvanispannung die Stromstärke eine Funktion der Zeit, bei galvanostatischer Arbeitsweise ändert sich die Galvanispannung mit der Zeit. Im allgemeinen ist es unmöglich, nach jeder Spannungs- bzw. Stromänderung einen konstanten Wert von i bzw. ε abzuwarten. Eine solche wirklich *stationäre* Stromspannungskurve würde viel zu lange Zeit erfordern, außerdem würden sich Elektrodenoberfläche und Elektrolytzusammensetzung zu stark ändern. Man muß dann willkürlich eine Zeit festlegen, über die i bzw. ε verfolgt

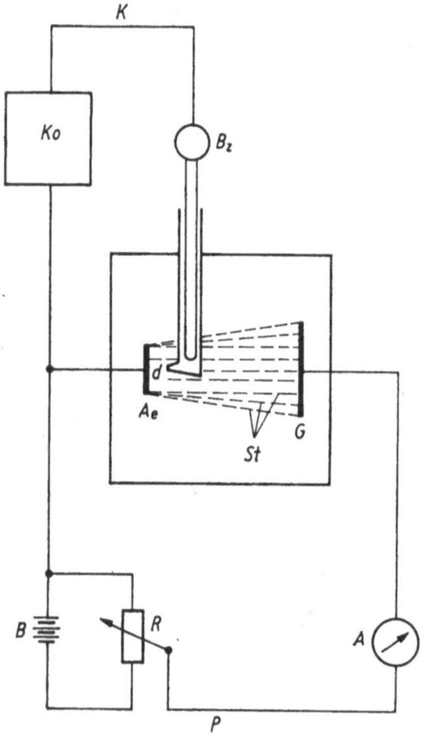

Abb. 5.8: Meßanordnung zur Bestimmung von Überspannungen

P – polarisierender Stromkreis;
B – Batterie;
R – Potentiometer;
A_e – Arbeitselektrode;
G – Gegenelektrode;
A – Amperemeter;
K – Kompensations- bzw. Meßstromkreis;
K_0 – Kompensator;
B_z – Bezugselektrode;
St – Stromlinien

wird. Bei solchen „*quasistationären*" Messungen erhält man beträchtliche Unterschiede in der Funktion $i = f(\varepsilon)$, wenn man die Zeit verändert. Schon die Schrittfolge der Spannungs- bzw. Stromstärkeänderung kann zu nicht vergleichbaren Werten führen. Häufig werden diese Fehler bei der Auswertung von Stromspannungskurven nicht genügend berücksichtigt und führen zu unzulässigen Schlußfolgerungen.

5.2.2. *Überspannungsarten*

5.2.2.1. *Diffusionsüberspannung*

Der Antransport der Reaktionsteilnehmer an die Phasengrenze erfolgt durch Überführung, Konvektion und Diffusion. Überführung und Konvektion können durch Wahl geeigneter Versuchsbedingungen (Zugabe von Leitelektrolyt, gleichmäßiges Rühren) so begünstigt werden, daß der Ionentransport allein von der Diffusion bestimmt wird. Nernst ging von der Vorstellung aus, daß die Diffusion in einer gleichbleibenden

Diffusionsschicht der Dicke δ_N vor der Elektrodenoberfläche erfolgt (*Abb. 5.9*). Der Konzentrationsverlauf in dieser NERNST*schen Diffusionsschicht* ist linear, und die Konvektion innerhalb der Schicht kann vernachlässigt werden. Obwohl es sich hier um eine idealisierte Vorstellung handelt, spiegelt sie die wirklichen Verhältnisse mit guter Näherung wider. Messungen ergaben einen Wert von etwa 10^{-3} für die Schichtdicke δ_N bei gerührtem Elektrolyten.

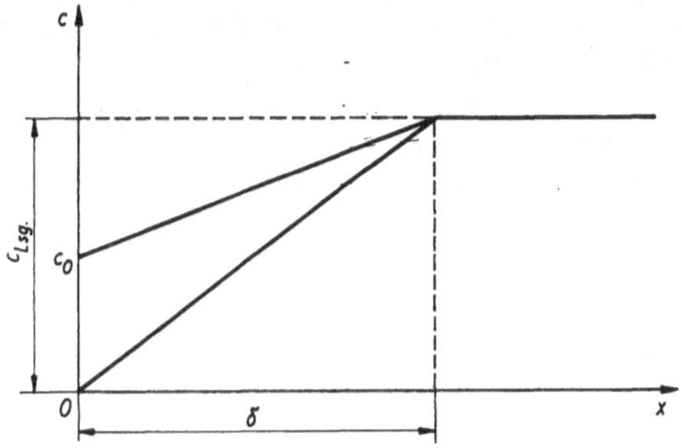

Abb. 5.9: Konzentrationsverlauf in der NERNSTschen Diffusionsschicht

Der Zusammenhang zwischen der NERNSTschen Diffusionsschicht und der PRANDTLschen Strömungsschicht (δ_{Pr}) wurde in *Band 1, Kap. 22.4.* erläutert. Im allgemeinen gilt

$$\delta_N \approx 0{,}1\delta_{Pr}.$$

Nach den Diffusionsgesetzen ist der Stromtransport und damit die Stromdichte dem Konzentrationsgefälle in der Diffusionsschicht proportional, d. h. der Differenz der Konzentration der diffundierenden Teilchen im Inneren der Lösung (c_{Lsg}) und an der Elektrodenoberfläche (c_0) geteilt durch δ_N. Eine genaue Rechnung liefert für den Zusammenhang zwischen Diffusionsstromdichte i und Diffusionsüberspannung η folgende Beziehung:

$$\eta_d = \frac{RT}{zF} \sum_k \nu_k \ln\left(1 - \frac{i}{i_{k,\text{grenz}}}\right). \tag{5.2.11}$$

Hierin ist k der Summationsindex für die verschiedenen diffundierenden Stoffe, ν_k deren stöchiometrischer Koeffizient in der Reaktionsgleichung und z die Anzahl der pro Formelumsatz übertretenden Elektronen. Wenn nur ein Reaktionsteilnehmer durch Diffusion herangeführt werden muß und die stöchiometrische Zahl 1 ist, vereinfacht sich die Gleichung (5.2.11) zu:

$$\eta_d = \frac{RT}{zF} \ln\left(1 - \frac{i}{i_{\text{grenz}}}\right). \tag{5.2.12}$$

$i_{k,\text{grenz}}$ wird *Diffusionsgrenzstromdichte* der betreffenden Ionenart genannt Diese Stromdichte liegt dann vor, wenn alle an die Oberfläche herandiffundierenden Ionen sofort umgesetzt werden, d. h., wenn $c_0 = 0$ wird (vgl. *Abb. 5.9*). Eine weitere Stromsteigerung mit ansteigendem Potential ist nicht möglich. Daraus erklärt sich die Ausbildung einer für diffusionskontrollierte Reaktionen typischen Grenzstromdichte. Für die Diffusionsgrenzstromdichte besteht nach dem 1. FICKschen Gesetz (s. *Band 1, Kap. 21.1.*) folgende Beziehung[1])

$$i_{\text{grenz}} = zFD\frac{c_{\text{Lsg}}}{\delta_N}. \tag{5.2.13}$$

Dabei ist D der Diffusionskoeffizient des potentialbestimmenden Teilchens in der vorliegenden Lösung. Ein typisches Kennzeichen der Diffusionsgrenzstromdichte ist ihre Abhängigkeit von den Konvektionsbedingungen (z. B. von der Rührgeschwindigkeit), da von diesen die Diffusionsschichtdicke bestimmt wird.

Aus Gleichung (5.2.13) erhält man auch die Gleichung für die Diffusionsüberspannung (5.2.12). Das Gleichgewichtspotential gegenüber der Lösung ist für einen Elektrodenvorgang mit dem potentialbestimmenden Ion J der Aktivität a_{Lsg} und der Elektronenaustauschzahl z

$$\varepsilon_{gl} = \varepsilon^0 + \frac{RT}{zF}\ln a_{\text{Lsg}}.$$

Wenn an der Oberfläche der Elektrode infolge der Elektrodenreaktion die Aktivität von J auf den Wert a_O abgesunken ist, hat die Galvanispannung den Wert:

$$\varepsilon = \varepsilon^0 + \frac{RT}{zF}\ln a_O.$$

Damit ergibt sich für die Überspannung $\eta_d = \varepsilon - \varepsilon_{gl}$

$$\eta_d = \frac{RT}{zF}\ln\frac{a_O}{a_{\text{Lsg}}}$$

oder, wenn wir annehmen, daß sich der Aktivitätskoeffizient für die Konzentration in der Lösung c_{Lsg} nicht wesentlich von dem für die Konzentration auf der Oberfläche unterscheidet:

$$\eta_d \approx \frac{RT}{zF}\ln\frac{c_O}{c_{\text{Lsg}}}. \tag{5.2.14}$$

Nach (5.2.13) ist

$$c_{\text{Lsg}} = \frac{\delta_N}{zFD}\cdot i_{\text{grenz}}. \tag{5.2.15}$$

Wenn c_O noch nicht den Wert 0 erreicht hat, wird für die Stromdichte i gelten:

$$i = \frac{zFD}{\delta_N}(c_{\text{Lsg}} - c_O),$$

daraus folgt für c_O

$$c_O = \frac{\delta_N}{zFD}(i_{\text{grenz}} - i). \tag{5.2.16}$$

---

[1]) Da i_{grenz} die Stromdichte darstellt, ist die Oberfläche O des 1. FICKschen Gesetzes schon darin erhalten $\left(i_{\text{grenz}} = \frac{I_{\text{grenz}}}{O}\right)$.

Wenn wir (5.2.15) und (5.2.16) in (5.2.14) einsetzen, erhalten wir die Gleichung für die Diffusionsüberspannung (5.2.12)[1])

$$\eta_d = \frac{RT}{zF} \ln \left[\frac{\frac{\delta_N}{zFD} (i_{\text{grenz}} - i)}{\frac{\delta_N}{zFD} i_{\text{grenz}}} \right]$$

und entsprechend die allgemeine Gleichung (5.2.11). Wie aus (5.2.14) hervorgeht, ist

$$\eta_d = \varepsilon - \varepsilon_{gl} < 0,$$

wenn durch den Elektrodenprozeß an der Elektrodenoberfläche das Ion J verbraucht wird. Wenn durch die Elektrodenreaktion das Ion J gebildet wird, z. B. bei der anodischen Auflösung eines Metalls, ist die Diffusionsüberspannung η_d größer als Null.

Bei Ableitung der Gleichung für die Diffusionsüberspannung bzw. den Diffusionsgrenzstrom ist vorausgesetzt worden, daß die Dicke der Diffusionsschicht (δ_N) konstant ist. Das trifft zu, wenn die Elektrode mit konstanter Geschwindigkeit bewegt wird oder wenn der Elektrolyt an der Elektrode mit konstanter Geschwindigkeit vorbeiströmt oder gerührt wird. In diesem *stationären* Fall erhält man beim Auftragen von i gegen ε beim Erreichen des Diffusionsgrenzstromes eine Parallele zur ε-Achse (s. auch Polarographie), sofern die potentialbestimmende Ionen- oder Molekülart nur durch Diffusion, nicht durch Überführung, an die Elektrode gelangt. Wird nicht gerührt, dann nimmt die Dicke der Diffusionsschicht nach

$$\delta_N = \sqrt{\pi D t} \tag{5.2.17}$$

mit der Zeit zu und man erhält für diesen *instationären* Fall eine von der Zeit abhängige Grenzstromdichte

$$i_{\text{grenz}} = \frac{zF \cdot D^{1/2} \cdot c_{\text{Lsg}}}{(\pi t)^{1/2}}. \tag{5.2.18}$$

5.2.2.2. *Reaktionsüberspannung*

Wenn die an die Elektrodenoberfläche diffundierenden Ionen oder Moleküle vor ihrer Umsetzung mit den Elektronen eine chemische Reaktion erleiden müssen, die langsamer abläuft als die Zufuhr durch Diffusion und auch langsamer als die eigentliche Durchtrittsreaktion (s. *Kap. 5.2.2.3.*), dann wird diese chemische Reaktion geschwindigkeitsbestimmend und verursacht eine Reaktionsüberspannung. Da die Ionen oder Moleküle in der Lösung praktisch immer als Solvate oder Komplexe vorliegen, bestehen solche Möglichkeiten immer dann, wenn der Ladungsübertritt auf das einfache Ion oder Molekül erfolgt. Auch wenn das Produkt des Ladungsübertritts einer weiteren (lang-

---

[1]) Dadurch, daß wir zur Vereinfachung die Aktivitäten durch die Konzentrationen ersetzt haben, wird die Gültigkeit von (5.2.12) nicht wesentlich eingeschränkt — denn auch in (5.2.13) steht eigentlich die Aktivität —, solange $f_{\text{grenz}} \approx f_0$ ist, was allerdings für große Konzentrationsunterschiede nicht mehr zutrifft. Man kann durch hohe Konzentration eines Fremdelektrolyten, der sich nicht an den Elektrodenreaktionen beteiligt, diesen Fehler beseitigen und gleichzeitig erreichen, daß das Ion J am Stromtransport praktisch nicht teilnimmt, also nur durch Diffusion an die Elektrode gelangt. Die Konzentration dieses *Leitelektrolyten* soll etwa 100mal größer sein als die des Ions J (s. auch S. 332).

samen) Umsetzung bedarf, um von der Elektrodenoberfläche entfernt zu werden, kann eine Reaktionsüberspannung auftreten (s. „*Wasserstoffüberspannung*"). In den meisten Fällen scheinen allerdings dem Ladungsdurchtritt vor- oder nachgelagerte Reaktionen schneller zu verlaufen als der Durchtritt.

Wir wollen den einfachen Fall betrachten, daß das für den Ladungsdurchtritt befähigte Ion X^{z+} aus einem Solvat oder Komplex nach:

$$X^{z\cdot} \underset{\overleftarrow{k}_1}{\overset{\overrightarrow{k}_1}{\rightleftharpoons}} X^{z+} + mL \tag{5.2.19}$$

gebildet wird. Die geschwindigkeitsbestimmende Reaktion ist also erster Ordnung; die Geschwindigkeit der Rückbildung des Komplexes mit m Liganden spielt dann keine Rolle, wenn voraussetzungsgemäß X^{z+} schneller unter Elektronenaufnahme umgesetzt wird, als die Rückbildung erfolgt. Wenn die Konzentration des Ions X^{z+} im Gleichgewicht (5.2.19) c_{gl} ist und bei Verbrauch durch die Reaktion

$$X^{z+} + ze^- \rightarrow X \tag{5.2.20}$$

auf den Wert c_r absinkt, dann ist die Reaktionsüberspannung

$$\eta_r = \frac{RT}{zF} \ln \frac{c_r}{c_{gl}}. \tag{5.2.21}$$

Wenn wir annehmen, daß nur das Ion X^{z+} (nicht $X^{z\cdot}$) in die Doppelschicht eingereiht wird, dann wird es im Anschluß an diese eine Reaktionszone geben (A. EUCKEN), in der die Reaktion (5.2.19) von links nach rechts abläuft, und deren Dicke (δ_r) um so größer sein muß, je rascher $X^{z\cdot}$ andiffundiert (Diffusionskoeffizient D_X) und je rascher die Bildung von X^{z+} erfolgt. Eine genauere Rechnung zeigt, daß für δ_r gilt:

$$\delta_r = \left(\frac{D_X}{\overrightarrow{k}_1}\right)^{1/2}. \tag{5.2.22}$$

Eine Reaktionsgrenzstromdichte $i_{gr,r}$ wird erreicht, wenn $X^{z+} = 0$, das hängt aber sowohl von $\overrightarrow{k}_1$ wie von D_X ab. Es kann nun gezeigt werden, daß daher die Reaktionsstromdichte in folgender Weise sowohl von δ_N wie von δ_r bestimmt wird (R. BRDIČKA)

$$i_{gr,r} = zFc_{gl} \frac{\delta_r \cdot \overrightarrow{k}_1}{1 + zF\delta_r \cdot \overrightarrow{k}_1 \cdot \left(\frac{zFD_X}{\delta_N}\right)^{-1}}, \tag{5.2.23}$$

wobei c_{gl} die Gleichgewichtskonzentration von X^{z+} im Innern der Lösung ist. Dafür kann man mit (5.2.22) auch schreiben:

$$i_{gr,r} = \frac{zF \cdot c_{gl} \cdot \delta_r \overrightarrow{k}_1}{1 + \delta_r \cdot \overrightarrow{k}_1 \delta_N \cdot D_X^{-1}} = \frac{zFc_{gl} \cdot \delta_r \cdot \overrightarrow{k}_1}{1 + \frac{\delta_N}{\delta_r}}. \tag{5.2.24}$$

Wenn $\frac{\delta_N}{\delta_r}$ sehr viel kleiner als 1 wird, d. h. $\overrightarrow{k}_1 \ll D_X$ wird, kann man schreiben

$$i_{gr,r} = zF \cdot c_{gl} \cdot \delta_r \cdot \overrightarrow{k}_1. \tag{5.2.25}$$

Für sehr langsame Reaktion ist also der Grenzstrom der Geschwindigkeitskonstanten dieser Reaktion proportional, bzw. gilt mit (5.2.22)

$$i_{gr,r} = zF \cdot c_{gl} \cdot D_X^{1/2} \cdot \vec{k}^{1/2}. \tag{5.2.26}$$

Eine Bestimmung von k_1 setzt also die Kenntnis des Diffusionskoeffizienten von $X^{z\cdot}$ und der Gleichgewichtskonzentration von X^{z+} voraus. Wenn der zweite Term im Nenner von (5.2.24) viel größer als 1 ist ($\delta_r \cdot \vec{k}_1 \cdot \delta_N \cdot D_X^{-1} \gg 1$), wird

$$i_{gr,r} = \frac{zF \cdot c_{gl} \cdot D_X}{\delta_N} \tag{5.2.27}$$

und ist damit identisch mit der Gleichung für den Diffusionsgrenzstrom (5.2.13).

Die Gleichungen (5.2.23) bis (5.2.27) gelten für den stationären Fall einer zeitinvarianten Diffusionsschichtdicke. Im instationären Fall hat (5.2.23) die Form:

$$i_{gr,r} = \frac{zF \cdot c_{gl} \cdot \delta_r \cdot \vec{k}_1}{1 + \delta_r \cdot \vec{k}_1 \cdot \pi^{1/2} t^{1/2} \cdot D_X^{-1/2}}. \tag{5.2.28}$$

Bei Kenntnis der Reaktionsgrenzstromdichte kann man (5.2.21) wieder setzen:

$$\eta_r = \frac{RT}{zF} \ln\left(1 - \frac{i}{i_{gr,r}}\right) \tag{5.2.29}$$

und damit η_r als Funktion der Stromdichte darstellen.

Falls die Reaktion (5.2.19) die Ordnung p in bezug auf $X^{z\cdot}$ hat und der stöchiometrische Faktor der Elektrodenreaktion: $n_{X^{z+}} - n_X \equiv \nu$ ist, werden die Verhältnisse natürlich komplizierter; für η_r ergibt sich dann z. B.

$$\eta_r = \frac{\nu \cdot RT}{p \cdot zF}\left(1 - \frac{i}{i_{gr,r}}\right). \tag{5.2.30}$$

Im Prinzip gelten dieselben Gleichungen, wenn die vor- oder nachgelagerten, geschwindigkeitsbestimmenden Reaktionen zwischen adsorbierten Reaktionsteilnehmern stattfinden. Die Gleichungen (5.2.11) bzw. (5.2.12) und (5.2.29) gestatten durch Messung der Überspannung als Funktion von i und Extrapolation auf $i = 0$, die Grenzströme aus

$$\left(\frac{\partial \eta}{\partial i}\right)_{i=0} = \frac{RT}{zF} \cdot \frac{1}{i_{gr}} \tag{5.2.31}$$

zu bestimmen. Man bezeichnet die Quotienten $\left(\frac{\partial \eta}{\partial i}\right)_{i=0}$ auch als Diffusions- bzw. Reaktionswiderstand, da sie formal die Dimension eines Widerstandes haben. Eine wirkliche Trennung von Diffusions- und Reaktionshemmung ist, wie die Rechnung zeigt, nur möglich, wenn die Diffusionsgeschwindigkeit sehr viel größer ist als die Reaktionsgeschwindigkeit oder umgekehrt. Wenn Unabhängigkeit der Überspannung von der Rühr- oder Strömungsgeschwindigkeit festgestellt wird, kann man Diffusionshemmung ausschließen, dann kann aber neben der Reaktionsüberspannung Durchtrittsüberspannung auftreten. Diese Form der Hemmung des Elektrodenprozesses spielt bei vielen wichtigen Reaktionen die größte Rolle.

5.2.2.3. *Durchtrittsüberspannung*

Bei allen elektrochemischen Reaktionen findet ein Übertritt von Ladungsträgern durch die Phasengrenze statt, der in beiden Richtungen vor sich geht, also aus dem Elektrodenmaterial in den Elektrolyten (i_+) und umgekehrt (i_-). Hemmungen dieses Teilschrittes können also bei jeder Elektrodenreaktion auftreten; sie wirken sich in einer Durchtrittsüberspannung aus. Die im äußeren Stromkreis meßbare Gesamtstromdichte i ergibt sich als die Summe dieser Teilstromdichten i_+ und i_-:

$$i = i_+ + i_- . \tag{5.2.32}$$

Am Gleichgewichtspotential (äußere Stromlosigkeit) sind beide Teilstromdichten gleich groß; ihr Betrag wird *Austauschstromdichte* i_0 genannt:

$$i_0 = i_+ = |i_-| . \tag{5.2.33}$$

Durchtrittsüberspannung tritt vor allem bei Elektroden mit geringer Austauschstromdichte auf.

Während man in der Kinetik chemischer Reaktionen im allgemeinen versucht, „vollständig" verlaufende Reaktionen zu untersuchen, bei denen also die Rückreaktion keine Rolle spielt, weil sonst die kinetischen Gleichungen sehr kompliziert werden (s. *Band 1, Kap. 23.*), wird bei Elektrodenreaktionen vom Gleichgewicht ausgegangen, in dem die Geschwindigkeiten von Hin- und Rückreaktion gleichgroß sind; denn man kann ja die Elektrodenreaktionen durch Wahl der angelegten Außenspannung vom Gleichgewicht aus sowohl in der einen als auch in der anderen Richtung verlaufen lassen. Betrachten wir den einfachen Vorgang:

$$Me \rightleftharpoons Me^{z\cdot} + ze^- , \tag{5.2.34}$$

bei dem der Ladungsdurchtritt geschwindigkeitsbestimmend sein soll, so können wir wieder wie bei einer chemischen Reaktion annehmen, daß, um vom Ausgangszustand in den Endzustand zu gelangen, ein Energieberg, die Aktivierungsenergie, zu überwinden ist (s. *Band 1*, S. 516). Bei der Umwandlung eines Moleküls mit dem chemischen Potential μ_A in ein Molekül mit dem chemischen Potential μ_B ist

$$\Delta\mu = \mu_A - \mu_B = \Delta\vec{G}_A - \Delta\overleftarrow{G}_A \tag{5.2.35}$$

die freie Aktivierungsenthalpie $\Delta\overleftarrow{G}_A = \Delta\vec{G}_A - \Delta\mu$. Bei einer freiwillig verlaufenden Reaktion ($A \rightarrow B$) ist $\Delta\mu$ negativ, d. h., $\Delta\overleftarrow{G}_A$ ist um den Betrag der Abnahme des chemischen Potentials bei der Reaktion größer als $\Delta\vec{G}_A$ (s. *Abb. 5.10*).

Im Falle einer elektrochemischen Reaktion mit Ladungsdurchtritt durch eine Phasengrenze ist aber die Änderung des elektrochemischen Potentials für den Reaktionsablauf maßgebend. Betrachten wir die Reaktion (5.2.34) und nehmen an, daß der fiktive ladungsfreie Übergang des Metalls in die Lösung die freie Aktivierungsenthalpie $\Delta G_{+\neq}$ erfordert, der umgekehrte Prozeß (ebenfalls ladungsfrei gedacht) die freie Aktivierungsenthalpie $\Delta G_{-\neq}$, dann würde für $\Delta\mu$ gelten

$$\Delta\mu = \Delta G_{+\neq} - \Delta G_{-\neq} . \tag{5.2.36}$$

Für den elektrochemischen Vorgang mit Ladungsdurchtritt ist

$$\Delta\tilde{\mu} = \tilde{\mu}_l - \tilde{\mu}_s = \mu_l + zF\varphi_l - \mu_s - zF\varphi_s = \mu_l - \mu_s - z \cdot F\varepsilon \tag{5.2.37}$$

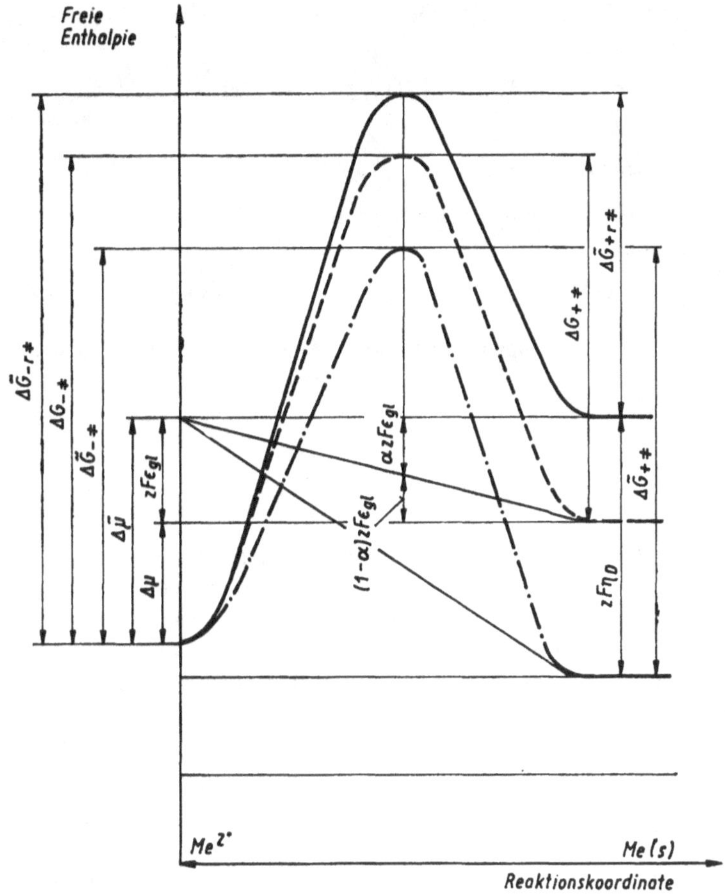

Abb. 5.10: Energieniveaumodell der elektrochemischen Aktivierungsenergien

wobei μ_s das chemische Potential des Metalls, μ_l das der Ionen in der Lösung, φ_s das innere elektrische Potential in der metallischen Phase, φ_l das innere elektrische Potential in der Lösung sein soll, $\varepsilon = \varphi_s - \varphi_l$ ist die Galvanispannung zwischen beiden Phasen. Im Falle des elektrochemischen Gleichgewichts ist $\varepsilon = \varepsilon_{gl}$ (s. *Abb. 5.10*). Da wir φ_s und φ_l nicht kennen, müssen wir den freien Aktivierungsenthalpien willkürlich einen Bruchteil der gesamten elektrischen Arbeit ($zF\varepsilon$), die beim Ladungsübergang erforderlich ist, zuordnen. Wir nennen diesen Bruchteil *Durchtrittsfaktor* (α) und können den Zusammenhang zwischen $\Delta\tilde{\mu}$ und der freien Aktivierungsenthalpie im reversiblen Fall so formulieren

$$\Delta\tilde{\mu} = \Delta\mu - zF\varepsilon = \Delta G_{+r\neq} - \Delta G_{-r\neq} - \alpha zF\varepsilon_{gl} - (1 - \alpha)\, zF\varepsilon_{gl} \qquad (5.2.38)$$

$$\Delta\tilde{\mu} = \Delta G_{+r\neq} - \alpha zF\varepsilon_{gl} - [\Delta G_{-r\neq} + (1 - \alpha)\, zF\varepsilon_{gl}]. \qquad (5.2.39)$$

Wenn man sich außerhalb des Gleichgewichts befindet, d. h. die Reaktion in einer Richtung mit höherer Geschwindigkeit abläuft als in der anderen, kann der Ladungsdurchtritt zusätzlich gehemmt sein, es tritt eine Durchtrittsüberspannung $\eta_D = \varepsilon - \varepsilon_{gl}$ auf. Dann wird

$$\Delta\bar{\mu} = (\Delta G_{+r\neq} - \alpha zF\varepsilon_{gl} - \alpha zF\eta_D) - [\Delta G_{-r\neq} + (1-\alpha)\, zF\varepsilon_{gl} + (1-\alpha)\, zF\eta_D], \tag{5.2.40}$$

$$\Delta\bar{\mu} = (\Delta G_{+r\neq} - \alpha zF\varepsilon) - [\Delta G_{-r\neq} + (1-\alpha)\, zF\varepsilon]. \tag{5.2.41}$$

Wenn man den reversiblen Anteil der elektrochemischen freien Aktivierungsenthalpie mit $\Delta\tilde{G}_{+r\neq}$ und $\Delta\tilde{G}_{-r\neq}$ bezeichnet:

$$\Delta\tilde{G}_{+r\neq} = \Delta G_{+r\neq} - \alpha zF\varepsilon_{gl}; \quad \Delta\tilde{G}_{-r\neq} = \Delta G_{-r\neq} + (1-\alpha)\, zF\varepsilon_{gl}, \tag{5.2.42}$$

dann besteht die gesamte freie Aktivierungsenthalpie einer elektrochemischen Reaktion mit Ladungsdurchtritt bei Stromfluß aus diesem reversiblen Anteil und dem zusätzlichen irrevesiblen Anteil:

$-\alpha zF\eta_D$ bzw. $(1-\alpha)\, zF\eta_D$:

$$\Delta\tilde{G}_{+\neq} = \Delta\tilde{G}_{+r\neq} - \alpha zF\eta_D, \quad \Delta\tilde{G}_{-\neq} = \Delta\tilde{G}_{-r\neq} + (1-\alpha)\, zF\eta_D. \tag{5.2.43}$$

In *Abb. 5.10* ist der Unterschied zwischen den Aktivierungsenergien von chemischen und elektrochemischen Reaktionen dargestellt; dabei ist ein negatives Gleichgewichtspotential angenommen, so daß $\Delta\bar{\mu} = \Delta\mu + zF\varepsilon_{gl}$. Tatsächlich kann ja auch ε_{gl} seinem Absolutbetrag nach nicht gemessen werden, sondern nur relativ zu einer Bezugselektrode, z. B. gegen die Wasserstoffelektrode. Diese Werte verwendet man im allgemeinen für die Berechnung der Überspannung[1]).

Für die Reaktion (5.2.34) ergibt sich die Gesamtreaktionsgeschwindigkeit v (mol cm^{-3} s^{-1})

$$v = v_+ - v_- = k_+ \cdot c_{Me} - k_- c_{Me^{z+}}, \tag{5.2.44}$$

wobei k_+ die Geschwindigkeitskonstante der anodischen Reaktion, k_- die der katodischen ist. Wenn wir für k_+ und k_- die Gleichung von Arrhenius anwenden, ergibt sich aus (5.2.43)

$$k_+ = s_+ \cdot \exp\left(\frac{-\Delta\tilde{G}_{+r\neq}}{RT}\right) \cdot \exp\left(\frac{\alpha zF\eta_D}{RT}\right)$$
$$k_- = s_- \cdot \exp\left(\frac{-\Delta\tilde{G}_{-r\neq}}{RT}\right) \cdot \exp\left(\frac{-(1-\alpha)\, zF\eta_D}{RT}\right). \tag{5.2.45}$$

Für die Aktionskonstanten s_+ und s_- kann nach der Theorie des aktivierten Komplexes auch $\frac{kT}{h}$ geschrieben werden. Beim Gleichgewichtspotential ist $\eta_D = 0$ und die Geschwindigkeit von Hin- und Rückreaktion gleich groß $(v_+ = v_-)_{gl}$. Wenn wir nun setzen

$$k_{+r} = s_+ \cdot \exp\left(\frac{-\Delta\tilde{G}_{+r}}{RT}\right); \qquad k_{-r} = s_- \cdot \exp\left(\frac{-\Delta\tilde{G}_{-r}}{RT}\right) \tag{5.2.46}$$

---

[1]) Sie ist in *Abb. 5.10* als der Mehrbetrag an Spannung gegenüber der Gleichgewichtsgalvanispannung ε dargestellt, der aufzuwenden ist, um $Me(s)$ in Lösung zu bringen.

und berücksichtigen, daß die Geschwindigkeit der Hinreaktion v_+ durch die Stromdichte i_+, die der Rückreaktion durch i_- ausgedrückt werden kann, so ergibt sich für die Gesamtstromdichte i:

$$i = i_+ - i_- = k_{+r} \cdot zF \cdot c_{Me} \cdot \exp\left(\frac{\alpha \cdot zF\eta_D}{RT}\right) - k_{-r} \cdot zF \cdot c_{Me^{z\cdot}} \cdot \exp\left(\frac{-(1-\alpha) \cdot zF \cdot \eta_D}{RT}\right)^{1)}. \qquad (5.2.47)$$

Da ferner für $\eta_D = 0$ gelten muß:

$$i_+ = k_{+r} \cdot z \cdot Fc_{Me} = |i_-| = k_{-r} \cdot z \cdot F \cdot c_{Me^{z\cdot}} = i_0, \qquad (5.2.48)$$

wird die Gesamtstromdichte eine Funktion der Austauschstromdichte i_0 und der Durchtrittsüberspannung η_D:

$$i = i_0 \left[\exp\left(\frac{\alpha \cdot zF\eta_D}{RT}\right) - \exp\left(\frac{-(1-\alpha)\, z \cdot F\eta_D}{RT}\right)\right]. \qquad (5.2.49)$$

Die Gesamtstromdichte setzt sich additiv aus den Teilstromdichten i_+ und i_- zusammen, wie dies *Abb. 5.11* zeigt. Bei großen Überspannungen und demzufolge hohen Stromdichten kann man, wie das die ausgezogene Kurve in *Abb. 5.11* zeigt, die Gesamtstromdichte der betreffenden Teilstromdichte gleichsetzen; d. h., in Gleichung (5.2.49) kann entweder der zweite Term ($i = i_+$) oder der erste Term ($i = i_-$) des Klammerausdrucks vernachlässigt werden. Damit vereinfacht sich (5.2.49) und nimmt logarithmiert die Form an:

$$\ln i = \ln i_0 + \frac{\alpha \cdot zF}{RT}\, \eta_D \quad \text{anodisch} \qquad (5.2.50)$$

bzw.

$$\ln |i| = \ln i_0 - \frac{(1-\alpha)\, zF}{RT}\, \eta_D \quad \text{katodisch.} \qquad (5.2.51)$$

Die Gleichungen (5.2.50) bzw. (5.2.51) gelten, wenn $|\eta_D| \gg \frac{RT}{zF}$ ist. Für sehr kleine Überspannungen $|\eta_D| \ll \frac{RT}{zF}$ ergibt sich, wie man leicht durch Reihenentwicklung feststellt:

$$i \approx \frac{zF}{RT}\, i_0 \cdot \eta_D. \qquad (5.2.52)$$

Tatsächlich hat schon TAFEL (1906) gefunden, daß man beim Auftragen von $\lg i$ gegen die Überspannung η_D oft Geraden erhält (*Tafel-Geraden*), wie dies die Gleichungen

---

1) In den Gleichungen (5.2.44) bis (5.2.47) wurde die Konzentration, nicht die Aktivität verwendet, was bei kinetischen Gleichungen noch üblich ist. Die Konzentration des Metalls wäre nach dem bisher angewendeten Vorgehen konstant, da aber hier nur die Oberflächenatome reagieren und deren Reaktionsvermögen mit fortschreitender Auflösung veränderlich sein kann, ist es berechtigt, c_{Me} in (5.2.47) stehenzulassen. Da i die Geschwindigkeit in C cm^{-2} s^{-1} angibt, v aber die Dimension mol cm^{-3} s^{-1} hat, muß die Geschwindigkeitskonstante (k_+, k_-) die Dimension cm · s^{-1} haben.

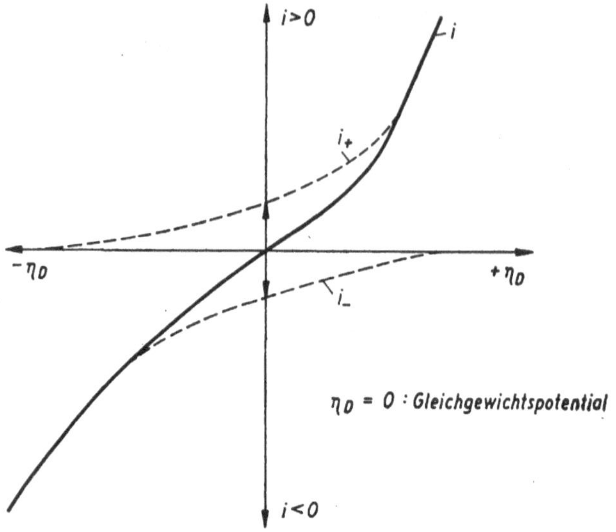

Abb. 5.11: Stromdichte-Potentialkurve für eine durchtrittsgehemmte Reaktion

(5.2.50) oder (5.2.51) fordern. Aus der Steigung der Geraden

$$\eta_D = a + b \lg i, \tag{5.2.53}$$

$$a = \frac{F_N}{\alpha z} \lg i_0 \quad \text{bzw.} \quad a = \frac{F_N}{(1-\alpha) z} \lg i_0; \tag{5.2.54}$$

$$b = \frac{F_N}{\alpha z} \quad \text{bzw.} \quad b = \frac{F_N}{(1-\alpha) z}$$

erhält man dann $\alpha \cdot z$. Wenn daher die Zahl der ausgetauschten Elektronen z bekannt ist, gewinnt man den Durchtrittsfaktor α. Der Ordinatenabschnitt (a), den man durch Extrapolation der lg-i-Geraden auf $\eta_D = 0$ erhält, liefert lg i_0 und damit also die Austauschstromdichte. Wenn es sich um einen Prozeß vom Typ (5.2.34) handelt, müssen lg i_+ und lg i_- auf der Ordinate den gleichen Abschnitt (a) ergeben, wie dies *Abb. 5.12* zeigt.

Wie aus (5.2.48) hervorgeht, sind die Austauschstromdichten von der Konzentration (bzw. Aktivität) der an der Durchtrittsreaktion beteiligten Teilchenarten abhängig. Wenn man sie auf die Konzentration 1 normiert (Standardaustauschstromdichten), was in der chemischen Kinetik ja der Ermittlung der Geschwindigkeitskonstanten entspricht, so treten zwischen den einzelnen Elektrodenreaktionen zum Teil enorme Unterschiede (bis zu 20 Zehnerpotenzen) auf, ein Beweis dafür, daß die Reaktionshemmungen des Ladungsdurchtritts außerordentlich verschieden sein können. Selbst bei Reaktionen vom Typ (5.2.34) sind die Werte von i_0 für verschiedene Metalle um viele Zehnerpotenzen verschieden. Zum Beispiel ist i_0 für den Vorgang $Ag \rightleftharpoons Ag^{\cdot} + e^-$ etwa 20 A cm^{-2}, für $Ni \rightleftharpoons Ni^{\cdot\cdot} + 2e^-$ etwa 10^{-7} A cm^{-2} (s. *Tab. 4 „Anhang“*). Für den gleichen Vorgang kann sie außerordentlich stark von dem Elektrodenmaterial abhängen, wie am Beispiel der Überspannung des Vorgangs $H^{\cdot} + e^- \rightleftharpoons \frac{1}{2} H_2$ gezeigt werden kann; sie beträgt hierfür am Platin etwa 10^{-3} A cm^{-2}, am Quecksilber aber 10^{-12} A cm^{-2} (s. auch *5.2.3.1.*). Die Austauschstromdichte kann auch dadurch bestimmt werden, daß

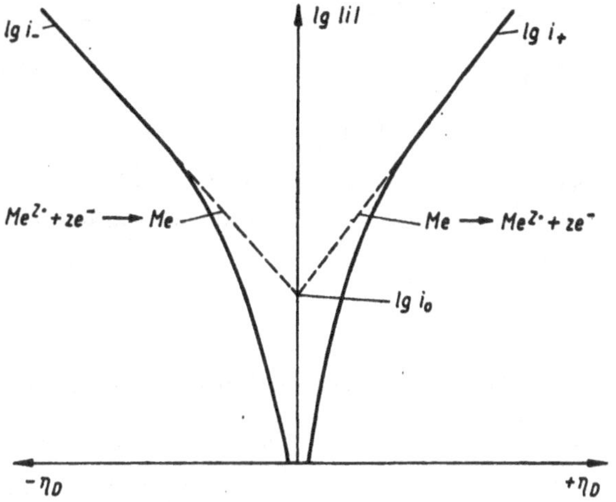

Abb. 5.12: TAFEL-Diagramm

man einen Reaktionspartner radioaktiv markiert, z. B. das Metall, und die Geschwindigkeit der Zunahme der Radioaktivität der anderen Phase mißt. Die nach verschiedenen Methoden und von verschiedenen Autoren erhaltenen Werte für die auf $c = 1$ normierten Austauschstromdichten stimmen im allgemeinen nicht sehr gut überein, was auf die Schwierigkeiten der Messung und viele Störeinflüsse zurückzuführen ist.

Im Prinzip kann man die Austauschstromdichte auch aus (5.2.52) direkt erhalten[1]). Da aber sehr kleine Überspannungen nur mit geringer Genauigkeit zu bestimmen sind, erhält man so keine genauen Werte von i_0. Wie aus (5.2.49) bzw. (5.2.54) hervorgeht, kann man nur TAFEL-Geraden als Stromspannungskurven bei Durchtrittsüberspannung erwarten, wenn die Größe α unabhängig von der Polarisation ist. Über die physikalische Bedeutung dieses Faktors, der zunächst formal eingeführt wurde, besteht keine Klarheit. Sowohl aus theoretischen Überlegungen wie aus experimentellen Untersuchungen der letzten Zeit, z. B. Impedanzmessungen, geht aber hervor, daß der Durchtrittsfaktor eine Funktion der Überspannung ist. Tatsächlich findet man einigermaßen lineare Änderungen von $\lg i$ mit η_D meist nur über kleine Spannungsbereiche. Dabei spielt auch eine Rolle, daß die Adsorption von Reaktionspartnern ebenfalls potentialabhängig ist; und da die adsorbierte Menge auch in die Geschwindigkeitsgleichung eingeht, kann aus diesem Grunde bei Adsorption von Reaktionsteilnehmern keine exakte TAFEL-Gerade erwartet werden.

Auch bei einer Elektrodenreaktion kann ein Reaktionspartner K mit dem Exponenten k seiner Konzentration in die Geschwindigkeitsgleichung eingehen, wie bei jeder chemischen Reaktion. Insbesondere kann der Durchtrittsreaktion ein Gleichgewicht vorgelagert (oder nachgelagert) sein, an dem verschiedene gelöste (oder adsorbierte) Stoffe beteiligt sind, so daß die Konzentration der an der Durchtrittsreaktion teilnehmenden Spezies M aus dem Gleichgewicht

$$M + aA \rightleftharpoons bB + kK$$

geliefert wird und sich demnach zu:

$$c_M = K_c^{-1} \cdot c_B{}^b \cdot c_K{}^k \cdot c_A{}^{-a}$$

ergibt (K_c — Gleichgewichtskonstante).

---

[1]) Streng genommen hat man $\left(\frac{\partial \eta_D}{\partial i}\right)_{i=0} = \frac{RT}{zFi_0}$ zu bestimmen, den sogenannten Durchtrittswiderstand.

Dann steht in dem Ausdruck für die Austauschstromdichte $c_K{}^k$, und wenn A bis L mit den Ordnungen a bis l auftreten, das Produkt

$$\prod_{A^a}^{L^l} c_K{}^k .$$

Wenn man nun i bei einer konstanten Überspannung (im Bereich der TAFEL-Geraden) als Funktion von c_K bestimmt, so muß die Ordnung k, wenn alle anderen Konzentrationen konstant gehalten werden, nach (5.2.47) aus

$$\left(\frac{\partial \lg i}{\partial \lg c_K}\right)_{\eta, c_A \text{ bis } c_J, c_L} = k$$

berechnet werden können. In bezug auf den eigentlichen, an der Durchtrittsreaktion unmittelbar beteiligten Partner ist die Reaktion immer von der ersten Ordnung. Auf diese Weise kann man versuchen, Aufschlüsse über den Mechanismus der gesamten Elektrodenreaktion zu erhalten. Auf die besonderen Schwierigkeiten, die dabei zu berücksichtigen sind, kann hier nicht eingegangen werden.

5.2.2.4. Kristallisationsüberspannung

Bei der katodischen Metallabscheidung kann der Einbau der Atome in das Metallgitter nur an bestimmten Wachstumsstellen (vgl. *Band 1, Kap. 2.2.5.*) erfolgen. Erfolgt die Ionenentladung an einer anderen Stelle der Oberfläche, so schließt sich eine Oberflächendiffusion bis zu den Wachstumsstellen an. Es treten sogenannte *ad*-Atome auf. Diese Oberflächendiffusion oder der Durchtritt an den Wachstumsstellen können gehemmt sein, woraus eine Kristallisationsüberspannung resultiert. Solange Wachstumsstellen vorhanden sind, kann man annehmen, daß die Überspannung um so größer sein wird, je größer die Aktivität der *ad*-Atome im Verhältnis zu der der *ad*-Atome (a_{ad}) im Gleichgewicht ist. Wenn wir diesen Überschuß mit Δa_{ad} bezeichnen, so folgt aus der NERNSTschen Gleichung für die Kristallisationsüberspannung

$$\eta_K = \frac{RT}{zF} \ln \frac{\Delta a_{ad}}{a_{ad}}. \tag{5.2.55}$$

Diese Gleichung gilt generell, wenn dem Durchtrittsprozeß eine heterogene Reaktion beliebiger Art vorgelagert ist, die die Gesamtgeschwindigkeit bestimmt. Δa_{ad} ist dann auch die tatsächlich vorhandene Aktivität des betreffenden adsorbierten Reaktionsteilnehmers, a_{ad} seine Gleichgewichtsaktivität in der Adsorptionsschicht. Man erhält auch bei diesen heterogenen Prozessen eine Grenzstromdichte, wenn der aus der Reaktion entstehende Stoff sofort durch die Elektrodenreaktion verbraucht wird; damit gilt auch für die Reaktionsüberspannung bei heterogenen Reaktionen Gleichung (5.2.30).

Bei der *Elektrokristallisation* (H. FISCHER [5.10]) müßten nun die Wachstumsstellen verschwinden, wenn eine vollständige Netzebene ausgebildet ist. Dann wird die Ausbildung eines neuen Keims einer Netzebene notwendig, die geschwindigkeitsbestimmend sein kann. Bei bestimmten Wachstumsformen unter Ausbildung von Schraubenversetzungen (s. *Band 1, Kap. 2.2.5.*) entstehen allerdings immer wieder neue Wachstumsstellen. Wenn die zweidimensionale Keimbildung geschwindigkeitsbestimmend ist, so führt das zu einem logarithmischen Zusammenhang zwischen i und η_K von der Form (M. Volmer)

$$\lg |i| = a' - b' |\eta|^{-1}. \tag{5.2.56}$$

Eine wirkliche Entscheidung darüber, ob Hemmung durch Kristallisation oder zweidimensionale Keimbildung vorliegt, ist bisher kaum möglich, zumal häufig auch Durchtrittsüberspannung mit ins Spiel kommt und nicht unbedingt schon eine volle Entladung der *ad*-Teilchen stattgefunden haben muß. Durch Zusatz von leicht adsorbierbaren Stoffen, die auch bei der Metallauflösung eine wichtige Rolle spielen (*Inhibitoren*), kann man die Wachstumsstellen blockieren; dadurch wird die Bildung großer Kristalle verhindert. Es müssen fortwährend (unter starker Polarisation) neue Keime gebildet werden; dadurch erhält man glatte, glänzende Niederschläge. Davon macht man in der *Galvanotechnik* vielfach Gebrauch, indem man durch Zusatz solcher *Glanzbildner* glänzende Metallschichten (z. B. Ni, Zn, Cu) erzeugt.

5.2.2.5. Gesamtüberspannung

Im allgemeinen muß man damit rechnen, daß mehrere der genannten Überspannungsarten an einer Elektrode gleichzeitig vorliegen. Es ist dann notwendig, durch Wahl geeigneter Versuchsbedingungen die einzelnen Überspannungsarten zu identifizieren und voneinander zu trennen, damit deren charakteristische Parameter (z. B. i_0 und α für die Durchtrittsüberspannung) bestimmt werden können. Eine Möglichkeit dazu bietet z. B. eine sprungförmige Veränderung des Elektrodenpotentials (potentiostatisches Einschaltverfahren) oder der Stromdichte (galvanostatisches Einschaltverfahren), da unmittelbar nach dem Sprung und nach erfolgter Doppelschichtaufladung zunächst nur Durchtrittsüberspannung vorhanden ist, während die Diffusionsüberspannung erst langsam im Zeitablauf mit zunehmender Ausbildung der Nernstschen Diffusionsschicht anklingt. Eine weitere Möglichkeit besteht in der Untersuchung der Frequenzabhängigkeit der Faraday-Impedanz. Die mit sogenannten Impedanzbrücken gemessene Gesamt-Faraday-Impedanz setzt sich additiv aus den Impedanzanteilen der einzelnen gehemmten Teilprozesse zusammen, und dabei sind auch die kapazitiven Anteile:

$\dfrac{1}{\omega C_d}$ für die Diffusion;

$\dfrac{1}{\omega C_r}$ für die Reaktion;

$\dfrac{1}{\omega C_K}$ für die Kristallisation (ω Frequenz, C_d, C_r, C_K Kapazitäten)

additiv miteinander verknüpft:

$$\frac{1}{\omega C_F} = \frac{1}{\omega C_d} + \frac{1}{\omega C_r} + \frac{1}{\omega C_K}. \tag{5.2.57}$$

C_F – Faraday-Kapazität

Durch genügende Steigerung der Frequenz kann man diesen kapazitiven Anteil zum Verschwinden bringen, und damit wird die Ohmsche Komponente der Faraday-

Impedanz R_F zum Durchtrittswiderstand

$$R_D = \left(\frac{\partial \eta_D}{\partial i}\right)_{i=0} = \frac{RT}{zF \cdot i_0} = \lim_{\omega \to \infty} R_F. \tag{5.2.58}$$

Die Diffusionsüberspannung läßt sich von der Durchtrittsüberspannung durch Anwendung der *rotierenden Scheibenelektrode* auch bei Messung mit Gleichstrommethoden trennen (N. A. Frumkin, V. G. Lewitsch). Wenn die Elektrode als Scheibe ausgebildet ist, die von einem breiten Ring aus Isoliermaterial konzentrisch umgeben ist, wobei Metalloberfläche und Isolierung in der gleichen Ebene liegen, ist die Diffusionsstromdichte der Wurzel aus der Drehzahl streng proportional, während die Durchtrittsstromdichte davon unabhängig ist.

Durch geeignete Wahl der Versuchsbedingungen und Frequenzen kann man unter Umständen auch Diffusions- und Reaktionswiderstände bei gleichzeitigem Auftreten von Durchtrittshemmung bestimmen. Doch soll auf die recht komplizierten Zusammenhänge und aufwendigen experimentellen Methoden nicht näher eingegangen werden, weil nur in wenigen Fällen völlig sichere Aufschlüsse über den Mechanismus erzielt wurden, wie wir aus einigen praktisch wichtigen Beispielen erkennen werden. Eine wesentliche Ursache bei elektrodenkinetischen Untersuchungen an festen Oberflächen ist deren energetische Heterogenität, die sich durch die Oberflächenvorbehandlung beträchtlich verändern kann, so daß diese das kinetische Verhalten an festen Elektroden erheblich beeinflußt. Diese Heterogenität läßt sich meßtechnisch kaum erfassen und theoretisch schwer berücksichtigen.

5.2.3. *Praktisch wichtige Überspannungseffekte*

Die Überspannungseffekte vergrößern einerseits den Spannungsbedarf bei Elektrolyseprozessen gegenüber der thermodynamisch für den reversiblen Prozeß berechneten Kettenspannung und vermindern so die Energieausbeute; das ist auch für die Akkumulatoren von großer Bedeutung (s. S. 250). Andererseits verhüten sie unerwünschte Elektrodenprozesse, insbesondere in wäßrigen Lösungen, wo oft die Entladungen der $H^{\cdot}$ bzw. OH' den gewünschten Elektrodenprozeß, z. B. die Abscheidung unedler Metalle oder anodisch die Entladung der Halogenionen, verhindern könnte. Da die meisten technischen elektrochemischen Verfahren in wäßrigen Lösungen durchgeführt werden, spielen die Überspannungserscheinungen bei der Entladung der hier immer vorhandenen $H^{\cdot}$ und OH' eine wesentliche Rolle. Auch bei Analysenverfahren, bei denen der Strom zur Bestimmung des betreffenden Stoffes dient, insbesondere bei der *Polarographie* (s. S. 332), wird die hohe Überspannung der $H^{\cdot}$-Entladung am Quecksilber ausgenutzt.

5.2.3.1. *Katodische Prozesse*

Wie schon betont, ist von den katodischen Prozessen, die mit großer Überspannung verlaufen, der Vorgang

$$H^{\cdot} + e^- \rightarrow \frac{1}{2} H_2 \tag{5.2.59}$$

am wichtigsten. Auf seine Behandlung wollen wir uns beschränken und nur die wahrscheinlichsten Mechanismen diskutieren. Zunächst verläuft die katodische Wasserstoffentwicklung nicht nur nach diesem Bruttomechanismus, wie man lange Zeit geglaubt hat. Da in alkalischen Lösungen die aktuelle $H^{\cdot}$-Konzentration sehr gering ist, nahm man an, daß die $H^{\cdot}$ in dem Maße, wie sie entladen werden, durch den Dissoziationsvorgang:

$$H_2O \rightarrow OH' + H^{\cdot}$$

nachgeliefert werden. Da dieser aber, wie wir gesehen haben (s. S. 273), sehr langsam verläuft ($k_1 = 2{,}5 \cdot 10^{-5}\,s^{-1}$ bei 25 °C), würde er geschwindigkeitsbestimmend; wir hätten es mit einer Reaktionsüberspannung zu tun. Da man aber auch in alkalischer Lösung keinen Grenzstrom erhält (s. S. 293), sondern die Stromdichte mit der Spannung nach einer TAFEL-Gleichung (5.2.53) ansteigt, muß es sich auch wie bei der $H^{\cdot}$-Entladung in saurer Lösung um eine Durchtrittsüberspannung der Reaktion

$$H_2O + e^- \rightarrow \frac{1}{2} H_2 + OH' \qquad (5.2.60)$$

handeln. In beiden Fällen ist das Katodenprodukt Wasserstoff, man spricht daher allgemein von der Wasserstoffüberspannung. Diese *Wasserstoffüberspannung* sinkt mit zunehmender Temperatur und zunehmendem Druck und steigt mit der Stromdichte an. Die Abhängigkeit von der Stromdichte wird oft durch die TAFEL-Gleichung richtig wiedergegeben. Am Beispiel der Wasserstoffelektrode sind viele unserer heutigen Vorstellungen von der Elektrodenkinetik entwickelt worden (M. VOLMER, N. A. FRUMKIN), obwohl es sich hier um ein relativ kompliziertes Beispiel handelt, das nicht mit der Hemmung eines Teilvorganges allein geklärt werden kann, sondern komplex behandelt werden muß. Neben den Elektrodenreaktionen (5.2.59) und (5.2.60) spielen auch noch Transportvorgänge und Adsorptions-Desorptionsprozesse eine Rolle. Deswegen sind Angaben über die Wasserstoffüberspannung von den Versuchsbedingungen abhängig. Es kommt hinzu, daß sie durch Spuren von Verunreinigungen des Elektrolyten, die an der Elektrode adsorbiert werden und sie „vergiften", ganz wesentlich verändert werden kann[1]). Sicher ist aber, daß der Vorgang (5.2.59) bzw. (5.2.60) an verschiedenen Elektrodenmaterialien in ganz unterschiedlichem Umfang gehemmt wird. In *Tab. 5.4* sind die H_2-Überspannungen bei der beginnenden Wasserstoffentwicklung und bei einer Stromdichte von 10 mA cm^{-2} für Zimmertemperatur angegeben. Die Unterschiede zwischen den Platinmetallen und etwa Quecksilber oder Blei sind sehr groß und steigen mit der Stromdichte entsprechend der TAFEL-Gleichung an.

Die Gesamtreaktion (5.2.59) kann aus folgenden Teilvorgängen bestehen:

I. Antransport der hydratisierten Protonen bis in die HELMHOLTZsche Doppelschicht und Abtransport der entstandenen Wasserstoffmoleküle.

II. Dehydratisierung der Wasserstoffionen:

$$H^{\cdot} \rightarrow H^+ + xH_2O \qquad (5.2.61)$$

III. Entladung der Protonen (VOLMER-Reaktion):

$$H^+ + e^- \rightarrow H. \qquad (5.2.62)$$

IV. Rekombination der Wasserstoffatome (TAFEL-Reaktion):

$$H + H \rightarrow H_2. \qquad (5.2.63)$$

V. Desorption der Wasserstoffmoleküle.

VI. Abdiffusion der Wasserstoffmoleküle.

---

[1]) Reproduzierbare Überspannungswerte kann man daher nur erhalten, wenn man den Elektrolyten durch eine „Vorelektrolyse" mit einer Hilfskatode, die man dann entfernt, von solchen störenden Verunreinigungen befreit.

Tabelle 5.4

Wasserstoffüberspannung in Volt (25 °C)

Metall	Stromdichte, gerade hinreichend zur Entwicklung von H_2-Blasen	$i = 10$ mA/cm²
Pt (platiniert)	−0,00	−0,03
Pd	−0,00	−0,30
Au	−0,02	−0,39
Pt (blank)	−0,08	−0,1
Ag	−0,10	−0,76
Ni	−0,14	−0,75
C	−0,14	−0,70
Fe	−0,17	−0,56
Cu	−0,19	−0,58
Pb	−0,40	−1,08
Hg	−0,57	−1,04

Alle sechs Teilvorgänge können gehemmt sein und zur Wasserstoffüberspannung beitragen. Eine Hemmung der Transportvorgänge I. zeigt sich im Auftreten von Diffusionsgrenzstromdichten und einer Diffusionsüberspannung.

Bei niedrigen Wasserstoffionenkonzentrationen (pH > 2) wird ein Diffusionsgrenzstrom beobachtet, der auf den Antransport der $H^{\cdot}$ an die Elektrode zurückzuführen ist und gleichzeitig beweist, daß in diesem pH-Bereich der Vorgang (5.2.60) noch keine Rolle spielt. Allerdings findet man mit wachsender $H^{\cdot}$-Konzentration zunächst einen stärkeren als proportionalen Anstieg des Diffusionsgrenzstromes, wie er nach (5.2.13) zu erwarten wäre. Das wird in erster Linie durch einen zusätzlichen Rühreffekt, den die H_2-Blasen erzeugen, verursacht. Diese Blasen können andererseits, wenn sie an der Elektrodenoberfläche haften, eine Vergrößerung der effektiven Stromdichte hervorrufen und damit eine erhöhte Überspannung vortäuschen. Wenn die Durchtrittsreaktion wenig gehemmt ist, wie an den Platinmetallen, kann der Abtransport des Wasserstoffs ebenfalls (bei niedrigen Stromdichten) eine Diffusionsüberspannung durch die Vorgänge V. und VI. verursachen. Wenn Transporthemmungen durch Rühren und Wahl geeigneter Konzentrationen ausgeschaltet sind, folgt die Wasserstoffabscheidung der Tafel-Gleichung $|\eta| = a + b \cdot \lg |i|$ bis zu sehr hohen Stromdichten. Von Tafel wurde angenommen, daß die Rekombination der nach (5.2.62) abgeschiedenen Wasserstoffatome, die im allgemeinen an das Elektrodenmaterial adsorptiv gebunden sein werden, gehemmt ist, daß also der Vorgang (5.2.63) geschwindigkeitsbestimmend ist (*Volmer-Tafel-Mechanismus*). Diese Annahme wurde dadurch nahegelegt, daß Metalle, die Hydrierungsreaktionen mit H_2 beschleunigen (z. B. Pt) und damit das Gleichgewicht $H_2 \rightleftharpoons 2H$ wahrscheinlich rasch einstellen, eine sehr niedrige H_2-Überspannung haben. Man hat es also mit einer nachgelagerten Reaktion zu tun, die für den Reaktionsablauf verantwortlich ist. Demzufolge sollte man einen katodischen Grenzstrom dann erhalten, wenn die gesamte Oberfläche mit H_{ad} bedeckt ist (Bedeckungsgrad $\Theta = 1$), weil dann ja nur so viel H^+ entladen werden können, wie H_{ad} durch Rekombination aus der Oberfläche verschwinden[1]). Ein solcher Grenzstrom ist bisher nicht sicher nachgewiesen

[1]) Natürlich ist auch ein anodischer Grenzstrom zu erwarten, und zwar dann, wenn alle adsorbierten Wasserstoffatome ebenso schnell ionisiert werden, wie sie aus Wasserstoff entstehen.

worden, so daß der VOLMER-TAFEL-Mechanismus nicht eindeutig bewiesen ist. Andererseits sollte man bei diesem Mechanismus und Annahme eines Durchtrittsfaktors $\alpha = 0{,}5$, der für viele Prozesse gefunden wird, eine Steigung der TAFEL-Geraden (mit $z = 1$) von

$$b = \frac{F_N}{1 - 0{,}5} \approx 0{,}118 \text{ V} \quad \text{bei } 25\,°\text{C}$$

finden, was tatsächlich vor allem an Hg gemessen wurde. Allerdings ist dabei vorausgesetzt, daß der Bedeckungsgrad und damit η_r keine Rolle spielt, sondern nur der Einelektronenschritt (5.2.62) die Überspannung verursacht. Wenn zusätzlich Reaktionsüberspannung zu berücksichtigen ist, werden die kinetischen Gleichungen so kompliziert, daß ihre Prüfung kaum noch möglich ist. Es bleibt also die Frage offen, ob die Reaktion $2\,H_{ad} \rightarrow H_2$ wirklich auf den Gesamtverlauf Einfluß hat (*Tab. 5, „Anhang“*).

Nun wird aber sehr häufig, vor allem an Platin, eine viel kleinere TAFEL-Steigung als 0,118 V, nämlich ≈ 0,030 V, gemessen. Zu diesem Wert kann man (mit $\alpha = 0{,}5$) gelangen, indem man zwei aufeinander folgende Einelektronenschritte annimmt und gleichzeitig eine unvollständige Bedeckung mit $Me\,H_{ad}$ voraussetzt.

Der *Volmer-Heyrovsky-Mechanismus* geht von einer Hemmung der VOLMER-Reaktion III und einer Hemmung der HEYROVSKY-Reaktion

$$H^+ + Me\,H_{ad} + e^- \rightarrow Me + H_2 \tag{5.2.64}$$

aus, die aus der Entladung eines Protons an einem bereits auf der Oberfläche adsorbierten Wasserstoffatom besteht.

Für den Durchtrittswiderstand ergibt sich mit den Austauschstromdichten i_{0d} für (5.2.62) und i_{0f} für (5.2.64), wie hier nicht im einzelnen abgeleitet werden kann:

$$\left(\frac{\partial \eta}{\partial i}\right)_{\eta \to 0} = R_D = \frac{RT}{4F}\left(\frac{1}{i_{0d}} + \frac{1}{i_{0f}}\right). \tag{5.2.65}$$

Durch Einführung verschiedener Adsorptionsisothermen (FREUNDLICH, LANGMUIR, TEMKIN, s. *Band 1, Kap. 19.11.*) und Berücksichtigung der Adsorptionskoeffizienten erhält man verschiedene TAFEL-Steigungen in dem experimentell untersuchten Bereich (B. E. CONWAY, J. HORIUTI, J. O'M. BOCKRIS). Eine endgültige Entscheidung über die unter verschiedenen Bedingungen ablaufenden Mechanismen ist noch nicht erzielt worden. Neuerdings werden für den Mechanismus der $H^{\cdot}$-Entladung auch die Kinetik der Dehydratation und quantenmechanische Tunnelungsvorgänge diskutiert.

Die außerordentlich intensive Bearbeitung der Wasserstoffüberspannung ist nicht zuletzt auf ihre große technische Bedeutung zurückzuführen. Zur Gewinnung von chloridfreier Natronlauge (z. B. für die Kunstseide- und Zellwollindustrie) durch Elektrolyse von Kochsalzlösungen wird in größtem Stil das Verfahren mit Quecksilberkatoden (*Amalgamverfahren*) angewandt, weil man bei der Elektrolyse Natriumamalgam erhält, das in einem getrennten Reaktor mit Wasser zu konzentrierter Natronlauge umgesetzt wird. Am reinen Hg wird praktisch aus neutraler NaCl-Lösung nur Natrium ohne Wasserstoffentwicklung abgeschieden. Die Natriumabscheidung wird einerseits durch die sehr viel höhere Konzentration (gesättigte NaCl-Lösung) der $Na^{\cdot}$ gegenüber den $H^{\cdot}$ (in der neutralen gesättigten NaCl-Lösung ist die Wasserstoffionenkonzentration $\approx 10^{-7} \times \text{mol} \cdot l^{-1}$, $c_{Na^{\cdot}}$ dagegen $\approx 5\ \text{mol} \cdot l^{-1}$) und andererseits dadurch erleichtert, daß wegen der Amalgambildung der Potentialsprung $Na^{\cdot}\,|\,Na(Hg)$ gegenüber der Galvanispannung $Na^{\cdot}\,|\,Na(s)$ um beinahe 1 Volt positiver wird.

Nach der NERNSTschen Gleichung ist ja das Potential bestimmt durch den Logarithmus des Verhältnisses von Ionenaktivität und Metallaktivität, letztere ist bei einem reinen Metall 1.

$$\varepsilon = \frac{RT}{zF} \ln \frac{a_{Me^{z\cdot}}}{a_{Me}}.$$

Ist daher die Aktivität des Metalls sehr klein, dann wird das Potential positiver. Da bei der technischen Chloralkalielektrolyse mit Hg-Katoden die Na-Konzentration im Hg aber niedrig bleiben muß ($\leqq 0{,}1\%$), um das Hg flüssig zu halten und es bequem fördern zu können, ist auch die Aktivität des Na im Hg sehr klein; es kommt hinzu, daß zwischen Hg und Na erhebliche Wechselwirkungsenergien auftreten, die die Aktivität weiter herabsetzen. Das Amalgam fließt dann in ein zweites Gefäß und wird dort unter Wasser zersetzt, wobei man es mit Eisen, Graphit oder anderen Metallen mit geringer Wasserstoffüberspannung in Berührung bringt, um die Entladung der Wasserstoffionen zu beschleunigen.

$$2\,\text{Na-Amalgam} + 2\,H_2O \rightarrow 2\,NaOH + H_2\uparrow + x\,Hg. \tag{5.2.66}$$

Auch für die Reduktion von Metallionen ist häufig ein negativerer Potentialsprung erforderlich, als der NERNSTschen Gleichung entspricht. Die Differenz zwischen gefundenem und thermodynamisch berechnetem Potentialsprung ist die Überspannung des Metalls η_{Me}. Sie ist ebenso wie η_{H_2} vom Katodenmaterial abhängig. Wenn man z. B. Nickel auf Platin abscheidet, so hat man es anfangs mit der Überspannung des Ni am Pt, dann aber mit der Überspannung des Ni an einer Nickelelektrode zu tun, weil sich die Platinelektrode ja mit Nickel überzieht. Für den Zusammenhang zwischen η_{Me} und der Stromdichte gilt in manchen Fällen wieder die TAFELsche Gleichung

$$\eta_{Me} = a' + b' \cdot \ln i, \tag{5.2.67}$$

zum Teil aber auch annähernd

$$\eta_{Me} = \text{konst.} \cdot \sqrt{i}. \tag{5.2.68}$$

Im Falle der Gültigkeit von (5.2.67) kann man damit rechnen, daß Durchtrittsüberspannung vorherrscht, bei vielen Metallen, z. B. bei den Eisenmetallen, ist aber auch Kristallisationsüberspannung im Spiel. η_{Me} hängt unter anderem auch von den im Elektrolyten enthaltenen Anionen ab.

Es ist in diesem Zusammenhang bemerkenswert, daß vor allem Metalle mit hohem Schmelzpunkt (Fe, Ni, Pt) und demzufolge bei Zimmertemperatur starrer Gitterorientierung hohe Metallüberspannung zeigen. Bei Metallen mit niedrigem Schmelzpunkt ist wahrscheinlich die Gitterbeweglichkeit vor allem an der Oberfläche, wo ja ohnehin eine Gitterstörung vorliegt, genügend groß, so daß der Einbau der neu hinzukommenden Ionen ohne Hemmung vor sich geht. Auch die Austauschstromdichten sind bei weichen, niedrig schmelzenden Metallen sehr viel höher als bei harten, hochschmelzenden Metallen. Für Quecksilber ist z. B. die Standardaustauschstromdichte $> 150\ \text{A cm}^{-2}$, für Nickel wird etwa 10^{-8} bis $10^{-7}\ \text{A cm}^{-2}$ gefunden. Sie wird außerdem zum Teil stark von der Art des Anions in der Lösung beeinflußt. Das hängt wahrscheinlich mit der Neigung der Anionen zur Komplexbildung mit dem Metallkation zusammen. Es konnte nämlich gezeigt werden, daß die Metalle aus Komplexsalzlösungen im allgemeinen weder nach Abspaltung aller Liganden noch bei hoher Ligandenzahl abgeschieden werden (H. GERISCHER). Wenn man z. B. Cd (oder Zn) am Quecksilber als Amalgam abscheidet, so erfolgt dies in einer konzentrierten komplexen Cyanidlösung nicht aus dem $Cd(CN)_4''$-Ion, sondern aus dem damit im Gleichgewicht stehenden $Cd(CN)_3'$:

$$Cd(CN)_4'' \rightleftharpoons Cd(CN)_3' + CN', \tag{5.2.69}$$

$$Cd(CN)_3' + 2e^- \rightleftharpoons Cd + 3\,CN'. \tag{5.2.70}$$

Die Durchtrittsreaktion (5.2.70) erfolgt wahrscheinlich stufenweise. Das Gleichgewicht (5.2.69) stellt sich, wie die meisten anderen dieser Art, so rasch ein, daß es auf den Gesamtablauf keinen Einfluß hat. Die Gleichgewichtsgalvanispannung der Reaktion (5.2.70) ist natürlich von dem der einfachen Metallelektrode

$$Cd^{\cdot\cdot} + 2e^- \rightleftharpoons Cd \tag{5.2.71}$$

verschieden, meist negativer. Dadurch wird es möglich, die Abscheidungspotentiale zweier Metalle mit sehr benachbarter Gleichgewichtsgalvanispannung genügend weit voneinander zu entfernen, indem man durch Zusatz von Komplexbildnern die Reaktion (5.2.71) durch eine vom Typ (5.2.70) ersetzt. Man kann auf diese Weise durch Elektrogravimetrie oder eventuell Coulometrie zwei Metalle getrennt bestimmen. Der Trenneffekt kann unter Umständen durch geeignete Wahl der Stromdichte unterstützt werden, weil ja die Abscheidungsspannung wegen der Überspannung auch eine Funktion der Stromdichte ist.

Ebenso spielt natürlich die Lage des Abscheidungspotentials des gelösten Metalls im Verhältnis zu dem des Wasserstoffs eine wichtige Rolle, denn wenn ε_{Me} negativer ist als ε_{H_2}, ist es nicht möglich, das Metall abzuscheiden. Auch eine stärkere gleichzeitige H_2-Entwicklung mit der Metallabscheidung ist für analytische und technische Zwecke oftmals nachteilig, weil der Niederschlag auf der Elektrode dann porös wird und nicht fest haftet, wodurch bei der Auswaage Fehler entstehen. *Abb. 5.13* zeigt schematisch Stromdichte-Potential-Kurven. Kurve *A* soll die Abhängigkeit der Stromdichte vom Potential für Wasserstoff ohne Überspannung zeigen (z. B. an platiniertem Platin), Kurve *B* die i,ε-Funktion eines Metalls, das unedler als Wasserstoff ist, an dem der Wasserstoff aber eine hohe Überspannung hat, während die Metallüberspannung sehr klein ist. *C* ist endlich die i,ε-Kurve für die H_2-Abscheidung an diesem unedlen Metall. Man sieht, daß das unedle Metall beim Potential ε_x praktisch ohne Wasserstoffentwicklung abgeschieden wird. Diese Verhältnisse liegen etwa bei der Abscheidung des Zinks aus wäßrigen Lösungen vor.

Diese Betrachtungen sind auch wichtig für die *Galvanotechnik*, die sich mit der Herstellung von Metallüberzügen als Korrosionsschutz, für Schmuckgegenstände usw. befaßt. Hier kommt es darauf an, bei der Elektrolyse dichte, festhaftende, glatte und womöglich glänzende Überzüge zu erhalten. Aus wirtschaftlichen Gründen will man natürlich mit möglichst dünnen Schichten und mit möglichst wenig Strom auskommen. Auch hier muß also eine Wasserstoffentwicklung weitgehend ausgeschaltet werden. Eine weitere Schwierigkeit ist die Tatsache, daß die Abscheidung oftmals infolge ungleichmäßiger Stromlinienverteilung an geometrisch günstigen bzw. aktiven Stellen bevorzugt erfolgt. Dort wachsen die Kristalle besonders rasch, und der Überzug wird unregelmäßig. Die verschiedene Aktivität der Stellen kann man so erklären, daß dort unterschiedliche Metallüberspannungen herrschen, zum Teil auf Grund von Verunreinigungen, zum Teil durch unterschiedliche Oberflächenbeschaffenheit hervorgerufen. Oftmals kann man die

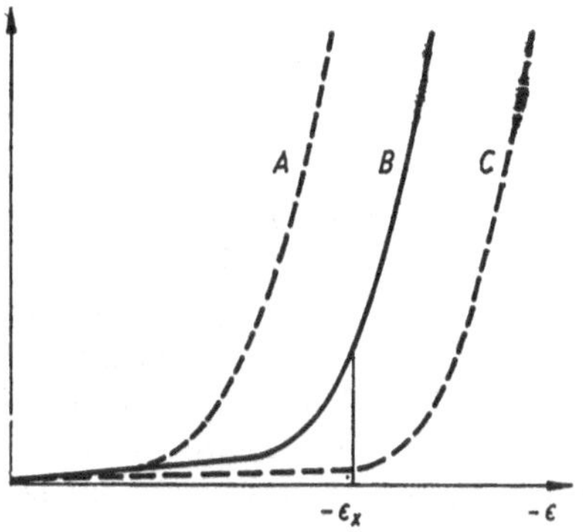

Abb. 5.13: Stromdichte-Potential-Kurven für Abscheidungsvorgänge

aktiven Stellen durch Kolloidzusätze blockieren und dann einen glatten galvanischen Metallüberzug erhalten. In erster Linie wirken diese Zusätze so, daß sie (vgl. S. 305) das Wachstum schon vorhandener Kristallkeime, das zu groben Kristallen führen würde, verhindern und die Bildung immer neuer Keime erzwingen, indem sie selbst an den Keimen adsorbiert werden.

Man kennt nun nicht allein Verfahren der Vergoldung, Versilberung, Verchromung, Vernickelung usw., wobei also nur ein Element niedergeschlagen wird, sondern es werden auch manchmal gleichzeitig mehrere Metalle in einem bestimmten Gewichtsverhältnis abgeschieden, z. B. bei der Vermessingung. Hier gilt es, die Abscheidungspotentiale zweier Metalle, nämlich von Zink und Kupfer, nicht voneinander zu entfernen, sondern sie aneinander anzugleichen. Das gelingt mit Hilfe eines Cyanidbades bestimmter Zusammensetzung, weil sich die Abscheidungspotentiale der Metalle einander nähern

1. dadurch, daß das Kupfer aus dieser Lösung mit höherer Überspannung abgeschieden wird als das Zink,
2. wegen der größeren Komplexgleichgewichtskonstanten des Kupfer-I-Cyanidkomplexes gegenüber dem Zinkcyanidkomplex und
3. durch die Legierungsbildung.

Neuerdings erlangt die galvanische Abscheidung von dünnen Schichten korrosionsbeständiger Legierungen aus Fe, Ni und Cr Bedeutung, um dadurch die Verwendung massiver Bleche aus diesem teuren Metall zu vermeiden. Die Eisenmetalle und die meisten Übergangsmetalle werden mit großer Überspannung abgeschieden, was auf die Bindung der Hydrathülle zurückgeführt wird. Offenbar ist in vielen Fällen die Hydratationsenergie so groß, daß direkt die Reduktion des hydratisierten Ions stattfinden muß, diese ist mit einer hohen Überspannung verbunden. Chrom läßt sich aus Lösungen seiner dreiwertigen Ionen praktisch überhaupt nicht in geeigneter Form abscheiden, wohl aber, allerdings mit schlechter Stromausbeute, aus Chromsäurelösungen. Die Abscheidung von Cr—Ni—Fe-Legierungen gelingt bei geeigneter Elektrolytzusammensetzung und Stromdichte, weil durch die Legierungsbildung die Abscheidung der Komponenten erleichtert wird.

Neben der Galvanotechnik spielt die elektrolytische Metallerzeugung (Naßmetallurgie) und Raffination der Metalle eine wichtige Rolle. Dabei haben auch Überspannungseffekte Bedeutung. Die Raffination erfolgt in der Weise, daß das Metall, das noch eine verhältnismäßig große Menge an Verunreinigungen enthält, anodisch aufgelöst und katodisch wieder abgeschieden wird. Dabei wählt man Spannung und Badzusammensetzung so, daß die edleren Metalle möglichst nicht mit in Lösung gehen, sondern sich als „Anodenschlamm" absetzen, und daß die unedlen Metalle katodisch nicht mit abgeschieden werden. Der Gehalt des Bades an dem zu reinigendem Metall muß annähernd konstant bleiben. Neben katodischen Überspannungen, insbesondere der des Wasserstoffs, die z. B. durch mitabgeschiedene Verunreinigungen wie Fe bei der Zinkelektrolyse stark herabgesetzt wird und dadurch die Stromausbeute an Zink vermindert, spielen hier auch Hemmungen der anodischen Auflösung (s. *5.2.3.2.*) eine große Rolle. Auf diese Weise wird z. B. Kupfer mit etwa 0,5···1% Verunreinigungen bis auf 0,02% und weniger Nebenbestandteile raffiniert. Die elektrolytische Metallgewinnung wird natürlich mit Lösungen des betreffenden Metalls und unlöslichen Anoden durchgeführt [5.10].

Bisher wurden nur Katodenprozesse behandelt, bei denen Ionen reduziert wurden. Wir sind dabei nicht näher auf solche Prozesse eingegangen, bei denen nur eine partielle Reduktion (z. B. $Fe^{3\cdot}/Fe^{\cdot\cdot}$) stattfindet, weil sie technisch kaum eine Rolle spielen. Sofern es gelingt, Diffusionshemmungen auszuschließen, verlaufen solche Prozesse im allgemeinen mit hoher Austauschstromdichte; z. B. beträgt die Standardaustauschstromdichte der Reduktion $Fe^{\cdot\cdot\cdot} + e^- \rightarrow Fe^{\cdot\cdot}$ 0,5 A cm^{-2}. Die Reduktion von Molekülen, insbesondere organischen Verbindungen, hat bisher auch noch keine sehr große Bedeutung erlangt, könnte sie aber für Prozesse finden, bei denen durch Einhaltung bestimmter Katodenpotentiale Reduktionszwischenstufen erhalten werden sollen, die bei anderen Reduktionsverfahren, insbesondere katalytischen Reduktionen mit Wasserstoff, nicht zu fassen sind. Im allgemeinen müssen die Ausgangsstoffe allerdings wasserlöslich sein, weil organische Lösungsmittel leicht selbst an den Elektroden umgesetzt werden und die Leitfähigkeiten niedrig sind. Bei der Reduktion von Molekülen ist die Überspannung relativ hoch. Daher gelingt sie im allgemeinen am besten an solchen Elektroden, die eine hohe Wasserstoffüberspannung haben (Hg, Pb, Sn). Ursprünglich hat man angenommen, daß die Reduktion sekundär durch atomar abgeschiedenen Wasserstoff erfolgt, z. B.

$$2\,H^{\cdot} + 2e^- \rightarrow 2\,H + x\,H_2O,$$

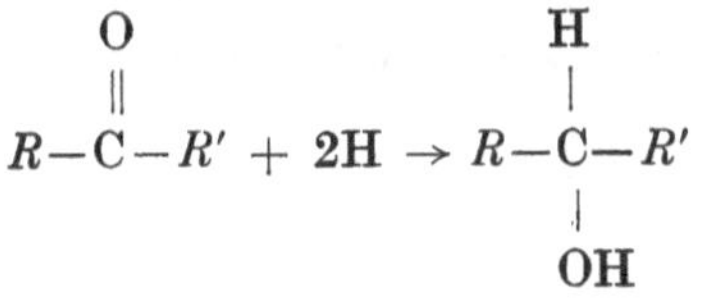

(5.2.72)

Daß solche Prozesse an Elektroden mit hoher Wasserstoffüberspannung mit guter Stromausbeute verlaufen, wurde darauf zurückgeführt, daß an ihnen der aus der NERNSTschen Gleichung errechnete Wasserstoffdruck sehr hoch ist (bei $c_{H^{\cdot}} = 1$ errechnet sich danach der Druck des H_2 zu: $p_{H_2} = 10^{\frac{\eta}{F_N}}$, d. h. bei einer Überspannung von 0,59 V zu 10^{12} kPa bei 25 °C).

Tatsächlich konnte aber gezeigt werden, daß in den meisten Fällen an das Molekül primär Elektronen angelagert werden und diese dann aus Hydroniumionen ein Proton aufnehmen:

$$R + e^- \rightarrow R^- \qquad (5.2.73)$$

$$R^- + H^{\cdot} \rightarrow RH + x\,H_2O$$

(v. STACKELBERG). Es konnte gezeigt werden, daß atomarer Wasserstoff viel langsamer reagiert, als die Reduktion durch Elektronenaufnahme unter gleichen Bedingungen erfolgt. Außerdem findet häufig eine Reduktion bei Potentialen statt, bei denen praktisch noch kein Wasserstoff entwickelt wird (z. B. Chinon zu Hydrochinon bei +0,65 V). Bei Aufnahme von 2 Elektronen und zwei Protonen [wie in (5.2.72)] erfolgt oft nach Aufnahme des ersten Elektrons und Protons eine Dimerisierung des Radikals:

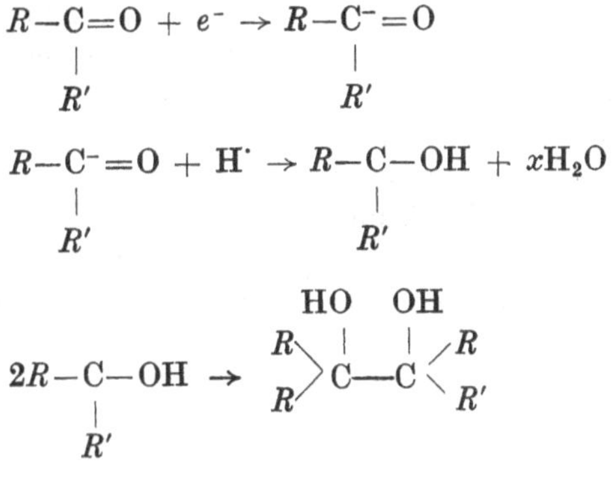

(5.2.74)

Schließlich werden durch katodische Reduktion Halogene als Ionen abgespaltet, ohne daß Wasserstoffionen oder -atome ins Spiel kommen. Zum Beispiel wird Hexachlorcyclohexan an einer Quecksilberelektrode zu Benzen reduziert (K. SCHWABE) [5.35]

$$C_6H_6Cl_6 + 6e^- \rightarrow C_6H_6 + 6\,Cl'. \tag{5.2.75}$$

Eine größere Bedeutung als die Reduktion organischer Moleküle hat neuerdings durch die Entwicklung des Brennstoffelements (s. S. 255) die katodische Reduktion des molekularen Sauerstoffs erlangt. Der Mechanismus dieses Prozesses ist noch nicht vollständig geklärt. Zumindest bei hohen Stromdichten kann man nicht erwarten, daß der gasförmige Sauerstoff sich mit der Lösung ins Gleichgewicht setzt und dieser gelöste Sauerstoff an der Katode reduziert wird. Da die Löslichkeit des Sauerstoffs in konzentrierten Elektrolytlösungen (meist wird konzentrierte Kalilauge oder auch Schwefelsäure bzw. Phosphorsäure verwendet) sehr gering ist, wäre die Reduktion diffusionsbestimmt, mit einem sehr niedrigen Diffusionsgrenzstrom. Die Reduktion findet viel-

Insgesamt: $O_2 + 2\,H_2O + 4e^- \longrightarrow 4\,OH'$

Mechanismus nach MÜLLER und NEKRASSOW	Mechanismus nach YEAGER, KRAUSE und RAO
$O_2 + 2e^- + 2\,H_2O \underset{\text{schnell}}{\rightleftharpoons} H_2O_2 + 2\,OH'$	$O_2 + e^- \underset{k_1'}{\overset{k_1}{\rightleftharpoons}} O'_{2(ads)}$
$H_2O_2 + 2e^- \xrightarrow[\text{langsam}]{} 2\,OH'$	$O'_{2(ads)} + H_2O + e^- \xrightarrow[\text{schnell}]{} HO_2' + OH'$
in sauren Lösungen verläuft auch der erste Schritt langsam	$HO_2' + H_2O + 2e^- \xleftarrow[\text{langsam}]{} 3\,OH'$

Abb. 5.14: Mechanismus der katodischen Reduktion des Sauerstoffs

mehr an der Dreiphasengrenze Elektrode | Elektrolyt | Gasraum statt (s. *Kap. 4.8.3.*). Die Bruttoreaktion verläuft unter Aufnahme von vier Elektronen in stark alkalischen Lösungen sehr viel rascher als in sauren oder neutralen Elektrolyten. Der Prozeß verläuft stufenweise; zunächst wird H_2O_2 bzw. OOH' gebildet, die weitere Reduktion zu Wasser ist stark gehemmt. Deshalb ist man bestrebt, Elektrodenmaterial zu verwenden, an dem das Wasserstoffperoxid sehr rasch unter Rückbildung von Sauerstoff zerfällt. Die Leistung der Sauerstoffelektrode hängt äußerst stark vom Elektrodenmaterial ab. Neben Platin, Nickel und Silber haben sich auch aktivierte Kohleelektroden, die mit Schwermetalloxiden, insbesondere Spinellen, als *Elektrokatalysatoren* imprägniert sind, bewährt. Über den Mechanismus der Sauerstoffreduktion sind verschiedene Vorstellungen entwickelt worden, von denen zwei in *Abb. 5.14* dargestellt sind. Da die Reduktion in stark alkalischen Lösungen (pH = 14) besonders rasch verläuft, muß auch die Beteiligung von adsorbierten Hydroxylionen in Betracht gezogen werden. Für die Reduktion des Sauerstoffs in neutralen Elektrolytlösungen, die aus technischen Gründen besonders erwünscht wären, sind noch keine Elektrokatalysatoren gefunden worden, die bei geringer Polarisation (< 200 mV) hohe Stromdichten (≥ 100 mA cm^{-2}) zulassen.

5.2.3.2. *Anodische Prozesse*

Die Vorgänge an der Anode unter Abgabe von Elektronen können im wesentlichen in drei Gruppen eingeteilt werden. Einmal können Anionen an *unangreifbaren* Elektroden entladen werden. Als Elektrodenmaterial kommen in erster Linie die Platinmetalle, Graphit und manche Halbleiterdioxide, z. B. Fe_3O_4, in Betracht. Vollständig unangreifbare Elektroden gibt es praktisch nicht, die Resistenz hängt stark von der Art des Elektrolyten ab. Zum Beispiel werden Platinanoden in konzentrierter Salzsäure bei hoher Stromdichte ziemlich rasch aufgelöst.

Von *löslichen* Anoden spricht man, wenn das Elektrodenmaterial ohne wesentliche Hemmung unter Elektronenabgabe in Lösung geht. Die anodische Auflösung der Metalle ist die Ursache der *Korrosion* bei Gegenwart von Wasser, wie noch gezeigt werden wird. Normalerweise anodisch leicht lösliche Metalle, wie etwa Eisen, können schwer angreifbar, *passiv*, werden, wenn sie sich mit einer Oxidschicht bedecken (s. S. 324). Gelöste Ionen oder Moleküle können schließlich unter Elektronenabgabe oxydiert werden. Diese Gruppe anodischer Reaktionen gestattet einerseits, hohe Oxydationsstufen (ClO_4', S_2O_8'' usw.) bzw. Oxydationsprodukte organischer Moleküle zu erzeugen, andererseits werden solche Prozesse für die weitere Entwicklung der Brennstoffelemente Bedeutung erlangen. Bisher werden nur H_2, N_2H_4 und CH_3OH in Brennstoffelementen anodisch oxydiert.

Bei der Entladung von Anionen muß in wäßrigen Lösungen in erster Linie die der Hydroxylionen in Betracht gezogen werden, sie ist die Umkehrung der Reduktion des Sauerstoffs (s. *Abb. 5.14*) und verläuft ebenso wie diese irreversibel

$$4\,OH' \rightleftharpoons O_2 + 2\,H_2O + 4e^- . \tag{5.2.76}$$

Wie wir gesehen haben (*Kap. 4.4.*), errechnet sich für diese Gleichgewichtsreaktion eine Standardgalvanispannung von $+1{,}229$ V, bezogen auf die Standardwasserstoffelektrode bei $a_{H^\cdot} = 1$. Für $a_{OH'} = 1$, d. h. $a_{H^\cdot} = 10^{-14}$, folgt daraus nach der NERNSTschen Gleichung:

$$\begin{aligned} \overset{\circ}{\varepsilon}_{O_2/OH'} &= 1{,}229 + F_N \lg 10^{-14}, \\ \overset{\circ}{\varepsilon}_{O_2/OH'} &= -0{,}403 \text{ V}. \end{aligned} \tag{5.2.77}$$

Für die Oxydation in saurer Lösung, für die die Standardgalvanispannung den Wert $+1{,}229$ V hat, kann die Reaktion geschrieben werden

$$6\,H_2O \rightleftharpoons 4\,H_3O^\cdot + O_2 + 4e^- . \tag{5.2.78}$$

In jedem Fall nimmt bei anodischer Sauerstoffentladung aus Wasser oder OH′ die Hydroxylionenkonzentration ab, die Wasserstoffionenkonzentration zu. In sorgfältig gereinigten Lösungen erhält man an Platin TAFEL-Geraden mit einer Steigung von 0,11 bis 0,12, aus denen man eine Austauschstromdichte von etwa 10^{-10} A · cm^{-2} ermittelt. Wie bei der Wasserstoffabscheidung ergeben die verschiedenen Elektrodenmaterialien unterschiedliche Werte für die Überspannung (vgl. *Tab. 5.5*); am Platin ist sie relativ hoch. Bei dem Prozeß spielt die Bildung von Oxiden, Hydroxiden bzw. Sauerstoffadsorptionsschichten eine große Rolle. Diese Schichten sind auch für die schlechte Gleichgewichtseinstellung der Reaktionen (5.2.76) bzw. (5.2.78) verantwortlich und können andere Elektrodenreaktionen hemmen. Eine restlose Aufklärung der Kinetik der anodischen Sauerstoffabscheidung ist trotz zahlreicher Untersuchungen ebensowenig gelungen wie die der katodischen Wasserstoffabscheidung. Zweifellos spielt bei den Unterschieden in der Sauerstoffüberspannung an verschiedenen Metallen deren Oxidbedeckung bzw. die Bindungsfestigkeit des Sauerstoffs eine Rolle. Für eine echte Reaktionshemmung spricht aber die starke Abnahme der O_2-Überspannung mit der Temperatur.

Von den Halogenionen läßt sich das Fluoridion aus wäßrigen Lösungen nicht zu F_2 entladen, weil die Galvanispannung für

$$2\,F' \rightleftharpoons F_2 + 2e^-$$

weit über der der OH'-Entladung liegt (+2,85 4). Während der Vorgang

$$2\,I' \rightleftharpoons I_2 + 2e^-$$

Tabelle 5.5

Mindestüberspannung des Sauerstoffs in Volt bei 25 °C an verschiedenen Metallanoden

Metall	η_{O_2} (V)	Metall	η_{O_2} (V)
Ni (schwammig)	+0,05	Pb	+0,30
Ni (blank)	+0,12	Ag	+0,40
Co	+0,13	Cd	+0,42
Pt (platiniert)	+0,24	Pd	+0,42
Fe	+0,24	Pt (blank)	+0,44
Cu	+0,25	Au	+0,52

praktisch reversibel abläuft, zeigt die Entladung der Chlorid- und Bromidionen Überspannungserscheinungen. Da die Überspannung mit dem Logarithmus der Stromdichte ansteigt, kann man annehmen, daß Durchtrittshemmung vorliegt. Die Untersuchung der Kinetik der technisch (für die Chloralkalielektrolyse) sehr wichtigen Chlorabscheidung stößt auf Schwierigkeiten, weil Reaktionen mit dem Elektrodenmaterial und die Bildung von Gashäuten, die eine zusätzliche Hemmung darstellen, schwer zu vermeiden sind.

Aus NaCl-Lösungen können aber unter bestimmten Bedingungen auch Hypochlorit und Chlorat entstehen nach

$$2\,Cl' \rightarrow Cl_2 + 2e^-, \qquad (5.2.79)$$

$$Cl_2 + OH' \rightarrow Cl' + HClO \qquad (5.2.80)$$

bzw.

$$2\,Cl' + 18\,OH' \rightarrow 2\,ClO_3' + 9\,H_2O + \frac{3}{2}\,O_2 + 18e^-. \qquad (5.2.81)$$

Die unterchlorige Säure bildet sich also durch Auflösen des Chlors in der alkalischen Anodenlösung. Bei der Chloratherstellung sinkt durch Sauerstoffbildung die Strom- und Energieausbeute.

Das Chlorat kann weiter zu Perchlorat oxydiert werden

$$ClO_3' + H_2O \rightarrow ClO_4' + 2\,H^{\cdot} + 2e^-. \qquad (5.2.82)$$

In einer Gleichung (5.2.82) entsprechenden Reaktion wird auch aus Iodat Periodat anodisch gewonnen.

Ähnlich wie die anodische Oxydation des Chloridions führt auch die des Sulfidions zu Schwefel bzw. Polysulfidionen und in alkalischer Lösung zu den Anionen der Sauerstoffsäuren des Schwefels. Sulfitionen werden zu Sulfationen oxydiert.

Verschiedene Persalze werden technisch durch anodische Oxydation erzeugt, dabei handelt es sich um eine partielle Entladung mit anschließender Zusammenlagerung der Ionen. Technisch am wichtigsten ist die Herstellung von Persulfaten aus starker Schwefelsäure, die gleichzeitig $(NH_4)_2SO_4$ bzw. K_2SO_4 enthält, an glatten Platinanoden bei tiefen Temperaturen. Aus den dabei erzeugten Persulfaten $(NH_4)_2S_2O_8$ bzw. $K_2S_2O_8$ wird dann in großem Umfang Wasserstoffperoxid hergestellt. Die Reaktion verläuft nach

$$2\,HSO_4' \rightarrow H_2S_2O_8 + 2e^- \qquad (5.2.83)$$

nur, wenn an der unangreifbaren Anode die Sauerstoffüberspannung hoch genug ist um die Reaktion (5.2.78) weitgehend zu unterdrücken. Deshalb werden glatte Platin elektroden bei möglichst niedrigen Temperaturen verwendet.

Aliphatische Carbonsäuren liefern an unangreifbaren Anoden Kohlenwasserstoffe (Kolbe-Synthese). Diese Reaktion wurde besonders an Essigsäure eingehend untersucht und ihr Mechanismus unter Verwendung deuterierter Essigsäure CH_3COOD weitgehend geklärt:

$$2\,CH_3COO' \rightarrow 2\,CH_3COO + 2e^- \rightarrow 2\,CH_3 + 2\,CO_2, \qquad (5.2.84)$$

$$CH_3 + CH_3COOH \rightarrow CH_4 + CH_2{-}COOH. \qquad (5.2.85)$$

Daß die durch Zerfall des (nach der Entladung der Acetationen entstehenden-CH_3COO-Radikals gebildeten CH_3-Radikale den Wasserstoff nach (5.2.85) aus dem Methylrest der Essigsäure und nicht aus der Carboxylgruppe entnehmen, ergab sich daraus, daß fast nur CH_4 und nicht CH_3D aus CH_3COOD gebildet wurde. Das Radikal $CH_2{-}COOH$ wird vollständig zu CO_2 weiter oxydiert. Daraus ergibt sich schon, daß die Stromausbeuten an Kohlenwasserstoffen bei der Kolbe-Synthese nicht sehr hoch sind. Andere Anodenprozesse organischer Moleküle bieten dann technische Möglichkeiten, gewünschte Produkte zu erzeugen, wenn bei definierten Anodenpotentialen (eventuell potentiostatisch) die Oxydation selektiv verläuft, also kein zu weitgehender oxydativer Abbau erfolgt; bisher sind nur wenig großtechnisch interessante Verfahren dieser Art gefunden worden.

Die anodische Oxydation vor allem wasserlöslicher organischer Verbindungen ist durch die Entwicklung der Brennstoffelemente wichtig geworden. In erster Linie wird Methanol als interessanter Brennstoff angesehen (s. S. 256). Die anodische Oxydation verläuft über Formaldehyd und Ameisensäure, der Mechanismus dieser Teilschritte ist aber nicht geklärt. Zum Teil werden Radikalmechanismen mit CH_3O bzw. CHO als kurzlebige Zwischenprodukte angenommen (Breiter), zum Teil wird die Dehydrierung durch das Elektrodenmaterial und anschließende anodische Oxydation des adsorbierten Wasserstoffs als wesentlich angesehen (Oxley). Selbst die Oxydation des letzten stabilen Oxydationsprodukts des Methanols, der Ameisensäure, ist insofern nicht völlig geklärt, als ein noch nicht sicher erkanntes Zwischenprodukt die anodische Umsetzung zu CO_2 und H_2O beträchtlich hemmt. Die Mechanismen der anodischen Verbrennung anderer, höhermolekularer organischer Verbindungen sind nicht bekannt.

5.2.3.3. *Kinetik der Korrosionsprozesse, Passivität der Metalle, Schmelzflußelektrolyse*

Die anodische Auflösung der Metalle ist ein Teilprozeß der Korrosion der metallischen Werkstoffe, durch die letztere zerstört werden. Man bezeichnet als Korrosión die von der Oberfläche ausgehende unbeabsichtigte Zerstörung der metallischen (und nichtmetallischen) Werkstoffe durch chemischen oder elektrochemischen Angriff. Von den Metallen werden etwa 30% in erster Linie durch elektrochemische Korrosion zerstört; der Aufwand für die Verhütung und Beseitigung von Korrosionsschäden wird in den USA jährlich auf 40 Milliarden Dollar geschätzt. Die wichtigsten Gebrauchsmetalle Eisen, Zink und Aluminium gehen auf Grund ihrer großen Affinität zum Sauerstoff an völlig trockener Luft in ihre Oxide über. Dieser chemische Vorgang

$$x Me + y\, O_2 \rightarrow Me_x\, O_{2y} \tag{5.2.86}$$

kommt aber rasch zum Erliegen, weil das in Form eines dünnen Films gebildete Oxid den weiteren Zutritt des Sauerstoffs zum Metall stark hemmt. Nur bei hohen Temperaturen, bei denen die Ionenleitfähigkeit des Oxids groß ist, schreitet die Oxydation des Metalls rasch fort (Verzunderung, s. *Band 1, Kap. 24.*). Viel größere Bedeutung als diese chemische Korrosion in wasser- und elektrolytfreiem Milieu hat die elektrochemische Korrosion, die in Gegenwart von Wasser (auch als dünne Wasserhaut oder Adsorptionsfilme) allein eine Rolle spielt. Da die Luft fast immer einen Wassergehalt hat, der zur Bildung eines Feuchtigkeitsfilms an der Metalloberfläche führt, ist die *atmosphärische* Korrosion in erster Linie ein elektrochemischer Vorgang. Die anodische Auflösung des Metalls, z. B. nach

$$Fe \rightarrow Fe^{\cdot\cdot} + 2e^-, \tag{5.2.87}$$

die zur Bildung von Oxiden führen kann, z. B.:

$$Fe^{\cdot\cdot} + 2\,OH' \rightarrow Fe(OH)_2, \tag{5.2.88}$$

$$2\,Fe(OH)_2 + \frac{1}{2}\,O_2 + H_2O \rightarrow 2\,Fe(OH)_3, \tag{5.2.89}$$

$$Fe(OH)_3 \rightarrow FeO(OH) + H_2O, \tag{5.2.90}$$

muß natürlich, wenn keine äußere Spannung anliegt, mit einem katodischen Prozeß gekoppelt sein, der die nach (5.2.87) gelieferten Elektronen aufnimmt. Dieser katodische Prozeß kann in saurer Lösung (pH $\leqq$ 4) sein:

$$2\,H^{\cdot} + 2e^- \rightarrow H_2 \tag{5.2.91}$$

(*Wasserstoffkorrosion*) oder im neutralen oder alkalischen Milieu (in Luft) :

$$\frac{1}{2}\,O_2 + H_2O + 2e^- \rightarrow 2\,OH'. \tag{5.2.92}$$

Der gesamte Korrosionsvorgang verläuft also nach:

$$Me + 2\,H^{\cdot} \rightarrow Me^{\cdot\cdot} + H_2 \quad \text{(Wasserstoffkorrosion)} \tag{5.2.93}$$

bzw.

$$Me + \frac{1}{2}\,O_2 + H_2O \rightarrow Me^{\cdot\cdot} + 2\,OH' \quad \text{(Sauerstoffkorrosion).} \tag{5.3.94}$$

Die Gleichgewichtsspannungen dieser Prozesse hängen in erster Linie vom pH-Wert, gleichzeitig natürlich von der Konzentration der anderen Reaktionspartner, z. B. von $a_{Me^{\cdot\cdot}}$ in (5.2.93), ab. Wenn sich schwerlösliche Verbindungen, etwa nach (5.2.94), bilden, dann geht natürlich die Löslichkeitskonstante in die NERNSTsche Gleichung ein

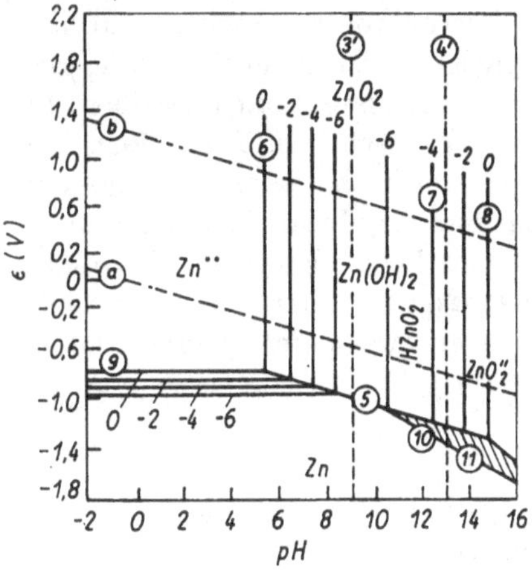

Abb. 5.15: Abhängigkeit des Gleichgewichtspotentials vom pH-Wert im System Zn—H_2O bei 25°C (POURBAIX-Diagramm)

(5) $Zn + H_2O \rightleftharpoons ZnO + 2H^{\cdot} + 2e^-$
(6) $Zn^{\cdot\cdot} + H_2O \rightleftharpoons ZnO + 2H^{\cdot}$
(7) $ZnO + H_2O \rightleftharpoons HZnO_2{}' + H^{\cdot}$
(8) $ZnO + H_2O \rightleftharpoons ZnO_2{}'' + 2H^{\cdot}$
(9) $Zn \rightleftharpoons Zn^{\cdot\cdot} + 2e^-$
(10) $Zn + 2H_2O \rightleftharpoons HZnO_2{}' + 3H^{\cdot} + 2e^-$
(11) $Zn + 2H_2O \rightleftharpoons ZnO_2{}'' + 4H^{\cdot} + 2e^-$

Grenzen der Stabilitätsbereiche:
(3)' $Zn^{\cdot\cdot}/HZnO_2{}'$; (4)' $HZnO_2{}'/ZnO_2{}''$

(s. S. 157). Von M. POURBAIX sind nun diese Gleichgewichtsspannungen in Abhängigkeit vom pH-Wert mit der Konzentration bzw. Aktivität des jeweiligen Reaktionsproduktes ($Me^{\cdot\cdot}$, $Me(OH)_2$ usw.) als Parameter für alle Metalle in Diagrammen dargestellt worden (*Pourbaix-Diagramme*) [4.4]. Aus ihnen kann man entnehmen, welche Ionen bzw. Metallverbindungen unter gegebenen Bedingungen des pH usw. mit dem Metall im Gleichgewicht stehen, mit anderen Worten, ob unter diesen Bedingungen das Metall stabil ist oder der Korrosion unterliegt. *Abb. 5.15* zeigt das POURBAIX-Diagramm von Zink | Wasser. Die Zahlen *5* usw. geben die am Fuß des Diagrammes aufgeführten Reaktionen an. Die Zahlen 0, —2, —4, —6 sind die dekadischen Logarithmen der betreffenden Aktivitäten (z. B. zu *9*: $\lg a_{Zn^{\cdot\cdot}}$). Die gestrichelte Linie *a* gibt die Galvanispannung der Wasserstoffelektrode für $p_{H_2} = 101{,}3$ kPa an, *b* entspricht der Galvanispannung der Sauerstoffelektrode für $p_{O_2} = 101{,}3$ kPa. Die Galvanispannung des Vorgangs *9* ist so lange pH-unabhängig, wie kein $Zn(OH)_2$ ausfällt; das geschieht bei pH = 6. Dann muß mit zunehmendem pH (wegen der sinkenden Löslichkeit des ZnO) ε_{Zn} negativer werden, wie das Linie *5* zeigt; bei pH $\geqq$ 11 findet Zinkatbildung statt. Für Reaktionen, bei denen keine Elektronen abgegeben werden, z. B. *6*, sind senkrechte Geraden für die betreffenden lg *a*-Werte angegeben. Im Bereich über der Linie *5* und links von *6* geht das Zink bei $a_{Zn^{\cdot\cdot}} = 1$ als $Zn^{\cdot\cdot}$ in Lösung, „korrodiert", dieser Bereich wird für kleinere Werte von $a_{Zn^{\cdot\cdot}}$ größer. Im Bereich über der Linie *5* und rechts von *6* wird $Zn(OH)_2$ gebildet; falls dieses als Deckschicht den weiteren Angriff verhindert, wird das Metall passiv (s. S. 324). In dem kleinen schraffierten Bereich geht das Zink als Zinkat in Lösung. Unter den Linien *9*, *5*, *10* und *11* findet kein Angriff statt. Dieses Verhalten, das man aus den Diagrammen entnehmen kann, setzt allerdings voraus, daß sich die angegebenen Gleichgewichte wirklich einstellen, was wegen verschiedener Reaktionshemmungen häufig nicht zutrifft. Trotzdem ist es oft sehr nützlich, vor allem bei Kontaktkorrosion (s. S. 321), festzustellen, welche Reaktionen überhaupt unter gegebenen

Bedingungen thermodynamisch möglich sind. Wenn kein Gleichgewicht herrscht, sondern eine Reaktion unter Korrosion des Metalls abläuft, ist auch die Galvanispannung des Metalls vom Gleichgewichtswert verschieden. Das Metall zeigt ein Mischpotential zwischen den Galvanispannungen des Vorgangs (5.2.87) und des katodischen Vorgangs (5.2.91) bzw. (5.2.92). Das Mischpotential ergibt sich aus der Bedingung, daß $i_+ = |i_-|$ sein muß. Wenn man die Stromspannungskurven von anodischem und katodischem Prozeß in halblogarithmischer Form entsprechend der Potentialabhängigkeit der Stromdichte (s. S. 310) aufträgt, kann man die Verhältnisse leicht übersehen. Das ist in *Abb. 5.16* für den Fall der Wasserstoffkorrosion geschehen. Die beiden Teilprozesse der Korrosion (5.2.87) und (5.2.91) sind als starke Kurvenzüge dargestellt. Die Verlängerung der TAFEL-Geraden beider Teilprozesse ergibt als Schnittpunkt das *Korrosionspotential* (ε_K). Sein Ordinatenwert stellt den Logarithmus der *Korrosionsstromdichte* (i_K) dar. Sie gibt die Korrosionsgeschwindigkeit unter den betreffenden Bedingungen an und läßt sich auch aus dem Gewichtsverlust des Metalls (Δg) pro Zeiteinheit bestimmen ($i_K = \frac{zF}{M} \cdot \frac{\Delta g}{\Delta t}$, M = Atommasse des Metalls, Δg Gewichtsverlust (g cm^{-2}) in Δt Sekunden). In *Abb. 5.16* sind mit gestrichelten Kurven der katodische Vorgang (i^-_{Me}): $Me^{\cdot\cdot} + 2e^- \rightarrow Me$ und der anodische Vorgang ($i^+_{H_2}$): $H_2 \rightarrow 2H^{\cdot} + 2e^-$ eingetragen. Die Schnittpunkte mit den Kurven für die Prozesse (5.2.87) bzw. (5.2.91) ergeben die Gleichgewichtsgalvanispannungen ε_{Me} bzw. ε_{H_2}. Ihr Abstand vom Korrosionspotential (Mischpotential) ε_K gibt die Überspannung des betreffenden Teilprozesses (ε_{Me} bzw. ε_{H_2}) an. Man sieht daraus, daß die Korrosionsgeschwindigkeit (oder Korrosionsstromdichte) von der Überspannung (bzw. Geschwindigkeit) der Metallauflösung, d. h. *anodisch*, oder von der des katodischen Vorgangs *katodisch bestimmt* sein kann, je nachdem, welcher Prozeß am stärksten gehemmt ist, was auch durch die jeweiligen Austauschstromdichten ($\overset{\circ}{i}_{Me}$, $\overset{\circ}{i}_{H_2}$ *Abb. 5.16*) zum Ausdruck kommt. Die geringe Korrosionsgeschwindigkeit des Zinks in verdünnten Säuren beruht in erster Linie auf der hohen Wasserstoffüberspannung am Zink (katodisch bestimmt). Die relativ gute Säurebeständigkeit des Nickels ist dagegen auf die große Hemmung des

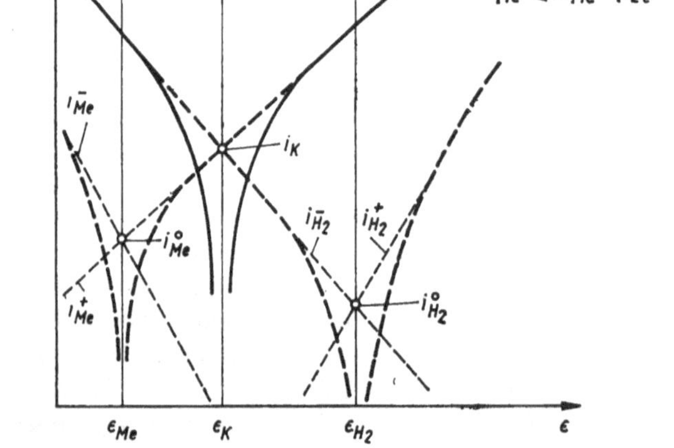

Abb. 5.16: Stromdichte-Potentialkurve von anodischem und katodischem Prozeß für den Fall der Wasserstoffkorrosion

anodischen Prozesses zurückzuführen. Die Korrosionsstromdichte kann natürlich auch diffusionsbestimmt sein, wenn die Zufuhr der Reaktionspartner oder eventuell auch der Abtransport der Produkte die Gesamtgeschwindigkeit bestimmt. Im Fall der Sauerstoffkorrosion erhält man einen Diffusionsgrenzstrom der Sauerstoffreduktion, der die Korrosionsgeschwindigkeit bestimmt. Das ist in *Abb. 5.17* schematisch dargestellt. Dabei ist der anodische Strom der Metallauflösung nach oben, der der Sauerstoffreduktion nach unten aufgetragen. Je nachdem, wie groß die Sauerstoffkonzentration in der Lösung und damit der Diffusionsgrenzstrom ist, ergibt sich die Korrosionsstromdichte i_K sowie das Korrosionspotential ε_K. Es ist um so positiver, je höher die Grenzstromdichte der Sauerstoffreduktion ist.

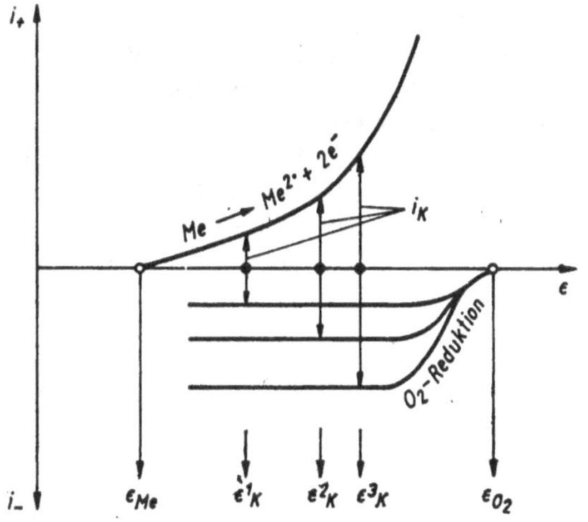

Abb. 5.17: Stromdichte-Potentialkurve für den Fall der Sauerstoffkorrosion

Bei einer homogenen Metalloberfläche erhält man an allen Stellen das gleiche Mischpotential; es gibt also keine katodischen oder anodischen Bezirke, sondern die beiden Teilprozesse laufen in ständigem, raschem Wechsel statistisch verteilt über die ganze Oberfläche hinweg ab. Infolgedessen erhält man auch einen gleichmäßigen Angriff des Metalls an seiner ganzen Oberfläche.

Wenn aber das Metall Heterogenitäten zeigt oder der Elektrolyt Unterschiede in der Zusammensetzung, z. B. des Sauerstoffgehaltes, an verschiedenen Stellen der Oberfläche aufweist (auch Unterschiede der Strömungsgeschwindigkeit oder der Temperatur spielen schon eine Rolle), dann sind Potentialunterschiede zwischen einzelnen Bezirken der Oberfläche und ein ungleichmäßiger Angriff des Metalls festzustellen. Man spricht dann von *Lokalelementen.*

Wenn z. B. ein Bauteil aus Eisen mit einem unter Umständen mikroskopisch kleinen Stück Kupfer in metallischem Kontakt steht, so wird das unedlere Metall (Fe) die *Lokalanode* bilden und anodisch in Lösung gehen; am edleren Metall (Cu) wird der katodische Prozeß, z. B. die O_2-Reduktion, stattfinden (Lokalkatode). Diese *Kontaktkorrosion* erfolgt mit um so größerer Geschwindigkeit, je höher die Leitfähigkeit des angreifenden Mittels (Elektrolyten) ist. Denn da die beiden Metalle kurz geschlossen sind, wird der Korrosionsstrom (bei sonst gleichen Bedingungen) vom Widerstand des Elektrolyten maßgebend beeinflußt. Es ist leicht einzusehen, daß diese Kontaktkorrosion zu einem ungleichmäßigen Angriff des Metalls führt, insbesondere wenn z. B.

an den Korngrenzen des Werkstoffs Ausscheidungen edlerer oder unedlerer Metalle stattgefunden haben. Die Gleichgewichte können wieder aus den POURBAIX-Diagrammen entnommen werden (s. S. 319). In *Abb. 5.18* sind die sehr vereinfachten Diagramme von Zink und Blei dargestellt. Wir nehmen an, daß das Zinkblech in Kontakt mit einem Bleirohr steht. Bei einer Gleichgewichtsspannung von −0,6 V und pH = 2 ist Blei neben $Zn^{\cdot\cdot}$ stabil, während Zink korrodiert, bei −0,6 V und pH = 8 wäre Blei noch stabil, während Zink $Zn(OH)_2$ bildet; erst bei pH = 15 würde Blei als $HPbO_2'$ in Lösung gehen. Prägt man dem System ein Potential von +0,6 V auf, so würde bei pH = 2 Zink als $Zn^{\cdot\cdot}$ und Blei als $Pb^{\cdot\cdot}$ in Lösung gehen, bei pH = 8 würden $Zn(OH)_2$ und Pb_3O_4 gebildet.

Wenn an verschiedenen Stellen der Metalloberfläche der Sauerstoffgehalt unterschiedlich ist, z. B. in einer Spalte, wo der Luftzutritt gegenüber der übrigen Fläche stark gehemmt und damit der O_2-Gehalt niedrig ist, dann werden die Stellen mit niedrigem O_2-Gehalt Lokalanoden und stark angegriffen, an den Stellen mit hohem O_2-Gehalt wird die O_2-Reduktion stattfinden (*Belüftungselement*).

Auch mechanische Spannungen des metallischen Werkstoffs können zu ungleichmäßigen Formen des Korrosionsangriffs führen, die durch Heterogenitäten des Metalls oder durch besondere Bedingungen des angreifenden Mittels hervorgerufen werden und hier nicht näher behandelt werden können.[1]) Am eingehendsten ist das Korrosionsverhalten des Eisens und seiner Legierungen untersucht worden. Soweit sich die Metalle nicht selbst durch oxidische Schichten (s. „*Passivität*") gegen den weiteren Angriff schützen, versucht man sie durch Lack- oder Kunststoffüberzüge sowie durch metallische Schichten vom angreifenden Mittel zu trennen. Dieser sogenannte passive Korrosionsschutz ist um so wirksamer, je zuverlässiger und dauerhafter er den Zutritt des angreifenden Mittels zum Metall verhindert. Während Lackschichten spätestens nach 5 Jahren erneuert werden müssen, weil sie den Zutritt von Wasser, CO_2 und SO_2 zum Metall nicht mehr ausreichend verhindern, wodurch Unterrostung stattfindet, auch wenn 3 bis 5 Lackschichten aufgebracht werden, schützen Zinküberzüge auf Stahl, die durch Tauchen in flüssiges Zink erzeugt werden (*Feuerverzinken*) 30 bis 50 Jahre, vor allem, wenn sie noch eine Lackschicht erhalten. Zinkschichten wirken noch zusätzlich schützend, weil bei ihrer Verletzung ein Kontaktelement mit dem Zink als Anode und dem Eisen als Katode entsteht. Das zu schützende Eisen wird also solange nicht angegriffen, wie noch Zink, das allmählich anodisch aufgelöst wird, vorhanden ist. Dieser *katodische Schutz* wird bei Schiffskörpern, Rohrleitungen und Behältern in der Weise angewendet, daß man die zu schützenden Werkstücke mit einem unedlen Metall (meistens Magnesium) als *Opferanode* kurzschließt. Man kann das Eisen (eventuell auch Aluminium) auch dadurch zur Katode machen und schützen, daß man eine äußere Spannungsquelle und eine unangreifbare Anode (z. B. Kohle oder platiniertes Titan) verwendet. Dabei muß die Spannung so reguliert werden, daß es an dem zu schützenden Material nicht zur Entwicklung von Wasserstoff kommt. Letzterer löst sich im Eisen und führt dann zur *Wasserstoffversprödung*, die Rohrbrüche usw. verursachen kann. Da das Aluminium durch alkalische Lösungen unter Aluminatbildung stark angegriffen wird, ist Wasserstoffentwicklung und damit Alkalisierung des Elektrolyten bei seinem katodischen Schutz ebenfalls zu vermeiden.

---

[1]) In *Tab. 5.6* (S. 326) sind verschiedene Formen der elektrochemischen Korrosion, die hier nicht näher behandelt werden können [5.13], H. UHLIG [5.21], zusammengestellt.

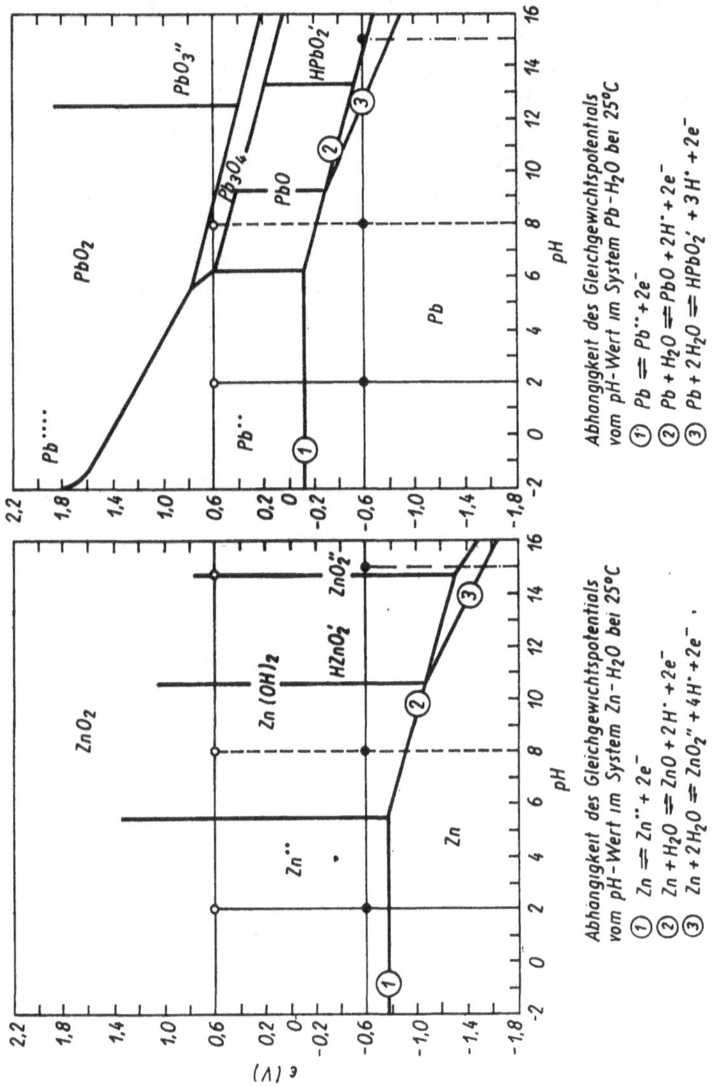

Abb. 5.18: Vergleich der Stabilitätsbereiche von Zink und Blei

Da beim katodischen Schutz das Metall sich sozusagen durch seine Polarität selbst schützt, zählt man ihn häufig zu den *aktiven Verfahren des Korrosionsschutzes*. Dazu werden auch die Methoden gerechnet, bei denen durch Zusatz von sogenannten *Korrosionsinhibitoren* die Aggresivität des angreifenden Mediums stark herabgesetzt wird. Zum Beispiel setzt man den Säuren, die man zum Entfernen von Zunder und Rost auf Stahl in den Beizbädern benutzt, organische Schwefelverbindungen (z. B. Dibenzylsulfoxid), Amine usw. in kleiner Menge zu (*Sparbeizen*), wodurch der Angriff des Metalls (damit auch Wasserstoffversprödung) nicht zustande kommen kann und nur die Oxide in Lösung gehen. Die Inhibitoren werden an der Metalloberfläche adsorbiert und verhindern so entweder den katodischen Prozeß ($H^{\cdot}$-Entladung) oder die anodische Auflösung (oder beide Vorgänge). Zur Korrosionsverhütung des Eisens im neutralen Bereich, insbesondere durch Wasser, werden Oxydationsmittel wie Chromate, Nitrite, aber auch Phosphate und Silikate verwendet. Diese Inhibitoren stabilisieren entweder schützende Oxidfilme oder bilden Schutzschichten schwerlöslicher Salze des Eisens aus (Phosphatierung). Für den Transport und die Lagerung eiserner Werkstücke werden auch *Dampfphaseninhibitoren* verwendet, flüchtige Verbindungen (meistens Nitrite, wie Dicyclohexylammoniumnitrit), die auf der Metalloberfläche adsorbiert werden, sie eventuell hydrophobieren und den Angriff durch Wasser, O_2 und CO_2 stark herabsetzen [5.18].

Wohl das wirksamste Verfahren des aktiven Korrosionsschutzes besteht darin, daß das Metall eine porenfreie, unlösliche, dünne Oxidschicht ausbildet, die sich bei Verletzung selbst regeneriert und damit das Metall elektrochemisch inaktiv, *passiv*, macht. Diese *Passivität* mancher Metalle, insbesondere der Eisenmetalle, des Chroms, Aluminiums, Titans u. a., wurde schon von FARADAY und SCHÖNBEIN auf Oxidschichten zurückgeführt, die das Metall vom angreifenden Mittel trennen. Dabei hängt die Schutzwirkung und das gesamte elektrochemische Verhalten von den Eigenschaften dieser Schicht in hohem Maße ab. Besonders eingehend sind die passivierbaren Metalle Eisen, Chrom und Nickel untersucht worden, vor allem auch deswegen, weil deren Legierungen (z. B. Eisen mit 18% Ni und 8% Cr) besonders zur Passivität neigen (korrosionsbeständige Chromnickelstähle).

Wenn man mit starken Säuren von Eisen oder Nickel die Oxidschicht entfernt hat und nun das Metall in dieser Säure (z. B. 1 M H_2SO_4) zur Anode macht, dann erhält man zunächst eine durchtrittsgehemmte Auflösung, d. h. als potentiostatische Stromdichtepotentialkurve eine TAFEL-Gerade, bis plötzlich bei weiterer Steigerung der anodischen Polarisation ein steiler Abfall der Stromdichte erfolgt. Anschließend bleibt die sehr niedrige Stromdichte ($\leqq 10^{-6}$ A cm^{-2}) fast potentialunabhängig und steigt erst wieder an bei einer Spannung, die zur anodischen Sauerstoffentwicklung ausreicht. Der Steilabfall der Stromstärke mit wachsender Spannung, diese „negative Stromspannungscharakteristik", wird als charakteristisch für die Passivierbarkeit eines Metalls angesehen (C. WAGNER) s. *Abb. 5.19*).

In *Abb. 5.19* sind die Stromdichte-Potential-Kurven der passivierbaren Metalle Fe, Ni, Cr schematisch von der katodischen Wasserstoffentwicklung an dargestellt; ε_K ist dann wieder das Korrosionspotential und i_K die zugehörige Korrosionsstromdichte im aktiven Zustand. Die Galvanispannung am Stromdichtemaximum, der *Passivierungsstromdichte* i_{pa}, wird als *Passivierungspotential* ε_{pa} bezeichnet. Wenn man vom Anodischen kommend die Polarisation senkt, kehrt das Metall beim *Aktivierungspotential* ε_a (FLADE-Potential) in den aktiven Zustand zurück. Die Stromdichte im Passivbereich (die

Passivstromdichte i_p) geht bei den Metallen Fe und Ni beim *Durchbruchspotential* ε_{D_1} unter Sauerstoffentwicklung in einen steilen Anstieg über. Beim Chrom beginnt der Anstieg beim Durchbruchspotential ε_{D_2} unter Chromatbildung früher. Es wird aber nochmals ein Stromdichtemaximum beim *Transpassivierungspotential* ε_{tp} durchlaufen, bis die Stromdichtepotentialkurve in die der Sauerstoffentwicklung übergeht. Ähnliche Transpassivierungspotentiale werden unter Umständen auch am Nickel beobachtet.

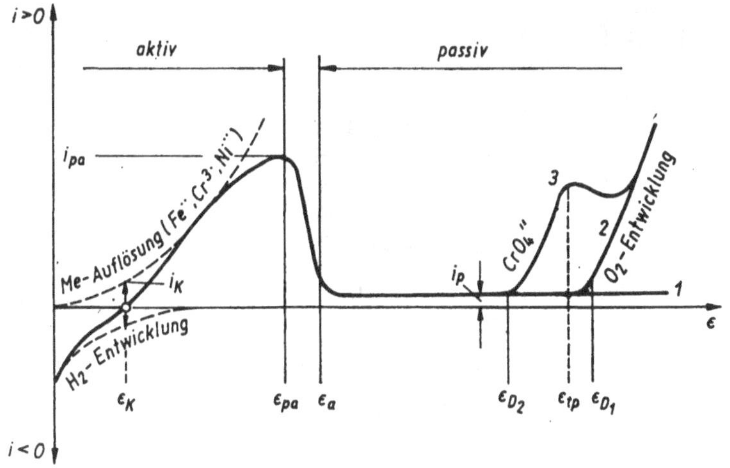

Abb. 5.19: Stromdichte-Potential-Kurven der passivierbaren Metalle Fe, Ni und Cr

Die Kinetik dieser komplizierten Kurve mit Maxima und Minima ist keineswegs eindeutig geklärt. Eine Kurve mit einem relativ schmalen Passivbereich bis zur O_2-Entwicklung wird nur beobachtet, wenn die im allgemeinen sehr dünne Oxidschicht, die sich bei der Passivierung ausbildet, gute Elektronenleitfähigkeit hat. Bei ausgesprochen ionenleitenden Schichten, z. B. Aluminiumoxid, wird der Stromdurchgang entsprechend Kurve 1 (*Abb. 5.19*) bis zu sehr hohen Spannungen weitgehend gesperrt, weil der Ladungsdurchtritt (sowohl von Elektronen wie Ionen) durch die Oxidschicht praktisch unmöglich ist. Erst bei Spannungen von 50 bis 100 Volt wird die Schicht, unter Umständen unter Funkenbildung und steilem Stromanstieg, durchschlagen. Diese *Sperrwirkung* solcher ionenleitenden Passivschichten tritt nur bei anodischer Belastung auf und ist früher beim Aluminium zur Gleichrichtung von Wechselstrom benutzt worden; [5.14], [5.20], [5.23].

Die aktive Auflösung der Eisenmetalle verläuft in saurer Lösung etwa nach folgendem Mechanismus:

$$Fe + H_2O \rightleftharpoons Fe(OH)_{ad} + H^{\cdot} + e^-, \tag{5.2.95}$$

$$Fe(OH)_{ad} \rightleftharpoons FeOH^+ + e^-, \tag{5.2.96}$$

$$FeOH^+ + H^{\cdot} \rightleftharpoons Fe^{\cdot\cdot} + H_2O, \tag{5.2.97}$$

wobei der zweite Schritt geschwindigkeitsbestimmend ist[1]) (O. M. Bockris).

---

[1]) Es ist noch eine Reihe weiterer, zum Teil komplizierter Mechanismen vorgeschlagen worden. Sie stimmen darin überein, daß als Zwischenstoffe $Fe(OH)_{ad}$ und $FeOH^+$ auftreten.

Tabelle 5.6

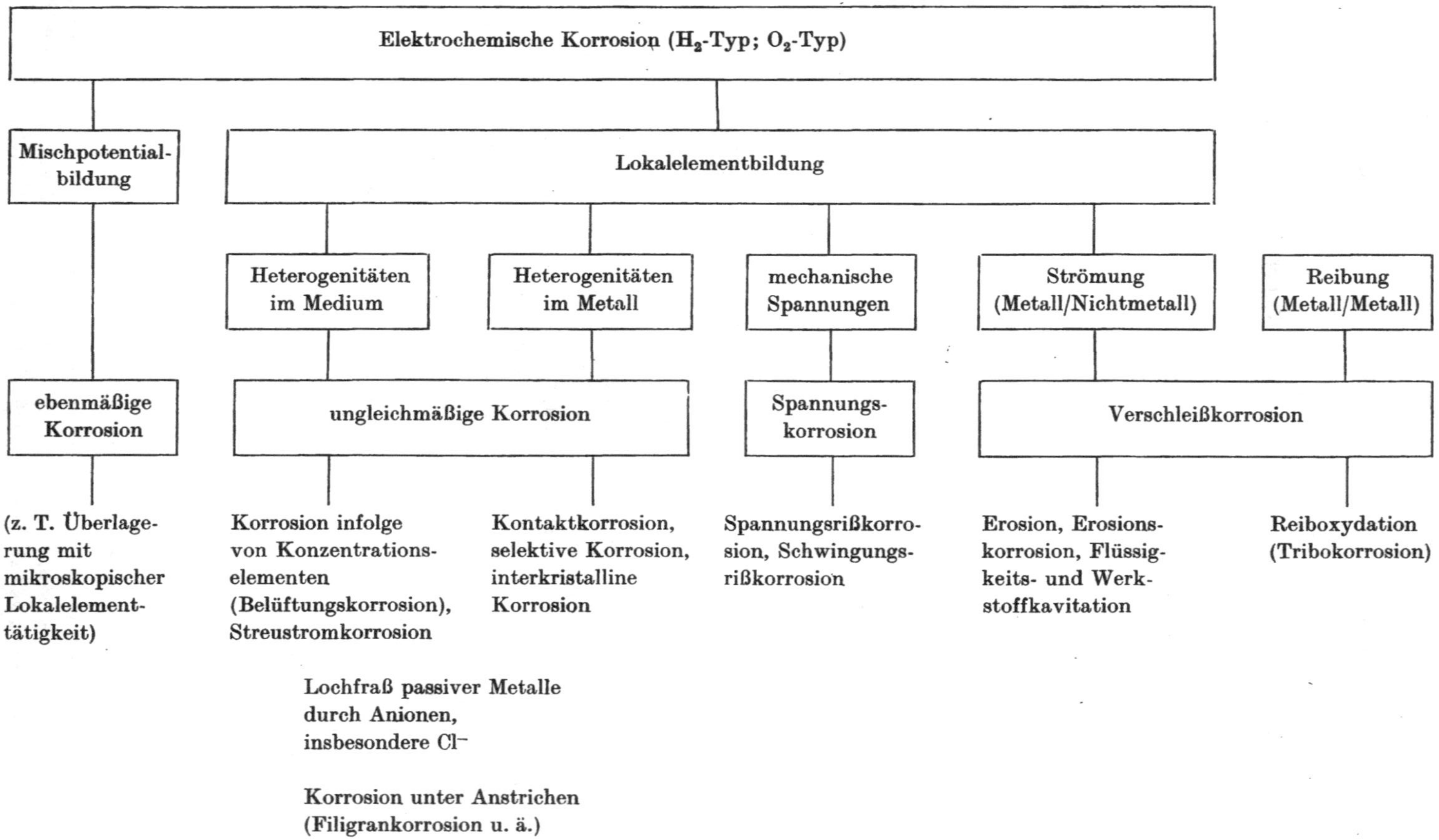
Elektrochemische Korrosion (H_2-Typ; O_2-Typ)
Mischpotentialbildung
Lokalelementbildung
Heterogenitäten im Medium
Heterogenitäten im Metall
mechanische Spannungen
Strömung (Metall/Nichtmetall)
Reibung (Metall/Metall)
ebenmäßige Korrosion
ungleichmäßige Korrosion
Spannungskorrosion
Verschleißkorrosion
(z. T. Überlagerung mit mikroskopischer Lokalelementtätigkeit)
Korrosion infolge von Konzentrationselementen (Belüftungskorrosion), Streustromkorrosion
Kontaktkorrosion, selektive Korrosion, interkristalline Korrosion
Spannungsrißkorrosion, Schwingungsrißkorrosion
Erosion, Erosionskorrosion, Flüssigkeits- und Werkstoffkavitation
Reiboxydation (Tribokorrosion)
Lochfraß passiver Metalle durch Anionen, insbesondere Cl^-
Korrosion unter Anstrichen (Filigrankorrosion u. ä.)

Wenn durch Steigerung der Spannung die anodische Polarisation genügend weit angestiegen ist, findet anstelle von Reaktion (5.2.96) die Reaktion

$$Fe(OH)_{ad} + H_2O \rightarrow Fe(OH)_2 + H^{\cdot} + e^- \qquad (5.2.98)$$

statt, die dann mit

$$Fe(OH)_2 \rightleftharpoons FeO + H_2O \qquad (5.2.99)$$

zur Passivierung führt. Die Passivschicht kann mithin zunächst eine Chemisorptionsschicht sein, die den Ladungsdurchtritt beträchtlich hemmt und damit den Stromdichteabfall verursacht. Nach Überschreiten des Passivierungspotentials ε_{pa} werden aber noch immer Metallionen zu *Me*O reagieren, so daß sich ein Phasenoxid ausbildet, das eine zusätzliche Hemmung des Ladungsdurchtritts bewirkt und damit die Passivierung unterstützt. Primär ist die Chemisorptionsschicht für den Passivierungsvorgang verantwortlich; nach Bildung des Phasenoxids bleibt auch die „Nahtstelle" zwischen beiden festen Phasen (*Me*/*Me*O) die wesentliche Barriere für den Ladungsdurchtritt. Man kann den Verlauf der experimentellen Stromdichte-Potential-Kurve durch die konkurrierenden Simultanreaktionen der aktiven Auflösung (5.2.96), der Passivierung (5.2.98) und des chemischen Abbaus der Passivschicht nach:

$$Me(OH)_2 + 2H^{\cdot} \rightleftharpoons Me^{\cdot\cdot} + 2H_2O \qquad (5.2.100)$$

bzw.

$$Me(OH)_2 + 2A' \rightleftharpoons MeA_2 + 2OH' \qquad (5.2.101)$$

quantitativ darstellen (K. Schwabe) [5.14]. Die Reaktion (5.2.101) kann als eine Verdrängung der OH′ aus der Adsorptionsschicht durch spezifisch adsorbierbare Anionen aufgefaßt werden und erklärt die Zerstörung von Passivschichten der Eisenmetalle durch Chloridionen.

Man kann generell annehmen, daß die Passivierung durch Bildung schwerlöslicher Oxide bzw. Hydroxide davon abhängt, wie groß der Abstand zwischen der Galvanispannung der aktiven Auflösung des Metalls ε_{Me} und der Passivierung nach (5.2.98) ε_{pa} ist.

1. $\varepsilon_{Me} > \varepsilon_{pa}$: Dann wird im pH-Bereich, in welchem das Oxid beständig ist, immer eine Passivschicht ausgebildet; das Metall ist in solchen Lösungen von vornherein passiv (z. B. Al, Ti, W, Ta).

2. $\varepsilon_{Me} \leqq \varepsilon_{pa}$: Wenn das Metall zunächst aktiv ist, wird es bei anodischer Polarisation um so eher das Passivierungspotential erreichen, je kleiner der Abstand $\varepsilon_{Me} - \varepsilon_{pa}$ ist.
Da die Polarisation mit der Stromdichte wächst, kann die Passivierung dadurch beschleunigt werden, daß sich zunächst eine poröse Schicht des betreffenden Metallsalzes auf dem Metall ausbildet und dadurch die effektive Stromdichte stark ansteigt (W. J. Müller). Beispiel: Ni, Fe.

3. $\varepsilon_{Me} \ll \varepsilon_{pa}$: Eine Passivierung tritt praktisch nicht ein, weil auch bei hohen Stromdichten das Passivierungspotential nicht erreicht wird. Nur durch vorherige Ausbildung von porösen Schichten gelingt es, eine Passivierung zu erreichen. Beispiel: Ag.

Das wesentliche der Passivierungsreaktion ist dabei die direkte Umwandlung des Metalls an seiner Oberfläche in sein Oxid. Unter geeigneten Bedingungen, z. B. in gesättigten Salzlösungen, kann man auch eine Passivierung durch direkte Salzbildung an der Metalloberfläche erreichen, nachdem zunächst aus der übersättigten Lösung eine poröse Salzschicht abgeschieden ist. Solche Passivschichten haben meistens eine hohe Sperrwirkung, weil sie Ionenleiter sind.

Bei der anodischen Ausbildung von Deckschichten kann es auch bei konstanter Spannung zu periodischen Stromstärkeschwankungen oder bei konstanter Stromstärke zu mehr oder weniger regelmäßigen Spannungsänderungen kommen. Diese ***rhythmischen*** Erscheinungen wurden vor allem von K. F. Bonhoeffer und F. U. Franck näher untersucht, weil sie in Zusammenhang mit wichtigen biologischen Phänomenen, insbesondere der Fortpflanzung der Nervenerregung, stehen. Die Ursache liegt im wesentilchen darin, daß die Deckschichten instabil sind und regelmäßig auf- und abgebaut werden. Dazu ist Voraussetzung, daß die Reaktionen, die die Schichten bilden und diejenigen, die sie zerstören, miteinander verkoppelt sind, indem etwa ein Reaktionspartner der einen Reaktion gleichzeitig Katalysator für die andere ist. Solche rhythmischen Erscheinungen, die sowohl aus biologischen wie allgemein reaktionskinetischen Gründen besonderes Interesse verdienen, werden unter geeigneten Bedingungen an Eisen (zu Beginn des Passivbereichs), an Zink, Zirkonium und anderen Metallen beobachtet.

Wenn an der Anode aktive Auflösung stattfindet, so bildet sich sehr rasch eine gesättigte oder übersättigte Lösung; die Dicke einer solchen Schicht hängt von der Bewegung des Elektrolyten ab. Sie hemmt die weitere Auflösung, so daß vor allem solche Teile der Metalloberfläche abgetragen werden, die aus ihr herausragen. Dadurch findet eine Einebnung der Anodenoberfläche statt. Man kann diese Erscheinung ausnutzen, um Metallteile mit einer glatten, glänzenden Oberfläche zu versehen. Für dieses *anodische Polieren* sind spezielle Elektrolyte entwickelt worden, die bei den verschiedenen Metallen einen besonderen Glanzeffekt hervorrufen. Man kann die anodische Auflösung auch zur Metallbearbeitung benutzen; vor allem aus schwer mit spanabhebenden Maschinen zu bearbeitenden Werkstoffen (z. B. Sonderstähle) können durch anodische Auflösung (Elysieren) Zahnräder oder andere Werkstücke hergestellt werden.

Wir haben gesehen, daß die Passivschichten, vor allem der Eisenmetalle, Oxide mit elektronischen Halbleitereigenschaften sind, so daß sie den Übergang von Elektronen auf Anionen und deren Entladung ermöglichen. Sowohl solche Schichten als auch Elektroden aus massivem Halbleitermaterial (Si, Ge) können dazu benutzt werden, anodische Prozesse durchzuführen, wobei diese Materialien noch als Elektrokatalysatoren wirken können. Andererseits lassen sich auf Halbleitern auch elektrochemisch dünne Schichten erzeugen, die für die Verwendung als elektronische Bauelemente von Wert sind. Daher beginnt sich eine Elektrochemie der elektronischen Halbleiter zu entwickeln [3.3], deren technische Bedeutung noch nicht zu übersehen ist. Die Grenzfläche Halbleiterelektrode/Elektrolyt unterscheidet sich von der Grenzfläche Metallelektrode/Elektrolyt dadurch, daß die Elektronenkonzentration der Halbleiter sehr viel kleiner ist und daher analog wie in der verdünnten Elektrolytlösung ein mit dem Abstand von der Grenzfläche veränderliches Galvanipotential auftritt. Dadurch wird bei Stromfluß eine zusätzliche Überspannung erzeugt. Wenn wir sie mit η_{H} bezeichnen und die Gesamtüberspannung mit η (ohne Diffusions- und Konzentrationsüberspannung), dann gilt für den anodischen Strom:

$$\lg i_+ = \lg i_0 - \frac{(1-\alpha)\,\eta_{\mathrm{H}}}{F_N} + \frac{\eta}{F_N}. \qquad (5.2.102)$$

Da im allgemeinen die Gesamtüberspannung sehr viel größer ist als η_{H}, steigt die Stromdichte viel stärker mit der Polarisation an als bei Metallelektroden. Das gilt aber nur für p-Halbleiter. Bei n-Halbleitern erreicht man ziemlich rasch einen Grenzstrom. Der Ladungstransport im Halbleiter erfolgt nämlich bei anodischer Polarisation vorwiegend durch die positiven Leerstellen (s. S. 141). Während diese im p-Leiter in großem Umfang vorhanden sind (Majoritätsträger), sind sie im n-Leiter nur in so geringer Zahl vorhanden, daß schon bei niedrigen Stromdichten jede positive Leerstelle, die ja auch als ein (partiell) positiv geladenes Atom angesehen werden kann ($\mathrm{Ge} - e^- = \mathrm{Ge}^+$), sofort an der Oberfläche verbraucht wird, d. h. in Lösung geht bzw. in eine ionenleitende Verbindung umgewandelt wird. Der Grenzstrom wird hier wie der Diffusionsstrom beim System Metallelektrode/Lösung durch die Geschwindigkeit der Zufuhr von Ladungsträgern an die Grenzfläche bestimmt.

Bisher ist nur die Elektrodenkinetik in Lösungen behandelt worden. Für die Elektrodenprozesse in Salzschmelzen (*Schmelzflußelektrolyse*) gelten im Prinzip die gleichen Gesetzmäßigkeiten. Wenn bei Stromfluß nur das betreffende geschmolzene Salz zersetzt wird, etwa in einer Kette

$$Ag \mid AgCl(l), Cl_2 \mid C \tag{5.2.a}$$

mit den Elektrodenprozessen

$$Ag^+ + e^- \rightarrow Ag$$

und

$$Cl^- \rightarrow \frac{1}{2}\, Cl_2 + e^-,$$

so braucht man nicht mit Konzentrationspolarisation zu rechnen; alle übrigen Reaktionshemmungen sind wegen der hohen Temperaturen niedriger als in Lösung, lassen sich aber viel schwerer messen, weil geeignete Bezugselektroden mit konstanter Galvanispannung gegenüber einer Standardbezugselektrode, etwa wie der Standardwasserstoffelektrode, kaum herzustellen sind. Mit Ketten vom Typ (5.2.a) kann man zwar die freien Bildungsenthalpien der betreffenden geschmolzenen Elektrolyte bestimmen, aber nicht die Galvanispannung eines Elektrodenvorgangs, wenn man nicht den anderen willkürlich Null setzt. Durch Messungen gegen die gleiche Elektrode (z. B. Ag/AgBr, KBr) kann man für die Metalle eine Spannungsreihe in Salzschmelzen (z. B. ihren Bromiden) aufstellen. Dabei findet man eine zum Teil wesentlich andere Reihenfolge, z. B. sind Nickel und Kobalt edler als Quecksilber. In den für die Aluminiumelektrolyse verwendeten Kryolithschmelzen ist Natrium edler als Aluminium. Experimentelle Schwierigkeiten bereitet oft die beträchtliche Löslichkeit der katodisch abgeschiedenen Metalle in den Schmelzen.

Auf einen bei der technisch außerordentlich wichtigen *Aluminiumelektrolyse* auftretenden Überspannungseffekt, den *Anodeneffekt*, soll noch hingewiesen werden. Bei unlöslichen Anoden beobachtet man in Salzschmelzen einen starken Spannungsanstieg und Abfall der Stromstärke, wobei es oft zur Ausbildung einer Art Lichtbogen zwischen Schmelze und Elektrode kommt. Er kommt durch die Ausbildung einer Gashaut zustande und ist in reinen Schmelzen besonders groß, wird aber durch Verunreinigungen herabgesetzt. Man erklärt das auf folgende Weise:

Die Gasbläschen (von Elektrolyseprodukten) sind in Schmelzen reiner Stoffe an der Oberfläche negativ aufgeladen und werden deshalb von der positiven Ladung der Anode angezogen und adsorbiert. Verunreinigungen bewirken eine positive Aufladung der Oberfläche solcher Gasbläschen, und der Effekt wird vermindert. Außerdem können Verunreinigungen die Benetzbarkeit der Anode durch die Schmelze erhöhen und so ebenfalls den Anodeneffekt schwächen.

Neben dieser Gashaut spielen beim Anodeneffekt wahrscheinlich auch thermische Überhitzung an den Elektroden und Verdampfung des Elektrolyten (AlF_3) eine Rolle. Den Anodenvorgang der Aluminiumelektrolyse kann man wahrscheinlich insgesamt als eine Umsetzung der Fluoridionen des Kryoliths mit Al_2O_3 nach:

$$6F^- + Al_2O_3 \rightarrow 2\,AlF_3 + \frac{3}{2}\, O_2 + 6e^- \tag{5.2.103}$$

auffassen. Auch die katodische Reaktion wird als eine doppelte Umsetzung angesehen:

$$3\,Na^+ + Al_2O_3 + 3e^- \rightarrow Al + Na_3AlO_3. \qquad (5.2.104)$$

Es gibt aber auch noch Meinungen, daß primär Natrium gebildet wird. Gegenüber der thermodynamisch errechneten Zersetzungsspannung von 2,2 V für NaF ist die praktisch notwendige Betriebsspannung bei etwa 950 °C allerdings mindestens doppelt so hoch. Der Mechanismus der Elektrodenreaktionen in ihren einzelnen Schritten ist weder bei der Aluminiumelektrolyse noch bei vielen anderen Elektrodenprozessen im Schmelzfluß geklärt.

5.2.4. *Analytische Anwendungen der Elektrodenkinetik*

Neben der Potentiometrie und Konduktometrie haben analytische Methoden, die auf der Anwendung von Gesetzen der Elektrodenkinetik beruhen, in hohem Maße Eingang in die Laboratorien gefunden und werden auch zur Prozeßkontrolle eingesetzt. Die früher erwähnte Coulometrie (s. S. 30) beruht zwar auf der Anwendung der FARADAYschen Gesetze. Da aber an den Elektroden umgesetzte Stoffmengen bestimmt werden, spielen Gesetze der Elektrodenkinetik auch bei diesen Verfahren eine Rolle. Hält man das Elektrodenpotiential im Bereich des Diffusionsgrenzstromes und ist die Polarisation diffusionsbestimmt, was bei niedrigen Konzentrationen fast immer der Fall ist, dann muß, wie sich aus dem Diffusionsgesetz

$$\frac{\partial c}{\partial t} = D \cdot q \, \frac{c_{Lsg} - c_0}{\delta_N}$$

und (5.2.15) ergibt, die Stromstärke exponentiell mit der Zeit abnehmen:

$$I(t) = I_{gr} e^{-Kt} \quad \text{mit} \quad K = \frac{D \cdot q}{\delta_N \cdot V},$$

$$I_{gr} = \frac{zF \cdot D \cdot q}{\delta_N} c_0 = i_{gr} \cdot q .$$

Die Änderung des Stromes wird erst dann sehr steil bis nahe Null abfallen, wenn der zu bestimmende Stoff praktisch umgesetzt ist. Die Stoffmenge ergibt sich dann aus (5.2.105), die Konzentration ist $c_0 = \frac{m}{MV}$ (mol l^{-1}). Natürlich kann man auch I_{gr}, und damit die gesuchte Konzentration c_0, dadurch finden, daß man lg i gegen die Zeit aufträgt und auf $t = 0$ extrapoliert. Bei konstantem Strom ergibt sich aus der NERNSTschen Gleichung eine exponentielle Änderung des Elektrodenpotentials, wenn die Umsetzung beendet ist, die ebenfalls zur Endpunktsindikation verwendet werden kann. Bei der coulometrischen Titration (s. S. 30) wird ein Überschuß des elektrolytisch erzeugten Titrationsmittels (z. B. Br_2) und damit das Ende der Titration durch Farbindikatoren oder potentiometrisch erkannt. Wenn z. B. aus der Zeit t_E bis zum steilen Abfall der Stromstärke bei konstantem Katodenpotential der Gehalt an einem Metallion, das während dieser Zeit katodisch abgeschieden wird, bestimmt werden soll (*potentiostatische Coulometrie*), dann ist natürlich Voraussetzung, daß an der Katode nur dieser Prozeß der Entladung des Metallions stattfindet. Wenn seine Gleichgewichtsgalvanispannung in der Nähe der des Wasserstoffions liegt und nur die Wasserstoffüberspannung die Mitabscheidung von Wasserstoff verhindert, dann darf diese sich nicht z. B. dadurch ändern, daß sie am abgeschiedenen Metall viel niedriger ist als am ursprünglichen Katodenmaterial, oder dadurch, daß durch eine voluminöse Abscheidung die effektive Stromdichte stark abnimmt. Auch wenn der zu bestimmende Stoff bei konstantem Strom an einer Elektrode umgesetzt und der Anstieg des Potentials dieser Elektrode als Endpunkt der Umsetzung benutzt wird (*amperometrische Coulometrie*), muß gewährleistet sein, daß keine elektrodenkinetischen

$$m = \frac{M}{zF} \int_0^{t_E} I \, dt \tag{5.2.105}$$

Effekte den Elektrodenprozeß stören, der nach (5.2.105) den Gehalt des Stoffes m (g) mit der Molmasse M und der Ladungszahl z in der Lösung ergeben soll. Auch wenn man den zu bestimmenden Stoff nicht direkt an den Elektroden umsetzt, sondern elektrolytisch ein Oxydationsmittel erzeugt, das ihn quantitativ umsetzt, z. B. Br_2, das in der Lösung zu bestimmendes SO_2 oxydiert (*Coulometrische Titration*), darf nur ein Prozeß (in unserem Fall: $2Br' \rightarrow Br_2 + 2e^-$) an der betreffenden Elektrode stattfinden, damit aus $Q = I\,dt$ der Gehalt aus dem zu bestimmenden Stoff ermittelt werden kann. Da man Ladungsmengen $(I \cdot t)$ sehr genau messen kann, läßt sich ein elektrolytisch erzeugtes Titrationsmittel (unter der oben gemachten Voraussetzung eigentlich das Elektron) als eine sehr zuverlässige *Urtitersubstanz* verwenden. Die Coulometrie, insbesondere die coulometrische Titration, hat daher in den letzten Jahren ständig zunehmende Anwendung zur genauen Bestimmung niedriger Konzentrationen erlangt; sie läßt sich auch relativ leicht automatisieren und zur laufenden Konzentrationskontrolle einsetzen (z. B. zur Bestimmung des SO_2-Gehaltes der Luft).

Die Coulometrie stellt allerdings keine direkte Anwendung elektrodenkinetischer Gesetze für analytische Zwecke dar. Diese Gesetze liegen aber einer Fülle anderer analytischer Verfahren zugrunde. Im Grunde genommen beruhen sie alle auf dem Zusammenhang zwischen $i(c)$ und $\varepsilon(c)$ bzw. $i(c) = f(t)$ oder $\varepsilon(c) = f(t)$. Sofern die Zeit als Variable verwendet wird, nennt man diese Methoden chronoamperometrische bzw. chronopotentiometrische Verfahren. Wir wollen diese nichtstationären Analysenmethoden, die unter verschiedenen Namen zum Teil nur in geringfügig modifizierter Form beschrieben werden, hier nicht behandeln (G. CHARLOT), sondern nur die beiden prinzipiell wichtigsten stationären Verfahren kurz beschreiben: die *Polarographie* (*Voltammetrie*) und die *Amperometrie*. Bei der Polarographie wird i als Funktion der angelegten Spannung gemessen. Der von J. HEYROVSKY geprägte Name, der ursprünglich bei Verwendung einer Quecksilbertropfelektrode (s. S. 332 f) zur Charakterisierung ihres Polarisationsverhaltens gewählt wurde, hat sich allgemein eingebürgert und wird auch bei Verwendung anderer Elektroden, z. B. Platin, benutzt. Daneben verwendet man für diese Verfahren auch die Bezeichnung Voltammetrie. Bei der Amperometrie wird das Potential der Arbeitselektrode konstant gehalten und i als Funktion der Konzentration bestimmt. Bei Wechselstrommethoden, auf die wir hier nur hinweisen, wird $\frac{\partial i}{\partial U}$ als Funktion der Konzentration gemessen bzw. auch $\frac{\partial U}{\partial i}$.

5.2.4.1 *Polarographie*

Aus Gleichung (5.2.12) ergibt sich, daß ein diffusionsbegrenzter Strom mit wachsender Spannung zunächst exponentiell ansteigt und dann einen potentialunabhängigen Grenzstrom erreicht, der der Konzentration des an der Elektrode umgesetzten Stoffes proportional ist (5.2.15), s. *Abb. 5.20.* Damit ist das Prinzip der Konzentrationsbestimmung aus einer Stromspannungskurve gegeben. Die Grenzstromstärke ist der Konzentration proportional, der Proportionalitätsfaktor in (5.2.15) $\frac{zF \cdot D \cdot q}{\delta_N}$ läßt sich durch Messung einer bekannten Konzentration bzw. durch eine Eichkurve bestimmen[1]). Allerdings sind für die praktische Anwendung eines solchen Verfahrens folgende Voraussetzungen zu erfüllen.

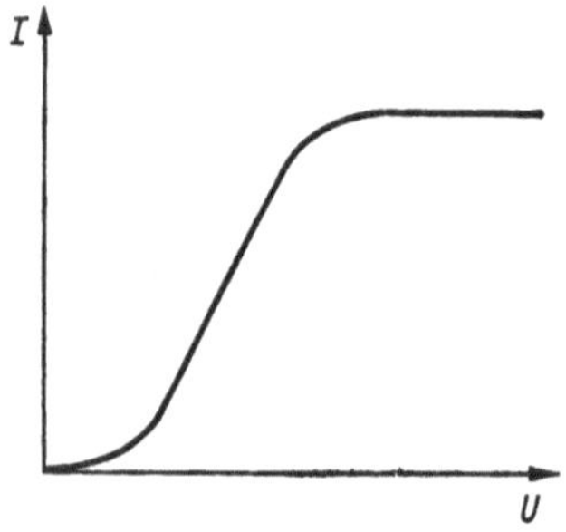

Abb. 5.20. Spannungsabhängigkeit eines diffusionsbegrenzten Stroms

i) Die Galvanispannung ε der Arbeitselektrode muß der angelegten Spannung U proportional sein, d. h., die Gegenelektrode muß unpolarisierbar sein (ε_g = konst.), und der Spannungsabfall im Elektrolyten $I \cdot R$ muß klein sein, so daß $\varepsilon = U - \varepsilon_g - I \cdot R = U -$ konst. gilt. Das erreicht man durch Verwendung einer unpolarisierbaren Gegenelektrode und einer sehr kleinen Arbeitselektrode, so daß $I = i \cdot q$ sehr klein wird. Außerdem wird der Widerstand der Lösung R durch Zusatz eines *Leitelektrolyten* hoher Konzentration (0,1 bis 1 molar), dessen Ionen sich an den Elektroden nicht umsetzen (z. B. KCl), möglichst niedrig gemacht. Damit wird gleichzeitig erreicht, daß an der Elektrode abzuscheidende Ionen ($< 10^{-2}$ molar) sich praktisch nicht am Stromtransport beteiligen, daher nur durch Diffusion an die Arbeitselektrode gelangen.

ii) Die Konzentration des zu bestimmenden Stoffes darf durch seine Reaktion an der Elektrode nicht merklich verändert werden; das ist auch durch eine sehr kleine Arbeitselektrode (und damit Stromstärke) gewährleistet.

iii) Die NERNSTsche Diffusionsschicht (5.2.15) muß einen konstanten Wert haben; damit müssen an der Elektrodenoberfläche hinsichtlich ihrer Beschaffenheit und Strömungsverhältnisse stationäre Bedingungen herrschen.

Die letzte Voraussetzung ist an festen Elektroden sehr schwer zu realisieren. Stationäre Strömungsverhältnisse kann man zwar durch Verwendung einer rotierenden Scheibenelektrode erreichen (s. S. 306), nicht aber einen unveränderlichen Oberflächenzustand, vor allem, wenn Metalle abgeschieden werden. Es war nun die geniale Idee von J. HEYROVSKY (1923), als Arbeitselektrode aus einer engen Kapillare tropfendes

---

[1]) Da man nur die Stromstärke I bestimmen wird, geht in den Proportionalitätsfaktor noch die Elektrodenfläche q ein, denn $I = i \cdot q$.

Quecksilber zu verwenden. Dadurch wurden nicht nur die Bedingungen i) und ii) erfüllt, sondern die Elektrodenoberfläche des sich bildenden Tropfens war immer frei von sich abscheidenden und adsorbierten Stoffen, also in ihrer Beschaffenheit unveränderlich. Sie wächst allerdings bis zum Abreißen des Tropfens von der Kapillare an, damit wächst auch der Strom im Laufe der Tropfenbildung an. Man erhält keine glatte Stromspannungskurve, sondern kleine Zacken (s. *Abb. 5.21*), vor allem im Diffusionsstrombereich. Der Mittelwert des Stromes über der Tropfendauer τ ist aber der Konzentration des zu bestimmenden Stoffes (des *Depolarisators*) zeitunabhängig proportional. Von ILKOVIC ist gezeigt worden, daß für die mittlere Diffusionsstromstärke $\bar{I}_d$ gilt[1])

$$\bar{I}_d = 607 \cdot z \cdot D^{1/2} m^{2/3} \tau^{1/6} \cdot c, \tag{5.2.106}$$

wobei $\bar{I}_d$ in μA erhalten wird, wenn der Diffusionskoeffizient D des Depolarisators in $cm^2 \cdot s^{-1}$, die Tropfgeschwindigkeit m in $mg \cdot s^{-1}$, die Tropfendauer (Tropfzeit) τ in s und die Konzentration c in $mmol \cdot l^{-1}$ angegeben werden.

Im allgemeinen wird (5.2.106) nicht zur Berechnung der Konzentration aus $\bar{I}_d$ benutzt, sondern man stellt für die betreffende Tropfelektrode eine Eichkurve mit bekannten Konzentrationen auf. Dabei ist der Diffusionsstrom $\bar{I}_d$ gleich der Differenz aus dem gemessenen Grenzstrom I_G, vermindert um den Grundstrom I_0, der durch Spuren von depolarisierend wirkenden Verunreinigungen zustande kommt (s. *Abb. 5.21*).

Wir untersuchen kurz den Verlauf der polarographischen Kurve eines reversiblen Elektrodenvorgangs (die Durchtrittsüberspannung soll also Null sein).

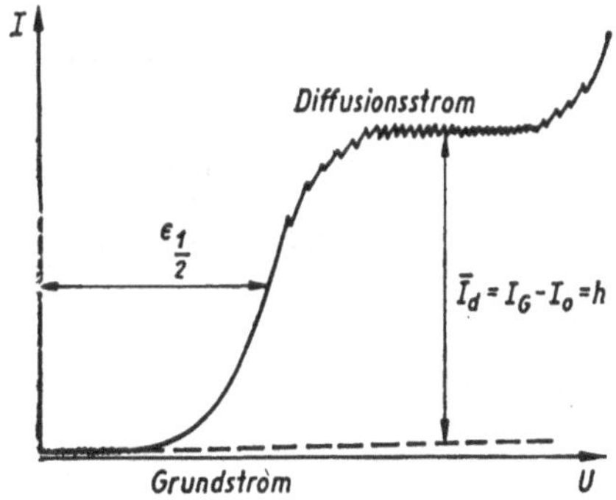

Abb. 5.21: Polarogramm

Wenn man einen beliebigen Redoxvorgang an der Quecksilbertropfelektrode betrachtet (meistens wird sie als Katode benutzt):

$$Ox + ze^- \rightleftharpoons Red, \tag{5.2.107}$$

dann gilt für eine Tropfelektrode mit bestimmter Tropfgeschwindigkeit und -zeit für den mittleren Strom entsprechend (5.2.106):

$$I = K \cdot D_{Ox}^{1/2} \cdot z(c - c_O), \tag{5.2.108}$$

wobei c_O die Konzentration von Ox an der Oberfläche des Tropfens, c im Innern der Lösung sein soll. Wenn wir die Konzentration des Reduktionsproduktes mit c_O' bzw.

---

1) Spätere Korrekturen (LINGANE, STREHLOW und STACKELBERG und KOUTECKY) haben die Gültigkeit dieser Gleichung nicht eingeschränkt.

c' bezeichnen und die Aktivitätskoeffizienten als gleich und konstant ansehen, gilt für die Galvanispannung der Elektrode

$$\varepsilon = \varepsilon^0 + \frac{RT}{zF} \ln \frac{c_O}{c'_O}. \tag{5.2.109}$$

Aus (5.2.108) und (5.2.109) errechnet sich:

$$c_O = \frac{\bar{I}_d - \bar{I}}{K \cdot c \cdot D_{Ox}^{1/2}}.$$

Für die Konzentration c'_O muß im reversiblen Fall und unter der Annahme, daß das Reduktionsprodukt nur an der Oberfläche entstand, aber nicht in der Lösung enthalten ist, gelten[1])

$$|\bar{I}| = K \cdot z \cdot D_{\text{Red}}^{1/2} \cdot c'_O; \quad c'_O = \frac{|\bar{I}|}{K \cdot z \cdot D_{\text{Red}}^{1/2}}. \tag{5.2.110}$$

Mithin folgt für das reversible Potential der Tropfelektrode beim Strom $\bar{I}$

$$\varepsilon = \varepsilon^0 + \frac{RT}{zF} \ln \left(\frac{D_{\text{Red}}}{D_{Ox}}\right)^{1/2} + \frac{RT}{zF} \ln \frac{\bar{I}_d - \bar{I}}{\bar{I}}. \tag{5.2.111}$$

Wenn man annimmt, daß $D_{\text{Red}} = D_{Ox}$ ist, so ergibt sich, daß für $\bar{I} = \frac{1}{2} \bar{I}_d$ die Galvanispannung der Hg-Tropfelektrode gleich der Standardgalvanispannung des betreffenden Redoxvorgangs wird. Für dieses sogenannte *Halbstufenpotential* $\varepsilon_{1/2}$ (s. *Abb. 5.21*) ist also

$$\varepsilon_{1/2} = \varepsilon^0 + \frac{RT}{zF} \ln \left(\frac{D_{\text{Red}}}{D_{Ox}}\right)^{1/2} \approx \varepsilon^0. \tag{5.2.112}$$

Daraus folgt auch, daß das Halbstufenpotential unabhängig von der Konzentration des Depolarisators ist. Die $\bar{I}/\varepsilon$-Kurve hat bei $\frac{\bar{I}_d}{2}$ auch ihren Wendepunkt, da $\frac{\partial^2 \varepsilon}{\partial \bar{I}^2}$ für $\frac{\bar{I}_d}{2}$ Null wird.

Der Verlauf der Kurve wird durch (5.2.111) nur dann richtig wiedergegeben, wenn der Elektrodenprozeß reversibel verläuft. Bei irreversiblen Vorgängen ist die Steigung geringer, als sie sich aus (5.2.111) nach

$$\frac{\delta \varepsilon}{\partial \lg \frac{\bar{I}_d - \bar{I}}{\bar{I}}} = \frac{F_N}{z} \tag{5.2.113}$$

ergibt; dadurch ist gleichzeitig ein Kriterium für die Reversibilität des Prozesses gegeben, die zur Berechnung thermodynamischer Größen natürlich vorausgesetzt

---

[1]) Wenn es sich um die Abscheidung eines Metalls handelt, ist seine Konzentration an der Quecksilberoberfläche der Stromstärke $\bar{I}$ ebenfalls proportional. Der Diffusionskoeffizient bezieht sich bei Amalgambildung auf die Diffusion im Quecksilber. $\varepsilon_{1/2}$ entspricht dann etwa der Standardgalvanispannung des betreffenden Amalgams, nicht des reinen Metalls. Der Unterschied im Ausdruck hinter dem Logarithmus des 3. Terms gegenüber (5.2.12) ergibt sich, wie die Ableitung von (5.2.111) zeigt, daraus, daß bei dem reversiblen Redoxgleichgewicht auch die Rückreaktion zu berücksichtigen ist, wenn man ε, nicht η, berechnet.

werden muß. Die analytische Bestimmung von Depolarisatoren aus dem Diffusionsstrom bzw. der *Stufenhöhe h* (s. *Abb. 5.21*) mit Hilfe von Eichkurven ist auch bei irreversiblen polarographischen *Stufen* oder *Wellen* (so werden diese Kurven vielfach genannt) möglich. Mit der schon klassischen Gleichstrompolarographie kann man Konzentrationen anorganischer und organischer Depolarisatoren im Bereich von 10^{-2} bis 10^{-6} mol l^{-1} auf etwa 2% genau bestimmen. Die Hg-Tropfelektrode hat dabei noch den besonderen Vorteil, daß wegen der großen Wasserstoffüberspannung am Hg auch Ionen sehr unedler Metalle wie $Na^{\cdot}$ oder schwer reduzierbare organische Verbindungen wie Aceton polarographisch bestimmt werden können [5.37]. Man verwendet dann $N(C_2H_5)_4Cl$ oder andere quaternäre Ammoniumsalze als Leitelektrolyt, weil sie erst bei Katodenspannungen von unter $-2{,}5$ Volt entladen werden. Ein weiterer Vorteil

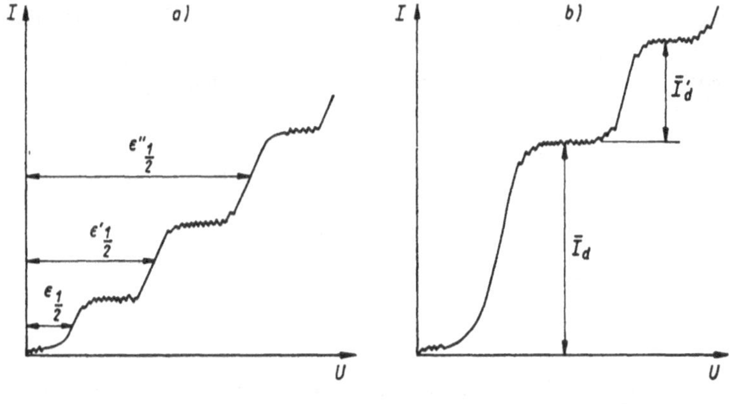

Abb. 5.22 a) Qualitative Analyse mittels Halbstufenpotentialen
b) Quantitative Analyse mittels Diffusionsstrom

besteht darin, daß man mehrere Stoffe, deren Halbstufenpotentiale genügend auseinanderliegen, in einer Messung bestimmen kann, wie dies die *Abb. 5.22a* und *b* zeigen. So hat die Polarographie in alle analytischen Laboratorien Eingang gefunden. Der größte Teil der anorganischen Kationen kann zum Metall oder zu niedrigen Wertigkeitsstufen reduziert werden. Bei vielen Metallen kann man auch die anodische Auflösung zur Bestimmung sehr kleiner Konzentrationen ihrer Ionen benutzen. Dazu verwendet man einen einzelnen hängenden Hg-Tropfen, scheidet an ihm das betreffende Metall ohne Messung des Stroms aus der Lösung quantitativ ab, erzielt dadurch gleichzeitig eine Anreicherung und löst es dann anodisch auf, wobei man einen anodischen Diffusionsstrom erhält. Mit dieser *inversen Polarographie* [5.32], [5.40], die sich auch als Coulometrie modifizieren läßt, kann man noch um mehrere Größenordnungen niedrigere Konzentrationen bestimmen. Bei der Abscheidung mancher Metalle an der Hg-Tropfelektrode treten vor Erreichen des Diffusionsstromes steile Maxima auf, die durch Grenzflächeneffekte hervorgerufen werden. Man kann diese *polarographischen Maxima*, die die Auswertung der Stufen stören, durch Zusatz von kapillaraktiven Substanzen oder Gelatine meistens unterdrücken. Anionen lassen sich an der Hg-Tropfelektrode ebenfalls durch Reduktion bestimmen, z. B. wird IO_3' zu I' reduziert. Viele tausend organische Verbindungen sind polarographisch aktiv, d. h. lassen sich an der Hg-Tropfelektrode reduzieren und aus der Stufenhöhe quantitativ bestimmen [5.35]. Reduzierbare Gruppen sind z. B.

$$\rangle\text{C}=\text{O},\quad -\overset{\displaystyle \text{H}}{\overset{|}{\text{C}}}=\text{O},\quad =\text{C}=\text{S},\quad \equiv\text{C}-\text{Cl},\quad =\text{C}=\text{C}=\quad \text{usw.}$$

Zwischen den Halbstufenpotentialen und den Substituenten solcher Verbindungen bzw. den Bindungsverhältnissen in ihnen wurden Zusammenhänge gefunden (P. ZUMAN). Viele biologisch aktive Verbindungen lassen sich auch polarographisch bestimmen.

Die anodische Oxydation organischer Verbindungen ist an der Hg-Tropfelektrode nur in beschränktem Umfang möglich, weil das Quecksilber schon bei Anodenspannungen über 0,4 V (gegen die Standardwasserstoffelektrode) selbst in Lösung geht. Für die anodische Polarographie wird in steigendem Maße die rotierende Platinscheibenelektrode eingesetzt.

Neben analytischen Aufgaben kann man mit Hilfe der Polarographie physikalisch-chemische, insbesondere kinetische, Probleme lösen. Zum Beispiel kann man aus der Verschiebung des Halbstufenpotentials $\Delta\varepsilon_{1/2}$ eines Kations bei Zusatz eines Überschusses von Komplexbildnern die Komplexbildungskonstante K_K bestimmen (J. HEYROVSKY). Wenn $\varepsilon_{1/2}$ das Halbstufenpotential ohne, $(\varepsilon_{1/2})_K$ das mit Komplexbildner ist, wobei p Liganden L (Konzentration c_L) im Komplex gebunden sind, gilt näherungsweise:

$$\Delta\varepsilon_{1/2} = (\varepsilon_{1/2})_K - \varepsilon_{1/2} \approx \frac{-F_N}{z} \lg K_K - p\,\frac{F_N}{z} \lg c_L\,. \qquad (5.2.114)$$

Wie man sieht, ist $(\varepsilon_{1/2})_K$ eine Funktion der Ligandenkonzentration. Durch Auftragen von $\lg c_L$ gegen $(\varepsilon_{1/2})_K$ kann man die Ligandenzahl aus der Steigung erhalten. Bei stufenweiser Komplexbildung wird die Auswertung wesentlich komplizierter [5.39].

Bei nicht zu rasch verlaufenden Reaktionen kann man aus der Änderung der Stufenhöhe eines polarographisch aktiven Reaktionsteilnehmers die Geschwindigkeitskonstante und Reaktionsordnung bestimmen. Da h der betreffenden Konzentration proportional ist und in die Geschwindigkeitsgleichungen relative Konzentrationen eingesetzt werden können (s. *Band 1, Kap. 23.1.2.*), braucht man keine Eichkurve aufzunehmen. Auch die Geschwindigkeitskonstanten sehr schneller Reaktionen, insbesondere der Rekombination von Ionen, lassen sich bestimmen, wenn das Molekül bei einem anderen Halbstufenpotential reduziert wird als eines der Ionen. Bei Säuren mit reduzierbarem Anion, z. B. Brenztraubensäure, wurden zwei Stufen beobachtet, eine negativere $\varepsilon_{1/2}^-$, die der Reduktion des Anions entspricht und folglich mit dem pH-Wert zunimmt, und eine positivere $\varepsilon_{1/2}^+$, die der Reduktion des Moleküls entspricht und daher bei höheren pH-Werten verschwindet. Es gilt für die Stufenhöhen

$$\text{pH} = \text{konst.} + \lg \frac{h^-}{h^+}, \qquad (5.2.115)$$

analog zur Gleichung für die Dissoziationskonstante (s. S. 218)

$$\text{pH} = pK_a + \lg \frac{[A]}{[\text{H}A]}.$$

Es konnte gezeigt werden (R. BRDIČKA), daß sich aus dem Diffusionsstrom für die gesamte analytische Säurekonzentration $\bar{I}_d$, den man bei entsprechend hohem pH-Wert erhält (weil nur Anionen vorliegen), und dem Diffusionsstrom der positiveren Stufe $\bar{I}_d^+$ (für das Molekül) die Geschwindigkeitskonstante der Rekombination $H^{\cdot} + A' \xrightarrow{k_r} HA$ nach

$$k_r = 1{,}27 \left[\frac{\bar{I}_d^+}{(\bar{I}_d - \bar{I}_d^+)\,[H^{\cdot}]}\right] \frac{K_a}{\tau} \tag{5.2.116}$$

berechnen läßt; dabei ist $[H^{\cdot}]$ die Wasserstoffionenkonzentration, K_a die Dissoziationskonstante der Säure, τ die Tropfzeit. Für Brenztraubensäure wurde ein Wert von $4{,}6 \cdot 10^9$ l mol^{-1} s^{-1} gefunden. Viele andere auf diesem Weg untersuchte Säuren gaben je nach Säurestärke Werte von 10^7 bis 10^{12} l mol^{-1} s^{-1}.

Die Hg-Tropfelektrode eignet sich auch zu Untersuchungen über Doppelschichtkapazitäten und Adsorptionsvorgänge am Quecksilber, worauf hier nicht näher eingegangen werden kann.

Für die Aufnahme der polarographischen Stromspannungskurve dient die in *Abb. 5.23* dargestellte Prinzipschaltung. An die Zelle, deren Katode *K* Quecksilber bildet, das aus einer Kapillare tropft und deren Anode *A* das Bodenquecksilber darstellt, das wegen seiner großen Oberfläche als unpolarisierbar betrachtet werden kann, wird ein immer größerer Teil der Spannung angelegt, die an dem Gefällsdraht *D*, der auf einer Trommel aufgespannt ist, liegt. Man kann nun die angelegte Spannung durch Drehen der Trommel schrittweise steigern, nach jedem Schritt die mittlere Stromstärke an einem empfindlichen Galvanometer *G* (10^{-8} bis 10^{-10} A pro Skalenteil) ablesen und ein Stromspannungsdiagramm aufzeichnen.

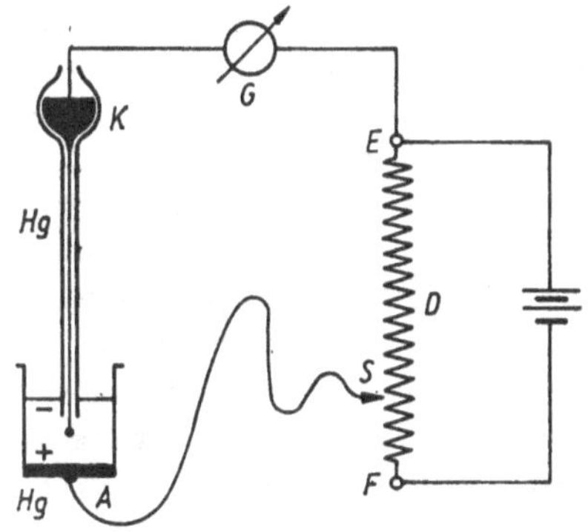

Abb. 5.23: Polarographische Meßanordnung

Heute werden allgemein *Polarographen* verwendet, bei denen der entsprechend verstärkte Strom durch einen Tintenschreiber aufgezeichnet wird, wobei sich der Spannungsvorschub (Volt/min) variieren läßt. Man erhält dadurch leicht auswertbare Polarogramme. Man kann außerdem auch $\frac{\partial \varepsilon}{\partial I}$ aufzeichnen lassen, dabei muß ja am Halbstufenpotential ein (zur Charakterisierung des Stoffes geeignetes) Maximum entstehen. Die Anwendung eines solchen Polarographen ist natürlich viel bequemer als die manuelle Aufnahme von Polarogrammen, vor allem für Routineanalysen, aber nicht genauer. Die polarographische Meßtechnik ist in den letzten Jahren in vieler Hinsicht verbessert und erweitert worden. Man kann auch noch wesentlich niedrigere Konzentrationen (10^{-8} bis 10^{-9} mol l^{-1}) bestimmen. Nur auf eine Methode soll hier kurz hingewiesen werden, die Methode mit überlagertem Wechselstrom nach BREYER. Während der Steigerung der Gleichspannung wird der Zelle ein Wechselstrom mit niedriger Amplitude überlagert. Man erhält an der Stelle des Halbstufenpotentials ein steiles Maximum der Wechselstromstärke, das der Konzentration des Depolarisators proportional ist. Ein solches Maximum entsteht auch, wenn der Stoff nicht als Depolarisator wirkt, aber am Quecksilber adsorbiert wird und dadurch die Elektrodenimpedanz stark verändert. Da die Adsorption potentialabhängig ist, lassen sich die adsorbierten Stoffe durch die Potentiallage ihrer Maxima, die als *tensammetrische Wellen* bezeichnet werden, unterscheiden. Mit dieser Methode lassen sich daher auch Stoffe bestimmen, die an der Quecksilbertropfelektrode nicht reduziert oder oxydiert werden, aber z. B. kapillaraktiv sind. Die Empfindlichkeit ist etwa die gleiche wie die der Gleichstrompolarographie. Durch Untersuchung der Frequenzabhängigkeit der Impedanz der Hg-Tropfelektrode mit überlagertem Wechselstrom lassen sich auch elektrodenkinetische Studien durchführen.

Von J. HEYROVSKY ist außerdem die *oszillographische Polarographie* mit Wechselstrom entwickelt worden, bei der die Polarisation der Hg-Tropfelektrode mit einem Katodenstrahloszillographen untersucht wird, und zwar wird das Potential als Funktion der Zeit bzw. $\frac{\partial \varepsilon}{\partial t} = f(t)$ oder $\frac{\partial \varepsilon}{\partial t} = f'(\varepsilon)$ bestimmt. Wenn man $\frac{\partial \varepsilon}{\partial t} = f'(\varepsilon)$ aufnimmt, erhält man geschlossene ellipsenartige Kurven mit Einschnürungen, deren Tiefe der Depolarisatorkonzentration etwa proportional ist und die bei Reversibilität beim Durchlaufen von $\frac{\partial \varepsilon}{\partial t}$ sowohl in anodischer als auch in katodischer Richtung auftreten. Das Verfahren arbeitet sehr rasch, gestattet die Reversibilität des Prozesses zu beurteilen sowie andere kinetische Aussagen zu machen und sowohl anorganische wie organische Depolarisatoren mindestens qualitativ festzustellen [5.28], [5.41].

Die Strom-Spannungs-Kurven bzw. Stromdichte-Potential-Kurven an festen Metall- oder auch Halbleiter-Elektroden sind stark vom Oberflächenzustand der Elektrode abhängig. Dieser ist auch bei völlig gleichartiger Oberflächenvorbehandlung nicht streng reproduzierbar, weil die Energie- und Bindungsverhältnisse der Oberflächenatome starken Schwankungen unterliegen. Deswegen sind Stromdichte-Potential-Kurven in ihrem Verlauf nicht streng reproduzierbar. Auch an einer am Elektrodenvorgang nicht unmittelbar beteiligten Elektrode (Pt, C) kann die Chemisorption bzw. Elektrosorption von Reaktionspartnern, Lösungsmittelmolekülen usw. sehr unterschiedlich sein. Noch größere Unterschiede im Energiespektrum der Oberflächenatome verschiedener Flächenbezirke des gleichen Materials treten auf, wenn dieses selbst an der Reaktion beteiligt ist. Das trifft z. B. für die anodische Auflösung eines Metalls zu. Bei elektrochemischen Korrosionsuntersuchungen unter gleichen Bedingungen treten daher Streuungen von 10% und mehr der charakteristischen Potentiale (z. B. Passivierungspotentiale, auch Passivierungsstromdichten, s. S. 324) auf. Die energiereichsten Atome, deren Zahl von Oberfläche zu Oberfläche schwankt, gehen zuerst in Lösung. Daher spielt auch die Geschwindigkeit der Potentialänderung für die Reproduzierbarkeit eine große Rolle. Um zu zuverlässigen Aussagen über das Korrosionsverhalten zu gelangen, ist die statistische Auswertung einer größeren Zahl derartiger Kurven notwendig. Noch kritischer ist die quantitative Auswertung solcher Kurven für die Reaktionskinetik und zur Aufklärung des Mechanismus der Elektrodenprozesse. Es ist daher nicht verwunderlich, daß selbst zur Deutung einfacher Prozesse, wie der anodischen Auflösung von Metallen, unter gleichen Bedingungen verschiedene Mechanismen und kritische Daten vorgeschlagen worden sind.

5.2.4.2 *Amperometrie*

Die Proportionalität zwischen Diffusionsgrenzstrom und Konzentration legt natürlich nahe, diesen Grenzstrom direkt zur Konzentrationsbestimmung zu verwenden und nicht erst eine polarographische Kurve aufzunehmen. Eine Quecksilbertropfelektrode, für die der Spannungsbereich des Diffusionsgrenzstroms eines zu bestimmenden Depolarisators bekannt ist, zeigt, mit einer unpolarisierbaren Gegenelektrode auf diesen Spannungsbereich eingestellt, eine Stromstärke, die mittels Gleichung (5.2.15/16) oder einfacher anhand einer Eichkurve die Konzentration dieses Depolarisators angibt. An sich ist diese *amperometrische Konzentrationsbestimmung* wegen der Proportionalität zwischen I und c im Verhältnis zur potentiometrischen Messung recht genau und eignet sich zur kontinuierlichen Anzeige und Regelung des Gehaltes in strömenden Medien. Das Arbeiten mit Quecksilbertropfelektroden ist aber unter solchen Bedingungen aufwendig und schwierig. Wenn man mit festen Elektroden arbeitet, müssen definierte Strömungsbedingungen gewährleistet sein. Neben rotierenden Elektroden (s. S. 332) werden dafür rohrförmige, von der Meßflüssigkeit durchströmte Elektroden aus Gold oder Platin verwendet. Auf diese Weise läßt sich z. B. der Cyanidgehalt in galvanischen Abwässern durch anodische Oxydation registrierend bestimmen, auch eine amperometrische Sauerstoffbestimmung in Kesselspeisewasser durch katodische Reduktion an Platinelektroden ist so möglich[1]).

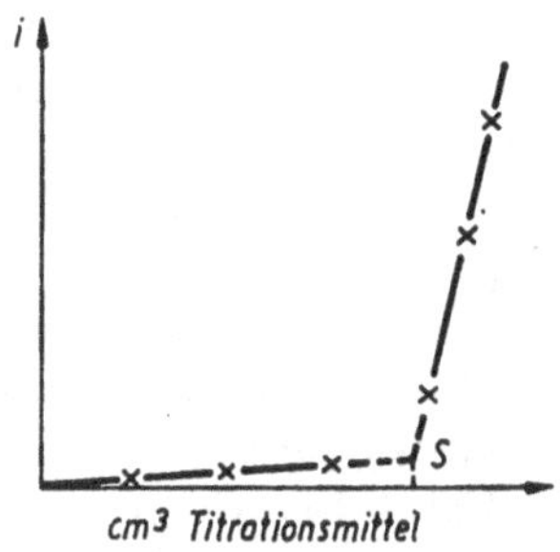

Abb. 5.24: Zur amperometrischen Titration von polarographisch inaktiven Stoffen

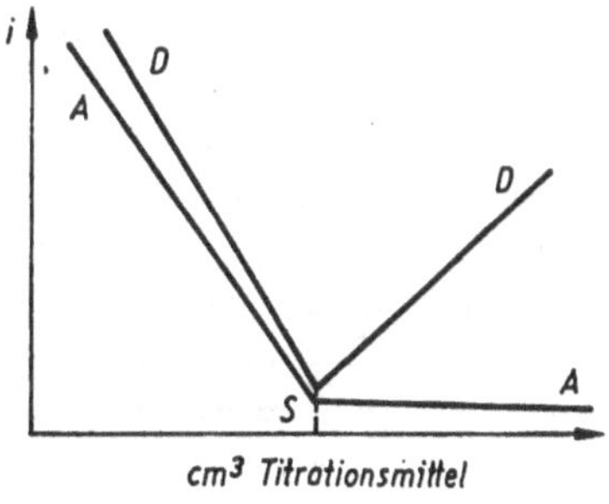

Abb. 5.25: Zur amperometrischen Titration von polarographisch aktiven Stoffen

Im Laboratorium hat die *amperometrische Titration* neben den potentiometrischen Titrationsverfahren (s. S. 230) Verbreitung gefunden. Wenn z. B. eine Fällungsreaktion

$$A + B \rightarrow C(s) \tag{5.2.117}$$

durchgeführt wird und der zu bestimmende Stoff A ist polarographisch inaktiv, dagegen das Titrationsmittel B aktiv, dann wird eine Hg-Tropfelektrode, deren Potential eventuell mit einem Potentiostaten auf einen Wert im Diffusionsgrenzstrombereich von B eingestellt ist, einen bei Zusatz des Titrationsmittels nahezu konstanten Strom

[1]) Wenn man die Arbeitselektrode mit einer Membran bedeckt, die möglichst nur für den zu bestimmenden Stoff durchlässig ist, erhält man gleichzeitig eine von der Konvektion oder Strömung der Meßflüssigkeit unabhängige Diffusionsschicht (Sauerstoffbestimmung nach Clark).

anzeigen; vom Äquivalenzpunkt an wird die Stromstärke mit weiterem Zusatz des Titrationsmittels mit der Steigung $\frac{zF \cdot Dq}{\delta_N}$ linear ansteigen (s. *Abb. 5.24*). Der durch Extrapolation der beiden Geraden erhaltene Schnittpunkt S stellt den Äquivalenzpunkt dar.

Wenn dagegen der zu bestimmende Stoff A polarographisch aktiv ist, B dagegen nicht, und das Potential der Quecksilbertropfelektrode liegt im Diffusionsgrenzstrombereich von A, dann sinkt die Stromstärke mit Zugabe von B steil ab bis zum Äquivalenzpunkt und bleibt dann (s. *Abb. 5.25*, Kurve A) entsprechend der Löslichkeit von C nahezu konstant. Zum Beispiel kann man so Bleisalzlösungen mit Natriumsulfat amperometrisch titrieren, wenn die Spannung der Quecksilbertropfelektrode im Bereich des Diffusionsgrenzstroms der $Pb^{\cdot\cdot}$ liegt. Ein geringer Abfall der Stromstärke nach dem Äquivalenzpunkt rührt von der Löslichkeitsabnahme des $PbSO_4$ durch die überschüssigen SO_4'' her. Setzt man der Bleisalzlösung K_2CrO_4-Lösung zu, so sinkt unter den gleichen Bedingungen der Strom infolge der Ausfällung des $PbCrO_4$ auch ab, steigt aber nach dem Äquivalenzpunkt wieder steil an (s. *Abb. 5.25*, Kurve D). Das CrO_4'' wird im Spannungsbereich des Diffusionsgrenzstroms des $Pb^{\cdot\cdot}$ zu $Cr^{\cdot\cdot\cdot}$ reduziert, wirkt also seinerseits als Depolarisator. Da durch den Zusatz des Titrationsmittels eine Verdünnung eintritt, ist der Verlauf der Kurven nicht streng linear, wie dies in den schematischen Diagrammen dargestellt ist. Man kann den Verdünnungseinfluß rechnerisch berücksichtigen, im allgemeinen erhält man bei linearer Extrapolation beider Kurvenäste auch ohnehin den Äquivalenzpunkt mit ausreichender Genauigkeit. Statt der Quecksilbertropfelektrode kann man in manchen Fällen auch rotierende Platin- oder Goldelektroden verwenden. Die früher beschriebene „dead-stop"-Titration (s. S. 242) unterscheidet sich dadurch von der amperometrischen Titration, daß an zwei gleiche feste Elektroden eine niedrige Spannung gelegt wird und die depolarisierende Wirkung des Titrationsmittels bei Überschreiten des Äquivalenzpunktes einen Stromfluß ermöglicht. Dabei ist es nicht nötig, die Spannung in den Bereich des Diffusionsgrenzstroms eines Elektrodenvorgangs zu verlegen. Dafür sind aber die Möglichkeiten der Anwendung des dead-stop-Verfahrens sehr beschränkt. Besonders bewährt hat es sich zur Wasserbestimmung in organischen Lösungsmitteln nach der KARL-FISCHER-Methode mit Iod als depolarisierendem Titrationsmittel.

Amperometrische Titrationen sind vielseitig anwendbar und variationsfähig (G. CHARLOT, KONOPIK), [5.11].

6. Elektrokinetik

Im Kapitel elektrochemische Kinetik sind Reaktionsgeschwindigkeiten bei Umsetzungen von Ionen in homogener Lösung und von Elektrodenprozessen besprochen worden. Dabei gelten im Prinzip die Gesetze der chemischen Kinetik, nur treten durch den Ladungsaustausch gegenüber der homogenen und heterogenen Kinetik von Molekülen zusätzliche Effekte auf, die beschleunigend oder hemmend wirken können. Wenn geladene Teilchen in ein äußeres elektrisches Feld geraten, bewegen sie sich in Richtung dieses Feldes. Die Wanderung der Ionen, und damit auch die elektrolytische Leitfähigkeit, kann man daher als *elektrokinetische Erscheinung* bezeichnen. Wir wollen hier aber unter Elektrokinetik die Wanderung und generell das Verhalten zweier Phasen im elektrischen Feld verstehen. Die Leitfähigkeit von Elektrolyten, die wir im *Kap. 2* besprochen haben, ist eine fundamentale Eigenschaft der Elektrolyte, die sie von anderen Stoffarten unterscheidet und in hohem Maße auch ihr sonstiges Verhalten bestimmt, so daß ihre Voranstellung und gesonderte Behandlung gerechtfertigt erscheint. Elektrokinetische Erscheinungen sind nicht auf Elektrolyte beschränkt. Wenn zwei verschiedene Phasen miteinander in Kontakt kommen, treten bereits elektrische Ladungseffekte auf, auch wenn sie keine Elektrolyte sind oder enthalten. Sie spielen praktisch im allgemeinen nur dann eine Rolle, wenn die Grenze zwischen den beiden Phasen groß ist; das trifft vor allem für kolloide Dispersionen zu (s. *Band 1*, *Kap. 20.9.*). Wir werden uns hier daher vor allem auf solche Systeme beschränken, bei denen zwischen festen und flüssigen Phasen in hochdisperser Form elektrokinetische Erscheinungen auftreten.

Wir haben früher (s. S. 287) gesehen, daß es an der Grenzfläche zwischen Metall und Elektrolyt zur Ausbildung einer elektrischen Doppelschicht kommt, weil sich positive (negative) Ladungsträger der metallischen Phase und negative (positive) der flüssigen Phase (des Elektrolyten) anziehen, ohne die betreffende Phase verlassen zu können. Nun sind zwar Moleküle im ganzen nicht elektrisch geladen, aber sie enthalten natürlich Elektronen und Atomkerne, und wenn die Ladungsschwerpunkte nicht völlig zusammenfallen, zeigen sie ein permanentes ekektrisches Dipolmoment; in jedem Fall können sie unter dem Einfluß eines äußeren elektrischen Feldes ein induziertes Moment erhalten (s. *Band 1*, S. 77). Daraus folgt aber, daß auch an der Phasengrenze von festen und flüssigen Nichtelektrolyten eine Orientierung der Moleküle in Richtung ihrer Ladungsschwerpunkte auftreten wird. Die Messung und Untersuchung solcher Phasengrenzen bei der Ausbildung von elektrischen Doppelschichten ist natürlich viel schwieriger als die von Phasengrenzen Metall/Elektrolyt. Selbst in diesem Fall ist die Untersuchung der elektrischen Doppelschicht, z. B. ihrer Kapazität, kompliziert, wenn das Metall mit seiner Umgebung (der Luft, dem Wasser oder Elektrolyten) unter Bildung einer Verbindung, insbesondere eines Oxids, reagiert und damit eine neue Phase bildet, was für fast alle Metalle zutrifft. Nur beim Quecksilber kann man dadurch, daß man immer neue Oberflächen entstehen läßt (z. B. mit einer Tropfelektrode, s. S. 332 f), diese Schwierigkeiten weitgehend vermeiden. Daher sind fast alle Untersuchungen über die elektrische Doppelschicht, die zu verläßlichen Aussagen geführt haben, am Quecksilber durchgeführt worden. Es kommt hinzu, daß man mit diesem Metall auch die Veränderung der Grenzflächenenergie, gemessen durch die Grenzflächenspannung (s. *Band 1*, S. 395) unter dem Einfluß eines elektrischen Feldes untersuchen kann (z. B. durch die Tropfenzahl oder die Steighöhe des Hg in einer flüssigen Phase (s. *Band 1*, S. 390). Wenn bei Anlegen einer äußeren Spannung zwischen den beiden Phasen (z. B. Hg/H_2O) kein Ladungsdurchtritt stattfindet (*ideal polarisierbare Elektrode*)[1], kann man die Grenzflächenspannung als Funktion der Spannung (U) messen. Gegen eine Vergleichselektrode in der flüssigen Phase (H_2O) als Bezugspunkt gemessen, ist U die Galvanispannung ε. Gleichgültig, ob man dem Quecksilber eine negative oder positive Ladung aufprägt, wird die Grenzflächenspannung[2]) wegen der Abstoßung gleichsinniger Ladung abnehmen; d. h., die metallische Phase hat ein Maximum der Grenzflächenspannung, wenn sie keine Überschußladung trägt. Das wird durch das Experiment bestätigt. Wenn man die Grenzflächenspannung Hg/verdünnte Elektrolytlösung σ als Funktion der Spannung mißt, erhält man einen Extremwert bei etwa —0,7 Volt (gegen Standardwasserstoffelektrode). Diese sogenannte *Elektrokapillarkurve* (s. *Abb. 6.1*) wird durch spezifisch adsorbierte Anionen und Kationen (z. B. I' oder $NR_4^{\cdot}$) verschoben, weil dadurch der Ladungszustand verändert wird (s. *Abb. 6.1*). Wenn man den Ladungsüberschuß mit Δe_M für das Metall und Δe_L für die Lösung bezeichnet, so gilt nach G. LIPPMANN:

$$\left(\frac{\partial \sigma}{\partial \varepsilon}\right)_{p,T,\mu} = -\Delta e_M = \Delta e_L . \tag{6.1}$$

Bei konstantem Druck, konstanter Temperatur und chemischer Zusammensetzung ist die Änderung der Grenzflächenspannung mit der Spannung gleich der Überschußladung an der Grenzfläche (LIPPMANN-Gleichung). Der Ladungsnullpunkt (ε_N) ist demnach das Maximum der Elektrokapillarkurve. Die Kapazität des durch die Doppelschicht repräsentierten Kondensators ist eine Funktion der Galvanispannung $\varepsilon = \varphi_L - \varphi_M$ und die differentielle Kapazität ist daher:

$$\frac{\partial e_M}{\partial \varepsilon} = C . \tag{6.2}$$

Da andererseits die Kapazität eines Kondensators seine Ladung pro Spannungseinheit ist, gilt mit (6.1)

$$\frac{\partial e_M}{\partial \varepsilon} = -\frac{\partial^2 \sigma}{\partial \varepsilon^2} . \tag{6.3}$$

---

[1]) Natürlich wird dies immer nur in einem begrenzten Spannungsbereich möglich sein, denn bei genügend hoher Polarisation wird Wasser zersetzt werden oder Hg in Lösung gehen. Eine *ideal unpolarisierbare Elektrode* wäre ein System, bei dem die Ladungsträger in beiden Phasen miteinander im Gleichgewicht stehen, z. B. $e^-Ag^+(s)/Ag^{\cdot}H_2O$. Wir wir gesehen haben, treten selbst in diesem Fall bei endlichen Spannungsdifferenzen Polarisationseffekte verschiedener Art auf.

[2]) d. h. die Tendenz, die Oberfläche zu verringern.

Man hat also im Fall des Systems Quecksilber/flüssige Phase die Möglichkeit, die Kapazität der Doppelschicht aus der Elektrokapillarkurve zu bestimmen. Auf elektrische Methoden zu ihrer Bestimmung kann hier nicht eingegangen werden. Dabei sind auch Werte für die Ladungsnullpunkte anderer Metalle ermittelt worden. Da aber bei diesem für jedes Metall verschiedenen Wert ε_N nicht $\Delta\varphi = 0$ ist, sondern noch immer Potentialdifferenzen zwischen den adsorbierten Ionen und Ionen in der diffusen Doppelschicht bestehen (O. STERN), hat diese Größe keine fundamentale Bedeutung und kann mindestens nicht als Nullelektrode zur Messung von Galvanispannungen verwendet werden. Von diesem System ausgehend, sind detaillierte Vorstellungen über die Struktur

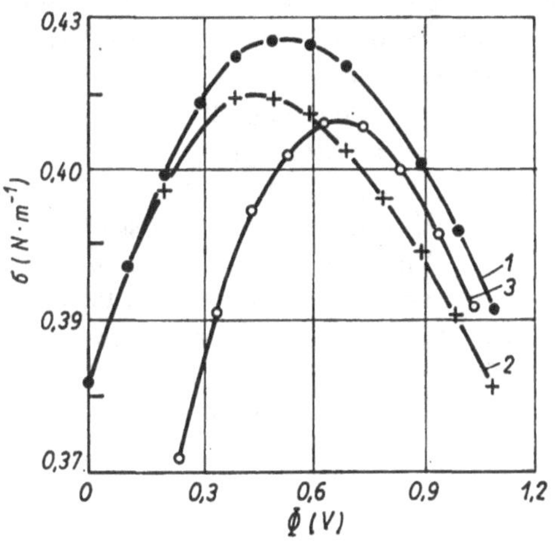

Abb. 6.1: Elektrokapillarkurven
(*1*: 1,1 N H_2SO_4;
2: 1,1 N H_2SO_4 + 0,1 M $C_6H_{11}NH_2$;
3: 1,1 N HBr)

der elektrischen Doppelschicht entwickelt worden (A. N. FRUMKIN, GRAHAME). Wir beschränken uns auf die Erörterung der Konsequenzen der Existenz der elektrischen Doppelschicht an Phasengrenzen mit einer hochdispersen Phase. Wenn in einem flüssigen Medium (z. B. H_2O) eine feste Phase hochdispers verteilt ist, z. B. AgCl, aber auch Kohlenstoff oder Naphthalin, so hat die Ladung der Doppelschicht einen erheblichen Einfluß auf die Stabilität der dispersen Phase. Bei gleichsinniger Ladung und damit Abstoßung wird sie stabil sein. Wenn man sie durch spezifisch adsorbierte Ionen verändert, kann man eine Aggregation und Flockung herbeiführen. Man unterscheidet solvatokratische (lyophile)[1]) Kolloide, bei denen eine Ausflockung durch die Solvathülle der neutralen Kolloidteilchen verhindert wird, weil sie die Wechselwirkungskräfte zwischen den kolloiden Teilchen stark herabsetzt, und elektrokratische (lyophobe)[1]) Kolloide, deren Teilchen auf Grund ihrer gleichsinnigen Ladung durch elektrostatische Abstoßung in Lösung gehalten werden. Die Ladung der Teilchen kann einerseits dadurch hervorgerufen werden, daß es sich um sehr große Moleküle handelt, deren Größe

---

[1]) solvatokratisch = durch Solvatisierung bestimmt,
elektrokratisch = durch elektrische Aufladung bestimmt,
lyophil = lösungsfreundlich, weil sie auch bei hohen Konzentrationen oft in Lösung bleiben und nicht ausflocken,
lyophob = lösungsfeindlich, weil sie nur bei geringen Konzentrationen beständig sind.

(Durchmesser 10^{-6} bis 10^{-4} cm) sie zu den Kolloiden zählen läßt und die in wäßriger Lösung kleine Ionen (vor allem H˙- oder OH′-Ionen) vorwiegend eines Vorzeichens abspalten, so daß gleichsinnig geladene große Molekülrümpfe zurückbleiben (z. B. Eiweiß). Andererseits können auch Aggregate kleiner Moleküle entstehen, die sich gleichsinnig aufladen, indem sie bevorzugt Kationen oder Anionen in Lösung schicken oder auch aus der Lösung adsorbieren. In Abhängigkeit von Zahl und Art der in der Lösung vorhandenen Ionen kann derselbe Stoff das eine Mal positive und ein anderes Mal negative Kolloidteilchen bilden (amphotere Kolloide). Bevorzugt negative Kolloide bilden Metalle (Au, Ag, Pt), Sulfide (As_2S_3, CuS, CdS), saure Oxide (SiO_2, SnO_2); bevorzugt positive Kolloidteilchen entstehen z. B. aus Oxiden (Fe_2O_3, Al_2O_3, Cr_2O_3, ThO_2). Die Ladung der dispersen Phase wird aber auch ihr Verhalten im elektrischen Feld bestimmen. Dabei hat man zu unterscheiden zwischen Systemen, bei denen die disperse Phase an eine bestimmte Lage fixiert ist (z. B. ein poröser fester Körper), und solchen Systemen, bei denen die disperse Phase in einer anderen Phase, vor allem einer Flüssigkeit, frei beweglich ist (kolloide Dispersionen von festen Stoffen oder Flüssigkeitströpfchen in Flüssigkeiten oder Gasen). In beiden Fällen treten Transportvorgänge beim Anlegen eines elektrischen Feldes und umgekehrt Spannungsdifferenzen auf, wenn man durch Druckunterschiede usw. Transportvorgänge auslöst. Wir haben früher gesehen, daß zwischen den wirkenden Kräften und den von ihnen ausgelösten Strömen ein linearer Zusammenhang besteht (s. *Band 1, Kap. 21.10*). Die elektrokinetischen Erscheinungen sind daher ein interessantes Gebiet der Thermodynamik irreversibler Prozesse. Wir beginnen mit den Erscheinungen an einer festen dispersen Phase in Berührung mit einer Flüssigkeit.

6.1. *Elektroosmose*

Definition: Wanderung von Flüssigkeiten gegen eine feste Wand im elektrischen Feld. Die feste Wand kann eine enge Glaskapillare, ein poröses Diaphragma, eine poröse Masse aus hochmolekularen, festen organischen Verbindungen usw. sein. Schon HELMHOLTZ erklärte diese Erscheinung, indem er annahm, daß an der Grenzfläche fester Körper/Flüssigkeit eine elektrische Doppelschicht entsteht. Wenn sich die Wand negativ auflädt, so sind die „Gegenionen" positiv. Diese können sich nun unter dem Einfluß eines elektrischen Feldes bewegen, wobei sie Flüssigkeit mitschleppen. Man kann diese Erklärung noch heute als prinzipiell gültig ansehen. Nur bewegt sich die flüssige Phase, auch wenn sie praktisch keine Ionen enthält, weil die elektrische Doppelschicht in jedem Fall an der Phasengrenze auftritt. Daß die Aufladung an der Grenzfläche fest/flüssig erfolgt, zeigt die Tatsache, daß die Effekte um so größer sind, je größer die Phasengrenzfläche ist. Reines Wasser lädt sich gegen feste Körper meist positiv auf, es bewegt sich also auf die Katode des elektrischen Feldes zu.

Generell lädt sich die Phase mit der höheren Dielektrizitätskonstante positiv auf; bei wäßrigen Lösungen wird das wegen der hohen DK des Wassers immer die Lösung sein. Die Strömungsgeschwindigkeit ergibt sich aus der elektrischen Feldstärke $\mathfrak{E}$ und der Potentialdifferenz an der Phasengrenze, die man hier als *elektrokinetisches Potential* ζ bezeichnet. Unter der Annahme, daß die Gleitebene zwischen ruhender Phase und strömender Flüssigkeit in der diffusen Doppelschicht liegt (s. S. 287), haben H. HELMHOLTZ und SMOLUCHOWSKI gezeigt, daß das in der Zeiteinheit durch eine Kapillare oder ein Kapillarsystem transportierte Flüssigkeitsvolumen v nach:

$$\dot{v} = \frac{dv}{dt} = \frac{\varepsilon \in \zeta r^2}{4\eta} \cdot 229{,}65^{-2} \tag{6.4}$$

η – Viskosität der flüssigen Phase
r – Kapillarenradius

berechnet werden kann, wenn Feldstärke und ζ in Volt angegeben werden.

Damit die HELMHOLTZ-SMOLUCHOWSKIsche Gleichung anwendbar ist, müssen die Kapillaren so weit sein, daß die Gleitebene in der diffusen Doppelschicht liegt, weil beim Gleiten in der HELMHOLTZ-Schicht weder die makroskopische Viskosität noch die DK verwendet werden können. In diesem Fall verliert das elektrokinetische Potential seinen Sinn, weil die Kapillare gleich und kleiner als die Dicke der Doppelschicht wird. Man kann dann das ganze System als ein Netzwerk von Festionen behandelt (G. SCHMID).

Die elektroosmotische Wanderung des Wassers hat man technisch zur Entwässerung von Stoffen, die stark wasserhaltig sind und das Wasser durch Auspressen nicht abgeben, wie z. B. Torf, zu benutzen versucht. Die betreffenden Stoffe werden zwischen zwei Elektroden gebracht; wenn ein elektrisches Feld angelegt wird, wandert das Wasser zur Katode und läuft dort ab. Bei Torf hat sich das Verfahren als nicht wirtschaftlich erwiesen, wohl aber bei hochwertigen Kaolinen, die bei ihrer Aufbereitung als stark wasserhaltiger Schlamm anfallen.

Generell läßt sich (6.4) auf sehr engmaschige Systeme, Diaphragmen, Austauschermembranen usw. nicht mehr anwenden, weil die Voraussetzungen für (6.4) nicht mehr erfüllt sind und andererseits die erforderlichen Größen wie mikroskopische DK, Viskosität in der HELMHOLTZ-Schicht usw. nicht bekannt sind. Es kommt hinzu, daß dann Adsorptions- und Polarisationseffekte eine Rolle spielen.

Läßt man unter einem hydrostatischen Druck durch eine Kapillare oder ein Kapillarsystem eine Flüssigkeit strömen, so entsteht als Umkehrung zur Elektroosmose eine Spannung, das *Strömungspotential*, die unter Umständen sogar zur Abscheidung von Metallen in den Kapillaren führen kann (*Elektrostenolyse*). Das Zustandekommen der Potentialdifferenz an den Enden eines Rohres, in dem die Flüssigkeit z. B. von oben nach unten fließt, kann man so deuten, daß die Flüssigkeit aus der Doppelschicht an der Phasengrenze fest/flüssig einen Teil der Ladungsträger mitnimmt, die der Flüssigkeit zugekehrt sind. Dann entsteht unten ein Überschuß der Ladung dieser „Gegenionen" und oben ein Überschuß an Ladung entgegengesetzten Vorzeichens. Diese Störung der Elektroneutralität verursacht aber eine Spannung, eben das Strömungspotential.

Das Strömungspotential $\Delta\varepsilon_S$ wird dem Druckgefälle Δp proportional sein. Wie eine nähere Rechnung zeigt, gehen in den Proportionalitätsfaktor wieder die Dielektrizitätskonstante ε und die Viskosität η der Flüssigkeit sowie ihre spezifische Leitfähigkeit $\varkappa$ und das elektrokinetische Potential ζ ein; es gilt

$$\Delta\varepsilon_S = \frac{\varepsilon \cdot \zeta \cdot \Delta p}{4\pi \cdot \eta\varkappa}. \tag{6.5}$$

Auch diese Gleichung verliert ihre Gültigkeit, wenn die Kapillarradien von der Dimension der Dicke der Doppelschicht sind. Da deren Dicke mit abnehmender Ionenkonzentration zunimmt, ist (6.5) bei reinen Flüssigkeiten und sehr verdünnten Lösungen auf grobporige Systeme beschränkt.

6.2. Elektrophorese

Unter Elektrophorese versteht man die Wanderung von geladenen (Kolloid)-Teilchen, die größer als echte Ionen sind, im elektrischen Feld. Der Unterschied gegenüber der Ionenleitung, die früher ausführlich behandelt wurde, besteht darin, daß einmal die Ladungsträger viel größer sind, meistens auch aus einer größeren Zahl von Einzelmolekülen bestehen (von Eukolloiden abgesehen) und in sehr viel kleinerer Zahl pro Volumeneinheit vorliegen. Man unterscheidet gelegentlich innerhalb der Elektrophorese noch:

Kataphorese: Die Teilchen sind positiv geladen und wandern zur Katode;

Anaphorese: Die Teilchen besitzen negative Ladung und bewegen sich auf die Anode zu.

Die Wanderungsgeschwindigkeit ist wie bei den Ionen eine Funktion der Größe der Teilchen und ihrer Ladungszahl.

Die Ladungszahl ($z_{+(-)}$) je Kolloidteilchen liegt etwa im Bereich der Größenordnungen 10 und 100. Wegen dieser hohen Ladungszahl wandern die Teilchen auch trotz ihres beachtlichen Durchmessers größenordnungsmäßig fast so schnell wie kleine Ionen. Die Gesetze der Leitfähigkeit von Ionen kann man auf Kolloide im Prinzip direkt übertragen.

Daraus ergibt sich für ihre Geschwindigkeit bei der Feldstärke ϵ:

$$v_i = \frac{z_i e_0 \epsilon}{6\pi\eta r_i}. \tag{6.6}$$

r_i ist dabei der Teilchenradius. Wenn nur Kolloidteilchen in der Lösung vorliegen, dann wird die elektrostatische Wechselwirkung wegen ihrer kleinen Zahl sehr gering sein; wenn aber noch Ionen gelöst sind, dann muß wieder mit einer Bremsung durch den elektrophoretischen und Relaxationseffekt gerechnet werden. Es treten in der Lösung um das Teilchen herum Gegenionen auf, die seine effektive Ladung Δe erheblich gegenüber $z_i \cdot e_0$ verringern. Außerdem wird sich dadurch der Gesamtradius um einen Betrag r_w vergrößern, so daß aus (6.6) wird:

$$v_i = \frac{\Delta e \cdot \epsilon}{6\pi\eta \cdot (r_i + r_w)}. \tag{6.7}$$

Wenn man andererseits von der Gleichung (6.4) ausgeht, die ja im Prinzip den gleichen Effekt nur unter Vertauschung der Phasen darstellt, so wird

$$v_i = \frac{\varepsilon \cdot \zeta \cdot \epsilon}{4\pi \cdot \eta}. \tag{6.8}$$

Die Größe ζ ist aus der Doppelschichtvorstellung abgeleitet. Man kann (6.7) in (6.8) überführen, wenn man das Teilchen als einen Kugelkondensator mit der Kapazität

$$C = \frac{\Delta e}{\zeta} \tag{6.9}$$

ansieht, wobei C andererseits

$$C = (r_i + r_w)\,\epsilon \tag{6.10}$$

ist. Daraus ergibt sich (bis auf den Zahlenfaktor) (6.8) aus (6.7).

Man kann die elektrophoretischen Wanderungsgeschwindigkeiten, die auch wie die der freien geladenen Atome in der Größenordnung von $4 \cdots 5 \cdot 10^{-4}\ \mathrm{cm^2\ s^{-1}\ V^{-1}}$ liegen, in dafür speziell von A. Tiselius entwickelten Apparaten nach einer Methode der *wandernden Grenzfläche* in Lösungen bestimmen und daraus das ζ-Potential der betreffenden Kolloidteilchen nach (6.8) berechnen. Für die Ermittlung der Unterschiede in der Wanderungsgeschwindigkeit verschiedener Teilchensorten mißt man sie meistens in einem porösen System (*Papierelektrophorese*) [6.1].

Praktische Anwendung findet die Elektrophorese heute z. B. zur Trennung von Eiweißen u. a. hochmolekularen Stoffen, weil diese in einem elektrischen Feld mit verschiedener Geschwindigkeit wandern. Zu analytischen Zwecken kann man diese Trennung in einer Papierebene durchführen; die kolloide Lösung wird von einem Papierstreifen aufgesogen, an dessen Enden eine Spannung angelegt wird. Diese Methode hat vor allem für die Biologie und Medizin große Bedeutung erlangt, wo ein Versuch häufig mit sehr wenig Substanz ausgeführt werden muß. Biologische Substrate, insbesondere Blutseren, enthalten verschiedene Eiweißkörper, die sich infolge ihrer verschiedenen Molekülgröße oder Ladung elektrophoretisch leicht trennen lassen, während das auf anderem Weg kaum gelingt. Bei Erkrankungen verändert sich das Verhältnis der verschiedenen Eiweißkomponenten im Blutserum, was man durch die Elektrophorese erkennen kann. Dazu werden die verschiedenen Komponenten auf dem Papierstreifen durch geeignete Anfärbemethoden sichtbar gemacht und das „Elektropherogramm" als diagnostisches Hilfsmittel benutzt [6.3], [6.4].

In Umkehrung zur Elektrophorese erzeugen Teilchen, die sich z. B. unter dem Einfluß der Schwerkraft oder Zentrifugalkraft durch ein flüssiges Medium bewegen, eine Potentialdifferenz (Dorn-Effekt). Man nennt sie Fallpotential, weil der Effekt beim Fallen von größeren festen Teilchen durch ein senkrechtes, mit Flüssigkeit gefülltes Rohr auftritt. Die Potentialbildung kann man erklären: In einem senkrechten Rohr, das eine kolloide Lösung enthält, unterliegen die großen Kolloidteilchen dem Einfluß der Schwerkraft stärker als die kleinen Gegenionen, sie reichern sich deshalb unten an und verursachen die Ausbildung der Potentialdifferenz.

Dieser Effekt spielt bei der Molmassenbestimmung in der Ultrazentrifuge eine Rolle, weil dadurch die Sedimentation verringert wird (s. *Band 1, Kap. 17.5.*). Die wahre Sedimentationskonstante s_K ergibt sich aus der beobachteten s'_K und der Überführungszahl des geladenen Kolloidteilchens t_K nach

$$s_K = \frac{s_K'}{(1 - t_K)}. \tag{6.11}$$

Da man t_K durch einen Überschuß von Fremdelektrolyt gegen Null gehen lassen kann (s. S. 34), kann man dadurch auch den Fehler durch den Ladungseffekt ausschalten. Allerdings tritt ein solcher Effekt auch schon bei niedermolekularen Elektrolyten mit großem Massenunterschied der Ionen auf (z. B. LiI, Tolman). Das ist übrigens auch als Beweis der a-priori-Dissoziation starker Elektrolyte angesehen worden.

Die elektrokinetischen Effekte stellen einen weiteren Beweis für die große Bedeutung der Gesetze der Thermodynamik irreversibler Prozesse dar, denn auch hier lassen sich die phänomenologischen Koeffizienten durch die Onsagersche Reziprozitätsbeziehung (s. *Band 1*, S. 460) verknüpfen.

Man kann auch den Ionenaustausch durch ein Diaphragma als ein elektrokinetisches Phänomen betrachten, und tatsächlich treten an diesen porösen Membranen elektrische

Spannungen auf, von denen hier die schon früher erwähnten DONNAN-Potentiale (s. *Band 1, Kap. 19.*) kurz behandelt werden sollen. Sie stellen eine Gleichgewichts-Galvanispannung dar. In strömenden Systemen oder beim Anlegen einer äußeren Spannung, die zum Ionentransport führt, können noch zusätzliche Potentialdifferenzen an Membranen entstehen, die wir nicht behandeln können.

6.3. *Donnan-Potentiale*

Wir haben früher gezeigt, daß zwischen zwei Lösungen des gleichen Elektrolyten, aber unterschiedlicher Konzentrationen, die aneinandergrenzen, eine Diffusions-Galvanispannung (ε_d) auftritt. Dabei hatten wir Gleichgewichtsbedingungen vorausgesetzt. Tatsächlich ist aber der Diffusionsvorgang irreversibel; man kann daher die dabei entstehende Potentialdifferenz auch vom Standpunkt der Thermodynamik irreversibler Prozesse aus allgemeiner behandeln. Man erhält dabei für einen binären Elektrolyten mit den Überführungszahlen t_+, t_- und den Ladungszahlen z_+, z_- für das Potentialgefälle auf der Strecke ∂x

$$\left(\frac{\partial \varphi}{\partial x}\right)_T = -F_N\left(\frac{t_+}{z_+}\frac{\partial \lg a_+}{\partial x} - \frac{t_-}{|z_+|}\frac{\partial \lg a_-}{\partial x}\right), \tag{6.12}$$

wobei sich die Überführungszahlen aus den phänomenologischen Koeffizienten der Linearkombination ergeben. Unter der Voraussetzung, daß $a_+ = a_-$ gesetzt werden kann, erhält man durch Integration die früher angegebene Gleichung (4.6.66) für die Diffusionsgalvanispannung $\Delta\varphi = \varepsilon_d$. Man sieht, daß diese Gleichung nur für die Einzelionenaktivitäten im DEBYE-HÜCKEL-Bereich gilt.

Bei der Ableitung der Gleichung für ε_d hatten wir keinerlei Voraussetzungen darüber gemacht, wie die Grenze zwischen den beiden Lösungen gestaltet ist. Wenn man also die Trennung durch eine Membran vornimmt oder durch einen porösen Stopfen, so ist offenbar Voraussetzung, daß diese Trennwand die Vermischung zwar verzögern kann, aber sowohl für das Lösungsmittel wie den Elektrolyten in gleicher Weise durchlässig ist. Nun ist aber früher gezeigt worden, daß es semipermeable Membranen gibt, die vor allem in biologischen Systemen (insbesondere den Pflanzen) eine große Rolle spielen und nur für das Lösungsmittel durchlässig sind. Wenn zwei Lösungen verschiedener Konzentration durch eine solche semipermeable Wand getrennt sind, dann kann man durch den osmotischen Druck den Unterschied im chemischen Potential bzw. der Aktivität des Lösungsmittels messen. Ist nun der gelöste Stoff ein Elektrolyt, so ist wegen der Ladung der Ionen bei einer Membran, die den Durchgang (*die Permeation*) eines Ions des Elektrolyten behindert, mit einer zusätzlichen Potentialdifferenz, einem *Membranpotential*, zu rechnen. Man kann wieder von der Gleichgewichtsbedingung ausgehen, daß für alle Ionen die elektrochemischen Potentiale $\tilde{\mu}_J{}^{\mathrm{I}} = \tilde{\mu}_J{}^{\mathrm{II}}$ und die chemischen Potentiale der ungeladenen Teilchen in beiden Lösungen (I und II) gleich sein müssen, sofern sie permeationsfähig sind. Wenn alle Teilchenarten ungehindert durch die Membran wandern können, gilt selbstverständlich im Gleichgewicht $\Sigma\tilde{\mu}^{\mathrm{I}} = \Sigma\tilde{\mu}^{\mathrm{II}}$ und $\Sigma\mu^{\mathrm{I}} = \Sigma\mu^{\mathrm{II}}$, d. h., es hat vollständiger Konzentrationsausgleich stattgefunden. Wenn aber ein Ladungsträger, z. B. ein sehr großes Ion, durch die Membran nicht hindurchtreten kann, so daß das elektrochemische Potential dieses Ions μ_X in beiden Lösungen verschieden bleibt, wenn es von vornherein verschieden war, dann ergibt die Neutralitätsbedingung einerseits und der Konzentrationsausgleich aller permeationsfähigen Teilchen andererseits eine Galvanispannung $\Delta\varphi$, die als *Donnan-Potential* bezeichnet wird, weil F. G. DONNAN sie zuerst erkannt und untersucht hat.

Wir wollen das Zustandekommen des DONNAN-Potentials an einem einfachen Beispiel erläutern (s. *Abb. 6.2*). Zwei Lösungen sind durch eine Membran getrennt, die das Kation $X^{\cdot}$ des einen Elektrolyten nicht durchläßt, wohl aber die $Na^{\cdot}$ und das gemeinsame Anion A' (z. B. Cl'). ($Na^{\cdot}A'$) kann also ungehindert diffundieren, bis die elektrochemischen Potentiale beider Ionen gleich geworden sind. Das bedeutet aber nicht, daß die Aktivitäten gleich geworden sind, denn damit $\tilde{\mu}^{I}_{A'} = \tilde{\mu}^{II}_{A'}$ und $\tilde{\mu}^{I}_{Na^{\cdot}} = \tilde{\mu}^{II}_{Na^{\cdot}}$ wird, muß ja, wie man leicht erkennt[1]),

$$\Delta\varphi = \frac{RT}{F} \ln \frac{(a_2 - a_{gl})}{(a_1 + a_{gl})} = \frac{RT}{F} \ln \frac{a_{gl}}{(a_2 - a_{gl})} \tag{6.13}$$

werden, wobei (s. *Abb. 6.2*) a_{gl} die im Gleichgewicht ausgewanderte Aktivität an $Na^{\cdot}$ bzw. A' ist.

Daraus folgt

$$(a_2 - a_{gl})^2 = a_{gl}(a_1 - a_{gl}),$$

und für a_{gl} ergibt sich daraus

$$a_{gl} = \frac{a_2^2}{a_1 + 2a_2}. \tag{6.14}$$

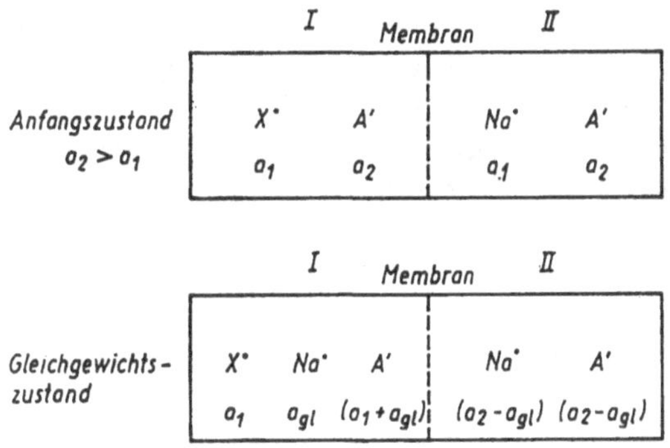

Abb. 6.2: Schema zum DONNAN-Potential

Wenn wir also die Anfangsaktivitäten kennen, läßt sich die im Gleichgewicht ausgewanderte Aktivität des Salzes $Na^{\cdot}A'$ berechnen. Nehmen wir an, daß die Aktivitätskoeffizienten nahezu gleich groß sind, dann können wir statt (6.13) schreiben (s. *Band 1, Kap. 19.*):

$$c_{gl} = \frac{c_2^2}{c_1 + 2c_2}, \tag{6.14a}$$

---

[1]) Im Gleichgewicht gilt für die beiden Ionen:

$$\mu^0_{A'} + RT \ln (a_2 - a_{gl}) + F\varphi^{II} = \mu^0_{A'} + RT \ln (a_1 + a_{gl}) + F\varphi^{I}$$

und

$$\mu^0_{Na} + RT \ln (a_2 - a_{gl}) + F\varphi^{II} = \mu^0_{Na} + RT \ln a_{gl} + F\varphi^{I}.$$

und sehen, daß bei gleicher Anfangskonzentration $c_1 = c_2$

$$c_{gl} = \frac{c_2}{3}$$

wird. Für den Fall, daß die Konzentration von $X^{\cdot}A'$ sehr viel größer als die von $Na^{\cdot}A'$ ist, ergibt sich aus (6.13a) eine geringe Permeation.

Gleichung (6.12) hat nur dann strenge Gültigkeit, wenn die Aktivität des Lösungsmittels auf beiden Seiten gleichgesetzt werden kann, was nur für verdünnte Lösungen zutrifft. Sonst ist (6.13) in folgender Weise zu erweitern:

$$\Delta\varphi = F_N \lg \frac{(a_2 - a_{gl})}{(a_1 + a_{gl})} \left[\frac{a_L{}^{\mathrm{I}}}{a_L{}^{\mathrm{II}}}\right]^{v_-} = F_N \lg \frac{a_{gl}}{(a_2 - a_{gl})} \left[\frac{a_L{}^{\mathrm{II}}}{a_L{}^{\mathrm{I}}}\right]^{v_+} \tag{5.13a}$$

mit a_L = Aktivität des Lösungsmittels und $v_- = \frac{\overline{V}_{A'}}{\overline{V}_{H_2O}}$; $v_+ = \frac{\overline{V}_{Na^{\cdot}}}{\overline{V}_{H_2O}}$.
$\overline{V}$ sind die partiellen Molvolumina der indizierten Teilchenarten.

Die Galvanispannung des DONNAN-Potentials tritt also auch bei gleicher Anfangskonzentration auf. Wenn sich die beiden permeationsfähigen Ionen ($Na^{\cdot}, A'$) in ihren Überführungszahlen stark unterscheiden und die Aktivitäten in den beiden Lösungen sehr verschieden sind, kommt zu dem DONNAN-Potential noch ein Diffusionspotential; normalerweise wird dieses aber nicht berücksichtigt.

Die DONNAN-Potentiale spielen nicht nur in der Biologie eine große Rolle, wo die Membranen oft nur für bestimmte Ionensorten durchlässig sind (z. B. nur für $H^{\cdot}$ und Anionen), sondern sie sind auch bei den Ionenaustauschvorgängen an festen Ionenaustauschern mit im Spiel (s. *Band 1, Kap. 19.*). Man kann hier den Zusammenhang mit den elektrokinetischen Erscheinungen deutlich erkennen, weil wir es mit am Festkörper fixierten Ionen (beim Kationenaustauscher Anionen, z. B. $-SO_3^-$ oder $-COO^-$) zu tun haben, während die „Gegenionen" sich in der Lösung befinden.

Analog zu (6.13) erhält man für einen Kationenaustauscher zwischen Ionenaustauscher und Lösung, d. h. an der Doppelschicht der Phasengrenze, eine Galvanispannung $\Delta\varphi$ mit den Gleichgewichtsaktivitäten der beiden Kationen $Ka_1^{\cdot}$ und $Ka_2^{\cdot}$ und dem Anion A'

$$\Delta\varphi = F_N \lg \frac{a_{Ka_1^+}}{a_{Ka_1^{\cdot}}} = F_N \lg \frac{a_{Ka_2^+}}{a_{Ka_2^{\cdot}}} = F_N \lg \frac{a_{A'}}{a_{A^-}}, \tag{6.15}$$

wobei sich $a_{Ka_1^+}, a_{Ka_2^+}, a_{A^-}$ auf den Ionenaustauscher, $a_{Ka_1^{\cdot}}, a_{Ka_2^{\cdot}}, a_{A'}$ auf die Lösung bezieht. Wenn man wieder gleiche Aktivitätskoeffizienten annimmt, was natürlich in diesem Fall nur eine grobe Näherung sein kann, dann ergibt sich daraus die Konzentrationsverteilung

$$\frac{c_{Ka_1^+}}{c_{Ka_1^{\cdot}}} = \frac{c_{Ka_2^+}}{c_{Ka_2^{\cdot}}} = \frac{c_{A'}}{c_{A^-}}. \tag{6.16}$$

Wegen der Elektroneutralitätsbedingung erhält man, wenn die „Konzentration" der festen Anionen im Kationenaustauscher c_{X^-} ist,

$$c_{X^-} + c_{A^-} = c_{Ka_1^+} + c_{Ka_2^+} \quad \text{und} \quad c_{Ka_1^{\cdot}} + c_{Ka_2^{\cdot}} = c_{A'}. \tag{6.17}$$

Für sehr verdünnte Lösungen wird $c_{X^-} \gg c_{A^-}$, daraus folgt, daß dann äquivalente Mengen von $Ka_1^{\cdot}$ und Ka_2^+ ausgetauscht werden. Durch oft wiederholte Gleichgewichtseinstellung (Verwendung einer Austauschersäule) sinkt daher schließlich die Konzentration des zu entfernenden Ions praktisch bis auf Null ab.

Die Selektivität der Austauscher, d. h. das Verhältnis $\frac{c_{Ka_1^{\cdot}}/c_{K_2}}{c_{Ka_1^+}/c_{K_2^+}}$, wird in erster Linie von der Ladung der Ionen bestimmt, d. h., mehrwertige Ionen werden stärker vom Austauscher gebunden als einwertige; bei gleicher Wertigkeit spielt auch die Ladungsdichte und eventuell ein kovalenter Bindungsanteil eine Rolle. Auf die Möglichkeit, mit Ionenaustauschermembranen, die als Diaphragmen in Elektrolysezellen angeordnet sind, Brack- oder Meerwasser elektrolytisch zu entsalzen, wurde schon früher (s. *Band 1, Kap. 19.*) hingewiesen. Diese Verfahren, auf die nicht näher eingegangen werden kann, haben in Gegenden, die arm an Süß- und Grundwasser sind, schon technische Anwendung gefunden und werden bei der schwierigen Situation der Wasserversorgung in weiten Gebieten der Welt noch größere Bedeutung erlangen [6.2].

7. Anhang

7.1. *Tabellen*

Tabelle 7.1.1

Ionenradien nach GOLDSCHMIDT in nm

Einwertig positive Ionen:

Li	Na	K	Rb	Cs	NH_4	Tl	Ag
0,078	0,098	0,133	0,149	0,165	0,143	0,149	0,133

Einwertig negative Ionen:

F	Cl	Br	I	H
0,133	0,181	0,196	0,220	0,127

Zweiwertig positive Ionen:

Mg	Ca	Sr	Ba	Be	Zn	Cd	Hg	Mn
0,078	0,106	0,127	0,143	0,034	0,083	0,103	0,112	0,091
Fe	Co	Ni	Pb					
0,083	0,082	0,078	0,132					

Zweiwertig negative Ionen:

O	S	Se	Te
0,132	0,174	0,191	0,203

Dreiwertig positive Ionen:

Al	Sc	Y	La	Ga	In	Tl	As	Sb
0,057	0,083	0,106	0,122	0,062	0,092	0,105	0,069	0,090
Cr	Fe	Rn	Ce	Pr	Nd	Sm	Eu	Gd
0,065	0,067	0,069	0,118	0,116	0,115	0,113	0,111	0,109
Tb	Dy	Ho	Er	Tm	Yb	Cp		
0,109	0,107	0,105	0,104	0,104	0,100	0,099		

Vierwertig positive Ionen:

Si	Ti	Zr	Ce	Th	Ge	Sn	Pb	V
0,039	0,064	0,087	0,102	0,110	0,044	0,074	0,084	0,061
Nb	Mn	Mo	W	U	Ru	Os	Ir	Te
0,069	0,052	0,068	0,068	0,105	0,065	0,067	0,066	0,089
Pr	Tb							
0,100	0,089							

Tabelle 7.1.2

Spezifische Leitfähigkeit von Kaliumchloridlösungen zur Bestimmung der Widerstandskapazität

Konzentration mol/l bez. auf 18 °C	g KCl/1000 g Lösung, beide auf Vakuum red.	$\varkappa$ (Ω^{-1} cm^{-1})		
		0 °C	18 °C	25 °C
1	71,3828	$0{,}06539_8$	$0{,}09815_3$	$0{,}11167_8$
0,1	7,43344	$0{,}007150_8$	$0{,}011186_4$	$0{,}012879_9$
0,01	0,746558	0,00077474	$0{,}0012220_9$	$0{,}0014107_6$

Tabelle 7.1.3

Werte des Nernstfaktors $F_N = 2{,}3026\ RT/F$ in Volt und internationalen Volt zwischen 0 °C und 60 °C

ϑ (°C)	F_N (V)	$1/F_N$ (V^{-1})	F_N (V)$_{int}$	$1/F_N$ (V$_{int}^{-1}$)
0	0,054199	18,451	0,054180	18,457
5	0,055191	18,119	0,055172	18,125
10	0,056183	17,799	0,056164	17,805
15	0,057175	17,490	0,057156	17,496
20	0,058167	17,192	0,058148	17,198
25	0,059159	16,904	0,059139	16,909
30	0,060151	16,625	0,060130	16,630
35	0,061143	16,355	0,061122	16,361
38	0,061739	16,197	0,061718	16,203
40	0,062135	16,094	0,062114	16,099
45	0,063127	15,841	0,063106	15,846
50	0,064119	15,596	0,064098	15,601
55	0,065112	15,358	0,065090	15,363
60	0,066104	15,128	0,066082	15,133

Tabelle 7.1.4

Austauschstromdichten verschiedener Elektrodenreaktionen

Elektrode	Lösung	(°C)	i_0 (A · cm^{-2} · mol^{-1} l)
Ag | Ag^+	1 M $HClO_4$	(20)	10^1
Pd | Pd^{++}	0,44 M $HClO_4$ + HCl	(20)	$4 \cdot 10^{-3}$
Hg(*s*) | Hg_2^{++}	45% $HClO_4$	−38,9	9
Hg(l) | Hg_2^{++}	45% $HClO_4$	−38,8	10
Ni | Ni^{++}	2 N H_2SO_4	(20)	10^{-9}
Fe | Fe^{++}	0,8 M KCl + 1,0 · 10^{-3} M HCl	20	$2 \cdot 10^{-8}$
Cu | Cu^{++}	1 M KCl	(20)	10^{-1}
Pb | Pb^{++}	1 M KNO_3	(20)	10^0
Zn | Zn^{++}	2 M KCl	(20)	10^0

Tabelle 7.1.4 (Forts.)

Elektrode	Lösung	(°C)	i_0 (A · cm^{-2} · mol^{-1} l)
Pt | Ce^{3+}, Ce^{4+}	1 N H_2SO_4	25	10^{-2}
Hg | Cr^{2+}, Cr^{3+}	0,9 M $NaClO_4$ + 0,1 M $HClO_4$	(20)	$1{,}0 \cdot 10^{-3}$
Hg | $Cr(CN)_6^{4-}$, $Cr(CN)_6^{3-}$	1 M KCN	25	23
Hg | Eu^{2+}, Eu^{3+}	1 M KCl	20	$2{,}0 \cdot 10^{-2}$
Pt | Fe^{2+}, Fe^{3+}	1 M $HClO_4$	20	$5 \cdot 10^{-1}$
Kohlepaste | Fe^{2+}, Fe^{3+}	1 M H_2SO_4	25	$5 \cdot 10^{-3}$
Pt | $Fe(CN)_6^{4-}$, $Fe(CN)_6^{3-}$	1 M KCl	20	10^{1}
Pt | Mn^{2+}, Mn^{3+}	15 N H_2SO_4	25	10^{-3}
Hg | Ti^{3+}, Ti^{4+}	1 M Weinsäure	20	0,9
Hg | V^{2+}, V^{3+}	1 M $HClO_4$	25	0,4
Bi(Hg) | Bi^{3+}	1 M $HClO_4$	20	$8{,}7 \cdot 10^{-2}$
Bi(Hg) | Bi^{3+}	1 M HCl	20	$> 3 \cdot 10^{2}$
Cd(Hg) | Cd^{++}	1 M $NaClO_4$	25	90
Cd(Hg) | Cd^{++}	1 M KCl	25	$7 \cdot 10^{2}$
Pb(Hg) | Pb^{++}	1 M $NaClO_4$	25	$2 \cdot 10^{2}$
Zn(Hg) | Zn^{++}	1 M $NaClO_4$	25	0,7
Cu(Hg) | Cu^{++}	1 M KNO_3	20	9,0

Tabelle 7.1.5

Austauschstromdichten der H_2/H^+-Elektrode an verschiedenen Metallen

Metall	Lösung	(°C)	i_0 (A · cm^{-2} · mol^{-1} l)
Ag	1 N H_2SO_4	(20)	$2 \cdot 10^{-6}$
Au	8 N H_2SO_4	(20)	$7 \cdot 10^{-4}$
Ti	1 N H_2SO_4	(20)	$10^{-6} \ldots 10^{-8}$
Ga(*s*)	1 N H_2SO_4	28	$1{,}2 \cdot 10^{-10}$
Ga(*l*)	1 N H_2SO_4	32	$1{,}0 \cdot 10^{-10}$
In	0,1 M $HClO_4$	25	10^{-12}
Ni	0,1 N HCl		$6 \cdot 10^{-6}$
Ni(110)	0,15 N $HClO_4$		$6 \cdot 10^{-6}$
Ni(111)	0,15 N $HClO_4$		$6 \cdot 10^{-6}$
Pb	1 N H_2SO_4	20	$2 \cdot 10^{-13}$
Pd	2 N H_2SO_4	(20)	10^{-3}
Pt	1 N H_2SO_4	25	$2{,}5 \cdot 10^{-4}$

Tabelle 7.1.6

Umrechnungsfaktoren zwischen internationalen, elektrostatischen und gesetzlichen SI-Einheiten

Größe	Symbol	SI-Einheiten		Internationale			Elektrostatische		
		Name der Einheit	Einheitenzeichen	Einheit	$\triangleq$	SI-Einheit	Einheit	$\triangleq$	SI-Einheit
Stromstärke	I	Ampere	A	1 int. A	$\triangleq$	0,99993 A	$1\ cm^{3/2} \cdot g^{1/2} \cdot s^{-2}$	$\triangleq$	$1/3 \cdot 10^{-9}$ A
Spannung	U	Volt	V	1 int. V	$\triangleq$	1,0003 V	$1\ cm^{1/2} \cdot g^{1/2} \cdot s^{-1}$	$\triangleq$	300 V
Widerstand	R	Ohm	Ω	1 int. Ω	$\triangleq$	1,0004 Ω	$1\ cm^{-1} \cdot s$	$\triangleq$	$9 \cdot 10^{11}$ Ω
Feldstärke	ϵ	*)	$V \cdot cm^{-1}$	1 int. $V \cdot cm^{-1}$	$\triangleq$	1,0003 $V \cdot cm^{-1}$	$1\ cm^{-1/2} \cdot g^{1/2} \cdot s^{-1}$	$\triangleq$	300 $V \cdot cm^{-1}$
Ladung	Q	Coulomb	C	1 int. C	$\triangleq$	0,99993 C	$1\ cm^{3/2} \cdot g^{1/2} \cdot s^{-1}$	$\triangleq$	$1/3 \cdot 10^{-9}$ C
Kapazität	C	Farad	F	1 int. F	$\triangleq$	0,99995 F	1 cm	$\triangleq$	$1/9 \cdot 10^{-11}$ F
Dipolmoment	μ	*)	$C \cdot cm$	1 int. $C \cdot cm$	$\triangleq$	0,99993 $C \cdot cm$	$1\ cm^{5/2} \cdot g^{1/2} \cdot s^{-1}$	$\triangleq$	$1/3 \cdot 10^{-9}\ C \cdot cm$
Polarisierbarkeit	α	*)	$F \cdot cm^2$	1 int. $F \cdot cm^2$	$\triangleq$	0,99995 $F \cdot cm^2$	$1\ cm^3$	$\triangleq$	$1/9 \cdot 10^{-11}\ F \cdot cm^2$

*) Ein eigener Einheitenname wurde nicht festgelegt

7.2. Aufgaben

Leitfähigkeit und Überführungszahlen, Wanderungsgeschwindigkeiten, Ionenbeweglichkeiten

(Lösungen s. S. 388 f.)

1. Die Äquivalentleitfähigkeit der Alkalichloride beträgt bei 25 °C und verschiedenen Konzentrationen c

c (mol l^{-1})	0,0005	0,001	0,005	0,01	0,02	t_- für $c \to 0$
	λ (cm² Ohm⁻¹ Val⁻¹)					
LiCl	113,15	112,40	109,40	107,32	104,65	0,6636
NaCl	124,50	123,74	120,65	118,51	115,76	0,6037
KCl	147,81	146,95	143,55	141,27	138,34	0,5094

Es soll gezeigt werden, daß für unendliche Verdünnung das Kohlrauschsche Gesetz von der unabhängigen Ionenwanderung gilt, d. h., daß $l_{Cl'}$ für die 3 Salze den gleichen Wert hat.

2. $KBrO_3$ zeigt bei verschiedenen Konzentrationen c und 25 °C folgende spezifische Leitfähigkeiten:

$c \cdot 10^3$ (Val l^{-1})	$\varkappa \cdot 10^3$ (Ohm^{-1} cm^{-1})
3,7242	0,4614
3,2819	0,4076
1,9640	0,2462
0,8370	0,1061
0,5443	0,0693

Es soll die Äquivalentleitfähigkeit berechnet und ihr Wert bei unendlicher Verdünnung bestimmt werden.

3. Für NH_4Cl ist $\lambda_\infty = 149{,}7$ Ohm^{-1} Val^{-1} cm^2 und für NaOH $\lambda_\infty = 247{,}8$ Ohm^{-1} $\times$ Val^{-1} cm^2. Für NaCl ist $\lambda_\infty = 126{,}45$ Ohm^{-1} Val^{-1} cm^2. Es soll λ_∞ für NH_4OH berechnet werden.

4. Aus den Äquivalentleitfähigkeiten λ von KOH bei verschiedenen Konzentrationen c sollen λ_∞ und f_λ für eine Lösung, die 2 g KOH in 10^4 cm^3 enthält, berechnet werden.

c (mol $\cdot l^{-1}$)	λ (cm² Ohm⁻¹ Val⁻¹)
0,005	230
0,01	228
0,02	225
0,03	222

5. Aus $\lambda_\infty = 126{,}5$ cm^2 Val^{-1} Ohm^{-1} der Onsager-Gleichung

$$\lambda = \lambda_\infty - (0{,}2273\,\lambda_\infty + 59{,}78)\sqrt{c}$$

soll die Äquivalentleitfähigkeit einer 0,005 M NaCl-Lösung in H_2O bei 25 °C berechnet werden.

6. Die spezifische Leitfähigkeit für eine Lösung, die 0,1 molar an KCl und 0,2 molar an einem starken Elektrolyten *X*Cl ist, beträgt 0,0382 $Ohm^{-1}\ cm^{-1}$. Die Beweglichkeit der $K^{\cdot}$ ist 74, die der Cl' 76 $cm^2\ Ohm^{-1}\ Val^{-1}$.
Wie groß ist die Beweglichkeit des unbekannten Kations $X^{\cdot}$?

7. Für verschiedene Konzentrationen *c* einer Lösung von $(CH_3)_3SnCl'$ in Ethanol ist $\varkappa$ bei 25 °C

$c \cdot 10^3$ (mol l^{-1})	0,1566	0,2600	0,3178	1,0441	3,0545
$\varkappa \cdot 10^7$ ($Ohm^{-1}\ cm^{-1}$)	17,88	24,16	27,56	53,36	94,55

Es sollen λ_∞ und die Dissoziationskonstante des Trimethylzinnchlorids bei 25 °C bestimmt werden.

8. Wie groß ist die spezifische Leitfähigkeit von destilliertem Wasser bei 25 °C im Gleichgewicht mit Luft bei 101,3 kPa, die 0,050 Volumen-% CO_2 enthält? Die Beweglichkeit der in Betracht kommenden Ionen $H^{\cdot}$ und HCO_3' beträgt 349,7 und 44,5 $cm^2\ Ohm^{-1}\ mol^{-1}$. Bei 25 °C und einem CO_2-Druck von 101,3 kPa löst 1 l Wasser 0,8266 l CO_2. Die erste Dissoziationskonstante ergibt sich aus $\lg K_a = -6{,}37$.

9. Die Wanderungsgeschwindigkeit der $K^{\cdot}$-Ionen ist 73,52 $cm^2\ s^{-1}\ V^{-1}$, die der Cl'-Ionen 76,34 $cm^2\ s^{-1}\ V^{-1}$, der $La^{\cdot\cdot\cdot}$-Ionen 69,6 $cm^2\ s^{-1}\ V^{-1}$.
Wie groß ist die Überführungszahl der $La^{\cdot\cdot\cdot}$-Ionen in einer Lösung, die gleichzeitig 0,1 M an KCl und 0,001 M an $LaCl_3$ ist?

10. Eine Leitfähigkeitszelle hat parallele Pt-Elektroden von 0,95 cm^2 Querschnitt und 8,62 cm Abstand.
Es sollen die Zellkonstante, der Widerstand und die Äquivalentleitfähigkeit von 0,02 M KCl berechnet werden, wenn deren spezifische Leitfähigkeit 0,002768 $Ohm^{-1} \times cm^{-1}$ beträgt.

11. Eine Leitfähigkeitszelle wurde mit 0,020 M KCl-Lösung ($\varkappa = 0{,}002768\ Ohm^{-1}\ cm^{-1}$ bei 25 °C) gefüllt und bei 25 °C ein Widerstand von 312 Ohm gemessen. Eine 0,0100 normale Lösung von Nickelsulfat zeigte in dieser Zelle bei 25 °C einen Widerstand von 1043 Ohm.
Es sollen die spezifische und die Äquivalentleitfähigkeit der Nickelsulfatlösung berechnet werden.

12. Aus folgenden λ_∞-Werten soll λ_∞ für 1 Mol vollständig dissoziiertes Wasser berechnet werden. Die Werte gelten für 25 °C.

λ_∞ ($Ohm^{-1}\ cm^2\ Val^{-1}$)	Elektrolyt
426,16	HCl
126,45	NaCl
247,89	NaOH

13. Der Widerstand einer Leitfähigkeitszelle, die mit einer KCl-Lösung gefüllt war, die 1,49 g KCl/l enthielt ($\varkappa = 2{,}768 \cdot 10^{-3}\ Ohm^{-1}\ cm^{-1}$), betrug bei 25 °C 202,6 Ohm.

Bei Füllung mit einer NaCNS-Lösung in Ethanol, die 0,4175 g NaCNS in 50 ml Lösung enthielt, betrug der Widerstand 353,05 Ohm.

Es soll die molare Leitfähigkeit der NaCNS-Lösung berechnet werden.

14. Die Dichte einer 70%igen Schwefelsäurelösung bei 18 °C beträgt 1,6164 g . ml^{-1}, die spezifische Leitfähigkeit 0,2178 Ohm^{-1} cm^{-1}.

Wie groß sind die molare und die Äquivalentleitfähigkeit der Schwefelsäure?

15. Die spezifische Leitfähigkeit einer 0,1 M KCl-Lösung beträgt bei 25 °C 0,01289 Ohm^{-1} cm^{-1}. Wie groß ist der Widerstand einer Leitfähigkeitszelle, die diese Lösung enthält und deren Elektroden mit einem Querschnitt von 2,037 cm^2 einen Abstand von 0,531 cm haben?

16. Eine 0,02 molare KCl-Lösung hat bei 25 °C eine spezifische Leitfähigkeit von 0,002768 Ohm^{-1} cm^{-1}. Mit dieser Lösung wurde in einer Leitfähigkeitszelle ein Widerstand von 82,4 Ohm gemessen, eine 0,0050 molare K_2SO_4-Lösung zeigte einen Widerstand von 326 Ohm.

Wie groß sind die Widerstandskapazität der Zelle, die spezifische und Äquivalentleitfähigkeit der K_2SO_4-Lösung?

17. Bei der Elektrolyse einer Silbernitratlösung werden an der Katode 1,150 g Silber abgeschieden. Gleichzeitig nimmt der Silbergehalt des Katodenraums um 0,0605 g Ag ab.

Es soll die Überführungszahl der $Ag^{\cdot}$- und NO_3'-Ionen bestimmt werden.

18. In einer Überführungszelle wurde eine 0,050 gewichtsmolare KOH-Lösung elektrolysiert, wobei in einem Kupfercoulometer 47,7 mg Cu abgeschieden wurden. Die Anodenlösung wog 80,0 g und war nach der Elektrolyse 0,0456 gewichtsmolar.

Es soll die Hittorfsche Überführungszahl der $K^{\cdot}$-Ionen berechnet werden.

19. In einer Überführungszelle mit Ag/AgCl-Elektroden wurde eine KCl-Lösung, die in 100 g Lösung 3,6540 g KCl enthielt, elektrolysiert, wobei in einem Silbercoulometer 1,9768 g Ag abgeschieden wurden. Danach wurden in 119,48 g Anodenlösung 3,1151 g KCl bestimmt.

Wie groß ist die Überführungszahl des $K^{\cdot}$-Ions?

20. In einer Überführungszelle wurden zwischen Silberelektroden $BaCl_2$-Lösung verschiedener Konzentrationen c elektrolysiert. Der Verlust an $BaCl_2$ an der Anode v und die Zunahme im Katodenraum z sowie das im Silbercoulometer abgeschiedene Ag s wurden bestimmt.

Es soll die Überführungszahl des Kations bei den verschiedenen Konzentrationen berechnet und durch Extrapolation der Wert von t_+ und t_- für unendliche Verdünnung ermittelt werden.

c ($mol \cdot l^{-1}$)	s (g)	v (g)	z (g)
0,4987	1,6704	0,6126	0,6105
0,24745	2,6585	1,0219	1,0259
0,10085	2,971	0,8428	0,8433
0,05079	0,9223	0,3786	0,3785
0,02395	0,4487	0,1871	0,1867
0,01000	0,2010	0,0849	0,0850

21. In einem zylindrischen Rohr von 100 mm Länge und 2 cm^2 Querschnitt befindet sich eine 0,1 molare Lösung von LiCl. An die Elektroden am Ende des Rohres wird eine solche Spannung gelegt, daß ein Strom von 0,01 A fließt.
Wie groß ist die Geschwindigkeit der $Li^{\cdot}$-Ionen in dem Rohr in cm/s? ($l_{Li^{\cdot}} = 60$, $l_{Cl'} = 76$ cm^2 Ohm^{-1} Val^{-1}).

22. Eine $CdCl_2$-Lösung wurde in einem Rohr mit einem Querschnitt von 0,230 cm^2 mit einer 0,1 M KCl-Lösung überschichtet, deren spezifische Leitfähigkeit $\varkappa = 0{,}0129$ Ohm^{-1} cm^{-1} bei 25 °C beträgt. Bei einer Stromstärke von 5,21 mA wanderte die Grenzschicht zwischen beiden Lösungen in 67 min 4,64 cm.
Wie groß sind die Feldstärke in der KCl-Lösung und die Wanderungsgeschwindigkeit des $K^{\cdot}$-Ions?

23. In einem Rohr von 0,30 cm^2 Querschnitt wurde eine NaCl-Lösung mit einer 0,1 M HCl-Lösung ($\varkappa = 0{,}0424$ Ohm^{-1} cm^{-1} bei 25 °C) überschichtet und mit 3,00 mA elektrolysiert. Nach 60,0 min betrug die Verschiebung der Grenzschicht 3,08 cm.
Es soll die Beweglichkeit der $H^{\cdot}$- und Cl'-Ionen sowie $t_{H^{\cdot}}$ berechnet werden.

24. Eine 0,1000 molare KCl-Lösung wurde in einem Rohr mit einem Querschnitt von 0,1142 cm^2 mit 0,0650 molarer LiCl-Lösung unterschichtet. Ein Strom von 0,005893 A verursachte in 2016 s eine Verschiebung der Grenzfläche um 5,30 cm.
Es soll die Überführungszahl des $K^{\cdot}$-Ions in der 0,1000 M KCl bestimmt werden.

25. Durch eine Lösung, die 1,28 mol LiCl und 0,100 mol Rohrzucker in 1000 g H_2O enthielt, wurde zwischen einer Ag-Anode und einer Ag/AgCl-Katode während 13 h ein Strom von 0,10 A geschickt; danach wurden in Anoden-, Katoden und Mittelraum mit den Massen g r % Rohrzucker und l % LiCl gefunden, während das Coulometer eine Elektrizitätsmenge von $0{,}04643 \cdot 96484{,}6 = 4{,}48 \cdot 10^3$ As anzeigte.

	Anode	Mittelraum	Katode
g (g)	104,4	–	81,47
r % Rohrzucker	4,806	4,730	4,619
l % LiCl	4,440	4,930	5,565

Es sollen die HITTORFsche Überführungszahl und die wahre Überführungszahl des $Li^{\cdot}$-Ions sowie die Wasserüberführung in mol pro Faraday und die Hydratationszahl des $Li^{\cdot}$-Ions berechnet werden, wenn die des Cl'-Ions x ist.

Löslichkeitskonstanten

(Lösungen s. S. 391f)

1. a) Die spezifische Leitfähigkeit einer gesättigten Lösung von AgCl in Wasser beträgt bei 25 °C $2{,}28 \cdot 10^{-6}$ Ohm^{-1} cm^{-1}. Die spezifische Leitfähigkeit des verwendeten Wassers war $1{,}16 \cdot 10^{-6}$ Ohm^{-1} cm^{-1}. Für $Ag^{\cdot}$ ist $l_\infty = 61{,}9$ cm^2 $\times$ Val^{-1} Ohm^{-1} und für Cl' $l_\infty = 76{,}3$ cm^2 Val^{-1} Ohm^{-1} bei 25 °C.
Es sollen die Löslichkeit des AgCl in H_2O bei 25 °C in g l^{-1} und das Löslichkeitsprodukt berechnet werden.

b) Bei 18 °C beträgt die spezifische Leitfähigkeit einer gesättigten CaF_2-Lösung in Wasser $3{,}86 \cdot 10^{-5}$ Ohm^{-1} cm^{-1}, die des verwendeten Wassers $1{,}5 \cdot 10^{-6}$ $Ohm^{-1} \times cm^{-1}$. Die Ionenbeweglichkeiten betragen für $Ca^{\cdot\cdot}$ 51,0 und für F′ 47,0 $cm^2 \times Val^{-1}$ Ohm^{-1} bei unendlicher Verdünnung.

Es soll die Sättigungskonzentration des CaF_2 bei 18 °C berechnet werden. Wie groß ist das Löslichkeitsprodukt von CaF_2?

2. Die Äquivalentleitfähigkeit von PbF_2 bei verschiedenen Konzentrationen und 18 °C ergab folgende Werte:

$c \cdot 10^3$ ($mol \cdot l^{-1}$)	0,314	0,626	1,245	2,480
λ (cm^2 Ohm^{-1} Val^{-1})	100,5	96,5	90,8	83,0

Die spezifische Leitfähigkeit der gesättigten Lösung betrug bei 18 °C $\varkappa = 4{,}309 \times 10^{-4}$ Ohm^{-1} cm^{-1}.

Es sollen durch Näherung die Löslichkeit des PbF_2 in $mol \cdot l^{-1}$ und das Löslichkeitsprodukt bei 18 °C bestimmt werden.

3. Die Löslichkeit von Ag_2CO_3 beträgt bei 25 °C 0,038 $g \cdot l^{-1}$.

Wie groß ist die thermodynamische Löslichkeitskonstante, wenn der Aktivitätskoeffizient nach der einfachen Debye-Hückel-Gleichung berechnet werden kann?

$A = 0{,}509\ l^{1/2}\ mol^{-1/2}$

4. Die Löslichkeitskonstante des $BaSO_4$ beträgt bei 25 °C $9{,}16 \cdot 10^{-11}$. Wie groß ist die Löslichkeit des $BaSO_4$ bei 25 °C in einer 0,01 M $(NH_4)_2SO_4$-Lösung,

a) wenn man $f_\pm = 1\ l\ mol^{-1}$ annimmt,
b) unter Berücksichtigung des Aktivitätskoeffizienten, der aus folgenden Werten für 2-2-wertige Elektrolyte zu interpolieren ist:

J ($mol \cdot l^{-1}$)	0,0001	0,0005	0,001	0,002	0,005	0,01	0,05
$f_\pm$ ($l \cdot mol^{-1}$)	0,95	0,90	0,86	0,81	0,72	0,63	0,47

5. 10 g frisch gefälltes Bleiiodid wurden zweimal mit 100 ml H_2O bei 20 °C gewaschen. Wie groß ist die Gewichtsabnahme, wenn das Löslichkeitsprodukt des PbI_2 bei 20 °C $17{,}644 \cdot 10^{-6}$ $(mol\ l^{-1})^3$ ist?

6. Die spezifische Leitfähigkeit einer 10^{-3} molaren Na_2SO_4-Lösung ist bei 20 °C $2{,}6 \cdot 10^{-4}$ Ohm^{-1} cm^{-1} und steigt bei Sättigung mit $CaSO_4$ auf $7{,}0 \cdot 10^{-4}$ Ohm^{-1} cm^{-1}. Die Ionenbeweglichkeiten von $Na^{\cdot}$ und $^1/_2 Ca^{\cdot\cdot}$ sind 50 bzw. 60 cm^2 Val^{-1} Ohm^{-1}.

Es soll das Löslichkeitsprodukt des $CaSO_4$ berechnet werden.

7. Die Löslichkeit von $Ba(IO_3)_2$ c_1 beträgt bei verschiedenen $Ba(NO_3)_2$-Konzentrationen c_2 bei 25 °C;

$c_2 \cdot 10^3$ ($mol \cdot l^{-1}$)	0	0,500	1,000	2,500
$c_1 \cdot 10^3$ ($mol \cdot l^{-1}$)	0,790	0,681	0,606	0,488

Es soll die Löslichkeitskonstante des $Ba(IO_3)_2$ bestimmt werden.

8. Die Löslichkeit von Ag_2CO_3 in H_2O beträgt bei 25 °C $1{,}0 \cdot 10^{-4}$ mol l^{-1}.
Wie groß sind das Löslichkeitsprodukt und die Sättigungskonzentration in 0,1 M Na_2CO_3 a) ohne Berücksichtigung, b) mit Berücksichtigung des Aktivitätskoeffizienten nach $\lg f_\pm = -0{,}509\, |z_+ z_-| \sqrt{J}$?

9. Die Löslichkeit des Ag_2CrO_4 in Wasser beträgt bei 25 °C $8{,}00 \cdot 10^{-5}$ mol/l.
Es soll die Löslichkeitskonstante berechnet werden. Wie groß ist die Löslichkeit in einer wäßrigen Lösung, die 10^{-3} molar an $AgNO_3$ ist

a) ohne Berücksichtigung des Aktivitätskoeffizienten,

b) mit Berücksichtigung des Aktivitätskoeffizienten

$$\lg f_\pm = -0{,}509\, |z_+ \cdot z_-| \sqrt{J} \quad (25\,°C)?$$

c) Welcher Aktivitätskoeffizient ergibt sich aus der Löslichkeit des Ag_2CrO_4 $8{,}84 \cdot 10^{-5}$ mol l^{-1} in einer 0,04 M $NaNO_3$-Lösung bei 25 °C? Er soll mit dem aus der DEBYE-HÜCKEL-Gleichung errechneten Wert verglichen werden. Der Beitrag des Ag_2CrO_4 zur Ionenstärke kann vernachlässigt werden.

10. Es soll die Löslichkeit des AgCl in einer 0,1; 0,3; 0,5; 1,0; 2,0 litermolaren Na_2SO_4-Lösung bei 25 °C berechnet werden, wenn $pK_a = 9{,}749$ ist und für $\lg f_\pm$ nach DAVIES bei 25 °C im genannten Konzentrationsbereich gesetzt werden kann:

$$-\lg f_\pm = 0{,}509 \left(\frac{\sqrt{J}}{1 + \sqrt{J}} - 0{,}2J \right).$$

Die Werte sind in einem Diagramm aufzutragen.

11. Die Sättigungskonzentration von $Ca_3(PO_4)_2$ beträgt bei 25 °C 0,040 g $\cdot$ l^{-1}. Wie groß ist die thermodynamische Löslichkeitskonstante, wenn der Aktivitätskoeffizient nach der einfachen DEBYE-HÜCKEL-Gleichung berechnet werden kann? $A = 0{,}509\ l^{1/2}\ mol^{-1/2}$

12. Wieviel Mol $Zn(OH)_2$ lösen sich in einem Liter 0,1 M NaOH, wenn die Dissoziationskonstante der Reaktion

$$H_2ZnO_2 \rightleftharpoons ZnO_2'' + 2H^\cdot$$

$K = 10^{-29}$ und das Ionenprodukt des Wassers 10^{-14} sind?

13. CuCl bildet mit Cl' Komplexe, wobei

$$K_1 = \frac{[CuCl_2']}{[Cl']} = 7{,}6 \cdot 10^{-2} \quad \text{für} \quad CuCl(s) + Cl' \rightleftharpoons CuCl_2'$$

$$K_2 = \frac{[CuCl_3'']}{[Cl']^2} = 3{,}4 \cdot 10^{-2} \quad \text{für} \quad CuCl(s) + 2Cl' \rightleftharpoons CuCl_3''$$

gilt; höhere Komplexe sind nicht stabil. Die Löslichkeitskonstante ist $K_L = a_{Cu^\cdot} \cdot a_{Cl'} = 1{,}85 \cdot 10^{-7}$. Es soll die Löslichkeit des CuCl

a) in reinem Wasser,

b) in 0,01 M HCl ohne Berücksichtigung der Komplexbildung und mit Berücksichtigung der Komplexbildung berechnet werden. Die Aktivitätskoeffizienten sollen zu 1 l mol^{-1} angenommen werden.

14. Welche Konzentration an wäßrigem Ammoniak ist erforderlich, um 0,001 Mol AgCl in einem Liter zu lösen, wenn

$$K_{L,AgCl} = 1{,}56 \cdot 10^{-10}$$

$$K_K = \frac{[Ag^{\cdot}][NH_3]^2}{[Ag(NH_3)_2^{\cdot}]} = 6{,}8 \cdot 10^{-8}?$$

Die Aktivitätskoeffizienten sollen 1 l mol^{-1} gesetzt werden.

15. Mit wieviel ml H_2O darf eine $Ca(COO)_2$-Fällung gewaschen werden, damit höchstens 0,5 mg $Ca(COO)_2$ in Lösung gehen? $L = 2{,}57 \cdot 10^{-9}$ (mol · l^{-1})^2

16. Es soll das Löslichkeitsprodukt von AgCl in $NaClO_4$-Lösungen von 0, 0,5, 1, 2, 3, 4, 5 mol · l^{-1} bei 25 °C unter Verwendung der Gleichung

$$-\lg f_{\pm} = 0{,}509 \left(\frac{\sqrt{J}}{1 + \sqrt{J}} - 0{,}2J \right)$$

berechnet werden, wenn $pK_L{}^0 = -\lg K_L{}^0 = 9{,}749$ ist.

Die Werte sind graphisch darzustellen $[-\lg K_L = f(c_{NaClO_4})]$

Elektromotorische Kräfte, Aktivitäten, Standard-EMK und thermodynamische Größen

(Lösungen s. S. 394f)

1. Wie groß sind die Ionenstärken in den Lösungen aus:

a) 0,002 M $La(NO_3)_3$,

b) 0,1 M $Al_2(SO_4)_3$; 0,1 M $K_4Fe(CN)_6$ und 0,05 M $Na_2C_4H_4O_6$?

Wie groß sind in der Lösung a) die Aktivität, die mittlere Aktivität des Lanthannitrats und die Aktivität der $La^{\cdot\cdot\cdot}$-Ionen? $A = 0{,}509$ l$^{1/2}$ mol$^{-1/2}$.

2. Es sollen die Ionenstärke, der mittlere Aktivitätskoeffizient des $BaCl_2$, die Aktivität und die mittlere Aktivität des $BaCl_2$, sowie die Einzelionenaktivität der $Ba^{\cdot\cdot}$- und der Cl'-Ionen bei 25 °C in einer Lösung berechnet werden, die 0,05 kilomolar an HCl und 0,01 kilomolar an $BaCl_2$ ist, wenn für den Aktivitätskoeffizienten die einfache Debye-Hückel-Gleichung anwendbar ist ($A = 0{,}5084$ kg$^{1/2}$ mol$^{-1/2}$).

3. Die Kette — Hg, Cd | CdI_2 (1,0 M) | Hg_2I_2 | Hg hat bei 25 °C die Spannung 435,06 mV. Für das gleiche Cd-Amalgam ist das Standardpotential der Elektrode Hg, Cd | $Cd^{\cdot\cdot} = \varepsilon_1{}^0 = -351{,}8$ mV, das der Hg | Hg_2I_2 | I'-Elektrode $= \varepsilon_2{}^0 = -40{,}5$ mV.

Es soll der mittlere Aktivitätskoeffizient des CdI_2 in der 1 M CdI_2-Lösung berechnet werden.

4. Es soll die Aktivität einer $FeCl_3$-Lösung bei 25 °C berechnet werden, ihre mittlere Aktivität und der Aktivitätskoeffizient der $Fe^{\cdot\cdot\cdot}$-Ionen, wenn die Molarität

$c = 0{,}0005$ mol · l^{-1} ist und die einfache DEBYE-HÜCKEL-Gleichung angewendet werden kann. ($A = 0{,}5091\ l^{1/2}\ mol^{-1/2}$).

5. In einer 0,1 kilomolaren Lithiumsulfatlösung sollen bei 25 °C der mittlere Aktivitätskoeffizient und die mittlere Aktivität, sowie die Einzelionenaktivität für $Li^{\cdot}$ und SO_4'' nach der einfachen DEBYE-HÜCKEL-Gleichung berechnet werden ($A = 0{,}5085\ kg^{1/2}\ mol^{-1/2}$). Wie groß sind $f_\pm$ bzw. $a_\pm$ nach der erweiterten Gleichung

$$\lg f_\pm = \frac{-A\,|z_+ z_-|\,\sqrt{J}}{1 + Ba\sqrt{J}}$$

$A = 0{,}5085\ kg^{1/2}\ mol^{-1/2}$ bei 25 °C,
$B = 3{,}218\ kg^{1/2}\ mol^{-1/2}\ nm^{-1}$; $a = 0{,}35$ nm bei 25 °C.

6. Eine Lösung ist 0,002 molar an $CaCl_2$ und 0,0025 molar an $CaSO_4$. Es sollen die Ionenstärke und die Aktivitäten der einzelnen Ionen sowie die mittleren Aktivitäten von $CaCl_2$ und $CaSO_4$ bei 25 °C berechnet werden.
($A = 0{,}5092\ l^{1/2}\ mol^{-1/2}$)

7. Bei 25 °C lösen sich $16{,}07 \cdot 10^{-3}$ Mol TlCl in 1 l H_2O. In einer 0,1 M NaCl-Lösung lösen sich $3{,}95 \cdot 10^{-3}$ mol l^{-1}. Für TlCl gilt: $\lg K_L = -3{,}694$ bei 25 °C.
Wie groß ist der mittlere Aktivitätskoeffizient des TlCl in den beiden Lösungen?

8. Aus Löslichkeitsmessungen des TlCl in Abhängigkeit von der Ionenstärke ergibt sich für 25 °C eine mittlere Sättigungskonzentration $m_\pm = 0{,}01422$ mol · kg^{-1} H_2O bei der Ionenstärke 0 durch Extrapolation. In einer 0,025 gewichtsmolaren KCl-Lösung wurde bei 25 °C die Sättigungskonzentration des TlCl zu 0,00869 mol $\times kg^{-1}$ H_2O gefunden.
Es soll der mittlere Aktivitätskoeffizient des TlCl für diese Lösung berechnet werden.

9. Für die Kette Ag | AgCl(*s*) | Ag, Au, $x_{Ag} = 0{,}400$, wurde bei 200 °C eine Kettenspannung von 86,4 mV gefunden.
Es sollen die Aktivität des Silbers in der Silber-Goldlegierung und der Aktivitätskoeffizient berechnet werden.

10. Die Standard-Spannung der Kette:

− Pt | H_2, HCl (1 M) | Hg_2Cl_2 | Hg +

beträgt bei 25 °C $U^0 = 0{,}26796$ V. Es sollen der mittlere Aktivitätskoeffizient $f_\pm$, die Aktivität der HCl und die mittlere Aktivität für eine 4 gewichtsmolare Salzsäure berechnet werden, wenn die Spannung der Kette bei dieser Säurekonzentration 0,16771 V beträgt ($A = 0{,}5084\ kg^{1/2}\ mol^{-1/2}$).

11. In eine 0,01 molare $CdSO_4$-Lösung wird ein Überschuß von Fe-Pulver eingetragen und Cd zementiert. Das Standardpotential der Fe | $Fe^{\cdot\cdot}$-Elektrode ist bei 25 °C $\varepsilon_1^0 = -440{,}2$ mV, das der Cd | $Cd^{\cdot\cdot}$-Elektrode $\varepsilon_2^0 = -402{,}0$ mV.

Wie groß sind im Gleichgewicht die Konzentrationen an Cd¨ und Fe¨ bei 25 °C?

12. Die Kette

— Pt | H_2, HCl (0,0001 M) | AgCl | Ag | AgCl | HCl (0,1 M), H_2 | Pt +

hat bei 25 °C die Kettenspannung 0,335 V.

Wie groß ist der mittlere Aktivitätskoeffizient der 0,1 molaren HCl?

13. Für die Kette

— Cu | $CuCl_2(c)$ | AgCl | Ag +

ist die Kettenspannung bei 25 °C 0,191 V für $c_1 = 10^{-4}$ mol l^{-1} und −0,074 V (das Vorzeichen der Elektroden kehrt sich um) bei $c_2 = 0{,}2$ mol l^{-1}.

Es sollen die Elektrodenreaktionen, die gesamte Kettenreaktion und der mittlere Aktivitätskoeffizient der 0,2 M $CuCl_2$-Lösung angegeben werden, wenn in der 10^{-4} molaren Lösung

a) $f_\pm = 1$ l mol^{-1} ist,

b) $f_\pm$ aus der Debye-Hückel-Gleichung mit $A = 0{,}5091$ l$^{1/2}$ mol$^{-1/2}$ berechnet wird.

14. Für die Spannung der Kette bei 25 °C

— Zn | $ZnCl_2(m)$ | Hg_2Cl_2 | Hg +

wurden bei $m = 0{,}25148$ mol · kg^{-1} 1,10085 V und für $m = 0{,}0050$ mol · kg^{-1} 1,2244 V gefunden.

Wie groß ist das Verhältnis der mittleren Aktivitätskoeffizienten in beiden Lösungen, und wie groß ist er in der konzentrierten Lösung, wenn man für die verdünnte die Debye-Hückel-Gleichung als gültig ansieht

($A = 0{,}5084$ kg$^{1/2}$ mol$^{-1/2}$)?

15. Für die Kette

— Pt | H_2 (101,325 kPa), H_2SO_4 (0,1 M), $(NH_4)_2SO_4(m_2)$ | Hg_2SO_4 | Hg +

ist die Kettenspannung U bei verschiedenen Molaritäten m_2:

U (mV)	737,2	737,5	739,7	755,8
m_2 (mol · kg^{-1})	0	0,001	0,10	1,00

Der mittlere Aktivitätskoeffizient für H_2SO_4 bei $m_2 = 0$ ist 0,313 kg mol^{-1}. Wie groß ist er bei den übrigen $(NH_4)_2SO_4$-Konzentrationen?

16. Für die Kette

— Pt | H_2 (101,325 kPa) | HBr(c) | AgBr | Ag +

wurden bei 25 °C folgende Spannungen gefunden:

c (mol · l^{-1})	U (V)
0,0003198	0,4857
0,0004042	0,4738
0,0008444	0,4364
0,001355	0,4124
0,001850	0,3967
0,002396	0,3838
0,003719	0,3617

Es sollen E^0 und der mittlere Aktivitätskoeffizient für die 0,003719 molare Lösung bei 25 °C berechnet werden.

17. Für die Kette

$-\quad Zn \mid ZnCl_2(m) \mid AgCl \mid Ag \quad +$

wurden bei 25 °C und den Kilomolaritäten m des $ZnCl_2$ folgende Kettenspannungen U gefunden:

m (mol · kg^{-1})	U (V)
0,002941	1,1983
0,007814	1,1650
0,01236	1,1495
0,02144	1,1310
0,04242	1,1090
0,09048	1,0844
0,2211	1,0556
0,4499	1,0328

Es soll das Standardpotential des Zn bei 25 °C bestimmt werden.
($\varepsilon^0_{Ag \mid AgCl} = +0,2224$ V)

18. Die Kette

$-\quad Zn \mid ZnCl_2(c) \mid AgCl \mid Ag \quad +$

hat bei 25 °C und verschiedenen Konzentrationen c der $ZnCl_2$-Lösung folgende Kettenspannungen U

c (mol l^{-1})	U (V)
0,000772	1,2435
0,001253	1,2269
0,001453	1,2219
0,003112	1,1953
0,006022	1,1742
0,01021	1,1558

Es soll E^0 für diese Kette bestimmt und $f_\pm$ für $ZnCl_2$ in der 0,003112 und 0,01021 molaren Lösung berechnet werden.
Wie groß ist ε^0 für die Zinkelektrode, wenn $\varepsilon^0_{Ag \mid AgCl} = +0,2224$ V ist?

19. Für die Kette

$-\quad Pt \mid H_2$ (101,325 kPa), $HI(m) \mid AgI \mid Ag \quad +$

wurden bei 25 °C folgende Kettenspannungen bei m gefunden:

$m \cdot 10^3$ (mol · kg^{-1})	50,49	79,14	129,72	246,08
U (mV)	+10,06	−12,10	−36,15	−69,05

Es sollen E^0, ε^0 für die Ag | AgI-Elektrode und die Löslichkeitskonstante des AgI berechnet werden, wenn ε^0 für die $Ag \mid Ag^{\cdot}$-Elektrode +799,4 mV bei 25 °C ist und

$$\lg f_\pm = \frac{-0,5084\sqrt{m}}{1+\sqrt{m}} + Bm \text{ gesetzt wird.}$$

20. Für die Kette

$- \quad Pt \mid H_2$ (101,325 kPa), $HCl(m) \mid AgCl \mid Ag \quad +$

wurden bei 85 °C und verschiedenen Kilomolaritäten m der Salzsäure folgende Kettenspannungen gemessen:

m_1 (mol/kg)	U (V)
0,00992	0,46580
0,02479	0,41283
0,04959	0,37356
0,07438	0,35070
0,09918	0,33459

Es sollen E^0 für 85 °C und das Standardpotential der Ag | AgCl-Elektrode für diese Temperatur bestimmt werden.

Wie groß ist der mittlere Aktivitätskoeffizient für die 0,00992 molare Säure? Welcher Wert ergibt sich für diese Konzentration aus der DEBYE-HÜCKEL-Gleichung, und welchen Wert für E^0 errechnet man aus diesem $f_\pm$-Wert?

($A = 0{,}5780\ kg^{1/2}\ mol^{-1/2}$)

21. Die Kette

$- \quad Pt \mid H_2, HCl \mid AgCl \mid Ag \quad +$

hat bei 25 °C die Standard-EMK $E^0 = -0{,}22250$ V. In einer 0,2563 molaren HCl-Lösung ist die Kettenspannung 0,41824 V und in einer 0,1238 molaren HCl-Lösung 0,34199 V.

Wie groß ist der mittlere Aktivitätskoeffizient bei diesen Konzentrationen?

22. Für die Kette

$- \quad Pt \mid H_2$ (101,326 kPa), $HClO_4(m_1) \parallel HReO_4(m_2) \mid ReO_2 \mid Pt \quad +$

sind für verschiedene Konzentrationen $m_1 = m_2$ folgende Kettenspannungen gefunden worden:

$m_1 = m_2$ (mol · kg^{-1})	U (V)
0,0540	0,500
0,0478	0,494
0,0290	0,501
0,0270	0,492
0,0135	0,487
0,00680	0,468
0,00106	0,400
0,00054	0,373

Es sollen die Kettenreaktion angegeben und das Standardredoxpotential sowie die Gleichgewichtskonstante für die Oxydation von $ReO_3(s)$ nach $ReO_3(s) + H_2O \rightleftharpoons ReO_4' + 2H^{\cdot} + e^-$ näherungsweise bestimmt werden.

23. Für die Kette

$- \quad Hg, Cd$ (11%) $\mid CdCl_2(m) \mid AgCl \mid Ag \quad +$

wurden bei 25 °C für die Gewichtsmolaritäten m folgende EMK-Werte gefunden:

E— (mV)	$10^3 \cdot m$ (mol · kg^{-1})
853,9	0,5
829,97	1,0
807,1	2,0
778,51	5,0
768,62	7,0
758,46	10,0

Es sollen die Standard-EMK dieser Kette berechnet und das Standardpotential des Cadmiums bei 25 °C bestimmt werden, wenn für die Silber-Chlorsilber-Elektrode $\varepsilon^0 = +222{,}4$ mV und die EMK der Kette

— Cd | Cd˙˙ | Cd (11%), Hg +

—50 mV beträgt.

24. Es soll eine Kette angegeben werden, in der bei 25 °C die Reaktion

$^1/_2 Cl_2(g) + Br' \rightleftharpoons Cl' + {^1/_2} Br_2(l)$

abläuft.

Wie groß sind die Standard-EMK, die Änderung der freien Standardenthalpie und die Gleichgewichtskonstante, wenn das Standardpotential der Cl_2-Elektrode +1,3595 V und die der Br_2-Elektrode +1,0652 V sind?

25. Für die Reaktion

$2\,Fe^{\cdot\cdot\cdot} + 2\,Hg \rightleftharpoons Hg_2^{\cdot\cdot} + 2\,Fe^{\cdot\cdot}$

beträgt die Gleichgewichtskonstante bei 25 °C 0,018 und bei 35 °C 0,054.

Es soll eine Kette angegeben werden, in der diese Reaktion abläuft und ihre Standard-EMK für 45 °C berechnet werden, wenn ΔH^0 im Temperaturbereich 25 bis 50 °C als konstant angesehen werden kann.

26. Für die Reaktion

$Fe^{\cdot\cdot\cdot} + Ag \rightleftharpoons Fe^{\cdot\cdot} + Ag^{\cdot}$

hat die Gleichgewichtskonstante bei 25 °C in Perchloratlösung, in der keine Komplexbildung zu erwarten ist, den Wert 0,531.

Es soll das Standardpotential der Fe˙˙, Fe˙˙˙ | Pt-Elektrode bei 25 °C berechnet werden, wenn das der
Ag | Ag˙-Elektrode $\varepsilon^0 = (+798{,}5 \pm 1{,}0)$ mV ist.

27. Für die Kette:

— Ag | AgCl | NaCl ($a_\pm = 1$) | Hg_2Cl_2 | Hg +

soll aus den freien Standardbildungsenthalpien die Standard-EMK E^0 bei 25 °C berechnet werden.

AgCl(s): $\Delta G_f^0 = -109{,}6$ kJ · mol^{-1}
$Hg_2Cl(s)$: $\Delta G_f^0 = -210{,}5$ kJ · mol^{-1}

28. Für die Kette

$-\quad Ag \mid AgBr \mid KBr \mid Hg_2Br_2 \mid Hg \quad +$

sind für die Kettenspannung U und für $\varepsilon^0_{Ag\,|\,AgBr}$ bei ϑ die Werte gefunden worden:

ϑ (°C)	U (V)	$\varepsilon^0_{Ag\,|\,AgBr}$ (V)
15	0,06492	+0,07586
25	0,06804	+0,07121
35	0,07116	+0,06591

Es sollen das Standardpotential der $Hg \mid Hg_2Br_2$-Elektrode für jede angegebene Temperatur berechnet und eine Temperaturfunktion für U und für $\varepsilon^0_{Hg\,|\,Hg_2Br_2}$ angegeben werden.

Aus diesen Daten sind zu berechnen:

a) ΔG^0 bei 25 °C der Reaktion $2\,Ag + Hg_2Br_2 \rightleftharpoons 2\,AgBr + 2\,Hg$
b) ΔH^0 für diese Reaktion
c) ΔS^0 für diese Reaktion
d) $\Delta G_f{}^0$ für Hg_2Br_2 bei 25 °C, wenn
$\Delta G_f{}^0$ für AgBr $-$ 96,02 kJ · mol^{-1} ist.

29. Die Kette

$$- \quad Pt \mid PbO_2 \left| \begin{array}{l} PbBr_2\ (0{,}004\ M) \\ HBr\ (0{,}002\ M) \end{array} \right| AgBr \mid Ag \quad +$$

hat bei 25 °C die Kettenspannung 1,030 V, $\left(\frac{dU}{dT}\right) = 0{,}0002\ V \cdot K^{-1}$. Außerdem ist

$\varepsilon^0_{Ag\,|\,Ag^{\cdot}} = +0{,}800$ V bei 25 °C
$\varepsilon^0_{Ag\,|\,AgBr} = +0{,}073$ V bei 25 °C.

Es sollen die Elektrodenreaktionen und die Kettenreaktion angegeben werden. Ferner sollen die Standardkettenspannung bei 25 °C sowie ΔG, ΔH und ΔS für die Kettenreaktion und die Löslichkeitskonstante des AgBr bei 25 °C berechnet werden.

30. Die Standard-EMK der Kette:

$+\quad Cu \mid Cu_2O \mid NaOH\ (0{,}1\ M),\ H_2\ (101{,}325\ kPa) \mid Pt \quad -$

ist $-0{,}469$ V bei 17 °C, die der Kette:

$+\quad Pt \mid O_2\ (101{,}325\ kPa,\ NaOH\ (0{,}1\ M),\ H_2\ (101{,}325\ kPa) \mid Pt \quad -$

ist $-1{,}232$ V bei 17 °C. Es sollen die Gleichgewichtskonstante der Reaktion

$2\,Cu_2O \rightleftharpoons 4\,Cu + O_2$

und der Gleichgewichtsdruck des O_2 bei 17 °C berechnet werden.

31. Für die Kette:

$-\quad Pt \mid Fe^{\cdot\cdot}, Fe^{\cdot\cdot\cdot}, HCl \parallel AsO_3{}''', AsO_4{}''', HCl \mid Pt \quad +$

sollen die darin ablaufende Reaktion und die Standard-EMK bei 25 °C angegeben werden, wenn die Gleichgewichtskonstante der Reaktion $K = 1{,}46 \cdot 10^{-5}$ bei 25 °C beträgt.

Wie groß ist das Standardpotential der AsO_3''', AsO_4'''-Elektrode, wenn das der $Fe^{\cdot\cdot}$; $Fe^{\cdot\cdot\cdot}$-Elektrode +0,771 V beträgt?

32. Für die Kette:

+ Au | AuI | HI(m), H_2 (101,325 kPa) | Pt —

ist U bei 25 °C für $m = 1 \cdot 10^{-4}$ mol · kg^{-1} 0,970 V und für $m = 3{,}0$ mol · kg^{-1} 0,410 V. Es soll der Aktivitätskoeffizient für die 3 molare HI berechnet werden.

Wie groß ist die Löslichkeitskonstante des AuI, wenn das Standardpotential des Au + 1,680 V beträgt?

33. In der Kette

— Pt | H_2, HCl | Hg_2Cl_2 | Hg +

wurde bei einer bestimmten HCl-Konzentration, einem H_2-Druck von 101,325 kPa und 25 °C eine Kettenspannung von 0,40088 V gemessen.

Wie groß ist die Kettenspannung bei einem H_2-Überdruck von 8,24 kPa?

34. Aus der Kettenspannung der Helmholtzschen Doppelkette

— Pt | H_2 (101,325 kPa), HCl(m_1) | AgCl | Ag | AgCl | HCl(m_2),
H_2 (101,325 kPa) | Pt +

$U = 118{,}20$ mV bei 25 °C soll die Molarität m_1 berechnet werden, wenn die Aktivitätskoeffizienten nach der Debye-Hückel-Gleichung ermittelt werden ($A = 0{,}5084$ kg$^{1/2}$ mol$^{-1/2}$) und $m_2 = 0{,}01$ mol kg^{-1} ist.

Welcher Wert ergibt sich für m_1, wenn man die mittleren Aktivitätskoeffizienten gleich 1 kg mol^{-1} setzt?

35. Für die Kette

— Zn(l) | LiCl, KCl, $ZnCl_2$(l) | Zn, Cd +

wurde die Kettenspannung bei 466 °C für verschiedene Molenbrüche des Zinks in der Zn—Cd-Legierung bestimmt:

x_{Zn}	U (mV)
0,150	29,4
0,244	23,7
0,251	18,6
0,344	14,7
0,456	12,9
0,536	8,4
0,602	6,9
0,687	5,2
0,690	5,0
0,786	3,7
0,848	2,4

Für diese Metallkonzentrationskette gilt

$$E = -U = +\frac{RT}{2F} \ln a_{\text{Zn}} = +\frac{RT}{2F} x_{\text{Zn}} f_{\text{Zn}}$$

Es soll für $x_{\text{Zn}} = 0{,}30$ und 0,70 graphisch die Aktivität des Zinks und mit Hilfe der GIBBS-DUHEMschen Gleichung die des Cadmiums bestimmt werden. Man beachte:

$$\frac{\partial \lg f_A}{\partial \lg x_A} = \frac{\partial \lg f_B}{\partial \lg x_B}$$

36. Das Standardpotential der Ag | AgCl-Elektrode beträgt bei 25 °C +0,2224 V, das der Ag-Elektrode +0,7996 V.

Wie groß sind die Löslichkeitskonstante und die Sättigungskonzentration des AgCl in $g \cdot l^{-1}$ bei dieser Temperatur?

37. Die Standard-EMK der Kette

$-$ Ag | Ag_2SO_4 | $H_2SO_4(m)$, H_2 (101,325 kPa) | Pt $+$

ist bei 25 °C $E^0 = -0{,}627$ V. Es soll die Löslichkeit des Ag_2SO_4 berechnet werden, wenn $\varepsilon^0_{\text{Ag}\,|\,\text{Ag}^{\cdot}} = +0{,}799$ V ist.

Wie groß ist die Spannung der Kette, wenn $m = 0{,}1\ \text{mol} \cdot \text{kg}^{-1}$ und der mittlere Aktivitätskoeffizient der Schwefelsäure $f_{\pm} = 0{,}70\ \text{mol} \cdot \text{kg}^{-1}$ ist? Welche Kettenspannung würde man erhalten, wenn man $f_{\pm}$ aus der DEBYE-HÜCKEL-Gleichung berechnen würde?

38. Aus dem Standardpotential des Vorgangs

$2\,Ag(s) + C_2O_4'' \rightleftharpoons Ag_2C_2O_4(s) + 2e^-$ $\varepsilon^0 = 0{,}4720$ V bei 25 °C sollen das Löslichkeitsprodukt und die Sättigungskonzentration des Silberoxalats berechnet werden. $\varepsilon^0_{\text{Ag}} = +0{,}7991$ V

39. Die Kette Ag | AgSCN | KSCN (0,1 M) || $AgNO_3$ (1 M) | Ag hat bei 18 °C die Kettenspannung $U = (586 \pm 1)$ mV. Es sollen das Löslichkeitsprodukt und die Sättigungskonzentration des AgSCN berechnet werden, wenn das Diffusionspotential vernachlässigt und $f_{\pm} = f_i = 0{,}76\ l \cdot \text{mol}^{-1}$ für $AgNO_3$ und KSCN gesetzt wird.

Welche Elektrode ist positiver?

Berechnung thermodynamischer Größen aus Kettenspannungen
ΔH, ΔS, ΔG

(Lösungen s. S. 399 f.)

1. Wie muß die Kette aufgebaut sein, in der ΔG für die Reaktion

$Ag + Fe(NO_3)_3 \rightleftharpoons AgNO_3 + Fe(NO_3)_2$

gemessen werden kann? Welcher Wert ergibt sich für die Gleichgewichtskonstante dieser Reaktion bei 25 °C, wenn

$\varepsilon^0_{\text{Ag}} = +0{,}7991$ V und $\varepsilon^0_{\text{Fe}^{\cdot\cdot}/\text{Fe}^{\cdot\cdot\cdot}} = +0{,}7710$ V ist?

2. Es soll die Änderung der freien Standard-Enthalpie für die Reaktion:

$Zn(s) + 2\,Ag^{\cdot} \rightleftharpoons Zn^{\cdot\cdot} + 2\,Ag(s)$

bei 25 °C berechnet werden, wenn die freie Standard-Enthalpie der $Ag^{\cdot}$-Ionen 77246 J · mol^{-1}, die der $Zn^{\cdot\cdot}$-Ionen −73227 J · mol^{-1} beträgt.

Wie groß ist die Konzentration der Silberionen, wenn man eine 0,1 M $AgNO_3$-Lösung mit einem Überschuß von Zn-Pulver schüttelt, bis das Gleichgewicht eingetreten ist?

3. Für die Ketten

− Cu | Cu_2O | NaOH | HgO | Hg +

und

− Pt | H_2 (101,325 kPa), NaOH | HgO | Hg +

gilt im Bereich von 0—45 °C

$$U_1^0 = [461{,}7 - 0{,}144\,(\vartheta - 25) + 0{,}00014\,(\vartheta - 25)^2]\ \text{mV} \qquad (1)$$

$$U_2^0 = [925{,}65 - 0{,}2948\,(\vartheta - 25) + 0{,}0004991\,(\vartheta - 25)^2]\ \text{mV} \qquad (2)$$

(ϑ in °C). Für die Bildung von Wasser ist $\Delta G_f^0 = -236{,}8$ kJ · mol^{-1} und $\Delta H_f^0 = -285{,}8$ kJ · mol^{-1}. Es sollen ΔG^0 und ΔH^0 für die Bildung von HgO bzw. Cu_2O bei 25 °C berechnet werden.

4. Für die Reaktion

$^1/_2HgO(s) + {}^1/_2Hg(l) + {}^1/_2H_2O(l) + Br' \rightleftharpoons {}^1/_2Hg_2Br_2(s) + OH'$

ist die Gleichgewichtskonstante 0,204 bei 25 °C.

Die Spannung der Kette

− Pt | H_2 (101,325 kPa), HBr ($a = 1$) | Hg_2Br_2 | Hg +

beträgt 0,1397 V bei 25 °C und die der Kette

− Pt | H_2 (101,325 kPa), NaOH | HgO | Hg +

0,9264 V.

Es sollen ΔG^0 für $H_2O(l) \rightleftharpoons H^{\cdot} + OH'$ und die Dissoziationskonstante des Wassers berechnet werden.

5. Die Löslichkeitskonstante von TlBr ist bei 25 °C 3,0 · 10^{-6}, für

$Tl \rightarrow Tl^{\cdot} + e^-$ ist $\varepsilon^0 = -0{,}34$ V und $\dfrac{d\varepsilon^0}{dT} = +0{,}003$ V · K^{-1}.

Wie groß ist die EMK der Kette:

+ Tl | TlBr | HBr ($a_\pm = 1$), H_2 (101,325 kPa) | Pt −

Wie groß ist ΔH^0 für die Reaktion der Kette:

− Tl | $Tl^{\cdot}$ || $H^{\cdot}$, H_2 (101,325 kPa) | Pt +

wenn das Diffusionspotential vernachlässigt wird?

6. Es sollen die Gleichgewichtskonstante der Reaktion $H_2 + O_2 \rightleftharpoons H_2O_2$ bei 25 °C und ΔG^0 berechnet werden, wenn die Elektrodenreaktion

$$H_2O_2 \rightleftharpoons O_2 + 2H^{\cdot} + 2e^-$$

bei 25 °C das Standardpotential +0,68 V hat.
Bei welchem Gesamtdruck wird $\Delta G = 0$?

7. Die Standard-Kettenspannung der Kette

$$- \quad Cd \mid CdCl_2 \cdot 2{,}5aq \mid CdCl_2 \mid AgCl \mid Ag \quad +$$

beträgt bei 25 °C 0,67533 V und nimmt pro Kelvin Temperatursteigerung um $6{,}5 \cdot 10^{-4}$ V ab.
Welche Reaktion findet in der Kette statt, wie groß sind ΔG^0, ΔH^0 und ΔS^0 bei 25 °C?

8. Die Spannung der Kette:

$$- \quad H_2\ (101{,}325\ \text{kPa}),\ HBr\ (a = 1) \mid Hg_2Br_2 \mid Hg \quad +$$

ändert sich mit der Temperatur nach
$U = [0{,}13970 - 8{,}1 \cdot 10^{-5}(\vartheta - 25) - 3{,}6 \cdot 10^{-6}(\vartheta - 25)^2]$
(ϑ in °C). Es sollen die Kettenreaktion sowie ΔG^0, ΔH^0, ΔS^0 bei 25 °C angegeben werden. Die Standardentropien sind für $Hg(l)$: 77,5 $J \cdot K^{-1} \cdot mol^{-1}$; für Hg_2Br_2: 206 $J \cdot K^{-1} \cdot mol^{-1}$; für $H_2(g)$: 130,7 $J \cdot K^{-1} \cdot mol^{-1}$ bei 25 °C.
Es ist die Standardentropie von Br' zu berechnen.

9. Die Standardgalvanispannung des Zinks beträgt bei 25 °C −0,763 V, bezogen auf die Standardwasserstoffelektrode, die des Cd −0,493 V.
Es soll die freie Reaktionsenthalpie der Reaktion $ZnSO_4 + Cd \rightarrow CdSO_4 + Zn$ bei 25 °C berechnet werden, wenn $a_{Zn^{\cdot\cdot}} = 10^{-3}$ und $a_{Cd^{\cdot\cdot}} = 0{,}125$ sind.

10. Es soll das Standardpotential des Vorgangs: $Cu \rightarrow Cu^{\cdot} + e^-$ aus

$Cu \rightarrow Cu^{\cdot\cdot} + 2e^- \qquad \varepsilon_1{}^0 = +0{,}340$ V und

$Cu^{\cdot} \rightarrow Cu^{\cdot\cdot} + e^- \qquad \varepsilon_2{}^0 = +0{,}167$ V

und die Gleichgewichtskonstante der folgenden Reaktion berechnet werden:

$$2Cu^{\cdot} \rightarrow Cu + Cu^{\cdot\cdot}$$

11. Für die Reaktion

$$Ca(s) + 2H^{\cdot}(aq) \rightarrow Ca^{\cdot\cdot}(aq) + H_2(g)$$

ist $\Delta H^0_{T_0} = -543{,}19\ kJ \cdot mol^{-1}$; die Standardentropien der Reaktionsteilnehmer bei $T_0 = 298{,}2$ K sind für $Ca(s)$: 41,7 $J \cdot K^{-1} \cdot mol^{-1}$; für $Ca^{\cdot\cdot}(aq)$: 55,3 $J \cdot K^{-1} \times mol^{-1}$; für H_2: 130,7 $J \cdot K^{-1} \cdot mol^{-1}$.
Es sollen ΔG^0 und das Standardpotential der Ca-Elektrode $Ca \rightarrow Ca^{\cdot\cdot} + 2e^-$ berechnet werden.

12. Es soll die Gleichgewichtskonstante der Reaktion

$$2\,H^{\cdot} + D_2(g) \rightleftharpoons H_2(g) + 2\,D^{\cdot}, \qquad D_2 = \text{Deuterium}$$

bei 25 °C berechnet werden, wenn das Standardpotential der $D^{\cdot}/D_2$(Pt)-Elektrode −3,4 mV bei 25 °C gegen die Standardwasserstoffelektrode ist.

13. Aus den Standardpotentialen bei 25 °C der Reaktionen

$$Au \rightleftharpoons Au^{\cdot} + e^- \qquad \varepsilon_1{}^0 = 1{,}68\ V$$

$$Au \rightleftharpoons Au^{\cdot\cdot\cdot} + 3e^- \qquad \varepsilon_2{}^0 = 1{,}50\ V$$

$$Fe^{\cdot\cdot} \rightleftharpoons Fe^{\cdot\cdot\cdot} + e^- \qquad \varepsilon_3{}^0 = 0{,}77\ V$$

soll die Gleichgewichtskonstante der Reaktion

$$2\,Fe^{\cdot\cdot} + Au^{\cdot\cdot\cdot} \rightleftharpoons 2\,Fe^{\cdot\cdot\cdot} + Au^{\cdot}$$

bei 25 °C berechnet werden.

14. Der mittlere Aktivitätskoeffizient der HCl beträgt bei 25 °C in 00,1 M Lösung 0,906 kg mol^{-1}, in 0,05 M Lösung 0,833 kg mol^{-1}.
Es soll die EMK der Kette:

− Pt | H_2 (101,325 kPa), HCl, Cl_2 (101,325 kPa) | Pt +

berechnet werden, wenn das Standardpotential der Cl_2, Cl′-Elektrode bei 25 °C +1,3595 V beträgt. Wie groß ist die Gleichgewichtskonstante der Reaktion

$H_2 + Cl_2 \rightleftharpoons 2\,HCl(aq)$ bei 25 °C?

15. Für die Kette

− Zn | $ZnCl_2$ (0,555 M) | AgCl | Ag +

ist U bei 25 °C 1,015 V und $\frac{dU}{dT} = -4{,}02 \cdot 10^{-4}\ V\,K^{-1}$.
Es sollen die in der Kette ablaufende Reaktion angegeben sowie ΔG, ΔH und ΔS berechnet werden.

16. Die Spannung des Weston-Elements beträgt bei 20 °C 1,0186 V und nimmt oberhalb 20 °C um $4{,}06 \cdot 10^{-5}$ V pro Kelvin ab. Dieses Verhalten soll durch eine Gleichung ausgedrückt und ΔH, ΔG und ΔS sollen für 1 mol umgesetztes Cd entsprechend der Kettenreaktion berechnet werden.

17. Es soll die Ladung des Merkuroions aus der Spannung der Kette:

$$- \quad Hg \left| \begin{array}{c} HClO_4(a) \\ HgClO_4(b) \end{array} \right\| \begin{array}{c} HClO_4(a) \\ HgClO_4(2b) \end{array} \left| \ Hg \quad + \right.$$

berechnet werden, wenn Diffusionspotentiale vernachlässigt und die Aktivitätskoeffizienten wegen des Überschusses an $HClO_4$ konstant gesetzt werden, so daß $a_{Hg} = c_{Hg}$ wird.

Bei allen folgenden Konzentrationen a und b beträgt die Kettenspannung 8,9 V bei 25 °C:

$10^2 \cdot a$ (mol · l^{-1})	$10^4 \cdot b$ (mol · l^{-1})
8,17	27,5
8,17	5,50
2,36	5,50
0,59	1,062

18. Wie groß sind die Gleichgewichtskonstante der Reaktion

$Cu + Cu^{\cdot\cdot} \rightleftharpoons 2Cu^{\cdot}$

und die Konzentration von $Cu^{\cdot}$, wenn einer 0,01 M $Cu^{\cdot\cdot}$-Lösung ein Überschuß von Cu zugesetzt wird? Wie groß sind ΔG^0, ΔH^0 und ΔS^0 für die Reaktion

$2NH_3 + Cu^{\cdot} \rightleftharpoons Cu(NH_3)_2^{\cdot}$ bei 25 °C?

Folgende Angaben stehen zur Verfügung:

Gleichgewicht	$\varepsilon°$ (V) bei 25 °C	$\frac{d\varepsilon^0}{dT}$ (V K^{-1})
$Cu \rightleftharpoons Cu^{\cdot} + e^-$	+0,520	0,002
$2NH_3 + Cu \rightleftharpoons Cu(NH_3)_2^{\cdot} + e^-$	−0,110	0,003
$Cu \rightleftharpoons Cu^{\cdot\cdot} + 2e^-$	+0,350	0,0035

19. Für die Kette:

− Pt | H_2 (101,325 kPa), HCl (0,100 M) ‖ KCl (ges.) | Hg_2Cl_2 | Hg +

wurde bei 25 °C eine Kettenspannung von $U = 309{,}23$ mV gefunden. In 0,1 M HCl ist $f_\pm = 0{,}800$ l mol^{-1}, in 0,1 M KCl $f_\pm = 0{,}776$ l mol^{-1}. In der HCl-Lösung soll $f_+ = f_-$ gesetzt werden, und f_{Cl_-} soll in beiden Lösungen als gleich angenommen werden.

Wie groß ist das Potential der gesättigten Kalomelelektrode, wenn man das Diffusionspotential vernachlässigt?

20. Für die Kette:

− Mo | MoS_2 | H_2S (101,325 kPa), KCl (0,01 molal), H_2 (101,325 kPa) | Pt +

wurden bei den Temperaturen ϑ die Kettenspannungen U gemessen:

ϑ (°C)	15	25	35
U (mV)	414,83	411,87	408,74

Es soll die Kettenreaktion angegeben, die Temperaturabhängigkeit der Gleichgewichtskonstanten dieser Reaktion sowie die Standard-Wärmetönung und ΔS^0 für diese Reaktion berechnet werden. ΔS^0 soll mit dem Wert verglichen werden, der sich aus den Entropiewerten der Reaktionsteilnehmer ergibt:

	S^0 (J · K^{-1} · mol^{-1}) bei 25 °C
$H_2(g)$	130,7
$H_2S(g)$	205,8
$Mo(s)$	28,6
$MoS_2(s)$	62,6

21. Es sollen die Gleichgewichtskonstanten der Oxydation von Cl′, Cr‴ und Fe″ mit MnO_4 bei 25 °C aufgeschrieben und aus den Standardpotentialen berechnet werden:

	MnO_4'/Mn''	Cl_2/Cl'	Cr_2O_7''/Cr'''	Fe'''/Fe''
ε^0 (V)	+1,51	+1,3585	+1,33	+0,771

22. Es soll die EMK der Kette:

– Ni | $Ni(NO_3)_2$ (0,005 M) || $AgNO_3$ (0,1 M) | Ag +

bei 25 °C unter Vernachlässigung der Diffusionspotentiale berechnet werden, wenn

$\varepsilon^0_{Ni\,|\,Ni^{\cdot\cdot}} = -0{,}220$ V und $\varepsilon^0_{Ag\,|\,Ag^{\cdot}} = 0{,}799$ V

ist und die Aktivitätskoeffizienten der Elektrolyte mit Hilfe der Debye-Hückel-Gleichung ermittelt werden.

23. Für die Kette

– Sn | $Sn(ClO_4)_2$ (0,02 M), $HClO_4$ (1 M) || $Pb(ClO_4)_2$ (0,01 M), $HClO_4$ (1 M) | Pb +

wurde bei 25 °C eine Kettenspannung von 5,10 mV bestimmt. Es soll die Gleichgewichtskonstante der Reaktion

$Sn + Pb(ClO_4)_2 \rightleftharpoons Sn(ClO_4)_2 + Pb$

berechnet werden.

Ketten mit Überführung, Diffusionspotentiale, Überführungszahlen aus Ketten

Lösungen s. S. 403 f.)

1. Für die Kette

– E | KCl (0,1 M) || KCl (1 M) || HCl (0,01 M), KCl (0,09 M) | E +

soll nach der Formel von Büchi

$$\varepsilon_d = -\frac{RT}{F}\,\frac{D_+ - D_-}{S_+ - S_-}\ln\frac{S_+}{S_-};\quad D = \sum_i (c_i l_i)_+ - \sum_i (c_i l_i)_-,$$

$$S = \sum_i (c_i z_i l_i)_+ + \sum_i (c_i\,|z_i|\,l_i)_-$$

das Diffusionspotential bei 25 °C berechnet werden, wenn $l_{H^{\cdot}} = 349{,}8$; $l_{K^{\cdot}} = 73{,}5$; $l_{Cl'} = 76{,}3$ cm² Ohm⁻¹ mol⁻¹ sind. S_+ bzw. D_+ sind dem +-Pol, S_- bzw. D_- dem –-Pol zugeordnet.

2. Bei 25 °C hat 0,1 M HCl eine Äquivalentleitfähigkeit $\lambda = 390{,}4$ cm² Ohm^{-1} mol^{-1} und 0,1 M NaCl 106,8 cm² Ohm^{-1} mol^{-1}.
Wie groß ist die Kettenspannung U einer Kette

Ag | AgCl | NaCl (0,1 M) || HCl (0,1 M) | AgCl | Ag

bei 25 °C, wenn $f_{Cl'}$ in beiden Lösungen gleich groß ist?
Welche Elektrode ist der Pluspol?

3. Es sollen folgende Diffusionspotentiale bei 25 °C abgeschätzt werden:

a) KCl (0,1 M) || HCl (0,1 M)

b) KCl (0,001 M) || KCl (4,6 M)

c) KCl (0,1 M) || KOH (1 M)

wenn die Ionenbeweglichkeiten

$l_{H^{\cdot}} = 349{,}8$; $l_{K^{\cdot}} = 73{,}5$; $l_{Cl'} = 76{,}3$ und $l_{OH'} = 197{,}6$ cm² Ohm⁻¹ Val⁻¹

sind.

4. Es sollen die Diffusionspotentiale ε_d und $\varepsilon_{d'}$ in folgender Kette bei 25 °C berechnet werden:

$$- \quad Pt \mid H_2,\ HNO_3\ (0{,}1\ M) \underset{\varepsilon_d}{\|} KCl\ (4{,}0\ M) \underset{\varepsilon_{d'}}{\|} KCl\ (1\ M) \mid Hg_2Cl_2 \mid Hg \quad +$$

5. Es soll die EMK der Kette bei 25 °C berechnet werden:

$Hg \mid Hg_2SO_4 \mid NiSO_4$ (0,01 M) || $NiSO_4$ (0,05 M) | $Hg_2SO_4 \mid Hg$

wenn $t_{Ni^{\cdot\cdot}} = 0{,}425$ ist und $f_\pm$ nach der Gleichung

$$\lg f_\pm = -\frac{0{,}5084 z_+ z_- \sqrt{J}}{1 + \sqrt{J}} + 0{,}15J$$

berechnet werden kann.

6. Die Kette

$Hg \mid Hg_2SO_4 \mid NiSO_4$ (0,005 M) || $NiSO_4$ (0,05 M) | $Hg_2SO_4 \mid Hg$

hat bei 25 °C eine Kettenspannung von 9,70 mV.

Es sollen die Überführungszahlen des $Ni^{\cdot\cdot}$ und des SO_4'' unter der Voraussetzung berechnet werden, daß man die Aktivitätskoeffizienten nach der Debye-Hückel-Gleichung berechnen kann. $A = 0{,}5086\ (\text{kg} \cdot \text{mol}^{-1})^{1/2}$.

7. Für die Kette:

Hg, Zn | $Zn(ClO_4)_2$ (0,1 molal) || $Zn(ClO_4)_2(m_2)$ | Zn, Hg

mit gleicher Amalgamkonzentration auf beiden Seiten der Kette wurden bei den Kilomolaritäten m_3 mit $f_\pm$ folgende Kettenspannungen U bei 25 °C gefunden:

m_2 (mol kg⁻¹)	$f_\pm$ (kg mol⁻¹)	U (V)
0,10	0,573	0
0,15	0,560	0,00871
0,20	0,556	0,01519
0,30	0,565	0,02540
0,40	0,588	0,03334
0,50	0,620	0,04004
0,60	0,661	0,04607
0,70	0,710	0,05189
0,80	0,769	0,05722
1,40	1,367	0,08629
2,00	2,694	0,11394

Es sollen die Überführungszahlen des $Zn^{\cdot\cdot}$ und des ClO_4' als Funktionen von m_2 berechnet und der Wert für $J = 0$ durch Auftragen von t_+ gegen $\sqrt{m}$ extrapoliert werden. Wie groß ist das Diffusionspotential für $m_2 = 2{,}00$ und $0{,}50$ mol kg^{-1}?

8. Für die Kette:

$- \ Hg \mid Hg_2SO_4 \mid Tl_2SO_4\ (0{,}01\ M) \parallel Tl_2SO_4\ (0{,}005\ M) \mid Hg_2SO_4 \mid Hg \ +$

wurde bei 25 °C eine Kettenspannung von 12,9 mV gefunden.
Wie groß ist die Überführungszahl des SO_4''? $A = 0{,}5084$ kg$^{1/2}$ mol$^{-1/2}$.

9. In der Kette:

$Ag \mid AgNO_3(a_1) \parallel AgNO_3(a_2) \mid Ag$

sei die Aktivität des $AgNO_3$ auf der Seite (1) $1{,}0 \cdot 10^{-6}$, auf der Seite (2) 0,1. Die Überführungszahl des $Ag^{\cdot}$-Ions sei bei 25 °C im Mittel 0,465.
Wie groß ist die EMK dieser Kette?

10. Es soll mit Hilfe der Formel von HENDERSON das Diffusionspotential an der Grenze einer 0,1 und einer 0,01 molaren HCl-Lösung bei 25 °C bestimmt werden, wenn $t_+ = 0{,}828$ ist.
Wie groß ist das Diffusionspotential nach dieser Gleichung an der Grenze einer 0,1 molaren KCl- und einer 0,01 molaren KCl-Lösung, wenn $t_+ = 0{,}50$ ist?

11. Für die Kette:

$Hg \mid Hg_2Cl_2 \mid NaCl\ (0{,}1\ M) \parallel NaCl\ (0{,}001\ M) \mid Hg_2Cl_2 \mid Hg$

sollen Anoden- und Katodenreaktion sowie der gesamte Vorgang in der Kette angegeben werden, wenn 1 Faraday fließt.
Wie groß ist die EMK bei 25 °C, wenn $t_+ = 0{,}40$ und $f_\pm$ für 0,1 M NaCl 0,60 kg $\times$ mol^{-1} ist und $f_\pm$ für 0,001 M NaCl aus der DEBYE-HÜCKEL-Gleichung berechnet werden kann ($A = 0{,}509$ kg$^{1/2}$ mol$^{-1/2}$). Wie groß wäre die EMK ohne Diffusionspotential?

12. Für die Kette:

$Ag \mid AgCl \mid NaCl\ (0{,}1\ M) \parallel NaCl\ (0{,}01\ M) \mid AgCl \mid Ag$

soll bei 25 °C die Kettenspannung berechnet werden, wenn die Aktivitätskoeffizienten noch der DEBYE-HÜCKEL-Gleichung genügen ($A = 0{,}5086$ kg$^{1/2}$ mol$^{-1/2}$) und die Überführungszahl des $Na^{\cdot}$ 0,40 ist.

13. Die Kette

$Hg \mid Hg(NO_3)_2\ (0{,}02\ M) \parallel Hg(NO_3)_2\ (0{,}06\ M) \mid Hg$

hat bei 25 °C eine Kettenspannung von 12,02 mV.
Es sollen die Überführungszahlen des $Hg^{\cdot\cdot}$ und des NO_3' unter der Voraussetzung berechnet werden, daß die Aktivitätskoeffizienten aus der DEBYE-HÜCKEL-Gleichung bestimmt werden können ($A = 0{,}5084$ kg$^{1/2}$ mol$^{-1/2}$).

14. Bei 25 °C beträgt die Spannung der Kette

Ag | AgCl | NaCl (0,1 M) || NaCl (0,01 M) | AgCl | Ag

$U = 43{,}029$ mV. Die mittlere Überführungszahl des Na˙ ist 0,388.

Es soll $f_\pm$ für die 0,1 molare NaCl-Lösung gefunden werden, wenn $f_\pm$ in der 0,01 molaren Lösung 0,9034 kg mol^{-1} ist.

15. Es sollen die Diffusionspotentiale an den Flüssigkeitsphasengrenzen der Kette

$$- \quad \mathrm{Pt} \mid \mathrm{H_2}, \begin{matrix}\mathrm{HCl}\ (0{,}01\ \mathrm{M}) \\ \mathrm{KCl}\ (0{,}1\ \mathrm{M})\end{matrix} \underset{\varepsilon_d}{\Big\|} \mathrm{KCl}\ (3{,}5\ \mathrm{M}) \underset{\varepsilon_d'}{\|} \mathrm{KCl}\ (1\ \mathrm{M}) \mid \mathrm{Hg_2Cl_2} \mid \mathrm{Hg} \quad +$$

bei 25 °C mit der Formel von Büchi abgeschätzt werden. Die Beweglichkeiten sind für H˙: 349,8; K˙: 73,5 und Cl′: 76,3 cm² Ohm^{-1} Val^{-1}.

Anstelle der Aktivitäten sollen Konzentrationen eingesetzt werden.

Potentiometrie, pH-Wert

(Lösungen s. S. 406 f.)

1. Die Kette

Pt | H_2, HX($a_{H^\cdot}$) || KCl (ges.) || KCl (1 M) | Hg_2Cl_2 | Hg

hatte bei 25 °C eine Spannung $U = 0{,}664$ V.

Es sollen der pH-Wert und $a_{H^\cdot}$ berechnet werden. Das Potential der 1 molaren Kalomelelektrode beträgt bei 25 °C +0,2809 V gegen die Standard-Wasserstoffelektrode.

2. Es soll eine Gleichung zur Berechnung des pH-Wertes abgeleitet werden, wenn eine Wasserstoffelektrode mit dem Wasserstoffdruck p (p von 101,3 kPa nicht sehr verschieden) und eine gesättigte Kalomelelektrode (ε_K) zur Messung verwendet werden.

Wie groß darf die Abweichung von $p = 101{,}3$ kPa sein, wenn ein pH-Fehler von 0,01 zulässig ist?

3. Für die Kette:

$-$ Hg | Hg_2Cl_2 | KCl (ges.) || Chinhydron ($a_{H^\cdot}$) | Pt $+$

wurde bei 25 °C eine Kettenspannung von 0,221 V gefunden.

$$\varepsilon^0_{\mathrm{Chinhydron}} = -0{,}6995\ \mathrm{V}, \quad \varepsilon_{\mathrm{Kal.KClges.}} = -0{,}2410\ \mathrm{V}.$$

Es sollen $a_{H^\cdot}$ und der pH-Wert berechnet werden.

4. Wie groß ist die Kettenspannung einer Kette

Ag | AgCl | NaCl (0,01 M), HA | Glas | NaCl (0,01 M), Puffer | AgCl | Ag

bei 25 °C, wenn der pH-Wert des Puffers 4,00 ist und die äußere Lösung einen pH-Wert von 5,50 hat? Welche Elektrode ist positiv?

5. Es sollen die Konzentrationen der H˙- und Az'-Ionen in einer Lösung bei 25 °C berechnet werden, die $2 \cdot 10^{-3}$ molar an $HClO_4$ und $10 \cdot 10^{-3}$ molar an Essigsäure ist ($K_a = 1{,}75 \cdot 10^{-5}$) a) ohne, b) mit Berücksichtigung des Aktivitätskoeffizienten, der nach der DEBYE-HÜCKEL-Gleichung zu bestimmen ist. $A = 0{,}5096\ l^{1/2}\ mol^{-1/2}$.

6. 5,00 g Milchsäure wurden zum Liter gelöst. Die Dissoziationskonstante K_a beträgt bei 25 °C $1{,}36 \cdot 10^{-4}$.
Wie groß sind bei dieser Temperatur die Wasserstoffionenkonzentration und der pH-Wert dieser Lösung.

a) ohne Berücksichtigung der interionischen Wechselwirkung,

b) mit Berücksichtigung der interionischen Wechselwirkung?

($A = 0{,}5096\ l^{1/2}\ mol^{-1/2}$).

7. Die Dissoziationskonstante der Cyanessigsäure CN—CH_2COOH beträgt bei 25 °C $3{,}360 \cdot 10^{-3}$. Es soll die Wasserstoffionenkonzentration in einer Lösung berechnet werden, die 0,050 kilomolar an Cyanessigsäure und 0,040 kilomolar an cyanessigsaurem Natrium ist, wenn $f_\pm = 1$ kg mol^{-1} gesetzt wird.
Wie groß wäre $m_{H^\cdot}$, wenn $f_\pm$ aus der DEBYE-HÜCKEL-Gleichung berechnet wird? $A = 0{,}5084\ kg^{1/2}\ mol^{-1/2}$.

8. Eine Lösung ist 0,1 molar an NH_4OH und 0,2 molar an CH_3NH_2. Die Basenkonstanten ergeben sich für NH_4OH aus $pK_b = 4{,}75$ und für CH_3NH_2 aus $pK_b = 3{,}20$.
Wieviel 0,1 molare HCl muß man zu 50 ml dieser Lösung setzen, um einen pH-Wert von 9,50 zu erhalten? $pK_W = 14{,}00$ bei 25 °C.

9. a) Es soll die Wasserstoffionenaktivität einer 0,02 volumenmolaren Salzsäure und ihr paH-Wert bei 25 °C nach der DEBYE-HÜCKEL-Gleichung berechnet werden.
b) Wie groß ist die mittlere Aktivität einer 0,01 gewichtsmolaren Na_2SO_4-Lösung bei 25 °C entsprechend der DEBYE-HÜCKEL-Gleichung? ($A = 0{,}509\ l^{1/2}\ mol^{-1/2}$.)

10. Es sollen die Konzentrationen aller Ionenarten in einer Lösung berechnet werden, die 0,03 molar an Essigsäure ($K_a = 1{,}8 \cdot 10^{-5}$) und 0,01 molar an NaCN ist, wenn die Dissoziationskonstante von HCN 10^{-10} und $K_W = 10^{-14}$ sind.

11. Es sollen die Hydroxylionenkonzentration und der pH-Wert einer 0,5 molaren NH_3-Lösung bei 25 °C berechnet werden, wenn die Basenkonstante des NH_3 $K_b = 1{,}79 \cdot 10^{-5}$ und $K_W = 1{,}008 \cdot 10^{-14}$ sind.

12. Es soll der pH-Wert in einer 0,01 molaren K_2CO_3-Lösung bei 25 °C berechnet werden, wenn die Dissoziationskonstante des HCO_3'-Ions $K_a = 5{,}73 \cdot 10^{-11}$ und das Ionenprodukt des Wassers $K_W = 1{,}01 \cdot 10^{-14}$ sind,

a) ohne Berücksichtigung der Aktivitätskoeffizienten,

b) mit Berücksichtigung der Aktivitätskoeffizienten, die aus der DEBYE-HÜCKEL-Gleichung zu berechnen sind. ($A = 0{,}509\ l^{1/2}\ mol^{-1/2}$.)

13. Wieviel Natriumpropionat muß man einer 0,1 molaren Propionsäurelösung zusetzen, um ihren pH-Wert um 1,5 zu erhöhen? Die Dissoziationskonstante der Propionsäure ist bei 25 °C $K = 1{,}32 \cdot 10^{-5}$.

14. 0,0250 Mol KH_2PO_4 und 0,0250 Mol Na_2HPO_4 werden in H_2O bei 25 °C zum Liter gelöst. H_3PO_4 hat für $H_2PO_4' \rightleftharpoons H^{\cdot} + HPO_4''$ den Wert $pK_a = 7{,}198$ bei 25 °C. Es soll unter Berücksichtigung der Aktivitätskoeffizienten nach

a) $-\lg f_J = \dfrac{0{,}509 z^2 \sqrt{J}}{1 + \sqrt{J}}$ der pH-Wert der Lösung berechnet werden.

b) Welcher Wert ergibt sich, wenn für $f_{H_2PO_4'} = 0{,}77$ l · mol^{-1} und für $f_{HPO_4''} = 0{,}355$ l · mol^{-1} gesetzt wird?

15. Die Ionenstärke einer Lösung, die 0,05 M an $Fe_2(SO_4)_3$ und 0,01 M an H_2SO_4 ist, soll berechnet werden. Wie groß ist ihr pH-Wert bei 25 °C, wenn

a) der Aktivitätskoeffizient 1 l · mol^{-1} gesetzt wird,

b) der Aktivitätskoeffizient nach der Debye-Hückel-Gleichung berechnet werden kann und vollständige Dissoziation vorausgesetzt wird?

($A = 0{,}509$ l$^{1/2}$ mol$^{-1/2}$).

16. Es soll die Konzentration an CO_3'', HCO_3' und H_2CO_3 sowie der pH-Wert einer Lösung berechnet werden, die 0,006 molar an Na_2CO_3 und 0,004 molar an $NaHCO_3$ ist, wenn $K_1 = 4{,}3 \cdot 10^{-7}$ und $K_2 = 4{,}7 \cdot 10^{-11}$ sind.

17. Es soll die Ionenstärke einer Lösung berechnet werden, die 0,002 M an $La(ClO_4)_3$, 0,001 M an $TiOSO_4$ und 0,004 M an H_2SO_4 ist.

Welcher Wert ergibt sich für den pH-Wert der Lösung bei 25 °C unter der Voraussetzung, daß in diesem Konzentrationsbereich die einfache Debye-Hückel-Gleichung noch Anwendung finden kann ($A = 0{,}5091$ l$^{1/2}$ mol$^{-1/2}$).

Wie groß wäre unter der gleichen Voraussetzung der mittlere Aktivitätskoeffizient der Lanthanperchloratlösung?

18. Es soll die Konzentration aller Teilchenarten

a) in 10^{-2} molarer Essigsäure bei 25 °C berechnet werden, wenn bei 25 °C $K = 1{,}75 \cdot 10^{-5}$ ist,

b) in 10^{-2} molarer Essigsäure, die gleichzeitig 10^{-4} molar an HCl ist, bei 25 °C berechnet und mit den Werten für reine 10^{-2} molare Essigsäure verglichen werden.

19. In 1 Liter einer $6 \cdot 10^{-2}$ molaren NaOH-Lösung werden $5 \cdot 10^{-2}$ mol einer Säure H_2A gelöst, für die $pK_{a_1} = 4{,}19$ und $pK_{a_2} = 5{,}57$ sind. Es soll der pH-Wert der Lösung berechnet werden.

20. Bei 40 °C ist die Dissoziationskonstante des NH_4OH $2{,}0 \cdot 10^{-5}$.

Wie groß sind die OH'-Konzentration und der pH-Wert in einer 0,1 molaren Lösung?

Wie groß sind die OH'-Konzentration und der pH-Wert in einer Lösung, die gleichzeitig 0,1 M an NH_4OH und NH_4Cl ist (ohne Berücksichtigung der Aktivitätskoeffizienten)? Bei 40 °C ist $K_W = 2{,}92 \cdot 10^{-14}$.

21. Die Dissoziationskonstante der Cyanessigsäure ist bei 25 °C $3{,}360 \cdot 10^{-3}$. Es soll die Wasserstoffionenkonzentration in einer Lösung berechnet werden, die 0,050 molar an der Säure und 0,040 molar an ihrem Natriumsalz ist.
Wie groß ist der pH-Wert unter Berücksichtigung der Aktivitätskoeffizienten nach der Debye-Hückel-Gleichung? ($A = 0{,}509\ l^{1/2}\ mol^{-1/2}$).

22. Es soll eine exakte Gleichung für die Konzentration der Wasserstoffionen $c_{H^\cdot}$ in einer Lösung einer schwachen Säure der Konzentration c und mit der Dissoziationskonstanten K_a (bezogen auf Konzentrationen) abgeleitet werden. Das Ionenprodukt des Wassers sei K_W. Für $pK_a = 4{,}75$ (Essigsäure) soll pH gegen $-\lg c$ entsprechend dieser Gleichung aufgetragen werden.

23. Die zwei Dissoziationskonstanten der H_2S sind bei 25 °C 10^{-7} und 10^{-15}. Eine 0,1 molare H_2S-Lösung wird durch Zusatz von NaOH auf pH = 7 gebracht.
Es sollen die Konzentrationen aller vorhandenen Spezies berechnet und die Zahl Äquivalente NaOH, die pro Äquivalent H_2S zugesetzt wurden, bestimmt werden.

24. Die Dissoziation des Glycins verläuft nach:

$$^{\cdot}H_3NCH_2COOH \rightleftharpoons {}^{\cdot}H_3NCH_2COO' + H^{\cdot} \qquad pK_1 = 2{,}3$$

$$^{\cdot}H_3NCH_2COO' \rightleftharpoons H_2NCH_2COO' + H^{\cdot} \qquad pK_2 = 9{,}6$$

Es soll der pH-Wert berechnet werden, bei dem die Konzentration des positiven Ions gleich der des negativen Ions ist (isoelektrischer Punkt).

25. Wie konzentriert muß eine Benzoesäurelösung sein, damit deren pH-Wert gleich dem einer 0,03 M Buttersäurelösung ist, wenn die Dissoziationskonstanten der Buttersäure $1{,}54 \cdot 10^{-5}$ und der Benzoesäure $6{,}45 \cdot 10^{-5}$ sind?

26. a) Es soll die Gesamtkonzentration an gelöstem Quecksilber in einer Kalomelelektrode mit $1{,}0\ mol \cdot kg^{-1}$ KCl berechnet werden, wenn folgende Gleichgewichtskonstanten zugrunde gelegt werden, die für die Ionenstärke $0{,}5\ mol\ kg^{-1}$ bei 25 °C ermittelt wurden:

$$[Hg_2^{\cdot\cdot}]\,[Cl']^2 = 1{,}32 \cdot 10^{-17}$$
$$[Hg_2^{\cdot\cdot}] = 130\,[Hg^{\cdot\cdot}]$$
$$[HgCl^{\cdot}] = 5{,}5 \cdot 10^{6}\,[Hg^{\cdot\cdot}]\,[Cl']$$
$$[HgCl_2] = 1{,}65 \cdot 10^{13}\,[Hg^{\cdot\cdot}]\,[Cl']^2$$
$$[HgCl_3'] = 1{,}17 \cdot 10^{14}\,[Hg^{\cdot\cdot}]\,[Cl']^3$$
$$[HgCl_4''] = 1{,}17 \cdot 10^{15}\,[Hg^{\cdot\cdot}]\,[Cl']^4$$
$$[Hg_2Cl^{\cdot}] = 20\,[Hg_2^{\cdot\cdot}]\,[Cl']$$
$$[H^{\cdot}]\,[HgOH^{\cdot}] = 2{,}0 \cdot 10^{-4}\,[Hg^{\cdot\cdot}]$$
$$[H^{\cdot}]^2\,[Hg(OH)_2] = 5{,}0 \cdot 10^{-7}\,[Hg^{\cdot\cdot}]$$
$$[H^{\cdot}]\,[Hg_2OH^{\cdot}] = 1{,}0 \cdot 10^{-5}\,[Hg_2^{\cdot\cdot}]$$
$$[H^{\cdot}]\,[OH'] = 1{,}0 \cdot 10^{-14}$$

b) Unter Verwendung der obigen Gleichgewichtskonstanten soll die Gesamtkonzentration an gelöstem Quecksilber in einer gesättigten Kalomelelektrode berechnet werden. Die Sättigungskonzentration von KCl beträgt bei 25 °C 4,65 mol · kg^{-1}.

27. In einer $1{,}0 \cdot 10^{-4}$ molaren Lösung von $Hg(NO_3)_2$, deren pH = 3,00 ist, sollen aus folgenden Daten die Konzentrationen aller Teilchenarten ermittelt und berechnet werden, ob HgO ausfällt.

$$[HgOH^{\cdot}] = 2{,}0 \cdot 10^{10} [Hg^{\cdot\cdot}] [OH']$$

$$[Hg(OH)_2] = 2{,}5 \cdot 10^{11} [HgOH^{\cdot}] [OH']$$

Die Sättigungskonzentration des $Hg(OH)_2$ beträgt $2{,}4 \cdot 10^{-4}$ mol · l^{-1}.

28. Es sollen die Gleichgewichtskonzentrationen berechnet werden, wenn gleiche Volumina von 0,01 molarer $Hg(NO_3)_2$ und $Fe(NO_3)_2$ in saurer Lösung gemischt werden, so daß Hydrolyse vermieden wird. Es ist

$$\varepsilon^0 = +0{,}771 \text{ V für } Fe^{\cdot\cdot} \rightarrow Fe^{\cdot\cdot\cdot} + e^- \text{ und}$$

$$\varepsilon^0 = +0{,}920 \text{ V für } Hg_2^{\cdot\cdot} \rightarrow 2\,Hg^{\cdot\cdot} + 2e^-.$$

29. In $CdCl_2$-Lösungen existieren folgende Komplexgleichgewichte:

$$Cd^{\cdot\cdot} + Cl' \rightleftharpoons CdCl^{\cdot} \qquad K_1 = 21$$

$$CdCl^{\cdot} + Cl' \rightleftharpoons CdCl_2 \qquad K_2 = 7{,}9$$

$$CdCl_2 + Cl' \rightleftharpoons CdCl_3' \qquad K_3 = 1{,}23$$

$$CdCl_3' + Cl' \rightleftharpoons CdCl_4'' \qquad K_4 = 0{,}35$$

In einer Lösung, die 1,00 molar an HCl und 0,01 molar an $Cd(NO_3)_2$ ist, soll die Konzentration aller Ionenarten berechnet werden.

30. Es sei ein amphoterer Elektrolyt gegeben:

$$XOH \rightleftharpoons XO' + H^{\cdot} \qquad \text{Säurenkonstante } K_a$$

$$XOH \rightleftharpoons X^{\cdot} + OH' \qquad \text{Basenkonstante } K_b$$

Es soll ein Ausdruck für den pH-Wert der Lösung dieses Elektrolyten als Funktion der Konzentration der nicht dissoziierenden Substanz abgeleitet werden.

Puffer, Hydrolyse, Dissoziationsgrad, Dissoziationskonstanten, potentiometrische Titration

(Lösungen s. S. 413 f.)

1. Bei 25 °C ist für die Ionen des Wassers $l_+ = 349{,}8$ und $l_- = 198{,}0$ cm^2 Val^{-1} Ohm^{-1} bei unendlicher Verdünnung. Die spezifische Leitfähigkeit des reinen Wassers beträgt bei dieser Temperatur $5{,}5 \cdot 10^{-8}$ Ohm^{-1} cm^{-1}.

   Es soll das Ionenprodukt des Wassers berechnet werden.

2. Wieviel cm^3 0,5 M Natriumacetatlösung müssen zu 200 cm^3 0,1 M Essigsäure gesetzt werden, damit eine Pufferlösung vom pH = 5,4 erhalten wird? Die Dissoziationskonstante der Essigsäure beträgt $1{,}8 \cdot 10^{-5}$ bei 20 °C.

3. Wieviel ml 0,1 M NaOH-Lösung muß man zu 200 ml 0,1 M Essigsäure setzen, um eine Lösung mit pH = 7 zu erhalten, wenn die Dissoziationskonstante der Essigsäure bei der betreffenden Temperatur $K_a = 1{,}85 \cdot 10^{-5}$ beträgt?

4. Es soll eine Pufferlösung mit dem pH-Wert 4,0 aus Natriumacetat und Essigsäure hergestellt werden, indem eine 0,164 molare Essigsäure mit Natriumacetat versetzt wird.
Wieviel Mol Natriumacetat müssen pro l Essigsäure zugesetzt werden, wenn die Dissoziationskonstante der Essigsäure $1{,}85 \cdot 10^{-5}$ ist?

5. Die Dissoziationskonstante für HCN beträgt bei 25 °C $K_a = 4{,}8 \cdot 10^{-10}$.
Wie groß ist der Hydrolysengrad einer 0,01 M NaCN-Lösung?

6. Für die Dissoziationskonstante der Propionsäure wurde bei 26 °C ein Wert von $1{,}336 \cdot 10^{-5}$, für NH_4OH ein Wert von $1{,}774 \cdot 10^{-5}$ gefunden. Das Ionenprodukt des Wassers ist $1{,}01 \cdot 10^{-14}$ bei 26 °C.
Es sollen der Hydrolysengrad des Ammoniumpropionats bei 26 °C und der pH-Wert in einer 0,1 molaren Lösung bestimmt werden.

7. Die Äquivalentleitfähigkeit einer 0,0108 molaren Lösung von Anilinchlorhydrat beträgt bei 25 °C 118,6 cm^2 Val^{-1} Ohm^{-1}. Bei Zugabe eines Überschusses an $C_6H_5NH_2$, so daß die Lösung gesättigt ist, fällt die Leitfähigkeit auf 103,6 cm^2 $\times$ Val^{-1} Ohm^{-1}. Die Äquivalentleitfähigkeit der HCl beträgt bei dieser Konzentration 411,7 cm^2 Val^{-1} Ohm^{-1}, während die Leitfähigkeit des Anilins vernachlässigt werden kann.
Es soll der Hydrolysengrad des Anilinchlorhydrats berechnet werden.

8. Der Hydrolysengrad und der pH-Wert einer 0,01 M Natriumformiatlösung soll bei 25 °C berechnet werden. Die Dissoziationskonstante der Ameisensäure ist bei 25 °C $1{,}765 \cdot 10^{-4}$.

9. Cl_2 hydrolysiert in wäßriger Lösung nach:

$$Cl_2 + H_2O \rightleftharpoons H^{\cdot} + Cl' + HOCl,$$

wobei HOCl nicht merklich dissoziiert ist. Bei 25 °C betrug die spezifische Leitfähigkeit einer 0,0246 molaren Cl_2-Lösung 0,068 Ohm^{-1} cm^{-1}.
Wie groß sind der hydrolysierte Anteil des Cl_2 und die Hydrolysenkonstante? Die Äquivalentleitfähigkeiten bei unendlicher Verdünnung betragen bei 25 °C für $H^{\cdot}$- und Cl'-Ionen 349,82 bzw. 76,34 cm^2 Ohm^{-1} Val^{-1}.

10. Es soll gezeigt werden, daß die Hydrolysenkonstante eines Salzes aus einer schwachen Säure (K_a) und einer schwachen Base (K_b)

$$K_H = \frac{K_w}{K_b \cdot K_a}$$

ist, und daß für den Fall $K_a \approx K_b$ der Hydrolysengrad β unabhängig von der Salzkonzentration

$$\beta = \sqrt{\frac{K_w}{K_a \cdot K_b}}$$

ist.

11. Die Dissoziationskonstante der Propionsäure beträgt bei 25 °C $1{,}336 \cdot 10^{-5}$, die des Ammoniaks $1{,}774 \cdot 10^{-5}$, das Ionenprodukt des Wassers $1{,}008 \cdot 10^{-14}$.
Es sollen die Hydrolysenkonstante und der Hydrolysengrad einer 0,100 molaren Lösung von Ammoniumpropionat bei 25 °C berechnet werden.
Wie groß ist der pH-Wert dieser Lösung?

12. Die spezifische Leitfähigkeit einer $^1/_{32}$ molaren Lösung von γ-Aminopyridin (B) in Wasser beträgt bei 25 °C $1{,}53 \cdot 10^{-4}$ Ohm^{-1} cm^{-1}. Bei dieser Temperatur ist $l_{OH'} + l_{BH'} = 237$ cm^2 Ohm^{-1} mol^{-1}.
Es soll die Basenkonstante des Amins berechnet werden, wenn die Konzentration des BH_2'' vernachlässigt wird.

13. Die 10^{-2} molare Lösung einer einbasischen organischen Säure hat bei 25 °C einen pH-Wert von 4,5.
Es soll die Dissoziationskonstante dieser Säure berechnet werden.

14. Bei 25 °C beträgt der Widerstand einer Leitfähigkeitszelle bei Füllung mit 0,01 M KCl-Lösung ($\varkappa = 0{,}001412$ Ohm^{-1} cm^{-1}) 525 Ohm. Bei Füllung mit 0,1 M NH_4OH-Lösung beträgt er 2030 Ohm. Für $NH_4^{\cdot}$ ist $l_\infty = 73{,}4$ cm^2 Val^{-1} Ohm^{-1}, für OH' $l_\infty = 198{,}5$ cm^2 Val^{-1} Ohm^{-1} bei 25 °C.
Es soll die Dissoziationskonstante des NH_4OH berechnet werden.

15. In einer 0,0500 molaren Essigsäurelösung beträgt $\lambda = 7{,}358$ cm^2 Ohm^{-1} Val^{-1} bei 25 °C.
Es sollen der Dissoziationsgrad α und die Dissoziationskonstante K der Essigsäure unter der Annahme berechnet werden, daß

a) $f_\pm = 1$ kg mol^{-1}

b) $\lg f_\pm = -0{,}509 \sqrt{J}$

ist. Für Essigsäure ist $\lambda_\infty = 390{,}7$ cm^2 Ohm^{-1} Val^{-1}.

16. Für eine $4{,}418 \cdot 10^{-4}$ molare Lösung von m-Dinitrophenol wurde die Konzentration des Phenolations bei 25 °C spektralphotometrisch zu $1{,}5504 \cdot 10^{-4}$ mol/l bestimmt.
Wie groß ist die Dissoziationskonstante des Dinitrophenols ohne und unter Berücksichtigung des Aktivitätskoeffizienten? ($A = 0{,}509$ $l^{1/2}$ $mol^{-1/2}$)

17. Der pK_a-Wert der Acrylsäure beträgt bei 25 °C 4,257. Es sollen der Dissoziationsgrad und der pH-Wert einer $5 \cdot 10^{-2}$ molaren wäßrigen Lösung berechnet werden, wenn die Aktivitätskoeffizienten bei dieser Ionenstärke 1 l mol^{-1} gesetzt werden.

18. Für die Kette:

– Pt | H_2 (101,325 kPa), HP(m), NaP(m), NaCl(m) | AgCl | Ag +

wurden bei verschiedenen Kilomolaritäten m die Kettenspannungen U bei 25 °C gemessen (HP = Propionsäure):

10^3 m (mol kg^{-1})	9,630	17,153	35,686
U (mV)	630,14	615,38	596,64

$\varepsilon^0_{\mathrm{Ag|AgCl}} = +222{,}39$ mV bei 25 °C.

Wie groß ist pK_a für Propionsäure bei 25 °C?

19. Für die Äquivalentleitfähigkeit der Propionsäure wurden bei 25 °C und verschiedenen Konzentrationen c folgende Werte λ_c gemessen:

$c \cdot 10^3$ (mol l^{-1})	λ_c (Ohm^{-1} Val^{-1} cm^2)
0,56685	55,320
0,87116	45,348
1,8650	31,657
4,8026	20,099
8,8839	14,903
15,401	11,373

$\lambda_\infty = 385{,}54$ Ohm^{-1} Val^{-1} cm^2. Es sollen K_c und K_a berechnet werden unter der Annahme, daß $\alpha = \frac{\lambda_c}{\lambda_\infty}$ ist und der Aktivitätskoeffizient $f_\pm$ aus der DEBYE-HÜCKEL-Gleichung gewonnen werden kann ($A = 0{,}5092$ l$^{1/2}$ mol$^{-1/2}$).

20. Die Standard-Kettenspannung der Kette:

– Pt | H_2 (101,325 kPa), KOH (0,01 M), KCl (0,01 M) | AgCl | Ag +

ist bei 25 °C $U^0 = 1{,}05033$ V, für die Silber | Chlorsilberelektrode ist

$\varepsilon^0 = +0{,}22239$ V bei 25 °C.

Es soll das Ionenprodukt des Wassers bei 25 °C berechnet werden.

21. Die Dissoziationskonstante der Essigsäure ist bei 25 °C $K_a = 1{,}754 \cdot 10^{-5}$.

Es soll α für eine 0,01 molare Essigsäurelösung, die 0,01 molar an NaCl ist, berechnet werden, wenn der Aktivitätskoeffizient der undissoziierten Essigsäure 1 l mol^{-1} gesetzt wird und die Aktivitätskoeffizienten nach der DEBYE-HÜCKEL-Gleichung berechnet werden, wobei $c_{\mathrm{H}^\cdot} = c_{A_z'}$ gegen $c_{\mathrm{Na}^\cdot} = c_{\mathrm{Cl}'}$ vernachlässigt werden kann ($A = 0{,}509$ l$^{1/2}$ mol$^{-1/2}$).

22. Eine Lösung ist 0,09 molar an HCl, 0,09 molar an $Cl_2HC{-}COOH$ und 0,1 molar an $H_3C{-}COOH$ und hat einen pH-Wert von 1,0. Die Dissoziationskonstante der Essigsäure sei 10^{-5}.

Wie groß sind die Dissoziationskonstante der Dichloressigsäure und die Konzentration aller in der Lösung vorhandenen Ionen, wenn die Aktivitätskoeffizienten zu 1 l mol^{-1} angenommen werden?

23. Zu 100 ml Salzsäure werden mit einer Mikrobürette a ml 8 molare NaOH zugesetzt; dabei ändert sich die spezifische Leitfähigkeit $\varkappa$ in folgender Weise:

a (ml)	0,320	0,920	1,56	2,34
$\varkappa$ ($Ohm^{-1} \cdot cm^{-1}$)	0,0322	0,0186	0,0164	0,0296

$\varkappa$ soll gegen a aufgetragen werden.

Wie groß ist die Normalität der Salzsäure?

24. Das Ion $B^{\cdot\cdot\cdot}$ soll durch potentiometrische Titration mit dem Ion $A^{\cdot\cdot}$ bestimmt werden:

$2A^{\cdot\cdot} + B^{\cdot\cdot\cdot} \rightleftharpoons 2A^{\cdot\cdot\cdot} + B^{\cdot}$. Wenn $\varepsilon_A{}^0$ das Standardpotential des Vorgangs $A^{\cdot\cdot} \rightarrow A^{\cdot\cdot\cdot} + e^-$ und $\varepsilon_B{}^0$ das Standardpotential des Vorgangs $B^{\cdot} \rightarrow B^{\cdot\cdot\cdot} + 2e^-$ ist, soll das Potential einer Pt-Indikatorelektrode am Äquivalenzpunkt durch die Standardpotentiale ausgedrückt werden.

25. In zwei hintereinandergeschalteten Coulometern befinden sich Platinelektroden. Das erste enthält die Lösung eines Metallnitrats, das zweite verdünnte Schwefelsäure. Nachdem im ersten an der Katode 0,675 g des betreffenden Metalls niedergeschlagen waren, wurden im zweiten 73,1 cm^3 H_2 bei 16 °C und 102,4 kPa abgeschieden.

Es soll das Äquivalentgewicht des Metalls berechnet werden.

26. Ein Eisendraht taucht als Katode in eine Zinksalzlösung. Die Länge des eintauchenden Drahtes beträgt 1 m, der Durchmesser 4 mm.

Welche Dicke hat ein gleichmäßig verteilter Zink-Niederschlag auf dem Eisen, wenn 40 min lang ein Strom mit der Dichte von 2 A dm^{-2} fließt? Die Dichte von Zinn beträgt 7,1 g cm^{-3}.

27. Wieviel g Anilin können durch katodische Reduktion von Nitrobenzen hergestellt werden, wenn bei einer Badspannung von 1,0 V 10 kWh verbraucht werden und die Stromausbeute 90% beträgt?

28. a) Durch verdünnte Schwefelsäure wird ein elektrischer Strom geschickt, der in 5,0 min an der Katode 40 ml Wasserstoff bei 15 °C und 99,7 kPa abscheidet. Es soll die Stromstärke berechnet werden.

b) Wieviel Liter $Cl_2(g)$ werden bei 35 °C und 100 kPa an einer Platinanode entwickelt, wenn in 80 min ein Strom von 10 A durch eine NaCl-Lösung fließt?

29. Bei 72 °C wurde aus 0,1 molarer Schwefelsäure (pH = 1,00) an einer Quecksilberkatode Wasserstoff mit der Stromdichte i abgeschieden und dabei gegen die gesättigte Kalomelelektrode ($\varepsilon = +0{,}2410$ V bei 25 °C gegen die Standard-Wasserstoffelektrode) die Potentiale ε_c gemessen:

$10^6 \cdot i$ (A cm^{-2})	12,9	41,1	91,0	367,0
$-\varepsilon_c$ (V)	0,914	0,985	1,044	1,120

Wie groß sind die Überspannungen bei den verschiedenen Stromdichten? Wie groß sind die Austauschstromdichte i_0 und der Durchtrittsfaktor α bei 72 °C?

30. Bei 0 °C wurde aus einer 0,1 molaren Schwefelsäure (pH = 1,02) an einer Platinanode Sauerstoff bei verschiedenen Stromdichten i und verschiedenen Potentialen ε_a (gemessen gegen die gesättigte Kalomelelektrode mit $\varepsilon = +0{,}2410$ V bei 25 °C gegen die Standard-Wasserstoffelektrode) abgeschieden:

$10^6 \cdot i$ (A cm^{-2})	1,30	3,98	40,6	424
ε_a (V)	1,501	1,550	1,640	1,749

Wie groß sind die Überspannungen bei den verschiedenen Stromdichten? Wie groß sind die Austauschstromdichte i_0 und der Durchtrittsfaktor α für die anodische Sauerstoffentwicklung nach

$H_2O \rightarrow 2H^{\cdot} + {}^1/_2 O_2 + 2e^-$?

31. Es soll bewiesen werden, daß für die Geschwindigkeitskonstante von Ionenreaktionen in wäßriger Lösung bei 25 °C unter Berücksichtigung der Theorie des aktivierten Komplexes folgende Abhängigkeit von der Ionenstärke J gültig ist:

$$k = k_0 \cdot e^{z_A z_B \sqrt{J}}$$

J = Ionenstärke, $A \approx 0{,}50$ l$^{1/2}$ mol$^{-1/2}$ in der DEBYE-HÜCKEL-Gleichung, z_A, z_B = Ladungszahlen der beiden an der Reaktion beteiligten Ionen.

32. Im Gleichgewicht mit Hg(l) in 0,5 M $NaClO_4$ ist bei 25 °C das Verhältnis $\frac{[Hg_2^{\cdot\cdot}]}{[Hg^{\cdot\cdot}]} = 129{,}2$. Wenn eine Lösung von $Hg_2^{\cdot\cdot}$ und $Hg^{\cdot\cdot}$ mit HgI_2 und $Hg_2I_2(s)$ bei 25 °C und einer Ionenstärke von 0,5 mol kg^{-1} im Gleichgewicht ist, hat das Verhältnis $\frac{[Hg_2^{\cdot\cdot}]}{[Hg^{\cdot\cdot}]}$ den Wert 3,05.

Es sollen ΔG^0 und die Gleichgewichtskonstante für die Reaktion

$Hg(l) + HgI_2(s) \rightleftharpoons Hg_2I_2(s)$

bei 25 °C berechnet werden.

Dielektrizitätskonstante, Dipolmoment

(Lösungen s. S. 419)

1. Für die Molpolarisation gilt:

$$P = \frac{M}{\varrho}\frac{\varepsilon - 1}{e + 2} = \frac{4\pi N_0}{3}\left(\alpha + \frac{\mu^2}{3kT}\right)$$

Für CH_3Cl wurden die Werte $P = 90$ cm^3 mol^{-1} und $P = 50$ cm^3 mol^{-1} bei den reziproken Temperaturen $\frac{1}{T} = 0{,}004$ K^{-1} bzw. $\frac{1}{T} \approx 0$ ermittelt.

Es sollen die Polarisierbarkeit P, das Dipolmoment und die Dielektrizitätskonstante ε bei 500 K und 2026 kPa berechnet werden.

2. Die Molpolarisation von Pyridinoxid C_5H_5NO wurde in Dioxan durch Extrapolation auf unendliche Verdünnung bei 25 °C zu 411 ml · mol^{-1} bestimmt, die Molrefraktion des Pyridinoxids beträgt bei 25 °C 28 ml mol^{-1}.

Es soll das Dipolmoment des Pyridinoxids berechnet werden.

3. Es soll das Dipolmoment von Fluorbenzen aus der Molpolarisation berechnet werden:

T (K)	343,6	371,4	414,1	453,2	507,0
P (ml mol^{-1})	69,9	66,8	62,5	59,3	55,8

4. Die Dielektrizitätskonstante ε von $GeCl_4$ hat bei verschiedenen Temperaturen folgende Werte:

ϑ (°C)	ε	ϱ (g/ml)
0	2,491	1,9226
20	2,443	1,8762
30	2,417	1,8533
40	2,395	1,8296
50	2,370	1,8063

Es ist die Molpolarisation zu berechnen. Welche Schlüsse lassen sich auf das Dipolmoment ziehen?

5. Die Molpolarisation P des NH_3 ändert sich mit der Temperatur wie folgt:

(°C)	19,1	35,9	59,9	113,9	139,9	172,9
P (ml mol^{-1})	57,57	55,01	51,22	44,99	42,51	39,59

Es soll das Dipolmoment des NH_3 berechnet werden. Die Dichte des Gases beträgt bei 59,9 °C und 101,3 kPa 0,632 g l^{-1}.
Wie groß ist die Dielektrizitätskonstante des $NH_3(g)$ unter diesen Bedingungen?

6. Die Molpolarisation von Silikobromoform $SiHBr_3$ beträgt 46 ml · mol^{-1} bei 25 °C, die Polarisierbarkeit $\alpha = 1{,}308 \cdot 10^{-23}$ cm^3.
Es soll das Dipolmoment berechnet werden.

7.3. *Lösungen*

Leitfähigkeit und Überführungszahlen, Wanderungsgeschwindigkeiten, Ionenbeweglichkeiten

1. Nach dem Kohlrauschschen Quadratwurzelgesetz ergeben sich für die Äquivalentleitfähigkeiten in Abhängigkeit von $\sqrt{c}$ Geraden mit den Ordinatenabschnitten λ_∞. Man erhält so die λ_∞-Werte für LiCl 115,0; für NaCl 126,2 und für KCl 149,7 cm^2 × Ohm^{-1} Val^{-1}. Verwendet man weiter $t_- = \frac{l_-}{l_+ + l_-}$, d. h. $l_- = t_- \cdot \lambda$, so erhält man bei unendlicher Verdünnung die Äquivalentleitfähigkeit der Cl'-Ionen zu 76,2 cm^2 Ohm^{-1} Val^{-1} für jede der drei Salzlösungen.

2. $\lambda_\infty = 129{,}5$ cm^2 Ohm^{-1} Val^{-1}

3. 271,0 cm^2 Ohm^{-1} Val^{-1}

4. Trägt man λ gegen $\sqrt{c}$ auf, so ergibt die Extrapolation auf $c \to 0$ den Wert $\lambda_\infty = 235{,}6\ \mathrm{cm^2\ Ohm^{-1}\ Val^{-1}}$. Die Konzentration der KOH-Lösung mit der unbekannten Äquivalentleitfähigkeit λ_x beträgt $c = \dfrac{m}{M \cdot v} = 3{,}57 \cdot 10^{-3}\ \mathrm{mol \cdot l^{-1}}$. Für $\sqrt{c} = 0{,}060\ (\mathrm{mol \cdot l^{-1}})^{1/2}$ liest man im gleichen Diagramm $\lambda_x = 231\ \mathrm{cm^2\ Ohm^{-1}} \times \mathrm{Val^{-1}}$ ab. Der Leitfähigkeitskoeffizient beträgt

$$f_x = \frac{\lambda_x}{\lambda_\infty} = 0{,}980.$$

5. $120{,}2\ \mathrm{cm^2\ Ohm^{-1}\ Val^{-1}}$

6. $40\ \mathrm{cm^2\ Ohm^{-1}\ Val^{-1}}$

7. Bei Einführung des Dissoziationsgrads $\alpha = \dfrac{\lambda}{\lambda_\infty}$ wird mit der analytischen Konzentration c des eingesetzten Tetramethylzinnchlorids die Dissoziationskonstante

$$K = \frac{\lambda^2 c}{\lambda_\infty(\lambda_\infty - \lambda)}.$$

Berücksichtigt man ferner $\varkappa = \lambda c$, so erhält man nach Umformung

$$\varkappa = K\lambda_\infty{}^2 \cdot \frac{1}{\lambda} - K \cdot \lambda_\infty.$$

Trägt man $\varkappa$ gegen $\dfrac{1}{\lambda} = \dfrac{c}{\varkappa}$ auf, so ergibt sich eine Gerade mit dem Anstieg $K \cdot \lambda_\infty{}^2$ und dem Ordinatenabschnitt $-K \cdot \lambda_\infty$. Die aus der graphischen Darstellung entnommenen Werte führen zu dem Ergebnis
$\lambda_\infty = 31{,}2\ \mathrm{cm^2\ Ohm^{-1}\ Val^{-1}}$,
$K = 3{,}34 \cdot 10^{-5}\ \mathrm{mol\ l^{-1}}$.

8. $1{,}05 \cdot 10^{-6}\ \mathrm{Ohm^{-1}\ cm^{-1}}$

9. 0,014

10. $9{,}07\ \mathrm{cm^{-1}}$; 3280 Ohm; $138{,}4\ \mathrm{cm^2\ Ohm^{-1}\ mol^{-1}}$

11. $8{,}28 \cdot 10^{-4}\ \mathrm{Ohm^{-1}\ cm^{-1}}$; $82{,}8\ \mathrm{cm^2\ Ohm^{-1}\ Val^{-1}}$

12. $547{,}6\ \mathrm{cm^2\ Ohm^{-1}\ Val^{-1}}$

13. $10{,}17\ \mathrm{cm^2\ Ohm^{-1}\ mol^{-1}}$

14. $18{,}9\ \mathrm{cm^2\ Ohm^{-1}\ mol^{-1}}$; $9{,}44\ \mathrm{cm^2\ Ohm^{-1}\ Val^{-1}}$

15. 20,2 Ohm

16. $0{,}228\ \mathrm{cm^{-1}}$; $7{,}00 \cdot 10^{-4}\ \mathrm{Ohm^{-1}\ cm^{-1}}$; $70{,}0\ \mathrm{cm^2\ Ohm^{-1}\ Val^{-1}}$

17. $Ag^{\cdot}$: 0,474; NO_3': 0,526

18. 0,234

19. Nach der Elektrolyse enthält die Anodenlösung 3,1151 g KCl in 100 g Lösung, d. h. 96,8849 g Wasser. In der gesamten Anodenlösung (119,48 g) sind nach der Elektrolyse 1,1948 · 3,1151 g = 3,7219 g KCl enthalten. Die Wassermenge bleibe während der Elektrolyse konstant (keine Wasserüberführung!) und betrage 119,48 g – 3,7219 g = 115,7581 g. Vor der Elektrolyse enthielten 100 g Lösung 3,6540 g KCl und 96,3460 g Wasser, d. h., die gesamte Lösung bestand aus 115,7581 g H_2O und

$$\frac{115{,}7581}{96{,}3460} \cdot 3{,}6540\,\text{g} = 4{,}3902\,\text{g KCl}.$$

Der KCl-Verlust im Anodenraum ist somit 0,6683 g oder $8{,}964 \cdot 10^{-3}$ Val. Die Gesamtmenge an umgesetzten Äquivalenten folgt aus der abgeschiedenen Silbermasse zu $18{,}325 \cdot 10^{-3}$ Val. Aus dem Verhältnis dieser Äquivalente folgt die Überführungszahl von $K^{\cdot}$ $t_+ = 0{,}489$.

20. $t_+ = 0{,}448$; $t_- = 0{,}552$

21. $2{,}29 \cdot 10^{-4}\,\text{cm s}^{-1}$

22. Mit den üblichen Bezeichnungen gilt für die elektrische Feldstärke

$$E = \frac{U}{l} = \frac{R \cdot J}{l} = \frac{l \cdot J}{F\varkappa l} = \frac{J}{F \cdot \varkappa} = \frac{5{,}21 \cdot 10^{-3}\,\text{A} \cdot \text{V} \cdot \text{cm}}{0{,}23\,\text{cm}^2 \cdot 0{,}0129\,\text{A}} = 1{,}76\,\text{V cm}^{-1}.$$

Die Wanderungsgeschwindigkeit des $K^{\cdot}$-Ions ist

$$u_+ = \frac{v_+}{E} = \frac{l}{t \cdot E} = \frac{4{,}64}{67 \cdot 60 \cdot 1{,}76}\,\text{cm}^2\,\text{V}^{-1}\,\text{s}^{-1} = 65{,}5 \cdot 10^{-5}\,\text{cm}^2\,\text{V}^{-1}\,\text{s}^{-1}.$$

23. $l_{H^{\cdot}} = 350\,\text{cm}^2\,\text{Ohm}^{-1}\,\text{Val}^{-1}$; $l_{Cl'} = 74\,\text{cm}^2\,\text{Ohm}^{-1}\,\text{Val}^{-1}$; $t_{H^{\cdot}} = 0{,}825$

24. 0,492

25. Aus den angegebenen Werten errechnet sich nach der Elektrolyse in den Elektrodenräumen folgende Zusammensetzung:

	Anolyt (g)	Katolyt (g)
Lithiumchlorid	4,636	4,534
Rohrzucker	5,018	3,763
Wasser	94,746	73,173

Vor der Elektrolyse war der Gehalt an Lithiumchlorid in der gleichen Lösung

a) wenn weder Überführung von Wasser noch von Rohrzucker angenommen wird	5,184	3,997

b) wenn Wasser überführt, Rohrzucker nicht überführt wird.	5,240	3,929

Daraus ergibt sich mit den im *Band 2* angegebenen Beziehungen für

die HITTORFsche Überführungszahl des Li˙	$t^{H}_{Li^\cdot}$ 0,278[1])	0,273[2])
die wahre Überführungszahl des Li˙	$t_{Li^\cdot}$ 0,307[1])	0,307[2])
die Wasserüberführung (mol/Faraday)	t_{H_2O} 1,30[1])	1,70[2])
die Hydratationszahl des Li˙ als Funktion der Hydratationszahl des Cl′(x) (Mittelwert)	$H_{Li^\cdot} = 4{,}7 + 2{,}2x$.	

Löslichkeitskonstanten

1. a) Auf das gelöste Silberchlorid entfällt die spezifische Leitfähigkeit $\varkappa_s = (2{,}28 - 1{,}16) \cdot 10^{-6}\,\text{Ohm}^{-1}\,\text{cm}^{-1} = 1{,}12 \cdot 10^{-6}\,\text{Ohm}^{-1}\,\text{cm}^{-1}$. Die Äquivalentleitfähigkeit des AgCl bei unendlicher Verdünnung beträgt

$$\lambda_\infty = 138{,}2\ \text{cm}^2\,\text{Ohm}^{-1}\,\text{Val}^{-1}.$$

Wegen der geringen Löslichkeit des AgCl in Wasser kann man setzen

$\varkappa_s = \lambda_\infty \cdot c_s \cdot n_e$. Man erhält mit $n_e = 1$ Val/mol

$$c_s = 8{,}10 \cdot 10^{-6}\ \text{mol/l} = 1{,}16 \cdot 10^{-3}\ \text{g/l und}$$

$$L = c_{Ag^\cdot} \cdot c_{Cl'} = c_s^2 = 6{,}55 \cdot 10^{-11}\ \text{mol}^2\,\text{l}^{-2}.$$

b) Hier ist $\varkappa_s = 3{,}71 \cdot 10^{-5}\,\text{Ohm}^{-1}\,\text{cm}^{-1}$ und

$$\lambda_\infty = 98\ \text{cm}^2\,\text{Ohm}^{-1}\,\text{Val}^{-1}.$$

Berücksichtigt man, daß mit 1 Mol CaF_2 zwei Äquivalente verbunden sind, d. h. $n_e = 2\,\text{Val}\,\text{mol}^{-1}$, so ergibt sich die Sättigungskonzentration zu $1{,}89 \cdot 10^{-4} \times \text{mol} \cdot \text{l}^{-1}$. Das Löslichkeitsprodukt ist

$$L = c_{Ca^{\cdot\cdot}} \cdot c^2_{F'} = c_s \cdot (2c_s)^2 = 4c_s^3 = 2{,}7 \cdot 10^{-11}\ \text{mol}^3\,\text{l}^{-3}.$$

2. In diesem Beispiel gilt nicht mehr $\lambda_\infty \approx \lambda_s$.
Aus der Wertetabelle läßt sich nach dem KOHLRAUSCHschen Quadratwurzelgesetz die Äquivalentleitfähigkeit darstellen in der Form

$$\lambda = \lambda_\infty - A\sqrt{c}.$$

Ferner gilt $\varkappa_s = \lambda_s \cdot c_s \cdot n_e$, d. h.

$$\varkappa_s = \left(\lambda_\infty - A\sqrt{c_s}\right) c_s \cdot n_e$$

---

[1]) aus der Zusammensetzung des Anolyten errechnet
[2]) aus der Zusammensetzung des Katolyten errechnet

ist die Bestimmungsgleichung für c_s, denn $\varkappa_s$ und n_e sind bekannt und $\lambda_\infty = 110{,}3\ \mathrm{cm^2\,Ohm^{-1}\,Val^{-1}}$, $A = 555\ \mathrm{cm^2\,Ohm^{-1}\,Val^{-1}\,(l \cdot mol^{-1})^{1/2}}$ lassen sich aus den Zahlenangaben z. B. graphisch bestimmen.

Einen ersten Näherungswert für die Sättigungskonzentration erhält man nach $c_s^{(1)} = \frac{\varkappa_s}{n_e \cdot \lambda_0}$, indem man den zur höchsten Konzentration gehörenden Wert $\lambda_0 = 83{,}0\ \mathrm{cm^2\,Ohm^{-1}\,Val^{-1}}$ einsetzt. Es wird dann

$c_s^{(1)} = 2{,}62 \cdot 10^{-3}\ \mathrm{mol \cdot l^{-1}}$.

Schreibt man die Bestimmungsgleichung für c_s in der Form

$f(c_s) = \left(\lambda_\infty - A\sqrt{c_s}\right) c_s n_e - \varkappa_s$,

so wird $f(c_s^{(1)}) = -0{,}0018 \cdot 10^{-3}\ \mathrm{Ohm^{-1}\,cm^{-1}}$, d. h. die Nullstelle dieser Funktion ist mit ausreichender Genauigkeit gefunden. Eine weitere Näherung liefert den Wert $c_s = 2{,}63 \cdot 10^{-3}\ \mathrm{mol \cdot l^{-1}}$. Das Löslichkeitsprodukt beträgt $L = c_{\mathrm{Pb}^{\cdot\cdot}} c_{\mathrm{F}'}^2 = 4c_s^3 = 7{,}3 \cdot 10^{-8}\ \mathrm{mol^3\,l^{-3}}$.

Der genaue Wert ist $c_s = 2{,}63 \cdot 10^{-3}\ \mathrm{mol \cdot l^{-1}}$. Ferner wird

$L = c_{\mathrm{Pb}^{\cdot\cdot}} \cdot c_{\mathrm{F}'} = 4c_s^3 = 7{,}3 \cdot 10^{-8}\ \mathrm{mol^3\,l^{-3}}$.

3. $9{,}2 \cdot 10^{-12}$

4. a) $K_L = a_+ a_- = c_+ \cdot c_- f_\pm^5$

Beträgt die Sättigungskonzentration des $BaSO_4$ c_s und bezeichnet man die $(NH_4)_2SO_4$-Konzentration mit c, so gilt $c_+ = c_s$, $c_- = c_s + c$. Wegen $c_s \ll c$ kann mit $f_\pm = 1\ \mathrm{l\,mol^{-1}}$ gesetzt werden:

$K_L = c_s \cdot c$, d. h. $c_s = 9{,}16 \cdot 10^{-9}\ \mathrm{mol \cdot l^{-1}}$.

b) Die Ionenstärke wird praktisch durch die $(NH_4)_2SO_4$-Konzentration bestimmt:

$J = {}^1/_2\,(2c \cdot 1^2 + c \cdot 2^2) = 3c = 0{,}03\ \mathrm{mol/l}$. Nach dem Auftragen von $\lg f_\pm$ gegen J (*Abb. 7.1*) interpoliert man aus der Kurve etwa den Wert

$f_\pm = 0{,}5\ \mathrm{l\,mol^{-1}}$.

Für die Sättigungskonzentration ergibt sich daraus

$$c_s = \frac{K_L}{c \cdot f_\pm^2} = 3{,}66 \cdot 10^{-8}\ \mathrm{mol \cdot l^{-1}}.$$

5. 1,51 g

6. $4{,}04 \cdot 10^{-6}\ (\mathrm{mol \cdot l^{-1}})^2$

7. Aus $K_L = c_+ c_-^2 f_\pm^3 = L f_\pm^3$ und $\lg f_\pm \sim -\sqrt{J}$ folgt

$\lg L = \lg K_L - 3 \lg f_\pm = \lg K_L + a\sqrt{J}$.

Ferner ist $L = c_+ \cdot c_-^2 = (c_1 + c_2) \cdot 4c_1^2$ und $J = 3(c_1 + c_2)$.

Trägt man $\lg L$ gegen $\sqrt{c_1 + c_2}$ auf, so liefert der Ordinatenabschnitt der sich ergebenden Geraden den Wert $K_L = \lim\limits_{c \to 0} L = 0{,}14 - 9$, d. h.

$K_L = 1{,}4 \cdot 10^{-9}$.

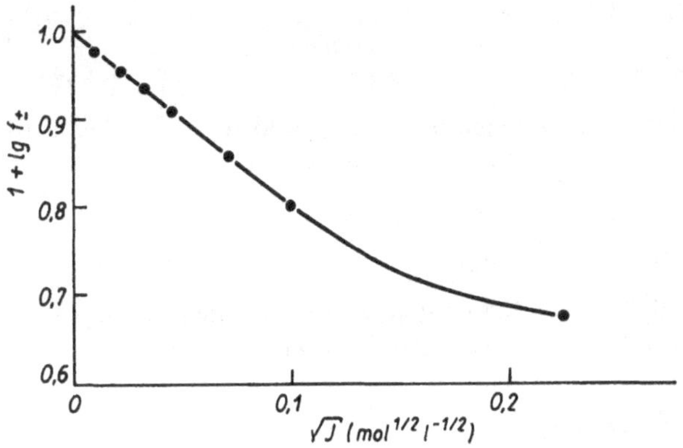

Abb. 7.1

8. a) $4 \cdot 10^{-12}\ (\text{mol} \cdot l^{-1})^3$; $3{,}16 \cdot 10^{-6}$ mol · l⁻¹

   b) $3{,}54 \cdot 10^{-12}$; $2{,}04 \cdot 10^{-5}$ mol · l⁻¹

9. a) $2 \cdot 10^{-6}$ mol · l⁻¹

   b) $K_L = 1{,}84 \cdot 10^{-12}$; $c_s = 2{,}30 \cdot 10^{-6}$ mol · l⁻¹

   c) $f_\pm = 0{,}873$ l mol⁻¹, nach Debye-Hückel 0,626 l mol⁻¹

10.

$c_{Na_2SO_4}$ (mol/l)	c_s (mol/l)
0,1	$1{,}88 \cdot 10^{-5}$
0,3	$1{,}91 \cdot 10^{-5}$
0,5	$1{,}79 \cdot 10^{-5}$
1,0	$1{,}39 \cdot 10^{-5}$
2,0	$7{,}52 \cdot 10^{-6}$

11. $8{,}2 \cdot 10^{-19}$

12. 10^{-3} mol

13. Wegen der geringen Löslichkeit wird der mittlere Aktivitätskoeffizient des CuCl in jedem Fall 1 l mol⁻¹ gesetzt.

   a) $K_L = a_\pm^2 = c_s^2 \cdot f_\pm^2$

   $c_s = \sqrt{K_L} = 4{,}3 \cdot 10^{-4}$ mol · l⁻¹

   b) *ohne Komplexbildung:*

   $K_L = c_s(c_s + c_{HCl}) \approx c_s \cdot c_{HCl}$

   $c_s = 1{,}85 \cdot 10^{-5}$ mol · l⁻¹

   mit Komplexbildung:

   Die Gesamtkonzentration an Cu in der Lösung ist

   $c_s = c_{Cu^\cdot} + c_{CuCl_2'} + c_{CuCl_3'}$

Die Gesamtkonzentration an Cl in der Lösung ist

$$c_s + c^0_{HCl} = c_{Cl'} + 2c_{CuCl_2'} + 3c_{CuCl_3''}.$$

Aus diesen beiden Gleichungen lassen sich mit K_1, K_2 und K_L alle unbekannten Größen außer $c_{Cl'}$ eliminieren, so daß nach Umordnen die Gleichung erhalten wird:

$$2K_2c^2_{Cl'} + (1 + K_1)\,c^2_{Cl'} - c^0_{HCl}c_{Cl'} - K_L = 0.$$

Nach Auflösung dieser Gleichung nach dem quadratischen Glied und Division durch $c_{Cl'}$ erhält man eine zur Iteration geeignete Formel

$$c_{Cl'} = \frac{1}{1 + K_1}\left(c^0_{HCl} + \frac{K_L}{c_{Cl'}} - 2K_2c^2_{Cl'}\right).$$

In 0. Näherung setzt man auf der rechten Seite $c^{(0)}_{Cl'} = c^0_{HCl} = 0{,}01\ \mathrm{mol \cdot l^{-1}}$ und erhält die 1. Näherung $c^{(1)}_{Cl'} = 9{,}3 \cdot 10^{-3}\ \mathrm{mol \cdot l^{-1}}$. Die Wiederholung dieses Verfahrens liefert den genauen Wert

$$c_{Cl'} = 9{,}31 \cdot 10^{-3}\ \mathrm{mol \cdot l^{-1}}.$$

Einsetzen dieses Wertes in die Gleichung für die Cu-Konzentration liefert

$$c_s = \frac{K_L}{c_{Cl'}} + K_1c_{Cl'} + K_2c^2_{Cl'} = 7{,}3 \cdot 10^{-4}\ \mathrm{mol \cdot l^{-1}}.$$

14. $2{,}09 \cdot 10^{-2}\ \mathrm{mol \cdot l^{-1}}$

15. 67,5 ml

16.

c_{NaClO_4} (mol · l⁻¹)	pK_L
0	9,75
0,5	9,43
1	9,44
2	9,56
3	9,71
4	9,89
5	10,06

Elektromotorische Kräfte, Aktivitäten, Standard-EMK und thermodynamische Größen

1. a) $0{,}012\ \mathrm{mol \cdot l^{-1}}$; $a = 9{,}3 \cdot 10^{-11}$; $a_\pm = 3{,}1 \cdot 10^{-3}$; $a_+ = 6{,}3 \cdot 10^{-4}$
b) $2{,}65\ \mathrm{mol \cdot l^{-1}}$

2. $J = 0{,}08\ \mathrm{mol \cdot kg^{-1}}$; $f_\pm = 0{,}52\ \mathrm{kg\ mol^{-1}}$; $a = 6{,}72 \cdot 10^{-6}$;
$a_\pm = 1{,}89 \cdot 10^2$; $a_+ = 2{,}66 \cdot 10^{-3}$; $a_- = 5{,}03 \cdot 10^{-2}$

3. Für die Reaktion

$$\begin{array}{l} Cd(Hg) \rightleftharpoons Cd^{\cdot\cdot} + 2e^- \\ 2\,Hg + 2\,I' \rightleftharpoons Hg_2I_2 + 2e^- \\ \hline Cd + Hg_2I_2 \rightleftharpoons Cd^{\cdot\cdot} + 2\,I' + 2\,Hg \end{array}$$

lautet die NERNSTsche Gleichung

$$E = E^0 + \frac{RT}{2F} \ln \frac{a_{Cd} \cdot a_{I'}}{a_{Cd(Hg)}} = -435{,}06 \text{ mV}.$$

Darin ist $E^0 = \varepsilon_1{}^0 - \varepsilon_2{}^0 = -311{,}3$ mV und $a_{Cd(Hg)} = 1$, weil sich $\varepsilon_1{}^0$ auf die Amalgamelektrode bezieht. Berücksichtigt man ferner $a_{Cd} \cdot a_{I'}^2 = c_\pm{}^3 f_\pm{}^3$ und $c_\pm = \sqrt[3]{c \cdot (2c)^2} = \sqrt[3]{4} \cdot c$, so erhält man aus der NERNSTschen Gleichung $\lg f_\pm = \frac{2(E - E^0)}{3F_N} - \lg c_\pm = 0{,}4048 - 2$.

Der gesuchte Aktivitätskoeffizient beträgt

$f_\pm = 0{,}026 \text{ l mol}^{-1}$.

4. $a = 7{,}8 \cdot 10^{-13}$; $a_\pm = 9{,}4 \cdot 10^{-4}$ mol · l^{-1}; $f_\pm = 0{,}561$ l mol^{-1}

5. Einfach: $f_\pm = 0{,}277$ kg mol^{-1}; $a_\pm = 0{,}440$; $a_+ = 0{,}105$; $a_- = 7{,}69 \cdot 10^{-3}$.
Erweitert: $f_\pm = 0{,}455$ kg mol^{-1}; $a_\pm = 0{,}0722$.

6. $J = 0{,}016$ mol · l^{-1}; $a_{Ca} = 2{,}49 \cdot 10^{-3}$; $a_{Cl'} = 3{,}45 \cdot 10^{-3}$; $a_{SO_4''} = 1{,}38 \cdot 10^{-3}$; $a_{\pm CaSO_4} = 1{,}85 \cdot 10^{-3}$; $a_{\pm CaCl_2} = 3{,}09 \cdot 10^{-3}$

7. In Wasser: $K_L = c_\pm{}^2 f_\pm{}^2 = c_s{}^2 f_\pm{}^2$

$$f_\pm = \frac{\sqrt{K_L}}{c_s} = 0{,}885 \text{ l mol}^{-1}.$$

In $c = 0{,}1$ mol · l^{-1} NaCl:

$$K_L = c_s(c_s + c)\, f_\pm{}^2$$

$$f_\pm = \sqrt{\frac{K_L}{c_s(c_s + c)}} = 0{,}702 \text{ l mol}^{-1}.$$

8. 0,831 kg mol^{-1}

9. Für die Reaktion

$$\begin{array}{l} Ag + Cl' \rightleftharpoons AgCl + e^- \\ Ag(Au) + Cl' \rightleftharpoons AgCl + e^- \\ \hline Ag \rightleftharpoons Ag(Au) \end{array}$$

lautet die NERNSTsche Gleichung

$$E = \frac{RT}{F} \ln \frac{a_{Ag(Au)}}{a_{Ag}} \quad \text{mit} \quad a_{Ag} = 1.$$

Mit $E = -84{,}4$ mV und $F_N = 93{,}89$ mV bei 200 °C erhält man aus dieser Gleichung

$a_{Ag(Au)} = 1{,}2$ und daraus

$$f_x = \frac{a}{x_{Ag}} = 0{,}3.$$

10. $f_\pm = 1{,}76$ kg mol^{-1}; $a = 49{,}7$; $a_\pm = 7{,}05$

11. $Cd^{\cdot\cdot}$: $4{,}86 \cdot 10^{-4}$ mol · l^{-1}; $Fe^{\cdot\cdot}$: $9{,}51 \cdot 10^{-3}$ mol · l^{-1}

12. 0,68 kg mol^{-1}

13. Für die Reaktion

$$\begin{array}{ll} Cu & \rightleftharpoons Cu^{\cdot\cdot} + 2e^- \\ 2\,Ag + 2\,Cl' & \rightleftharpoons 2\,AgCl + 2e^- \\ \hline Cu + 2\,AgCl & \rightleftharpoons 2\,Ag + 2\,Cl' + Cu^{\cdot\cdot} \end{array}$$

lautet die Nernstsche Gleichung

$$E = E^0 + \frac{RT}{2F} \ln a_{Cu^{\cdot\cdot}} a_{Cl'}^2 = E^0 + \frac{RT}{2F} \ln 4c^3 + \frac{3RT}{2F} \ln f_\pm.$$

Setzt man in diese Gleichung die entsprechenden Größen bei c_1 und c_2 ein, so erhält man aus der Differenz der beiden entstehenden Gleichungen die Beziehung

$$\lg \frac{f_{\pm 2}}{f_{\pm 1}} = \lg \frac{c_1}{c_2} + \frac{E_2 - E_1}{1{,}5 F_N};$$

a) $f_{\pm 1} = 1$ l mol^{-1}:

$$\lg f_{\pm 2} = \lg \frac{10^{-4}}{0{,}2} + \frac{0{,}074 + 0{,}191}{0{,}0592} = 0{,}6832 - 1$$

$f_{\pm 2} = 0{,}482$ l mol^{-1}.

b) $\lg f_{\pm 1} = -0{,}5084 \cdot 2\sqrt{3 \cdot 10^{-4}} = -0{,}0176$

$\lg f_{\pm 2} = -0{,}0176 + 0{,}6832 - 1 = 0{,}6656 - 1$

$f_{\pm 2} = 0{,}463$ l mol^{-1}.

14. 0,491; $f_\pm = 0{,}369$ kg mol^{-1}

15.

m_2 (mol · kg^{-1})	0,01	0,10	1,00
$f_\pm$ (kg · mol^{-1})	0,301	0,233	0,087

16. Für die Reaktion

$$\begin{array}{ll} H_2 & \rightleftharpoons 2\,H^{\cdot} + 2e^- \\ 2\,Ag + 2\,Br' & \rightleftharpoons 2\,AgBr + 2e^- \\ \hline H_2 + 2\,AgBr & \rightleftharpoons 2\,Ag + 2\,H^{\cdot} + 2\,Br' \end{array}$$

ist

$$E = E^0 + \frac{RT}{2F} \ln a_{H^\cdot}^2 a_{Br'}^2 = E^0 + F_N \lg c_\pm{}^2 + F_N \lg f_\pm{}^2,$$

d. h. mit $\lg f_\pm = -A\sqrt{c}$ wird

$$\frac{E^0}{F_N} - 2A\sqrt{c} = \frac{E}{F_N} - 2\lg c.$$

Trägt man die Werte $\frac{E}{F_N} - 2\lg c$ gegen $\sqrt{c}$ auf, dann ist der Ordinatenabschnitt der sich ergebenden Geraden gleich $\frac{E^0}{F_N}$. Es ist $E^0 = -71$ mV. Für $c = 0{,}003719$ mol l^{-1} ist $f_\pm = 0{,}943$ l mol^{-1}.

17. $-0{,}763$ V

18. $-0{,}986$ V; $0{,}00312$ mol · l^{-1}: $0{,}70$ l · mol^{-1};
$0{,}01021$ mol · l^{-1}: $0{,}59$ l · mol^{-1}; $\varepsilon^0_{Zn} = -0{,}764$ V

19. $E^0 = 152{,}5$ mV; $\varepsilon^0 = -E^0$; $K_L = 10^{-16}$

20. $E^0 = -0{,}175$ V; $f_\pm = 0{,}888$ kg mol^{-1}
Debye-Hückel: $f_\pm = 0{,}876$ kg mol^{-1}; $E^0 = -0{,}173$ V

21. 0,02563 molar: $f_\pm = 0{,}866$ kg mol^{-1}
0,1238 molar: $f_\pm = 0{,}790$ kg mol^{-1}

22. $2\,ReO_4' + H_2 \rightleftharpoons 2\,ReO_3 + 2\,OH'$
$\varepsilon^0 = +770$ mV; $K_a = 10^{-13}$

23. $E^0 = -622$ mV; $\varepsilon^0_{Cd|Cd^{\cdot\cdot}} = -400$ mV

24. Die gesuchte Kette ist

$-$ Pt | Br_2, Br′ ‖ Cl′, Cl_2 | Pt $+$

$$E^0 = \varepsilon^0_{Br_2} - \varepsilon^0_{Cl_2} = -0{,}2943 \text{ V}$$

$$\Delta G^0 = -RT \ln K = 1 \cdot F \cdot E^0 = -28{,}4 \text{ kJ} \cdot \text{mol}^{-1}$$

$$\lg K = -\frac{E^0}{F_N} = 4{,}97, \quad K = 9{,}43 \cdot 10^4.$$

25. Pt | $Fe^{\cdot\cdot}$, $Fe^{\cdot\cdot\cdot}$ ‖ KCl | Hg_2Cl_2 | Hg
$E^0 = 0{,}026$ V

26. (782 ± 1) mV

27. $-45{,}5$ mV

28. Für die Gesamtreaktion

$$2\,Ag + Hg_2Br_2 \rightleftharpoons 2\,AgBr + 2\,Hg$$

ist die Kettenspannung unabhängig von der Bromidionenaktivität, die an der Reaktion beteiligten Stoffe sind unlöslich und haben die Aktivität eins, d. h.

$$E = -U = \varepsilon^0_{Ag|AgBr} - \varepsilon^0_{Hg|Hg_2Br_2} = E^0.$$

Daraus ergeben sich folgende Werte für $\varepsilon^0_{Hg|Hg_2Br_2}$:

ϑ (°C)	15	25	35
$\varepsilon°$ (V)	0,14078	0,13925	0,13707

Aus den Werten des Aufgabentextes ist abzulesen, daß bei je 10 °C Temperaturerhöhung die Kettenspannung um 3,12 mV ansteigt. Damit ist die Temperaturfunktion für U in V und ϑ in °C

$$U = 0{,}06491 + 3{,}12 \cdot 10^{-4}\,(\vartheta - 15).$$

Nähert man auch $\varepsilon^0_{Hg|Hg_2Br_2}$ durch eine lineare Funktion an, so hat die Gerade einen mittleren Anstieg von $-1{,}86 \cdot 10^{-4}$ V · K^{-1} und die Funktion lautet in V:

$$\varepsilon^0_{Hg|Hg_2Br_2} = 0{,}14078 - 1{,}86 \cdot 10^{-4}\,(\vartheta - 15).$$

a) $\Delta G^0 = 2FE^0 = -13{,}3$ kJ/FU.

b) $\Delta H^0 = \Delta G^0 + T\Delta S^0 = +4{,}81$ kJ/FU.

c) $\Delta S^0 = -nF\left(\frac{\partial E^0}{\partial T}\right)_p = +nF\left(\frac{\partial U^0}{\partial T}\right)_p = 2 \cdot 9{,}6487 \cdot 10^4\ \mathrm{J \cdot V^{-1}/FU}$
$\times 3{,}12 \cdot 10^{-4}\ \mathrm{V \cdot K^{-1}} = 60{,}2\ \mathrm{K^{-1}/FU}$.

d) Für die angegebene Gesamtreaktion ist

$$\Delta G^0 = 2\Delta G^0_{fAgBr} - \Delta G^0_{fHg_2Br_2}.$$

Mit dem Wert für ΔG^0 aus a) wird $\Delta G^0_{fHg_2Br_2} = -178{,}7$ kJ · mol^{-1}.

29. $Pb^{\cdot\cdot} + 2H_2O \rightleftharpoons PbO_2 + 4H^{\cdot} + 2e^-$
$2Ag + 2Br' \rightleftharpoons 2AgBr + 2e^-$

$Pb^{\cdot\cdot} + 2AgBr + 2H_2O \rightleftharpoons PbO_2 + 4H^{\cdot} + 2Ag + 2Br'$

$E^0 = -1{,}400$ V; $G = -199$ kJ/FU; $H = -188$ kJ/FU;
$S = 38{,}6$ J · K^{-1}/FU; $K_L = 5{,}2 \cdot 10^{-13}$

30. $K_p = p_{O_2} = 10^{-53}$

31. $2Fe^{\cdot\cdot} + AsO_4''' + 2H^{\cdot} \rightleftharpoons 2Fe^{\cdot\cdot\cdot} + AsO_3''' + H_2O$
$E^0 = +0{,}143$ V; $\varepsilon^0 = +0{,}628$ V.

32. $f_\pm = 1{,}8$ kg mol^{-1}; $K_L = 10^{-20}$

33. 0,40188 V

34. 10^{-3} mol · kg^{-1}; $9 \cdot 10^{-4}$ mol · kg^{-1}

35. Nach $\ln a_{Zn} = -\frac{2U}{F_N}$ lassen sich die Zn-Aktivitäten und daraus die Aktivitätskoeffizienten f_{Zn} für verschiedene x_{Zn} berechnen.

Aus der Geraden $\ln a_{Zn}$ gegen U interpoliert man die Werte $a_{Zn} = 0{,}606$ bzw. 0,857 für $x_{Zn} = 0{,}3$ bzw. 0,7.

Die Integration der GIBBS-DUHEMschen Gleichung ergibt

$$\lg \frac{f_{Cd}}{f'_{Cd}} = -\int_{x_1}^{x_2} \frac{x_{Zn}}{x_{Cd}}\, d \lg f_{Zn}.$$

Für reine Metalle ist $f_x = 1$. Für $f'_{Cd} = 1$ wäre also $x_1 = x_{Cd} = 1$ oder $x_{Zn} = 0$. Beim Auftragen von x_{Zn}/x_{Cd} gegen $\lg f_{Zn}$ erhält man eine hyperbelähnliche Kurve, die aber mit den gemessenen Werten nur bis $x_{Zn} = 0{,}15$ oder $x_1 = x'_{Cd} = 0{,}85$ dargestellt werden kann.

Daher wird zunächst von diesem Wert an graphisch integriert, nacheinander etwa bis $x_2 = x_{Cd} = 0{,}7$; 0,5; 0,3. So können die entsprechenden relativen Aktivitätskoeffizienten $\frac{f_{Cd}}{f'_{Cd}}$ bestimmt werden. Trägt man diese wiederum gegen x_{Cd} auf, so muß für $x_{Cd} = 1$ der Ordinatenabschnitt $\frac{1}{f'_{Cd}}$ sein. Man erhält durch Extrapolation einen Wert $f'_{Cd} = 0{,}870$ bei $x'_{Cd} = 0{,}85$. Hiermit können auch die Werte f_{Cd} und $a_{Cd} = x_{Cd} f_{Cd}$ berechnet werden. Es ist $a_{Cd} = 0{,}56$ bei $x_{Cd} = 0{,}7$ und $a_{Cd} = 0{,}15$ bei $x_{Cd} = 0{,}3$.

Anmerkung: Die GIBBS-DUHEMsche Gleichung kann ebensogut auch in der Form

$$d \lg a_{Cd} = -\frac{x_{Zn}}{x_{Cd}}\, d \lg a_{Zn}$$

Anwendung finden. Der Lösungsweg entspricht dem angegebenen.

36. $K_L = 1{,}75 \cdot 10^{-10}$; $c_s = 1{,}44 \cdot 10^{-3}\ \text{g} \cdot \text{l}^{-1}$

37. $9{,}63 \cdot 10^{-3}\ \text{mol} \cdot \text{kg}^{-1}$; 712 mV; 747 mV

38. $L = 8{,}8 \cdot 10^{-12}\ (\text{mol} \cdot \text{l}^{-1})^3$; $c_s = 1{,}26 \cdot 10^{-4}\ \text{mol} \cdot \text{l}^{-1}$

39. $L = 7{,}2 \cdot 10^{-13}\ (\text{mol} \cdot \text{l}^{-1})^2$; $c_s = 7{,}2 \cdot 10^{-12}\ \text{mol} \cdot \text{l}^{-1}$. Rechte Seite ist positiver.

Berechnung thermodynamischer Größen aus Kettenspannungen
ΔH, ΔS, ΔG

1. $Pt \mid Fe^{\cdot\cdot}, Fe^{\cdot\cdot\cdot} \parallel AgNO_3 \mid Ag$

   $K = 0{,}335$

2. $\Delta G^0 = -227{,}7$ kJ; $2{,}24 \cdot 10^{-21}\ \text{mol} \cdot \text{kg}^{-1}$

3. Die Reaktionen und die Änderungen der freien Standardreaktionsenthalpien sind

$$HgO + 2Cu \rightleftharpoons Hg + Cu_2O \qquad \Delta G_1{}^0 = \Delta G^0_{fCu_2O} - \Delta G^0_{fHgO} \qquad (1)$$

$$HgO + H_2 \rightleftharpoons Hg + H_2O \qquad \Delta G_2{}^0 = \Delta G^0_{fH_2O} - \Delta G^0_{fHgO} \qquad (2)$$

Bei $\vartheta = 25\,°C$ ist ferner

$$\Delta G_0 = nFE_1{}^0 = -2 \cdot 9{,}6487 \cdot 10^1 \cdot 0{,}4617\ \text{kJ/FU} = -89{,}1\ \text{kJ/FU},$$

$$\Delta G_2{}^0 = -2 \cdot 9{,}649 \cdot 0{,}92565\ \text{kJ/FU} = -178{,}6\ \text{kJ/FU}.$$

Durch Einsetzen der Werte erhält man

$$\Delta G^0_{f\mathrm{HgO}} = -58{,}2\ \text{kJ} \cdot \text{mol}^{-1} \quad \text{und} \quad \Delta G^0_{f\mathrm{Cu_2O}} = -147{,}3\ \text{kJ} \cdot \text{mol}^{-1}.$$

Die Standardreaktionsenthalpien ergeben sich aus

$$\Delta H^0 = T\Delta G^0 + \Delta S^0 \quad \text{mit} \quad \Delta S^0 = -nF\left(\frac{\partial E^0}{\partial T}\right)_p.$$

Aus den Temperaturfunktionen folgt bei 25 °C

$$\left(\frac{\partial E_1{}^0}{\partial T}\right)_p = -\left(\frac{\partial U_1{}^0}{\partial T}\right)_p = +0{,}144\ \text{V} \cdot \text{K}^{-1} \quad \text{und}$$

$$\left(\frac{\partial E_2{}^0}{\partial T}\right)_p = -0{,}2948\ \text{V} \cdot \text{K}^{-1}.$$

Setzt man diese Werte ein, so wird

$$\Delta H_1{}^0 = -97{,}4\ \text{kJ/FU} \quad \text{und} \quad \Delta H_2{}^0 = -195{,}6\ \text{kJ/FU}.$$

Für ΔH^0 gelten die entsprechenden Gleichungen (1) und (2) wie für ΔG^0, so daß man erhält:

$$\Delta H^0_{f\mathrm{HgO}} = -90{,}2\ \text{kJ} \cdot \text{mol}^{-1}; \quad \Delta H^0_{f\mathrm{Cu_2O}} = -188\ \text{kJ} \cdot \text{mol}^{-1}.$$

4. $+79{,}9$ kJ · mol^{-1}; $1{,}008 \cdot 10^{-14}$

5. $-0{,}667$ V; -119 kJ für 1 mol Tl

6. $K_p = 10^{-23}$; $\Delta G^0 = -131$ kJ · mol^{-1}; $p_g = 6{,}4 \cdot 10^{-10}$ kPa

7. $Cd + 2\,AgCl \rightleftharpoons 2\,Ag + CdCl_2$
   $\Delta G^0 = -130{,}4$ kJ/FU; $\Delta H^0 = -168$ kJ/FU; $\Delta S^0 = -126$ J · K^{-1}/FU

8. $H_2 + Hg_2Br_2 \rightleftharpoons 2\,Hg + 2\,H^{\cdot} + 2\,Br'$
   $\Delta G^0 = -27$ kJ/FU; $\Delta H^0 = -31{,}6$ kJ/FU; $\Delta S^0 = -15{,}6$ J · K^{-1}/FU;
   $S^0_{\mathrm{Br'}} = 83{,}3$ J · K^{-1} · mol^{-1}

9. $\Delta G = -81{,}5$ kJ · mol^{-1}

10. 0,513 V; $7{,}03 \cdot 10^5$

11. $-553{,}2$ kJ · mol^{-1}; $-2{,}87$ V

12. 1,303

13. $4 \cdot 10^{21}$

14. $-1{,}6006$ V; $8 \cdot 10^{45}$

15. $Zn + 2\,AgCl \rightleftharpoons Zn^{\cdot\cdot} + 2\,Ag + 2\,Cl'$

$\Delta G = -196$ kJ/FU; $\Delta H = -219$ kJ/FU

$\Delta S = -77{,}5$ J $\cdot$ K^{-1}/FU

16. $U\,(\mathrm{V}) = 1{,}0186 - 4{,}05 \cdot 10^{-5}\left(\vartheta\,(^\circ\mathrm{C}) - 20\right)$

$\Delta G = -197$ kJ $\cdot$ mol^{-1}; $\Delta H = -199$ kJ $\cdot$ mol^{-1};

$\Delta S = -7{,}83$ J $\cdot$ K^{-1} $\cdot$ mol^{-1}

17. $HgClO_4$ ist leicht löslich, die Kette besteht aus 2 Elektroden 1. Art, in denen unabhängig von den Perchloratkonzentrationen die Reaktionen ablaufen:

links: $Hg(1) \rightleftharpoons Hg_x^{x\cdot}(1) + xe^-$,

rechts: $Hg(2) \rightleftharpoons Hg_x^{x\cdot}(2) + xe^-$.

Für die Gesamtreaktion

$Hg(1) + Hg_x^{x\cdot}(2) \rightleftharpoons Hg(2) + Hg_x^{x\cdot}(1)$

mit x übergehenden Elektronen lautet die NERNSTsche Gleichung

$$E = \frac{F_N}{x} \lg \frac{a_1}{a_2};$$

a_1 und a_2 sind darin die Aktivitäten des Merkuroions auf der linken bzw. rechten Seite. Setzt man sie gleich den Konzentrationen, so wird

$$\frac{a_1}{a_2} = \frac{b}{2b} = 0{,}5.$$

Mit $E = -8{,}9$ mV wird schließlich

$$x = \frac{59{,}16}{-8{,}9} \cdot \lg 0{,}5 = 2.$$

Es liegt also $Hg_2^{\cdot\cdot}$ vor.

18. $1{,}79 \cdot 10^{-6}$; $1{,}34 \cdot 10^{-4}$ mol $\cdot$ kg^{-1}

$\Delta G^0 = -60{,}7$ kJ/FU; $\Delta H^0 = -89{,}6$ kJ/FU

$\Delta S^0 = -96{,}3$ J $\cdot$ K^{-1}/FU

19. $+245{,}1$ mV

20. $Mo + 2\,H_2S \rightleftharpoons MoS_2 + 2\,H_2$

$$\lg K = -6{,}142 + \frac{10140}{T}$$

21. Die Reaktionen an den einzelnen Elektroden sind

1. $Mn^{\cdot\cdot} + 4H_2O \rightleftharpoons MnO_4' + 8H^{\cdot} + 5e^-$ $\qquad \Delta G_1^0 = 5F\varepsilon_1^0$

2. $2Cl' \rightleftharpoons Cl_2 + 2e^-$ $\qquad \Delta G_2^0 = 2F\varepsilon_2^0$

3. $2Cr^{\cdot\cdot\cdot} + 7H_2O \rightleftharpoons Cr_2O_7'' + 14H^{\cdot} + 6e^-$ $\qquad \Delta G_3^0 = 6F\varepsilon_3^0$

4. $Fe^{\cdot\cdot} \rightleftharpoons Fe^{\cdot\cdot\cdot} + e^-$ $\qquad \Delta G_4^0 = F\varepsilon_4^0$

Für die Oxydation von Cl' mit MnO_4' folgt aus der Reaktionsgleichung

$$10Cl' + 2MnO_4' + 16H^{\cdot} \rightleftharpoons 5Cl_2 + 2Mn^{\cdot\cdot} + 8H_2O$$

die Gleichgewichtskonstante

$$K = \frac{a^2_{Mn^{\cdot\cdot}} \cdot a^5_{Cl_2}}{a^{10}_{Cl'} \cdot a^2_{MnO_4'} \cdot a^{16}_{H^{\cdot}}}.$$

Ferner ist für diese Reaktion

$$\Delta G^0 = -RT \ln K = 5\Delta G_2^0 - 2\Delta G_1^0 = 10F(\varepsilon_2^0 - \varepsilon_1^0)$$

oder

$$\lg K = \frac{10}{F_N}(\varepsilon_2^0 - \varepsilon_1^0) = 25{,}44$$

$$K = 3 \cdot 10^{25}.$$

Für die Oxydation von $Cr^{\cdot\cdot\cdot}$ bzw. $Fe^{\cdot\cdot}$ erhält man entsprechend

$$\Delta G^0 = 5\Delta G_3^0 - 6\Delta G_1^0 = 30F(\varepsilon_3^0 - \varepsilon_1^0)$$

bzw.

$$\Delta G^0 = 5\Delta G_4^0 - \Delta G_1^0 = 5F(\varepsilon_4^0 - \varepsilon_1^0)$$

und für die Gleichgewichtskonstanten die Werte $2 \cdot 10^{91}$ bzw. $3 \cdot 10^{62}$.

22. −1,026 V

23. Für die Reaktion

$$Sn \rightleftharpoons Sn^{\cdot\cdot} + 2e^-$$

$$Pb \rightleftharpoons Pb^{\cdot\cdot} + 2e^-$$

$$\overline{Sn + Pb^{\cdot\cdot} \rightleftharpoons Sn^{\cdot\cdot} + Pb}$$

lautet die NERNSTsche Gleichung

$$E = E^0 + \frac{RT}{2F} \ln \frac{a_{Sn^{\cdot\cdot}}}{a_{Pb^{\cdot\cdot}}}.$$

Da ein großer Überschuß an $HClO_4$ in beiden Lösungen vorliegt, wird $f_{Sn^{\cdot\cdot}} = f_{Pb^{\cdot\cdot}}$ gesetzt. Für die Standard-EMK erhält man

$$E^0 = E - \frac{F_N}{2} \lg \frac{0{,}02}{0{,}01} = -14{,}0 \text{ mV}.$$

Daraus folgt schließlich für die Reaktion in der Kette — und damit auch für die in der Aufgabe genannte Reaktion —

$$\lg K = -\frac{\Delta G^0}{2{,}303RT} = -\frac{2E^0}{F_N} = 0{,}4734$$

$$K = 2{,}97.$$

Ketten mit Überführung, Diffusionspotentiale, Überführungszahlen aus Ketten

1. $-1{,}08$ mV

2. Wegen der größeren Beweglichkeit gelangen mehr $H^{\cdot}$-Ionen auf die linke Seite, als umgekehrt $Na^{\cdot}$-Ionen auf die rechte Seite wandern. Links entsteht daher ein Überschuß an positiven Ladungen, die AgCl-Elektrode mit NaCl-Lösung ist der positive Pol.

   Die Kettenspannung wird nur durch das Diffusionspotential ε_D bestimmt:

   $$U = \varepsilon_D.$$

   Wendet man die Formel von Büchi zur Bestimmung des Diffusionspotentials an (S. s. 199), so ist wegen $m_+ = m_- = m$

   $$D_+ = c(l_{Na^{\cdot}} - l_{Cl'}); \quad D_- = c(l_{H^{\cdot}} - l_{Cl'})$$

   $$S_+ = c(l_{Na^{\cdot}} + l_{Cl'}); \quad S_- = c(l_{H^{\cdot}} + l_{Cl'}).$$

   Damit wird

   $$U = \varepsilon_D = -F_N \frac{D_+ - D_-}{S_+ - S_-} \lg \frac{S_+}{S_-} = -F_N \lg \frac{\lambda_{NaCl}}{\lambda_{HCl}} = +33{,}3 \text{ mV}.$$

3. a) 27 mV b) 4 mV c) 36 mV

4. $\varepsilon_d = -68$ mV; $\varepsilon_d' = +35{,}6$ mV

5. Für die Kette mit Überführung, bei der die Anionen potentialbestimmend sind, ist

   $$E = F_N \cdot t_+ \frac{\nu_+ + \nu_-}{\nu_+ z_+} \lg \frac{a_{\pm 2}}{a_{\pm 1}} \quad \text{mit } a_{\pm 2} < a_{\pm 1}.$$

   Bei einem 2-2-wertigen Elektrolyten ist $\nu_+ = \nu_- = 1$; $z_+ = z_- = 2$. Ferner gilt für das Verhältnis der mittleren Konzentrationen stets

   $$m_{\pm 2} : m_{\pm 1} = m_2 : m_1.$$

   Man erhält schließlich durch Einsetzen und mit $a_\pm = f_\pm m_\pm$

   $$E = F_N \cdot t_+ \left(\lg \frac{m_2}{m_1} + \lg f_{\pm 2} - \lg f_{\pm 1}\right).$$

   Nach der in der Aufgabe angegebenen Formel ist mit $J = 4m$

   $$\lg f_{\pm 2} = -0{,}3329 \quad \text{und} \quad \lg f_{\pm 1} = -0{,}5984.$$

   Die EMK wird aus den gegebenen Werten zu $E = -10{,}9$ mV berechnet.

6. $t_+ = 0{,}43$; $t_- = 0{,}57$

7. Für $Zn(ClO_4)_2$ ist $\nu_+ = 1$, $\nu_- = 2$ und $z_+ = 2$. Potentialbestimmend sind die $Zn^{\cdot\cdot}$-Ionen, d. h.

$$U_m = -E_m = \frac{3}{2} F_N \cdot t_- \lg \frac{a_{\pm 1}}{a_{\pm 2}} \quad \text{mit} \quad a_{\pm 1} > a_{\pm 2} .$$

Mit $m_{\pm 1} : m_{\pm 2} = m_1 : m_2$ erhält man daraus

$$t_- = \frac{2U}{3F_N \lg \dfrac{m_2 f_{\pm 2}}{m_1 f_{\pm 1}}} .$$

Aus der Wertetabelle entnimmt man für $m_1 = 0{,}1 \text{ mol kg}^{-1}$ den Wert $f_{\pm 1} = 0{,}573 \text{ kg mol}^{-1}$, so daß mit $m_1 f_{\pm 1} = 0{,}0573$ und den übrigen Tabellenwerten die Überführungszahlen t_- und $t_+ = 1 - t_-$ berechnet werden können. Man erhält folgende Werte:

m_2 (mol kg^{-1})	t_+
0,15	0,409
0,20	0,406
0,30	0,392
0,40	0,387
0,50	0,385
0,60	0,383
0,70	0,377
0,80	0,374
1,40	0,362
2,00	0,355

Trägt man t_+ gegen $\sqrt{m_2}$ auf (*Abb. 22*), so erhält man annähernd eine Gerade, von der oberhalb $m_2 = 0{,}8 \text{ mol} \cdot \text{kg}^{-1}$ die Meßwerte merklich abweichen. Für

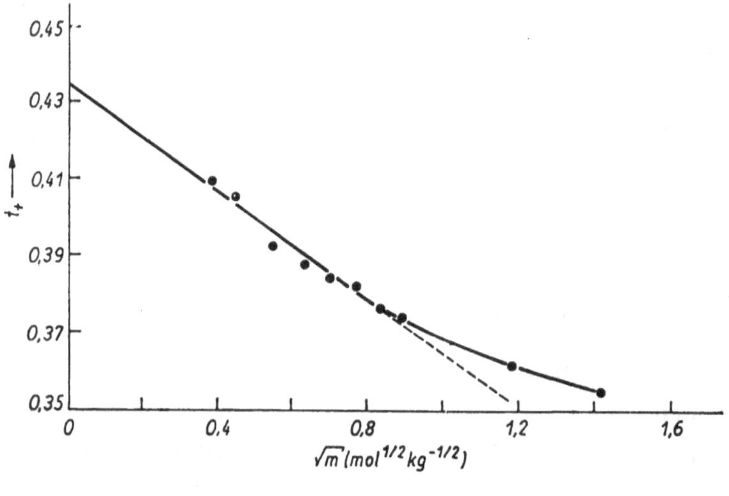

Abb. 7.2

$J \to 0$ und damit $m \to 0$ findet man $t_+ = 0{,}434$. Zur Berechnung des Diffusionspotentials wird nach $E_D = E_m - E_0$ neben der EMK mit Überführung nach der oben angegebenen Formel auch die EMK der Kette ohne Überführung benötigt. Es ist

$$E_0 = \frac{F_N}{2} \lg \frac{a_{+2}}{a_{+1}} \quad \text{mit} \quad a_{+1} > a_{+2}.$$

Näherungsweise kann

$$f_{+2} : f_{+1} = f_{\pm 2} : f_{\pm 1}$$

gesetzt werden. Dann wird unter Verwendung der Gleichung für E_m

$$E_0 = \frac{F_N}{2} \lg \frac{m_2 f_{\pm 2}}{m_1 f_{\pm 1}} = \frac{E_m}{3t_-},$$

d. h.

$$\varepsilon_D = \frac{3t_- - 1}{3t_-} E_m.$$

Setzt man die zusammengehörenden Wertepaare für t_- und E_m ein, so erhält man schließlich bei $m_2 = 2{,}0 \text{ mol kg}^{-1}$ $\varepsilon_D = 55 \text{ mV}$ und bei $m_2 = 0{,}5 \text{ mol kg}^{-1}$

$$\varepsilon_D = 40 \text{ mV}.$$

8. 0,417

9. -158 mV

10. 38,8 mV; 0

11. Anode: $Hg + Cl'(1) \to \frac{1}{2} Hg_2Cl_2 + e^-$ (links)

Katode: $\frac{1}{2} Hg_2Cl_2 + e^- \to Hg + Cl'(2)$ (rechts)

gesamt: $Cl'(1) \to Cl'(2)$.

Mit Überführung ist, da Cl'-Ionen das Potential bestimmen,

$$E_m = 2t_+ F_N \frac{a_{\pm 2}}{a_{\pm 1}} \quad \text{mit} \quad a_{\pm 2} > a_{\pm 1}.$$

Nach der Debye-Hückel-Gleichung ist

$$\lg f_{\pm 2} = -0{,}509 \sqrt{0{,}001} = -1{,}61 \cdot 10^{-2},$$

d. h.

$$E_m = 2t_+ F_N \left(\lg \frac{m_2}{m_1 f_{\pm 1}} + \lg f_{\pm 2}\right)$$

$$= 2 \cdot 0{,}4 \cdot 59{,}16 \text{ mV} \left(\lg \frac{0{,}001}{0{,}1 \cdot 0{,}6} - 1{,}61 \cdot 10^{-2}\right)$$

$$= -84 \text{ mV}.$$

Ohne Überführung ist

$$E_0 = F_N \lg \frac{a_{-2}}{a_{-1}} = F_N \lg \frac{m_2}{m_1} \frac{f_{\pm 2}}{f_{\pm 1}} = \frac{E_m}{2t_+} = -105 \text{ mV}.$$

12. 42,2 mV

13. $t_+ = 0{,}54$; $t_- = 0{,}46$

14. 0,782 kg mol^{-1}

15. $\varepsilon_d = +2{,}06$ mV; $\varepsilon_d' = -0{,}60$ mV

Potentiometrie, pH-Wert

1. pH = 6,48; $a_{H^\cdot} = 3{,}35 \cdot 10^{-7}$

2. In der Meßkette

$Pt \mid H_2, H^\cdot \parallel KCl\,(ges.) \mid Hg_2Cl_2 \mid Hg$

besteht das Gleichgewicht

$H_2 + Hg_2Cl_2 \rightleftharpoons 2H^\cdot + 2Cl^\cdot + 2Hg.$

Die NERNSTsche Gleichung lautet

$$E = E^{0\prime} + \frac{RT}{2F} \ln \frac{a_{H^\cdot}^2 \cdot a_{Cl'}^2}{pH_2}.$$

Die Cl′-Aktivität ist wegen der hohen KCl-Konzentration konstant, so daß man erhält

$$E = E_0 + \frac{RT}{2F} \ln a_{H^\cdot}^2 - \frac{RT}{2F} \ln p_{H_2}.$$

Mit $pH = -\lg a_{H^\cdot}$ und $E^0 = -\varepsilon_K$ ist

$$pH = -\frac{\varepsilon_K + E}{F_N} - \frac{1}{2} \lg p_{H_2}.$$

Bildet man den Differenzenquotienten dieser Gleichung, so ist

$$\frac{\Delta p_{H_2}}{p_{H_2}} = -2 \cdot 2{,}303 \Delta pH.$$

In der Nähe von $p_{H_2} = 101{,}3$ kPa darf die Abweichung des Wasserstoffdrucks

$\Delta p_{H_2} = -4{,}606 \cdot 0{,}01 \cdot 101{,}3 \text{ kPa} = -4{,}7 \text{ kPa}$

sein, wenn der pH-Wert auf 0,01 genau sein soll.

3. pH = 4,01; $a_H = 9{,}7 \cdot 10^{-5}$

4. 88,5 mV; Silberelektrode auf Pufferseite ist positiv.

5. Die eingesetzten Konzentrationen an $HClO_4$ und Essigsäure (HAc) seien c_1 und c_2. Dann gilt wegen der Erhaltung der Masse:

$$c_2 = c_{HAc} + c_{Ac'} \quad \text{und} \quad c_1 = c_{ClO_4'}.$$

Andererseits muß die Lösung neutral bleiben:

$$c_H = c_{Ac} + c_1.$$

Dabei kann die Konzentration an OH'-Ionen vernachlässigt werden. Die Dissoziationskonstante der Essigsäure ist

$$K_a = \frac{a_{H^{\cdot}} a_{Ac'}}{a_{HAc}} = \frac{c_{H^{\cdot}} c_{Ac'}}{c_{HAc}} \cdot f_{\pm}^2.$$

Durch Einsetzen erhält man die Gleichung zur Bestimmung von $c_{H^{\cdot}}$

$$K_a = \frac{c_{H^{\cdot}}(c_{H^{\cdot}} - c_1)}{c_1 + c_2 - c_{H^{\cdot}}} \cdot f_{\pm}^2,$$

die sich in eine quadratische Gleichung für $c_{H^{\cdot}}$ umformen läßt.

a) $c_{H^{\cdot}} = 2{,}083 \cdot 10^{-3}\ \text{mol} \cdot l^{-1}$

$c_{Ac'} = c_{H^{\cdot}} - c_1 = 8{,}3 \cdot 10^{-5}\ \text{mol} \cdot l^{-1}.$

b) Zur Bestimmung der Ionenstärke werden die unter a) ermittelten Ionenkonzentrationen verwendet:

$$J = \frac{1}{2}\,(2{,}083 \cdot 10^{-3} z_{H^{\cdot}}^2 + 8{,}3 \cdot 10^{-5} z_{Ac'}^2 + c_1 z_{ClO_4'}^2)\ \text{mol} \cdot l^{-1} = 2{,}083 \cdot 10^{-3}\ \text{mol} \cdot l^{-1}.$$

Aus der Debye-Hückel-Gleichung findet man den Wert

$f_{\pm} = 0{,}948\ l\ \text{mol}^{-1}.$

Die physikalisch sinnvolle Lösung der quadratischen Gleichung lautet

$c_{H^{\cdot}} = 2{,}092 \cdot 10^{-3}\ \text{mol} \cdot l^{-1}$

$c_{Ac'} = 9{,}2 \cdot 10^{-5}\ \text{mol} \cdot l^{-1}.$

6. a) $c_{H^{\cdot}} = 2{,}83 \cdot 10^{-3}\ \text{mol} \cdot l^{-1}$; pH = 2,54

b) $c_{H^{\cdot}} = 2{,}83 \cdot 10^{-3}\ \text{mol} \cdot l^{-1}$; pH = 2,57

7. $3{,}58 \cdot 10^{-3}\ \text{mol} \cdot \text{kg}^{-1}$; Debye-Hückel: $5{,}43 \cdot 10^{-2}\ \text{mol} \cdot \text{kg}^{-1}$

8. Folgende Teilchen liegen in der Lösung vor:

$H^{\cdot}$, $NH_4^{\cdot}$, $CH_3NH_3^{\cdot}$, OH', Cl', NH_4OH, CH_3NH_2.

Aus dem pH-Wert der Lösung folgt einerseits

$$c_{OH'} = \frac{K_W}{c_{H^{\cdot}}} = 3{,}16 \cdot 10^{-5}\ \text{mol} \cdot l^{-1},$$

andererseits kann die $H^{\cdot}$-Konzentration vernachlässigt werden gegenüber der OH'-Konzentration. Die Neutralitätsbedingung lautet dann

$$c_{NH_4^{\cdot}} + c_{CH_3NH_3^{\cdot}} = c_{OH'} + c_{Cl'} . \tag{1}$$

Bezeichnet man mit x das Volumen der zugesetzten HCl, mit v_{ges} das der Lösung und mit $v_0 = 50$ ml das der Lösung, die $c_1 = 0{,}1 \text{ mol} \cdot l^{-1}$ NH_4OH und $c_2 = 0{,}2 \text{ mol} \cdot l^{-1}$ CH_3NH_2 enthielt, dann gilt zunächst

$$v_{ges} = v_0 + x .$$

Wegen der Massenerhaltung muß in der Lösung weiter gelten

$$c_{NH_4^{\cdot}} + c_{NH_4OH} = \frac{c_1 \cdot v_0}{v_0 + x} \tag{2}$$

$$c_{CH_3NH_2} + c_{CH_3NH_3^{\cdot}} = \frac{c_2 v_0}{v_0 + x} \tag{3}$$

$$c_{Cl'} = \frac{c_3 x}{v_0 + x} \tag{4}$$

$c_3 = 0{,}1 \text{ mol} \cdot l^{-1}$ ist dabei die Konzentration der zugesetzten Salzsäure.
Schließlich sind die Basenkonstanten:

$$K_{b1} = \frac{c_{NH_4^{\cdot}} c_{OH'}}{c_{NH_4OH}} \quad \text{und} \quad K_{b2} = \frac{c_{CH_3NH_3^{\cdot}} c_{OH'}}{c_{CH_3NH_2}} . \tag{5, 6}$$

Aus den Gleichungen (1) bis (6) läßt sich x wie folgt berechnen. Löst man (5) und (6) nach c_{NH_4OH} bzw. $c_{CH_3NH_2}$ auf und setzt in (2) bzw. (3) ein, dann können diese nach $c_{NH_4^{\cdot}}$ und $c_{CH_3NH_3^{\cdot}}$ aufgelöst werden.

Nach Einsetzen dieser beiden Größen und (4) in (1) erhält man die Gleichung

$$\frac{c_1 v_0}{(v_0 + x)(1 + c_{OH'}/K_{b1})} + \frac{c_2 v_0}{(v_0 + x)(1 + c_{OH'}/K_{b2})} = c_{OH'} + \frac{c_3 x}{v_0 + x} .$$

Daraus folgt

$$x = \frac{v_0}{c_{OH'} + c_3} \left[\frac{c_1}{1 + c_{OH'}/K_{b1}} + \frac{c_2}{1 + c_{OH'}/K_{b2}} - c_{OH'} \right] .$$

Mit den Zahlenwerten erhält man $x = 113$ ml.

9. a) 0,0169 b) 0,0106

10. Die Lösung enthält folgende Ionen:

$H^{\cdot}$, $Na^{\cdot}$, Ac', CN', OH'.

Für die eingesetzte Essigsäurekonzentration c_1 muß gelten

$$c_1 = c_{Ac'} + c_{HAc}$$

und entsprechend für die Konzentration von NaCN

$$c_2 = c_{CN'} + c_{HCN} = c_{Na^\cdot}.$$

Wegen der Elektroneutralität der Lösung ist

$$c_{H^\cdot} + c_{Na^\cdot} = c_{Ac'} + c_{CN'} + c_{OH'}.$$

Hierin ist $c_{OH'} \ll c_{H^\cdot} \ll c_{Na^\cdot}$, und wegen der kleinen Dissoziationskonstanten von HCN K_2 gegenüber der von Ac K_1 ist außerdem $c_{CN'} \ll c_{Ac'}$. Damit wird $c_{Ac'} \approx c_{Na^\cdot} = 0{,}01 \text{ mol} \cdot l^{-1}$.

Ferner ist

$$c_{H^\cdot} = K_1 \cdot \frac{c_{HAc}}{c_{Ac'}} = K_1 \frac{c_1 - c_{Ac'}}{c_{Ac'}} = 3{,}6 \cdot 10^{-5} \text{ mol} \cdot l^{-1}$$

und

$$c_{OH'} = \frac{K_W}{c_{H^\cdot}} = 2{,}8 \cdot 10^{-10} \text{ mol} \cdot l^{-1}.$$

Schließlich ist

$$c_{CN'} = K_2 \frac{c_{HCN}}{c_{H^\cdot}} = K_2 \frac{c_2 - c_{CN'}}{c_{H^\cdot}} \approx K_2 \frac{c_2}{c_{H^\cdot}} = 2{,}8 \cdot 10^{-8} \text{ mol} \cdot l^{-1}.$$

11. $2{,}98 \cdot 10^{-3}$ mol · l^{-1}; 11,47

12. a) 11,09 b) 10,97

13. $3{,}64 \cdot 10^{-3}$ mol · l^{-1}

14. a) 6,83 b) 6,86

15. 0,78 mol · l^{-1}; a) 1,70 b) 2,15

16. Es gelten folgende Gleichungen:

$$K_1 = \frac{c_{H^\cdot} c_{HCO_3'}}{c_{H_2CO_3}} \quad (1)$$

$$K_2 = \frac{c_{H^\cdot} c_{CO_3''}}{c_{HCO_3'}} \quad (2)$$

$$K_W = c_{H^\cdot} c_{OH'} \quad (3)$$

$$c_{Na^\cdot} + c_{H^\cdot} = c_{OH'} + c_{HCO_3'} + 2c_{CO_3''} \quad \text{(Neutralitätsbedingung)} \quad (4)$$

$$\left.\begin{array}{l} 2c_1 + c_2 = c_{Na^\cdot} \quad (5) \\ c_1 + c_2 = c_{H_2CO_3} + c_{HCO_3'} + c_{CO_3''} \quad (6) \end{array}\right\} \text{(Massenerhaltung)}$$

Darin sind c_1 und c_2 die eingesetzten Konzentrationen an Na_2CO_3 bzw. $NaHCO_3$. Die Lösung wird wegen einer teilweisen Bildung undissoziierter Säure alkalisch, d. h. $c_{H^\cdot} \ll c_{OH'}$. Außerdem ist $c_{H_2CO_3} \ll c_{HCO_3'}, c_{CO_3''}$. Mit diesen Voraussetzungen und der Abkürzung $c_{OH'} = x$ folgt durch Addition der Gleichungen (4) und (5) und Subtraktion der Gleichung (6):

$$c_1 = x + c_{CO_3''} \quad \text{oder} \quad c_{CO_3''} = c_1 - x. \qquad (7)$$

Einsetzen von (7) in (6) liefert

$$c_{HCO_3'} = c_2 + x. \qquad (8)$$

Setzt man nun $c_{H^\cdot}$ aus (3) sowie (7) und (8) in (2) ein, so erhält man nach Umstellung die Gleichung

$$K_2x^2 + (c_2K_2 + K_W)\,x - K_Wc_1 = 0$$

mit der physikalisch sinnvollen Lösung

$$x = c_{OH'} = 2{,}84 \cdot 10^{-4}\ \text{mol} \cdot l^{-1}.$$

Daraus folgt nach (3)

$$\text{pH} = pK_W - p\text{OH} = 10{,}45.$$

Aus (7) und (8) erhält man

$$c_{CO_3''} = 5{,}72 \cdot 10^{-3}\ \text{mol} \cdot l^{-1} \quad \text{und} \quad c_{HCO_3'} = 4{,}28 \cdot 10^{-3}\ \text{mol} \cdot l^{-1}.$$

Die Gleichung (1) führt schließlich zu dem Wert

$$c_{H_2CO_3} = 3{,}51 \cdot 10^{-7}\ \text{mol} \cdot l^{-1},$$

der den Voraussetzungen entspricht.

17. $0{,}028\ \text{mol} \cdot l^{-1}$; $2{,}18$; $0{,}55\ l \cdot \text{mol}^{-1}$

18. a) $c_{H^\cdot} = c_{Ac'} = 4{,}1 \cdot 10^{-4}\ \text{mol} \cdot l^{-1}$
$c_{OH'} = 2{,}44 \cdot 10^{-11}\ \text{mol} \cdot l^{-1}$
$c_{HAc} = 9{,}59 \cdot 10^{-3}\ \text{mol} \cdot l^{-1}$

b) $c_{H^\cdot} = 4{,}63 \cdot 10^{-4}\ \text{mol} \cdot l^{-1}$; $c_{Ac'} = 3{,}63 \cdot 10^{-4}\ \text{mol} \cdot l^{-1}$;
$c_{OH'} = 2{,}16 \cdot 10^{-11}\ \text{mol} \cdot l^{-1}$; $c_{HAc} = 9{,}64 \cdot 10^{-3}\ \text{mol} \cdot l^{-1}$;
$c_{Cl'} = 10^{-4}\ \text{mol} \cdot l^{-1}$

Die Dissoziation der Essigsäure wird gegenüber a) zurückgedrängt.

19. 5,18

20. $1{,}41 \cdot 10^{-3}\ \text{mol} \cdot l^{-1}$; $10{,}68$; mit NH_4Cl: $2 \cdot 10^{-5}\ \text{mol} \cdot l^{-1}$; $8{,}84$

21. Die Anfangskonzentration an HCN sei $c_1 = 0{,}05\ \text{mol} \cdot l^{-1}$, die des NaCN $c_2 = 0{,}04\ \text{mol} \cdot l^{-1}$.

Es gelten mit $c_{OH'} \ll c_H$ die Beziehungen:

$c_1 + c_2 = c_{HCN} + c_{CN'}$ $\quad c_2 = c_{Na}$ (Massenerhaltung)
$c_{H^\cdot} + c_{Na} = c_{CN'}$ (Neutralitätsbedingung)

$$K_c = \frac{c_{H^\cdot} c_{CN'}}{c_{HCN}}.$$

Aus dieser Gleichung folgt die Bestimmungsgleichung für $c_{H^\cdot}$

$$c_{H^\cdot}^2 + (c_2 + K_c)\, c_{H^\cdot} - K_c c_1 = 0.$$

Ohne Berücksichtigung der interionischen Wechselwirkung ist

$$K_c = 3{,}36 \cdot 10^{-3}\ \mathrm{mol \cdot l^{-1}}.$$

Die quadratische Gleichung liefert hiermit den Wert $c_{H^\cdot} = 3{,}58 \cdot 10^{-3}\ \mathrm{mol \cdot l^{-1}}$ (oder pH $= 2{,}45$) und daraus folgt $c_{Ac'} = 4{,}36 \cdot 10^{-2}\ \mathrm{mol \cdot l^{-1}}$.

Nach der Debye-Hückel-Gleichung ist für HCN

$$\lg f_\pm = -A z_+ z_- \sqrt{J}\,.$$

Zur Berechnung der Ionenstärke J werden die Ionenkonzentrationen von $Na^\cdot$, CN' und $H^\cdot$ verwendet, die sich ohne interionische Wechselwirkung ergeben. Dann ist $J = 0{,}0436\ \mathrm{mol \cdot l^{-1}}$ und $f_\pm = 0{,}783\ \mathrm{mol \cdot l^{-1}}$.

Aus der thermodynamischen Dissoziationskonstanten folgt

$$K_c = \frac{K_a}{f_\pm^{\,2}} = 5{,}48 \cdot 10^{-3}\ \mathrm{mol \cdot l^{-1}}.$$

Die quadratische Gleichung hat nun die Lösung $c_{H^\cdot} = 5{,}39 \cdot 10^{-3}\ \mathrm{mol \cdot l^{-1}}$. Mit dem Aktivitätskoeffizienten der Wasserstoffionen $f_{H^\cdot} = f_\pm$ (Ionenstärke ist die gleiche, außerdem ist bei 1-1-wertigen Elektrolyten $z_+ z_- = z_+^{\,2} = 1$) ist

$$\mathrm{pH} = -\lg c_{H^\cdot} \cdot f_{H^\cdot} = 2{,}38\,.$$

Die weitere Iteration (Berechnung einer verbesserten Ionenstärke aus $c_{H^\cdot} = 5{,}39 \cdot 10^{-3}\ \mathrm{mol \cdot l^{-1}}$, Berechnung von K_c usw.) liefert keinen anderen pH-Wert.

22. $$c_{H^\cdot} = c + \frac{K_W}{c_{H^\cdot}} - \frac{c_{H^\cdot} c}{K + c_{H^\cdot}}$$

Zur Auswertung wird im Bereich pH $= 0 \ldots 7$ die Anfangskonzentration berechnet nach

$$c = (c_{H^\cdot}^2 - K_W)\left(1 + \frac{c_{H^\cdot}}{K_a}\right) c_{H^\cdot}\,.$$

Man erhält für pH gegen $-\lg c$ eine leicht gekrümmte Kurve, die oberhalb pH $= 2{,}5$ in eine Gerade übergeht.

23. $c_{H^\cdot} = c_{OH'} = 10^{-7}\ \mathrm{mol \cdot l^{-1}}$; $c_{Na^\cdot} = c_{H_2S} = c_{HS'} = 0{,}05\ \mathrm{mol \cdot l^{-1}}$
$c_{S''} = 5 \cdot 10^{-10}\ \mathrm{mol \cdot l^{-1}}$

24. Am isoelektrischen Punkt ist die Konzentration des Ions $^\cdot H_3NCH_2COOH$ c_1 gleich der des Ions H_2NCH_2COO' c_3. Bezeichnet man die Konzentration von $^\cdot H_3NCH_2COO'$ mit c_2, so gilt

$$K_1 = \frac{c_2 \cdot c_{H^\cdot}}{c_1} \quad \text{und} \quad K_2 = \frac{c_3 \cdot c_{H^\cdot}}{c_2}, \quad \text{d. h.}$$

$$K_1 \cdot K_2 = \frac{c_3}{c_1} \cdot c_{H^\cdot}^2 = c_{H^\cdot}^2\,.$$

Daraus folgt $\mathrm{pH} = \frac{1}{2}\,(pK_1 + pK_2) = 5{,}95$.

25. $7{,}16 \cdot 10^{-3}$ m

26. Wegen fehlender Hydrolyse und geringer Löslichkeit der Hg-Verbindungen ist die Cl′-Konzentration gleich der KCl-Konzentration, und die Lösung ist neutral (pH = 7).

Es ergeben sich durch aufeinanderfolgendes Einsetzen in die gegebenen Beziehungen folgende Werte:

Teilchenart	Konzentration in mol · kg⁻¹ *a*	*b*
Cl'	1	4,65
$H^{\cdot}$	10^{-7}	10^{-7}
$Hg_2^{\cdot\cdot}$	$1{,}3 \cdot 10^{-17}$	$6{,}1 \cdot 10^{-19}$
$Hg^{\cdot\cdot}$	$1{,}0 \cdot 10^{-19}$	$4{,}7 \cdot 10^{-21}$
$HgCl^{\cdot}$	$5{,}6 \cdot 10^{-13}$	$1{,}2 \cdot 10^{-13}$
$HgCl_2$	$1{,}7 \cdot 10^{-6}$	$1{,}7 \cdot 10^{-6}$
$HgCl_3'$	$1{,}19 \cdot 10^{-5}$	$5{,}5 \cdot 10^{-5}$
$HgCl_4''$	$1{,}19 \cdot 10^{-4}$	$2{,}57 \cdot 10^{-3}$
$Hg_2Cl^{\cdot}$	$2{,}6 \cdot 10^{-16}$	$5{,}7 \cdot 10^{-17}$
$HgOH^{\cdot}$	$2{,}0 \cdot 10^{-16}$	$9{,}4 \cdot 10^{-18}$
$Hg(OH)_2$	$5{,}1 \cdot 10^{-12}$	$2{,}4 \cdot 10^{-13}$
$Hg_2OH^{\cdot}$	$1{,}3 \cdot 10^{-15}$	$6{,}1 \cdot 10^{-17}$

Von den Quecksilber enthaltenden Teilchen tragen praktisch nur $HgCl_2$, $HgCl_3'$ und $HgCl_4''$ zur Gesamtkonzentration an Quecksilber bei. Sie beträgt a) $1{,}33 \cdot 10^{-4}$ mol · kg⁻¹ und b) $2{,}63 \cdot 10^{-3}$ mol · kg⁻¹.

27. $c_{OH'} = 10^{-11}$ mol · kg⁻¹; $c_{H^{\cdot}} = 10^{-3}$ mol · l⁻¹;

$c_{Hg^{\cdot\cdot}} = 5{,}88 \cdot 10^{-5}$ mol · l⁻¹; $c_{Hg(OH)_2} = 2{,}94 \cdot 10^{-5}$ mol · l⁻¹;

$c_{HgOH} = 1{,}18 \cdot 10^{-5}$ mol · l⁻¹; $c_{Cl'} = 11{,}3 \cdot 10^{-4}$ mol · l⁻¹

(wenn zur Einstellung des pH-Wertes beispielsweise HCl verwendet wurde). HgO fällt nicht aus, da $c_{Hg(OH)_2} = < c_s$.

28. $c_{Fe^{\cdot\cdot}} = c_{Hg^{\cdot\cdot}} = 7{,}7 \cdot 10^{-4}$ mol · l⁻¹

$c_{Fe^{\cdot\cdot\cdot}} = 2c_{Hg_2^{\cdot\cdot}} = 4{,}23 \cdot 10^{-3}$ mol · l⁻¹

Teilchenart	Konzentration in mol · l⁻¹
$Cd^{\cdot\cdot}$	$2{,}16 \cdot 10^{-5}$
$CdCl^{\cdot}$	$4{,}54 \cdot 10^{-4}$
$CdCl_2$	$3{,}58 \cdot 10^{-3}$
$CdCl_3'$	$4{,}41 \cdot 10^{-3}$
$CdCl_4''$	$1{,}54 \cdot 10^{-3}$

30. $$pH = \frac{1}{2} pK_a - \frac{1}{2} \lg c_{XOH} = -\lg K_W - \frac{1}{2} pK_b + \frac{1}{2} \lg c_{XOH}$$

Puffer, Hydrolyse, Dissoziationsgrad, -konstanten, potentiometrische Titration

1. $1{,}00 \cdot 10^{-14}\,(\mathrm{mol} \cdot \mathrm{l}^{-1})^2$

2. Bezeichnungen: v_1 = Volumen der Essigsäure-Lösung der Konzentration $c_1 = 0{,}1\,\mathrm{mol} \cdot \mathrm{l}^{-1}$; x = Volumen der zugesetzten Na*Ac*-Lösung der Konzentration $c_2 = 0{,}5\,\mathrm{mol} \cdot \mathrm{l}^{-1}$.
Teilchenarten in der Pufferlösung mit $c_{H^\cdot} = 3{,}98 \cdot 10^{-6}\,\mathrm{mol} \cdot \mathrm{l}^{-1}$:
$Na^\cdot$, Ac', $H^\cdot$, HAc, OH'.

Neutralitätsbedingung:

$$c_{H^\cdot} + c_{Na^\cdot} = c_{Ac'} + c_{OH'}.$$

Darin ist $c_{Na^\cdot} = \dfrac{c_2 \cdot x}{v_1 + x}$, $c_{OH'} \ll c_{H^\cdot}$ und $c_{H^\cdot} \ll c_{Na^\cdot}$, d. h.

$$c_{Ac'} = \frac{c_2 x}{v_1 + x}.$$

Gesamtkonzentration an Acetat in der Pufferlösung:

$$\frac{c_1 v_1}{v_1 + x} + \frac{c_2 x}{v_1 + x} = c_{Ac'} + c_{HAc},$$

d. h.

$$c_{HAc} = \frac{c_1 v_1}{v_1 + x}.$$

Dissoziationskonstante:

$$K = \frac{c_{H^\cdot} \cdot c_{Ac'}}{c_{HAc}} = c_{H^\cdot} \cdot \frac{c_2 x}{c_1 v_1}$$

oder

$$x = v_1 \cdot \frac{K}{c_{H^\cdot}} \cdot \frac{c_1}{c_2} = 180\,\mathrm{ml}.$$

3. 198 ml

4. Es gelten die Überlegungen der *Aufgabe 2*. In der dort abgeleiteten Beziehung

$$K = c_{H^\cdot} \frac{c_2 x}{c_1 v_1}$$

ist $c_2 \cdot x = n_2$ die gesuchte Anzahl Mole an Natriumacetat. Weiter ist $c_{H^\cdot} = 10^{-4} \times \mathrm{mol} \cdot \mathrm{l}^{-1}$, $c_1 = 0{,}164\,\mathrm{mol} \cdot \mathrm{l}^{-1}$, $v_1 = 1\,\mathrm{l}$, $K = 1{,}85 \cdot 10^{-5}$.
Damit wird $n_2 = 3{,}03 \cdot 10^{-2}\,\mathrm{mol}$.

5. Hydrolysengrad $\beta = \dfrac{c_{HCN}}{c_0}$; $c_0 = 0{,}01\,\mathrm{mol} \cdot \mathrm{l}^{-1}$.

Es bildet sich teilweise undissoziierte HCN, so daß die Lösung alkalisch wird, d. h. $c_{OH'} \gg c_{H^\cdot}$.

Neutralitätsbedingung: $c_0 = c_{Na^{\cdot}} = c_{CN'} + c_{OH'}$;

Massenerhaltung: $c_0 = c_{CN'} + c_{HCN}$,

d. h. $c_{OH'} = c_{HCN}$.

Dissoziationskonstante:

$$K_a \approx K_c = \frac{c_{H^{\cdot}} c_{CN'}}{c_{HCN}} = \frac{K_w(c_0 - c_{HCN})}{c_{OH'} \cdot c_{HCN}} = K_w \frac{c_0 - c_{HCN}}{c_{HCN}^2}.$$

Mit $c_{HCN} \ll c_0$ wird

$$c_{HCN} = \sqrt{\frac{K_w}{K_a} \cdot c_0} = 4{,}56 \cdot 10^{-4}\,\mathrm{mol} \cdot \mathrm{l}^{-1}$$

und

$\beta = 4{,}6\%$.

6. 0,65%; 7,06

7. Der Hydrolysengrad des Gleichgewichts

$C_6H_5NH_3Cl \rightleftharpoons C_6H_5NH_2 + HCl$

sei β. Die Gesamtleitfähigkeit $\lambda = 118{,}6\,\mathrm{cm^2\,Ohm^{-1}\,Val^{-1}}$ setzt sich zusammen aus dem Anteil

1. des nicht hydrolysierten Chlorhydrats (AHCl):

   $(1 - \beta)\,\lambda_{AHCl}$;

2. des durch Hydrolyse gebildeten Anilins (A):

   $\beta\lambda_A \approx 0$;

3. der durch Hydrolyse gebildeten HCl $\beta \cdot \lambda_{HCl}$.

   Es ist $\lambda = (1 - \beta)\,\lambda_{AHCl} + \beta\lambda_{HCl}$;

d. h. $\beta = \dfrac{\lambda - \lambda_{AHCl}}{\lambda_{HCl} - \lambda_{AHCl}}$.

Bei Sättigung der Lösung mit Anilin wird die Hydrolyse zurückgedrängt, und man mißt die Leitfähigkeit des reinen Chlorhydrats, d. h.

$\lambda_{AHCl} = 103{,}6\,\mathrm{cm^2\,Ohm^{-1}\,Val^{-1}}$.

Der Hydrolysengrad beträgt damit $\beta = 4{,}87\%$.

8. $7{,}54 \cdot 10^{-5}$; 7,88

9. 0,65; $4{,}75 \cdot 10^{-4}$

10. Das Salz KA hydrolysiert nach

$K^{\cdot} + A' + H_2O \rightleftharpoons KOH + HA$

bei geringer Konzentration mit der Konstanten

$$K_H = \frac{a_{\mathrm{KOH}} \cdot a_{\mathrm{H}A}}{a_{\mathrm{K}^\cdot} \cdot a_{A^\cdot}}.$$

Ersetzt man die auftretenden Verhältnisse durch

$$\frac{a_{\mathrm{KOH}}}{a_{\mathrm{K}^\cdot}} = \frac{a_{\mathrm{OH}'}}{K_b} \quad \text{und} \quad \frac{a_{\mathrm{H}A}}{a_{A'}} = \frac{a_{\mathrm{H}^\cdot}}{K_a},$$

so wird mit $K_w = a_{\mathrm{H}^\cdot} a_{\mathrm{OH}'}$

$$K_H = \frac{K_w}{K_b \cdot K_a}.$$

Bei nahezu gleichen Konstanten von Säure und Base ist

$c_{\mathrm{KOH}} = c_{\mathrm{H}A} = \beta c_0$ und $c_{\mathrm{K}^\cdot} \approx c_{A'} \approx (1 - \beta)\, c_0$, d. h.

$$K_H = \frac{\beta_2}{(1 - \beta)^2}.$$

β ist bei einem Salz einer schwachen Base und einer schwachen Säure sehr klein gegen eins, so daß schließlich gilt

$$\beta = \sqrt{K_H}.$$

11. $4{,}22 \cdot 10^{-5}$; $6{,}5 \cdot 10^{-3}$; $7{,}06$

12. $1{,}36 \cdot 10^{-5}$

13. Mit $c_{\mathrm{H}^\cdot} \gg c_{\mathrm{OH}'}$ lautet die Neutralitätsbedingung in der Lösung der Säure HA

$$c_{\mathrm{H}^\cdot} = c_{A'}.$$

Die Massenerhaltung fordert

$$c_0 = 10^{-2}\ \mathrm{mol} \cdot \mathrm{l}^{-1} = c_{\mathrm{H}A} + c_{A'}.$$

Die Dissoziationskonstante ist mit $c_{\mathrm{H}^\cdot} \ll c_0$

$$K_a \approx K_c = \frac{c_{\mathrm{H}^\cdot} c_{A'}}{c_{\mathrm{H}A}} = \frac{c^2_{\mathrm{H}^\cdot}}{c_0 - c_{\mathrm{H}^\cdot}} \approx \frac{c^2_{\mathrm{H}^\cdot}}{c_0}$$

oder

$$pK_a = 2\,\mathrm{pH} + \lg c_0 = 9 - 2 = 7.$$

$$K_a = 10^{-7}$$

14. $1{,}83 \cdot 10^{-5}$

15. $1{,}88\%$ a) $1{,}81 \cdot 10^{-5}\ \mathrm{mol} \cdot \mathrm{l}^{-1}$ b) $1{,}68 \cdot 10^{-5}$

16. *ohne*: $8{,}38 \cdot 10^{-5}\ \mathrm{mol} \cdot \mathrm{l}^{-1}$, *mit*: $8{,}14 \cdot 10^{-5}$

17. 3,28%; 2,79

18. Für die Reaktion in der Kette

$$\frac{1}{2}\,H_2 \rightleftharpoons H^{\cdot} + e^-$$

$$Ag + Cl' \rightleftharpoons AgCl + e^-$$

$$\frac{1}{2}\,H_2 + AgCl \rightleftharpoons H^{\cdot} + Cl' + Ag$$

lautet die NERNSTsche Gleichung

$$-U = E = E^0 + \frac{RT}{F} \ln a_{H^{\cdot}} a_{Cl'} = -\varepsilon^0_{Ag|AgCl} + F_N \lg m_{Cl'} - F_N pw\mathrm{H}.$$

Durch Umstellen dieser Gleichung erhält man

$$pw\mathrm{H} = \frac{U - \varepsilon^0_{Ag|AgCl}}{F_N} + \lg m_{Cl'}. \qquad (1)$$

Bei sehr niedrigen Konzentrationen $m_{Cl'}$ geht

$$pw\mathrm{H} = -\lg m_{H^{\cdot}} f_{H^{\cdot}} f_{Cl'} \text{ in } pa\mathrm{H} = -\lg a_{H^{\cdot}}$$

über.

Die Gleichung (1) ermöglicht die Berechnung eines Näherungswertes

$$a'_{H^{\cdot}} = m_{H^{\cdot}} f_{H^{\cdot}} f_{Cl'}.$$

Zur Berechnung der Dissoziationskonstanten der Propionsäure K_a werden diese Werte verwendet.

Es ist

$$K_a = \frac{a_{H^{\cdot}} a_{P'}}{a_{HP}}.$$

Aus der Massenerhaltung $2m = c_{HP} + c_P$ und der Neutralitätsbedingung $c_{H^{\cdot}} + 2m = c_{A'} + m$ ($c_{OH^{\cdot}} \ll c_{H^{\cdot}}$) folgt

$$c_{A'} = m + c_{H^{\cdot}} \text{ und } c_{HA} = m - c_{H^{\cdot}}.$$

Man kann daher setzen

$$K_a' = \frac{a'_{H^{\cdot}}(m + a'_{H^{\cdot}})}{m - a'_{H^{\cdot}}}.$$

Trägt man die so berechneten Werte für K_a über m auf, dann ergibt sich eine Gerade, die die Ordinate bei $m = 0$ in $K_a = 1{,}34 \cdot 10^{-5}$ schneidet.

19. K_c ist konzentrationsabhängig und kann nach

$$K_c = \frac{\lambda^2 c_0}{\lambda_\infty(\lambda_\infty - \lambda)}$$

berechnet werden. $K_a = 1{,}34 \cdot 10^{-5}$

20. $1{,}00 \cdot 10^{-14}$

21. 4,6%

22. In der Lösung sind folgende Ionen enthalten:

$H^{\cdot}$, OH', Cl', Ac', DAc' (Säurerest der Dichloressigsäure).

Aus dem pH-Wert folgt $c_{H^{\cdot}} = 10^{-1}\,\text{mol} \cdot l^{-1}$, ferner ist

$$c_{OH'} = \frac{K_W}{c_{H^{\cdot}}} = 10^{-13}\,\text{mol} \cdot l^{-1}.$$

Wegen der vollständigen Dissoziation von HCl ist

$c_{Cl'} = 0{,}09\,\text{mol} \cdot l^{-1}$.

Aus der Dissoziationskonstanten der Essigsäure

$$K_1 = \frac{c_{H^{\cdot}} c_{Ac'}}{c_{HAc}} = \frac{c_{H^{\cdot}} c_{Ac'}}{0{,}1\,\text{mol} \cdot l^{-1} - c_{Ac'}}$$

folgt

$c_{Ac'} = 10^{-5}\,\text{mol} \cdot l^{-1}$.

Die Neutralitätsbedingung liefert

$$c_{H^{\cdot}} = c_{DAc'} + c_{Ac} + c_{OH'} + c_{Cl'}$$

und daraus durch Einsetzen der Werte $c_{DAc'} = 10^{-2}\,\text{mol} \cdot l^{-1}$.

Schließlich ergibt sich für die Dissoziationskonstante der Dichloressigsäure

$$K_2 = \frac{c_{H^{\cdot}} c_{DAc'}}{c_{HDAc}} = \frac{c_{H^{\cdot}} c_{DAc'}}{0{,}09\,\text{mol} \cdot l^{-1} - c_{DAc'}} = 1{,}25 \cdot 10^{-2}\,\text{mol} \cdot l^{-1}.$$

23. $0{,}1\,\text{mol} \cdot l^{-1}$

24. Am Äquivalenzpunkt sind die Potentiale

$$\varepsilon_A = e_A{}^0 + \frac{RT}{F} \ln a_{A^{\cdots}}/a_{A^{\cdot\cdot}}$$

und

$$\varepsilon_B = \varepsilon_B{}^0 + \frac{RT}{2F} \ln a_{B^{\cdots}}/a_{B^{\cdot}}$$

gleich groß.

Außerdem sind am Äquivalenzpunkt die Aktivitäten der titrierten Ionen gleich, d. h. $a_{A^{\cdot\cdot}} = 2a_{AB^{\cdots}}$.

Andererseits entstehen während der Titration äquivalente Mengen an $A^{\cdots}$ und $B^{\cdot}$, d. h. $a_{A^{\cdots}} = 2a_{B^{\cdot}}$.

Durch Einsetzen dieser Aktivitäten wird

$$\varepsilon_A = \varepsilon_A{}^0 + \frac{RT}{F} \ln a_{B^{\cdot}}/a_{B^{\cdots}} = \varepsilon_A{}^0 + 2\varepsilon_B{}^0 - 2\varepsilon_B,$$

und wegen $\varepsilon_A = \varepsilon_B$ ist das Potential der Indikatorelektrode am Äquivalenzpunkt

$$\varepsilon = \frac{1}{3} (\varepsilon_A{}^0 + 2\varepsilon_B{}^0).$$

25. 108,1 g/Val (Silber wurde abgeschieden)

26. 23 µm

27. 5210 g

28. a) 1,07 A b) 6,37 l

29. Die Überspannung ist $\eta = \varepsilon_{gem} - \varepsilon_{rev}$. Darin ist das gemessene Potential, bezogen auf die Wasserstoffelektrode $\varepsilon_{gem} = \varepsilon_c + \varepsilon$ und das reversible Potential der Wasserstoffelektrode $\varepsilon_{rev} = \frac{RT}{F} \ln a_{H^\cdot} = -F_N \mathrm{pH}$.

Die Überspannungen sind nach

$$\eta = \varepsilon_c + \varepsilon + F_N \cdot \mathrm{pH}$$

zu berechnen, wobei $F_N = 68{,}5$ mV bei 72 °C. Man erhält mit steigenden Stromdichten die Werte 0,6045; 0,6755; 0,7345 und 0,8105 V.

Bei großen Durchtrittsüberspannungen gilt

$$i = i_0 \exp \frac{\alpha n F}{RT} \eta$$

oder mit $n = 1$

$$\eta = -\frac{F_N}{\alpha} \lg i_0 + \frac{F_N}{\alpha} \lg i \equiv a + b \lg i.$$

Durch Auftragen von η gegen $\lg i$ erhält man die TAFEL-Gerade mit den Konstanten

$a = 1{,}305$ V und $b = 0{,}143$ V.

Daraus ergeben sich

$i_0 = 7{,}5 \cdot 10^{-10}$ A cm^{-2} und $\alpha = 0{,}479$

30. 0,568 V; 0,617 V; 0,707 V; 0,816 V

$i_0 = 2 \cdot 10^{-12}$ A cm^{-2}; $\alpha = 0{,}555$

31. s. S. 263

32. $-9{,}3$ kJ · mol^{-1}; 42,2

Dielektrizitätskonstante, Dipolmoment

1. Bei hohen Temperaturen, d. h. $\frac{1}{T_1} \approx 0$, ist

$$P_1 = \frac{4\pi}{3} N_0 \cdot \alpha$$

Daraus erhält man für die Polarisierbarkeit

$$\alpha = 1{,}98 \cdot 10^{-23}\ \mathrm{cm^3/Molekül}$$

Das Dipolmoment des CH_3Cl-Moleküls kann nun aus den Werten bei $\frac{1}{T} = 0{,}004\ K^{-1}$ berechnet werden:

$$\mu^2 = \left(\frac{3P_2}{4\eta N_0} - \alpha\right) \cdot 3kT_2 = \frac{9kT}{4\pi N_0} \cdot (P_2 - P_1)$$

$$= \frac{9 \cdot 1{,}38 \cdot 10^{-23}\ \mathrm{J \cdot K^{-1}}}{4\pi \cdot 6{,}023 \cdot 10^{23}\ \mathrm{mol^{-1}} \cdot 0{,}004\ \mathrm{K^{-1}}} \cdot 40\ \mathrm{cm^3 \cdot mol^{-1}}$$

$$= 1{,}64 \cdot 10^{-43}\ \mathrm{J \cdot cm^3};$$

$$\mu = 1{,}28 \cdot 10^{-18}\ \mathrm{cm^{5/2}\,g^{1/2}\,s^{-1}} = 1{,}28\ \mathrm{Debye} = 0{,}427 \cdot 10^{-27}\ \mathrm{A \cdot s \cdot cm}.$$

Bei $T_3 = 500$ K oder $\frac{1}{T_3} = 0{,}002\ K^{-1}$ berechnet man eine Molpolarisation $P_3 = 69{,}9\ \mathrm{cm^3\,mol^{-1}}$.
Mit

$$\frac{M}{\varrho} = \frac{RT_3}{p} = 2{,}05 \cdot 10^3\ \mathrm{cm^3\,mol^{-1}}$$

wird

$$\frac{\varepsilon - 1}{\varepsilon + 2} = 0{,}0341.$$

Die Dielektrizitätskonstante von CH_3Cl beträgt bei 500 °C und 2026 kPa $\varepsilon = 1{,}106$.

2. 4,33 Debye

3. 1,57 Debye

4. Die einzelnen Werte liegen zwischen 37,02 und 37,21 ml · mol^{-1}. Wegen der geringen Temperaturabhängigkeit ist das Dipolmoment nahezu null.

5. 1,59 Debye; 1,0057

6. 0,8 Debye

8. Literatur

Gesamtgebiet (LA)

[1] G. Kortüm: „*Lehrbuch der Elektrochemie*", Verlag Chemie, Weinheim 1972.

[2] J. O'M. Bockris: "*Modern Aspects of Electrochemistry*", 5 Bände, Butterworth, London 1954 bis 1969.

[3] Mac Innes, A. Duncan: "*The Principles of Electrochemistry*", Dover Publ., New York 1961

[4] G. Milazzo: „*Elektrochemie*" (2 Bände), Birkhäuser, Basel und Stuttgart 1980 (Bd. 1) u. 1983 (Bd. 2).

[5] V. V. Skorzelletti: „*Teoretičeskaja elektrochimija*", Izd. Chimija, Leningrad 1969.

[6] Glasstone: "*An Introduction to Electrochemistry*", Nostrand Comp., Inc., New York 1954.

[7] P. Delahay: "*Electrochemistry*", J. Wiley & Sons, Inc., New York 1967.

[8] C. A. Hampel: "*The encyclopedia of Electrochemistry*", Reinhold Publ., New York, Chapman, New York 1964.

[9] R. Landsberg, H. Bartelt: „*Elektrochemische Reaktionen und Prozesse*" (Ausgewählte Lehrabschnitte der Chemie, Band 4), VEB Deutscher Verlag der Wissenschaften, Berlin 1977.

[10] B. B. Damaskin, O. A. Petrij: „*Sovremennaja Elektrochimija*" (Moderne Elektrochemie), Izd. Nauka, Moskva 1965.

[11] W. Wien, F. Harms: „*Handbuch der Experimentalphysik*", Band 12: „*Elektrochemie*", Teil 1 und 2, Akadem. Verlagsges., Leipzig 1932/33.

[12] N. A. Izmajlov: „*Elektrochimija rastvorov*" (Elektrochemie der Lösungen), Izd. Chimija, Moskva 1976.

[13] C. H. Hamann, W. Vielstich: „*Elektrochemie I; Elektrochemische Leitfähigkeit, Potentiale, Phasengrenzen*", Verlag Chemie, Weinheim 1983.
C. H. Hamann, W. Vielstich: „*Elektrochemie II; Elektrodenprozesse, Angewandte Elektrochemie*", Verlag Chemie, Weinheim 1981.

[14] G. Ackermann et al.: „*Lehrwerk Chemie*", Lehrbuch 5: „*Elektrolytgleichgewichte und Elektrochemie*", VEB Dtsch. Verlag f. Grundstoffindustrie, Leipzig 1985.

[15] J. O'M. Bockris, S. U. M. Khan: "*Quantum Electrochemistry*", Plenum Press, New York 1979.

[16] L. I. Antropov: „*Teoretičeskaja Elektrochimija*", Izd. Vysšaja Skola, Moskva 1984.

[17] "*Advances in Electrochemistry and Electrochemical Engineering*" (Eds.: P. Delahay, H. Gerischer, Ch. W. Tobias), Interscience Publ. und J. Wiley & Sons, Inc., New York, ab 1961.

[18] "*Comprehensive Treatise of Electrochemistry*" (Eds.: B. E. Conway, J. O'M. Bockris, E. Yeager, R. E. White), Plenum Press, New York, ab 1980.

Meßmethoden (LB)

[1] G. Charlot, J. Badoz-Lambling, B. Trémillon: "*Electrochemical Reactions, The Electrochemical Methods of Analysis*", Elsevier, Amsterdam 1962.

[2] G. Charlot: "*Modern Electroanalytical Methods*", Elsevier, Amsterdam 1958.

[3] P. DELAHAY: "*New Instrumental Methods in Electrochemistry*", Interscience Publ., New York 1954.

[4] D. DOBOS: "*Electronic Electrochemical Measuring Instruments*", Terra, Budapest 1966.

[5] OSTWALD-DRUCKER: „*Handbuch der allgemeinen Chemie*“, Band IV: „*Das Leitvermögen der Lösungen*“, Teil 1—3; Band VIII: „*Elektromotorische Kräfte, Elektrolyse und Polarisation*“, Teil 1 u. 2, Akadem. Verlagsges., Leipzig.

[6] J. J. LINGANE: "*Electroanalytical Chemistry*", Interscience Publ., New York 1958.

[7] G. W. C. MILNER: "*The Principles and Applications of Polarography and other Electroanalytical Processes*", Longmans, Green & Co., London 1957.

[8] H. RÖDICKER, K. GEIER: „*Physikalisch-chemische Untersuchungsmethoden*“, Band 1: „*Elektrochemische Meßmethoden*“, VEB Dtsch. Verl. f. Grundstoffindustrie, Leipzig 1962.

[9] A. J. BARD: "*Electroanalytical Chemistry*", Band 1 u. 2, Arnold, London 1966/67; Band 3 Dekker, New York 1969.

[10] J. B. HEADRIDGE: "*Electrochemical Techniques for Inorganic Chemists*", Academic Press, New York 1969.

[11] HOUBEN-WEYL: „*Methoden der organischen Chemie*“, Band III, Teil 2: „*Physikalische Methoden*“, Georg Thieme Verlag, Stuttgart 1955.

[12] ULLMANN: „*Encyklopädie der technischen Chemie*“, Band 2/1: „*Anwendung physikalischer und physikalisch-chemischer Methoden im Laboratorium*“, Urban & Schwarzenberg, München 1961.

[13] L. L. LEVESON: "*Introduction to Electroanalysis*", Butterworth, London 1964.

[14] A. J. BARD, L. F. FAULKNER: "*Electrochemical Methods — Fundamentals and Applications*", J. Wiley & Sons, Inc., New York 1980.

[15] G. HENZE, R. NEEB: „*Elektrochemische Analytik*“, Springer-Verlag, Berlin 1985.

Technische Elektrochemie (*LC*)

[1] V. ENGELHARDT: „*Handbuch der technischen Elektrochemie*“ (Band 1—3, 2. Aufl.), Akadem. Verlagsges. Geest & Portig, Leipzig 1934.

[2] H. W. DETTNER, J. ELZE: „*Handbuch der Galvanotechnik*“, 3 Bände, Hanser-Verlag, München 1969.

[3] V. GAERTNER: „*Praktische Elektrochemie*“, Verlag f. Jugend u. Volk, 1952.

[4] W. PFANHAUSER: „*Galvanotechnik*“, 2 Bände, Becker u. Erler, Leipzig 1941.

[5] J. BILLITER: „*Technische Elektrochemie*“, 3 Bände, W. Knapp, Halle 1932.

[6] W. A. FISCHER, D. JANKE: „*Metallurgische Elektrochemie*“, Springer-Verlag, Berlin 1975.

[7] E. HEITZ, G. KREYSA: „*Grundlagen der Technischen Elektrochemie*“, Verlag Chemie, Weinheim 1977.

Literatur zu Kapitel 1

[1.1] „*SI — Das Internationale Einheitensystem*“ (Übersetzung der vom Internationalen Büro für Maß und Gewicht herausgegebenen Schrift „Le Système International d'Unités (SI)“), Hrsg.: ASMW, Akademie-Verlag, Berlin 1977.

[1.2] K. LUNZE: „*Berechnung elektrischer Stromkreise*“, VEB Verlag Technik, Berlin 1985.

[1.3] H. CLAUSSNITZER: „*Einführung in die Elektrotechnik*“, Hochschullehrbuch für ET im Nebenfach, VEB Verlag Technik, Berlin 1965.

[1.4] W. MACKE: „*Elektromagnetische Felder*“, Akadem. Verlagsges, Leipzig 1965.

[1.5] A. RECKNAGEL: „*Physik, Elektrizität und Magnetismus*“, VEB Verlag Technik, Berlin 1984.

[1.6] K. ABRESCH, J. CLAASEN: „*Die coulometrische Analyse*“, Verlag Chemie, Weinheim 1961.

[1.7] K. ABRESCH, E. BUCHEL: „*Die coulometrische Analyse*“, Angew. Chemie **74** (1962), 586.

Literatur zu Kapitel 2

[2.1] M. R. Fuoss, F. Accascina: "*Electrolytic Conductance*", Interscience Publ., New York 1959.

[2.2] H. Falkenhagen: „*Ergebnisse der modernen Elektrolytforschung*", Akademie-Verlag, Berlin 1957.

[2.3] G. Kortüm: „*Elektrolytlösungen*", Becker u. Erler, Leipzig 1941.

[2.4] H. Falkenhagen: „*Theorie der Elektrolyte*", S. Hirzel-Verlag, Leipzig 1971.

[2.5] H. S. Harned, B. B. Owen: "*The Physical Chemistry of Electrolytic Solutions*", Reinhold Publ., London 1963.

[2.6] B. E. Conway, R. G. Barradas: "*Chemical Physics of Ionic Solutions*", J. Wiley & Sons, Inc., New York 1966.

[2.7] R. W. Gurney: "*Ions in Solution*", Dover Publ., New York 1962.

[2.8] C. B. Monk: "*Electrolytic Dissoziation*", Academic Press, London 1961.

[2.9] G. H. Nancollas: "*Interactions in Electrolyte Solutions*", Elsevier, Amsterdam 1966.

[2.10] R. A. Robinson, R. H. Stokes: "*Electrolyte Solutions*", Butterworth, London 1959.

[2.11] B. E. Conway: "*Electrochemical Data*", Elsevier, Amsterdam 1959.

[2.12] W. Hückel: „*Die Entwicklung der Hypothese vom nichtklassischen Ion*", Springer-Verlag, Berlin 1968.

[2.13] J. Barthel: „*Leitfähigkeit von Elektrolytlösungen*", Angew. Chemie **80** (1968), 253.

[2.14] H. G. Hertz: „*Die Struktur der Solvathülle gelöster Teilchen*", Angew. Chemie **82** (1970), 91.

[2.15] R. Parson: "*Handbook of Electrochemical Constants*", Butterworth, London 1959.

[2.16] E. A. Guggenheim, R. H. Stokes: "*Equilibrium Properties of Aqueous Single Strong Electrolytes*", Pergamon Press, Oxford 1969.

[2.17] O. J. Samoilow: „*Die Struktur wäßriger Elektrolytlösungen und die Hydratation der Ionen*", B. G. Teubner, Leipzig 1961.

[2.18] R. M. Noyes: „*Thermodynamik der Ionenhydratation*", J. Amer. chem. Soc. **84** (1962), 513.

[2.19] W. Simon, W. E. Morf: „*Berechnung von freien Hydratationsenthalpien und Koordinationszahlen*", Helvet. Chim. Acta **54**.(1970), 794.

[2.20] Jander, Pfundt: „*Die konduktometrische Maßanalyse*", Verlag F. Enke, Stuttgart 1945.

[2.21] P. Walden: „*Das Leitvermögen der Elektrolyte*", in „*Handbuch der Allgemeinen Chemie*", Bd. IV, Teil I bis III, Herausgeber: Ostwald-Drucker, Akademische Verlagsgesellschaft m. b. H., Leipzig 1924.

[2.22] Landolt-Börnstein: „*Zahlenwerte und Funktionen*", Bd. II, 7. Teil („*Elektrochemische Systeme*"), Springer-Verlag, Berlin 1960.

Literatur zu Kapitel 3

[3.1] F. Sauter: „*Festkörperprobleme*", Band I bis VIII, Akademie-Verlag, Berlin 1962—1968.

[3.2] W. Schottky: „*Halbleiterprobleme*", Band I bis VI, Fr. Vieweg & Sohn, Braunschweig 1954 bis 1961.

[3.3] P. J. Hohnes: "*The Electrochemistry of Semiconductors*", Academic Press, New York 1962.
H. Rickert: "*Electrochemistry of Solids; an Introduction*", Springer-Verlag, Berlin 1982.

[3.4] E. Spenke: „*Elektronische Halbleiter*", Springer-Verlag, Berlin 1965.
DECHEMA-Monographie 90: „*Elektrochemie und Elektronik*", Verlag Chemie, Weinheim 1981.

[3.5] J. P. Suchet: "*Chemical Physics of Semiconductors*", Nostrand Comp., Inc., London 1965.

[3.6] D. Long: "*Energy Bands in Semiconductors*", J. Wiley & Sons, Inc., New York 1968.

[3.7] A. J. Beljajew, E. A. Shemtschushina, L. A. Firsanowa: „*Physikalische Chemie geschmolzener Salze*", VEB Dtsch. Verl. f. Grundstoffindustrie, Leipzig 1964.

[3.8] R. F. Shea: „*Transistortechnik*", Verlag Technik, Berlin 1961.

[3.9] D. J. B. SJOBBEMA: „*Kleine Transistorlehre*“, Eindhoven 1963.
[3.10] TIETZE, SCHENK: „*Halbleiterschaltungstechnik*“, Springer-Verlag, Berlin, Göttingen, Heidelberg 1968.
[3.11] E. GRIMSEHL: „*Lehrbuch der Physik*“, Band 2, B. G. Teubner Verlagsgesellschaft, Leipzig 1985.
M. GUNTERSDORFER: Physik in unserer Zeit **7** (1976), 48.
[3.12] A. PETZOLD: „*Anorganisch-nichtmetallische Werkstoffe*“, VEB Dtsch. Verl. f. Grundstoffindustrie, Leipzig 1981, S. 197.
E. WANNEMACHER, H. J. OEL, G. TOMANDL: Science of Ceramics **10** (1980), 739.
[3.13] A. FUJISHIMA, K. HONDA: Nature **238** (1972), 37.
[3.14] S. R. MORRISON: "*Electrochemistry at Semiconductor and Oxidized Metal Electrodes*", Plenum Press, New York 1980.

Literatur zu Kapitel 4

[4.1] G. KORTÜM: „*Elektrolytlösungen*“, Becker u. Erler, Leipzig 1941.
[4.2] E. LANGE, H. GÖHR: „*Thermodynamische Elektrochemie*“, Hüthig Verlag, Heidelberg 1962.
[4.3] W. M. LATIMER: "*Oxydation Potentials*", Prentice Hall, Inc., Englewood-Cliffs 1959.
[4.4] M. POURBAIX: „*Atlas d'Equilibres Electrochimiques*“, Gauthier-Villars, Paris 1963.
[4.5] P. VAN RYSSELBERGHE: "*Electrochemical Affinity*", Hermann, Paris 1955.
[4.6] O. J. SAMOILOW: „*Die Struktur wäßriger Elektrolytlösungen und die Hydratation der Ionen*“, B. G. Teubner Verlagsges., Leipzig 1961.
B. E. CONWAY: "*Ionic Hydration in Chemistry and Biophysics*", Elsevier, Amsterdam 1981.
N. TANAKA, H. OHTAKI, R. TAMAMUSHI (Eds.): "*Ions and Molecules in Solution*", Elsevier, Amsterdam 1983.
[4.7] C. B. MONK: "*Electrolytic Dissoziation*", Academic Press, London 1961.
[4.8] C. W. DAVIES: "*Ion Assoziation*", Butterworth, London 1962.
[4.9] K. P. MIŠČENKO, G. M. POLTORACKIJ: „*Voprocý thermodinamiki i strocnija vodnych i nevodnych rastworov elektrolitov*“ (*Fragen der Thermodynamik und Beschaffenheit wäßriger und nichtwäßriger Elektrolytlösungen*), Izd. „Chimija“, Leningrad 1968.
[4.10] R. PARSON: "*Handbook of Electrochemical Constants*", Butterworth, London 1959.
G. MILAZZO, S. CARIOLI: "*Tables of Standard Electrode Potentials*", J. Wiley & Sons, Inc., New York 1978.
[4.11] D. J. G. IVES, G. J. JANZ: "*Reference Electrodes Theory and Practice*", Academic Press, New York 1961.
[4.12] E. MÜLLER: „*Elektrometrische Maßanalyse*“, Th. Steinkopff-Verlag, Dresden 1949.
[4.13] K. SCHWABE: „*pH-Meßtechnik*“, Verlag Technik, Berlin 1963.
[4.14] R. G. BATES: "*Determination of pH Theory and Practice*", J. Wiley & Sons, Inc., New York 1964.
[4.15] G. EISENMAN u. a.: "*The Glass Electrode*", Interscience Publ., New York 1965.
[4.16] F. L. HAHN, R. E. FRESENIUS: „*pH und potentiometrische Titrierungen*“, Akadem. Verlagsges., Frankfurt/M. 1964.
[4.17] G. MATTOCK, G. R. TAYLOR: "*pH Measurement and Titration*", Heywood & Co., London 1961.
[4.18] K. SCHWABE: „*Elektrometrische pH-Messungen unter extremen Bedingungen*“, Verlag Chemie, Weinheim 1960.
[4.19] K. CAMMANN: „*Das Arbeiten mit ionenselektiven Elektroden*“, Springer-Verlag, Berlin 1977.
A. K. COVINGTON: "*Ion-selective Electrode Methodology*", Vol. I and II, CRC Press, Boca Raton 1979.
H. FREISER (Ed.): "*Ion-selective Electrodes in Analytical Chemistry*", Plenum Press, New York 1980.

[4.20] W. F. LUDER, S. ZUFFANTI: *"The Electronic Theory of Acids and Bases"*, J. Wiley & Sons, Inc., New York 1951.
[4.21] M. W. BREITER: *"Electrochemical Processes in Fuel Cells"*, Springer-Verlag, Berlin 1969.
[4.22] K. SCHWABE: *„Elektroenergie und Brennstoffelemente"*, Akademie-Verlag, Berlin 1966.
[4.23] C. DROTSCHMANN: *„Trockenbatterien"*, Becker u. Erler, Leipzig 1944.
[4.24] C. DROTSCHMANN: *„Bleiakkumulatoren"*, Verlag Chemie, Weinheim 1951.
[4.25] M. A. DASOJAN: *„Chimičeski istočniki toka"* (*Chemische Brennstoffzelle*), Gas. En. Izcht., Moskau 1961.
[4.26] J. EULER: *„Neue Wege zur Stromerzeugung"*, Akadem. Verlagsges., Frankfurt/M. 1963.
[4.27] G. J. JOUNG: *"Fuel Cells"*, 2 Bände, Reinhold, New York/Chapman, London 1950, 1963.
[4.28] F. v. STURM: *„Elektrochemische Stromerzeugung"*, Verlag Chemie, Weinheim 1969.
[4.29] B. S. BAKER: *"Hydrocarbon Fuel Cell Technology"*, Academic Press, New York 1965.
[4.30] H. A. LIEBHAFSKY, E. J. CAIRNS: *"Fuel Cells and Fuel Batteries. A Guide to their Research and Development"*, J. Wiley & Sons, Inc., New York 1968.
[4.31] W. VIELSTICH: *„Brennstoffelemente"*, Verlag Chemie, Weinheim 1965.
[4.32] E. WITTE: *„Blei- und Stahlakkumulatoren, Eigenschaften und Anwendung"*, Krausskopf, Mainz 1967.
[4.33] K. WIESENER, J. GARCHE, W. SCHNEIDER: *„Elektrochemische Stromquellen"*, Akademie-Verlag, Berlin 1981.
[4.34] K. KORDESCH: *„Brennstoffbatterien"*, Springer-Verlag, Berlin 1984.
[4.35] H. V. VENKATASETTY (Ed.): *"Lithium Battery Technology"*, J. Wiley & Sons, Inc., New York 1984.

Literatur zu Kapitel 5

[5.1] A. N. FRUMKIN, V. S. BAGOCKIJ, Z. A. JOFA, B. N. KABANOV: *„Kinetika elektrodnych Prozessov"* (*Kinetik der Elektrodenprozesse*), Izd. Moskovskogo Univ., Moskva 1952.
[5.2] K. J. VETTER: *„Elektrochemische Kinetik"*, Springer-Verlag, Berlin 1969.
[5.3] W. FORKER: *„Elektrochemische Kinetik"*, Akademie-Verlag, Berlin 1966.
[5.4] P. DELAHAY: *"Double Layer and Electrode Kinetics"*, Interscience Publ., New York 1965.
[5.5] F. BOOTH: *"Theory of Electrokinetic Effects"*, Nature **161** (1948), 83.
[5.6] B. E. CONWAY: *"Theory and Principles of Electrode Processes"*, Ronald Press Comp., New York 1965.
[5.7] A. SANFELD: *"Introduction to the Thermodynamics of Charges and Polarized Layers"*, J. Wiley & Sons, Inc., New York 1968.
[5.8] C. J. F. BÖTTCHER: *"Theory of Electric Polarisation"*, Elsevier, Amsterdam 1952.
[5.9] J. O'M. BOCKRIS, G. A. RAZUMNEY: *"Fundamental Aspects of Electrocrystallization"*, Plenum Press, New York 1967.
[5.10] H. FISCHER: *„Elektrolytische Abscheidung und Elektrokristallisation"*, Springer-Verlag, Berlin 1954.
[5.11] K. SCHWABE: *„Zur Systematik der elektrochemischen Analysenmethoden und amperometrische Verfahren zur Betriebskontrolle"*, Chem.-Ing.-Technik **37** (1965), 483.
[5.12] N. PETKOV, V. ROMAN: *„Technologia electrolize clorium de sodiu"*, Edituria Technika, Bucuresti 1969.
[5.13] H. KAESCHE: *„Die Korrosion der Metalle"*, Springer-Verlag, Berlin 1966.
[5.14] K. SCHWABE: *„Über die Passivität der Metalle"*, Angew. Chemie **78** (1966), 253.
M. FROMENT: *"Passivity of Metals and Semiconductors"*, Elsevier, Amsterdam 1983.
[5.15] U. R. EVANS: *„Einführung in die Korrosion der Metalle"*, Verlag Chemie, Weinheim 1965.
[5.16] F. TÖDT: *„Korrosion und Korrosionsschutz"*, W. de Gruyter & Co., Berlin 1961.
A. RAHMEL, W. SCHWENK: *„Korrosion und Korrosionsschutz von Stählen"*, Verlag Chemie, Weinheim 1977.

[5.17] E. RABALD: "*Corrosion Guide*", Elsevier, Amsterdam 1968.

[5.18] J. J. BREGMAN: "*Corrosion Inhibitors*", Macmillan Co., New York, Collier-Macmillan, London 1963.

[5.19] I. L. ROSENFELD: „*Korrozia i zascita metallov*", Izd. Metallurgia, Moskva 1970.

[5.20] U. D. TOMASCOV: „*Passivnost i zascita metallov ot Korrozii*", Izd. Nauka, Moskva 1965.

[5.21] H. H. UHLIG: "*Corrosion and Corrosion Control*", J. Wiley & Sons, Inc., New York 1985, deutsche Übersetzung: Akademie-Verlag, Berlin 1975.

[5.22] W. WIEDERHOLT: „*Die chemische Oberflächenbehandlung von Metallen zum Korrosionsschutz*", Lenze-Verlag, Saulgau 1963.

[5.23] L. YOUNG: "*Anodic Oxide Films*", Academic Press, London 1961.

[5.24] K. SCHWABE: „*Korrosionsschutzprobleme*", VEB Dtsch. Verl. f. Grundstoffindustrie, Leipzig 1969.

[5.25] H. H. UHLIG: "*The Corrosion Handbook*", J. Wiley & Sons, Inc., New York, Chapman, London 1948.

[5.26] J. HEYROVSKY, J. KUTA: „*Grundlagen der Polarographie*", Akademie-Verlag, Berlin 1965.
J. HEYROVSKY: „*Polarographie*", Akadem. Verlagsges., Leipzig 1985.

[5.27] J. HEYROVSKY: „*Polarographisches Praktikum*", Springer-Verlag, Berlin 1960.

[5.28] J. HEYROVSKY, R. KALVODA: „*Oszillographische Polarographie mit Wechselstrom*", Akademie-Verlag, Berlin 1960.

[5.29] M. GEISSLER: „*Polarographische Analyse*", Verlag Chemie, Weinheim 1981.

[5.30] T. A. KRJUKOWA: „*Polarographische Analyse*", VEB Dtsch. Verl. f. Grundstoffindustrie, Leipzig 1964.

[5.31] S. G. MAIRANOWSKI: „*Katalytische und kinetische Wellen in der Polarographie*", Moskau 1966.

[5.32] R. NEEB: „*Inverse Polarographie und Voltammetrie — Neuere Verfahren zur Spurenanalyse*", Akademie-Verlag, Berlin 1969.
P. BACH, H. SEILER: „*Polarographie und Voltammetrie in der Spurenanalytik*", Hüthing Verlag, Heidelberg 1985.

[5.33] P. ZUMAN, J. M. KOLTHOFF: "*Progress in Polarography*" (2 Bände), Interscience Publ., New York 1962.

[5.34] H. SCHMIDT, M. v. STACKELBERG: „*Neuartige polarographische Methoden. Ihr Prinzip und ihre Möglichkeiten*", Verlag Chemie, Weinheim 1962.

[5.35] K. SCHWABE: „*Polarographische und chemische Konstitution organischer Verbindungen*", Akademie-Verlag, Berlin 1957.

[5.36] M. v. STACKELBERG: „*Polarographische Arbeitsmethoden*", W. de Gruyter & Co., Berlin 1960.

[5.37] P. ZUMAN: "*Organic Polarographic Analysis*", Pergamon Press, Oxford 1964.

[5.38] P. ZUMAN: "*Topics in Organic Polarography*", Plenum Press, New York 1970.

[5.39] D. R. CROW: "*Polarography of Metal Complexes*", Academic Press, New York 1969.

[5.40] R. NEEB: „*Neuere polarographische und voltammetrische Verfahren zur Spurenanalyse*", Fortschr. chem. Forschg. 4 (1965), 333.

[5.41] R. KALVODA: „*Die Technik der oszillopolarographischen Messungen*", Th. Steinkopff-Verlag, Dresden 1965.

[5.42] A. V. BJALOBZESKIJ: „*Korrosion durch radioaktive Strahlung*", Akademie-Verlag, Berlin 1971.

[5.43] J. O'M. BOCKRIS: "*Modern Aspects of Electrochemistry*", Bd. 3, 1 (LAIDLER, SACHER), London 1964.

[5.44] R. P. BELL: "*The Proton in Chemistry*", Methnen, London 1959.
R. P. BELL: „*Säuren und Basen*", Verlag Chemie, Weinheim 1974.

[5.45] T. ERDEY-GRUZ: "*Kinetics of Electrode Processes*", Akadémiai Kiadó, Budapest 1975.

[5.46] A. K. Covington, P. Jones: "*Hydrogen-bonded Solvent Systems*", Taylor & Francis, London 1968.
[5.47] M. Eigen: "*Discussions of the Faraday Society*", **17** (1954), 194.
[5.48] E. J. Hart: "*Solvated Electron*", Amer. Chem. Soc. Publications. Adv. Chem. Bd. 50, Washington 1965.
[5.49] E. S. Amis: "*Kinetics of Chemical Change in Solution*", Macmillan Comp., New York 1949.
[5.50] M. Eigen: Berichte Bunsenges. physik. Chem. **67** (1963), 753, und Naturwissenschaften **50** (1963), 426.
[5.51] J. Weigel: „*Elektrokinetische Grenzflächenvorgänge*", Verlag Chemie, Weinheim 1977.
[5.52] G. A. Martynov, R. R. Salem: "*Electrical Double Layer at a Metal-dilute Electrolyte Solution Interface*", Springer-Verlag, Berlin 1983.
[5.53] J. E. E. Baglin, D. R. Campbell, W. K. Chu: "*Thin Films and Interfaces II*", Elsevier, Amsterdam 1984.
[5.54] P. Vanýsek: "*Electrochemistry on Liquid/Liquid Interfaces*", Springer-Verlag, Berlin 1985.

Literatur zu Kapitel 6

[6.1] M. Lederer: "*An Introduction to Paper Electrophoresis and Related Methods*", Elsevier, Amsterdam 1955.
[6.2] J. R. Wilson: "*Demineralization by Electrodialysis*", Butterworth, London 1960.
[6.3] M. Bier: "*Elektrophoresis*", 2 Bände, Academic Press, New York 1964/67.
[6.4] D. J. Shaw: "*Electrophoresis*", Academic Press, New York 1969.
[6.5] H. Sonntag: „*Lehrbuch der Kolloidwissenschaft*", VEB Dtsch. Verl. d. Wissenschaften, Berlin 1977.

9. Namen- und Sachregister

Abdiffusion 270, 308
Abscheidungspotential 311, 312
Abscheidungsvorgänge 36
Absorptionsmaximum 69, 275
Abstand s. Ionenabstand
Acceptor 141
ad-Atome 304
Admittanz 19
Adsorptionsisotherme 309
Adsorptionsprozesse 307
Affinität 160
Aggregation 343
Akkumulator 149, 246, **250—255**
Aktionskonstante 265, 266, 267, 300
aktiv(e Auflösung) 327, 328
aktiver Korrosionsschutz 324
aktivierter Komplex 263, **265—267**, 276, 277
Aktivierungsenergie 64, 139, 262, 264, 267, 269, 298, 299
Aktivierungsenthalpie 266, 267
—, freie 265, 277, **298—300**
Aktivierungsentropie 264, 265, 266
Aktivierungspotential 324
Aktivität 69, **73—76**, 89, 98, 156, 157, 160, 180, 182, 201
—, mittlere **74**, 159, 182, 188, 193, **201** bis **203**
Aktivitätsfaktor, kinetischer 278
Aktivitätskoeffizient 69, 70, **73—76**, 79, 85—89, 98, 122, 128, 160, 202
—, individueller 86
—, mittlerer 86, 98, 203
—, praktischer bzw. rationeller 75
Aktivitätsunterschied 198
Alkalifehler der Glaselektrode 212, 213
Aluminiumelektrolyse 329
Aluminium-Luft-Element 249
Amalgamkonzentrationskette 182, 183
Amalgamverfahren 309
Ampere (Einheit der Stromstärke) 17, 18
—, internationales 17
Amperometrie, amperometrische Titration 243, 331, **339—340**
amperometrische Coulometrie 331
amphotere Kolloide 344
Anaphorese 346
Anion **22** (s. a. Ionen, negative)
Anode **22**, 151
—, lösliche 315
Anodeneffekt 329
Anodenraum 22, 48, 49, 156
Anodenschlamm 312
anodisch bestimmt (Korrosionsgeschwindigkeit) 320
anodische Auflösung s. Metallauflösung
— Oxydation (— Verbrennung) 22, 317, 336
— Prozesse 22, **314—330**
anodisches Polieren 328
Anolyt 22, 23
Antimonelektrode 207
Antransport zur Elektrode 307
Äquivalent, elektrochemisches 9, 21, 33
Äquivalentkonzentration 34
Äquivalentleitfähigkeit **34**, 35, 40, 41, 45, 66, 67, 92, 95, 127, 129
Äquivalentmasse **23**, 29
Äquivalenzpunkt 230, 231, 234, 235, 237
Arbeit, elektrische 81, 147—149
Arbeitselektrode 291, 332
Arrhenius, S. 9, 96, 220
Arrheniussche Dissoziationstheorie 66, **67** bis **76**, 85
— Gleichung 262, 263, 300
— Zwischenstoffe 282, 283
Assoziation, Assoziate 31, 57, 66, 123
Asymmetrieeffekt 91
Asymmetriepotential 212
atmosphärische Korrosion 318
Atomabstand 109
Aufenthaltswahrscheinlichkeit des Ions 98
Aufladung, aufladen (Akkumulator) 246
Auflösung, aktive (Metalle) 327, 328

Austausch von H und H^+ im Wasser 63
Austauschgleichgewicht 220
Austauschkonstante **212**, 213
Austauschstromdichte 298, **301–304**, 309, 313, 315
Austrittsarbeit 288
äußeres Potential (= Voltapotential) 288
automatische Prozeßkontrolle 201
Autoprotolyse 225
AVOGADROsche Zahl 29
Aziditätskonstante 220
Aziditätsmaße 215, 220
Aziditätsskala 224, 225

BÄCKSTRÖM, H. 280
BACON, F. T. 258
Band, *L*- und *V*- **141**–143, 146
Bändermodell, s. Energie
Base, harte (weiche) 225
—, mehrsäurige 284
—, schwache (starke) 20, 132, **232–233**
Basenkatalyse, s. Säure-Basen-Katalyse
—, spezifische 280
Basenkonstante 221
BAWDEN, A. T. 242
BECKEY, H. D. 63
Bedeckungsgrad 309
Beizbad 323
Belastbarkeit (Batterie) 248
Belichtungsmesser 146
BELL, R. P. 284
Belüftungselement 322
Benetzungsgeschwindigkeit, —winkel (Gleichgewichtspore) 259
BERNAL, J. D. 63, 120
Beweglichkeit, s. Ionenbeweglichkeit
Bezugselektrode 177, 183, **186–187**, 211, 230, 291
Bezugspotential 24
Bezugszustand 73, 166, 210
bi-bivalent (Elektrolyt) 21
binär (Elektrolyt) 21
Bindungsanteil s. kovalent
Bindungsmoment 110
Bindungsverhältnisse bei Elektrolyten 20
— bei geschmolzenen Verbindungen 135
— bei Ionenpaaren 96–97
— bei Molekülen 109
bi-univalent (Elektrolyt) 21
BJERRUM, J. 225, 226
BJERRUM, N. 68, **96–99**
Bleiakkumulator (-Sammler) 250–253

Blind-Element, -Leistung, -Leitwert 19
Blindwiderstand (= Reaktanz) **19**, 37
—, induktiver (= Induktanz) 27, 37, 38
—, kapazitiver (= Kapazitanz) 27, 37, 38
BOCKRIS, J. O. M. 10, 57, 64, 121, 136, 309, 325
BODLÄNDER, G. 227
BOLTZMANNscher Energieverteilungssatz 81, 139, 140
BONHOEFFER, K. F. 10, 327
BORN, M. 100, 120
BORNsche Gleichung 118, 120
Braunstein s. Zink-Braunstein-Element
BRDIČKA, R. 296, 337
Brechungsindex 106
BREITER, M. W. 317
Brennstoff-Element (-Zelle) 246, **255–260**, 314, 315, 317
BREYER, B. 338
BRÖNSTED, J. N. 220, 225, 277, 278, 284
BRÖNSTEDsche Base (Säure) 222, 224, 280
— Gleichung 284, 286
Brücke, selbstabgleichende 131
Brückenmethode (Brückenschaltung) 9, 105
Bruttoüberführungszahl 58
BÜCHI, P. H. 199

Cadmiumamalgamelektrode 189
CARLISLE, A. 9
CGS-System 25
CHAPMAN, D. L. 289
CHARLOT, G. 331, 340
chemische Kinetik 261
chemisches Potential **73–74**, 173, 192, 298, 348
Chinhydronelektrode **206**, 209, 229
Chlorabscheidung, anodische 316
Chloralkalielektrolyse 58, 59
Chlorknallgaskette 156, **167**, 179
chronoamperometrisch (-potentiometrisch) 331
CLARK, W. M. 208, 339
CLARK-Standardelement 155
CLAUSIUS, R. 9, 105
Cluster 123, 125
CONWAY, B. E. 64, 309
Coulomb (Einheit der Ladung) 18
COULOMB-Energie (= elektrostatische Energie) 77, 85, 97, 99, 100, 111, 113, 262, 265, 266
—-Kräfte (—-Wechselwirkung) 41, 46, 66, 82, 89, 94, 97, 111, 125, 196, 262, 263, 269, 277, 346

COULOMBsches Gesetz **25**, 77, 78, 100, 107
Coulometer 23, 30
Coulometrie, coulometrische Titration 30, 330, 331
—, amperometrische bzw. potentiostatische 330, 331
CREMER, E. 211

DAHMS, H. 212
Dampfphaseninhibitor 324
DANIELL-Element **151—152**, 157, **246**, 250
DAVIES, C. W. 88
DAVY, H. 9
Dead-stop-Methode **242—243**, 340
DEBYE, P. 10, 78, 92, 94, 105, 274
DEBYE-FALKENHAGEN-Effekt 95
— -HÜCKEL-Bereich (-Gebiet) 90, 92, 181, 194, 197, 212, 278, 348
— - — -Gleichung 159, 181, 194, 202, 203, 219, 279
— - — - —, erweiterte 216
— - — -Theorie **79—85**, 86—94, 96, 98, 204, 223, 262
Deckschicht, passivierende 183, 319, 327
Defektelektronen (s. a. Leerstellen, Löcher) 126, 136, 138, 141, 143, 146
Defekt- (*p*-) Leiter 141, 143
DE GROOT, S. R. 200
Dehydratation (= Dehydratisierung) 125, 307
Dekadenwiderstand 38
DELAHAY, P. 10
DELIMARSKI, J. K. 183
Depolarisation 243
Depolarisator **249**, 333, 338, 339
Desolvatation 97
Desorption von Wassermolekülen 308
Diaphragma 22, 24, 59
dielektrische Sättigung 115, 119
Dielektrizitätskonstante (*DK*) 46, **77—79**, 93 bis 95, 99, **103—105**, 115, 116, 119, 263, 277, 344, 345
—, relative 105
Differentialtitrationsmethode 242
diffuse Doppelschicht 289
Diffusion, Diffusionsvorgänge 261, 348
Diffusionselektrode 256, 259
Diffusions-Galvanispannung s. — -Potential
Diffusionsgeschwindigkeit **64—66**, 269
Diffusionsgesetz 330
Diffusionsgrenzstrom 297, 321, 330, 339
Diffusionsgrenzstromdichte 293
Diffusionskoeffizient 65, 94, 135, 274, 333
diffusions-kontrollierte (-bestimmte, -begrenzte) Vorgänge 274, 293, 321, 330, 332
Diffusionspotential 65, 157, 170, 176, 181, 187, 191—200, 204, 211, 217, 227, 348
Diffusionsschicht 195, 293, 297, 339
—, NERNSTsche 293, 332
Diffusionsstromdichte 293
Diffusionsstromstärke 333
Diffusionsüberspannung 290, **292—295**, 308
Diffusionswiderstand 297
Dipol (s. a. Wechselwirkung) 113, 276
—, induzierter 105, **113—114**, 341
—, permanenter 105, 114, 341
Dipolachse 111, 113
Dipolmoment 20, 21, **104—116**, 145, 341
Dipolschichten 288
Dispersion, kolloide 341
Dispersionseffekt 95, 96
Dispersionsenergie, -kräfte 114, 115, 121
Dissoziation, elektrolytische **19—21**, 29, 64, 66, **67—76**, 271, 347
— des Wassers 207, 222
—, thermodynamische 69
Dissoziationsspannungseffekt 67, **95—96**, 272
Dissoziationstheorie, ARRHENIUSsche 9, 66, **67—76**, 85
Dissoziationswärme 101, 102, 225
DK s. Dielektrizitätskonstante
Donator, Donatorenergie 141
DONNAN-Potential **348—351**
Doppelkette, HELMHOLTZsche 344
Doppelschicht (elektrochemische) 287—289, 341—346, 350
—, diffuse 289
—, HELMHOLTZsche 344
—, starre (= äußere HELMHOLTZsche) 289, 307
Doppelschichtelektroden 259
Doppelschichtkapazität 287, 289, 337
—, differentielle bzw. integrale 289
DORN-Effekt 347
Dotierung (Halbleiter) 143
Dreiphasengrenze 259, 260, 314
Druck, osmotischer s. da
Druckabhängigkeit der Leitfähigkeit 45
DUKE, F. R. 137
Dünnschichthalbleiter 145
Durchbruchspotential 325
Durchgangsschaltung 144
Durchtrittsfaktor 299, 303
Durchtrittshemmung 316, 324

Durchtrittsstromdichte 287
Durchtrittsüberspannung 291, **298–304**
Durchtrittswiderstand 303, **306**, 309

EBERT, L. 225
echter Elektrolyt s. Elektrolyt
EDISON-Sammler 253
EIGEN, M. 89, 271, 273
Eigendissoziation 22, 134, 225
Eigenhalbleiter, elektronischer 140, 141
Eindiffusion von Fremdionen 143
Einheiten **17**
Einheitensystem, internationales (SI) **17**, 25, 107
Einschaltverfahren, galvano- bzw. potentiostatisches 305
Einzelelektrodenpotential **24**, **168**, **174**
Einzelelektrodenprozeß 147, 150, 152, 172–200
– unter Beteiligung von Gasen 176–179
– zwischen gelösten Stoffen 174–176
– – Metall und Elektrolyt **180–184**
Einzelionenaktivität 74, 159, 174, **181**, 193, 212
Einzelionenhydratationsentropie 122
Einzelschritte s. Teilreaktionen
Eisbergstruktur 124
Eisen-Sammler 253
EISENMAN, G. 214
Eiweißtrennung, elektrophoretische 347
elektrische Arbeit (Nutzarbeit) 81, **147–148**, 257
– Größen und Einheiten **17–19**
– Leitfähigkeit s. Leitfähigkeit
– Potentialdifferenz (= – Spannung) 17, 18, 151, 173, 174
elektrisches Feld s. Feld(stärke)
– Potential (s. a. Galvanispannung) 81, 173, 174, 286
– Wärmeäquivalent 9
Elektrizitätstransport 10, 31
elektrochemische Äquivalente, Kinetik, Reaktionen, Thermodynamik s. da
– Wertigkeit 21
– Zelle s. galvanisches Element
elektrochemisches Potential 147, 167, **173–174**, 286, 298
Elektrode 21, **22**
– 1. Art **181**, 185
– 2. Art **184–188**, 207, 236, 250
– 3. Art 188
–, einfache 180
–, gebremste **242**
–, ideal (un)polarisierbare 290, 342
Elektrode, lösliche 22, 315
–, mehrfache 183, 188, **189–191**
–, negative (positive) 159, 169 s. a. Katode u. Anode
–, unangreifbare (inerte) 22, 131, 152, 246, 315
Elektrodengift 177, 208, 307
Elektrodenkinetik 10, 262, **286–340**
–, analytische Anwendung 330–340
elektrodenlose Leitfähigkeitsmessung 39, 133
Elektrodenoberfläche 262, 338
Elektrodenpotential 10, 24, 169, 171, 181
Elektrodenprozeß (-reaktion) **21–24**, 172, 176, 191, **286–340**
–, Geschwindigkeit 261
Elektroenergiegewinnung 245–260
Elektrokapillarkurve 342, 343
Elektrokatalysator 249, 258, 314
Elektrokatalyse 175
Elektrokinetik **341–351**
elektrokinetisches Potential 344
elektrokratisch 343
Elektrokristallisation 304–305
Elektrolyse 9, **21–24**, 58
Elektrolysezelle 24
Elektrolyt (= elektrolytischer Leiter) **19–21**, 22, 23, 286
–, echter 19, 20, 67, 77, 79, 104, 117
–, fester 138–140
–, geschmolzener s. Elektrolytschmelze
–, potentieller 19, 20, 79, 104, 117
–, schwacher 20, 41, 43, 50, 68, 95, 129, 132
–, starker 20, 41, 42, 50, 66, 79, 95, 129, 132
Elektrolytbrücke (= Stromschlüssel) 51, **150–151**, 176, 182, 198
elektrolytische Dissoziation s. Dissoziation
– Leitfähigkeit s. Leitfähigkeit
– Metallerzeugung 312
elektrolytischer Heber s. Elektrolytbrücke
Elektrolytkonzentrationskette 191
Elektrolytlösung **31–133**
–, konzentrierte 227
Elektrolytschmelze **135–138**, 183, 329
elektrometrische Titration **230–243**
elektromotorische Kraft (*EMK*) 24, 147–148
– –, Änderung (Potentialsprung) 231, 233, 234, 235, 237, 240, 241
– –, Vorzeichen 171
Elektron, (anti)bindendes 110
–, hydratisiertes (solvatisiertes) **268**, 274–276
Elektronenacceptor (= Elektronennehmer) 149
– -Reaktion 148, 265, 267
Elektronenaffinität 101, 103

Elektronenaustausch (-abgabe, -aufnahme) 21, 24, 201, 268
—-Reaktion 148, 265, 267
Elektronendonator (= Elektronengeber) 149
Elektronendonator-Reaktion 172, 180, 201
Elektronendruck 151
Elektronenfluß 140, 141
Elektronenleiter 22, 134, 175, 286
Elektronenleitfähigkeit (-leitung) 19, 138, 140, 248
Elektronenpaar(akzeptor) 117, 225
Elektronenübergang Elektrode/Elektrolyt 36, 149, 150
— im Elektrolyten 261, 268, 269
Elektronenüberschuß (-unterschuß) 24, 29
Elektroneutralität 65, 196
Elektroneutralitätsbedingung 21, 82, 200, 210, 234
elektronischer (Eigen-) Halbleiter s. Halbleiter
Elektroosmose 56, 344
Elektropherogramm 347
Elektrophorese, elektrophoretisch 92, **346—348**
elektrophoretischer Effekt 92, 94, 96, 346
elektrostatische Energie, Kräfte, Wechselwirkung s. COULOMB
— Einheit (el. st. E. = *ESE*) 107
— Überschußenergie 84
Elektrostenolyse 345
Elektrostriktion 125, 265
Elektrotechnik 140
Element s. galvanisches E.
Elementarladung, elektrische 21, 29
Elysieren 328
Emitter(spannung) 144, 145
EMK s. elektromotorische Kraft
Energieausbeute 23, 252, 254, 255, 306
Energiebändermodell 140, 142
Energieerhaltungssatz 100
Energieverteilungssatz, BOLTZMANNscher, 81, 139, 140
Energiezone, verbotene 141, 142
Enthalpie 21, 147 (s. a. Reaktions-, Aktivierungs-, Hydratations-E. usw.)
—, freie 21, 24, 121, 147—149, 329
Entladung (Akkumulator) 246
Entladungskurve 252, 253
Entladungscharakteristik 248
Entropie 147
—, partielle molare 122
Entsalzen von Meer- und Brackwasser 351
Entwässerung, elektroosmotische 345
ESIN, O. 138

EUCKEN, A. 161, 296
exotherme Wärmetönung 161, 257
Extinktion(skoeffizient) s. Lichtabsorption und Spektralphotometrie
Extrapolation nach OWEN 198
Exzeßvolumen 125, 126

FALKENHAGEN, H. 94, 95
Fallpotential 347
Fällungsreaktion (-titration) 132, 235—237
Farad (Einheit der Kapazität) 18
FARADAY, M. 9, 28, 324
FARADAY-Impedanz **287**, 305
—-Kapazität 305
FARADAYsche Gesetze 23, **28—30**, 248, 286, 330
— Konstante 24, **29**, 61
FARADAYscher Durchtrittsstrom 287
— Wirkungsgrad 257
Farbindikator 131, 214
Fehlordnung, fehlgeordnet (Ionen) 138, 139
Feld, elektrisches 9, 26, 67, 91
Feldenergie 19
Feldstärke 18, **32**, 53, 67, 95, 113
Feldstärkeeffekt 94, 95
FERMI-DIRAC-Statistik 140
FERMI-Grenzenergie (Fermikante) 140
feste Verbindungen, Leitfähigkeit 134
Festionenleiter 245
Feuerverzinken 322
FEUSSNER-Präzisionskompensator 154
FICKsches Gesetz, 1. 294
FISCHER, H. 304
FISCHER, K. 340
FLADE-Potential 324
flüssige Verbindungen, Leitfähigkeit 134
Flüssigkeitsbrücke s. Elektrolytbrücke
FOERSTER, F. 10
FOULK, C. W. 242
FOWLER, R. H. 120
FRANCK, F. U. 270, 327
FRANK, H. S. 124
Fremdion (Halbleiter) 143
freie Enthalpie s. Enthalpie
Frequenz **27**, 37, 38, 106, 338
FREUNDLICH, H. F. W. 309
FRUMKIN, A. N. 10, 261, 289, 306, 307, 343
Füllbatterie 249
Fugazität 156, 157
Fugazitätskoeffizient 166
FUOSS, R. M. 94, 99, 128

GALVANI, L. 9, 151, 246
Galvanipotential 288
galvanisches Element (= Kette, Zelle) 9, 23, 24, 147, 148–152, 245–260
Galvanispannung (Elektrodenpotential) 24, 157, 167, **168–171**, 174, 176, 181, 210, 286, 288, 328
Galvanometer 153, 242
galvanostatische Meßtechnik 291
Galvanotechnik 305, 311, 312
gasdichte Akkumulatoren 254
Gaselektrode 176
Gaskonzentrationskette 178
Gefällsdraht 36, 38
Gefrierpunktserniedrigung 70, 71, 103
Gegenelektrode 291
—, unpolarisierbare 332
Gegenion 52, 99, 344, 345, 350
GERISCHER, H. 311
Gesamtgeschwindigkeit der Korrosion 321
— — Reaktionen 300
Gesamt-Leitwert, -Spannung, -Stromstärke, -Widerstand 27
Gesamtstromdichte 287, 301
Gesamtüberspannung 291, 305–306, 328
Geschwindigkeit von Ionen 196
— — Reaktionen s. da
Geschwindigkeitsgleichung 1. Ordnung 262, 272
— 2. und 3. Ordnung 262
Geschwindigkeitskonstante 130, 262–269, 271, 273, 274, 278, 281, 300
Gewichtscoulometer 30
GIBBS-DUHEMsche Gleichung 159
Gitterenergie 77, 85, 99, 103, 116, 117, 138
Gitterorientierung, Gitterstörung 310
Glanzbildner 305
Glaselektrode 208, **210–213**
Gleichgewicht 143, 153, 173, 176
—, thermodynamisches 76
Gleichgewichtskonstante 143, **160–161**, 172, 176, 179, 278
Gleichgewichtskonzentration 296, 297
Gleichgewichtspore (in der Brennstoffzellenelektrode) 259
Gleichgewichtspotential (-galvanispannung) 180, 301, 311, 319, 331, 348
Gleichrichter, Gleichrichtung von Wechselstrom 37, 144
Gleichspannungskompensator 154
Gleichspannungsquelle 21
GLÖCKNER, G. 212
GLÜCKAUF, E. 63, 89, 119
GOLDSCHMIDTsche Ionenradien 31, 118
GOUY, G. 289
GRAHAME, D. C. 289, 343
GRAHN, R. 120
Graphit als Elektrodenmaterial 22, 175, 180, 248, 315
Grenzflächen, wandernde 52–55, 347
Grenzstromdichte 293, 321
Grenzstromstärke 332
GROTTHUS-Mechanismus 63, 64
Grundgesetze, elektrochemische 25–30
Grundgrößen, elektrische 17
Grundstrom 333
GUGGENHEIM, E. A. 63, 88, 216
GÜNTELBERG, E. 88
G-Wert 275

HABER, F. 211
HABER-BORNscher Kreisprozeß 100–101
Halbelemente (-ketten) 152, **167**, 175, 178, 250
Halbleiter, elektrische 138
—, elektronische 138, **140–146**, 328
—, gemischte 138
Halbleiterdiode 144
Halbleiteroxide 315
Halbstufenpotential 334, 336
Halbstufenwert 214
HALL-Effekt, -Koeffizient, -Spannung **138**, 141
HAMER, W. J. 222
HAMMETTsche (Aziditäts)funktion 215, 285
HANTZSCH, A. 68
harmonische Wechselspannung 28
HARNED, H. S. 222, 224
HASTED, J. B. 63, 119
harte Basen (Säuren) 225
Heber, elektrolytischer s. Elektrolytbrücke
HEDSTRÖM, B. 229
HELMHOLTZ, H. L. F. 289
HELMHOLTZsche Doppelkette **212**, 244
— Doppelschicht (äußere u. innere) 289, 307, 344, 345
HELMHOLTZ-SMOLUCHOWSKIsche Gleichung 344, 345
HENDERSONsche Formel (— Gleichung) 197, 199, 200
Henry (Einheit der Induktivität) 18
HERTZ, H. 126
HESSscher Wärmesatz 101
heterogene Kinetik **286–340**
Heterogenität der Oberfläche 306, 321
HEYDWEILLER, A. 223

HEYROVSKY, J. 331, 332, 336, 338
HEYROVSKY-Reaktion 309
HILLS, G. 163
Hinreaktion 298, 300
HITTORF, J. W. 47, 137
HITTORFsche Methode s. Überführungszahlen
hochfrequenter Wechselstrom 37
Hochfrequenzeffekte 94, **95–96**
Hochfrequenzleitfähigkeit 39
Hochfrequenztitration 133
Hochspannungseffekte 94–96
Hochtemperaturbrennstoffzelle 256
HOFF, J. H. VAN'T 69
VAN'T HOFFscher Faktor 71
– Zwischenstoff 283
homogene Kinetik, –s System 261, **262–286**
homöopolar 20
HOPFGARTNER, K. 50
HORIUTI, J. 309
H-Säure 225
HÜCKEL, E. 10, 78, 92
Hydratation, Hydrathülle 20, 21, 55–58, 61, 64, 125, 268, 269, 312
–, negative (positive) 126
–, primäre (= innere, chemische) 57, 121, 124, 125
–, sekundäre (= äußere, physikalische) 57, 121, 124, 125
– von Elektronen 268, 274, 275
– – Ionen 20, 21, 31, 55, 61, 62, 117–126
– – Protonen 57, 120
Hydratationsenergie **103–104**, 116, 117, 120, 312
Hydratationsenthalpie (-wärme) 116, 117
–, freie 117, 118, 119, 120, 183,
Hydratationsentropie 62, 63, 117, 120, 121
Hydratationsgleichgewicht 117
Hydratationszahlen **56**, 57, 62, 63, 121
–, relative 61
Hydrathülle s. Hydratation
Hydrazinbrennstoffzelle 260
Hydrolyse 129, 201, 221, 280
Hydrolysengrad **129–130**, 222
Hydrolysenkonstante 130, 221, 222
Hydroxylion, anodische Entladung 315 (s. a. Ionen des Wassers)

ideal (un)polarisierbare Elektrode 290, 342
ILKOVIC, D. 333
Imaginärteil von Wechselstromgrößen 18, 19, 28
Impedanz 19, **27**, 38
Impedanzbrücke, -messung 133, 305
Indikator, Säure-Basen- 131, 214
Indikatorelektrode **230**, 235, 236, 237, 241
individueller Aktivitätskoeffizient 86
Induktanz (= induktiver Blindwiderstand) 27, 37, 38
Induktionskräfte 114, 115, 121
Induktivität 18, 19, **27**, 28
inerte (unangreifbare) Elektrode 22, 131, 152, 246, 315
Influenzkonstante 25
Inhibitoren 305
Innenwiderstand, innerer W. 248, 251
inneres Potential **174**, 210, **288**, 299
instationäre Meßtechnik 291
integrierte Schaltkreise 145
Intensitätsfaktor **148**
interionische Wechselwirkung s. Wechselwirkung
internationales Ampere 17
Einheitensystem (SI) **17**, 25, 107
– Volt 17
– WESTON-Element 154
Inversion von Rohrzucker 280
Ionen **19–21**, 29, 31, 57, 67, 195
– des Wassers 58, 61, 62, 132, 280
–, negative (positive), unterschiedliche Beweglichkeit 47–49, **196**, 217
–, – –, – Hydratation 57
–, potentialbestimmende 195, 230, 235
–, spezifisch adsorbierte 289
– verschiedener Wertigkeit (Halbleiter) 142, 143
Ionenabstand 88, 99, **102–103**, 125
Ionenaustausch(prozesse) 213, 347, 350
Ionenaustauschermembran 22, 23
Ionenaustauschgleichgewichte **208**, 210, 212
Ionenbeschuß (-implantation) 143
Ionenbestandteile 57
Ionenbeweglichkeit **33**, 34, 43, 46, **47–54**, 66, 92, 131, 133, 194
–, Berechnung von ε_d aus 198
– im Festkörper 139
–, Temperaturabhängigkeit 58–59
– und Ionenradius **59–64**
– von Proton und Hydroxylion 223
Ionenbindung 109, 110, 135
Ionendetektor 133
Ionendipol 95
Ionendurchmesser 88
Ionengas 100
Ionengitter 19, **80** (s. a. Ionenkristall)

Ionenimplantation 143
Ionenkristall **67**, **68**, 76, 85, 96, 99, 103, 139, 145
—, Auflösung **99—100**, 117
ionenleitende Passivschichten 325, 327
Ionenleiter, Ionenleitung 19, 138, 145
Ionenpaar(bildung) 20, 42, 57, 66, 79, 85, 89, 93, 94, 96—99, 125
—, äußeres (= lockeres) und inneres (= dichtes) 97
Ionenprodukt 130, 207, 221, 222—224
Ionenradius 59—64, 263
—, effektiver 119
—, GOLDSCHMIDTscher 31, 118
—, kristallographischer 61, 62, 88
Ionenreaktionen, langsam verlaufende 262, **265—270**
—, schnell verlaufende 261, 262, **270—276**
— zwischen entgegengesetzt geladenen Ionen 262, 266, 270
ionenselektive Membran 59
ionensensitive Elektroden 201, 213, 214
Ionensolvatation **116—126**
Ionenstärke **82**, 87, 279
Ionenwanderung, unabhängige 43, 47, 92, 117
Ionenwolke 80—85, 91, 94, 96
irreversible Prozesse 147, 175, 178, 348
— Thermodynamik 200, 344
Isolator 138

JONES- und JOSEPHS-Schaltung 38
JOULE, J. 9
JUNGNER, W. 254

Käfig (Wasserstruktur) 126
—-Effekt 270, 273
Kalomelelektrode 158, **184**, 187, 188
Kapazitanz (= kapazitiver Blindwiderstand) 27, 37, 38
Kapazität 18, 19, **27**, 28, 38, 104, 287, 289, 342
— eines galvanischen Elementes **248**, 250
Katalysator 268, 280
Katalysenkonstante 281, 284
katalytische Beschleunigung (Reaktionen) 180
— Stufenreaktion 281
Kataphorese 346
Kation (s. a. Ion, positives) 22
Kationenaustauscher 350
Katode **22**, 151
Katodenraum **22**, 48, 49, 156
Katodenstrahloszillograph 37, 273, 338
katodisch bestimmt (Korrosion) 320
katodische Prozesse **22**, 306—314
katodischer Schutz 322, 324
Katolyt **22**, 23
Keimbildung, zweidimensionale 304
Kette s. galvanisches Element
— mit Überführung 157, 181, 191—200, 214
— ohne Überführung 156, 170, 181, 201, 212, 243
Kettenspannung (Zellspannung) 23, 24, 121, **147—148**, 200—244
KIELLAND, J. 216
Kinetik, chemische 216
—, elektrochemische **261—340**
—, heterogene (= — der Elektrodenprozesse) 261, **286—340**
—, homogene 261, **262—286**
— von Korrosionsprozessen **318—330**
kinetische Energie der Teilchen 65
— Untersuchungen (konduktometrisch) 130, 131
kinetischer Aktivitätsfaktor 278
KIRCHHOFFsche Sätze **26—27**, 36
KIRKWOOD, J. G. 277
KLEMM, A. 137
Klemmenspannung 153, 250
Knallgasbatterie 258
Knallgascoulometer 30
Knallgaskette 178, 179
Knotenpunktsatz s. KIRCHHOFFsche Sätze
KOHLRAUSCH, F. W. 33, 35, 223
KOHLRAUSCHsches Gesetz der unabhängigen Ionenwanderung **43**, **47**, 92, 117
— Quadratwurzelgesetz **41**, 68, 79, 93
KOLBE-Synthese 316
Kollektorbatterie 144
Kolloid, amphoteres 344
—, elektrokratisches 343
—, lyophiles (lyophobes) 343
—, solvatokratisches 343
kolloide Dispersion 341, 346
kolorimetrische pH-Messung 214
Kompensationsmethode, POGGENDORFFsche 9, **153—154**, 177, 241, 286
Kompensationsstromkreis 175
Komplex, Komplexbildung **57—58**, 89, 97, 201, 310—312, 336
—, aktivierter 263, 265, 266, 276—277
—, ein- (mehr-) kerniger 226—228
Komplexbildungskonstante 336
komplexe Größen **18**, 27, 28
Komplexgleichgewicht 217, 226
Komplexkonstante 58, 226, 227
Kondensator 38, **104**, 105, 289, 342

Konduktanz (= Wirkleitwert) 19
Konduktometrie **126–133**
konduktometrische Titration 126, **131–133**
KONOPIK, N. 225, 340
Kontaktelement 321, 322
Kontaktkorrosion 319, 321
Kontinuitätsgleichung des elektrischen Stromes 26
Konvektion 59, 292
Konzentrationsabhängigkeit der Leitfähigkeit 40–44
Konzentrationsbestimmung, direkte, aus der Leitfähigkeit 126–131
Konzentrationsgefälle 64, 65, 196
Konzentrationskette **178**, 181, 189, **191**
Konzentrationspolarisation 320
Konzentrationsüberspannung 291
KORDESCH, K. 258
Korngrenze 322
Korrosion der Metalle, –sverhalten 145, 169, 315, **318–326**, 338
–, atmosphärische 318
korrosionsbeständige Legierungen 312, 323
Korrosionsinhibitor 323
Korrosionspotential **320**, 324
Korrosionsprozesse, Kinetik der 318–330
Korrosionsschutz, aktiver 324
–, galvanischer 311, 312
–, passiver 322
Korrosionsstromdichte **320**, 321, 324
KORTÜM, G. 69
KOUTECKY, J. 333
kovalente Bindung 96, 110, 225
– Bindungsanteile 19, 21, 96, 100, 102–104, 110, 135
KRAUS, C. H. 128, 274
KRAUSE, A. 314
Kreisprozeß 100, 102, 120
Kristallisationsüberspannung 291, **304–305**
kristallographischer Ionenradius 61, 62, 88
Kugelpackung, dichteste 62, 122–124
kugelsymmetrisches Feld 79
– Teilchen 106, 108, 274
Kupfercoulometer 30

LAAR, J. J. VAN 79
Lackschicht (Korrosionsschutz) 324
Lade- und Entladekurve (Akkumulator) 252, 253
Ladespannung 253
Ladestromdichte 287
Ladezyklus 250
Ladung, Ladungsmenge 18, 23, 25, 28–30, 107
Ladungsdichte 8, 265
Ladungsdurchtritt (= -übertritt) 184, 295, 298, 327, 342
Ladungsnullpunkt 288, 342
Ladungsschwerpunkt 111, 113, 288
Ladungssinn 265, 270
Ladungsträger 31, 139, 141, 144, 262
Ladungstransport, Mechanismus des 63, 64, 141
Ladungsüberschuß 21, 80, 81
Ladungsverteilung 81
LAIDLER, K. J. 269
LAITY, R. W. 137
LAMBERT-BEERsches Gesetz 69, 214
LANGMUIR, L. 309
LAPLACE-Operator 81
LATIMER, W. M. 118, 119
L-Band 141–143, 146
LECLANCHÉ-Element **246–249**
LEDEN, J. 226, 228
Leerstellen (= Löcher) 126, 136, 138, 328
–, positive 141, 143
Legierungen, galvanisch abgeschiedene 312
–, korrosionsbeständige 312, 323
Leistung, elektrische 18, 19
Leistungsdichte **249**, 250, 258
Leitelektrolyt 292, 295, 332
Leiter 1. Klasse (metallische) 19
– 2. Klasse 10, 19
–, *n*- und *p*- 141, 143
Leitfähigkeit, elektrische 18, 31
–, –, flüssiger und fester Verbindungen 134
–, –, von Halbleitern 141, 143
–, elektrolytische (= Ionenleitfähigkeit) 31–140
–, –, Druckabhängigkeit 45
–, –, Konzentrationsabhängigkeit 40–44
–, –, Temperaturabhängigkeit 40, **45**
–, – und Viskosität 43, **44–45**, 62, 63
–, – – Wanderungsgeschwindigkeit **32–34**
–, –, von Elektrolytlösungen **31–133**, 261, 341
–, –, – –, Messung s. Leitfähigkeitsmessung
–, –, – Elektrolytschmelzen **135–138**
–, –, – festen Elektrolyten **138–140**
–, molare 34, 35
–, spezifische 18, 26, 33, 35, 40, 41, 126, 131, 134, 135
Leitfähigkeitsabfall (Bestimmung von τ) 273
Leitfähigkeitsband 140, 141, 142
Leitfähigkeitskoeffizient 72, 78, 79, **91–94**, 127

Leitfähigkeitsmessung **35–40**, 97, 223, 224
—, analytische Anwendung (Konduktometrie) **126–133**
—, elektrodenlose 39, 133
Leitfähigkeitstitration 131
Leitfähigkeitswasser 40
Leitfähigkeitszelle 35, **39–40**
Leitungsmechanismus 64, 138, 140
Leitwert 18, 26
Lewis, G. N. 79, 225
Lewitsch, V. G. 306
Lichtabsorption 69, 97, 101, 215, 274
Ligand 57, 226, 228, 311, 336
Ligandenwechsel 269
Ligandenzahl 226–228, 311, 336
Lingane, J. J. 30, 333
Lippmann-Gleichung 342
Lippmann-Potential 288
Lithiumbatterie 245
Löcher s. Leerstellen
Lokalelement (Lokalanode und -katode) **321**, 326
lösliche Elektrode 22, 315
Löslichkeit, Messung der 87, 182, 202, **217–218**
Löslichkeitskonstante **184–185**, 236, 319
—, thermodynamische 202, 217
Lösungsdruck 180
Lösungsenthalpie s. Lösungswärme
Lösungsmittel, dissoziierende (ionenbildende) Wirkung 67, 77, 78
—, Leitfähigkeit **40**
—, nichtwäßrige (organische) 41, 58, 62, 93, 103, 183, 215, 232, 245
—, polare 20, 111
—, unpolare 39, 105
—, Viskosität 44, 45, 62
Lösungsvorgang 100, 117
Lösungswärme 100, 117
—, erste 100, 103, 116, 165
Lowry, T. M. 220, 225, 280
Luther, R. 188
lyophile (lyophobe) Kolloide 343

Mac Innes, D. A. 52, 57, 216
Mac Innes und Smith, Methode (wand. Grenzflächen) **52–55**
Magnesium-Luft-Element 249
Majoritätsträger 144, 328
Maschensatz 26
Maximalausschlag, Methode des 242
Maximum der *EMK*-Änderung s. *EMK*
Maxwell, J. C. **106**
Maxwellsches Gleichungssystem 25, 26
Mediumeffekt, primärer 225
Membran, ionenselektive 59
Membranpotential 213, 341, 348
Metallabscheidung, katodische 304, 310–312
Metallauflösung, anodische 318, 321
Metalle, Aktivität in Legierungen 183
—, elektrische Leitfähigkeit 138
Metallelektrode, einfache 180
Metallerzeugung, elektrolytische (= Naßmetallurgie) 312
metallische Leiter 19
metallische Schichten 322
Metallkonzentrationskette 182
Metallkorrosion s. Korrosion
Metall-Metalloxid-Elektrode **206–207**
Metallüberspannung 310–312
Methanol-Brennstoffzelle 260
Millikan-Versuch 29
Milner, P. C. 79
Minoritätsträger 144
Mischgalvanispannung (= Mischpotential) 189, 320, 321, 326
Mischphase, metallische 189–190
Mitteltemperaturbrennstoffzelle 256
mittlere(r) Aktivität(skoeffizient) s. Aktivität
mittlere Molarität 74, 75
molare Leitfähigkeit 34, 35
— Sublimationswärme 102
Molarität, mittlere 74, 75
Molmassebestimmung m. H. des Dorn-Effektes 347
Molpolarisation 105, 107, 108
Mosotti, O. F. 105
Müller, E. 10, 231, 237, 314
Müller, W. J. 327
Multipol 113
Mutarotation 280

Naßmetallurgie 312
Nekrassow, L. N. 314
Nernst, W. 10, 56, 65, 168, 176, 180, 197, 292
Nernst-Faktor **159**, 207
Nernstsche Diffusionsschicht 293, 332
— Gleichung 135, 155, **157–159**, 174, 175, 177, 178, 182, 184, 192, 201, 219, 304, 310, 319
Nervenerregung, elektrochemische Deutung 327–328
Netzebene 304
Neutralisationsreaktion, Endpunktsbestimmung 131, **231–235**

Newton (N), Einheit der Kraft 17
NICHOLSON, W. 9
nichtwäßrige Lösungen **41**, 90
– Lösungsmittel s. da
Nickel-Cadmium-Akkumulator 254
Niedertemperaturbrennstoffzelle 256
NIKOLSKI, B. P. 211
n-Leiter, *n*-Leitung 141, 143
Normalelement 17, **154–155**
Normalpotential 168
NOYES, R. M. 120
Nulladungspotential 288
Nutzarbeit, elektrische 257

Oberflächendiffusion 304
Oberflächenpotential 288
Oberflächenspannung 259
Oberflächenvorbehandlung 306, 338
Ohm (Einheit des Widerstandes) 18
OHMscher Spannungsabfall 257
– Widerstand (= Real-, Wirkwiderstand) 18, **25**, 27, 28, 37, 38
OHMsches Gesetz **25**, 27, 28, 35, 95
ONSAGER, L. 92, 108
ONSAGERsche Gleichung **92–94**, 97, 127
– Reziprozitätsbeziehung 347
Opferanode 322
organische Lösungsmittel, s. da
Orientierungspolarisation 105, 106, 107, 115
osmotischer Druck 69, 70, 103, 180, 348
– Koeffizient 70, 79, **90–91**
OSTWALD, W. 255
OSTWALDsche Bestimmung von Überführungszahlen 51
OSTWALDsches Verdünnungsgesetz **68**, 218
oszillographische Polarographie 338
oszillometrische Titration 133
OWEN, B. B. 198, 218, 224
Oxidschicht, passivierende 324
OXLEY, J. E. 317
Oxydation 149, 150
–, anodische 22, 317, 336
Oxydationsmittel 149, 175, 208
Oxydationsstufe 175, 184, 315

Packungsdichte 62
Papierelektrophorese 347
Parallelschaltung von Widerständen **26**, 27
Partialdruck 178
Partialladung 112
partielle molare Entropie 122
– – Standardentropie 121, 165

passive Metalle 315
Passivbereich 325
passiver Korrosionsschutz 324
Passivierbarkeit 324, 325
passivierende Deckschichten 183, 324
Passivierungspotential 324, 327, 338
Passiv(ierungs)stromdichte 324, 325, 338
Passivierung, Passivität 145, 318, 322, **324–327**
Passivschichten 322, 327 328
–, ionenleitende 325, 327
PASSYNSKI, A. H. 63
PEARSON, R. G. 225
PEDERSEN, K. O. 284
periodische Schwankungen (Strom) 327
permanenter Dipol 105, 114, 341
Permeation 23, 348
phänomenologischer Koeffizient 200
Phase 18, 27, 341
Phasengrenze 152, 157, 286–288, 341
Phasengrenzpotential 210, 212
Phasenoxid 327
Phasenverschiebung 18, 19
pH-Änderung (Potentialsprung) 233, 234
pH-Messung **203–217**
pH-Skale, konventionelle 204
pH-Wert, Definition 204
–, konventioneller 204, 214
Phosphatierung 223
photochemische Dissoziation 270
photoelektrische Erscheinungen 146
piezoelektrischer Effekt 145
Piezokeramik 145
PITZER, K. S. 118, 119
Platinelektrode 22, 39, 175, 231, 315
–, platinierte 40, 156, 176, 180
p-Leiter 141, 143
PLESKOW, J. W. 183
POGGENDORFFsche Kompensationsschaltung 9, **153–154**, 177, 241, 286
POISSONsche Differentialgleichung 81
polar s. Lösungsmittel
Polarisation **36**, 39, 40, 79, 248, **289–290**, 303, 324, 327, 328
Polarisationsspannung **36**, 37, 290
Polarisationstitration 243
polarisierbare Elektrode 290, 342
Polarisierbarkeit 104–116
Polarograph 337
Polarographie 58, 271, 306, 331, **332–338**
–, inverse 335
–, oszillographische 338
polarographisch (in)aktiv 339

polarographische Maxima 335
— Stufe (Welle) 335
Polieren, anodisches 328
Polkräfte 117, 276, 277
Porenradius (Gleichgewichtspore) 259
positives Loch (Leerstelle) 141, 142
Potential, absolutes 183
—, äußeres (Voltapotential) **288**
—, chemisches **73—74**, 192, 298, 348
— der Ionenwolke 84
—, Einzelelektroden- 24
—, elektrisches 81, 173, 286
—, elektrochemisches 147, 167, **173—174**, 210, 286, 298, **348**
—, elektrokinetisches 344
—, inneres 286, **288**
—, reales 288
potentialbestimmendes Ion 195, 230, 235, 243
Potentialdifferenz, Potentialgefälle 22, 24, 81, 151, 174
Potentialsprung s. Änderung der *EMK*
potentieller Elektrolyt. s. Elektrolyt
Potentiometrie 200, 201, 217, **230—243**
potentiometrische Redox-Titration **237—239**
— Säure-Basen-Titration **231—235**
— Titration mehrerer Stoffe nebeneinander **240—243**
potentiostatische Coulometrie 330
— Meßtechnik, Potentiostat 291
POURBAIX-Diagramm 319, 322
PRANDTLsche Strömungsschicht 293
Primärbatterie (-element) 245, **246—250**
primärer Mediumeffekt 225
protolytischer Mechanismus 281—283
protolytisches Gleichgewicht 225
Protonen 21, **104**, 120, 125, 220 (s. a. Ionen des Wassers)
Protonenacceptor **220**, 280, 282
Protonenaffinität 104
Protonenaustausch 129, 220
Protonenbeweglichkeit 125
Protonendonator 220, 225, 280
Protonenentladung (VOLMER-Reaktion) 308
Protonenübergang **64**, 274
prototroper Mechanismus 281—283
Prozeß(führung), reversible 148, 149
Prozeßkontrolle, automatische 201
PRUE, I. E. 212
PtH-Wert **205**, 215
Pufferindex 206
Pufferkapazität **206**, 234
Pufferlösung **205**, 211
Punktladung 25, 77, 79, 87, 114
pwH-Wert **205**, 215, 219

Quadratwurzelgesetz, KOHLRAUSCHsches **41**, 68, **79**, **93**
Quadrupol 113
quantenmechanische(r) Tunnelung(svorgang) **64**, **269**
quartär (Elektrolyt) 21
quasikristalline Struktur 122, 124
quasistationäre Messung 292
Quecksilbertropfelektrode 289, 331, **332—333**, 339, 342
Quecksilbertropfen, hängender 335
Quellschicht 210

RABINOWITSCH, E. 270
Radikal 270
Radius der Ionenwolke 83
Raffination von Metallen 312
RANDALL, M. 79
RAO, G. G. 314
Raumladungsdichte, elektrische 81
Reaktanz (= Blindwiderstand) **19**, 37
Reaktion, elektrochemische (s. a. Elektrodenreaktion)
—, freiwillige 24, 148, 153, 298
—, gezwungene (unfreiwillige) 29, 148
—, homogene 261, 277
—, heterogene **261**, 286
—, irreversible (reversible) **147**, 148
—, schnelle 261
—, unvollständig verlaufende 271
—, vollständig verlaufende 298
— zwischen Ionen 261, **262—286**
— — — und Molekülen **276—277**
Reaktionsenthalpie 160—167
—, freie 24, 121, 147, 148, 154, **155—160**, 161, 200, 245
Reaktionsentropie 160—165
Reaktionsgeschwindigkeit 130, 131, 261, 265, 270, 278, 279, 281, 286
Reaktionsgrenzstromdichte 297
Reaktionshemmung 191, 319
Reaktionskonstante 285
Reaktionsordnung 262
Reaktionsrichtung 171
Reaktionsüberspannung 290, **295—297**
Reaktionswärme 101
Reaktionswiderstand 286, **297**
Reaktionszone 296

reales Potential 288
Realteil (Wechselstromgrößen) **18**, 19, 28
Realwiderstand s. OHMscher Widerstand
Rechteckspannungsimpuls 273
Redoxgleichgewicht 208, 237
Redoxreaktion (-vorgang) 133, 149, 169, 209, 236
Redoxsystem 206, 208, 209
Redoxtitration **236–239**
Reduktion 149, 150
—, katodische 22, 313, 314
Reduktionskraft 209
Reduktionsmittel 149, 208
Reduktion-Oxydation- s. Redox
Reibungskraft 44
Reibungswiderstand **32**, 59, 62, 65, 196
Reihenschaltung von Widerständen **26**, 27, 28
Rekombinationsreaktion (-vorgang) 271, 274, 308
—, primäre (sekundäre) 270
Rekombinationsenergie 142
Relaxationseffekt **91**, 92, 94, 96
Relaxationsmethode (-technik) 95, **261**, 271
Relaxationszeit **91**, 272, 273
REMY, H. 56
Resistanz (= Wirkwiderstand) 19
Resonanzmethode 105
reversible (Elektroden)reaktionen 148, 162, 176, 178, 179, 250, 299, 300
r_H-Wert 208, 209
rhythmische (periodische) Stromschwankungen 327
Richtkräfte 113
ROBINSON, R. A. 89, 224
Rotation der Wassermoleküle 63, 64, 124
rotierende Scheibenelektrode 306, 332, 339, 340
RUBEN-MALLORY-Zelle 250
Rückkopplungseffekt 37
Rückreaktion 298, 300

SACHER, E. 269
SACKUR, O. 122
Salze, Dissoziation 19, 22, 68
—, feste (Leitfähigkeit) 137, **138–139**
Salzeffekt 277–280
—, primärer (sekundärer) 279, 280
Salzschicht, passivierende 327
Salzschmelze, Leitfähigkeit 134
SAMOILOV, G. P. **125**, 126
Sättigungskonzentration 128, 202, 218
Sauerstoff, anodische Abscheidung 315, 316
—, katodische Reduktion 314
Sauerstoffbestimmung nach CLARK 339
Sauerstoffelektrode **178**, 314
Sauerstoffkorrosion 318, 321
Sauerstoffüberspannung 316
Säulenchromatographie 39
Säure, harte (weiche) 225
—, mehrbasische 284
—, schwache (starke) 20, 132, 232–233, 240
—, undissoziierte 218, 280
Säure-Basen-Indikator 214
Säure-Basen-Katalyse 277, **280–286**
Säure-Basen-Titration **231–235**
Säurekatalyse, spezifische 280
Säurekonstante 221
Schaltkreise, integrierte 145
Scheibenelektrode, rotierende 306, 332, 339, 340
Schein-Größe, -Leistung, -Leitwert, -Widerstand 19
SCHLÄFER, H. L. 227
Schmelzflußelektrolyse 134, **329–330**
SCHMID, G. 345
SCHÖNBEIN, C. F. 324
Schraubenversetzung 304
SCHWABE, K. 89, 211, 212, 217, 314, 327
schwache Basen, Säuren, Elektrolyse s. da
Schwingkreis 105, 133
Sedimentationskonstante 347
Sekundärelement (= Akkumulator) 149, 246, **250–255**
Selbstdiffusion (des Wassers) 126
Selbstdiffusionskoeffizient (Salzschmelze) 135
Selbstentladung **248**, 249, 250, 252
Selbstinduktionskoeffizient 38
Selektivität(skoeffizient) 213
semipolar 20
SHEDLOVSKY, T. 94
SI s. Einheitensystem
Siemens (Einheit des Leitwertes) 18
SILLEN, L. G. 227, 229
SIMON, W. 121
SLANSKY, C. M. 118, 119
SMALL, L. A. 30
SMITH, E. R. 52
SMOLUCHOWSKI, M. 344
SMYTH, C. P. 107
Solarzelle 146
Solvat 20, 31
Solvatation, Solvathülle 20, 55, 97, 111, 113, 115

Solvatation der Ionen 63, 80, 89, **116** bis **126**
—, primäre (= innere, chemische) 121
—, sekundäre (= äußere, physikalische) 121
Solvatationsenergie 100, 103, 104, 111, 115 bis 117
Solvatationsentropie 118, 121
Solvatationszahl 63, 111, 117
solvatokratisch 343
Solvolyse 129, 221
SÖRENSEN, S. P. L. 204
SORET-Phänomen 200
Spannung, elektrische 17, 18
Spannungsabfall 26, 27, 248, 257
—, OHMscher 257
Spannungsänderung (Potentialsprung) s. *EMK*-Änderung
Spannungsreihe 167, **169**, 180, 183
— in nichtwäßrigen Lösungen 183
— in Salzschmelzen 329
Spannungssprung-Methode 271—273
Spannungsteilerregel 26, 27
Spannungs-Zeit-Kurven 291
Sparbeize 323
Spektralphotometrie 68, 97, 214
Sperrschaltung 144
Sperrwirkung 325, 327
spezifisch adsorbierte Ionen 289
spezifische Basen- (Säure-) Katalyse 280
— Leitfähigkeit s. Leitfähigkeit
spezifischer Widerstand 18, **26**, 36, 134
Sprungenergie (Halbleiter) 140
Stabilitätskonstante **226**, 229
STACKELBERG, M. von 313, 333
Standardaustauschstromdichte **302**, 313
Standardbildungsenthalpie 165
—, freie 165, 166, 168
Standard-*EMK* **157**, 163, 179
Standardenthalpie(änderung) 162
Standardentropie, partielle molare 121, 165
Standardgalvanispannung **168—173**, 177, 185, 202, 276, 334
Standardgrößen, thermodynamische 87, 159, 200
Standardhydratationsenthalpie 119
Standardhydratationsentropie 119, 122
Standardpotential, chemisches 73, 74, 189
—, elektrisches 174, 180
Standardpufferlösung 219
Standardreaktionsenthalpie 163
Standardreaktionsentropie 163
Standardsolvatationsenthalpie 121
Standardsolvatationsentropie 121, 122
Standardspannung 160
Standardwasserstoffelektrode 10, 24, 169, 177, 186
Standardzellspannung 157, 160
Standardzustand 73
starke Basen, Elektrolyte, Säuren s. da
starre Doppelschicht (= äußere HELMHOLTZ-Schicht) 289, 307
Starterbatterie 252
stationär (Meßtechnik) 191, 295
Stationaritätsprinzip 282, 283
STERN, O. 289, 343
Stiazähler 30
STOKES, R. H. 119, 120
STOKESsches Gesetz 44, 59, 62, 65, 95, 274
Störstelle(nleitung) 141
Stoßkomplex 263
Stoßtheorie 262, 265, 267
STREHLOW, H. 333
Stromausbeute 23, 30, 58, 59, 252, 254, 255
Stromdichte **23**, 39, 261, 262
Stromdichte-Potential-Kurve 302, 311, 320, 324, 325, 327, 338
Stromkonzentration 23
Stromkreis 9, 26, 150
stromlose Messung 153
Strommenge (Kapazität einer Batterie) 248
Strompfad 144
Strom-Spannungs-Charakteristik, negative 324
Strom-Spannungs-Kurve 291, 320, 332, 338
Stromschlüssel s. Elektrolytbrücke
Stromstärke 17, 18
Stromteilerregel 26, 27
Stromtransport s. Leitungsmechanismus, Leitfähigkeit
Strömungspotential 345
Strömungsschicht, PRANDTLsche 293
Stromverzweigung 26
Strom-Zeit-Kurven 291
Struktur der Elektrolytlösungen 46, **116—126**
— — Lösungsmittel 116
— — Moleküle 109, 110
— des Wassers 63, 64, **122—125**
strukturbildende (-brechende) Ionen 124, 125, 126
Stufenhöhe (Polarographie) 334
Sublimationsenergie 117
Sublimationswärme 101, 102
Substituentenfaktor 286
Superpositionsprinzip 112
Suszeptanz (= Blindleitwert) 19

TAFEL-Gerade (-Steigung) 301, 303, 309, 315, 320, 324
—-Gleichung (-Reaktion) 307, 308, 310
TAFT-Gleichung 285
TAYLOR-Reihe 112
Teilreaktion(sschritt) 176, 181, 307, 308
Teilstromdichte 298, 301
TEMKIN, M. 309
Temperaturabhängigkeit der freien Enthalpie 161
— — Ionenbeweglichkeit 58—59
— — Leitfähigkeit von Lösungen 40, 45
— — — — festen Ionenleitern 138
Temperaturfunktion von Bezugselektroden 187, 188
tensammetrische Wellen 338
ternär (Elektrolyt) 21
TETRODE, H. 122
Theorie der elektrolytischen Dissoziation 66, **67—76**, 85
— — interionischen Wechselwirkung s. da
— des aktivierten Komplexes 263, 277
thermische s. Wärmeenergie
Thermistor 144
Thermodiffusionseffekt 200
Thermodiffusionspotential 187, 200
Thermodynamik, elektrochemische **147** bis **260**
— irreversibler Prozesse 200, 344
thermodynamische Dissoziationskonstante **69**
— Löslichkeitskonstante 202, 217
— Standardgrößen 87, 159, 200
thermodynamischer Wirkungsgrad 257
TISELIUS, A. 347
Titration, elektrometrische s. Ampero-, Coulo-, Kondukto-, Potentiometrie
Titrationscoulometer 30
Titrationskurve 230, 231, 235, 238
Titrationsreaktion, unvollständige 233
Titrierautomat 230
TOLMAN 347
Transistor 37, 144, 154, 249
Transpassivierungspotential 325
Transportvorgänge 261, 344
TRAUD, W. 189
tri-univalent (Elektrolyt) 21
Trockenbatterie 248
Tropfdauer, Tropfzeit (Hg-Elektrode) 333
TUBANDT, C. 138, 140
Tunnelung(svorgang), quantenmechanische(r) 64, 269, 309

Überführung 192, 292
Überführungswärme 200
Überführungszahlen 31, 34, **47—58**, 61, 62, 137, 138, 193, 197, **243—244**, 347
—, Berechnung 51—52
—, Bestimmung (HITTORF-Methode) **47—50**, 54
—, — (HOPFGARTNERsche Apparatur) **50—51**
—, — (Kettenspannungsmessungen) **243—244**
—, — (Methode der wandernden Grenzflächen) **52—55**
—, — (OSTWALDsche Apparatur) **51**
—, HITTORFsche **55—58**
—, Temperaturkoeffizient 58
—, wahre **55—58**
überlagerter Wechselstrom 338
Überschußenergie, elektrostatische 84
Überschußenthalpie, freie 85, 86, 88, 201, 215
Überschußleiter 141
Überspannung 253, **290—292**, 328
— der Metalle 310—312
— des Sauerstoffs 316
— — Wasserstoffs 307—309
Überspannungsarten **292—306**
Überspannungseffekte **306—330**
UHLIG, H. H. 322
ULICH, H. 63
Umsatzwirkungsgrad (= FARADAYscher Wirkungsgrad) 257
Umschlagspotential, Methode des entgegengesetzten **241—242**
Umsolvatation 215
unabhängige Ionenwanderung 43, 47, 92, 117
unangreifbare (inerte) Elektrode 22, 131, 152, 246, 315
uni-bivalent, uni-univalent (Elektrolyt) 21
unpolar s. Lösungsmittel
unpolarisierbare Elektrode 242, 290, 342
unvollständig verlaufende Reaktion 271
Urspannung 26
Urtitersubstanz 331
USSANOWITSCH, M. 225

Valenzband 140, 141
Valenzelektronen, freie 142
V-Band 141, 142, 143, 146
verbotene Energiezone 141, 142
Verdünnungsarbeit 192
Vergiftung s. Elektrodengift
Vergleichswiderstand 36, 38
Vermessingung 312
Verschiebungspolarisation 105, 106, 115
Verseifung (kinetische Untersuchung der) 130

Verteilungsgleichgewicht 203
Verzunderung 318
Verweilzeit der Hydratmoleküle 125, 126
Verwey, E. J. 143
Vetter, K. J. 11, 261
Viskosität 43, **44–45**, 56, 62, 63, 94, 103, 125, 136, 274, 345
— und Leitfähigkeit **44–45**
Viskositätskonstante 44, 45
Volmer, M. 10, 261, 305, 307
Volmer-Heyrovsky-Mechanismus 309
—-Reaktion 308
—-Tafel-Mechanismus 308, 309
Volt (Einheit der Spannung) 17, 18
—, internationales 17
Volta, A. 9, 246
Voltammetrie 331
Voltapotential 288
Voltasche Säule 9
Voltaspannung 288
Voltmeter 153
Volumencoulometer 30
Vorelektrolyse 307
Vorzeichen (Elektrode(npotential)) 159, **169**, 171

Wachstumsformen, -stellen 304
Wagenr, C. 189, 324
wahre Elektrodenoberfläche 262
— Überführungszahl **55–58**
Walden, P. 41, 116
Walden-Produkt **63**, 137
Waldensche Regel 44
wandernde Grenzflächen, Methode der **52–55**, 347
Wanderungsgeschwindigkeit 31, **32–34**, 41, 46, 47, 52, 58, 61, 62, 64, 91, 196, 261
—, elektrophoretische 346, 347
Wärmeäquivalent, elektrisches 9
Wärmebewegung 64, 78, 92, 107, 113, 124
Wärmeenergie 79, 85
Wärmesatz, Hessscher 101
Wärmetönung **161–164**
—, exotherme 161, 257
Wasser, Bildung aus den Elementen 179
—, elektroosmotische Wanderung 345
—, Entsalzung 351
—, Struktur 63, 64, **122–125**
Wasserstoffbrücken(bindung) 109, 122, 124
Wasserstoffelektrode 24, 158, **176–177**
Wasserstoffion s. Proton
Wasserstoffionenaktivität 204, 209, 211
Wasserstoffkorrosion 318, 320
Wasserstoffüberspannung 10, 296, **307–309**
Wasserstoffversprödung 322
Wasserüberführung 56, 57
Wechselspannung 18
—, harmonische 28
Wechselstrom, -gesetze 18, 19, **27–28**
—, hochfrequenter 37, 95
—, überlagerter 338
Wechselstrommethoden, analytische 331
Wechselstromverstärker 37
Wechselstromwiderstand (= Impedanz) 19, **27**, 38
Wechselwirkung, Coulombsche (elektrostatische) 41, 46, 66, 82, 89, 94, 97, 111, 125, 262, 263, 277, 346
—, interionische 20, 65, 69, 72, 77, 78, **79–85**, 85–94, 97, 127, 195, 200
— zwischen Dipolen 20, **113**
— — Dipolen und Ionen, 20, **111–113**
— — Ionen 65, **76–99**, 111
— — Ionen und Lösungsmittel 45, 79, 100, 116
— — Ionen und Molekülen 99, 104, **113–114**
— — Molekülen und Dipolen 114
— — Molekülen (zwischenmolekulare W.) 69, 105, **114–116**, 122
Wechselwirkungsenergie (interionische) 103, 104, 109
Wertigkeit, elektrochemische 21, 29
Weston-Element 154
—-Standardelement 17, 155
Weyl, W. A. 226
Wheatstonesche Brücke 9, **36–38**, 105, 131
Wicke, E. 89
Widerstand 18
—, Imaginärteil 18, 19
—, induktiver (kapazitiver) 27, 37, 38
—, komplexer 18, 27, 28, 287
—, Ohmscher 18, **25**, 27, 28, 37, 38
—, Realteil 18, 19
—, spezifischer 18, 26, 36, 134
—, Temperaturabhängigkeit 40
Widerstandskapazität **35**, 126
Widerstandsmessung **35–39**
Wien, W. 94
Wien-Effekt 95
Wilhelmy, L. 280
Wirkelement, -leistung, -leitwert 18–19
Wirkungsgrad, Faradayscher 257
—, kritischer 257
—, thermodynamischer 257

Wirkwiderstand (= OHMscher W.) 18, **25**, 27, 28, 37, 38
Wismutelektrode 207

YEAGER, E. 314

ZAHN, C. T. 107
Zelle s. galvanisches Element
Zellreaktion 173
Zellspannung (= Kettenspannung), 23, 24, 121, 147, 148
—, Messung **153—155**
Zenerdiode 144
Zentralion **80**, 84, 91, 96, 99, 226, 227
Zersetzungsspannung **23**
Zink-Luft-Akkumulator (-Element) 249
Zink-Silber-Sammler 254—255
Zonenschmelzen 134
ZUMAN, P. 336
Zusammenstöße s. Stoßtheorie
zweifache Elektrode 189
zweidimensionale Keimbildung 304
Zwischengitterplätze 139, 141
Zwischenprodukt (der katalytischen Stufenreaktion) 281
Zwischenstufen langsamer Ionenreaktionen 268